园林树木的整形修剪技术及研究方法

天津市北方园林生态科学技术研究所
主　编：郭育文
副主编：赵立伟　刘立民

中国建筑工业出版社

图书在版编目（CIP）数据

园林树木的整形修剪技术及研究方法／郭育文主编．—北京：中国建筑工业出版社，2012.6（2023.6重印）
ISBN 978-7-112-14400-6

Ⅰ. ①园…　Ⅱ.①郭…　Ⅲ. ①园林树木-修剪　Ⅳ. ①S680.5

中国版本图书馆CIP数据核字（2012）第120901号

本书从解决园林生产中存在的实际问题和需要出发，介绍了与整形修剪相关的理论知识、技术组成及常用的试验研究方法，并扼要地叙述了120个常见园林树种或品种的生长特性、枝芽特性和整形修剪中所应采取的技术措施。该书内容丰富、视角新颖、图文并茂，可作为广大园林工作者和科技人员的技术参考用书，同时也可供专业教学人员、科研工作者、大专院校的学生及园林爱好者参考。

* * *

责任编辑：兰丽婷　杜　洁
责任校对：陈晶晶　赵　颖
版式设计：嘉泰利德

园林树木的整形修剪技术及研究方法
天津市北方园林生态科学技术研究所
主　编：郭育文
副主编：赵立伟　刘立民
*
中国建筑工业出版社出版、发行（北京西郊百万庄）
各地新华书店、建筑书店经销
北京嘉泰利德公司制版
北京中科印刷有限公司印刷
*
开本：880×1230毫米　1/16　印张：28　字数：865千字
2013年1月第一版　2023年6月第二次印刷
定价：188.00元
ISBN 978-7-112-14400-6
（40534）

编 委 会

修剪技术
创造景观

2012.9.18.

序

绿色植物是园林的主体材料，与城市自然环境系统构建了人工自然生态系统，具有维持生物多样性、调节小气候、净化环境、美化城市、展示文化艺术、传播科普知识等独特的服务功能。园林植物的生长发育过程是自然因素和人为因素相互作用和协调形成的再生产过程。合理的调控，保持生态系统的相对稳定和动态平衡，才可以使园林植物健康生长，持续发挥效益。

21世纪以来，我国进入空前的工业化、城市化快速发展阶段，一系列环境问题的出现使人们认识到园林绿化是城市基础设施的一个生态系统，其他建设无可替代。人们呼唤生态文明，创建绿色城市。截至2011年底，全国已有160个城市（不含县级市）获得国家级“园林城市”称号。

园林绿化建设方兴未艾，辉煌中尚存不足。在快速发展中，由于忽略“种三管七”的园林绿化建设原则，缺乏系统的技术支撑，管理比较粗放，使绿色植物生命周期缩短，园林生态失调，影响了环境效益和景观效益的充分发挥。

园林树木的整形修剪是城市绿地系统管理中一项极为重要的管理养护措施，是人工调控树木生长发育的有效手段。主要作用是调节树势，平衡树木生长以及树木个体和群体之间关系；创造和保持合理的树冠结构，形成优美的树姿；恢复树木生机，协调树木与其他园林要素之间的矛盾，使生命体和非生命体和谐共存、相得益彰。同时，修剪可减少风害，防止倒伏；对经济树种，还具有保证丰产、优质的作用。

本书主编郭育文同志是教授级高级工程师，长期从事树木学、植物生理学、植物栽培学的教学、科研和园林绿化建设管理的技术工作，有比较深厚的学术造诣和丰富的实践经验；副主编赵立伟、刘立民同志是青年科技工作者，一直从事园林生态科学技术研发和园林绿化建设管理工作。作者用智慧汗水凝聚了《园林树木整形修剪技术及研究方法》这部著作。基于园林树木整形修剪的特殊性，本书综合应用树木学、生物学、生理学、生态学、园林学、美学等相关学科的理论知识，结合园林树木养护管理实际，全面系统地介绍了整形修剪的技术组成、主要园林树种和品种的修剪方法以及与提高修剪质量密切相关的试验研究方法等。是一部内容丰富、技术先进、操作性强、图文并茂，具有较高理论价值和实践价值的论著，是迄今国内同类出版物中最值可读的书籍。本书的出版必将对提高城市绿地系统管理水平、推动园林绿化建设事业发展做出重要贡献。相信本书将受到广大园林科技人员、园林师、高等农林院校相关专业学生、研究生和教师的欢迎，并从中获得收益和启示。

刘先觉

2012年9月18日于天津

前 言

树木的整形修剪是我国古老的农艺技术之一，《四民月令》载“二月可劚树枝”，“劚”就是对树木实施人工修剪。至今河北、山西、河南等省的太行山区群众仍将修剪树木称为“劚树”。《齐民要术》中说“劚桑，十二月为上时，正月次之，二月为下。白汁出，则损叶”，强调桑树在十二月修剪最好、“为上”，而在气温逐渐回升的二月进行修剪则“为下”，因为此时修剪会导致“白汁出，则损叶”，这里说的“白汁出”即“伤流”，体现了“因树施剪”的科学方法。明代《便民图纂》里写到：“修葺法，正月间削去低枝小乱者，勿令分树气力，则结子自肥大”。指出了树木合理的修剪时期及修剪对象，并阐明了剪枝后可以使养分集中供给开花结果，提高结果数量和质量。

现在，人们除了在冬季休眠期进行修剪管理外，还在树木生长季节对树木进行嫩枝摘心、旺枝短截，并施用圈枝、扭枝和环剥等措施控制部分旺盛生长枝条的生长势力，从而改变枝条内营养物质的输送方向和数量，为当年和来年树木健康生长创造条件。因而，夏季修剪是对古人修剪理论的延续和发展。

在园林养护管理中“水肥、植保、修剪”这三项技术被称为养护管理“三要素”。“水肥是基础、修剪是调整、植保是保证”，形象地表达了三者相互依存、相互独立，不能互相替代的关系。但是，在目前的养护管理实践中，由于对园林树木整形修剪认识不足和整形修剪知识短缺，使绝大部分修剪工作长时间地停留在枯死枝疏理、平头式截枝、清膛式修剪等初级阶段，技术上缺乏系统性、操作上缺乏科学性、效果上缺乏艺术性，甚至对树木造成伤害。

当前，一座城市树木整形修剪的水平已成为衡量园林管理水平的一个重要方面，要充分认识整形修剪既是一项极为重要的管理措施，又是体现园林艺术水平的专门技术。需要在加强水肥、植保管理的同时，遵照树木生长发育规律，科学地适时、适度、适量进行修剪，才能更有效地发挥树木绿化、美化、保护环境的作用。这是我们编写这本书的初衷。

本书编撰过程中得到了许多前辈、同行的热切关心、帮助和鼓励。中国工程院院士，我国著名的林学家、生物学家、林业教育家尹伟伦先生和天津农学院前副院长刘先觉教授分别为本书题词和作序，使本书增色不少，在此谨致深深的敬意和感谢！

编著者

2012.09.25

目　录

基　础　篇

实 践 篇

研 究 篇

基础篇

本篇叙述了与整形修剪相关的理论知识和整形修剪的技术组成。包括“整形修剪对生态因子的调节作用、整形修剪对树木生理的调节作用、整形修剪的生物学依据、园林学对整形修剪的要求、整形修剪的原则和共性技术”五部分。

通过上述内容的介绍以期能明确：树木通过整形实现合理的树体结构是提高树木生态效益的重要措施；树木的生长特性和枝芽特性是掌握并灵活运用整形修剪技法的必要基础；修剪中合理留枝、调整枝类比例是提高树体储藏营养水平、实现树势持续稳定发展的重要手段；整形修剪工作中融入对园林植物配置和美学原理的理解是提高园林树木美化效益的保证。

第 1 章　园林树木整形修剪的生态调节

通过对树木进行合理的整形修剪，可以使树木生长发育所必需的光照、温度、水分、土壤等环境因子得到适当的调节和控制，使栽植群体的结构达到和接近生态环境需求的最佳状态，病虫的危害最大程度地减少，从而使环境更适于树木生长以获得优质的景观效果，发挥树木最大的生态和美化效益。

1.1　修剪对光照的调节作用

绿色植物吸收太阳光能，将二氧化碳（CO_2）和水同化成有机物并放出氧气，这个过程称为“光合作用”或“碳素同化作用”。

光的强弱（光强度）、光谱成分（光质量）会影响树木的生长和发育，并能刺激和支配树木组织、器官的分化，它们在很大程度上决定着树木器官的形态和组织结构。树木接受光能的主要器官是叶片，但未成熟枝梢和果实中也含有叶绿素，也可以进行光合作用。

树木的光合作用只能吸收照射到地球表面的太阳能的 50% 左右，其中只有 1% ～ 5% 参与树木的光合过程，通过光合作用合成的干物质占树木总干物质量的 90% ～ 95%。

当前，人们还不能改变太阳能的大小及其在地球上的分布，但可以做到提高到达地面上太阳能的利用率，其中重要的手段就是提高树木接受光能的面积，整形修剪就是提高树木光能利用率的有效措施之一。

1.1.1　修剪中常用的概念

1.1.1.1　光照强度

光照强度又称“光强”，是指光照的强弱，以单位面积上所接受可见光的能量来度量，简称照度。修剪中常用照度计来测量树冠内外的光强，用勒克斯（lx）来表示照度单位。

1.1.1.2　光饱和点和光补偿点

通常树木的光合速率是随光强的增高而加强的，当光照强度增高到一定程度之后，再继续增高光照强度，CO_2 的同化速度不再增加，这种现象称为“光饱和现象”，此时的光照强度称为光合作用的“光饱和点”。另一种情况是，当光合作用中植物吸收的 CO_2 与呼吸作用所释放的 CO_2 达到一种动态平衡相等时，光合产物没有积累，这种现象称作“光补偿”，此时的光照强度称为光合作用的“光补偿点”（图 1.1–1）。

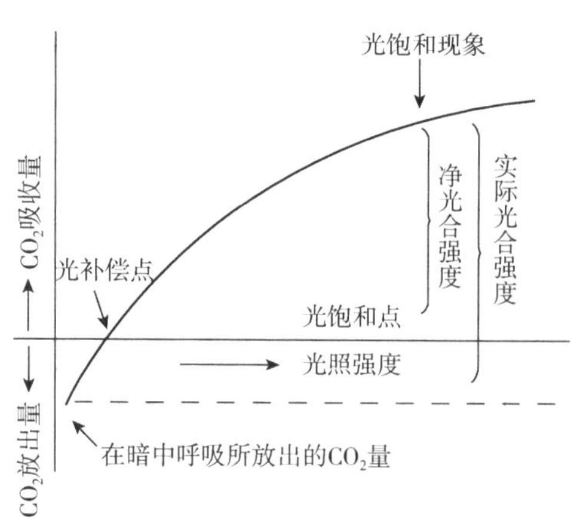

图 1.1–1　光饱和点和光补偿点的关系

树木在光饱和点以上和光补偿点以下强度的光的照射下，光合产物不仅没有积累而且还有亏损，主要原因是树木

要进行呼吸作用，不断消耗体内的碳水化合物，导致“光合产物”积累量出现“负值”。树木长时间处于这样的条件下会由于饥饿而导致死亡，树冠郁闭时树木内膛枝叶大量枯死就是因为树冠内光强度在补偿点以下所造成的。

不同树种或品种所需要的“最佳光照强度”是不同的。这里所说的“最佳光强”指的是一个光照强度范围，在这个范围内“光合产物”的增加量始终是“正值”，即光合产物是积累的。通过整形修剪获得合理的树形、恰当的枝条数量、适宜的叶面积，是使树冠内保持“最佳光强”的有效方法。

1.1.1.3 净光合率

为了明确表示树木的光合能力，常用“净光合率”、“光合生产率”、“光合产量”、“光能利用率”等指标来衡量树木光合作用的能力。

（1）净光合率（Pn 值）：净光合率又称为“光合速率”或“表观光合强度”，是指植物光合作用所同化的 CO_2 量，减去因呼吸作用而释放的 CO_2 量后所得的数值。通常所说的光合强度，指的就是净光合率，常用每小时每平方分米叶面积上同化 CO_2 的毫克数来表示，数值大表示光合能力强。一般树木的净光合率（同化 CO_2 的量）为 5 ～ 10mg/（dm^2·h），最高的为 50 ～ 180mg/（dm^2·h）。

（2）光合生产率：光合生产率是指植物在较长一段时期（一昼夜或一星期）内的净光合率，又称为净同化率。光合生产率常用每天每平方米叶片积累的干物质的克数来表示。一般树木的光合生产率为 4 ～ 6g/（m^2·d），高的可达 16 ～ 18g/（m^2·d）。

（3）光合产量：光合产量是指树木一生中光合作用所产生的全部产物的数量，又称为生物产量。数值的大小主要决定于光合面积、光合速率、光合时间三个因素，其关系可表示为：光合产量 = 光合面积 × 光合速率 × 光合时间。

（4）光能利用率：光能利用率指植物光合作用累积的有机物质中所含能量占照射在单位地面上太阳光能的百分比。一般是单位土地面积上、在单位时间内所接受的平均太阳总辐射能，去除在同一时间内该土地面积上植物生产的干物质所含的能量。每年的太阳总辐射量约为 $3.02 \times 10^5 J/cm^2$，约折合每亩 $3.35 \times 10^{12} J$。生产的干物质可以淀粉计算，其燃烧热为每千克 $1.77 \times 10^7 J$。假设每亩每年产生 1000kg 干物质，则光能利用率为 $1.77 \times 10^7 \times 1000/(3.35 \times 10^{12})$，约等于 0.5%。

1.1.1.4 光合有效辐射

光合有效辐射是指对植物光合作用有效的那些波长的光，用单位叶面积在单位时间内得到的能量来表示。

在太阳光谱划分上，按照人眼所能感受到的光谱段将太阳光分为可见光和不可见光两大部分。可见光的波长在 0.38 ～ 0.75μm 之间（图 1.1–2），光谱显现为红、橙、黄、绿、青、蓝、紫 7 种颜色。这

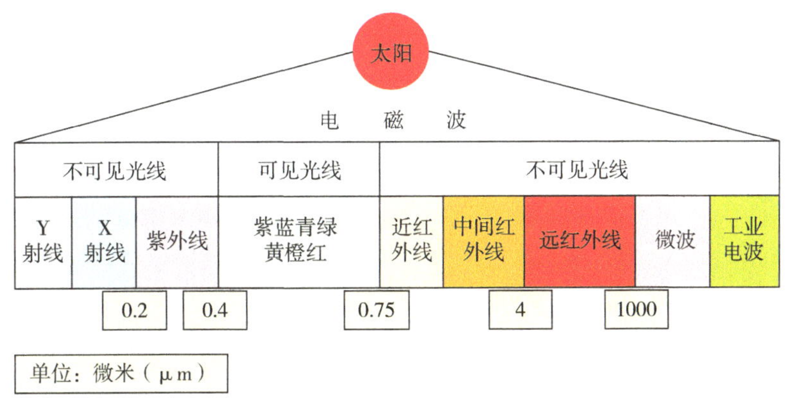

图 1.1–2 太阳光谱

些光可被树木吸收并进行光合作用，约占太阳辐射总能量的 52%。不可见光包括波长小于 0.38μm 的短波光和大于 0.75μm 的长波光。长波光就是红外光，其能量占太阳辐射总能量的 43%，地表的热主要就是由这部分太阳辐射所产生的。短波光主要是紫外光、X 射线等，约占太阳辐射总能量的 5%。其中波长小于 0.29μm 的短波光被大气圈中的臭氧层所吸收，能到达地表的是波长在 0.30 ～ 0.38μm 之间的紫外线。

树木叶片对红橙光和蓝紫光的吸收率最高，红光有利于碳水化合物的合成，蓝光有利于蛋白质的合成；短波光中的紫外光能抑制树木茎的伸长，促进侧枝和芽的分化，且有助于花色素和维生素的合成。红橙光对树木的光合作用、形态建造、器官发育和色素合成等生理代谢过程有决定意义。

修剪的目的就是要不断调整树木对光照的利用状况，通过调整树冠内外的光合有效面积来调节树木的受光量和受光强度，尽量延长有效光合时间，使树木达到最大的光合效率。因而，修剪在整体上必须考虑光合有效辐射进入树冠内部的量，注意树冠结构和群体构形、注意栽植形式和层次结构，在保持设计的林缘线稳定发展的基础上，调整株间距和树冠间距离以提高树冠受光量和 CO_2 的供给，提高光合效率。

1.1.2　树冠接受光的方式

树冠可以接受的光有直射光和漫射光两种。

从受光来源上看，树体可接受四个方向的光，分别是：上光、前光、下光和后光（图 1.1-3）。上光、前光是从树的上方和侧方照射到树冠上的直射光和部分漫射光，这是树体接受的主要光源；下光和后光是照射到平面上所反射的漫射光，如由土壤、路面、水面反射出的光和树后面的物体，如临近的树木、墙面、建筑物等反射出的光。这些光的强度大小，取决于树体周围的环境、树木栽植密度、土壤性质和覆盖状况等因素。树体对下光和后光的利用虽不如前两种光，但能增进树冠下部的生长。在城市环境中，直射光多分布在向阳面、屋顶及开阔地带，而下光和后光的来源却很丰富。

从光质上看，漫射光的强度低，红、黄光较多，达 50% ～ 60%，能够被树体完全吸收利用，而直射光中红、黄光仅有 37%。

树冠的不同部位光强度变化很大，在树冠内叶片分布均匀、通风透光良好的条件下，树木对光的利用会大大改善。位于树冠内部的叶片，当微风吹动引起光斑交替时，仍然可以有效地进行光合作用，光合效率可比连续相同光强度照射下提高 50%。这是整形修剪要求树冠通风透光的原因。

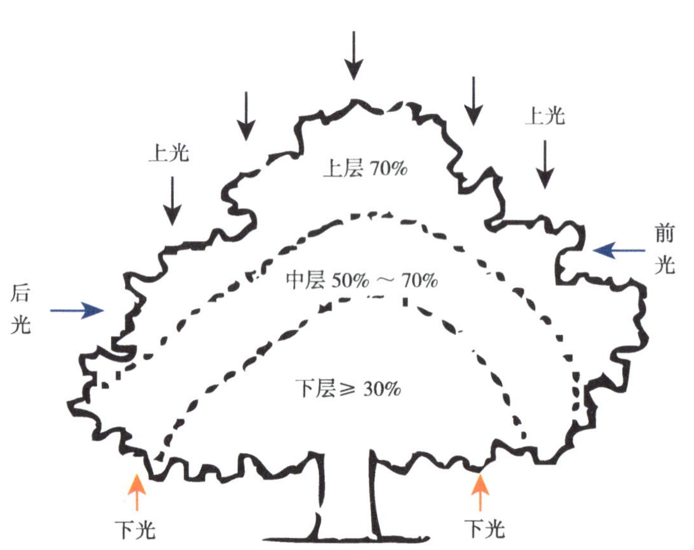

图 1.1-3　树冠受光类型和上、中、下层光照应达到的要求

由于园林树种的多样性，具体某一个树种需要选择的树形和合理的叶密度应在实践中结合具体的立地条件和管理条件来研究确定。

1.1.3　树木群体的光利用

树木组团是绿地的重要组成部分，它是由许多不同或相同树种单株所组成的，这种组合有着多层次的叶片，投射到叶片上的太阳辐射经多次反射和广泛吸收，有利于充分

地利用光照。

（1）光量：在不同的季节里，组团内部光照强度减弱的程度主要取决于叶片的排列和叶片密度，其中叶片的着生角度对组团内部光照强度减弱的程度影响最大。

叶的密度大而且叶面平展的阔叶树木组团，其内部光照强度的减弱显著，反之则少。这种组团内部光照强度显著减弱的情况在丁香组团和榆叶梅组团上较为常见，表现为内部枝条过早衰败和组团内部空虚（图 1.1–4）。就单株而言，碧桃、木槿等花灌木和法桐、白蜡等乔木树种单株普遍存在开花外移和内膛空裸、早衰、树形紊乱的情况，在生产中经常表现为植株生长快、郁闭快，需要进行及时修剪调整。

图 1.1–4 丁香、榆叶梅组团密集后因基部空裸而基本失去美感

（2）光质：到达树木组团内部的光线主要是漫射光。这些光经叶片的反复吸收、反射和透射，绿光和红外光所占比重大大增加，而对光合作用有效的辐射显著减少。树木组团内，透过枝叶间隙的直射光在地面形成大小不等的光点和光斑，但这些光线的照射时间较短，一般仅相当于空旷地照射时间的 1/2，在密度大或已经郁闭的组团内则不到空旷地照射时间的 1/10。因此，通过修剪调整光点和光斑的数量和比例有利于改善光质，提高光合作用。

（3）效率：通常用树木叶面积指数（LAI）来表示光合面积。求算群体的光合产量，是把树木群体在垂直高度上分成若干层，分别测量各层的叶面积，计算叶面积指数，再进一步求算各层的净光合强度。净光合生产率达到最大值时的叶面积系数是最适叶面积系数，而各层叶面积净光合作用的总和就是整个群体的净光合强度。这是整形修剪中要求树形必须具备层性、叶幕成层分布的主要原因。一般要求如图 1.1–3 所示，树冠上、中、下层的光照强度分别不低于自然光强的 70%、50% ～ 70% 和 30%。

1.1.4 整形修剪与光能利用

园林树木因树种、品种、树龄、栽植密度、整形方式、修剪程度的不同和生长季节日照强度的变动，净光合生产率达到最大值时的最佳光合面积值也不尽相同，其中栽植密度和整形修剪方式起决定性作用。

1.1.4.1 提高光合面积

就同一树种而言，在品种和树龄相同的条件下，叶面积指数越低，对光能的利用率也越低。但如果栽植过密，相互遮光，使内部光照条件恶化，此时的叶面积指数虽然很高，同样会使很大一部分叶面积功能减退，光合效率下降，营养物质向储藏器官的分配减少，导致贮藏水平降低。

叶片的质量很大程度上取决于芽的质量，芽内的叶原基发育充实，可以形成高功能的叶片，反之，则叶片薄、光合能力差，如图1.1–5所示。合理修剪可有效地提高芽的质量，有助于形成高质量的叶片原基，增加高效叶面积数量，促进营养贮藏水平的提高。

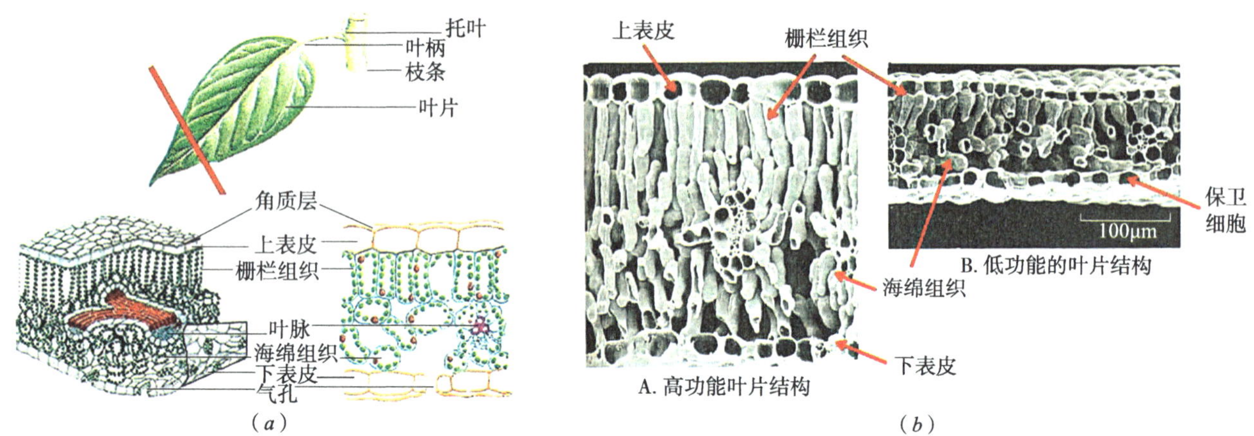

图 1.1–5 叶片结构

（a）叶片结构示意图；（b）光照条件好时形成的高能叶和遮阴时形成的低能叶叶片结构比较

修剪提高光合能力的过程为：合理整形→枝叶分布均匀→改善树冠内受光条件→提高叶芽质量→增加有效叶片→扩大有效光合面积。

1.1.4.2 提高光合能力

通过整形修剪可以培养良好的树形和群体结构，调节枝类组成的比例，特别是可以保证树冠内持续稳定地存在一定数量的营养枝。这些枝上的叶片可生产大量养分回流到根中，促进根系生长，增加活跃根的表面积，进而提高水肥的利用率，使地上部叶片维持高效光合能力，进一步促进各类器官的生长、分化和形态建成。另一方面，通过适当的修剪措施，改善绿地通风透光条件，促进空气流通和保证 CO_2 由绿地以外及时搬运到树冠内，使树木在一定的土壤面积上截获更多的光能，生产更多的光合产物和释放更多的氧气，有效地提高光合生产能力。

1.1.4.3 调节光合时间

由于一天中太阳的入射角和方位角在不断变化，所以一天内树木光合的时间、效能也是不同的。从总的条件来看，适合光合的综合条件以上午最好，这是因为夜间树木呼吸放出 CO_2，导致上午空气中的 CO_2 充足，同时上午具有温度适宜、湿度相对较大、空气清晰度高、光谱成分完全等有利条件。但一天中的光合时间能否达到最高效值不仅依赖光照，还与栽植形式关系密切，所以整形修剪中强调要有计划地限制一定的树高，强调合理的栽植距离，适当配合冠间距离，有目的地控制树冠大小、形状。枝叶系统层次（叶幕层）的调整也是通过整形修剪来解决光照条件、消除各个影响光能利用的不利因素，从而保证提高一天内光合时间的效率的例子。

从发育过程来看，年周期中每一叶片都要经过幼叶展开——成熟——衰老——脱落的全过程。幼叶内组织不全、酶的活性弱、光合性能差，制造的营养多用于自身建造。叶片初步成熟时光合效能最高，以后随着衰老，叶片功能明显下降。在未进行修剪的树上，叶片早衰早落者甚多，特别是树冠内部，枝枯叶稀，既减少了光合面积，又缩短了光合时间。修剪在抑强扶弱、减少竞争势差等方面有突出作用。

1.1.5 修剪调节光照的方法

用修剪手段调节光照的方法是通过整形来实现的，是指在一定结构条件下来实现的树冠外部形状，即常讲的树体结构（图 1.1–6）。

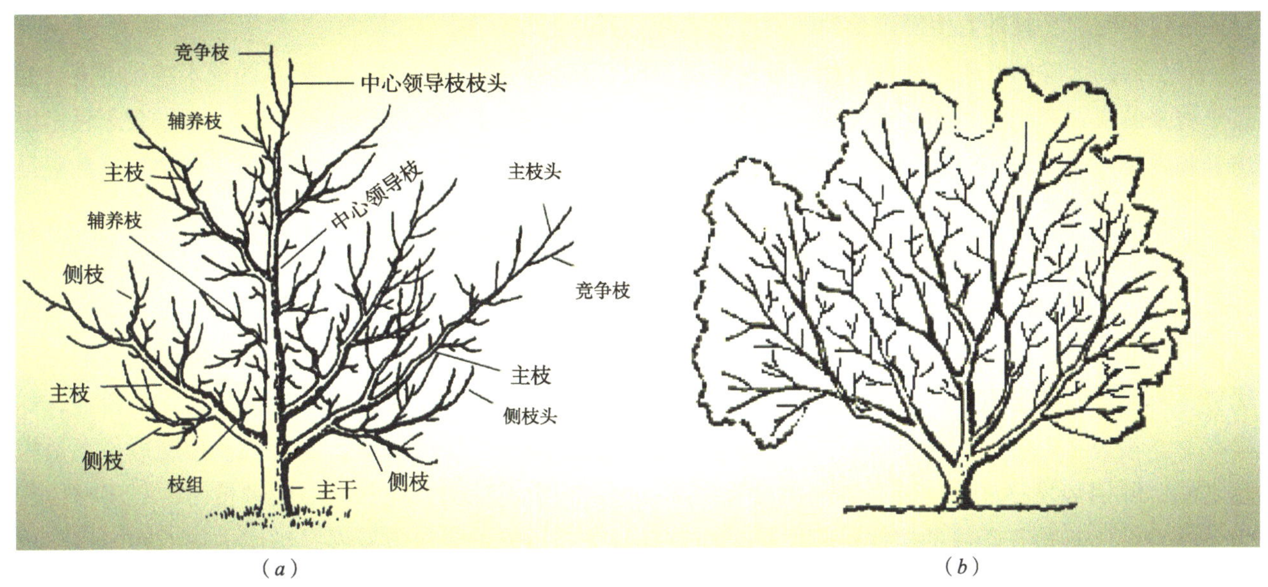

图 1.1-6 树体结构示意图
（*a*）各类枝的名称；（*b*）三稀三密树冠结构示意

树体结构包括组成树冠的骨干枝条，即主干、主枝、侧枝、辅养枝、枝组等的数量和分布。其中：主干是从地面到第一主枝着生处的一段树干，其高度称为干高。中心领导枝又称中心干或中干，是主干的延长部分，从第一主枝着生处到树的最上面的一个主枝或树的顶部，它位于树冠中心。主枝是着生在主干和中心干上、用以不断延长和扩大树冠的永久性的大型枝，从下向上分别称为第一主枝、第二主枝、第三主枝……侧枝是着生在主枝上的永久性骨干枝，从基部起向前排列为第一、第二、第三或第四侧枝，侧枝上可以配置大、中、小型枝组。辅养枝是在整形阶段，着生在中心干上各主枝之间和主枝上各侧枝之间的大枝。这类枝的主要任务是辅养树体，增加开花或结果面积，而不是用来扩大树冠。当树冠生长到一定阶段，有的辅养枝因影响了主、侧枝的生长，或影响光照时要将其去掉，这类辅养枝称为临时性辅养枝；有的辅养枝则要将其改造修剪为大型枝组长期保留，这类辅养枝称为永久性辅养枝。延长枝是各级枝先端用以继续伸展（延长生长）来扩大树冠的一年生枝。外围延长枝主要是继续延长各个主、侧枝和中心干，扩大树冠，引导大枝的伸展方向；内膛的一些延长枝主要是培养、扩大和更新枝组。竞争枝一般是指一年生枝条剪口下第二芽抽生的旺枝，其与延长枝长势相近甚至超过延长枝，争夺延长枝的养分和空间。

整形的基本要求是使树冠的光合面积达到最大限度，整个树冠处于光补偿点和光饱和点之间的最适光强范围。这样的树冠构形总结为“三稀三密”，即各类枝条在树冠上的分布是“上稀下密、外稀内密、大枝稀小枝密”。“三稀三密”树冠通风、透光，有利于 CO_2 的供应和内膛光照的利用，可使内膛无效叶面积少，受光面积大；病虫害轻，便于植保管理；可增加有效花枝数量、实现立体开花。“三稀三密”树冠中枝条合理密度的标准是指处于光饱和点与光补偿点之间的枝条密度。实践上以夏季晴天中午树下光斑约占总树冠投影面积的 10% 为枝条合理密度和标准。

下面对大枝、小枝、冠高、冠径加以解释：

（1）大枝：是指构成树体的主干、主枝和侧枝（包括临时性的大型辅养枝），它们起输导、支持和贮藏营养的作用。

（2）小枝：指除大枝以外的所有枝条（包括单轴的一年生或多年生枝、着生于各级大枝上的各类枝组），它们是长叶、花芽着生、开花结果的主要部位。在不妨碍通风透光的原则下，可以尽量多留。

当大枝过多时，小枝的着生部位受到限制，影响叶面积的均匀分布。

（3）冠高：除阔叶树中的杨树和常绿树中的柏树、云杉、雪松等之外，在更多的树木造景中需要通过修剪来解决冠高与冠径的比例关系。如果冠高和冠径的比值大，常会造成上强下弱、基层骨干枝难以培养和发挥应有作用等问题，因此，整形修剪的核心任务是控制过高的树冠高度、始终保持冠高和冠径的合理比值。

（4）冠径：冠径大小的确立应以树种习性、立地条件和整形方式而变动。某些自然冠径较大的树种，如合欢、火炬等要注意阔冠修剪。某些枝条外延能力弱的树种，如珍珠梅、连翘、猬实、榆叶梅、毛樱桃、紫叶矮樱等，除保持本身往外扩展的能力外，应时时注意外延枝条的延伸角度，保证枝头的持续优势，特别在行植、列植、组团栽植时适当调节树冠扩展方向更为重要。枝条外延能力强的树种，如樱花、八棱海棠、核桃、流苏、青桐、杜仲等，因受种性潜在优势的影响，强行调节控制冠径不是根本之法，除因势发挥外，还应适当减小栽植密度，加大行距、株距，尤其在组团种植时，要将整体作为单株看待，栽植于外缘的单株对其主枝要注意开张角度，使冠径快速发展，组团内部的则应逐年控冠，保证整体光照不受影响。总之，适宜的冠径标准应当是树冠内外势力差异小，内膛枝寿命较长而具备较丰满的花枝。

园林中强调用各个树种的自然树形来体现园林美。从实践来看，某一个树种的自然形状的展现一般都在种植后经过几年的恢复和人工引导才能一步一步表现出来。另一方面，绝大部分的花灌木树种和重点区域中的点景树必须经过人为地调整后才能稳定和均衡生长。因此园林中的自然树形只是给出了一个树冠外形的轮廓，要做到树木持续地健康生长仍然需要通过整形的手段，使树木在一个合理的树冠结构下充分利用光能，实现整体生长的持续稳定。

1.2 修剪对温度的调节作用

温度是树木生存的一个重要条件，树木的各种生理活动都必须在一定的温度条件下进行。一般树木生命活动的温度范围为 0 ～ 50℃。在这个范围内，从生理活动开始进行的温度起，到每个生理活动的最适温度值之前，随着温度的升高，生理活动进行得愈快。超过最适温度范围，生理活动的速度反而缓慢甚至下降。

整形修剪对温度的调节作用主要是通过为树木各器官创造适宜的温度条件，防止高温或低温危害，如日灼、冻害和霜害等。常用的方法是通过疏剪改变通风透光条件和遮阴条件来实现。喜高温的树如紫薇、杜梨、葡萄，枝叶可稀疏些，树形开张些、松散些；而喜较低温度的树种如金银木、海棠等，可留枝密些、多些，树形可紧凑些。

树木的日灼病主要发生在南面或西南面，冬季和早春的日灼病往往发生在太阳直射的局部组织（如树干、主枝）。这是因为中午温度急剧升高，而夜间又急剧降低，树皮组织由于冻融交替，使组织坏死所造成。日灼病的防治，除灌水、涂白（喷白石灰液）等措施外，主要应多留枝叶，使枝干、花朵和果实受到遮阴，温度降低。因此，园林绿地通风或剪除树下阻风的枝叶，有利于防止温度上升。

1.3 修剪对空气的调节作用

整形修剪可以在一定程度上改变树冠内或组团内部的通风条件，从而对空气的流通进行调节。其中主要是通过增加 CO_2 的供应来提高植物的光合作用。

空气中 CO_2 的浓度对光合作用影响很大。大气中 CO_2 含量一般为 0.03%，不能满足旺盛的光合作用的需要。绿地中的 CO_2 主要有两个来源，一是土壤微生物和其他树木（包括树木本身）呼吸释放，二是随风（空气流通）而来的 CO_2。绿地通风可以促进空气交换，当风速为 3m/s 时，蒸腾作用比无风时提高 3 倍左右，可促进树体对水分和土壤养分的吸收并加大 CO_2 随风的流动量，实现持续供应，进而加强光合作用。

1.4 修剪对水分的调节作用

整形修剪对水分的调节作用主要表现在开源和节流两个方面，通过修剪措施一方面加强了根系对水分的吸收，另一方面减少了叶面蒸腾。修剪的水分调节作用主要体现在以下几方面：

（1）修剪减少树冠内的生长点和叶面积：冬季修剪时剪掉部分枝条、夏季修剪疏去部分新梢和叶片均可以减少蒸腾面积。植树时对地上部采用重修剪，保护根系完整，并在栽后少留芽或进行平茬修剪，都是调整树体内水分平衡、减少蒸腾面积的措施。

（2）缩短养分运输的距离：在夏季采用回缩的办法可减少养分、水分消耗，同时缩短水分、养分的运输距离。

（3）调节库源关系：修剪剪掉多余的花枝不仅提高了观赏性还明显地减少养分、水分消耗，促进根系发育。

（4）抗涝修剪：涝灾初期疏剪枝条，可以改善树冠通风透光条件，增加蒸腾量，消耗土壤过多的水分；涝灾后期以开挖排水沟、疏剪腐烂根系来改善土壤透气性，促进新根的发生。

第2章　园林树木整形修剪的生理调节

整形修剪的生理调节作用是指通过对树木进行合理的整形修剪可以调节树木体内营养物质产、供、消之间的平衡关系，主要表现在对营养物质的吸收、合成、运转、分配的调节和对植物内源激素产生和运转的调节上。这种调节作用是通过对树木枝芽数量、质量、姿势和着生位置等进行改变来调节树木各器官生理活动之间的相互平衡关系来实现的。

2.1　树木光合产物的运输与分配特点

树木从外界环境中吸收 CO_2、水和各种无机元素，通过光合作用和其他同化作用，在叶片、根系中合成碳水化合物、蛋白质、脂肪、激素、维生素等。这些物质经过进一步转化，形成各种有机物。按这些物质的合成方式和生理作用不同，树木栽培中将其归纳为四大类物质。其中，用来形成树体各器官的细胞和组织的物质称为结构物质；可以被氧化释放出能量或转化为不同形式贮存能量的物质（如糖类和 ATP 等）称为能量物质；能够调节、控制以上这些物质的合成、分解、转化、消耗和贮藏的过程并使之井然有序地在树体内运行的称为调节物质（如激素、维生素等）；调节物质的控制者是核酸（包括 RNA 和 DNA 等），称为遗传物质。树木体内的结构物质、能量物质、调节物质和遗传物质的生产、运转及分配，都与栽培管理特别是修剪技术密切相关，尤其是在能量物质中那些暂时不被利用而储藏在果实、根、枝、芽和叶片当中被称为储藏物质的一类物质，在树木栽培中具有重要意义。

光合产物主要是碳水化合物，包括单糖、双糖、多糖三大类，是合成其他化合物的基础物质。碳水化合物在一系列酶的作用下，通过复杂的转化过程后，进一步合成结构物质、遗传物质、能量物质和贮藏物质。

2.1.1　优先供应生理活性较强的部位

叶片制造的光合产物的输导与分配具有明显的优先供应生理活性较强的部分的特点，不论是向地上部还是向根系输导，都是优先供应活性最强的部位。例如，在树木的新梢生长期，新梢中部的叶片合成的光合产物向两个方面运输，一方面运往旺盛生长的新梢生长点和幼叶，另一方面下运至生理活性强的根系。正常情况下一个新梢上的光合产物只供应枝条本身，不会向另一新梢输导光合产物。在同一枝条上，一个叶片合成的光合产物也极少送到另一叶片中去，而是只输送到相应的顶芽、腋芽、果实和根中。通常把这种分配特点称为“光合产物运转和分配的局部性”。

若将光合产物的供给体（主要是叶片）定义为代谢“源”，将光合产物的接受体定义为代谢“库”。不难看出“源”器官之间是互相抑制的，而“库”器官之间是互相竞争的。幼龄树木由于“源”、“库”单位较少，树体营养贮备能力弱，人工修剪控制相对容易。但由于幼树缓冲和适应能力较差，对修剪反应敏感，稍重的修剪便会徒长，肆意地长放或放任生长便会使树形紊乱出现早衰。成龄的大树体量大，

“源”、“库”单位相应多，尽管彼此之间的竞争和抑制作用很大，但由于大树的适应能力和缓冲能力较强，“源”、“库”之间的矛盾显现需要一个相对较长的时间，要求的修剪控制技术也较为复杂。

在生产中，根据具体情况，选择合理的栽植密度和适宜的树冠大小，不论是一株树还是一个大枝都要使“源”和“库”之间保持一定比例，这是修剪中强调枝量平衡、叶量平衡、树势平衡的主要原因。

2.1.2 输导方向和数量

同一新梢不同部位的叶片光合产物的输导方向和数量是不同的。在新梢旺长期，上部的叶片光合产物主要运到茎尖，随着叶片着生部位的降低，叶片叶腋中的叶芽和快速生长的茎尖部位获得上运光合产物的数量也逐渐降低，最后，枝条基部叶片光合产物的运转方向转变为以向下运输为主。已经停止生长的新梢，上部的几个叶片仍然上运有机养分来充实芽体，以利于芽的分化。

在一定时期内，一个枝条上存在着一个光合产物上运和下运数量大致相等的临界节位。据测定，在新梢旺长期，桃的临界节位在枝条中部，苹果在中上部。因而，在夏季修剪中要根据不同树种采用不同的剪截部位。如海棠类可以用摘心来控制光合产物上运，而观赏桃类则多用剪梢的方法在半成熟叶部位进行短截修剪，目的都是剪除一些未成熟叶片来控制光合产物过多地上运，以控制生长、减少器官建造的消耗。

研究还证明，光合产物向基部和向上部两个方向的流动是同时进行的，说明光合产物的输导具有多向输导的特点。同一个叶片，在多数情况下是向两个以上的生理活跃部分输送有机营养的，尤其是旺盛生长季节。例如，旺长的桃树新梢叶片，既向先端生长点和幼叶输送营养物质，也向果实和根系输送养分，还要充实自己的腋芽，这种多向输导是树木适应性的表现。在异常情况下器官间的养分可以相互补给，无叶枝上的果实也能长大并产生种子是多向输导的最直观的证明。

2.1.3 一年中树木光合产物的分配特点

随着季节的转变，“源”和“库”可以互相转变。例如，根、干、枝、芽在春季可以输出贮藏在体内的养分，它们是新梢、新根、花、果及种子发生和形态建成的营养“源”；而夏季新梢停长之后，根、干、枝、芽又接受叶（源）输入的光合产物，加强生长和充实，又成为“库”。花及果实基本上是接受和贮存叶片运来的光合产物的“库”，但绿色幼果中含有的叶绿素具有光合能力，可以生产同化物，又有“源”的性质。成熟的果实在干旱和叶功能衰退等特别不利的情况下，不仅不再接受外来同化产物，还要向叶器官倒流水分和养分，成为“源”。了解上述树木年周期中光合产物运转和分配的这些动态规律，明确“源”、“库”关系的这些变化，有利于克服园林绿地管理中的片面性。

根据上述的“源、库”关系，以上一年形成花芽、第二年春季开花的树种为例，可将树木在年周期中的代谢转换大体上划分为 4 个时期。

（1）利用贮藏营养的树木器官建造期：这一时期可分为前后两个阶段。由芽萌动到新叶初展，这一阶段包括了新根发生、叶芽萌发、新叶开展、花器官成熟、开花和授粉受精等物候过程，是第一阶段，其生命活动要依赖前一年树体的贮藏养分。谢花之后、幼果着生、短枝展叶、长枝开始生长为第二阶段，这一段时期仍然依靠贮藏养分，少量新叶已开始进行光合作用，但光合产物总量少，以自留为主，用于器官本身建造，少量外运到枝干和根系。

（2）当年同化产物被多器官生长发育竞争的营养期：此时是新梢旺长期，树体贮藏养分快要耗尽，当年同化物总量增多，并向竞争力强的器官输送。竞争同化物的器官主要有旺长的顶梢、根尖和幼果。竞争力强弱取决于器官数量比率及集中分布的程度。

（3）当年同化产物大量产生和均衡分配期：自新梢缓慢生长后开始，直到仲秋季节。此期绝大部分叶片已经成熟，新梢生长的消耗将近结束，枝条进入组织充实期。叶器官同化产物总量达到最高峰，并向各器官均衡分配。同化物向枝干和根系的输入量增加，但受果实负荷量的影响较大。

（4）同化物贮备期：仲秋季节后，由于叶片衰老和温度下降等环境因素的影响，同化物总量变小，向枝干和根系的输送量增大，具有向下集中分配的特点。离自然落叶期越近，贮存部位离次年早春萌发部位越近。

根据以上规律，年周期中的修剪原则是：为了改善春季器官建成和开花消耗，使养分均衡供应，在提高上一年落叶前贮藏养分水平的基础上，冬剪中应注重平衡枝类，选优去劣，集中贮藏养分，以供应保留下来的花芽、叶芽和新根的发育。弱树选留优质叶芽，剪除过多劣质叶芽和多余的花芽以提高新梢质量、增强光合效率、恢复树势；旺树则重点注意调节和控制旺盛器官的生长势，控制和疏除竞争枝，做到因树、因枝制宜地调整营养枝和花枝之间的比例关系，使它们能有节奏、按比例地平衡发展。

对于花芽当年形成、当年开放的树种，如紫薇、木槿、石榴、蔷薇类等，除遵循上述原则外，还应根据各自的生物学特性，进行树势判断后再确定修剪方法。详细内容请参阅“实践篇”和“研究篇”中的相关内容。

2.1.4　树冠结构与养分分配的关系

在树冠结构诸因素中，以开张角度和顶端优势最为重要。枝条着生的角度与光合产物分配关系密切，直立枝的光合产物自留量小、外运到枝干和根中的量大；水平枝则相反，自留量相对加大，外运量减少。角度小的直立枝，同化产物外运多，枝叶两极交换加强，养分向干和根的运输量也大，易维持强旺的树势，但在生长过旺时，因局部自留量低，易造成局部营养生长过旺，花量少，影响树木的整体营养平衡。通过修剪措施调节光合产物的分配状况，旺树加大角度，弱树减小角度。对易倾向于徒长或易导致旺长的立地条件，角度要力求加大；而对易倾向于衰弱的立地条件，角度应适当减小。从同化产物的分配规律看，为保证一定的自留量和外运量，开张角度的大小应因地、因时、因树制宜，在不同年龄时期中也应有所变化。

顶端优势制约着光合产物的流向，主要反映于同化物在顶部和侧部的分配比例上，例如长梢中部功能强的大叶所制造的营养会被优势枝条所争夺。因此，调节长势是改变光合产物分配方向、促进或控制顶端优势的关键措施。一切能导致长势加强的内外因素，例如过多浇水和施用氮肥、枝条直立生长、修剪量过大等都能促进顶端优势和光合产物向顶端分配，也有助于加强根、叶两极交换。反之，一切能导致长势减弱的内外因素，如土壤干旱、缺氮、开张角度、轻剪、过多地开花结果等，将缓和或削弱顶端优势，使光合产物局部自留和积累。

2.1.5　新梢类型与养分分配的关系

树木冠内的新生枝条在形态上可以分成不同的类型，由于着生位置和形成时间不同，表现出的形态结构和功能也有很明显的差别。在许多树种的研究中都看到，不同类型的新生枝条以不同的数量比率组合时，会导致树冠的整体特性产生变化。短枝条数量占绝对优势的植株，属于枝、叶建造消耗较小的前期积累型；而长枝条数量比率高的植株，则属枝、叶建造消耗大、时间长的后期积累型。短枝条的自留量最大，同化产物基本不外运，属自给自足类型；长枝条同化物外运量很大，自留量少，属于交换能力强的类型。两者相比较，前者有利于光合产物局部积累和形成花芽，但它的养根、养枝干的作用微弱；后者有利于加强根、叶两极交换，并可以养根、养干和维持树势。因此，在修剪中根据不同树势采用不

同的修剪方法来获得不同的枝类比例是修剪的主要技法之一。

2.1.6 果实、种子与养分分配的关系

果实和种子在光合生产总体中不是“源”而是“库”，它要求同化产物不断流入。在幼果期，果实的营养源主要靠枝干和根中的贮藏养分，中后期则靠当年新叶的同化物。果实的存在，对树体光合产物的分配有巨大的影响。大量果实存在时对光合产物的竞争，导致枝干和根系增长量以及贮备物质的显著减少。这种情况在一些花灌木树种中表现得十分突出，如丁香、连翘、紫薇、木槿，因过多的果实量而影响树势的情况普遍存在，乔木中国槐、栾树、泡桐也有类似反应。因此，调节果实、种子的数量是修剪的主要内容之一，尤其是当年成花、当年结实的木槿、紫薇、国槐等树木更要注意疏除花序（国槐）和花后修剪（木槿、紫薇、石榴等）。

2.2 氮素营养的运转与分配

含氮化合物在树木体内只占干重的很少部分，为 0.14%～2.60%，但它对树木生长发育非常重要。它们与碳水化合物不同的是，含氮化合物主要集中分布于叶子、分生组织以及其他生命活动旺盛的部位，是形成细胞原生质与核酸的主要成分，也是酶类、叶绿素及内源激素的重要组成成分。树木中的含氮化合物种类繁多，主要有氨基酸、酰胺、蛋白质、嘌呤、嘧啶以及核酸等。

根系吸收氮素的能力与树体内碳水化合物的贮量成正相关。通常秋季吸收的氮素主要贮藏在根中，次年春多数用于新根形成，少量运到地上；而春季新吸收的氮素则主要运到地上部，数量可占总吸收量的 3/4，对新梢的影响主要表现在春梢生长量与长势上，可提高芽内含氮量，也将影响芽的分化。试验证明，含氮化合物运到地上部所需时间较长，20～30 天后才能看到明显的分配差异。年周期中树木对氮素的需求状况可以分为三个时期：

（1）大量需氮期：从萌芽到新梢旺长期。此期氮的主要来源是贮藏氮，为保证生长势稳定，这个时期施氮应根据植株碳水化合物含量状况而定，由于碳氮比（C/N）状况影响树体生长势，因此一般树势旺盛的树春季可不施用氮肥。

（2）需氮稳定期：枝条旺盛生长高峰过后到仲秋季节，是大部分树木的需氮稳定期，这一时期叶片与根系含氮量处于稍低水平，但相对稳定。此时要少量稳定供氮以保证成熟叶中氮的不断更新，提高光合强度。在修剪上注意采用缓势技术如摘心、拿枝等技术方法控制枝条旺长。

（3）回流期：仲秋后根系再次生长，此期为吸收氮素贮备时期。这一时期氮素供应得当可使树木吸收较多的氮素，有效增加树体贮备，对秋冬季分化各类优质芽体起重要作用。

2.3 调节物质的运转与分配

2.3.1 树木内源调节物质的种类与作用

树木体内的调节物质包括内源激素和酶等。内源激素包括生长素（auxin）、赤霉素（GA）、细胞分裂素（CTK）、脱落酸（ABA）、乙烯（ETH）五大类。其中生长素、赤霉素、细胞分裂素是促进生长的，脱落酸、乙烯是抑制生长的，它们之间量的变化和比例关系调控着树木的生长状况。5 种内源激素的生理作用是：

（1）生长素类：促使细胞核分裂和细胞伸长，促进呼吸作用，诱导 RNA 和蛋白质合成。生长素在

树体内有自由态也有结合态，它们可以调节树体内的生长素水平，少的时候，生长素就释放出来，多的时候便结合起来，避免使树木中毒，同时起到保护生长素不至于被氧化破坏的作用。自由态的生长素可以运送到起作用的部位与受体结合从而发挥作用。

（2）赤霉素类：赤霉素促进茎的生长，主要是细胞延长引起节间伸长，有些树木中的赤霉素也可以促进细胞分裂。赤霉素诱导淀粉酶的形成，因而促使淀粉水解速度加快，还可以诱导其他的水解酶的活性。不同的赤霉素生理活性各不相同，在发现的 70 种赤霉素中，它们在一定条件下可以相互转变。不同的树木种类和品种所含的赤霉素种类不同，如桃、杏种子中含的主要是 GA_{32}，它是生理活性极强的化合物，苹果种子中含的是 CA_3、GA_4、GA_7 等十几种。

（3）细胞分裂素：细胞分裂素的主要功能是促进细胞分裂，防止衰老。生长素可以使细胞核分裂，但不能使细胞质分裂。而细胞分裂素既可以使细胞核分裂，也可以使细胞质分裂并能促进细胞伸长。细胞分裂素可以解除生长素对侧芽的抑制作用，维持蛋白质和核酸的合成，并调节蛋白质和可溶性氮化物之间的平衡。在树木中发现的细胞分裂素种类有 13 种，在葡萄伤流液中含有 5 种，在板栗枝条中也发现有 5 种。

（4）脱落酸：脱落酸可抑制淀粉酶发生，抑制赤霉素的合成，是赤霉素的天然拮抗物。其能促进淀粉的合成和累积、抑制茎的生长、诱导芽体休眠和种子休眠，有利于枝梢充实、根系生长和花芽分化。

（5）乙烯：乙烯对茎、芽和根的伸长都有一定的抑制作用，既促进果实成熟，也促进果实和叶片的脱落。树木组织受伤后促进乙烯的生成，枝条弯曲后乙烯浓度也会显著增加，弯枝、扭梢等修剪措施在促进乙烯生成后明显地抑制树木生长。乙烯分子小，在常温下为气体，很容易通过扩散传递到其他组织和器官，它在水中溶解度也较大，所以在树体内移动性较强。

从表 2.3–1 中可以看出，生长素、赤霉素、细胞分裂素在旺盛生长的部位有较多的分布，而脱落酸、乙烯则分布在成熟的部位，反映了树木内源调节物质的运转方向和代谢强度是一致的。代谢强的部位，促进生长的激素含量高，调运养分的能力强，生长旺盛；生长缓慢或停止生长的部位抑制生长的激素脱落酸、乙烯含量高。这与碳水化合物和含氮类化合物的运转分配方向是一致的。

内源激素合成部位及分布情况 表 2.3–1

器官	生长素	赤霉素	细胞分裂素	脱落酸	乙烯
茎尖	+++	+++	+++	+	+
幼叶	+++	+++	–	–	+
延伸的茎	++	++	–	–	+
侧芽	+	++	+	–	+
未熟果实及种子	+++	+++	+++	+	+
已熟果实及种子	+	+	+	+	++
成熟叶	+	+	–	+++	++
成熟茎	+	+	–	–	+
根	+	–	–	–	+
根尖	++	++	+++	+	+

注：1.+++——含量多，++——含量中，+——含量少，–——无或痕迹。

2. 本表格转自许明宪的《果树修剪生理》，第 30 页。

2.3.2 内源激素的相互关系

几种内源调节物质在树内并非单独起作用，它们之间有相生相克的关系：

（1）增益作用：赤霉素可以增加生长素的生理活性，在枝条的先端幼叶中产生的赤霉素，可以加强茎尖生长素的活性。

（2）拮抗作用：赤霉素和脱落酸，生长素与乙烯，脱落酸与细胞分裂素之间是相互拮抗的。赤霉素可以使淀粉水解，是由于赤霉素诱导 α– 淀粉酶合成，而脱落酸正好相反，它可以抑制淀粉酶合成，促进淀粉积累。脱落酸可以使气孔关闭，而细胞分裂素可以使气孔开张。乙烯可以促进衰老和脱落，而生长素防止衰老和脱落，研究表明细胞分裂素也可以防止衰老。

（3）诱导作用：生长素诱导产生乙烯，如施用生长素促进菠萝开花，就是由于生长素先诱导产生乙烯，再由乙烯促进菠萝开花。细胞分裂素也可以诱导乙烯产生。

（4）反馈作用：少量的乙烯可以触发产生大量的乙烯，称正反馈；生长素诱导产生乙烯后，乙烯可使 IAA（吲哚乙酸）的含量下降，称负反馈。

正是由于内源激素间的相互作用，才使激素间达到某种平衡，从而控制或调节树木的发育。

2.3.3 酶

酶是具有催化活性的蛋白质，在代谢作用中十分活跃，在活细胞中同时进行着上千种的生化反应。这些反应之所以能够井然有序，主要是由于酶的调节。据估计，在一个活跃的细胞中可能有几千种酶。酶的存在不仅决定了生化反应速率，而且决定了生化反应的方向。修剪对酶活性有明显的响应，进而影响树木生长和结果能力（表 2.3–2）。

修剪对苹果叶片内过氧化氢酶活性的影响（每毫克干样分解 H_2O_2 的毫克数） 表 2.3–2

处理	5 月 19 日		11 月 2 日	
	H_2O_2 的分解量	相对值	H_2O_2 的分解量	相对值
轻剪	1.08	100.0	0.680	100.0
中剪	1.95	180.6	0.745	109.6
重剪	2.17	200.9	0.765	111.0

2.4 不同修剪量的生理效应

修剪量直接影响到树木的一系列生理过程，这些影响通过水分、碳水化合物、含氮物质的含量表现出来。在下面的不同程度修剪的试验分析中可以清楚地反映这些效应。修剪越重，枝叶内含水量越高，这是重修剪可以明显促进树木的营养生长，增加枝条生长量和生长势的原因；反之，也是轻剪有利成花的机理之一。由表 2.4–1 中淀粉的变化可以看出光合产物的积累水平，淀粉积累越多，结构物质和能源越丰富，越有利于花芽的形态建造。普遍的结果是修剪越重，淀粉含量越少，由于淀粉测定方法简易、方便，所以是研究树木物质积累的生理指标之一。

修剪程度对 25 年生‘国光’苹果小年树新梢养分和水分的影响（河北园林树木研究所，1964，干重 %）　表 2.4-1

处理	轻剪	中剪	重剪
水分	66.750（100）	67.257（100.8）	67.752（101.5）
全氮	2.900（100）	3.130（107.9）	3.240（111.7）
蛋白质氮	1.570（100）	1.420（90.4）	1.740（110.8）
还原糖	0.683（100）	0.492（72.3）	0.563（77.1）
蔗糖	0.240（100）	0.489（203.8）	0.575（239.4）
淀粉	6.147（100）	4.980（80.6）	4.780（80.6）

注：表格中括号内的数值为相对值。

由表中的资料分析，修剪越重，含氮越高，与含水量相平行。含氮量高也是促进长势、控制成花的机理之一。但在试验中发现，植物生长后期（八月以后）枝条含氮量有相反趋势，即修剪越重含氮越低，这与后期光合产物的增多有关。

修剪越重，蛋白质氮越高，这说明新梢营养生长需要合成大量的蛋白质。不论修剪轻重，蛋白质氮均占全氮的 80% 以上，可见营养生长和花芽形成都需要大量蛋白质来作为形态建成的结构物质，而并非成花的特殊机制。

2.5　改变枝条着生角度的生理效应

改变枝条的着生角度是整形修剪常用的手法之一。研究表明，拉开或压平的枝条内，蒸腾液流运输速度明显减慢，特别在枝条的弯曲部分，运输速度减慢得更为明显。枝条压平后，夏季前半期上行液流主要从枝条断面的上半部运输，而夏季的后半期，上行液流主要从枝条断面的下半部运输。同时枝条由直立状态开张压平后，顶端产生的生长素和幼叶产生赤霉素含量减少、含氮量降低、乙烯含量增加、碳水化合物增多，而且近先端处高而基部低、背下高而背上低，因而可缓和枝条生长，促进花芽形成。

从内源激素的角度来理解改变枝条着生角度的生理作用在于：改变枝条着生角度后主要是改变了内源激素之间的平衡关系。宏观上看到枝条上部的芽萌发抽生强枝，最下部的芽处于休眠状态，当除去顶端直立枝条后，下部留下的芽可继续直立生长。这是因为位于树木茎尖的活跃的顶端分生组织中生长素含量极高，可以大量调运来自根部的细胞分裂素，导致侧芽缺乏细胞分裂素而不能解除抑制。当喷施外源细胞分裂素（6- 苄氨基嘌呤）后，侧芽萌发率明显提高了，打破了原有的平衡状态，侧芽抑制被解除了。

此外，老叶产生的脱落酸也抑制其叶腋中的侧芽，去掉叶片后，脱落酸与细胞分裂素的拮抗被解除，侧芽就易于萌发。

枝条角度的改变会影响顶芽生长素的含量。直立枝顶芽中生长素含量高，而水平和下垂枝则依次降低，对其形态学下端的芽失去抑制能力。在枝条角度改变之后，生长素含量的变化又与乙烯含量有关。直立枝的先端和基部乙烯含量相差不大，压平枝条或弯曲下垂，枝内乙烯含量增加，而且出现分布梯度，近先端处高而基部低、背下高而背上低。这种分布规律正与生长素分布呈负相关，即乙烯与生长素呈拮抗关系。成熟叶产生的脱落酸可以拮抗细胞分裂素，这也是老叶抑制侧芽萌发和生长的另一机理。理解内源激素之间的关系有助于解释不同角度枝条对芽萌发的影响。

2.6 造伤修剪的生理效应

在生长季进行修剪的方法中常采用使树木器官或组织产生创伤的方法来削弱枝条的生长势，如环状剥皮、环状倒贴皮、环切（环割、环刻）、绞缢、刻伤、扭梢、折枝、锯伤等，统称为造伤修剪手法。其目的是使枝干韧皮部或木质部受伤，暂时阻断养分和水分的运输通道，在伤口愈合之前阻碍或减缓养分、水分上下输导的速度和数量，以调节枝条长势，控制成花。这些给树木造成伤口的修剪手法若使用恰当，对树势、枝势的调节及控制效果十分显著。

2.7 营养调节原理在修剪中的应用

2.7.1 营养物质运转和分配

树木任何器官的发育都需营养，而营养物质的运转分配又不是平衡的。不同枝梢，叶片形成的早晚、光合时间的长短、功能的强弱及营养运转的方向也不同。短枝自身叶片所制造的营养虽然不多，但外运量也少，多余的营养一般就贮藏起来；较长的生长枝，前期是消耗营养物质，后期才积累，对有机养分生产量大，外运范围也广，对根系和中、短枝的辅助作用大，有助于维持和增强树势；中枝在营养物质积累和运转中的作用介于二者之间。

营养物质运转与分配状况可以通过修剪加以利用和调整。例如，控制徒长枝，削弱它对营养物质的竞争力，就增强了中、弱枝对养分的竞争力，从而促进了花芽的形成和树势的缓和；通过环剥、环刻造成一定的伤口，阻碍营养液的流通，则会改变伤口上、下部分对养分的竞争力；调节各类枝的比例，通过缓放增加中、短枝量，可缓和树势，增加花量。但由于短枝对养分分配的独立性强、外运量小，对整个树体的辅助作用小，其过多时树势会转衰，这时就要适量短截，扩大分枝，增加无机养分的吸收和有机养分的制造。

2.7.2 营养的集中、分散与平衡

营养的集中是指叶片制造的营养物质和根系吸收的营养物质在流动时趋向一个方面、一个部分或一个枝条。例如强弱不均衡的偏冠树，修剪时要限制生长势强的一侧，扶助弱的一侧，使养分向弱的一侧流动。多年长放的枝条，其营养分散在许多侧芽里，连续开花或结果后生长势转弱，修剪时选留中后部有生长能力的枝条回缩，会使养分集中在这个枝的分枝生长上，得以更新复壮。衰老枝组，经过细致剪截，促使分枝，就可以使营养由用于集中开花转向用于分枝生长。

营养的分散是指营养物质同时流向几个方面、几个部分或几个点的现象。例如，疏去旺枝后，养分向附近几个弱枝分散；缓放或轻剪强壮生长枝，放慢了顶端的生长速度，使养分由集中于延长生长转向往许多侧芽里分散，使枝势得以缓和，促成花芽。

就整株而言，通过整体的分势修剪，促使养分向全树各个部位均匀流动，以调节树体的上强下弱或上弱下强、左强右弱或右强左弱，调节大枝的前强后弱或前弱后强等，达到防止徒长、均衡树势的目的。

营养的平衡是指通过修剪使营养物质同时流向生长与开花（结实）两个方面，调节、缓和生长与结果的矛盾，使树势均衡、中庸健壮并在相当长的时期内处于稳定平衡状态，这就是营养物质的平衡分配。如在对一个生长枝的短截修剪中，短截后形成了中、短花枝和新的生长枝。此时应缓放剪口下第一个强

枝，减缓其生长势促进成花；中截第二个中庸枝，以促其分枝；留下中、短花枝开花结实，使整个枝组里有生长、成花、开花结果的三种枝条，使生长与结果的营养趋于平衡。这是保持营养物质平衡分配的最佳修剪方法，生产中将其称为培养“三套枝”，并长期保持“三套枝”。

2.7.3 营养物质的积累与消耗

营养物质的积累与消耗是树木利用营养物质的两个方面：一方面是树体的生长与开花、结果对养分的消耗，包括用于正常的生长、结果和无益的浪费；另一方面是剩余的、留在树体内的养分，就是积累。特别是越冬休眠之前的积累和贮藏对树木的过冬和来春的萌芽、开花、坐果、抽梢更为重要。

营养物质是树木的粮食，是生长与开花结实的决定因素，所以要注意采用增加营养物质的积累和减少无益的消耗的各种剪法。树体的营养物质是由根系吸收的水和无机盐通过叶片的光合作用产生的，因此，要增加树体内营养物质的积累，除了施入氮、磷、钾等各种元素以外，必须有足够的光合效能强的叶片，以增加营养物质的产量。另一方面，也是很重要的一方面，就是要减少营养的无益消耗与浪费，以开源节流。具体剪法如下：

（1）限制徒长，减少旺条：徒长直立枝生长旺，消耗养分多，所制造的营养往往满足不了自身生长的需要，不但不能为整个树体积累养分，还要与邻近枝条竞争，使邻近枝条生长减弱，叶片光合效能下降。所以，对徒长直立枝和过密的旺条应多疏或重截，以培养枝组，改变只消耗不积累的状况，使其既消耗又积累。同时，保持适宜的枝类比例，使超长枝和长枝不过量，单枝少，枝组多。

（2）调整花量，合理留花：花量过大时需要消耗的养分多，会造成花期营养不足，影响春梢的生长，使营养物质的制造减少。冬剪时应疏除过多的花芽，保持适宜的花枝数量。

（3）合理留枝，改善光照：疏除外围郁密枝条，保持一定的枝头距离，使全树呈外稀内密状态；及时回缩辅养枝和上下两层交叉枝，保持正常的叶幕层间距离；疏除中、壮枝组上的旺枝、直立枝，改善枝组内的光照。

（4）疏除寄生枝，减少无用枝：内膛纤弱枝自身制造的营养极少，这类枝应予疏掉。同时尽量减少无用枝，以降低无效枝叶在生长季节养分的消耗。

（5）采用夏季修剪，配合地下管理：5 月中旬至 8 月上旬进行夏季修剪，秋季增施磷、钾肥，可防止徒长，减少消耗，增加积累。

第 3 章　园林树木的枝芽特性

树木的枝芽特性与整形修剪技术密切相关，树木枝干系统的组成和所形成的冠形都决定于各树种的枝、芽的特性。因此，了解和掌握树木枝条和树体骨架形成过程和基本规律是做好树木整形修剪和树形维护的基础，只有深入了解树木枝、芽的形态、结构及生长变化规律，才能在修剪中对枝、芽进行合理的选择和利用。

3.1　芽的类型与生长发育

芽是多年生植物为适应不良环境和延续生命活动而形成的重要器官，它是枝、叶、花的原始体，是树木生长、开花结实、更新复壮和营养繁殖的基础。

3.1.1　芽的分类和着生顺序

为了区别各种不同的芽，修剪中将树木上各种芽按不同的形态、结构、着生位置、萌发状况等方面进行分类，以便于描述。芽通常的分类方法有：

1. 按芽在枝条上着生部位划分

按芽在枝条上的着生部位可将芽分为顶芽和侧芽（图 3.1–1（*a*））：

（1）顶芽：各种枝条顶端的芽。

（2）侧芽：位于枝条叶腋间的芽，又叫腋芽。

绝大多数树木的顶芽比侧芽萌发力强，在形成的第二年一般都能萌发，而侧芽在第二年萌发量较少，但有些树种，如木槿、连翘、桑、构树等侧芽的萌发率也很高。

2. 按芽的内部结构划分

按芽的内部结构可将芽分为叶芽和花芽：

（1）叶芽：萌发后仅生枝叶不开花的芽。树种不同和着生部位不同，叶芽的外观形态差异很大。有些树种叶芽无明显形态或外形细瘦、先端尖、鳞片较窄、紧凑，如国槐、合欢、黄刺玫等；有些树种叶芽明显，形体肥大、饱满，如法桐、海棠、杜梨等。

（2）花芽：比叶芽肥大饱满，鳞片包被紧凑，萌发后开花的芽。

花芽分为纯花芽和混合花芽两种类型。纯花芽萌发后只开花不能抽生枝叶，如观赏桃、榆叶梅、连翘等；混合花芽，萌发后除抽生花序外，还同时抽生枝叶（图 3.1–2），如核桃的雌花、海棠、山楂、杜梨、法桐、国槐、流苏、栾树等。

花芽还可分为顶花芽（着生在枝条顶端）和腋花芽（又称侧花芽，着生在一年生枝叶腋内）两种类型（图 3.1–1（*b*））。

3. 按所在的位置划分

按所在位置，芽可分为定芽和不定芽：

（1）定芽：着生于枝的顶端或叶腋内，有固定位置的芽。

（2）不定芽：芽的发生无固定位置，常因枝干受损伤或遭遇虫害后，在树体某一部位形成不定芽。树木枝干所生不定芽易与隐芽混淆，一般情况下，枝干受伤后萌发的枝条多由隐芽抽生，而不定芽很少。有些树木的根能生不定芽，如枣、连翘、金银木等。

4. 按芽在叶腋中着生的位置划分

按芽在叶腋中着生的位置可将芽分为主芽和副芽：

（1）主芽：着生于叶腋的中央最充实的芽。在一些树种上通常为叶芽，如观赏桃、紫叶李、榆叶梅等；在另一些树种上可以是花芽或混合芽，如海棠、杜梨、苹果、垂丝海棠的腋花芽。

（2）副芽：着生于同一叶腋中、位于主芽两侧或下方（叠生）的芽，通常为花芽。着生于主芽两侧的，如观赏桃、紫叶李、榆叶梅；着生在单侧的如葡萄等；着生于主芽下方的如核桃、紫穗槐的雌花等。

5. 按每一节位上所生芽的个数划分

按每一节位上所生芽个数可将芽分为单芽和复芽（图 3.1–1（*d*）、（*e*））：

（1）单芽：每个节位上仅着生 1 个主芽，芽体肥大，副芽形态微小，外观上一节似只有 1 个芽，如法桐、合欢、白蜡、桑树等。

（2）复芽：一节上具有 2 个以上明显形态的芽，通常有双芽、三芽、四芽的复芽的形式，如观赏桃、李、杏、紫穗槐等。

6. 按芽能否按时萌发划分

按芽是否能够按时萌发可将芽分为活动芽和隐芽：

（1）活动芽：枝条上所形成的芽都能按时萌发的为活动芽。大多数树木的花芽和枝条上的顶芽都是活动芽。

（2）隐芽（潜伏芽）：枝上叶芽形成以后，第二年不萌发，以原状潜伏下来，当条件适宜或受某种刺激时才萌发，这种芽叫隐芽或潜伏芽（图 3.1–1（*c*））。

隐芽能保持活力的时间长短依树木种类而不同。如观赏桃类、榆叶梅、木槿、连翘、金银木等树种的隐芽寿命短；核桃、梨、柿、法桐、国槐、栾树等树种的隐芽生存期长，经数年乃至数十年后，仍能遇刺激而萌发，在修剪上可随时依据需要加以利用。隐芽长期潜伏时，常在树皮下，外部不易看见。这些隐芽所发生的枝和不定芽所生的枝不易区别，一般树木由老干处萌发的枝，多数自隐芽而来，在修剪上可不必硬性区别隐芽和不定芽。

7. 按饱满程度划分

按饱满程度芽可分为：

（1）饱满芽：营养充足、芽体发育充实、芽鳞紧凑、芽体比较肥大饱满。这类芽多集中在一年生枝的春梢和秋梢中部以及枝条顶端，这类芽多数是叶芽，有的可分化为腋花芽。

（2）瘪芽：发育瘦弱的芽，着生在枝条基部轮痕和盲节处（图 3.1–1（*f*））。

（3）轮痕：小叶脱落后留下的近似环形的叶痕。在旺盛生长的一年生枝上常有两个部位，基部轮痕和春秋梢轮痕。由于轮痕很难萌发枝条，修剪中常把这个部位叫“盲节”。

芽在枝条上按一定规律排列的顺序性称为芽序。因为大多数的芽都着生在叶腋间，所以芽序与叶序一致。不同树种的芽序不同，多数树木为互生芽序；丁香、白蜡等树木是对生芽序，每节芽相对而生，相邻两对芽交互垂直；雪松、油松等是轮生芽序，芽在枝上呈轮生状排列（图 3.1–3）。由于枝条是由芽发育生长而成的，芽序对枝条的排列形式和树冠形态有重要的决定性作用。

图 3.1-1 树木芽的种类

（*a*）顶芽与侧芽（西府海棠）；（*b*）顶花芽与腋花芽（西府海棠）；（*c*）轮痕上的隐芽和瘪芽（苹果）；（*d*）单芽（珍珠梅）；（*e*）复芽（碧桃）；（*f*）秋梢，叶芽芽体瘦小的瘪芽（碧桃）

（*a*） （*b*）

（*c*） （*d*）

图 3.1-2 树木混合花芽萌发后的形态

（*a*）花椒；（*b*）柿树；（*c*）法桐；（*d*）海棠花

（a）　　（b）　　（c）

图 3.1-3　树木的芽序

（a）互生芽序（胡枝子）；（b）对生芽序（丝棉木）；（c）轮生芽序（黑松）

3.1.2　芽的特性

3.1.2.1　异质性

在芽的形成过程中，由于内部营养状况和外界环境条件的不同，会使处在同一枝上不同部位的芽在大小和饱满程度乃至类别上都会有较大差异，这种现象被称为芽的异质性。从外观形态上看，枝条基部的芽和在夏末枝条进入缓慢生长期后叶腋中的芽质量较差。前者芽多在展叶时形成，由于这一时期叶面积小、气温低，因而芽一般比较瘦小，且常成为隐芽。此后，随着气温增高，枝条叶面积增大，光合效率提高，芽的发育状况得到改善，到枝条进入缓慢生长期后，叶片累积的养分能充分供应芽的发育，形成充实饱满的芽。许多树木达到一定年龄后，所发新梢顶端会自然枯死，或顶芽自动脱落。某些灌木中下部的芽比上部的好，萌生的枝势也强。

在北方多数树木的长枝有春、秋梢之分，即一次枝春季生长后于夏季停长，到秋季温湿度适宜时，顶芽又萌发成秋梢。这一时期通常被看做是“后期生长”的标志。秋梢的组织常不充实，在冬季寒冷的地区易受冻害。如果长枝生长延迟至深秋，由于气温降低，梢端往往不能形成新芽（图 3.1-4）。

（a）　　（b）　　（c）

图 3.1-4　芽的异质性表现

（a）连翘：着生在春、夏、秋梢段上的花芽，其中单花芽着生在夏、秋梢段上，叠生花芽着生在春梢段上；

（b）垂丝海棠：只有一次生长的壮花枝，顶芽和侧芽均可形成混合花芽；

（c）苹果（金冠）：健壮的一年生枝条秋梢段可形成腋花芽

上述异质性所表达的是芽体饱满程度，主要说明不同的叶芽之间的差别，而不是指花芽与叶芽之间本质的差异，因而也有人将这种现象称作芽的充实度。如：及时停长的枝条，其顶芽质量最好，腋芽质量则取决于该节叶片的大小和提供养分的能力。修剪技巧中根据需要灵活地选择剪口芽，就是巧妙地利用了这种差异。因此，在修剪过程中，要根据需要准确地辨别芽的饱满程度和芽的质量，予以正确利用。例如，培养骨干枝、复壮枝组时，常要求发生壮枝，此时要在春梢饱满芽处短截；而要控制旺长、缓和枝势时，则要留弱芽短截，使发出的枝生长势较弱；在春、秋梢交界处短截，有利于增加下部芽的萌发

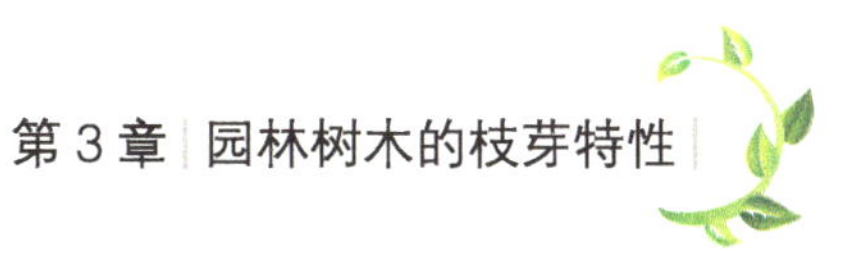

(*a*)　　(*b*)

(*c*)　　(*d*)

图 3.1–5　几种不同修剪方法的效果

(*a*) 环痕处修剪，又称为抓环痕；剪口落在一年生枝条与二年生枝条的交界处，可促使发生短枝，形成小型枝组；
(*b*) 盲节处修剪，又称抓盲节；在减缓剪口下发枝强度的同时，缓和由春梢发生枝条的生长势；
(*c*) 春梢处短截，又称打头；可促使春梢上的芽萌生旺枝；
(*d*) 留茬疏枝，又称留橛修剪；是疏枝修剪方法的一种，仅疏除一年生枝留下带环痕的短橛，可抑制旺长，促发中短枝，常用于控制直立枝和背上枝组的长势及扩展速度

力，以形成短、中花枝；修剪中的留橛、戴帽、抓环痕、抓盲节等技法都是利用芽的这一特性的例证（图 3.1–5）。

修剪还可以改变自然形成的芽的饱满程度。如夏季摘心或拉枝，减缓新梢顶芽对侧芽的抑制作用，延迟顶梢的生长，可以提高侧芽的充实度，使弱芽变壮芽、叶芽变花芽。掌握这一特性，并在剪枝中灵活运用，就可以调节生长势，以尽快形成花芽并及时地将生长枝转化为开花枝，使旺枝缓和、衰老枝更新复壮。

3.1.2.2　晚熟性和早熟性

多数温带树木的芽需经过一定的低温时期解除休眠，到第二年春季才能萌发，称为晚熟性芽（正常芽）；而另一些树木在生长季节早期形成的芽，当年就能萌发，有的多达 2 ～ 4 次梢（如桃、紫叶李、矮樱等），具有这种特性的芽叫早熟性芽（图 3.1–6）。具有早熟性芽的树木成型快，有的当年即可形成小树。其中也有些树木，芽虽具早熟性，但不受刺激一般不萌发，人为修剪、摘叶等措施可促进芽的萌发。

自然状态下多数园林树种一年生枝条的顶芽具有早熟性；桃类、海棠、苹果等的侧芽和葡萄的夏芽也具有早熟性。

(a)

(b)

(c)

(d)

图 3.1-6　芽的早熟性

(a)～(c)无花果、紫叶矮樱、茶条槭的顶芽为早熟性芽，当年萌发抽枝；
(d)碧桃的顶芽和侧芽为早熟性芽，顶芽当年多次生长可使主梢连续延伸，侧芽可抽生副梢增加枝条的分枝级次

3.1.2.3　萌芽力

萌芽力是指着生在一年生枝梢上的叶芽萌发成枝梢的能力。萌芽越多，说明萌芽力越强。一般用萌发的芽数占枝条上总芽数的百分比来表示，所以又叫萌芽率或芽的萌发率。芽的萌发数量占总芽数的60%以上者具有高的萌芽率，如金银木、木槿、毛樱桃等；占30%～60%的萌芽率中等，如紫薇、榆叶梅、垂丝海棠、白碧桃等；占30%以下的萌芽率低，如碧桃中的粉花重瓣碧桃、西府海棠等。

不同类型的枝条，萌芽率的高低不同。就同一树体而言，徒长枝比长枝低，长枝比中枝低，直立枝比斜生枝低，斜生枝比水平枝低。树龄不同，萌芽力的差别也很大，幼树萌芽力较弱，随着树龄的增长，萌芽力逐渐增强。

芽的萌发力也因修剪程度的不同而异。重截，留下的芽量少，养分集中，萌芽率高；轻剪缓放，留下的芽量多，养分分散，萌芽率低。所以，可以通过修剪来改变每个树种的自然萌发力。对萌芽率低的树种或品种多用先截后放、长留、晚剪、拉枝、芽上刻伤等方法来刺激中、下部芽的萌发以提高萌芽率，如对萌芽力弱的海棠枝条重短截，可促进中、后部芽子的萌发。对萌芽率高的树种或品种多用先放后缩或先轻截后缓放的方法来获得较多的花枝，如对萌芽力强的金银木，疏去前端的强枝会促使后部芽萌发较多的中短枝。

3.1.2.4　成枝力

萌发的芽子抽生长枝的能力叫成枝力。抽生长枝多的成枝力强，少的成枝力弱。也可用成枝数占萌

芽数的百分比来表示，叫成枝率。成枝数量占总萌芽量 50% 以上的树种具有强的成枝力，30% ～ 50% 的成枝力中等，30% 以下的成枝力弱。生产上一般用成枝的具体数来表示。成枝力的强弱与品种、树龄、树势、枝条姿势、剪法、剪截程度有关。大部分树种表现为幼龄时期成枝力较弱，成龄后成枝力增强；直立枝成枝少而枝势强，斜生枝条、水平枝和下垂枝成枝较多。成枝力强的树种，生长量大、长势强、易整形，这样的树种，经一段时间长放后成枝力会变弱，剪枝时应多疏枝，外围与内膛细枝应多疏少截。成枝力弱的树种，生长量小、长势缓和、成花结果较早，但整形时选择、培养骨干枝较难，对于这样的树种，采用重短截可使成枝力转强。

萌芽力与成枝力是由树木的遗传特性所决定的统一体。一般情况下，萌芽力强成枝力则弱，成枝力强萌芽力则弱，也有的树种萌芽力和成枝力都强或者都弱（图 3.1–7）。萌芽力强、成枝力弱的树，易于形成中、短枝，成花早（如榆叶梅），但发长枝相对较少，树冠也相对稀疏，应防止引起早衰；成枝力强、萌芽力弱的树，分枝量大，长势强，容易选配主、侧枝和开张角度（如重瓣粉花碧桃），应多采用疏前缓后、轻截缓放等方法来缓和枝势，增加花枝数量，修剪时重点防止前强后弱和外围郁闭、内膛光秃；萌芽力和成枝力都强的，树体结构容易过密，应注重疏枝（如金银木）；萌芽力和成枝力都弱的，不易整形，应根据生长与开花的需要，进行两个枝之间生长与开花的交替，并注意采用能够促使分枝和成花的剪法。

（*a*）（*b*）（*c*）（*d*）（*e*）（*f*）

图 3.1–7　萌芽力与成枝力

（*a*）垂枝碧桃：萌芽力强，成枝力中等；（*b*）山桃：萌芽力、成枝力均强；（*c*）毛樱桃：萌芽力强，成枝力中等；（*d*）白蜡（雄株）：萌芽力强，成枝力中等；（*e*）平枝栒子：萌芽力强，成枝力中等；（*f*）红花洋槐：萌芽力、成枝力中等

3.1.2.5　潜伏力

树木进入衰老期后，具有潜伏芽萌发形成新梢的能力（图 3.1–8）。绝大部分乔木树种和花灌木中的海棠、山楂、碧桃等树木芽的潜伏力强，其自然更新能力也强；丁香、珍珠梅、榆叶梅等芽的潜伏力较弱，树冠容易衰老，修剪时要注意及时更新复壮。

芽的潜伏力还会受到营养条件和栽培管理的影响，通常管理条件好的绿地上生长的树木隐芽寿命长。

(a) (b) (c) (d)

图 3.1–8　潜伏芽萌发

(a)珍珠梅：潜伏芽寿命短，遇到刺激多个潜伏芽可在当年同时萌发；
(b)法桐：潜伏芽寿命较长，在重更新时潜伏芽的主芽和副芽可在当年同时萌发；
(c)木槿主干上的潜伏芽萌发；(d)金银木：潜伏芽寿命短，遇到刺激多个潜伏芽可在当年同时萌发

3.1.3　叶芽

3.1.3.1　叶芽的结构与分化

叶芽由生长点、叶原基、鳞片等构成。叶芽的生长点由胚状细胞构成，解剖形状呈半圆球形。春季萌芽前，休眠芽中已形成新梢的雏形，称为“雏梢”，叶片的雏形称为“雏叶”。叶芽的分化则是指雏叶基部的叶芽分化。修剪中在习惯上将休眠芽称为“母芽”，“母芽”中分化的叶芽称为“子芽”。只含叶原基的称叶芽；只含花原基的称为纯花芽；叶原基和花原基存于同一芽体中的称为混合芽。叶芽、纯花芽与混合芽的解剖构造见图 3.1–9。

叶芽的分化大体可分为 3 个时期：

(1)叶芽生长点形成期：多数树种的休眠期叶芽多半只有中心生长点，随着芽的萌发，在叶原基叶腋中，自下而上发生新的腋芽生长点。葡萄的冬芽在萌发前就可以看到叶腋间形成的雏梢。

(2)鳞片形成期：生长点形成后由外向内分化鳞片原基。很多树种的鳞片分化可从萌动一直延续至该芽所在节位的叶片停止增大时才停止，如海棠、山楂等。

(3)叶原基分化期(雏梢分化期)：芽鳞片分化之后，芽即进入雏梢分化期。如果条件适合，芽就可能通过质变转入花芽分化。

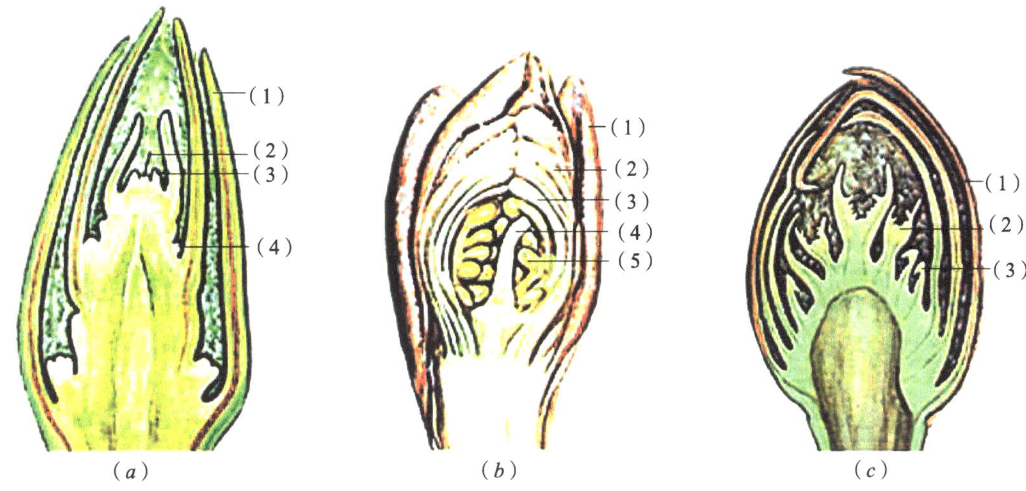

图 3.1-9 叶芽和花芽的解剖构造示意图

(a)叶芽构造(忍冬),(1)为幼叶、(2)为生长锥、(3)为叶原基、(4)为腋芽原基;
(b)纯花芽构造(桃),(1)为芽鳞、(2)为萼片、(3)为花瓣、(4)为雌蕊、(5)为雄蕊;
(c)混合芽构造(海棠),(1)为鳞片、(2)为幼花、(3)为苞片

3.1.3.2 叶芽萌发与生长

树木种类和品种不同，其叶芽的萌发能力也不相同。有些树木的萌芽力和成枝力强，如杨树、柳树、白蜡、卫矛、紫薇、女贞、黄杨、丝棉木、猬实、桃等，这类树木容易形成枝条密集的树冠，耐修剪，易成型。有些树木的萌芽力和成枝力较弱，如松类、杉类、银杏等，枝条受损后不容易恢复，树型的塑造比较困难，在苗期要特别保护枝条和芽。

许多树木枝条基部的芽或上部的秋梢芽，一般情况下不萌发而呈潜伏状态，称隐芽或潜伏芽。当枝条受到某种程度的刺激，如上部或近旁枝条受伤或冠外围枝出现衰弱时，潜伏芽可以萌发出新梢。有的树种有较多的潜伏芽，而且潜伏寿命较长，有利于树冠的更新和复壮。

3.1.4 花芽

3.1.4.1 花芽的类型

园林树木的花芽可以分为纯花芽（如连翘、碧桃、榆叶梅、毛樱桃、杏、李、猬实等）、混合花芽（如金银木、枣、海棠类、梨、柿树、白蜡的雌花）和裸花芽（紫荆和核桃、白蜡、皂荚的雄花及丁香的单芽花序）。纯花芽萌发后只能开花而不能抽枝展叶；混合花芽萌发后既能开花结果，又能抽枝展叶；裸花芽是纯花芽的一种，萌发后多抽生葇荑花序，雄花鳞片很小，不能覆盖芽体，又称裸芽。混合芽与纯花芽萌发后的形态参见图 3.1-10。

(a)

(b)

(c)

(d)

图 3.1-10 混合芽和花芽萌发后的形态

(a)核桃：雄花为裸花芽，雌花混合花芽；(b)金银木：侧芽为混合花芽；
(c)珍珠绣线菊：侧芽为腋花芽；(d)茶藨子：侧芽为混合花芽

花芽着生在枝条顶部的称为顶花芽，着生在枝条的叶腋间，称为腋花芽，即一年生枝的侧花芽。

有些园林树木花芽形成时间较短，不需要以花芽的形态越冬，当年形成当年可以开花、结实，如月季、紫薇、珍珠梅、木槿等。

3.1.4.2　花芽的分化

树木树经过一段时间的营养生长，当树体内营养物质积累达到一定水平之后，一部分用来形成茎叶的叶芽发生了质变，开始转入生殖生长而形成花芽。栽培学中将树木芽内的生长点由叶芽状态开始向花芽状态转变的过程，称为花芽分化。从芽内的生长点顶端变得平坦、四周下陷开始，到逐渐分化为萼片、花瓣、雄蕊、雌蕊以及整个花蕾或花序原始体的全过程，称为花芽形成。花芽分化过程与状态见图 3.1–11 和图 3.1–12。

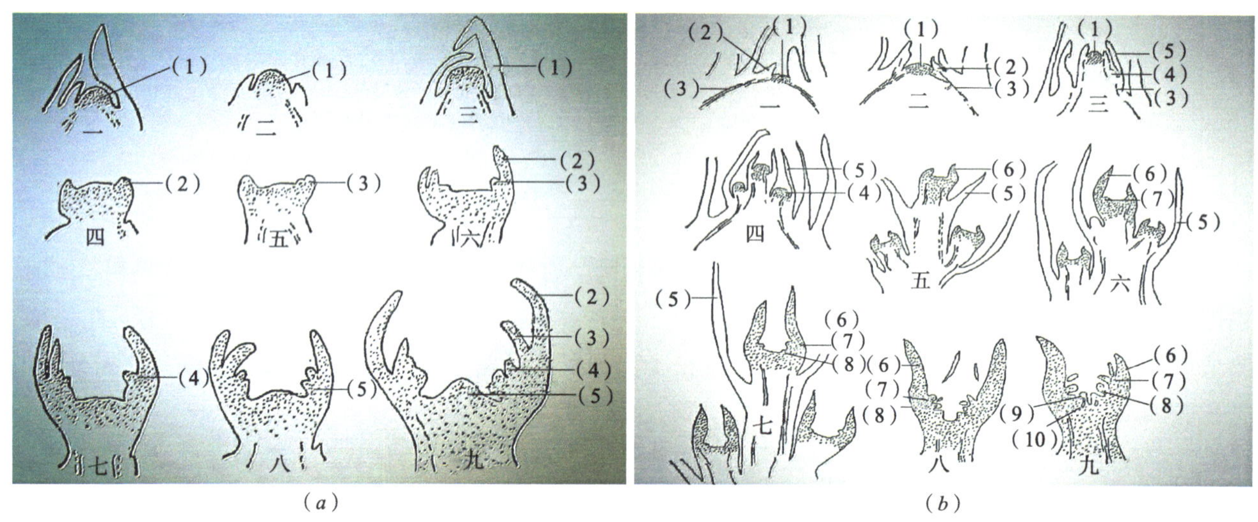

(*a*)　(*b*)

图 3.1–11　桃和梨的花芽形态分化示意图

(*a*) 桃花花芽（纯花芽）形态分化过程，图中一为未分化期、二和三为分化初期、四为萼片形成期、五为花瓣形成期、六和七为雄蕊形成期、八和九为雌蕊形成期，(1) 为生长点、(2) 为萼片原始体、(3) 为花瓣原始体、(4) 为雄蕊原始体、(5) 为雌蕊原始体；(*b*) 梨花花芽（混合花芽）形态分化过程，图中一为未分化期、二与三为分化初期、四为开始分化初期、五为萼片形成期、六为花瓣形成期、七为雄蕊形成期、八为雄蕊形成期、九为雌蕊形成期，(1) 为生长点、(2) 为叶原始体、(3) 为原形成层、(4) 为花原始体、(5) 为苞片、(6) 为萼片原始体、(7) 为花瓣原始体、(8) 为雄蕊原始体、(9) 为雌蕊原始体、(10) 为心室

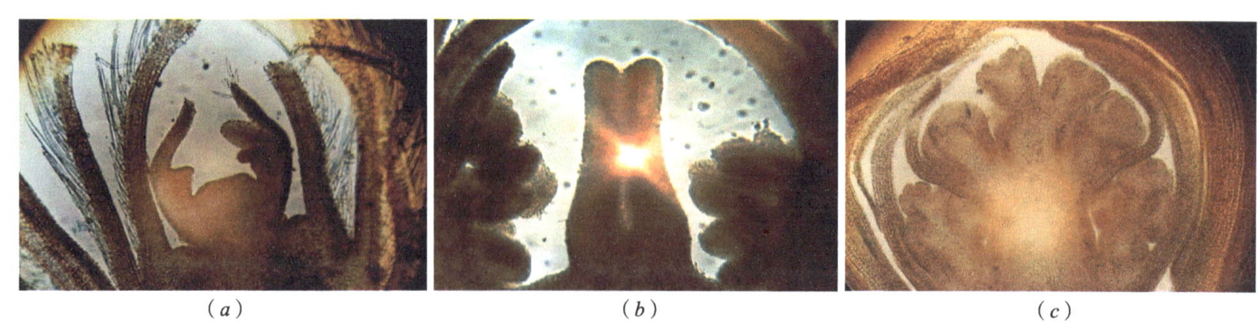

(*a*)　(*b*)　(*c*)

图 3.1–12　切片看到的花芽分化状态

(*a*) 榆叶梅雄蕊分化期；(*b*) 碧桃雌蕊分化期；(*c*) 丁香花蕾分化期

广义的花芽分化，要经历 3 个阶段，即生理分化阶段、形态分化阶段、性细胞形成阶段。生理分化阶段芽内的生长点形态上与叶芽没有明显区别，只是由叶芽的生理状态转化为花芽的生理代谢状态，是

营养物质积累的结果。一般出现在形态分化期前 4 周左右或更长，它是控制花芽分化的关键时期，因此也称“花芽分化临界期”。

性细胞形成阶段树种间有很大差异，当年进行一次或多次花芽分化并开花的树木，其花芽性细胞都在年内温度较高的时期形成，如珍珠梅、紫薇、木槿、石榴等。下一年春季开花的树木，其花芽在当年形态分化后要经过冬、春两季一定时期的低温条件，才形成花器并进一步分化完善，于第二年春季萌芽后至开花前的较高温度下形成性细胞，北方的园林树木绝大部分属于这一类，因此，早春树体营养状况对此类树的花芽分化质量很重要。

树木的花芽分化期不是固定不变的，随着树木年龄的变化会发生变化，幼树比成年树花芽分化期晚，旺树比弱树晚。同一株树上，短枝上的花芽分化早，而中长枝、长枝上腋花芽的形成依次要晚。一般生长早的枝上花芽分化早，但花芽分化多少与枝的长短无关。花芽开始分化期和持续时间的长短因树体营养状况和气候状况而异，营养状况好的树体花芽分化持续时间长，气候温暖、平稳、湿润，花芽分化的持续时间也长。

3.1.4.3 花芽的分化类型

花芽分化开始的时期、延续时间的长短以及对环境条件的要求，因树种、立地条件、年龄等因素的不同而有很大差别。北方露地栽植树种的花芽分化可以分为夏秋分化型、当年分化型和多次分化型 3 种类型。

夏秋分化型：绝大多数早春和春夏开花的观花树木，如海棠、榆叶梅、樱花、迎春、连翘、玉兰、紫藤、丁香、牡丹等。其花芽在前一年夏秋（6 ～ 8 月）开始分化，并延续至 9 ～ 10 月间才完成花器主要部分的分化；花芽的进一步分化与完善还需经过一段低温，第二年春天随着树木的萌芽生长进一步完成性器官的分化。

当年分化型：夏秋开花的树木，如木槿、国槐、紫薇、珍株梅、石榴等，都是在当年新梢上形成花芽并开花，不需要经过低温阶段即可完成花芽分化。

多次分化型：在一年中能多次抽梢，每抽一次梢就分化一次花芽并开花的树木属于多次分化型，如月季、葡萄、无花果等。这些树种花芽分化交错发生，没有明显的分化停止期，分化节律不明显。

3.1.4.4 花的开放特性

树木的开花类型取决于花芽的类型、构造和着生部位。以副芽为花芽的树种，其花芽多为纯花芽，外观上能看到花芽的物候期常早于叶芽，如桃、杏、毛樱桃、榆叶梅、连翘、紫叶矮樱、紫叶李等；以主芽为花芽的其芽内花序常着生在单轴和合轴分枝混生的短枝上，展叶期和开花期相同，如海棠、苹果、梨、杜梨等。一些树种，上一年由于没有花的形成，要依赖当年营养，在当年生枝条顶端进行花芽分化，外观上看，这类树为先长叶后开花，如紫薇、珍珠梅、木槿等。另一些树种在上年形成的混合芽中抽生新梢，于新梢的叶腋间着生花芽，萌发后抽枝开花，如葡萄、柿、枣等。还有一些树种，雌、雄花芽属于同株异花或雌雄异株，这类树雌花芽多为混合芽，雄花芽多为裸芽。雌雄同株异花的树种其雌花着生于芽内枝条顶端，萌发后表现为先长叶片后开花，如核桃、板栗的雌花枝；雌雄异株的树种如白蜡、椿树、皂荚的雌株有的为混合芽，有的则为副芽，由于这些树种花的观赏价值很低，在开花类型中都较少描述。通常简化的描述方法是将开花类型分为以下 3 种：

（1）先花后叶型：如迎春、连翘、桃、梅、李、毛樱桃、紫荆、玉兰等。

（2）花叶同放型：如海棠、苹果、梨、紫玉兰及榆叶梅、桃与紫藤中开花晚的品种。

（3）先叶后花型：如刺槐、木槿、紫薇、凌霄、国槐、珍珠梅等。

3.2 枝的生长与发育

3.2.1 枝的构造

一个成熟的枝，从其横断面来看，可分为周皮、皮层、韧皮部、形成层、木质部、髓等部分（图 3.2–1）。

（1）周皮：由木栓层、木栓内层、木栓形成层三部分组成。周皮木栓化，对枝起保护作用。

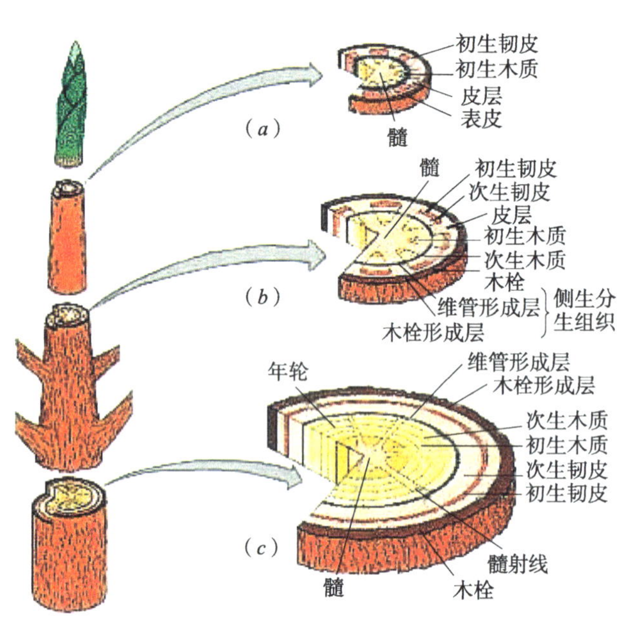

图 3.2–1 枝条的生长与成熟过程
（a）初生生长；（b）次生生长；（c）成熟枝条

（2）皮层：在周皮之内，主要由一些排列疏松的薄壁细胞组成。在幼嫩枝条皮层细胞中，常含有叶绿素，故初生枝条多呈绿色。皮层可起支持和贮藏作用。

（3）韧皮部：主要由筛管、韧皮纤维、韧皮薄壁细胞和韧射线构成。筛管有运输有机物质的机能，韧射线担负养分、水分横向输送的功能。

（4）形成层：由一些分裂能力强且排列紧密的细胞组成，向内形成木质部，向外形成韧皮部。形成层能使枝、干逐年加粗。

（5）木质部：由导管、木质纤维、木质薄壁细胞和木射线构成。导管承担水分和养分的输送，木射线负责横向输送。木质部在枝条中占比重大，有松有紧，形成一圈一圈的同心圆，称为年轮。

（6）髓：枝条中心较疏松的部分，由大型薄壁细胞组成，具有贮藏养分的作用。

3.2.2 枝条类型

修剪工作中根据不同的需要对枝条有各种各样的称呼。例如，在描述树木的生长情况时常用的术语是枝条生长量、发枝级次、春秋梢比例等，而在评价树体结构时常用的术语是枝条长短、枝条比例、枝类组成等。为明确起见将常用的枝条分类方法和用途列于表 3.2–1 中。

枝的分类名称 表 3.2–1

分类	枝条名称	说　明
按生长季节划分	春梢	萌芽至 6 月下旬形成的枝段，叶片大、功能强
	夏梢	又称盲节，多在伏天形成，叶片小、叶色淡、腋芽瘦小，是树体营养转换的标志
	秋梢	8～9 月形成，是树木生长后期增加光合面积的基础
按连续发枝的次数划分	一次枝	由冬芽萌发抽生的枝条
	二次枝	一次枝上侧芽萌发形成的枝条
	三次枝	二次枝上侧芽萌发形成的枝条
按生长年龄划分	一年生枝（新梢）	秋季落叶后叫一年生枝称新梢
	二年生枝	着生一年生枝的枝条称为二年生枝
	多年生枝	着生二年生以上枝条的枝

续表

分类	枝条名称	说　　明
按枝的长短划分	叶丛枝	枝条长 2 ～ 5cm
	短（花）枝	枝条长 5 ～ 15cm
	中（花）枝	枝条长 15 ～ 30cm
	长（花）枝	枝条长 30 ～ 50cm
	旺（花）枝	枝条长 50cm 以上
按长势划分	徒长枝	生长强旺、节间长、叶片大而薄、芽体瘦小、组织松软的一年生枝。多由潜伏芽萌发而成
	营养枝（发育枝）	芽子充实饱满、生长健壮，是用于形成骨干枝、扩大树冠、培养枝组的生长枝
	衰弱枝	生长细而弱、叶小而薄、芽秕而瘦的枝条。有的过细，叫纤弱枝；有的发育不良、身披灰白色或黄褐色茸毛

图 3.2–2　树木的枝条类型

（*a*）西府海棠的长、中、短花枝及其上着生顶花芽和腋花芽的情况；（*b*）白碧桃顶芽饱满的中、短花枝；（*c*）八棱海棠可连续形成花芽的短花枝；（*d*）紫荆的长花枝；（*e*）法桐连续形成花芽的短花枝；（*f*）火炬树树冠外围连续三年的开花状况（顶端形成花序，下面的侧芽形成混合芽）

3.2.3　枝条的生长特性

3.2.3.1　顶端优势与极性

同一枝条上饱满程度相同的芽，位于顶端或上部的先萌发、抽生的枝梢长势最强或形成的花芽较饱满充实，这种能力向下依次递减，这一现象称作顶端优势。表现为：较直立的枝条或剪口下第一个芽发出的枝条长势明显优于其下部；斜生枝，前端发枝较长，以下依次变短；水平枝，前后分枝的长度和强弱相差不大；下垂枝，前端发枝短，往后依次而长；圈枝和曲枝，顶部分枝最长等等。

顶端优势在修剪中常被称为“极性”。但顶端优势和极性是有区别的。活跃枝条的顶部分生组织、生长点或位于形态学先端的枝条对其下部着生的腋芽或侧枝的生长产生抑制的现象称为极性。它主要针

对器官的着生部位，不管其着生位置高或低，只要是生长在顶端的枝、芽一般都具有较强的生长势力。如垂柳、龙爪槐枝条的顶端虽然居于较低的垂直位置，但仍有较强的长势，这就是“极性”的作用。而顶端优势，主要是针对着生的垂直高度讲的，凡是垂直位置高的，一般都具有较强的生长势力。所以，在有的情况下顶端优势与极性是一致的，有时又是不一致的。

不同树种的顶端优势的强弱相差很大，通常乔木要强于灌木；同一树种中枝条着生角度越小，顶端优势的表现越强，角度越大，顶端优势的表现越弱；幼树、旺树比老弱树顶端优势明显；生长势强的枝条比中庸或较弱的枝条顶端优势明显。

顶端优势特性的表现在树木生长中是很普遍的，了解顶端优势的演变规律，掌握利用和控制顶端优势的修剪方法，可以有目的地对树木的生长、开花、结果进行调节。例如：为了保持树木中心主干的优势，常选留直立壮枝作延长枝头；为了扩大树冠，外围延长枝常以壮枝做枝头，修剪时要在健壮饱满芽处短剪，弱枝需要抬高角度，并留壮枝回缩或留饱满芽短截；衰老树，则利用背上芽或直立壮枝进行更新复壮；为了控制强枝生长，缓和枝势，就要采用控制顶端优势的剪法，通过压低角度、剪口下留弱枝、弱芽缓和顶端优势；为了多形成花芽，幼旺树多留平斜枝和下垂枝，或采用留弱芽短截并辅以加大角度、拉枝、环剥、剪、疏枝造成伤口等抑前促后的剪法，以削弱顶端优势；需要有多量的 1 年生枝形成花芽时，可采用轻剪甩放以形成较多的芽量来分散顶端优势；要多年生枝下部多发中、短花枝时，应多疏直立枝或在瘪芽处剪截，保留斜生枝和水平枝，以抑制顶端优势；要分生中、壮枝时，可留壮芽短截；要分生中、弱枝时，可留半饱满芽短截；培养枝组和稳定枝组长势时，多用弱枝带头和采用弯拐回缩的方法控制顶端优势。

不同的树种和品种，顶端优势的表现强度不同。例如，海棠的顶端优势强于樱花，但海棠幼树期间如果对顶端优势控制不力，就会使树体旺长而形成上强下弱的纺锤形树冠。同一树种不同品种之间，直立性强的重瓣木槿其顶端优势明显比开张型的单瓣木槿要强，因此，在枝组的培养和维持修剪中，重瓣木槿多采用弱枝带头，或对剪口下萌发的枝条采用“疏一、截一、放一”和拐弯换头回缩的修剪方法，缓和、控制顶端优势；而单瓣木槿主、侧枝头的修剪，则采用顺直发展、防止拐弯、疏强留中庸、单枝延伸的方法来维持顶端优势的方法。

3.2.3.2　分枝角度

枝条抽生后，与其原着生枝条间所形成的夹角的大小，称为分枝角度。分枝角度与树势、年龄有关。旺长树一般直立长势旺，分枝角度偏小，全树势力缓和后，分枝角度加大。

树种间分枝角度差异很大，如西府海棠分枝角度很小，火炬、合欢、皂荚、构树等分枝角度就较大。在同一枝条上，越近枝梢顶部抽生的枝条分枝角度越小，中下部萌发的枝条其分枝角度依次加大。修剪中要根据这一特性，选留枝条或进行正确的夏季控制。

3.2.3.3　层性

枝条在树体中自然分层排列与生长的能力，叫层性。分层明显的树种层性强，不明显的树种层性弱。产生层性的原因，是由于顶端优势和芽的饱满程度的差异的存在，使一年生枝上抽生的枝条（分枝）多集中在饱满芽处或顶端。这样一年一层地向上生长，形成枝条的层状分布，就自然地出现了层性。如在中心干上，骨干枝成层排列，形成几层主枝和辅养枝以及大型叶幕层，正好适应于分层型树形的整形；在主枝上，侧枝和辅养侧枝的排列明显成层，形成几层侧枝和辅养枝，以及中型叶幕层；侧枝上的分枝层状着生和生长，形成了数个有一定间距的枝组和小型叶幕层。如此分层使一棵树木从小到大，有节奏的一长一短、一大一小、一强一弱，波浪式地向前、向上发展壮大，构成一个圆满紧凑的树冠。

从树龄来看，幼树比成年树层性明显。层性强的品种宜采用主干疏层形，层间不过大；层性弱的品种多适于开心形，保持较大的叶幕间距，不使叶幕太厚，以通风透光。

了解层性，就是要在剪枝中利用和控制层性。如对一年生枝的短截，留得过长，因层性作用，枝条下部芽多不萌发，造成光秃，欲增加枝条的密度或防止后部光秃，可以中、重短截，使两层之间距离缩短，打破其层性。若要加大层间、改善光照，可以长留轻截或疏去一层分枝。整形时，可以利用层性培养出几层主枝和侧枝，在提高花灌木的观赏性中，也常利用层性来调节花枝的层状分布，如对榆叶梅枝条长留长放时，会一年形成一串短枝花芽；在海棠秋梢上留一串腋花芽或在二年生枝段上形成一串短枝花芽，共两层花；连翘和金银木的长枝几经甩放，能形成数层中、短花枝，表现出花的成层分布。

3.2.3.4 干性

树木自身形成中心干和维持中心干生长势的能力叫干性。形成中心干的能力强，中心干粗壮、高大。生长优势容易维持的树种干性强；形成中心干的能力弱、中心干生长优势不明显且不易维持的树种干性弱。乔木中，杨、法桐、构树、杜仲等树种的干性强，栾树、火炬、国槐的干性相对较弱。修剪时，对干性强的树种要注意控制上部的长势；对干性弱的树种要扶持中心干的生长，防止上部早衰。

3.2.3.5 枝的生长

树木每年都通过新枝生长来不断扩大树冠，新枝生长包括加长生长和加粗生长两个方面。一年内枝条生长增加的粗度与长度，称为枝条的年生长量。在一定时间内，枝条加长和加粗生长的快慢称为生长势。生长量和生长势是衡量树木生长状况的常用指标，也是评价栽培措施是否合理的依据之一。

1. 枝的加长生长

新梢的延长生长并不是匀速的，一般都会表现出“慢—快—慢”的生长规律，多数树种的新梢生长可划分为以下 3 个时期。

（1）开始生长期：叶芽幼叶伸出芽外，随之节间伸长，幼叶分离。此期的新梢生长主要依靠树体在上一生长季节储藏的营养物质，新梢生长速度慢，节间较短；叶片由前期形成的芽内幼叶原始体发育而成，叶面积较小，叶形与后期叶有一定的差别，寿命较短，叶腋内的侧芽的发育也较差，常成为潜伏芽。

（2）旺盛生长期：从开始生长期之后，随着叶片的增加和叶面积的增大，枝条很快进入旺盛生长期。此期形成的枝条，节间逐渐变长，叶片的形态也具有了该树种的典型特征，叶片较大、寿命长、叶绿素含量高、同化能力强、侧芽较饱满，此期的枝条生长由利用贮藏物质转为利用当年的同化物质。因此，上一生长季节的营养贮藏水平和本期肥水供应对新梢生长势的强弱有决定性影响。

（3）停止生长期：旺盛生长期过后，新梢生长量减小，生长速度变缓，节间缩短，新生叶片变小。新梢从基部开始逐渐木质化，最后形成顶芽或顶端枯死而停止生长。枝条停止生长的早晚与树种、在树体上所处部位及环境条件关系密切。一般来说，成年树木早于幼年树木、观花和观果树木的短果枝或花束状果枝早于营养枝、树冠内部枝条早于树冠外围枝，有些徒长枝甚至会因没有停止生长而受冻害。土壤养分缺乏、透气不良、干旱等不利环境条件都能使枝条提前 1 ～ 2 个月结束生长，而氮肥施用量过大、灌水过多或降水过多均能延长枝条的生长期。在栽培中应根据目的合理调节光、温、肥、水来控制新梢的生长时期和生长量，并加以合理的修剪，促进或控制枝条的生长，达到园林树木培育的目的。修剪中常以外围一年生营养枝为衡量标准，这种枝条的生长一般可分为“慢—快—慢—快—慢”5 个节奏。

2. 枝的加粗生长

树干及各级枝的加粗生长都是形成层细胞分裂、分化、增大的结果。在新梢伸长生长的同时也进行加粗生长，但粗生长高峰稍晚于加长生长且停止也较晚。新梢加粗生长的次序也是由基部到梢部。形成层活动的时期和强度，依枝的生长周期、树龄、生理状况、部位及外界温度、水分等条件而异。落叶树种形成层的活动稍晚于萌芽，春季萌芽开始时，在最接近萌芽处的母枝形成层活动最早，并由上而下开始微弱增粗；此后随着新梢的不断生长，形成层的活动也逐步加强，加粗生长量增加，新梢生长越旺盛形成层活动也越强烈，持续时间也越长。秋季由于叶片积累大量光合产物，因而枝干明显加粗。级次越低的枝条其粗生长高峰期越晚，粗生长量越大。一般幼树粗生长持续时间比老树长；同一树体上新梢粗生长的开始期和结束期都比老枝早，而大枝和主干的粗生长从上到下逐渐停止，而以根颈结束最晚。

3.2.3.6 分枝方式

树木按照一定的分枝方式构成庞大的树冠，枝条顶芽和侧芽存在着一定的生长相关性。当顶芽活跃地生长，侧芽的生长则受到一定的抑制，如果顶芽因某些原因而停止生长时，侧芽就会迅速生长。由于上述原因及植物的遗传特性，树木在长期进化的过程中，为适应自然环境形成了不同的分枝方式，使尽可能多的叶片避免重叠和相互遮阴。分枝发生不仅影响枝层的分布、枝条的疏密和排列方式，而且还影响总体树形。因此分枝形式不仅是园林树木的基本特征，也是整形修剪的重要依据。

（1）总状分枝（单轴分枝）：树木的顶芽优势明显，生长势旺，每年能向上继续生长，从而形成高大通直的树干（图 3.2–3（*a*））。总状分枝在裸子植物中占优势，大多数针叶树如雪松、圆柏、龙柏、水杉等都属于此种分枝方式。阔叶树木在幼年期表现突出，但维持年限较短，到成年期表现不很明显了，任其自然生长后树冠松散。

（2）合轴分枝：树木的新梢在生长期末因顶端分生组织生长缓慢，顶芽瘦小或不充实，到冬季干枯死亡；有的枝顶形成花芽，不能继续向上生长，而由顶端下部的侧芽取而代之，继续上长，每年如此循环往复，均由侧芽抽枝逐段合成主轴（图 3.2–3（*b*））。大部分阔叶树的分枝形式是合轴分枝，保证了这些树种枝繁叶茂、光合作用面积大、形成的花芽多，合轴分枝是树木进化的性状。

（3）假二叉分枝：有些具有对生叶（芽）的树种顶梢在生长期末不能形成顶芽，下面的对生侧芽萌发抽生的枝条，长势均衡（图 3.2–3（*c*））。如泡桐、黄金树、梓树、丁香、女贞、卫矛等。

有些植物在同一植株上有两种不同的分枝方式，如玉兰既有单轴分枝，又有合轴分枝；女贞既有单轴分枝，又有假二叉分枝。

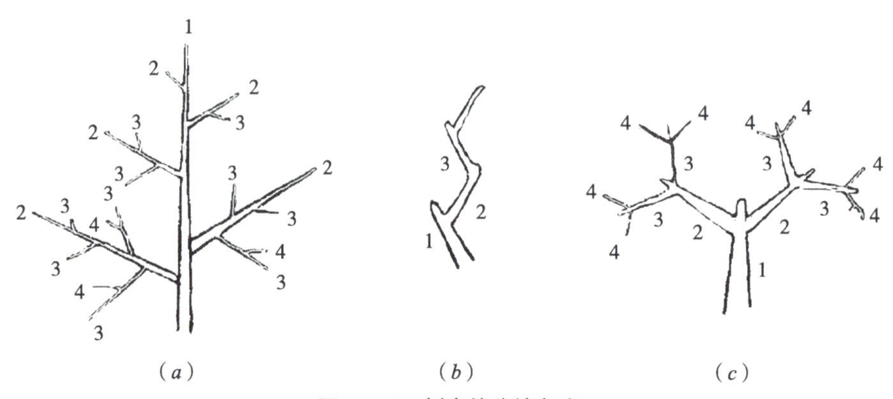

图 3.2–3 树木的分枝方式

（*a*）总状分枝；（*b*）合轴分枝；（*c*）假二叉分枝

3.2.3.7 树冠的形成

多数园林树木树冠的形成过程是新枝条不断从老枝条上分生出来并延长和增粗的过程。

乔木树种从一年生苗木开始，前一生长季节所形成的芽在后一生长季节抽生成枝条。随树龄的增长，中心干和主枝延长枝的优势转弱，树冠上部变得圆钝而宽广，逐渐表现出壮龄期的冠形，达到一定立地条件下的最大树高和冠幅后，再进一步转入衰老阶段。

竹类和丛生灌木类树种以地下芽更新为主，多干丛生，植株由许多粗细相似的丛状枝茎组成。有些种类的单条枝干的生长特性与乔木有些类似，但多数与乔木不同，枝条中下部的芽较饱满，抽枝较旺盛，单枝生长很快达到其最大值，并很快出现衰老。

藤本类园林树木的主蔓生长势很强，幼时很少分枝，壮年后才会出现较多分枝，但大多不能形成自己的冠形，而是随攀缘或附着物的形态而变化。

3.3 叶的生长

3.3.1 单叶的生长

叶片是由叶芽中前一年形成的叶原基发展而来的，其大小与前一年或前一生长时期形成叶原基时的树体营养状况和当年叶片生长条件有关。树种不同其叶片形态和大小差别明显，同一株树上不同部位枝梢上的单叶形态和大小也不一样。旺盛生长期形成的叶片生长时间较长，单叶面积大。

不同叶龄的叶片在形态和功能上也有明显差别，幼嫩叶片的叶肉组织量少，叶绿素浓度低，光合功能较弱；随着叶龄的增大，单叶面积增大，生理活性增强，光合效能大大提高；达到成熟并持续相应的时间后，叶片会逐步衰老，各种功能也会逐步衰退。由于叶片的发生时间有差别，同一树体上着生着各种不同叶龄或不同发育时期的叶片，它们的功能也在新老更替。

3.3.2 叶幕

叶幕指叶片在树冠内集中分布的区域，随树龄、整形方法、栽植方式不同，其形态和体积也不相同。幼树时期，由于总枝量少，叶片分布均匀，树冠内外都能见光，树冠形状和体积与叶幕的形状和体积基本一致。成年树时期，无中心主干的，叶幕多呈弯月形；有中心主干的多呈圆头形，到老年多呈钟形。成片栽植的树木，其叶幕顶部成平面形或立体波浪形；观花观果类树木为了结合花、果生产，经人工整剪成一定的冠型；有些行道树为了避开高架线，人工修剪成杯状叶幕。

叶幕的形成过程与树冠内各类枝条的生长动态有密切关系，伴随枝条的生长，叶幕在年周期中有明显的季节变化而且也表现为初期慢、中期快、后期又慢，即“慢－快－慢”这种“S”形曲线式生长过程。落叶树木的叶幕，从春天发叶到秋季落叶，大致能保持 5 ～ 10 个月的生活期；而常绿树木，由于叶片的生存期长，多数可达一年以上，而且老叶多在新叶形成之后逐渐脱落，叶幕比较稳定。

通过修剪给树木创造合适的叶幕层厚度和叶片着生密度，使树冠内的叶量适中、分布均匀，能充分利用光能。叶幕层过厚，树冠内光照差，叶幕层过薄，光能利用率低，两者都不能获得优质的美化效果。

第 4 章　整形修剪的园林学要求

修剪管理的工作对象都生长在已建成的园林绿地中，这些绿地在进行设计时已经对植物配置的合理性、艺术性以及要展示的总体观赏效果给予了充分的考虑。修剪的任务是要通过整形修剪技术的实施来维持和逐步实现这些设计意图。即在注意平衡各树种自身和树种之间协调性的基础上，使树木逐步实现平面和立面的设计构图，以充分表达色彩、季相设计的园林意境，并注意协调园林树木与其他园林要素之间的相互关系，如树木与山、石、水、路、建筑等要素的协调和比例关系等等。这就需要在深入了解树木的习性、熟练掌握修剪技法的基础上，对园林设计中的树种配置原则、审美要求等有一定的认识和理解，包括以下几个方面：

4.1　时序

树木本身是活体材料，在生长发育过程中能呈现出既富有生机又具有万千变化的季相生长节律，可以在不同的时间范围内展现各不相同的色彩与形态，园林设计中将这一特性称为时序变化。

园林景观质量要求中经常提到要使园林树木实现春季繁花似锦、夏季绿树成荫、秋季硕果累累、冬季枝干遒劲，就是要使树木能很好地反应时序。实践证明，生长健壮、结构合理、长势均衡的树木可以达到和完整地展现出树木这种盛衰荣枯的生命节律，恰当地表达四时演变的时序景观，给人以不同的感受，体会到时令的变化。在这一过程中，修剪起着十分关键的作用。

4.2　空间

树木造景在空间上的变化，是指通过人们视点、视线、视境的改变而产生“步移景异”的空间景观变化，它包括由林缘线分割的平面空间和由林冠线组织起来的立体空间。

树木是一个三维实体，枝繁叶茂的高大乔木，各种可以爬满棚架及屋顶的藤本树木，整齐划一的绿篱、绿墙，都表现出树木具有构成空间、分隔空间、引起空间变化的功能，是园林景观中组成空间结构的主要成分。

运用树木组合来划分空间，形成不同的景区和景点是设计中常用的技法。通过林缘线设计，将相同面积的地段划分成或大或小的、由不同树木形成的空间；有的在大空间中划分小空间，有的则组织透景线、增加空间的景深。通过林冠线设计可以组织丰富多彩的树冠立体轮廓线；在林冠线起伏不大的树丛中，常用突出一株特高的孤立树来起到标志和导游的作用。由于树木分枝点有高有低，在林冠线设计中，也常根据人体的高度，创造开敞或封闭的树木空间。例如，用绿篱分隔空间的方式就是在庭院、建筑物周围，用绿篱四面围合形成一独立的空间，增强庭院、建筑的安全性、私密性；公路、街道外侧用较高的绿篱分隔，可阻挡车辆产生的噪声污染，创造相对安静的空间环境；用绿篱做成迷宫，则更增加了园林的趣味性。因此，树木空间是修剪中要特别关注的，其中主要是林缘线和林冠线，它们体现树木配置的疏密相间、曲折有致、高低错落。所以维持、引导、发展、控制林缘线和林冠线是体现修剪整体性的重要方面。

4.3 景点

按照一定的构图方式将多种树木配置在一起以展示群体美，或用孤植方式单株栽植以展示个体美，或辅以其他地被植物混合栽植以展示丰富的色彩和层次，这些配置形式构成了绿地和公园中的各个景点。例如银杏、毛白杨树干通直、气势轩昂；油松曲虬苍劲；铅笔柏则亭亭玉立；槭树、黄栌、红栌，秋季叶变色，可形成“霜叶红于二月花”的景观；海棠、山楂、石榴、枣、柿子等的果实既可观赏，又可感受累累硕果的丰收景象；雪松、悬铃木、栾树与大片的草坪形成的疏林草地可展现欧陆风情；竹径通幽，梅影疏斜可表现我国传统园林的清雅；丁香、玉兰、月季等树木芳香宜人，使人产生愉悦的感受，可用单一的树种大量栽植，营造成丁香园、月季园、碧桃园、紫薇园等。

以上这些景点的效果若得以充分展现，必须要根据树木各自生长习性，通过合理的树体结构调整、错落有序的枝条搭配、巧妙合理的枝类组合，才可以充分发挥树木本身具有的独特姿态、色彩和风韵。

4.4 建筑

设计中常利用树木枝叶呈现的柔和曲线或不同树木的叶片、枝干的质地、色彩在视觉上的差别来软化生硬的几何式建筑形体，常见的行道栽植、墙角种植、墙壁绿化等形式都属于这一种。在体型较大、立面庄严、视线开阔的建筑物附近，常选干高枝粗、树冠开展的树种，如法桐、栾树、白蜡、国槐等；在玲珑精致的建筑物四周，常栽一些枝态轻盈、叶小而致密的树种，如绣线菊、茶条槭、天目琼花、胡枝子等。在雕塑、喷泉、建筑小品周围也常用树木材料做装饰，或用绿篱作背景，通过色彩的对比和空间的围合来加强人们对景点的印象，产生烘托效果。

园林树木与山石相配，以更突出表现地势的起伏或野趣横生的自然韵味；与水体相配以形成倒影或遮蔽水源，造成深远的感觉。在修剪中应注意区别和体味树木各自在园林景观中所起的作用，通过不同的修剪方法区别对待。

(a)　　(b)

图 4.4-1 树木与建筑的关系

(a) 树木使花架延伸；(b) 树木使孤立的建筑联系起来

4.5 意境

以物寓意，利用园林树木进行意境创作是中国传统园林的典型造景风格和宝贵的文化遗产。中国树木栽培历史悠久、文化灿烂，很多诗、词、歌、赋和民风民俗都留下了歌咏树木的优美篇章，并为各种树木材料赋予了人格化内容，使人们从欣赏树木的形态美升华到欣赏树木的意境美。在园林景观创造中常借助树木抒发情怀，寓情于景、情景交融，如被称作“岁寒三友”的松、竹、梅。人们敬仰松柏的苍劲古雅；赞赏梅不畏寒冷，傲雪怒放；崇敬竹“未曾出土先有节，纵凌云处也虚心”的高风亮节。它们都具有坚贞不屈的品格，其意境高雅而鲜明，使植物配置造景达到天人合一的理想境界。

对这些景点或组团的修剪更要加深对长势、构形、枝条层次的辨析，群体上加强对枝条疏密度和走向的理解，才有可能展现出这些树木所要表达的深邃意境。

4.6 配置方式

园林绿地总体布局形式通常可分为规则式、自然式以及二者的混合形式（图 4.6–1）。

（*a*）　　（*b*）　　（*c*）

图 4.6–1　植物配置示意图

（*a*）规则式配置；（*b*）自然式配置；（*c*）混合式配置

规则式指植株的株行距和角度按一定的规律进行种植。特点是具有明显的几何图形，一般从平面到立体都严格对称。如中心植、对植、列植、环植、篱植、坛式、台式等配置方式。

自然式又称不规则式，没有一定的几何图形以模拟自然界中植物生长状态的配置方式。多采用孤植、丛植、群植、林植、自然篱式、疏林草地等配置方式。

混合式是采用规则式和自然式二者相结合的配置方式，多见于局部规则和局部自然的配置方式。例如，考虑到与环境相协调，通常在大门的两侧、主干道两旁、广场周围、大型建筑物附近，采用规则式配置方式；在休闲区域、水池边缘、起伏地形、自然风景林缘等环境中，多采用自然式配置方式。

4.6.1 孤植

孤植主要显示树木的个体美，用来构成园林空间的主景，成为构图的中心部位，起到画龙点睛的作用（图 4.6–2）。由于孤植树是视觉焦点，具有与众不同的观赏效果和较高的观赏价值，因此，孤植树往往选择体形高大雄伟、枝叶茂密、姿态优美或特色突出的乔木，如银杏、元宝枫、五角枫、槐、悬铃木、枫杨、柳、雪松、云杉、桧柏等。孤植多为单株或单丛种植，一般栽植点开阔、空旷，在其周围合适的观赏距离内常配置其他树木，如大片草坪上、道路交叉口、缓坡、湖池岸边、花坛、休闲广场、建筑前等。

图 4.6–2 孤植

这类树对整形修剪的要求很高，核心任务是要持续地保持树体的健壮丰满，修剪时需要注意以下几点：

（1）连续调整形体、姿态，使树形与空间大小相协调。对阔叶大乔木要合理运用“放‘宽’控‘高’”，的技术措施，保持适当的树冠高宽比。小乔木或者大灌木丛植时要注意调整中心枝和外围骨干枝着生方向，开张主、侧枝角度。

（2）在空地、草坪、起伏地面的顶部配置的孤植树，以丰满、端正为主，特别注意协调与其他树木的关系，控制冠内徒长枝并限制自身与其他树木不相适应的异常旺长。

（3）用于庇荫的孤植树木，要修剪成宽大的树冠，多留枝组以使枝叶浓密，冠形以圆球形、伞形为好。

4.6.2 对植

对植是指对称地种植大致相等数量的树木，多种植在公园、建筑的出入口两旁或纪念物、蹬道台阶、桥头、园林小品两侧。修剪中要保持树木的外形整齐、美观。桧柏、云杉、侧柏、银杏等主干形树种要保持其层次分明、姿态挺拔；龙爪槐、碧桃、紫薇、榆叶梅等花灌木，要按整形原则合理配备主枝，使冠型优美、冠体丰满。对植又有以下两种形式（图 4.6–3）：

（a）　　　　（b）

图 4.6–3 对植示意图

（a）对称式对植；（b）非对称式对植

（1）对称式对植：以主体景观的轴线为对称轴，对称种植两株（丛）品种、体量一致的树种，两株树种植点的连线被中轴线垂直平分。

（2）非对称式对植：两株或两丛树种在主轴线两侧按照中心构图法或者杠杆均衡法进行配置，形成动态的平衡。需要注意的是，非对称式对植的两株（丛）树种的动势要向着轴线方向，形成左右均衡、相互呼应的状态。

对植的树对整形修剪的要求同样较高，也要持续地保持树体的健壮丰满，修剪时要连续调整树形结构和枝条姿态，使树形与空间大小相协调。对植树种相同时，重点注意两株树的比例，保持树冠适当的高宽比；对植树种不相同时，重点注意两株树的对称，小乔木与大灌木对植时要注意调整中心枝和外围骨干枝着生方向，开张主、侧枝角度。

4.6.3 丛植

由数株同种类或异种的树木较紧密地种植在一起，其树冠彼此密接而形成一个整体外轮廓线，称为丛植。这种栽植有较强的整体感，抗风、稳定性好。丛植常构成主景或配景，也有作背景或隔离树种。

丛植多出现在自然式园林中，构成树丛的株数 3 ～ 10 株不等，几株树种按照不等株行距疏疏密密地散植在绿地中，形成若干组团，配置形式有两株组合、三株组合、四株组合、五株组合等形式（图 4.6–4、图 4.6–5）。这类树在修剪中应该注意的是：

（1）适当重短截各级枝头，使其尽快达到观赏要求，同时在不至影响树种的生长发育而又满足各自生长空间的前提下，促使树丛内部的株距尽快达到近乎郁闭的效果。

（2）由同一树种组成的树丛，修剪中要按一株树来对待。生长在丛内的单株和生长在外缘的单株在树形和姿态方面应有所区别，明确主次、相互呼应。

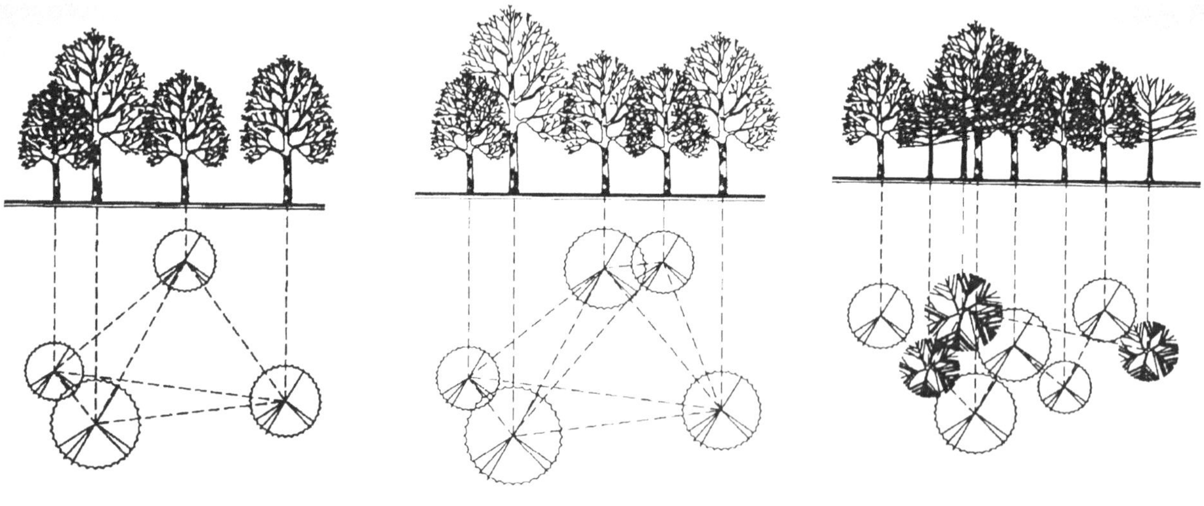

（*a*）　（*b*）　（*c*）

图 4.6–4　丛植示意图
（*a*）四株丛植；（*b*）五株丛植；（*c*）八株丛植

（*a*）　（*b*）　（*c*）

图 4.6–5　丛植
（*a*）河南桧；（*b*）矮樱；（*c*）皂荚

4.6.4 群植

由数十株至数百株的树木成群配置称为群植。显著特点是具有多层结构、占地面积大、水平方向郁闭度高，常作主景、背景、伴景，表现群体美。

群植多用于自然式园林中，植株栽植有疏有密，不成行也不成列，栽植距离不等，林冠线、林缘线有高低起伏和婉转迂回的变化。按树种组成和栽植密度群植可分为：

① 单纯树群和混交树群。单纯树群（纯林）由一种树种组成，其整体性强，壮观、气势宏伟。如成片栽植的碧桃、紫薇，开花时节，远观如花海，效果极佳。混交树群是由两种以上的树种成片栽植而成，与纯林相比，混交林的景观效果较为丰富，并且可以减低病虫害的传播。

② 密林和疏林。郁闭度在 90% 以上的称密林，其遮阴效果好，但林内环境阴暗、潮湿、凉爽。郁闭度为 60% ～ 70% 的称疏林，光线能够穿过林冠缝隙，在地面上形成斑驳的树影，林内有一定的光照。

修剪要根据不同栽植密度和树种结构进行。高密度区以开设“天窗”的方式进行整体修剪管理，以利光线进入，满足通风透光的需要，同时光斑投射到地面，也可增加游人游览乐趣。低密度区则应注意单株个体的冠形丰满，同时要注意区别树种的搭配形式和平衡树种间的生长速度，分清主次和从属关系以区别对待。

4.6.5 行植

多见于规则式园林中，树木按相等的株距沿直线栽植，可以形成整齐连续的界面，并产生很强的韵律感，常用于街道绿化，如中央隔离带、分车带以及道路两侧的行道树都是行植，以形成统一、完整、连续的街道立面。行植还常用于构筑“视觉通道”，形成夹景空间。行植的树种由一种树种或多种树种组成，前者景观效果统一完整，后者灵活多变、富于韵律。行植的修剪中单一树种以林缘和林冠线整齐划一为好，混植时的林缘和林冠线应灵活多变。

目前在居住区、公园、街景绿地中都有“树阵”，也属于行植的一种。其配置结构多利用规格相同的同一种树种按照相等的株行距栽植，形成规整的林下活动空间和休息空间。

这类树的修剪要注意：①树形要尽量一致，②林冠线要有起伏变化，③大枝数量要少，④枝组要健康丰满。在以如樱花、海棠、银杏、五角枫、合欢等花灌木或彩叶树为树阵时，更要很好地把握以上四点。

4.6.6 带植

带植是具有一定的长度、高度和厚度的绿化带，有观赏、防护、遮挡、分割等多种功能。目前在城区景观大道两侧、主干道两侧、高速公路两侧大规模地营造了带植的绿地，已经成为展示城市绿化建设水平、养护管理水平的重要窗口。

根据功能需要，带植可分为单一树种带植和多种树种带植。单一树种带植利用相似的树种颜色和相对统一的规格形成类似“绿墙”的效果，形体规整、韵律感强；多种树种带植则利用冠形、姿态、色彩等多种元素使变化更为丰富。

带植有规则式和自然式。如防护林带多采用规则式种植，其防护效果较好；步道两侧多采用自然式种植方式，以达到“步移景异”的效果。也有的采用混合式布局方式，既有规则式的统一整齐，又有自然式的随意洒脱。

林带修剪需根据以上结构特点，注意景观层次。林带一般分为背景、前景和中景三个层次，在进行修剪时应注意树种高度和栽植疏密的变化以增强林带的层次感。通常林带从前景到背景，高度由低到高，密度由疏到密。自然式林带则应该注意各层次之间要形成自然的过渡。

例如图 4.6–6 中种植带共分为三个层次，珍珠绣线菊球沿道路栽植，作为前景，叶色黄绿，花色洁白，秋叶红褐；第二层则以栾树、银杏、五角枫、云杉等高大乔木构成中景，两者之间通过红瑞木、忍冬以及珍珠绣线菊组成的灌丛过渡；第三层为油松林，油松色调最深、高度最高，可作为背景，中景与背景之间通过云杉过渡。

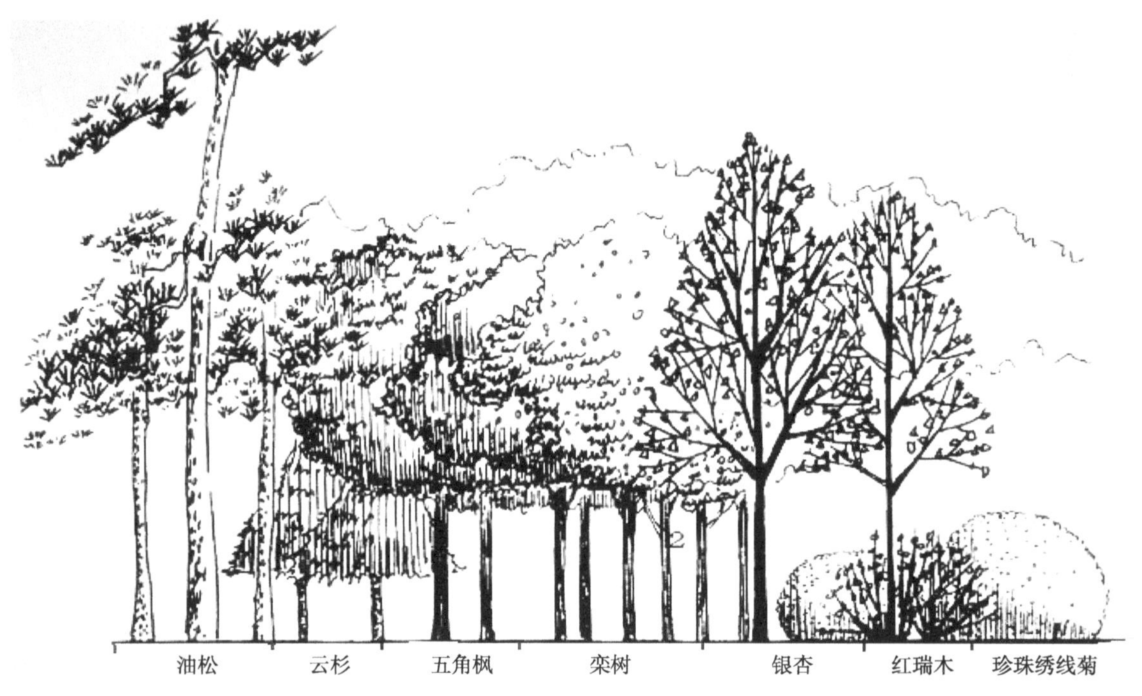

图 4.6–6　带植示意图

4.7　美学要求

单株树木的整形修剪除充分考虑生态学、生物学、生理学及园林植物配置原理诸因素外，还要考虑园林美学方面的要求，“利用天然，施以人巧”，使经过修剪管理的树木有画可取，有景可观，这是绿化美化的重要目的之一。

现实中，即使是同一树种，其生长、枝叶分布、枝条疏密度等都是多种多样的。整形修剪原则只是规定了一个大体的方法，具体修剪成何种样子，并没有统一的固定模式。需要在掌握整形修剪的基本理论知识的基础上，了解树木构图成形的某些美学原理，再根据具体情况“因树修剪，随枝做形”，不必拘泥于某些格式。最终目的是能给观赏者以愉悦感，使人看了舒服就是成功的。

从美学角度看，树木形态美可分成自然美和人工艺术美两大类。

4.7.1　自然美

树形的自然美是树木在外界自然环境因子的影响下，经过长期的自然选择筛选出来的。它没有刀砍斧劈的伤疤，也没有人工盘扎的痕迹，一切都是天然形成，是大自然创造的。要使树木保持自然美，就要根据各种树木的生物学习性和自然发枝规律进行合理修剪。依据科学原理，参照绘画理论进行构图造

型，该留的则留，当去的则去，融自然美与人工美于一体，使园林中的树木画尽意在，既符合自然之理，又有自然之趣，从而给人以美的享受。

4.7.2 艺术美

树形的艺术美是通过人工对树木枝叶进行合理的剪裁、整形加工后重新获得的一种人工树形。这种树形，“虽由人作，宛自天开”，源于自然又高于自然，构成树木的艺术美。这种艺术美主要是靠树木枝、叶、花、果等内部因素和彼此之间关系的恰当结合而展现，其中均衡与稳定、比例与尺度最为重要。

4.7.2.1 均衡与稳定

树木整形修剪中的均衡关系有 3 种类型，即：对称均衡、对比均衡和重力均衡（图 4.7–1）。

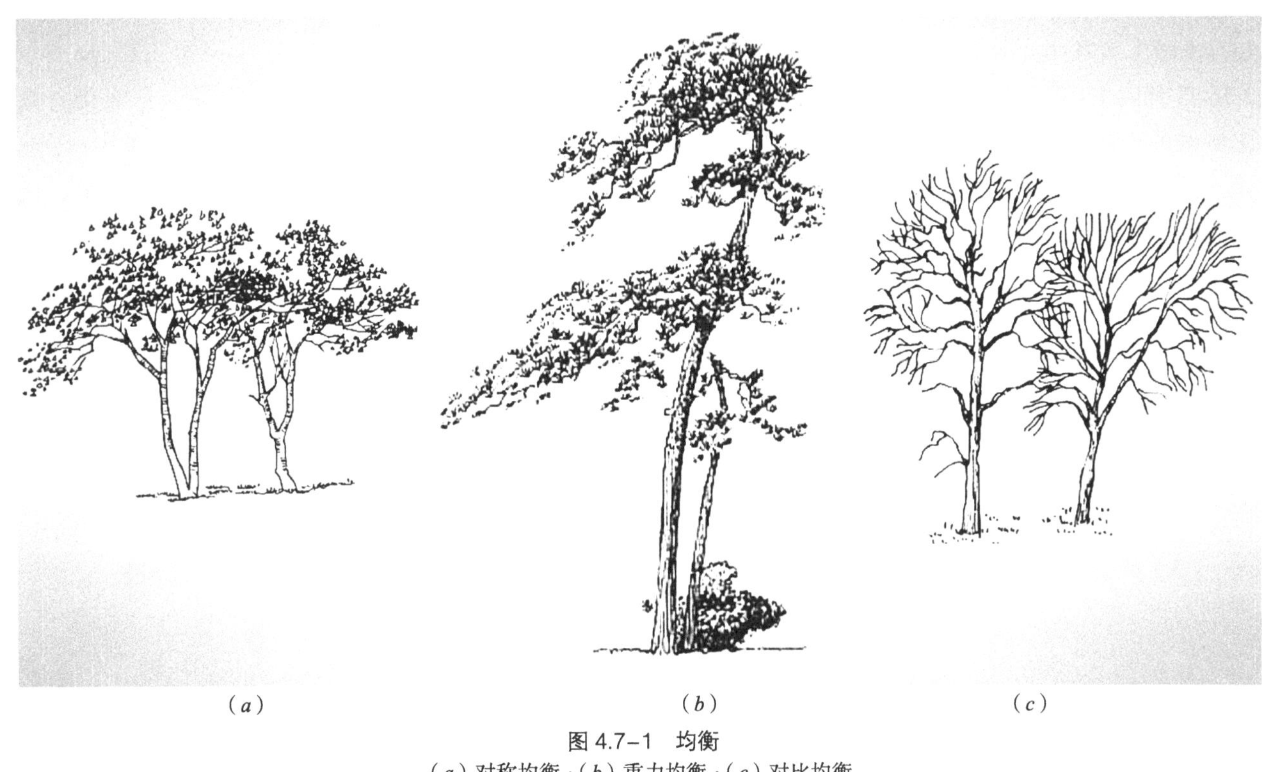

（a） （b） （c）

图 4.7–1 均衡
（a）对称均衡；（b）重力均衡；（c）对比均衡

（1）对称均衡：许多观赏树种的树形以主干为中轴线，枝条均匀地分布在四周，构成对称式的树形。这种树形可给人们留下均衡稳定的感受，许多针叶树和有明显中心干的阔叶树的树形都属于对称均衡。在整形修剪时，就要考虑到这种均衡关系，始终保持明显的均衡中心，使各方都受此均衡中心的控制。整形过程中要创造对称均衡就要有明确的中轴线，各枝条在中轴线的两边对称布置。如选择不对称均衡，则可淡化中轴线，使各枝条在主干上自然分布，但无形的轴线两边要求平衡。

（2）对比均衡：某些人工树形，如双干式树形中，其两个主干既不对等，也不对称，而是一俯一仰、一高一低，一直一斜、一上一下、一向左一向右。这种俯仰、高矮、直斜、上下、左右的布局形式，形成了对比均衡，构成的整个画面依然十分平稳。对比均衡使空间艺术里的相对双方做到了互为照应，即：首尾相映、项背相依，虽向前必顾后、向后者必应前，呼应关系处理得宜。

（3）重力均衡：在园林树木的整形修剪中，还经常人为地造成一种迎宾式树形。这种树形的主干宜曲不宜直，而枝叶分布、疏密、大小等变化更大，无一定规则，仅要求在构图上感觉平稳。这种平稳，是树木整体的重心关系在艺术美上的表现，因此，这种均衡称之为重力均衡。

稳定是指观赏树木本身上部与下部或树木株间的相对关系。从体量上看，树冠上大下小，给人以不稳定感；从重量来看，树冠上小下大，显得稳定；从质感上看，上方细致修剪，下方粗犷修剪就显得稳定。均衡稳定的修剪后的造型，会给人们带来安定感和自然活泼的微妙力量。

4.7.2.2　比例与尺度

比例是形式美的法则，自古以来就受到人们广泛的重视。古代画家认为“美感完全建立在各部分之间的神圣比例关系上”。

园林树木的形态美，无论是自然的，还是人工的，都离不开树冠与枝叶布局方面的比例关系。修剪树木，构图、造形一定要重视树木各部分之间的比例关系，这些形式因素之间的比例不同会直接影响到美感。修剪中要解决好树冠与树干之间的比例，处理好树高生长与直径生长的比例关系（树冠的宽高比）。不同宽高比给人感受不同，可根据不同目的，采用相应的宽高比例。例如：1∶1有端正感，1∶1.618（黄金比）具有稳健感，1∶1.414具有豪华感，1∶1.732具有轻快感，1∶2具有俊梢感，1∶2.36具有向上感。观赏树木的本身与环境空间也存在长、宽、高的大小关系，即为比例。只有把各种比例关系协调得当，树形美的效果才能完全表达。

尺度是人常见的某些特定标准之间的大小关系。在大空间里的观赏树木修剪要保持较大的尺度，使其有雄伟壮观之感；在小于习惯的空间里，树木的修剪要保持较小的尺度，使其有亲切感；在与习惯同等大小的空间里修剪的观赏树木，尺度要适中，使其有舒适之感。

在我国北方，通过树木造景和树木“形”的变化，把枯燥无味的冬季变得焕然一新，使其有一种特殊的美和独到的韵味，是园林树木整形修剪中值得进一步开发和研究的内容。

第 5 章　整形修剪的原则和共性技术

整形修剪是在一定原则指导下的技术措施，它是对树体的各部分进行有规律地精心取舍，使树木的冠高适度，各层主、侧枝分布错落有序，枝组着生位置和角度适宜，树冠层次分明、结构匀称合理，形成稳固的树体骨架和丰满的树冠。经过连续修整可使树木外形美观，长势均衡，通风透光条件良好，有利于开花结果和减少病虫害的发生，实现春花、秋实、夏叶、冬枝的四季观赏效果。

5.1　整形修剪的概念

5.1.1　整形与修剪的关系

整形和修剪的技术内容不同，但二者是紧密联系在一起的。整形是指按照一定的原则创造园林树木的某种特定的骨架结构和外部姿态，使其合理利用光能，充分占据空间，保持各部势力均衡稳定。修剪是通过短截、疏枝、回缩、摘心、扭梢等修剪技法剪去或部分剪去一些影响生长或影响树形的多余枝条，维持和稳定既定的树体结构和形状。整形修剪的关系可解释为：整形必须通过修剪的技法来完成，修剪必须按照整形的原则来进行，二者相互依存，缺一不可。实践中我们根据不同树种的生长与发育特性、环境特点、栽培目的进行科学的修剪，形成树冠丰满、姿态优美的树形，使枝、叶、花、果相映成趣，且与周围的环境配置相得益彰，充分发挥和表达园林树木的综合效益。

5.1.2　修剪的双重作用

在自然生长的情况下，园林树木的各类枝条是根据生长空间和获得营养的多少而自由发展的，各类枝条在发展中自行建立和保持一定的相对平衡关系，这种平衡并不都是我们所需要的，因而需要通过修剪技术来强制它们按照我们的要求和意愿去发展。当树木修剪之后，树体原来的平衡关系会被打破，进而引起树木地上部分与根系、树冠整体与局部之间建立新的相对平衡关系。

从操作上看修剪的对象是园林树木的各种枝条。例如：在一定的修剪强度下，修剪可使被剪枝条的生长势增强，常表现为树龄越小、树势越强时促进作用越明显。短截修剪对促进生长的作用表现为剪口下第一芽、第二芽长势最强；而疏剪只对剪口以下枝条有促进作用，对其上部却有削弱作用；在树势相同的条件下，重修剪比轻修剪促进生长作用强，剪口芽质量好、发枝旺。

从整株树来看，修剪的作用范围并不局限于被剪枝条本身，而是对树的整体在起作用。这是因为剪下大量的枝芽后，缩小了树冠体积和减少了枝芽数量，同时修剪造成许多伤口，愈合它们需消耗一定的营养物质，会对树木整体产生抑制作用。

上述这种局部促进、整体抑制的关系，通常称作修剪的双重作用。一般的表现是局部促进越强，整体受抑制越明显。而抑制作用的大小则与树木本身的生长势有关，一般的表现是抑制作用随着树龄的增长和生长势逐渐缓和而减弱。因此，修剪时要考虑到这种双重作用，既要从整体着眼，又要从局部着手，使局部服从整体。

5.2 整形修剪的原则

整形修剪的原则是根据园林树木所应表达的园林内涵和应达到的结构标准来确定的。对树木而言，影响这些效果表达的因素是：群体结构、单株树体结构、枝条着生角度，枝条密度，层间大小，临时性枝条的利用。因此，要按照以下原则全面观察并估计修剪后的反应，因树、因地修剪，才能做好修剪工作。

5.2.1 长远规划 统筹安排

绿地自建立起，树木要在这一固定的环境中生长和开花几十年。养护管理中要根据设计规定的整体布局和树木现状确定树形，规划出什么时候完成整形、各级枝怎样安排、各种枝组如何配置、如何稳定树木的长势等基本内容，做到有计划有目的地进行修剪，每年修剪前制定修剪方案，然后实施执行。

从目前的绿地建植看，高密度栽植的情况十分普遍，绿地建植当年的一些组团（如现在普遍采用的金枝槐、金枝白蜡以及一些灌木）就已经郁闭了，很快出现株间拥挤、枝条冗长、杂乱无序等现象。而点景用的孤植树因修剪不当，大部分树形不协调。因而，修剪工作需要从定植开始就对树木的整体结构作出一个长远规划，全面安排，这样才能有步骤地进行修剪，建立起长时期的优质景观。

5.2.2 因树修剪 随枝做形

因树修剪就是根据树种、品种、树龄、树势、气候条件灵活运用剪枝技术。园林树木种类繁多，由于自身习性和生长发育状况不同、外界环境条件和绿地建植形式不同，即使是同一树种，实际修剪起来其差异同样很大。因此必须注意“因树修剪，随枝作形”，就是要因树制宜、因地制宜，具体问题具体分析，区别对待，这是园林树木修剪灵活性的一面。

要做到因树修剪，实际操作中必须坚持“先审树后剪枝”的原则。剪枝之前，对树体进行一次综合评价，找准问题，划出类型，确定相应的剪法再动手修剪。“随枝作形”是对树体的局部讲的，包括局部长势、枝量、枝类、分枝角度、枝条延伸方向以及花芽数量等。

树冠整体由各个局部组成，只有各个局部整形修剪合理时，才能形成合理的、丰满的树体结构和适宜的生长与开花的平衡关系。因此，对树体局部的整形修剪，要在整体判断（树势判断）的指导下进行，并要考虑到局部处理与整体间的关系，如平衡状况、主从关系和空间位置等。

5.2.3 抑强扶弱 均衡发展

抑强扶弱是均衡树势的重要方法。一个单元绿地中，有的树势强旺，有的树势衰弱，同一株树上，也有强枝弱枝，这通常是单元绿地或单株树形参差不齐的原因。实践中可以看到，生长势强旺树与生长势衰弱树都不能构成优质的景观，只有在树势均衡、中庸健壮、群体协调、林缘均匀的状态下才能表达真正的园林美。

生产中常见的强弱不均的情况有：①生长过旺，树冠外围粗壮的一年生枝条密集，花量很少，仅分布于顶部和树冠外缘部位；②冠形表现为上强下弱、下强上弱或左右强弱不均；③生长衰弱，花芽瘦小，短枝密集。修剪中对旺树修剪要抑强扶弱，控制强枝，多疏枝和压低角度，减缓生长量，增加花枝量；对弱枝采用多留辅养枝、轻剪少疏，去掉多余的花芽，适当抬高枝头角度等方法予以扶持。平衡树势的原则是“强者缓和成花芽，弱者转壮增新枝”。

5.2.4 主从分明 树势稳定

主从分明指从始至终要保持各级枝之间相对稳定的从属关系。通过修剪使主枝强于侧枝、侧枝强于副侧枝、骨干枝强于辅养枝和枝组，形成相对持久的主枝带动侧枝、基部主枝渐次强于上部主枝的清晰的主从关系局面。在一个主枝上，应使后部的侧枝强于前面的侧枝，主、侧枝强于辅养枝，级次高的枝从属于级次低的枝，同级枝保持长势平衡。修剪中强调"各级延长枝要单枝单头、枝头附近不留壮枝"的修剪方法是实现主从分明的有效措施。

各级骨干枝的角度掌握的原则是：级次越小开张角度越大，同时注意在中、大型枝组内部着生的各级枝之间和每个枝条之间也大体上有个主从关系。只有这样枝条间才能互不干扰、疏密相间、结构牢固紧凑，使树冠稳步、均匀并有节奏地扩大，实现全树上、下、左、右强弱一致，平衡生长。从属不分、树体各部强弱不均、树形紊乱、生长与开花的矛盾突出，是目前园林树木存在的主要问题，必须花大力量才能解决。

5.2.5 轻剪为主 轻重结合

整形修剪毕竟要剪去树冠中的一些枝芽，对树体的总生长量来说，具有削弱生长的作用。从某种意义上讲，修剪程度越重，对总体生长的削弱作用也就越大。为了把这种因修剪而产生的削弱作用限制在最低水平上，就应该掌握"轻剪为主"的原则。但是，构成树体的所有部分，其生长状况和所处的地位不可能是一致的，其修剪程度也不可能一样。在全树轻剪为主、增加总生长量的基础上，对某些局部则需根据整形的需要进行"重剪"控制。因此，"轻重结合"也就必然成为解决各个局部问题时必须遵循的一项修剪原则。

在树木的生命周期中，树木的生长、开花、结果状况处于不断地变化之中，营养生长和生殖生长的平衡关系也在不断地发生变化。在修剪程度的掌握上，也应该随着生长、开花、结果状况及其平衡关系的变化而有所变动，宜轻则轻、宜重则重，才能达到长期壮树、优质的目的。

5.2.6 结构牢固 立体开花

结构牢固、立体开花（结果）是上述几项原则所要达到的目的，指的是在合理牢固的树体结构下，使树木层间开阔、枝条角度适宜，并在每个骨干枝上培养、配置适量的大、中、小、立、侧、垂等各种枝组。这些枝组应均匀排列，高矮搭配，密度合理，树冠的里外、上下、左右形成立体化全面开花的枝组布局，在充分发挥生态效益的同时显著提高园林树木的观赏性。

5.3 整形修剪的要求

修剪是作为一项养护管理的专项技术而存在的，仅通过简单的体力劳动、单一的剪枝方法是不能完成的，要求修剪者除对前述各项原则加深理解，用以指导自己的修剪行为之外，还要掌握一系列修剪的具体技术内容，这是科学修剪与盲目修剪的重要区别。

5.3.1 了解树种生物学特性

整形修剪中所指的生物学特性是指树种和品种的生长特性和枝芽特性。树种或品种不同，在萌芽力、发枝力、分枝角度、枝条硬度、花枝类型等方面都有很大差别。因此，要根据不同树种或品种的表现，

采取相应的整形修剪技术。如果千篇一律，盲目修剪，修剪效应不但不能发挥，甚至会出现相反的结果。例如，对萌芽力、成枝力均强的树种，如金银木、珍珠梅、连翘、猬实等，应以缓势修剪法为主，多放、多疏、少短截；对发枝力相对较弱的树种，如樱花、茶藨子、天目琼花、杜梨等，应以助势剪法为主，少疏、轻截、适度回缩；对萌芽力和发枝力中等的树种如海棠、紫薇、玉兰等，则要适当多用中短截、适度长放的修剪方法。

5.3.2 正确判断树势

园林树木在一生不同年龄阶段中，生长开花的表现不同，在修剪方法和程度上也会随之而改变。如在建植前期注重整形，为加速扩大树冠，通常采用轻修剪，以长放、轻短截为主。树体结构稳定之后，则应保持树势健壮生长，进行细致修剪，修剪量适度加大，使营养枝、花枝保持一定的比例。衰老期，以更新复壮为主，以新枝代替老枝，维持一定的有效枝数量。

判断树势通常采用的方法是："看长势"、"看长相"、"看骨架"。

（1）看长势：通常以外围延长生长的新梢的平均长度和数量为标准，长度以 50cm 为宜，大体比例为总枝量的 15%，过短或比例小者为弱势，过长或比例过大者为旺势（徒长）。短枝过多或短花枝过多会导致叶面积过小，当年营养积累不足；徒长时，中短枝过少，花量着生不均匀，树形容易紊乱。

（2）看长相：通常以枝条的粗细为标准，冠内枝条粗度应均匀。因树种而异，粗细以 0.3 ～ 0.5cm 为宜，且粗细度在该范围的枝条所占的比例大体为总枝量的 60%。过细时为弱树，修剪时适当短截，以充实芽体和枝条粗度；过粗时为旺树，枝徒长，虽粗但不充实，芽体也小，修剪时适当疏、放，以改善光照，多发短枝。

（3）看骨架：骨架是指所选用的树形是否符合该树种的生物学特性，结构是否合理。骨架要求端正、利用空间充分、骨干枝长势均衡、各类枝分布均匀、满足"三稀三密"的原则。

在树势判断时常会同时考虑树龄。应当明确，绿地建植时间的长短与树龄没有必然关系。所以，建植时间不能作为计算树龄的依据，修剪中还是要根据树木的长势、长相，先进行树势判断，然后将所得到的结果归于适当的年龄阶段，再将符合同一年龄阶段的各树种归类写入修剪方案。

5.3.3 认真观察修剪反应

修剪反应是合理修剪的重要依据，一般可从两方面来观察，一是看局部反应，二是看全树整体反应。局部反应是观察某些枝条短截或回缩后，在剪、锯口下，萌芽、抽枝及花枝形成的情况；全树整体反应是对各个局部实施修剪后调查全树的总生长量、梢长度、枝条充实程度、枝条密度、花枝量及花芽形成的质量与数量。

实践中可采用本书"研究篇"中所提供的方法，把需要解决的问题逐一进行观察记载和比较分析，来确定正确的修剪方法和修剪程度，做到有的放矢地进行正确的修剪。

5.3.4 全面分析环境和栽培管理条件

对环境的分析也要求用"三看"来进行，即"看天、看地、看树"。"看天"指的是看树冠允许的扩充空间；"看地"指的是看树木的立地条件，如地形、地势、土壤、覆盖物长势等；"看树"指的是树的长势、长相。三者综合起来再确定适宜的修剪方法。

此外，栽培管理条件也与整形修剪关系密切，水肥、植保管理跟不上，整形修剪的作用就不会很好地发挥出来。同时在不同的栽植形式中，混植的树木特别要注意不同树种的生长特性、生长速度，适宜

的修剪是使混植树木的生长达到均衡的唯一手段，因此，要逐年进行认真的修剪，控制和调整、防止交叉和郁闭。

5.4 整形修剪的常用术语

修剪有一些常用的技术术语，例如：生长量、生长势、树相、树势、枝芽量、分枝量、枝类组成、枝组、枝干尖削度、修剪量、树体骨架、树体结构、骨干枝、辅养枝等等，各自都有丰富的含义。在生产现场还经常会用到一些“俗语”，如：将树冠内部称为“内膛”，外部称为“外围”；对一年生外围枝条进行短截，称为“打头”，内膛枝进行短截称为“打短”，并有“轻打、中打、重打”之分；根据短截部位不同短截修剪又有“抓盲节”、“抓环痕”、“留茬修剪”；对枝条进行重回缩时，基部留一小枝以防止剪口处萌生丛生枝条，并保护伤口、加速创面愈合，俗称“留跟枝”等等。了解整形修剪中的技术语汇有助于对修剪技术的理解和掌握，也有助于技术交流。

5.4.1 枝类组成

枝类组成是指构成树体总枝芽量的各类一年生枝条的比例。这些枝类，包括超长枝、旺枝、长枝、中枝、短枝和叶丛枝。超长枝长度 60cm 以上，旺枝长度 40 ～ 60cm，长枝长度 30 ～ 40cm，中枝长度 15 ～ 30cm，短枝长度 5 ～ 15cm。

据研究，能够发生秋梢的长枝所消耗的养分比形成一个短枝要多 15 ～ 30 倍，所以长枝比例大的树在树势上属于旺树，它的光合产物虽多，但消耗也很大，有相当一部分用于枝条生长的自身消耗。从营养分配来看，长枝得到的无机养分比短枝多。叶片制造养分的自留数量，短枝比长枝多，可以达到 90% 以上，外运量不足 10%。因此，停止生长较早的中、短枝营养积累多，有利于形成花芽，长枝有利于生长和更新（如海棠、杜梨、苹果、柿子等）。另外长枝多而集中时，会抑制内膛枝的花芽形成能力，这是旺长树开花多集中在外围的原因之一。所以通过修剪调整长枝、中枝、短枝的比例，并使其在主、侧枝上均衡分布，可以有效地促使同化养分用于生长、生根、分化花芽等方面。

5.4.2 枝组

枝组是着生在骨干枝上构成树冠和开花结果的独立单位。若将骨干枝看做树冠的骨架，那么枝组就是构成树冠的“肌肉”。骨架是树冠建造和扩大的支撑，枝组是树冠的填充。整形修剪除培养骨干枝外，修剪技术主要体现在对枝组的培养与调整上。因此，枝组的数量、质量、分布、均衡程度是评价修剪水平高低的重要内容之一。

5.4.2.1 枝组的分类

按枝组生长的形状划分：可分为细长枝组、扁圆枝组及长圆形枝组。有些树种如国槐、白蜡、枣、金银木、连翘、猬实等以细长枝组为主；栾树、法桐、柿子、碧桃、榆叶梅、紫薇以扁圆枝组为主；丁香、天目琼花、珍珠梅等以长圆形枝组为主。

按枝组主轴延伸状况划分：可分为单轴枝组与多轴枝组。这种分类方法主要体现了随着植株的生长，冠内枝组的演替过程，例如金银木、连翘、猬实、单瓣木槿、胡枝子、珍珠绣线菊等树种的单轴枝组经 2 ～ 3 年后可过渡为多轴枝组，其后通过逐年进行回缩更新修剪变为中型、小型枝组。因此，生产上常用的分类方式是以枝组体积大小而将枝组划分为大型、中型、小型三类。

常见枝组类型参见图 5.4–1。

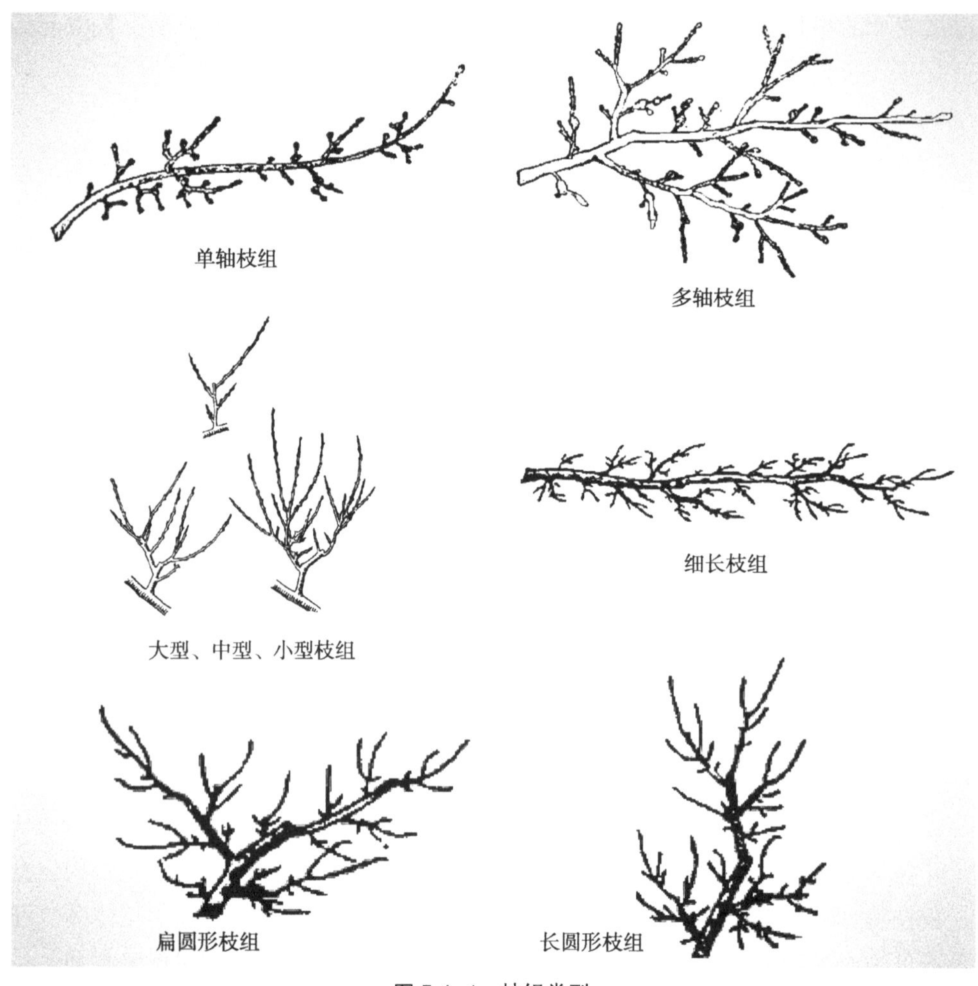

图 5.4–1　枝组类型

5.4.2.2　枝组的密度

在一定范围内，树冠中枝组密度愈大，观赏性愈好，但枝组数量并非越多越好，超过适宜数量后，会因为枝组密挤、通风透光不良，影响叶幕层间距离和光合生产效率，进而变为无效枝组，导致内膛枝条衰弱。修剪中应注意以下几方面的因素：

（1）骨架空间：骨干枝空间适当，枝组培养数量才能达到理想限值。骨干枝空间受分枝角度、分枝级次、层间距等条件的限制。分枝角度过小，骨干枝过于顺直时，枝组较难培养，如西府海棠和紫叶李在八年生以前较难培养枝组，常以连续单枝单条的修剪方法使其单轴生长，逐渐由单轴枝组过渡到多轴枝组。空间较大、分枝级次少的，如樱花、山杏等，大型骨干枝多，其上直接着生的多数是多年生的单轴枝，二级或三级分枝很少，因此大、中型枝组数量相对减少，注意培养补充枝组是这类树的修剪任务之一。金银木、单瓣木槿等树种，层间距小，树冠过于开张，生长优势全部集中于骨干枝背上，所以修剪中应注意以单轴枝组为主，削弱其背下两侧多轴枝组的生长，这是金银木、单瓣木槿等树种多轴枝组保持年限短的原因。

（2）枝组的大小：枝组体积大时，整体树冠中的枝组密度变小；大、中、小型枝组比例恰当时，全树枝组密度大。

（3）树龄：在幼龄期形成单轴枝组居多，枝组密度小；成龄前后，多轴枝组数量逐渐增加，枝组在全树上下左右均有分布；衰老期背下两侧枝组长势减弱，并逐步被剪除，优势转移至背上，枝组密度又有减少。

（4）整形修剪的适宜程度：修剪合理、树体结构良好、层次分明、上下内外长势均衡的树，枝组密度大，而出现局部长势不平衡时（如外强内弱、内强外弱、上强下弱、一侧强一侧弱等），枝组密度变小。

5.4.2.3 枝组的寿命

枝组寿命与树势的平衡和花量果实的稳定有关，很大程度上取决于根系与枝条间的交换关系。如树木长势良好，根系与枝条间交换势力强时，枝组寿命长。当交换势力变弱时，随之而来的是枝组瘦弱，变枯衰老，寿命缩短。影响枝组寿命的因素主要有以下几个：

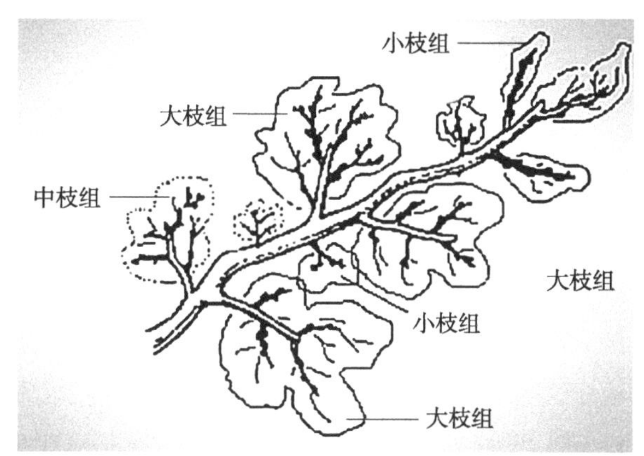

图 5.4–2 枝组在多年生枝上的分布

（1）树种：如紫薇、珍珠梅、锦带等常需重短截，枝组 1 ～ 2 年便更新一次，枝组密度小，寿命短；而杜梨、梨、碧桃等枝组密度大，枝组寿命也长。

（2）结实量：结果多的枝组偏向于生殖生长，而营养生长衰老很快，使得枝组寿命变短；如木槿、紫薇、丁香、金银木、石榴开花后结实很多，枝组在 2 ～ 3 年必须进行更新。樱花、紫叶李花后无实，枝组可以连年培养，寿命长，生长稳定。

（3）着生部位：背上直立枝组或斜生枝组生长旺盛，寿命长；两侧水平枝组次之；背后下垂枝组寿命最短。内膛枝组的寿命短，外围的寿命长。

（4）枝组本身的枝类组成：一个单位枝组内，长、中、短各类枝条齐全、比例协调，寿命长；如中、短枝偏多，无长枝长出，形成所谓的“鸡爪枝”，即便不枯死，也无生长能力，生命难以维持久长。

5.4.3 寄生枝

寄生枝是指不是依靠自身所制造的营养物质来维持其生长发育的枝条，主要是内膛的茸毛枝、纤弱枝、细锥形枝。这类枝在榆叶梅、紫薇、金银木、木槿等树种上大量存在，多为秋梢。在树冠过高、上强下弱、叶幕层厚、通风透光条件恶化，内膛光照低于自然光的 30% 时，这些枝上的叶片所制造的营养物质不抵自身生长和呼吸的消耗，要消耗和争夺周围其他枝条上叶片所制造的养分，不能自给自足，还要从别处摄取一些，呈半寄生状态。这种枝，自身光合能力弱，从周围争夺营养的能力也弱，必须通过剪枝等措施，改善光照，调节养分分配，以减少和消灭寄生枝。

5.4.4 辅养枝

辅养枝是着生在中心干上的层间和主枝上的各侧枝之间的大枝，主要用以辅养树体、增加花果数量。这类枝不用于扩大树冠，需要逐年控制其生长势，其中到成龄期逐步去掉的为临时性辅养枝，不去掉、长期保留或变成大枝组的为永久性辅养枝。辅养枝的改造利用参见图 5.4–3。

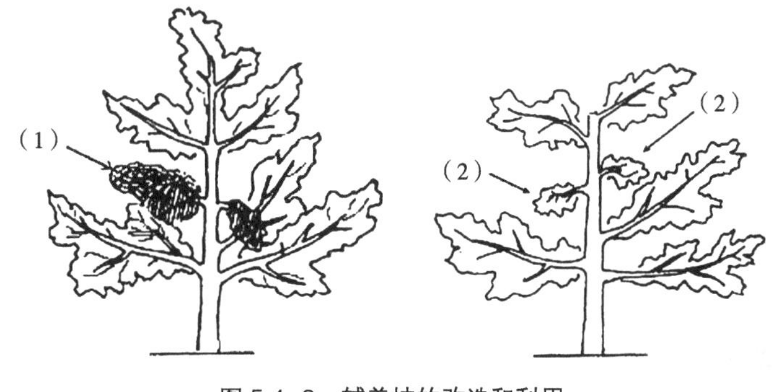

图 5.4–3 辅养枝的改造和利用
（1）—辅养枝在树冠中的位置；（2）—辅养枝已改造成枝组

5.4.5 生长量和生长势

生长量指的是一年中枝条的长度与粗度增加的数量。增加的多，生长量大；增加的少，生长量小。生长势是指枝条生长的强弱程度，常用枝条的长短、粗细、直立、斜生、水平、下垂、分枝多少来综合衡量。枝条长而粗、直立、分枝多则生长势强；反之，生长势弱。对一年生枝而言，生长量与生长势是一致的，生长量大的生长势强，生长量小的生长势弱。而在多年生枝上，一年生枝数量多且生长量大时，标志着这个多年生枝的生长量也大；若多年生枝上的一年生枝数量偏少，即使是生长势较强，这个多年生枝的生长量也会减少。修剪时，对骨干枝既要保持较强的生长势，又要使其有较大的生长量；对辅养枝，则要控制其生长势并减少生长量，空间较大时，可以增加辅养枝的生长量，但不能增强其生长势；对弱枝的复壮，既要增强其生长势，又要增大其生长量；对旺枝，则应削弱生长势，减少生长量。

5.4.6 树相与树势

5.4.6.1 树相

树相是指树的长相，用以判断树木生长是否正常、是否过旺或衰老。多以枝条、叶片、皮色、芽的饱满度、绒毛等外部特征进行描述。一般将树相分为：虚旺型、健壮型、衰老型，以方便在修剪中采用不同方法来区别对待。

虚旺型：突出特点是生长旺盛，一年生长枝多，生长节奏不明显，芽内幼叶分化小而少，长短枝数量上两极分化现象极明显，内膛短枝细弱，外围旺枝上叶大色浓。造成的原因常是肥水过量或修剪过重。虚旺型树木修剪调节的重点：采用轻剪缓放，加大旺枝角度，生长季节对旺长枝条进行控制，增加器官和芽的分化深度，以改变营养物质的分配方向、提高贮藏营养水平、促进花芽形成；冬剪以轻剪缓放为主，只剪延长枝，其余春季发芽后进行复剪调整。

健壮型：特点是树体贮藏营养水平高，各部位间分配合理，生长季中器官功能相互协调，各器官生长动态稳定，分化深、间歇期长，对不良环境适应性强；叶片较大，厚而整齐；枝类组成稳定，壮短枝多，营养枝稳定在15%左右。这类树的修剪要稳定手法，细致修剪，注意营养枝、壮短枝和花枝三者间的协调关系。

衰老型：多发生在土质、水肥管理均较差的绿地，主要表现是树冠扩展小，枝条生长细弱，叶片较小；年周期中，枝条生长期短，积累早。对于此类树的修剪调整要先以养树为主，适量留花，选留优质壮芽短截，刺激生长，扩大树冠，增加叶面积，养树养根。另外，配合水肥管理，扩穴深翻，增施有机肥，改变根系生境条件。

有一类树应注意区别，树小、叶小、花少，虽有一定长势，但生长量很低，枝条木质坚硬，枝皮较薄。这类树属于饥饿型，修剪对其调节作用不大，重点在增肥水养树。

5.4.6.2 树势

树势是指树体营养生长与生殖生长的平衡程度和整体生长的势力强度。判明树势是确定剪枝方法和修剪程度的前提。判断树势的简易方法是根据外围延长枝的长度来确定树势的强、中、弱。一般情况下，幼龄树新梢长60cm左右为强壮树，40cm左右为中庸树，30cm以下特别是低于20cm的为弱树。枝条粗壮、节间短、枝干无病斑或伤口愈合较好的树，表明树势强壮；反之，表示树势衰弱。枝条的生长势与花果量有直接关系，结实过多，枝条生长减弱；结实偏少，长势增强。这些现象在紫薇、金银木、石榴、珍珠梅等许多树种上表现都很突出。所以，修剪时可以通过调整花量和枝条角度，结合选枝或选芽来调节

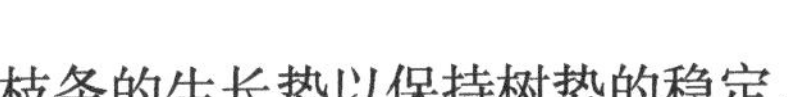

枝条的生长势以保持树势的稳定。

5.4.6.3 树相与树势诊断

冬季修剪前的树相与树势诊断主要是看树体结构和一年生枝条的生长数量和质量。

1. 树体结构

（从大枝和枝组的分布来区分）骨干枝、辅养枝、结果枝配备不当，分布不匀；大枝太多，主从不清、方位错乱、重叠交叉拥挤；层间距离不当，枝条强弱不均的属于紊乱树。外围分枝多而强，上部生长量大，内膛、下部光照不良，大枝太多且重叠拥挤，无效枝多，小枝密集的属于郁闭树。各种枝布局得当，疏密适中，骨架结实，小枝充实，通风透光良好的属于结构合理树。

2. 树势

从发育枝的数量、长度、粗度、角度、枝类组成、生长枝与花枝比例来判断树势的强弱，从花芽的数量和质量看树势的稳定程度。

生长季节的树相诊断要在春季、夏季、秋季分别进行。

（1）春季：发芽后幼叶转色快或开花整齐一致的树贮藏营养水平高，树体健壮。叶色黄绿，花多而瘦小、大小不齐、花瓣不能完全伸展的树贮藏营养水平低，树势衰弱。夏秋开花的树种（木槿、紫薇等）则应以枝条长势、枝类比例进行判断。

（2）夏季：中短梢停长快、叶大而厚，中短枝粗壮，长梢上叶片大、停长及时，是贮藏养分多、代谢协调稳定的表现。已经停长的中短梢过早地再次萌发，长枝生长不停止，春、秋梢界限不明显，是虚旺型的表现。

（3）秋季：中、短枝上的叶片完整，落叶正常；长枝及时停止生长，枝条光亮、节间短、叶片大、皮孔明显；秋梢枝段上芽体大（腋花芽饱满）；春梢段芽大，鳞片光亮、茸毛少，落叶后叶痕大，表明树体健壮。而枝条细瘦，叶子贪长不落，芽绒毛多，枝条色青不亮，髓部大，表明树势虚旺。

5.4.7 枝芽量和分枝量

枝芽量是指一棵树、一个大枝或一个树冠内，单位体积中一年生短枝、中枝、长枝和徒长枝的总和。它是开花的基础，与树冠的丰满度、荫度和树势的稳定程度有密切关系。枝量不足时，花少、荫度低、树冠稀疏、观赏性差；枝量过多时，密挤遮光，花芽瘦小、质量差，树冠易郁闭紊乱；枝量适宜时，树势健壮、稳定。一般的规律是树龄小，枝芽量小、树体增长快；成龄树枝芽量大、树势较稳定；衰老树枝芽量逐渐减少。

分枝量是指整个树体或者一个大枝上分布的分枝数量。分枝量的多少，与树种和整形修剪方法有关。成枝力强的树种比成枝力弱的树种分枝量大，如管理粗放、忽略整形，常表现大枝密挤，棍棒满树，小枝大量枯死。分枝量过多时骨干枝下部的枝组转衰，丰满度下降（如国槐）；分枝量过少，骨干枝中、下部的枝组长势强，背上枝组大，生长势不稳定（如栾树）。生产中可以通过修剪来调整分枝量，使之达到适宜的标准。对萌芽率高、成枝力弱的树种，重点是增加分枝量（如合欢）；对萌芽率低、成枝力强的树种，则要控制分枝（如杜仲）。对幼树，应通过轻剪、多留枝来增加分枝量；对成龄期树则应控制分枝量，防止枝条过密而影响光照和分散养分，以维持健壮的树势（如法桐）。

5.4.8 枝干的尖削度和硬度

枝干下粗上细相差的程度称为尖削度。相差大的尖削度大，相差小的尖削度小。尖削度的大小与骨干枝的牢固程度有关。园林树木中法桐和皂荚的自然尖削度大，树冠大且牢固；而国槐、白蜡的自然尖

削度小，劈折现象较普遍。

尖削度的大小，受枝的长度、侧枝数量与分布的影响。一年剪留过长或连年缓放时，枝干细长，分生侧枝少，上下粗度相差不大，主枝柔软无力、易下垂、相互重叠、易折裂。通过剪枝可以提高树种的尖削度，如：适当短截，促其分枝和加粗生长，可加大尖削度，增强枝、干的负载能力。

枝条硬度是指枝条成熟后的软硬程度，因树种而异。如丁香、西府海棠、紫薇的枝条较硬，应注意开张角度；木槿、连翘、金银木、红瑞木等树种枝条较软，应防止枝条开角过大和枝势转衰。

5.4.9 分枝角度

分枝角度指的是枝条与母枝之间的夹角。分枝角度的大小与树种、品种和分枝部位直接相关，萌芽率高、成枝力强的品种，分枝角度大；萌芽率低、成枝力弱的品种，分枝角度小。离剪口近的枝条分枝角度小，远的分枝角度大。缓放枝上，节位高的枝条比节位低的分枝角度小。剪枝时，可以利用这些特性，对分枝角度大的品种采用开心形，分枝角度小的采用有中心干的树形并选择节位低的枝条培养侧枝等。

5.4.10 修剪量

修剪量是指剪去枝条的总量。对树体来说，修剪量越大，削弱越重。但对于修剪量的问题要从两个方面去认识，这在修剪中至关重要。确定修剪量要以树势判断为基础，旺树修剪量的基点是落脚在营养枝上，而弱树修剪量的基点是落脚在花枝上，这是两种完全不同的修剪方法。当以修剪营养枝为主时由于去掉了大量枝叶，限制了枝干加粗生长，而以花果为主进行疏除修剪时，减少了营养物质消耗反而有促进枝干加粗的作用。因此，在需要快长树、快速扩大树冠时，旺树修剪量要小，修剪方法以轻为主，多留辅养枝，一方面增加枝叶量、扩大长势、增加叶面积，另一方面结合夏季拉枝开角促进骨架形成。反之则要减少或控制花枝量，疏除多余的辅养枝，减少养分消耗，增加地上、地下的营养物质运输频数，提高营养枝数量以养干、养根。

5.5 整形修剪的共性技术

5.5.1 整形

整形技术包括调整主、侧枝角度和生长方向、控制局部枝条生长势力、调整骨干枝加粗的速度、调整树冠各部势力的平衡、控制树冠扩展、解决树间交叉等等。即使是自然层性好的松柏类和单轴分枝的树种（如杨树类）也不能忽视对其进行整形。

在进行整形操作之前，首先要了解园林树木常用树形的基本结构。

5.5.1.1 常用树形

1. 主干形

主干形的树木具有一个明显直立的中心领导枝，形成高大树冠（图 5.5-1）。如雪松、白玉兰、杨树、圆柏、龙柏等。

2. 自然开心形

自然开心形的树形适用的范围非常广，在很多树种上都可采用，对树冠郁闭的树进行改造修剪也多数采用此种树形。实际工作中依据树木的年龄、生长空间、健康程度常采用过渡的方法最后来实现自然开心形树形，工作中应注意延迟开心形与疏散分层形的区别。

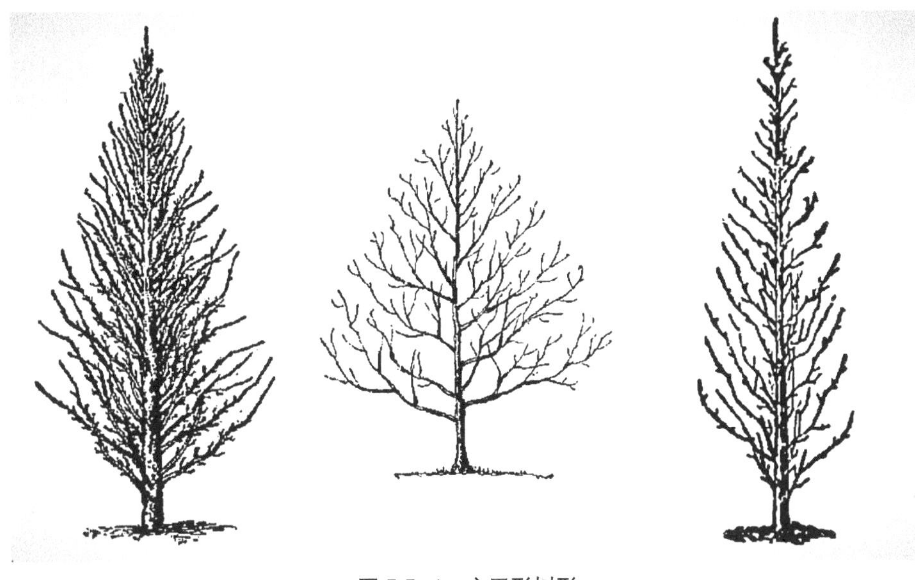

图 5.5-1 主干形树形

自然开心形的整形过程是：

定干。苗圃中，在苗木距地面 60 ～ 80cm 处定干，植株稀植或作庭院栽培，定干可高些，在 1m 左右。剪口下 20 ～ 30cm 要有良好的芽作整形带，这些芽要妥善保护，以便培养三大主枝。

选留主枝。当主干整形带的芽萌发，新梢长到 20cm 时，选留 4 ～ 6 个壮梢，余者疏除。当新梢长到 30cm 时，选留 3 个生长势均衡，向四周分布均匀的新梢作为主枝培养，其余新梢疏除。对整形带以下的萌发枝，在早春一次性疏除。在选留三大主枝的同时，要调整好主枝的角度和方向，方位角 120°，主枝的开张角度 40°～ 50° 。

定植当年冬季，对主枝要进行修剪，一般剪去全长的 1/3 或 1/2。如剪留的枝条长于 50cm，剪口芽应留外芽，第二和第三芽留在两侧。对直立性强的树种（如樱花、紫叶李），为使树冠开张，第二芽也应留外芽，可采用抹芽的方法，使下部外侧芽成第二芽，利用剪口下第一芽枝，把第二芽枝蹬向外侧。定植第二年冬剪时把第一芽枝剪掉，留下蹬开的第二芽枝作主枝的延长枝，以加大主枝的开张角度，使树冠开张。

建植第二年，冬季修剪时，对主枝延长枝短截，剪留春梢 40 ～ 50cm，同时选留侧枝。第一侧枝距主干 50 ～ 60cm，侧枝与主枝的角度保持 50° ～ 60° 。夏季当主枝延长枝长到 50 ～ 60cm 时，再进行摘心，在萌发的副梢中选择主枝的延长枝和第二侧枝。第二侧枝距第一侧枝 40 ～ 50cm，方向与第一侧枝相反，向外斜侧生长，分枝角度 40° ～ 50°。余下的枝条长到 30cm 时再摘心，促使形成花芽。

第三年苗木生长势转旺，枝条生长量加大，冬剪时主枝的延长枝剪留长度比上年稍长，一般剪去全长的 1/3 ～ 1/2，留长 60 ～ 70cm。如果上年夏季未选出第二侧枝，冬剪时应选留第二侧枝，具体要求与上年夏剪用副梢培养侧枝相同，剪留长度比主枝剪留稍短。

对花枝和枝组的修剪，要疏密、短截，促使分枝、扩大枝组。花枝要适当多留，使枝组紧凑。枝组的位置要安排适当，大型枝组不要在主、侧枝上的同一枝段上配置，以防尖削量过大，削弱主、侧枝先端的生长势。还要注意防止主枝顶端优势而引起的上强下弱，造成结果枝着生部位逐年上升。解决的办法，可采用留剪口下第二芽或第三芽作主枝的延长枝，使主枝呈折线式向外伸展，侧枝配置在主枝曲折向外凸出部位，这样便可以克服结果枝上移过快的缺点。

绿地建植后要根据以上树冠结构的要求进行调整，不提倡采用平头式或重疏剪的方式进行属性调整。修剪中应做到：主、侧枝清楚，角度适宜，从属关系明确，树冠圆满。开心形树形的整形过程参见图 5.5-2。

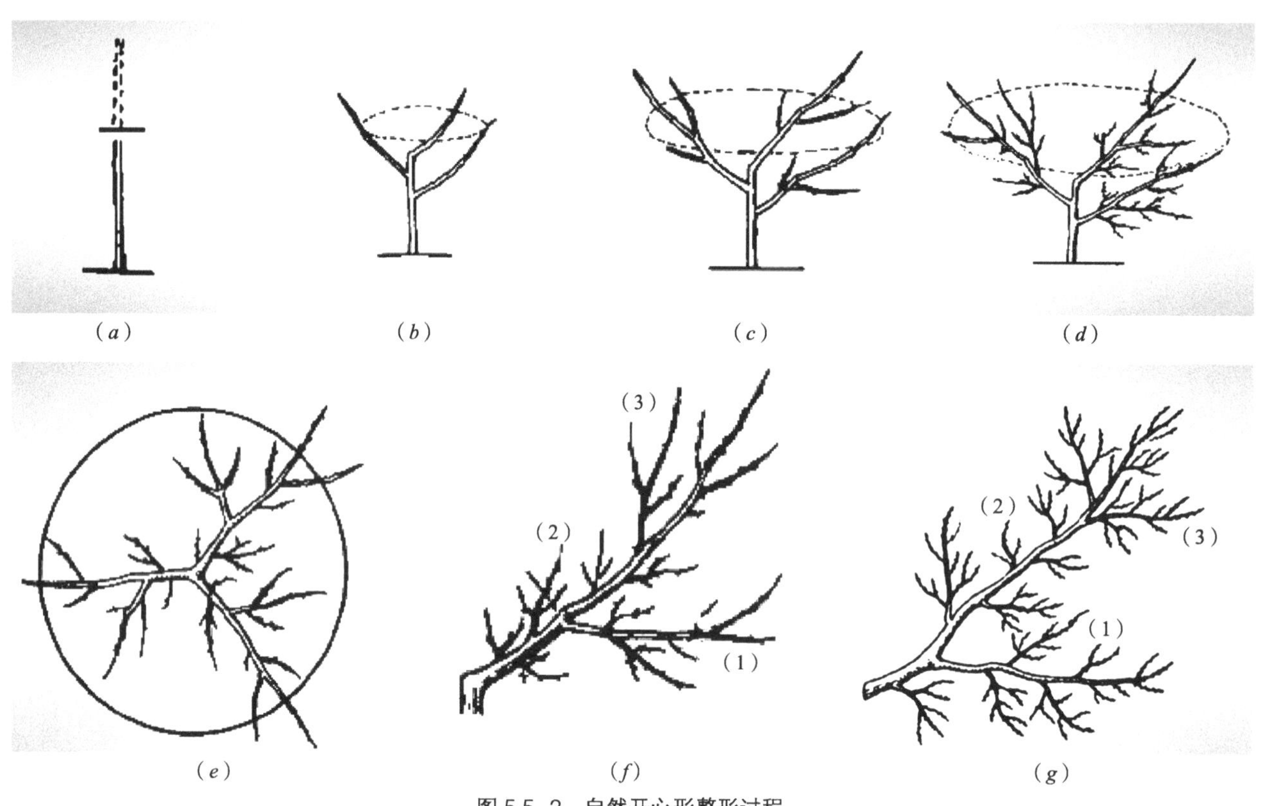

图 5.5-2　自然开心形整形过程

（a）定干；（b）选留主枝，不保留中心干；（c）选留第一级侧枝后的冠形；（d）骨架形成后的树体形状；（e）树冠结构顶视图；（f）侧枝配置方法，其中：（1）为第一侧枝、（2）为基部枝组、（3）为第二侧枝；（g）副侧枝的结构，其中：（1）为大型辅养枝、（2）为小枝组、（3）为外向枝组（换头预备枝）

3. 延迟开心形

延迟开心形结构特点是，有中心干，树冠内主枝 5 ～ 6 个分两层着生，因而又称为双层五主干开心形。许多树种在整形的前期（树龄 6 ～ 8 年之内）常用这种树形来过渡，天津市常见的有栾树、国槐、法桐（一部分）、泡桐等大乔木和碧桃、榆叶梅、杜梨、海棠花、八棱海棠、核桃、垂丝海棠、山楂等花灌木树种。生产中延迟开心形常被误认为是疏层形，就天津市的立地条件来看，由于地下水位和土质的影响，树冠的宽生长要远远强于高生长，最终的树冠结构都会落脚到自然开心形上，只不过是时间延迟一定的年限而已。因此前期整形还是定位在延迟开心形，这样上部留的主枝数量会减少，避免后期因上部主枝过多造成郁闭和大枝劈裂。当矛盾加剧时提前逐步控制高生长会有效地稳定树木的极性生长势力。天津泰达广场的栾树、国槐、法桐和行道树的部分泡桐进行的此种处理，试验证明对控制高宽比是有效的。

延迟开心形的整形过程是：定干高度，花灌木 50 ～ 60cm、乔木 2 ～ 2.5m。当年冬季修剪时，选最顶端枝为中心枝，其下错落选 3 个枝条为邻近 3 主枝，主枝的开张角度为 40° ～ 60° 。第二年冬剪时，在基部主枝上各选 1 个枝为第一侧枝，中心枝剪留长度 80 ～ 100cm 以上，以免枝量增加导致以后层间距小而影响通风透光。如果中心枝长度不够，应在饱满芽处短截，刺激其发旺枝。第三年春，当新梢长到 40cm 时摘心，促发副梢；待副梢长到 30cm 时，按层间距 80 ～ 100cm 选留第四、第五主枝，分别

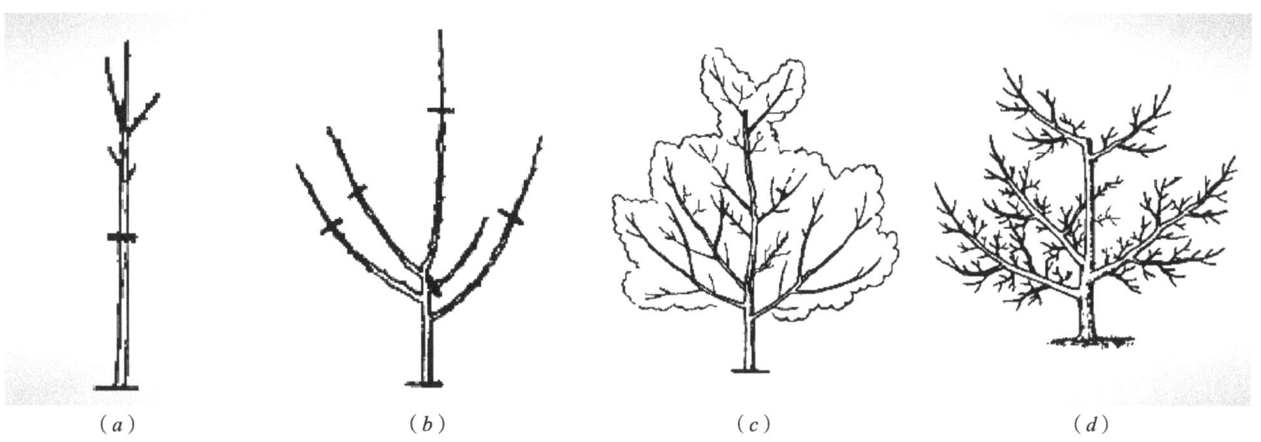

图 5.5-3　延迟开心形整形过程

（*a*）定干；（*b*）选留主枝和中心干；（*c*）三层主枝选出后的冠形；（*d*）树形完成后落头开心的树冠结构

安插在基部 3 主枝水平夹角的上方；此时在第一侧枝的对面，再选留 1 个枝条为第二侧枝，其他枝条予以摘心、短截或疏除。到第三年，树形基本完成。延迟开心形树形的整形过程参见图 5.5-3。

4. 自然丛状形

图 5.5-4　自然丛状形

自然丛状形是树木栽培最早采用的树形，我国古代种桑、枣、桃等都曾采用，其特征是多主枝呈丛状生长（图 5.5-4）。在园林中，依生物学特性不同，一些小灌木树种根系萌蘖力强，可以自然形成灌丛，如雀梅、珍珠梅、柽柳等。自然丛状形也可用于“组球”，如黄杨球、小檗球、金叶女贞球等等。近几年为了求得建植体量效果，一些花灌木树种也采用数株树“堆栽”的方法，形成丛状形，如金银木、丁香、红瑞木、茶藨子、连翘、木槿、天目琼花，甚至榆叶梅也用来“堆栽”，使自然丛状形成为一个常见树形。

自然丛状形虽是丛状，但其主枝量也不宜过多，一般以 5 个左右为宜。主枝过多会造成拥挤，在丁香、红瑞木、木槿、茶藨子、天目琼花等灌丛中常见某一个主枝突然死掉的现象，导致灌丛破碎、偏斜，非常难看。因此，确定主枝之后要及时参照自然开心形的树形结构配备主、侧枝和培养枝组。

5.5.1.2　骨干枝的配备方法

整形对于建立和稳定树冠的基本骨架有着极为重要的作用，它规定了骨干枝的基本数量、排列形式和着生角度。即使具有特殊冠形的树种，例如龙爪槐等，冠形虽为伞形，但基本骨架的构成仍是按照整形的基本原则来进行的。另外，新建绿地多采用大苗建植，树龄一般在三年以上或更大，进场的苗木多数树冠表现杂乱无序。定植后要先进行树形的调整，在保持恰当的树冠高宽比例的前提下，合理确定主、侧枝数量，适当选留和控制辅养枝，随着树龄的增大逐步调整这些辅养枝的大小和数量，并逐步培养各级枝组，平衡长势、丰满树冠。

1. 分枝角度适当

枝条分枝角度与树木生长发育的相互关系是：角度大时，树体长势弱，树冠开张，极性势力缓和，营养物质分配协调，树冠上下、内外生长势力差异较小，内膛枝寿命长，光秃慢。分枝角度越小，先端优势表现越明显，树冠抱生，容易郁闭和过早地出现内膛光秃。

适当加大枝条分枝角度，可增加树冠的内部光照，储藏营养增加，内膛枝条处于良好光照条件下，发育充实健壮，成花饱满。从这几个方面看出，控制和调整骨干枝角度是整形中的首要问题。

骨干枝分枝角度分为基角、腰角和梢角（图 5.5-5）。一般乔木主枝的基角常指主枝与中心枝之间的夹角，而灌丛则指灌丛边缘着生的主枝与着生在灌丛中心的主枝的夹角。

基角的具体数值应视具体情况来确定，通常基角不小于 60° 、腰角 60° 左右、梢角保持在 55° 范围时可以形成牢固的树体骨架。由于树种和品种的差异，在整形过程中应区别对待，灵活掌握。

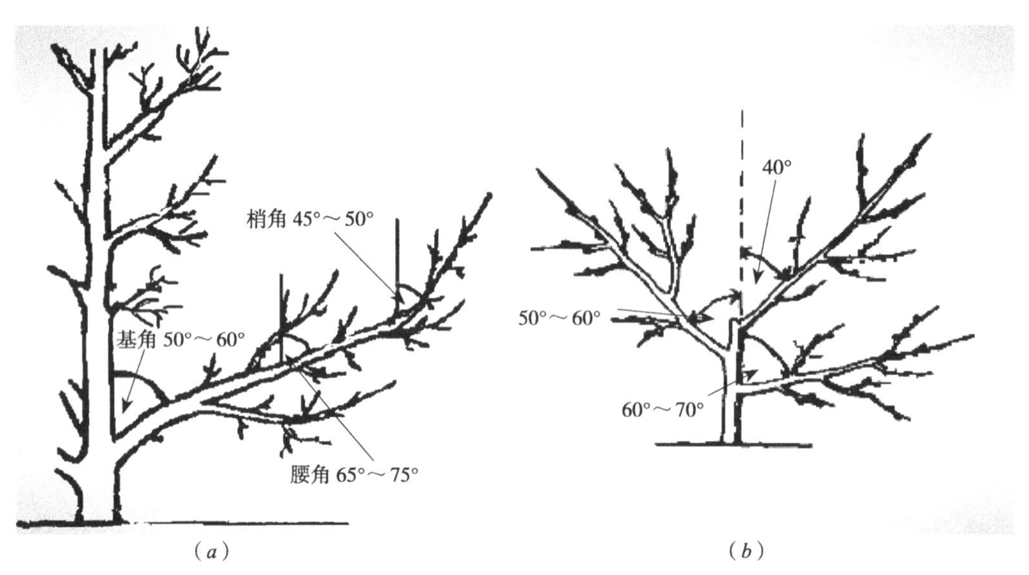

图 5.5–5 主枝的角度

（a）主干形基角、腰角、梢角的部位；（b）开心形主枝基角部位

2. 延伸平稳

骨干枝延伸状态是指树木对体内水分和养分运输渠道的利用技术，其延伸状态分顺直延伸和弯曲延伸两种。

（1）顺直延伸：优点是先端优势强，营养物质运输速度快，树冠扩展速度快，成形早。缺点是枝条各级次间粗细差异悬殊，骨干枝内部、下部及侧生枝条很容易衰老，内膛容易出现光秃。分枝角度越小这种情况越严重，在碧桃、木槿、西府海棠等树种上表现得十分明显。

（2）弯曲延伸：优点是先端优势缓和，营养物质运输速度缓慢，但树冠扩展较慢，内外部间生长势力容易维持平衡，对培养和安排枝组有利。在碧桃整形中采用左右弯曲延伸骨干枝头的方法能紧缩运输渠道，缩短两极（根、叶）间的交换距离，提高运输交换频率，达到延长寿命的目的，并且能在拐弯处适当多培养中、大型枝组，由这些大、中型枝组上生长壮枝，从而稳定有效枝数量，补充运往梢部与根部的光合营养，有效地防止内膛早期衰枯。骨干枝需要更新时可在转弯处回缩，结合内膛截壮疏弱，对树势的恢复和稳定都能起到明显效果。

3. 排列有序

骨干枝在一株树上的排列是否合理，对通风透光和各部位的生长势力平衡有密切关系，主要体现在层间距离与主从关系两方面。

（1）层间距离：层间距离大小决定内部枝组的大小多少，并直接影响树冠内部光照。一般情况下，叶片大、树性强的树种，如法桐、泡桐等层间距离要大一些，一般在 1.8～2m；树性中等如国槐、栾树等层间距离可以小一些，一般在 1.2～1.5m。在花灌木树种中，如果叶面积系数小且植株本身矮，此种情况下应着眼于增强长势，以扩大叶面积为重点，层间距离不是最主要的因子，一般维持在 30～40cm 即可；相反，碧桃、海棠、樱花、玉兰树势旺，树体较高大，枝叶茂密，层次多，如层间距离过小，则上下互相遮挡，造成树冠郁闭，内部光照量小质差，容易增加光照无效区。

（2）主从关系：各级骨干枝在整体上应主从分明、势力均衡、搭配合理、分工明确（图 5.5–6）。在培养上要有计划，管理上有目的。

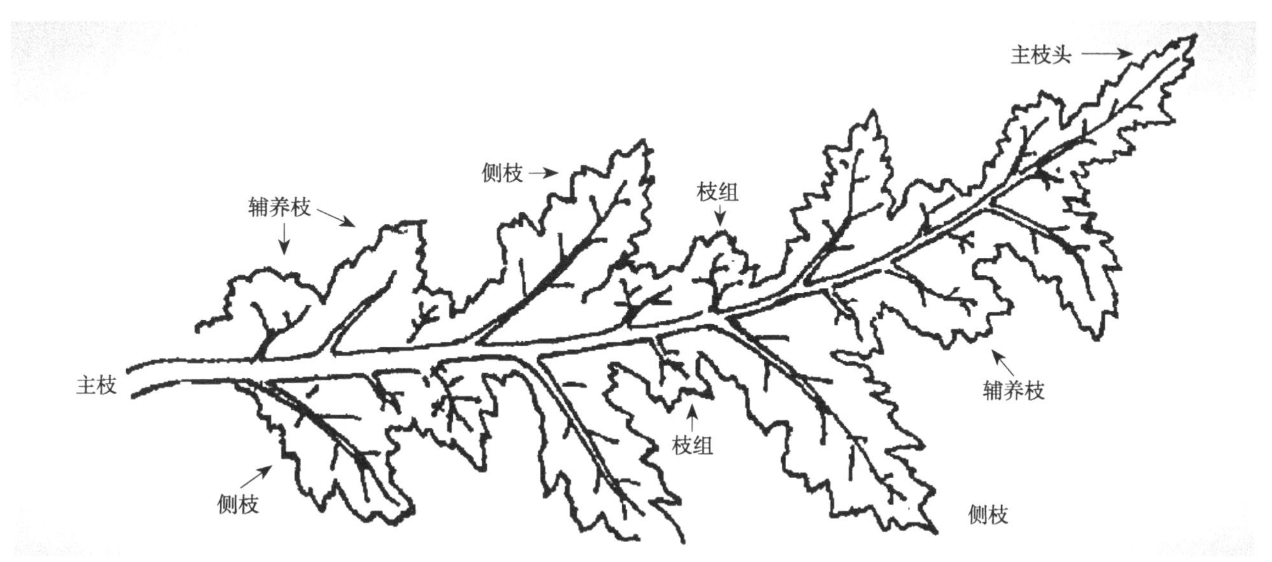

图 5.5–6　主枝上侧枝、辅养枝、枝组的排列方式

不论何种树木，幼旺树时期适当保留一些临时性辅养枝，可起到早期提高叶面积系数、加粗树干、缓和长势、促进成花的效果。管理上对临时性辅养枝要严格加以控制，根据树体中具体的空间大小随时进行清理，特别要防止盲目修剪导致树形紊乱。

（3）骨干枝的数量：通常情况下，骨干枝数量一般要求不超过 7 个，第一层 3 个、第二层 2 个、第三层 1～2 个，数量不宜过多，否则会出现棍棒满树的情况，影响观赏效果。

5.5.1.3　骨干枝角度和方向的调整方法

调整各级枝的着生角度和方向，对所有树木的修剪来说都是首要任务。在正常的情况下，对各级枝的着生角度和方向的调整顺序多采用连续数年选择方向正、长势壮、角度好的枝和芽，通过短截修剪来培养骨干枝，根据实际情况的不同，有以下几种不同的调整技术。

1. 留外芽法

当主枝角度开张基本合适时，可留外芽或侧芽短截，冬季和生长季均可采用，是最常用的方法。

2. 里芽外蹬法

冬季修剪时，剪口下第一个芽留里芽，第二个芽留外芽，里芽长出的枝条占据上方和里侧的位置，排挤该芽下方着生的外生芽，使其抽生向外伸展的枝条，达到开张角度的目的，若角度仍不理想，还可以连续采用里芽外蹬的方法（图 5.5–7）。有些树种在芽子排列顺序允许的条件下还可采用双芽外蹬的方法。

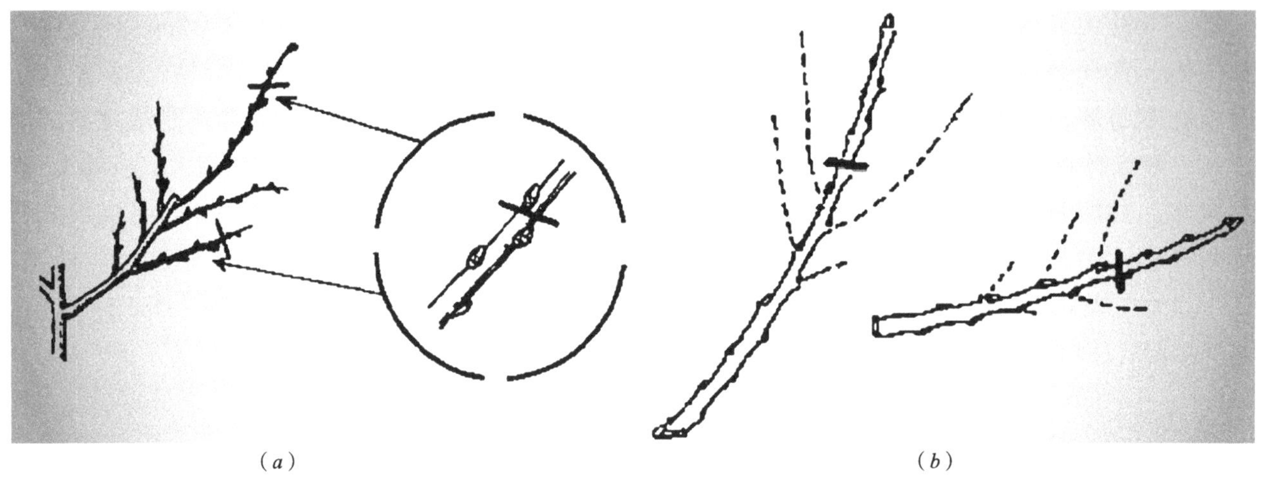

（a）　　（b）

图 5.5–7　外围一年生延长枝枝头的修剪方法

（a）留外芽；（b）里芽外蹬

3. 背后枝换头法

又称为转主换头法，于冬季修剪。做法是选择枝头附近生长健壮的背后枝进行换头修剪（图 5.5–8）。需注意的是，当原来的枝头剪口下有健壮的跟枝时才可采用此方法开张角度，新的枝头一定要和原头的粗度相仿。通常在基角过小或是夹皮角的情况下，使用背后枝换头是最理想的。

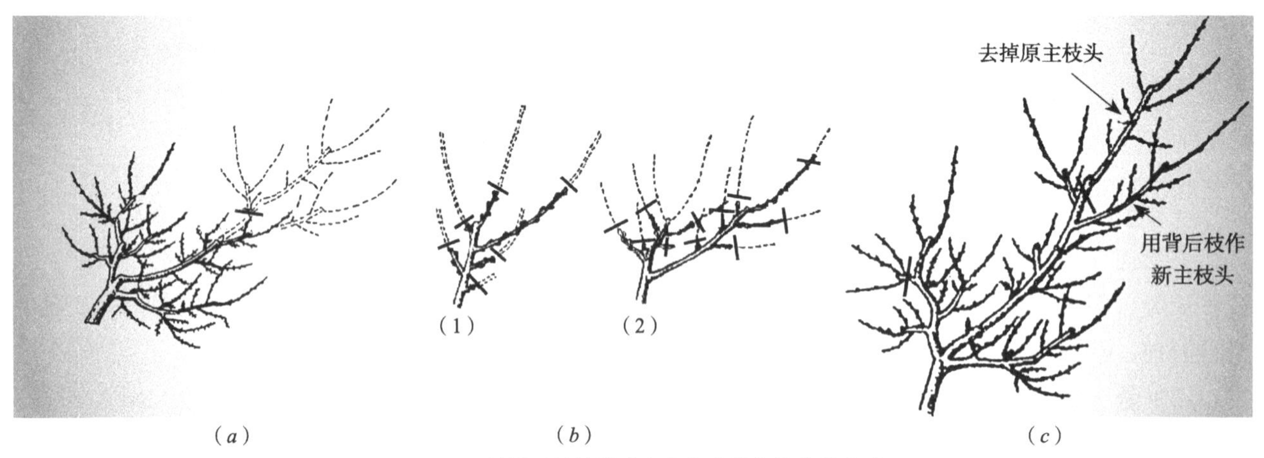

（a）　　（b）　　（c）

图 5.5–8　外围延长枝枝头上多年生枝条的修剪方法

（a）背后枝当年换头（开张角度）；（b）背后枝两年换头，（1）第一年重剪原头，留新头，（2）第二年新头的长成，原头改造为枝组　；（c）背后枝当年换头（控制旺长）

4. 枝头长留长放法

冬季修剪时，对幼龄树将延长枝枝头适当长留，可以缓和枝势，使角度开张。由于留下的芽子数量多，发枝数量也相应增多，因此可以尽快增加枝叶数量。此方法在木槿的直立性（重瓣）品种和健壮的紫薇、天目琼花、锦带、连翘等树种上使用效果明显。

5. 拿枝软化法

也叫揉枝、捋枝等，于生长季进行。基本操作方法：将直立旺枝从基部拿弯，使木质部发出清脆的折裂声使旺枝略平或下垂，减弱顶端优势，促进萌发短枝（图 5.5–9）。用这种方法在成龄树上对直立枝、辅养枝进行处理可促进抽生短枝，对促进花枝形成的作用也很大。

（*a*）　　（*b*）

图 5.5–9　拿枝软化和扭梢
（*a*）拿枝软化；（*b*）扭梢

6. 拉枝和撑枝法

拉枝在生长季进行，用绳索和铅丝直接将主枝拉开一定角度（图 5.5–10（*a*）、（*c*））。用这种方法进行整形，收效快、效果显著。

撑枝的方法常用于冬季修剪，修剪中可随时将主枝或辅养枝用木棍撑开或用绳索拉引一定角度，一般在 60° ～80° （图 5.5–10（*b*））。在采用大苗建植的绿地中使用拉枝和撑枝以开张角度是树木整形的最好办法。

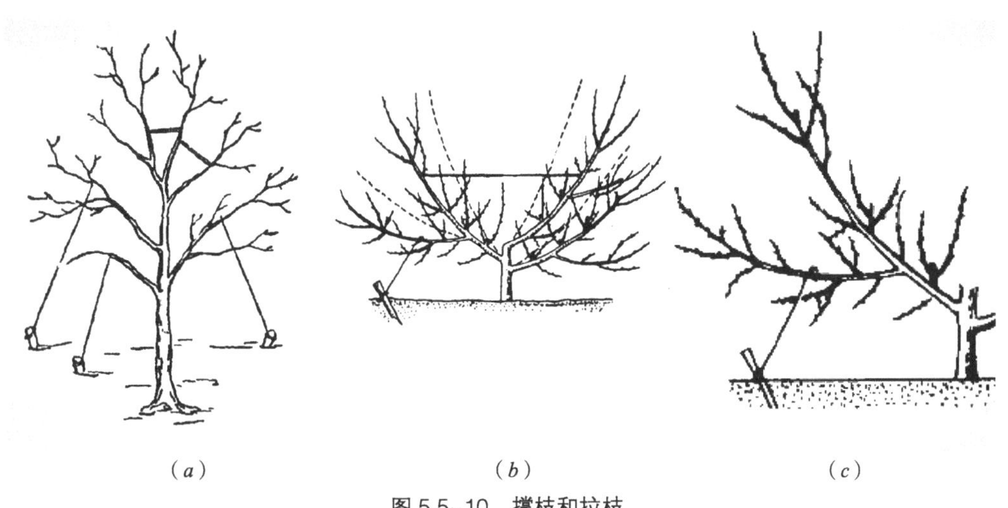

（*a*）　　（*b*）　　（*c*）

图 5.5–10　撑枝和拉枝
（*a*）疏层形拉枝；（*b*）开心形撑枝；（*c*）背后枝拉枝

7. 角度调整注意事项

（1）冬剪习惯上是用里芽外蹬和背后枝换头来开张骨干枝角度。这两种办法虽然对开张角度有一定作用，但修剪量较大，特别在定植后 2 ～ 3 年中，植株长势较壮时，往往是剪口下第一芽生长量大，采用里芽外蹬实际上是将生长量大的枝条换成由第二芽或第三芽形成的生长量较小的枝条，换头后反

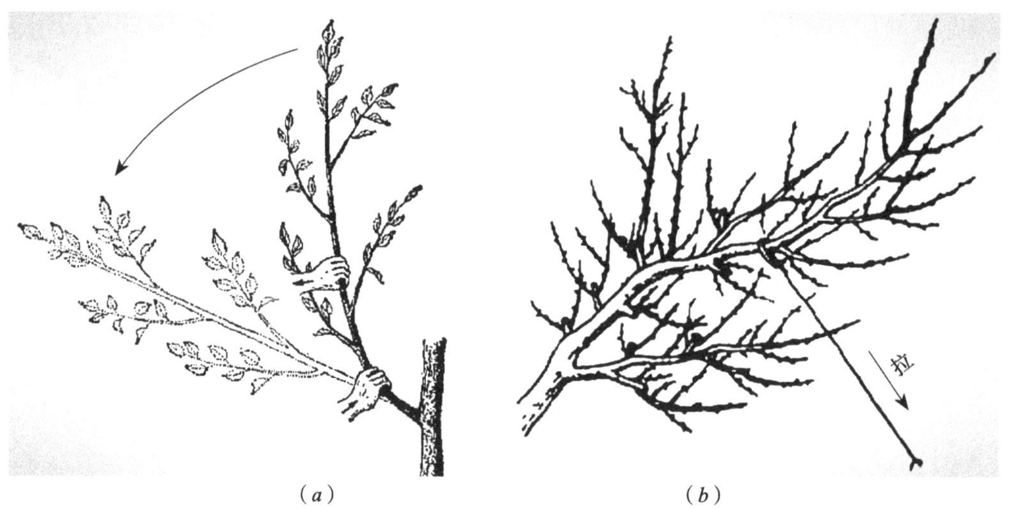

（a）　　　　　　（b）

图 5.5-11　枝条开张角度的方法

（a）直立枝拿枝软化；（b）枝头加大腰角用拉枝方法（弯曲处易生徒长枝，要及时控制）

而削弱了枝头的生长势。背后枝换头，修剪量就更大，尽管选用的背后枝与原头粗度差不多，但冠高、冠幅的损失也是很大的。解决的有效方法最好是在冬剪时采取撑、拉枝的办法或结合夏季修剪对直立的枝头采用拿枝或水平引缚，用这些方法不伤枝、无伤口、奏效快，既可减少修剪量，又可缓和长势，并且仅对枝头的带头枝进行短剪，可以充分利用剪口芽的优势，可收到一举多得的效果，提倡使用。

（2）开张骨干枝角度后会给树木的生长带来一些问题，后续的修剪管理要注意纠正，常见的有：

① 生长势较强的树在加大角度后，背上易抽生直立旺条，应视情况酌情加以解决，能利用的应在生长季节控制或改造成枝组，过多的要适量疏除。

② 基层主枝加大角度后，长势会相对减弱，可采取利用骨干枝上生长的一年生枝条或多年生的单轴枝进行短截或回缩，以增加枝叶量。原有的辅养枝应多留少疏，控制花枝数量；密集、细弱的花枝尽量疏除，减少营养消耗，促进开角枝条的加粗生长。有中心枝的树，其上不宜留枝太多，防止上强下弱。

③ 开张角度应顺次加大，辅养枝的角度要大于骨干枝，侧枝大于主枝，才能维持主从关系，喧宾夺主会扰乱树形。角度的开张一定要把基角拉开，如基角很小，只拉开了腰角以上的部分，弯弓处极易出现极性转位现象，大量萌生枝条，导致树形紊乱，这种现象在西府海棠上很常见。

5.5.1.4　平衡树冠各部分生长势力的方法

调整树冠各部位间势力的平衡是每年修剪都要注意的问题。平衡调节可分为抑强与扶弱两部分。

1. 抑强

对于长势过强的部位采用的修剪方法是：加大角度，缓和极性优势，增加枝条本身的养分自留量；多留花枝，增加营养物质消耗，削弱长势；减少枝叶量，着重减少长枝比率，减少强的旺长中心；增加夏季修剪的比重。

2. 扶弱

措施与抑强方法相反。树体间不平衡类型主要有上强下弱、下强上弱、外强内弱、内强外弱、一边旺一边弱、整树旺和整树弱等（图 5.5-12、图 5.5-13），都可根据抑强或扶弱的原则加以调整。

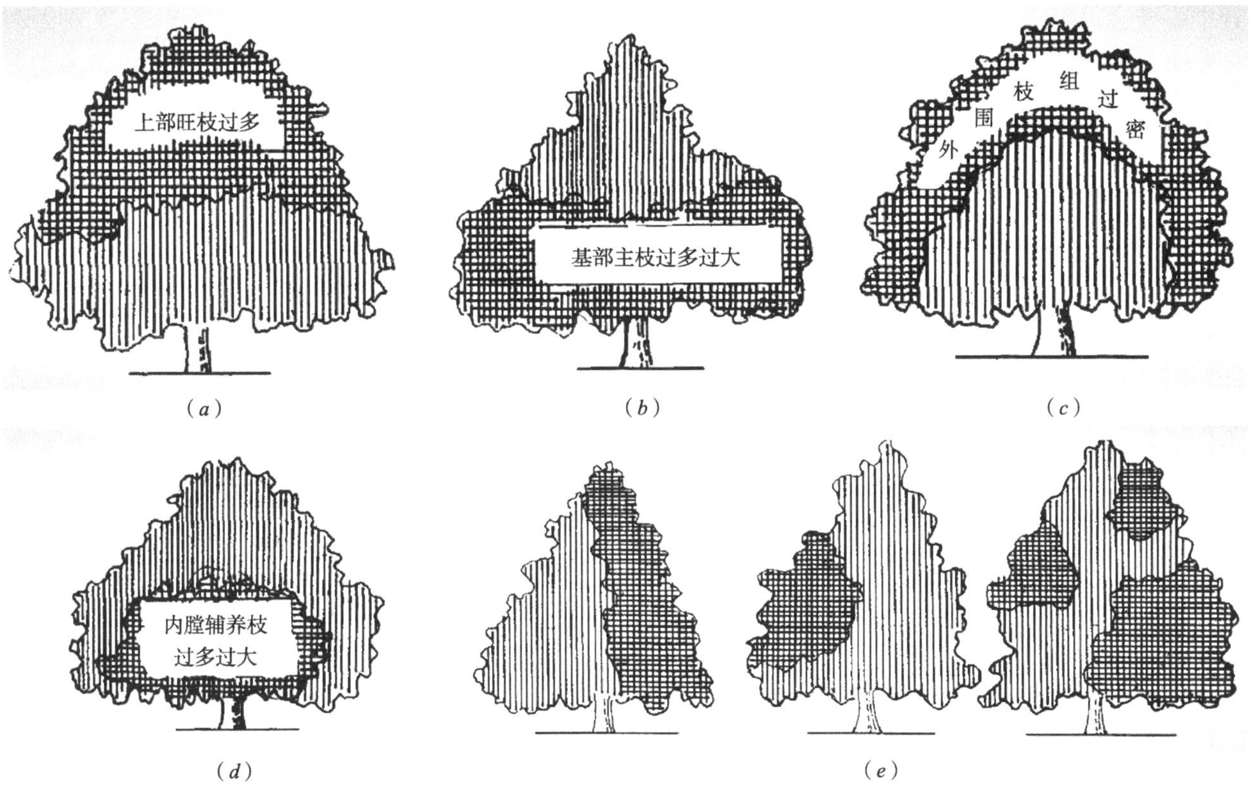

图 5.5-12 树冠各种郁闭的表现和原因

（*a*）上部郁闭；（*b*）下部郁闭；（*c*）外围郁闭；（*d*）内膛郁闭；（*e*）局部郁闭，由局部枝条密度大、长势不均衡造成

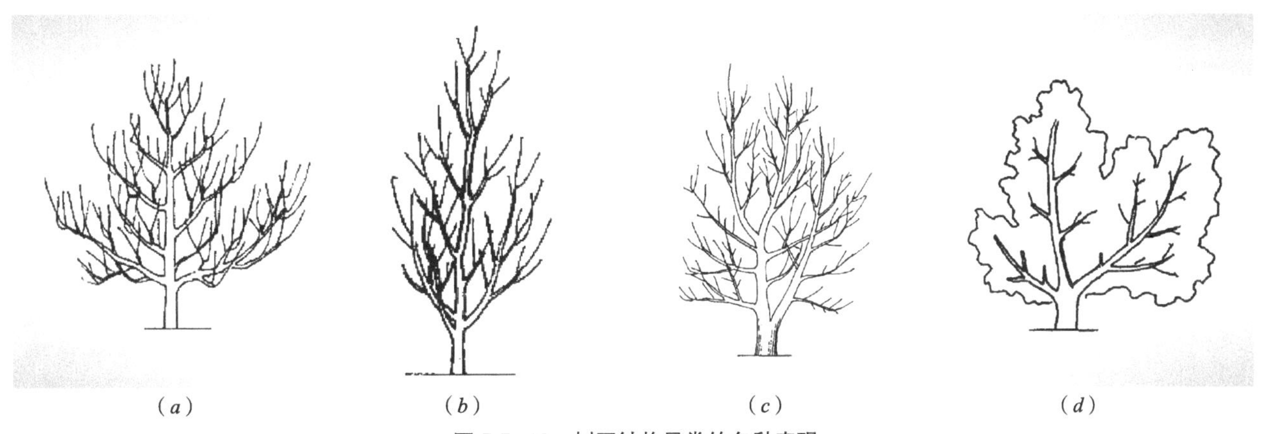

图 5.5-13 树冠结构异常的各种表现

（*a*）枝条旺长，树冠郁闭；（*b*）扫帚状树冠；（*c*）上部主枝过强；（*d*）偏冠

5.5.1.5 树冠扩展速度与方向的调整方法

调整树冠扩展是一个普遍的问题，它主要受栽植密度和管理水平的影响，尤其在近几年新植绿地普遍密植的条件下，树冠扩展过快导致群体提前郁闭。因此，每年的修剪不仅要考虑单株小群体的树体结构，还要注意群植大群体的发展空间，有意识地引导树冠的发展方向，做到有计划、有目的地扩展林缘。新建绿地要特别注意以下几点：

（1）树木定植至长势恢复后及时拉枝，加大角度，以便于预估空间范围，同时调整树冠内的枝条类型，促进多成花、多结果，缓和生长势。对拉枝开角后基部萌生的新枝要充分利用，或拉平，或通过拿枝的方法将其改造成大型辅养枝以增加枝叶量和覆盖度。

（2）中心枝上萌生的多个新枝在每年修剪时不用剪口第一芽枝做头，改用第二或第三芽枝做头，这

样中心枝会每年弯曲上升，可缓和其生长势，维持正常的树冠高宽比。

（3）中心枝生长过旺，应对中心枝及时加以控制，方法是落头开心，冬剪时多留花、少留或不留营养枝，夏季开角、拿枝、摘心相结合减缓长势。

5.5.2 修剪技术

5.5.2.1 短截

短截泛指剪去单个枝条一部分的修剪方法，又称短剪，对枝条生长有局部刺激作用，可以促进剪口下侧芽的萌发，是增加分枝数量、促进分枝生长的重要的方法之一。

短截的生理作用是：短截促进了枝梢密度的增加，使生长素合成增多，有利于细胞分裂和伸长，从而促进营养生长。枝条短截后缩短了根叶之间的距离，养分、水分上、下交流加速，提高了树体内水分和氮素的含量，降低 C/N 比值，有利于新梢生长和树体更新复壮。短截后，枝条上、下水分和氮素分布梯度增加，明显增强顶端优势和单枝生长强度，有利于枝组更新复壮，但不利于成花和结实。夏季摘心、截枝是生长季节的短截。

1. 短截的方式

通常一年生枝剪截后，剪口下第一枝生长最强，以下生长势递减。因短截程度不同可分为以下几种方式：

轻短截：剪掉一小部分一年生枝梢。没有秋梢的枝条剪去春梢的 1/3 以内，即在春梢饱满芽带以上部分短截；有秋梢的枝条，可在春、秋梢交界处留轮痕剪截（戴死帽），在盲节上留 1 ～ 2 个半饱满芽短截（戴活帽），在秋梢上短截以及破顶芽等，这些都属于轻短截。轻短截，留下的枝段长，侧芽多，养分分散，萌芽率高，抽生的中、短枝多，分枝虽较短但总生长量较大，又可起到缓和生长势、促成花芽的作用。由于轻短截修剪量小、树体损伤小，对生长、分枝的刺激作用也小。

中短截：在春梢饱满芽带中部剪截，大约剪掉春梢的 1/3 ～ 1/2，截后分生的中、长枝较多，成枝多，长势强，母枝加粗较快，可促进生长。一般用于延长枝的修剪、培养大枝组和衰弱枝的更新。春梢短秋梢长时，在秋梢饱满芽处短截的效果与在较长的春梢饱满芽处短截相似，也可叫中短截。

重短截：在春梢中下部留半饱满芽剪截。重短截修剪量大，对枝条削弱大。一般在剪口下抽生 1 ～ 2 个旺枝或长势中等的长枝，可用于培养枝组和更新。虽然总生长量较小，但可促发旺枝。

极重短截：在春梢基部留 1 ～ 2 个瘪芽剪截，一般发 1 ～ 2 个弱枝。可降低枝位，削弱与缓和枝势。在生长中庸的树上反应较好，强旺树上仍然会抽生强枝。极重短截修剪量过大，对枝势削弱大，一般用于对徒长直立枝和竞争枝的处理以及强旺枝组的调节和培养矮壮的枝组。

不同程度短截的修剪反应见图 5.5–14。

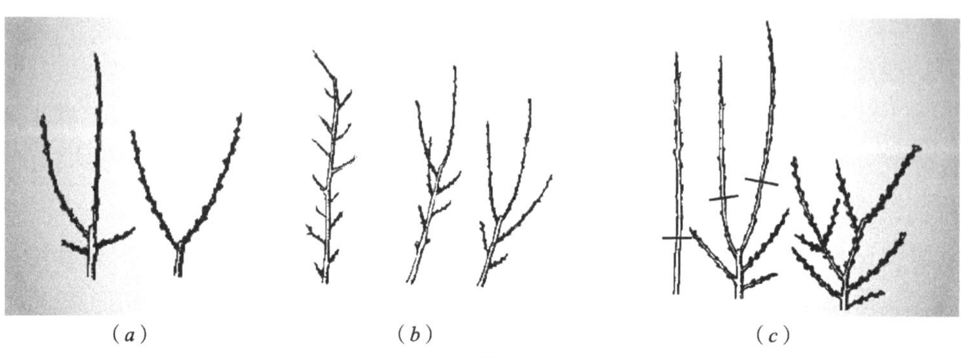

（*a*）　　（*b*）　　（*c*）

图 5.5–14　不同程度短截的反应

（*a*）中短截和重短截的不同反应；（*b*）轻、中、重短截，当年不同的发枝情况；（*c*）旺盛的徒长枝改造成枝组

2. 短截的技巧

主要体现在对剪口芽质量的认识和利用上。由于短截的对象是一年生枝，剪后反应的强烈程度取决于剪口下芽子的饱满程度，即一年生枝条上芽的异质性。芽子饱满程度不同，在不同部位进行短截所表现的萌芽和抽枝情况也不同。留上部的弱芽短截，萌芽率高，中、短枝多，总生长量大，被短截的枝条加粗生长快；留中上部饱满芽短截，抽生的中、长枝多，总生长量较大，母枝加粗也快，可增强枝条的生长势；留下部弱芽短截，只抽出 1 ～ 2 个旺条，总生长量较小；留基部瘪芽短截，可分生 1 ～ 2 个中、短枝，总生长量最小。掌握了这个规律，就能够根据栽培的要求，采用相应的剪法：为了促使分枝，扩大树冠，增强树势，应予中短截；为了增加中、短枝比例，促成花芽，可以轻短截；为了控制旺条和徒长，可以重短截或极重短截。另外还要看被修剪枝条的着生姿势，直立的会发生旺枝，水平或下垂生长的常发生中庸枝或短枝。

5.5.2.2 回缩

在二年生以上的枝段上进行的短截叫回缩。回缩的反应机理与短截基本相同，即回缩后由于根系暂时未动，所留枝芽获得养分水分较多，细胞分裂素相对增加，从而促进生长势。

回缩与短截不同之处在于剪口的选择。例如树冠外围的一年生枝被短截的反应在相当程度上决定于剪口芽的饱满程度，而回缩后的反应决定于剪口枝的强弱。剪口枝如留强旺枝，则生长势强，利于更新恢复树势；剪口枝如留弱小枝，则生长势弱，利于花芽形成；剪口枝长势中等，将来长势也会保持中庸，既能生长，又能成花。

回缩是在修剪中控制辅养枝、培养枝组、多年生枝换头以及更新复壮时常用的一种方法。回缩有改善光照、调整枝条角度与方位、控制树冠或枝组的发展、更新枝组、充实内膛、提高开花质量和提高坐果率的作用。因回缩程度不同可分为以下几种方式：

轻回缩：在 2 ～ 3 年生枝段上剪截，有助于维持枝条原有的长势。

中回缩：在 4 ～ 5 年生枝段上剪截，能显著地增强枝条的长势。

重回缩：是在 6 年生以上枝段上剪截，会削弱枝条的长势。

回缩的方法不同，会产生两种不同的效应，或者促进生长，或者有利于枝条生长势力得到缓和。操作中，对幼树重回缩会在伤口附近引起徒长、增加消耗；对老树重回缩不但不能刺激生长，反而会削弱枝势，所以老树一般在 2 ～ 4 年生枝段上剪截，不宜过重。

回缩的反应有一定的局限性，对多年生枝进行回缩，有时并不能明显地促进生长和开花。这种局限性主要表现在：①回缩仅适于一定年龄的枝段，在 3 年以下的枝段上回缩有促进生长的效果，在高于 3 年生的枝段上回缩则难以收到刺激生长的效果。②回缩的效果，只在一定的枝段上表现出来，如在 2 年生枝上回缩，常在 2 ～ 3 年生枝段上显现出增进长势的效果；在 3 年生枝段上回缩，只在 3 ～ 4 年生枝段上表现出促进生长的作用。③被回缩枝的生长优势有转移现象，如对骨干枝两侧的枝条进行回缩，有时被回缩之枝长势的恢复和增强并不明显，而在相应部位的骨干枝背上却有明显促进生长的作用。这种转移现象在自然更新能力强的树种，如金银木、石榴、连翘等树种上表现更为突出。

正确的回缩对剪口以下的生长有促进作用，其效果与回缩程度、留枝强弱、留枝角度和伤口大小有关。以促进生长为目的时，要在向上生长的壮枝处回缩；需要缓和或抑制生长时，要在弱枝处回缩或加大伤口；回缩粗壮枝时，应先疏剪或先轻回缩，使枝势减弱后再回缩到需要的部位。

在开张大枝角度后需要回缩背上枝时，回缩的强度要根据这个背上枝的生长势来定。当背上枝比剪锯口下第一枝粗时，不要一次去掉，先留保护橛（活桩），这样不仅不会削弱剪锯口下第一枝，还有加强其生长的作用，等到剪锯口下第一枝粗度超过背上枝时，再把保护橛去掉。

用回缩法抬高角度时，常留开角较小的粗壮枝作剪口下第一枝，这样可以很快恢复长势，而且对其下的枝子有一定的增强生长作用。如回缩的枝子长势较弱、回缩伤口小时，会明显地促进剪口下第一枝的生长，但这种促进作用向下依次递减。回缩的剪锯口下第一枝平斜、长势弱或剪锯口直径大于其下第一枝的直径时，对这个第一枝的削弱作用较大，对以下的枝子则有加强生长的作用。操作中要认真分析，有区别地采用不同的回缩部位和强度。

5.5.2.3 疏枝

疏枝是指将枝梢从基部疏除，包括冬季修剪和夏季修剪中采用的疏剪枝条的操作，也包括抹芽、疏芽、去萌等技术措施。其生理作用是：在减少树冠分枝数量、改善冠内光照和通风条件之后显著地提高了叶片光合能力。疏枝后树冠内的生长点数量减少，因而可以降低生长素的含量，有利于组织分化，促进花芽形成。从物质运输的角度看，疏枝会在母枝上形成伤口，阻碍营养物质的运输，对伤口上部的枝梢有削弱作用，对伤口下部的枝芽则有促进生长的作用，疏枝愈多，伤口间距离越近，对上削弱和对下促进的作用越明显。生产中疏剪树冠外围的密集枝条可以有效地控制外围生长过旺，促进内膛萌生新枝，克服光秃。另外疏去密生枝、细弱枝和病虫枝，还可使养分水分集中，促进留下的枝条的生长势。修剪中常利用疏枝调节枝条的密度与分布，加大空间，改善通风透光条件，增强叶片的光合效能，缓前促后，平衡树势。

疏枝促进生长和控制生长的双重作用十分明显，疏去一个大枝，可以促使附近许多小枝的生长与复活，还可以削弱伤口前部的枝势，促进后部枝的生长，即抑前助后，抑强扶弱。疏衰弱枝，可减消耗，增强枝势。

根据枝条年龄、着生部位、着生姿势的不同疏枝的作用程度也各不相同，其对树体的影响与疏掉枝子的大小、长势、数量有关。如疏去轮生枝和密挤枝中的弱枝可促进树体的生长；疏多年生旺枝会削弱剪锯口以上枝子的长势，并增强下部枝的长势；疏同侧上部大枝会加强下部大枝的长势；疏同侧下部大枝会削弱上部大枝的长势；疏同侧中间的大枝会减弱上部大枝并增强下部大枝的长势。

疏枝减少枝量和总叶面积，会影响母枝的加粗生长，对全树起削弱的作用，减少总的生长量。疏枝伤口越多越大，对其上部的削弱作用越大，对总的生长削弱也越大。疏强留弱，对树势和枝势的削弱作用也大，对局部则有促进作用，但比短截作用小。

幼树期为迅速扩大树冠，增加枝量，应尽量少疏枝，但对骨干枝要按整形要求选留，特别要疏除竞争枝。随着枝量不断增加，树冠开始出现郁闭时可以疏除影响骨干枝生长、造成树体紊乱的辅养枝，特别要注意疏除树冠中的同龄、同势枝防止出现竞争。大量开花以后，树冠内枝量增加速度快，要通过疏枝改善光照条件。强弱不均的树，可疏除生长强旺部位的旺枝，少疏或不疏较弱部位的枝条，以平衡树势。衰弱树，则应疏弱留强，疏过多的花芽，集中营养，更新复壮。其操作和作用可以归纳为："疏上缓下、疏外缓内、疏大缓小、疏一缓四"。可解释为疏除背上枝可以使下部的枝条生长势缓和；疏除外围枝可以改善内膛光照并缓和内膛枝生长势力，防止内膛光秃；疏除影响生长的大枝组可以使大量的中、小枝组生长势得以恢复；疏除一个影响树势平衡的大枝可以使树体上下、左右的生长势得以缓和逐步达到均衡生长。因此，疏枝是平衡树势、调整和保持各种枝的合理比例的重要手段，常用的疏枝方法如图5.5-15 所示 。

疏枝与短截的生理区别在于，疏枝后所留枝条顶端均被保留，顶端芽内产生较多的生长素和赤霉素，因而维持了顶端优势，每个单枝中下部的芽子就受到抑制而不会萌发，或萌发力提高不显著。同时疏剪后由于光合作用加强，脱落酸增多，有抑制生长素、赤霉素和细胞分裂素的作用。而短截后，特别是对全树进行大量短截后，根系供给地上的细胞分裂素量相对增加，从而提高了萌芽率和成枝率，

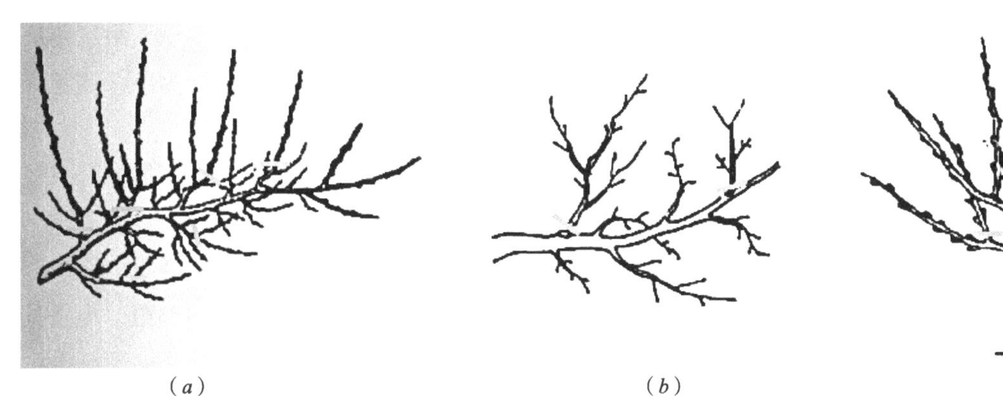

图 5.5-15 疏枝修剪的方法

(a)主枝角度加大后，背上的徒长枝要疏除；(b)背上的多年生直立枝组要疏除；(c)影响树形的直立枝要疏除

比短截后所发新梢的生长势（单位枝条的生长量）要小一些。所以疏剪是一种缓势剪法，而短截则是一种助势剪法。

5.5.2.4 缓放与甩放

缓放与甩放属于缓势剪法，对一年生枝放而不剪，让其顶芽和侧芽自然萌发抽生新枝。二者区别在于甩放属于缓放的一种，对只有一次生长的枝条不修剪称为缓放；对具有 2 ～ 3 次生长的长枝条不修剪称为甩放。这类枝有的是秋梢的营养枝，有的则是徒长枝或竞争枝。二者都是利用枝条自然生长会导致其生长势逐年减弱的规律，逐步使旺枝生长势缓和下来，增加枝叶量，使芽体充实饱满，积累养分，形成花芽。缓放的效果在中等壮枝上当年或第二年就可以表现出来，形成短、中花枝和数个分枝，长枝旺条甩放要连续几年方能表现出来。所以，对长势强、不易成花的树种应连续缓放，结果以后再回缩为枝组。

5.5.2.5 截、缩、疏、缓的综合运用

根据树木的生物学特性和不同年龄阶段的生长发育规律，修剪实践中“截、缩、疏、缓”四种剪法，在任何状况的树上都要同时运用。

四种剪法各有各的作用，它们是互相促进、牵制、配合的统一体，不能孤立地使用一种方法，也不能彼此代替。正确的剪法是以一种或两种剪法为主，另两种或一种剪法为辅，综合运用。单一的一种剪法就其局部的反应来看，在一定的条件下起主导作用，而其他的剪法也都有一定的影响。定植后 1 ～ 4 年生的树，为选留骨架常以疏枝为主，配合短截、缓放；树势稳定后，截、缓并重，配合疏枝；花芽大量形成后，截、疏、缓综合运用；树势转弱，则以截、疏为主，少量缓放。对不同部位和各类枝组的处理上也是如此。外围分枝过密过旺时，以疏枝为主，配合缓放、短截；内膛小枝过多过弱时，也要以疏枝为主，配合短截、缓放。在短截后的分枝中多用疏与缓的剪法，在缓放后的枝子上多用截与疏的方法，在疏枝后留下的枝上多用缓与截的方法。如在短截后的外围生长枝中分生 3 个新枝，剪口下第一枝较强，第二个次之，第三个较弱，在需要扩大树冠的幼树上，对第一个新枝中短截，对第二、第三个新枝短截一个、缓放一个，不疏枝；在花量较多的树上，可缓放第一个枝，疏除第二个枝，短截第三个枝，或者疏一截二缓三。在第一个新枝较弱时，可以将其抠除，短截第二个新枝，缓放第三个新枝；如果是弱树，则可短截第一、第二个枝，缓放第三个枝。大、中、小枝组都可以截、疏、缓并用，但强旺枝组以缓放为主，衰弱枝组以短截为主，枝条过密的枝组则以疏枝为主，再分别配合另外两种剪法。

对各种枝的回缩和疏除都有一个火候，这个火候分急、慢、缓 3 种。一次剪到位，叫做急；分次逐渐剪到预想的部位叫做慢；先不动，待达到处理要求时再剪，叫做缓。在疏除一年生枝的时候，当年从

基部一次性疏掉为急；当年在弱芽处短截先削弱枝势后再于第二年进行疏除为慢；当年不动，第二年成花、结果后疏除为缓。再如骨干枝转主换头或开张角度时，将原枝头一次回剪到新枝头处为急；逐年回缩到新枝头处为慢；第一年先疏旺枝，控制削弱，以后几年再回剪到新枝头处为缓。

总之，短截与疏枝的急与慢、轻与重，是相对的、并存的，不能孤立地只提一种，也不能忽轻忽重或轻重多变、无规律所循。慢与缓不是不剪，是为适当时机的最后剪掉做准备，创造条件。轻剪不是不剪，重剪不是大拉大砍，两者是相对而言的。任何一棵树的修剪，都是有轻有重的，轻中有重、重中有轻，轻、中、重相配合，急、慢、缓综合运用。大枝处理要慎，中枝处理要稳，枝组处理要精，小枝处理要细。这样才会使树体健壮、花果满树、枝叶常新。

5.5.2.6　生长季修剪

生长季修剪内容概括起来是："拉枝开角，疏枝摘心、拿枝扭梢、环切环剥"十六个字。

如前所述，"拉枝开角"是整形的有效手段，"疏枝摘心"既能改变养分和水分的分配，又能改变内源激素的平衡关系。"摘心"除去了生长点和顶部幼叶，"剪梢"除去掉生长点外，又要除去一些半成熟叶片，二者均能降低剪留新梢中的生长素、赤霉素含量，相对增加细胞分裂素含量，很大程度上增加脱落酸和乙烯含量，大大有利于枝势和树势的缓和。"拿枝扭梢"在新梢长到半木质化时，破坏输导组织，使同化产物回流受阻而促进叶片成熟，可控制新梢旺长，促生分枝，增加光合产物积累。拿枝扭梢具体时间难统一，多以梢长而定，当新梢长到 20 ～ 30cm 时即可进行。"环切、环剥"措施都是树干致伤，所起的作用均为阻碍同化产物的回流，使光合产物积累于伤口上部。从激素角度看，环切、环剥后，乙烯增多，脱落酸积累，且脱落酸的积累和淀粉的增加是平行的；环切、环剥使受伤部位以上的生长素和赤霉素减少，细胞分裂素增加。采用此类措施后，树体碳素营养积累增加，氮素代谢降低，引起长势减弱而促进成花。园林中对枣树常用这些方法。在采用环切、环剥时，一定要注意切口不要太宽，一般不超过 1cm，环剥后保证 30 天左右伤口能自然愈合，重新沟通运输渠道。"环切、环剥"技术在应用时要注意以下几点：

（1）环剥时间：为了促进花芽分化，可在花芽分化前进行；为了提高坐果率则在花期后进行，一般要求在剥后 30 天树木急需养分的时期之前能愈合为适宜。

（2）环剥的适宜宽度：环剥宽度一般为枝直径的 1/10 ～ 1/8。环剥适宜深度为切至木质部。对环剥敏感的树种和品种，可采用绞缢、多道环割，也可采用留安全带的环剥法，即留下约 10% 部分不剥。

（3）树龄和季节：幼树叶面积小，环剥效果差；春季不宜进行环剥。

（4）防止病虫害：为防止病虫害对切口的危害和促进愈合，对切口可涂药保护，也可用塑料布或纸进行包扎。

5.5.2.7　枝组培养方法

1. 枝组来源

树冠中枝组来源有 3 个：

（1）由健壮的中、短枝条连年生长后自然演化而成，一般多形成小枝组或单轴枝组，自然分枝数量少，体量小。这类枝组常在生长势力缓和的树冠内膛形成，是树木生长前期开花、结实的主要枝条。这类枝组容易早衰，在碧桃、榆叶梅、紫薇、木槿、海棠、茶藨子、天目琼花、珍珠梅等花灌木的幼树上极为常见，属于过渡性枝组。

（2）靠短截刺激分枝后逐步培养而成。不同类型的枝条短截后培养出的枝组类型不同，一般采用中枝短截培养或先缓放再回缩培养时，形成的中型枝组较多。其特点是：枝轴短粗、分枝多、势力稳定、花量大、结实较多、空间利用率大，枝组成型后紧凑，全树比较丰满。这类枝组是稳定树势的主要因素之一，在修剪管理较好的碧桃、榆叶梅、天目琼花、木槿、樱花、玉兰、紫叶李、海棠等树种中较常见。

（3）由辅养枝改造修剪形成。一些修剪较好的大乔木，如泡桐、法桐、国槐、栾树上常见到由临时性骨干枝经回缩改造而成的大枝组。这种枝组，一般枝轴粗大且长，其上中、短枝不多，但占据空间较大。

2. 枝组的排列方式

园林树木没有经济产量的要求，在符合树种生态、生理需求的前提下，枝组在树冠内排列形式、体量大小和数量多寡都有很大的自由度。其基本原则是：按体量分，在主、侧枝上，枝组由内向外的顺序是内大、外小、中间中，即：内部安排大枝组，中部安排中型枝组，外围安排小枝组。

园林树木修剪要特别注意对单轴枝组的培养和利用，这在一些花灌木类树种中极为重要。如金银木、连翘、枸杞、丁香、猬实、锦带、胡枝子、珍珠绣线菊、锦鸡儿乃至醉鱼草等等，这些花灌木的生物学共性特征是枝条分枝能力差，但根、干部位萌蘖和潜伏芽萌发能力极强。因此，在骨干枝上着生的枝组绝大部分是单轴枝组，这类枝组一般可连续维持 2 ～ 3 年就要更新或更替。对这些枝条不要随意疏除，要按先长放、后回缩、再更新或更替的方法进行轮回式调整，排列方式也可按照内大、外小、中间中的布局进行，这样可以稳定外稀里密的树冠结构，既有利于通风透光，又可以有效地控制外延极性，防止外围郁闭和内膛光秃。

3. 枝组的培养、修剪与更新

枝组的培养一般采用放、缩结合与冬、夏结合的方法。养过程中不要急于求成，切忌过多地进行短截修剪和过急采用“抓小辫”回缩，这样会适得其反，不仅得不到枝组，反而会刺激树木旺长。正确的做法有：

（1）冬季轻截，第二年疏除壮枝：这种方法多用于中、大型枝组的培养。选取位置和方向适宜的长度约 40 ～ 50cm 的枝条，留春梢上部的芽进行轻短截，剪口芽第二年形成一直立壮枝，其后部形成一个斜生的中短枝。第二年冬季修剪时壮枝从基部疏去，选一斜生中枝作枝组头梢，进行轻截，2 ～ 3 年便可形成稳定的中、大型枝组。具体修剪方法和枝组形成过程见图 5.5-16。

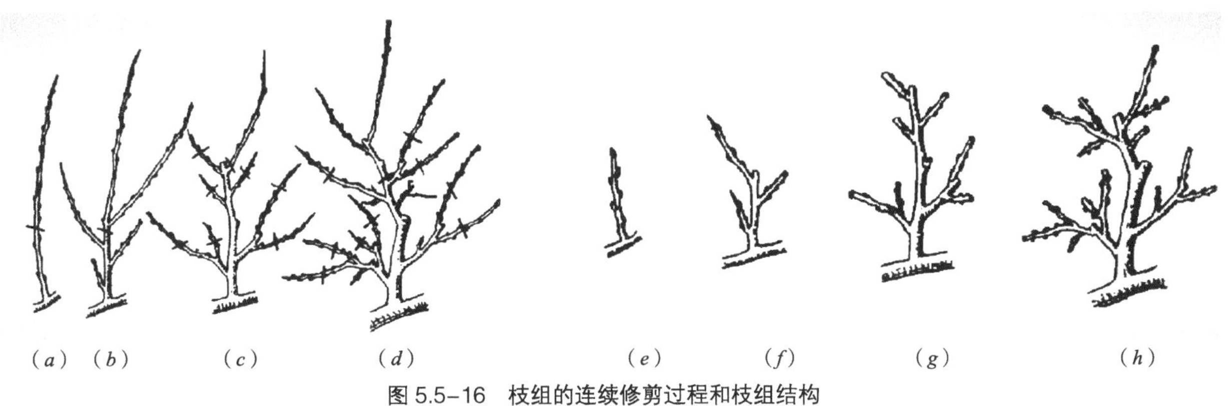

图 5.5-16 枝组的连续修剪过程和枝组结构
(a) ～ (d) 枝组的修剪过程；(e) ～ (h) 修剪后的枝组结构

（2）夏季摘心，冬季去强留弱：这种方法一般用于生长旺盛的枝条。在 6 月中旬，枝条长度达 40cm 时，摘心剪去顶端 10cm，促使其侧芽萌发，一般可发生副梢 3 ～ 4 个。

（3）冬季修剪时，回缩先端 1 ～ 2 个较壮分枝，然后短截剪口下第一枝作大枝组头梢，其余枝长放

不动，待分枝后再回缩，视空间大小适当短截增加分枝数量。

（4）连续长放，分枝后回缩：这种方法适用于着生在主、侧枝背后的枝条，这一类枝俗称下裙枝。这种枝条长势中庸、角度大，不影响树形的发展，在不影响光照的条件下这类枝可以多留，用以辅养树体和增加开花部位。因此不急于疏掉和短截，可采用长放 1 ～ 2 年后在短分枝处回缩的方法培养成背后枝组。

（5）背上枝组的培养方法：背上枝组是构成树冠美的重要枝条，但这类枝极性强难以控制，稍不注意便易转成徒长枝，不仅影响树冠扩大而且会扰乱树形。用其培养枝组的方法有 3 种：

1）冬截夏抑：对长度达 35 ～ 40cm 的枝条冬季留 25cm 行短截修剪。剪口芽萌生的直立壮枝在 6 月上旬剪掉 1/2，其余枝角度较大可轻摘心；第二年冬剪时去强留弱，改造成枝组。

2）夏截冬缩：对由隐芽萌生的枝条，夏季当长度达 30cm 左右时剪去 1/2，冬季回缩修剪留短枝开花。

3）冬放夏缩：长度在 30cm 左右的枝条冬剪时一般不动，或进行去秋梢修剪留作开花枝。7 月中旬，将上部萌生的壮枝剪去，当年便可形成枝组。

总之，培养枝组是修剪的一项极其重要的工作，了解不同部位枝条的发枝特性，掌握修剪反应规律之后，按树形的要求合理安排才能达到预期目的。园林树木修剪中常用的枝组修剪方法可参考图 5.5-17。

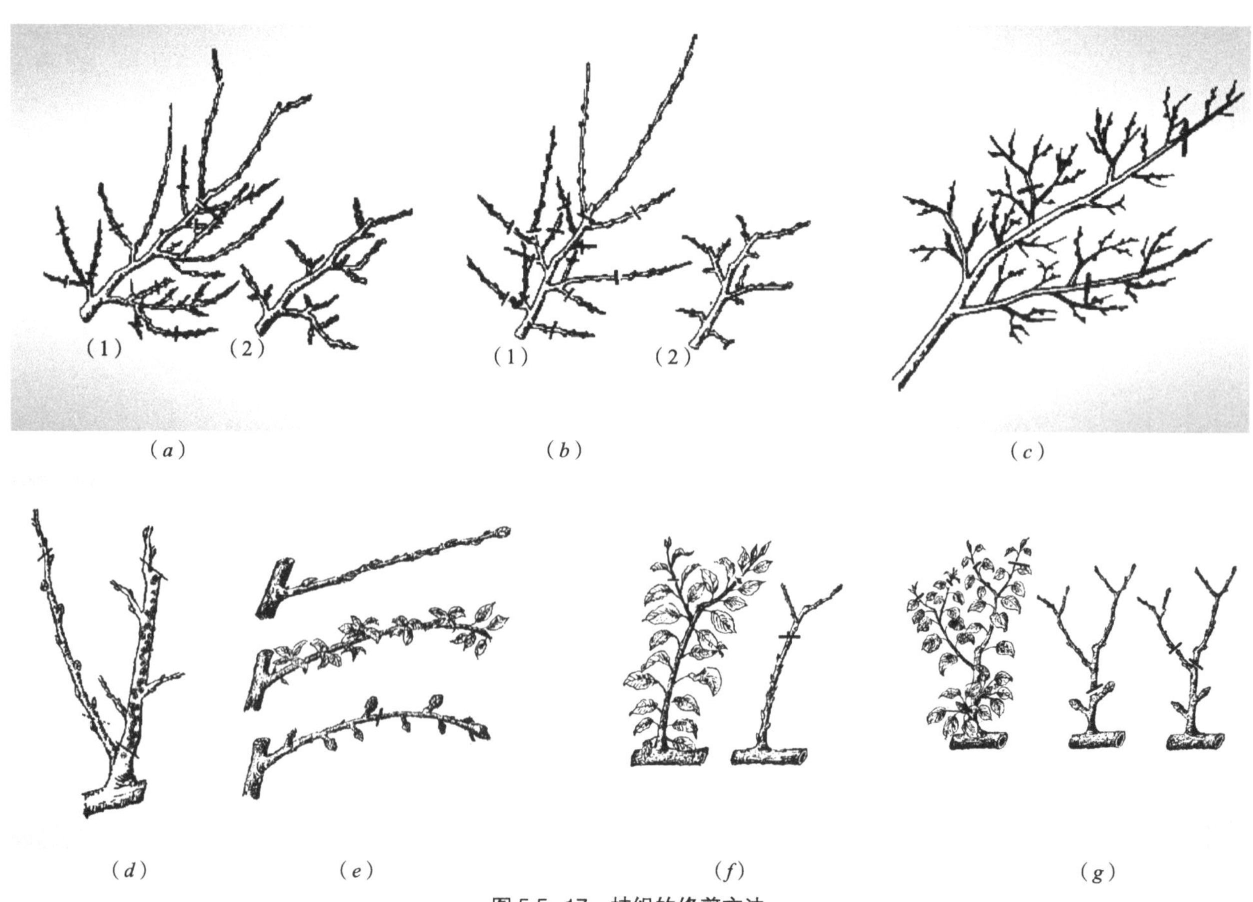

图 5.5-17　枝组的修剪方法

（a）生长势强的枝组的修剪，（1）为修剪前，（2）为修剪后；（b）上强下弱枝组的修剪，（1）为修剪前，（2）为修剪后；（c）大型辅养枝的修剪（调整枝组的群体结构）；（d）枝组更新修剪；（e）单轴枝组的修剪，先缓放后回缩；（f）夏季摘心修剪；（g）冬夏结合修剪

4. 枝组培养的注意事项

枝组修剪要做到周到、细致、合理。一般情况下枝组养成后的头两年，修剪时枝组要留枝头（俗称枝组留头梢），以利于枝组的延伸生长。随着树冠的扩大对全株枝组进行合理规划，根据空间大小调整枝组的疏密度，做到大小相间、拉开距离、互不拥挤。对体量过大的枝组要及时控制，冗长下垂的枝组及时更新复壮，同时注意调整枝组的类型比例和培养新枝组。

5.5.2.8 *放任树改造修剪方法*

放任树泛指整形修剪处于粗放状态下的园林树木。这类树从树体表现上看，绝大部分没有稳定的树体结构，大枝过多、中型枝条密挤、树冠外围枝条丛生，导致树冠郁闭、内膛光照恶化、小枝衰弱枯死，大枝基部空裸，开花部位严重外移。另一种情况是因过早衰老而出现自然更新，表现为内膛徒长枝密生，外围焦梢、退枝，树冠失去自然层次。从开花情况来看，由于树体结构紊乱和不同类型枝条着生比例的失调，花芽在形成过程中得不到稳定而持续的营养供应造成花器官发育不充实，反映在开花过程中，表现为花期缩短、春季开花的树种抗低温和大风的能力差、僵芽现象较为普遍。有的树种则在开花后颜色变浅，不能反映出本品种的花色特征，花朵大小参差不一，早衰早落，造成单株冠内极不协调的开花层次和开花顺序。从栽培管理现状来看，管理者缺乏对树种生物学特性的深入认识，当树种完成某一生长发育阶段需要改变修剪方式或方法时，往往不能做出相应的树势和年龄阶段的正确判断，长时间采用“清膛疏枝”、“平头修剪”或“只截不缓”等简单的修剪手法，其结果加剧了树体矛盾。对这类树的改造修剪的步骤如下：

1. 确定树形

放任生长树中，大枝的数量、冠形、枝条角度等的表现是多种多样的。修剪前要根据树形的基础、大枝的走向，确定改造成哪种树形最为方便，不可千篇一律地一味采用开心形。要遵循前述的整形原则，结合立地条件、空间大小、树冠形状灵活掌握，不能强求一律。如：中心枝壮，可考虑疏层开心形（如海棠、樱花、紫叶李、直立型木槿、桑、毛樱桃等）；两个大枝均称，可以考虑对称形（如金银木、连翘、碧桃等）；光秃带过长、角度又小，可以考虑桩景形（如金枝白蜡、水蜡、珍珠绣线菊等）；树冠倾斜可以考虑偏斜形（如碧桃、榆叶梅等）；主枝多而长势均衡可考虑丛状形（如紫薇、金银木、天目琼花、红瑞木等）。

确定树形后，在头脑中随之建立起改造后的树形轮廓，然后根据整形原则认真地选择主枝、侧枝，定下基本骨架，并处理好各级骨干枝的枝头，再按以下各步完成改造修剪。

2. 疏除多余大枝

这类枝主要是指与选留的骨干枝粗度相同的枝条，其中交叉、密挤、重叠、直立枝等妨碍通风透光、影响树形的要首先疏除。此次疏枝要一次完成，不搞分年锯除，以有利于在剪锯口附近萌生新枝，为培养枝组补充空间创造条件。这样可以使营养高度集中，有利于留下枝条的长势恢复。

3. 疏间密挤中等枝

大枝疏掉后，还要疏除部分与侧枝粗度相仿的多年生枝，这类枝主要是指着生在侧枝上或着生在主枝背上，斜生或直立生长的枝条。对其中的旺枝要从基部疏除，中庸枝可从小分枝处回缩，回缩时留下枝轴的长度一般不超过 30 ～ 40cm，这些枝条是此后 2 ～ 3 年内修剪时要重点关注的对象，严格控制其生长势，不使能其返旺，重新影响树形。

4. 疏间和回缩外围枝

放任树外围密生的枝条通常是年龄相仿、粗度大体一致的一群枝条，对这些枝要进行疏剪。方法是：主、侧枝头可在一年生壮芽部位或多年生光秃部位短截或在较好的分枝处回缩，枝头附近不留竞争性枝条，枝头以下所留的枝按空间的大小施行放、缩、截相结合的修剪方法，使其错落着生，体现出明显的主次和层次。这样实施修剪后，当年就能使每一个骨干枝基本体现外稀里密的结构形式。

枝头以下 30 ～ 50cm 区域（因树种而异）要重点选留背后或背斜生长的多年生枝进行短截或回缩修剪，此后逐年用疏强留弱的方法，使其能逐年增加分枝数量，转变成稳定的枝组。

以上四项技术是调整树形的重要步骤，需要在修剪的第一年全部完成，这样做可以使树体骨架基本确定下来，为今后的整形修剪打下良好的基础。试验证明，这样做第一年的修剪量稍大，为 40% 左右，但可以使树体营养高度集中，使留下的枝条尽快恢复，同时可以促使树冠内隐芽萌发出新枝，为枝组的培养和尽快丰满树冠创造条件。

5. 选择和培养枝组

树形确定之后要下大力量培养枝组，这是改造修剪技术成败的关键。枝组的选择、调整、培养可以本着三个字即“找”、“改”、“养”的方法进行。

（1）“找”：即在树形、骨干枝确定并完成疏、缩、修剪之后，认真分析树冠内其余的多年生枝，从着生位置、角度、分枝情况及枝轴的稳定性等方面判断其与主、侧枝的关系，找出长势中庸、角度适宜、分枝适度、枝轴稳定的多年生枝进行轻回缩修剪，尽量多保留开花枝条，培养成大、中型枝组。

（2）“改”：即对树冠内主、侧枝及大型枝组背上或两侧着生的 2 ～ 3 年生的直立枝、壮枝、并生枝，采用重回缩的手法改造成枝组。这类枝生长势强、分枝角度小，容易重新旺长扰乱树形，回缩时一定要注意剪口下枝条的分枝角度和枝条长度，一般分枝角度以 70° 为宜，且长度 25cm 以上的枝作剪口下的第一枝较为理想。在以后的修剪中要随时控制其生长势，不使旺长，一旦发现过旺时要立即疏除。原则上，这类枝组的枝轴长度应小于 25cm，分枝以一层为好，不要“楼上楼”式的多层枝组。

（3）“养”：即对由隐芽萌发的枝条进行短截修剪并培养使之成为枝组，其培养过程与幼树枝组培养过程大体相同。应注意的是改造修剪后的内膛萌生枝大多数都直立生长，要随时注意加大枝条角度和控制枝组高度。

以上五项改造修剪的操作程序是为了叙述明确而划分的，实际工作中应将主、侧枝的选留，枝组的“找”、“改”、“养”结合起来进行，操作得当一般 2 ～ 3 年内可以将放任树改造成相对合理的树体结构。

以上方法用 24 个字来概括可以记为：“去大枝腾地方，疏中枝透阳光，缩外围增新枝，养枝组保花量”。

5.5.2.9 稳势修剪方法

稳势修剪是指通过修剪维持树体营养供需和使树木长势趋于均衡，进而获得理想树形的修剪技术措施。从营养分配的角度来看，是要通过人工修剪的调控技术使树体的营养供应与光合产物的分配能在最大限度内趋于平衡和稳定，不仅当年可以形成健壮、饱满的花芽，同时又有充足的底质贮存供给下一年生长和开花的需要。从形态上来看，是要通过修剪使树冠内有充足的、分布均匀的高功能叶片，冠内枝条生长势和生长量均衡、稳定，没有或极少出现局部旺长和枝条两极分化现象，且通过对冠内枝类比例的修剪调节，使整个树冠内达到符合树木生态学特征的枝类比例和枝量分布。技术上常将达到上述标准的修剪过程称为“稳势修剪”。

1. 操作要点

（1）保持主、侧枝头的生长优势：对选留的各级主、侧枝头，连年采用中短截，使其萌生壮枝。按整形要求，调整其角度和方向，注意主从关系，侧枝出现与主枝竞争时及时回缩侧枝。

（2）主、侧枝头附近的竞争枝要严格控制，凡直立生长的一律疏除。选留背后或背斜枝，长放或行轻短截、去秋梢的修剪方法，使其分生花枝。

（3）严格控制各级骨干枝上的背上枝条或枝组，对旺枝行夏季摘心或重截，留下的要控制枝轴高度不超过 25cm，并加大角度。

（4）树冠上部的大型直立枝组及时疏除。

（5）调整枝组内的枝条比例，用疏前缓后、疏上缓下的方法控制延展范围。

（6）充分利用小型枝组补充空间，不使其旺长。

（7）充分利用单轴短枝，增加开花部位并逐年恢复其长势。

（8）逐年清理过密的辅养枝，不使其扰乱树形。

2. 特殊情况处理方法

（1）上强下弱：是由于树冠内的枝叶数量分布失调造成的。在下部主枝修剪量大于上部时，这种现象容易出现。

解决的方法是疏上缓下。树冠上部修剪时要疏除过多的一年生旺枝、壮枝、直立枝（俗称跑单条、单枝单头），疏间拥挤的大型枝组，回缩过长的鞭杆枝，以显著减少上部枝叶数量和极性拉力，其余枝长放不动或只去秋梢，不能短截，防止重新返旺。下部枝条多短截，少疏枝或不疏枝以增加枝叶量，利于迅速恢复生长势。以后的修剪中需连年疏除上部的健壮新枝，下部安排大型枝组多截、少疏，使枝叶数量逐渐达到上下平衡。

（2）下强上弱：常出现在改造修剪后的 2 ～ 3 年内，是由于上部疏枝不当或疏大枝的锯口过多造成。

解决方法是扶上缓下。上部弱枝要适当多截，保持健壮生长；下部大枝少留大型侧枝，多留小型枝组，尽快达到树冠上部和下部枝条数量的相对平衡。下层需疏除的大枝分二年锯除，特别是对生的大枝不要当年一起疏掉，避免形成对口伤，影响树势。

（3）内强外弱：是由于主干或主枝基部大型枝组过多、过壮或侧枝离主干过近或内膛辅养枝控制不及时造成。

解决的方法是截前、疏后。外围多行截枝修剪，疏除主干基部或主枝基部的大型枝组，特别是背后的辅养枝要重点疏剪。侧枝着生过近时要重点疏除侧枝后部的大型枝组和背后辅养枝，减少后部的枝叶数量。

（4）外强内弱：是由于主、侧枝头附近的竞争枝得不到及时控制，外围枝、叶量过多，拉力过大造成的。

解决的方法是疏外缓内。外围除保留枝头外，要重点疏掉角度小、直立型生长的竞争枝和较大的枝组，内膛枝则应少疏多截，以利发枝。以后的修剪要连年疏除外围多余的健壮新枝，内膛培养大型枝组，使枝叶数量逐年达到内外平衡。

5.5.3 修剪的步骤

1. 确定修剪量

对需要修剪的每一株树都要围树进行观察，从不同的角度观察骨干枝、大、中型辅养枝的着生状况，先确定大、中型枝的去留和修剪程度，估算实施的修剪量。预测的修剪量过大时要采取分年或分季节剪除的方法进行，不允许大拉大砍。

2. 判断树势

仔细观察外围一年生枝的生长势、生长量、花芽着生的位置和分布的均匀程度，确定树势的“旺、壮、

弱”，以此定出相应的修剪的原则。幼旺树还要根据长枝的密度，确定疏剪和短剪的程度，合理运用“放、疏、缓”，不可盲目进行疏枝和短截修剪。

3. 按顺序操作

对任何树种的修剪都要按先处理大枝、中枝，后修剪小枝；先疏枝、后短截；先修剪内膛后修剪外围；先修剪上部后修剪下部的顺序进行。这样易于掌握主从关系，避免碰伤已剪过的部分。当把握不大时，先轻剪轻锯，逐步完成。

4. 修正和补充

全部剪完后再绕树观察，对漏剪和不均衡的部位进行必要的补充和修正。并将大、中型伤口修平，由上而下、由内向外涂抹保护剂。

5. 清理现场

及时清除修剪下来的枝条、枯叶。废弃的枝叶集中运出及时处理。病株应最后修剪，如已剪过病枝，所有工具都应消毒，以免传染。如有需要可选择带充实饱满芽眼的枝条留作接穗和插条。

5.5.4 整形修剪的操作注意事项

1. 剪口

冬季短截一年生外围枝，剪口易抽枝，为避免剪口芽遭受伤害，剪口可离芽稍远一点，即在芽的上方 0.5cm 左右处剪截。一般情况下，短截修剪要从芽的正面下剪，剪口斜面成 45° 角，斜面的上方和芽尖相平，最低部分和芽的基部相平，这样伤口小，容易愈合。

疏剪或回缩较细的多年生枝时，要顺着树枝分权的方向或侧方下剪，剪口宜剪成缓斜面。这样剪时省力、剪口平滑，枝条不易受伤，伤口容易愈合（图 5.5–18、图 5.5–19）。剪截较粗枝条时，另一手握住枝条向剪口外方柔力轻推，这样既省力，又不损伤剪刀。对粗 3cm 左右、不易剪断的枝条，不要强行剪截，以免损伤剪刀，可以用锯锯除。

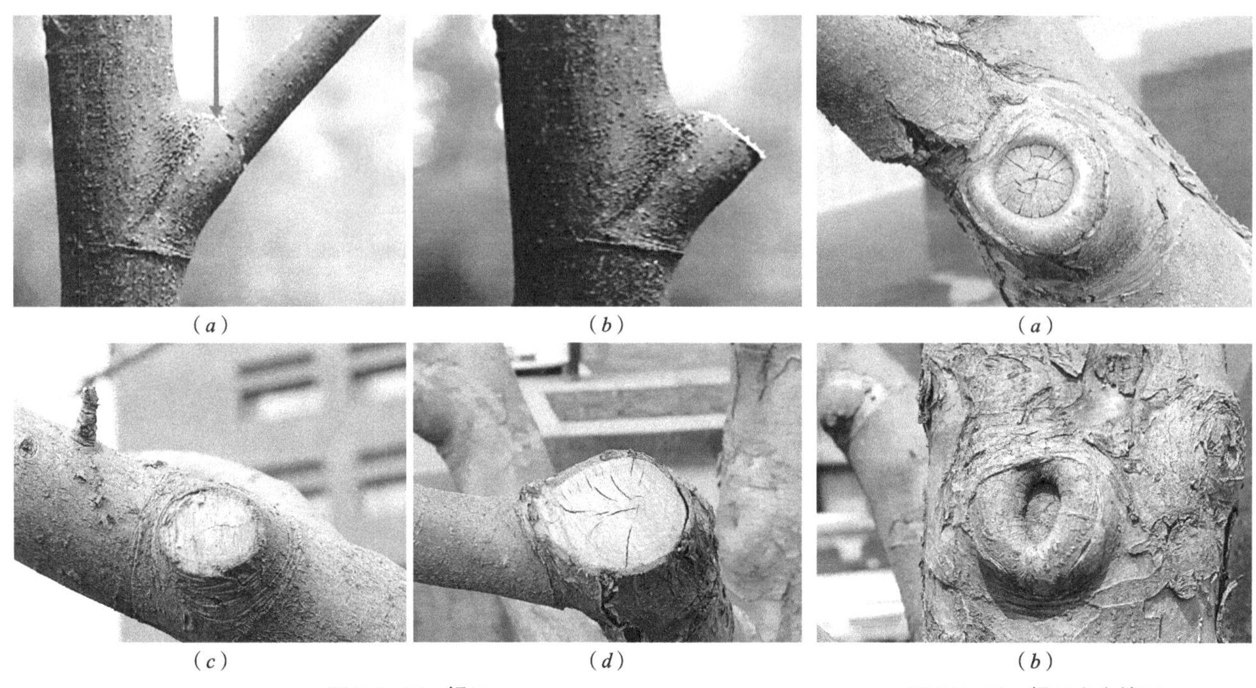

（*a*） （*b*） （*a*）

（*c*） （*d*） （*b*）

图 5.5–18　锯口

（*a*）修剪前；（*b*）修剪后；（*c*）锯口过平；（*d*）锯口过深

图 5.5–19　锯口愈合情况

（*a*）锯口过平，愈合慢；（*b*）锯口恰当，愈合快

2. 锯口

锯除大枝时，要防止造成劈裂。可先由大枝的下方，向上锯进 1/3 ～ 1/2，然后再由上向下锯。同时要充分做好保护工作，用安全绳吊稳大枝后再进行锯除工作。

3. 伤口保护

锯除大枝以后，伤口较大且表面粗糙、不易愈合，锯后要用锋利的削枝刀或修枝剪把锯口周围的皮层和木质部削平，再用 2% 硫酸铜溶液消毒后涂抹保护剂。

4. 清理现场

剪下来的新梢、枯枝、落叶或僵果，特别是病、虫枝或病、虫果，一定要收集起来集中烧毁，不使病菌蔓延。需上树修剪的时候，要穿柔软的胶底鞋，以防踏破树皮，引起病害发生。

5.6 几种主要栽植形式的整形修剪要求

5.6.1 行道树的整形修剪要求

行道树是列植树木，一般使用树种一致、树体高大的乔木树种。整形要求做到主干高在 2.5 ～ 3.0m。边远公路及街道、里巷的行道树，主干高在 4 ～ 6m。

行道树通常采用规则形冠形，如开心形、杯状形（法桐、白蜡、栾树）或自然式树形（国槐、合欢）。

行道树定植后的 3 ～ 5 年内每年都要进行整形修剪，调整枝条的伸出方向，迅速扩大树冠。冠形要求枝条伸展，树冠开阔，枝叶浓密。同时行道树修剪还要考虑树木与建筑、电业、居民住户的关系。

5.6.2 花灌木的整形修剪要求

花灌木整形修剪时首先要分析树木的配置形式，观察植株生长的周围环境、光照条件、植物种类、年龄阶段、长势强弱等因素，确定树形后再进行整形修剪。

幼树生长旺盛，以整形为主，宜轻剪；成龄树应充分利用内膛空间，促使多开花，逐年选留部分新枝，疏掉部分老枝，进行更新，维持丰满树形；老弱树以更新复壮为主，采用重短截的方法促使萌发壮枝。

春季开花的树种，如海棠、连翘、榆叶梅、碧桃、金银木、迎春等，在上一年进行花芽分化，经过冬季低温阶段于第二年春季开花，应在冬季至芽尚未萌发前进行修剪。

夏秋季开花的树种，如紫薇、木槿、珍珠梅等，是在当年萌发枝上形成花芽，应在休眠期进行修剪。如需当年开两次花，可在花后将残花以下的 2 ～ 3 芽剪除，刺激二次枝条的发生，促进二次开花。

花芽（或混合芽）着生在多年生枝上的树种，如紫荆、贴梗海棠等，在早春将枝条先端枯干部分剪除，并在生长季节对生长过旺而影响花芽分化的枝条进行摘心。

一年中多次抽梢、多次开花的树种，如月季，应在休眠期对当年生枝条进行短剪或对多年生枝进行回缩，同时疏除弱枝及过密枝。花后在新梢饱满芽处短剪，剪口芽很快萌发抽梢，形成花蕾开花，花谢后再剪，可连续开花。

5.6.3 绿篱的整形修剪要求

绿篱树种萌芽力、成枝力强，耐修剪，如女贞、大叶黄杨、小叶黄杨、桧柏、侧柏、冬青、野蔷薇等。形式有绿墙（160cm 以上）、高篱（120 ～ 160cm）、中篱（50 ～ 120cm）和矮篱（50cm 以下）等。

绿篱进行修剪，要求整齐美观，篱体生长茂盛、耐久、无空洞。高度不同的绿篱，需采用不同的整形方式。

绿墙和高篱要控制高度，每年疏剪病虫枝、干枯枝，使枝叶相接，提高阻隔效果。玫瑰、蔷薇等花篱以自然式修剪为主。

中篱和矮篱采用几何图案式整形修剪，如矩形、梯形、波浪形等。绿篱每年修剪 3 ～ 4 次，使新枝不断发生。整形修剪时，顶面与侧面兼顾，从篱体横断而看，以矩形和梯形较好，不可任枝条随意生长而破坏造型。

5.6.4 模纹的整形修剪要求

模纹主要的形式有平整形、斜坡形、圆拱形、圆球形、圆柱形、阶梯形、三角形等。图案一般由两种或两种以上植物依层次、色彩搭配组成。不同的植物生长速度不同，发枝力强弱不同，对于生长速度较快、发枝力较强的植物，修剪量可相对大些，修剪周期相对短些；而对于生长速度较慢、发枝力较弱的植物，修剪量宜小，修剪周期宜长。

模纹种植完成后，根据其习性，先剪两侧，上部重剪，下部轻剪，使外侧观赏侧面成一斜面。两侧剪完，再根据形状剪顶部，使植株下部枝条快速长出新侧枝。

生长期内在新梢长约 8 ～ 10cm 时，结合设计造型进行轻度修剪，修剪中逐次提高修剪面高度，较多保留嫩茎色叶，维持模纹的色彩和植物的正常生长。

冬剪适度重剪，控制整体高度，增强长势，防止过早空裸。除对顶面、侧面重剪外，用剪刀深入植株内部剪除病弱枝、秃腿枝、过密枝，均衡间距，保留一定的生长空间。

生长多年的模纹下部渐秃，高度增加，超过设计高度时，需及时更新。先疏除其中过多的衰老主干，保留内部较年幼的主干，然后将保留下来的主干逐个进行回缩修剪并短截主干上着生的侧枝，调整内部枝条密度，改善通风透光条件。

5.6.5 竹子的整形修剪要求

竹子的整形修剪是通过对单竹的修剪或整片竹林的疏伐，为竹林创造通风透光的良好生长环境，同时使竹林维持合理的年龄组成，形成优美树姿，提高其抗病、抗风雪、防倒伏能力。

新竹修剪一般在 4 ～ 7 月间进行。当母竹上出笋过多时要挖掉一些弱笋，每株母竹保留 2 ～ 3 个健壮竹笋，培养成新竹。

新生竹空间尺度过高时，可根据群体的需求截去部分顶梢，剪口放在节间的上沿，节间上短枝适当短截，以维持完美株型。

成年竹林可于 3 ～ 6 月间挖去退笋、小笋、病虫笋，培养壮竹。每年秋冬季要留笋养竹，伐除弱竹、残竹、病虫竹，疏剪老竹、过密竹。疏伐量依据“疏密留稀，砍小留大”的原则，留下的竹子要分布均匀，保持合理密度。理想的竹林的立竹年龄组成为：1 ～ 2 年生竹占 40%左右，3 ～ 4 年生竹占 45%左右，5 年生竹占 15%左右。日常维护修剪以除掉枯老枝叶、病叶、瘦叶及生长不正常的枝叶为主，并及时清理，保持竹林洁净。

5.6.6 藤本类的整形修剪要求

藤本类靠缠绕或攀援他物向上生长。修剪要达到枝干主次分明，通风透光，使其健壮生长。整形修剪要针对不同架式和攀援形式分别进行。

紫藤、藤本月季、凌霄等都以棚架栽培。定植后先选一健壮枝条作主蔓培养，剪去先端未成熟部分，

疏剪掉部分侧枝，以保证主蔓的优势，牢固牵引使其附着在支柱上。夏季对辅养枝摘心，抑制其生长，促使主枝生长。第二年冬季修剪时，中心主干可短截至壮芽处，主干两侧选留 2 ～ 3 个枝条作主枝，同样短截留壮芽。其他枝条留一部分作辅养枝，每年如此。

三叶地锦、五叶地锦、常春藤等靠吸盘附着墙面。初栽时，只需重剪短截，后将藤蔓牵引到墙面，可自行逐渐布满墙面。五叶地锦、常春藤附着力较差，开始时需用绳索等辅助。

扶芳藤、藤本月季、蔓性蔷薇属于缠绕类型藤本花木，先搭好篱架，将枝蔓牵引至架面上，每年对侧枝进行短截，除去互相缠绕的枝条，使其均匀分布。

紫藤、凌霄等木质化程度较高且茎蔓粗壮品种，可整形为直立小乔木式，逐年按分枝级次进行修剪培养，最后形成一株具有完整冠幅的孤植小乔木。

5.6.7 特殊造型类树木的整形修剪要求

经过造型的树木，常见的有规则式造型和桩景式造型。规则式造型是将树木修剪成球形、伞形、方形、螺旋形、圆锥形等几何形体，如大叶黄杨、小叶黄杨、大叶女贞、紫薇、桧柏、龙柏等。这类树木枝叶茂密、萌芽力强、耐修剪，常给人以整齐的感觉。桩景式造型多见于露地栽培或园林重要景点，例如大型树桩盆景等，适于这类造型的树种要求树干低矮、苍劲古朴，如银杏、黑松、贴梗海棠、龙柏、对节白蜡等。整形修剪要求是严格按照原造型进行发展，按照不同树种的枝芽特性和生长特性进行修剪。

5.6.8 片林的整形修剪要求

有主轴的树种（如杨树等）组成片林，修剪时注意保留顶梢。当出现竞争枝（双头现象）时只选留一个；如果领导枝枯死折断，应扶立一侧枝代替主干延长生长，培养成新的中心领导枝。适时修剪主干下部侧生枝，逐步提高分枝点。分枝点的高度应根据不同树种、树龄而定。

保留林下的树木、地被和野生花草，增加野趣和幽深感。

5.7 修剪方案的制订

制定修剪方案是做好树木修剪工作的重要环节，修剪者在树木修剪之前，通过对树木生长的立地条件、生长允许空间大小、生长势、发枝类型、发枝数量、上一年修剪反应、树本身的生长均衡程度、与周边树木之间的平衡协调关系等要有一个全面的调查和分析，然后确定一套有针对性和可操作性的修剪技术方法，作为每一个修剪者在操作中共同遵守的原则，克服修剪当中易出现的盲目性和随意性。这是做好修剪工作的基础，也是年管理工作的重要组成内容之一。

5.7.1 修剪方案制定的依据

（1）树性：指各树种的生物学属性。如花灌木中的碧桃、榆叶梅、西府海棠、紫薇、木槿，它们的共同点是：幼龄阶段极性生长旺，内膛萌生枝条能力强，树冠外围易丛生，内膛易光秃，四年以后出现局部更新萌生内膛徒长枝等。在修剪控制不当的情况下，常表现外围枝健壮、丛生。修剪方案中都要分析这一趋势的发生、发展状况，提出逐年控制外围枝条密度、减弱外围极性的具体方法，规定修剪量。同时还要明确利用其局部自然更新快的特点，控制内膛萌生的新枝的生长势，培养枝组，达到平衡树冠内外长势、增加花量、扩大开花面积的目的。并将注意逐年克服丛生和密挤作为整树控制的主要措施，且要和整形结合起来做到整形、开花、结果兼顾。

（2）树体结构：包括主干、主枝、侧枝和临时性大型辅养枝的数量、分布是否合理。除大枝以外的枝条，也要考虑单轴的一年生或多年生枝、着生于各级大枝上的各类枝组的密度、分布位置是否符合“三稀三密”的树冠构成要求。修剪方案中要指出调整的基本原则和方法。

（3）枝类比例：修剪不恰当的树，主要特征之一是树冠内枝条的两极分化现象，即营养枝徒长，花枝细短瘦小，而生长稳定、光合能力强的有效枝数量少。如在碧桃中白花品种表现为徒长枝或徒长性旺花枝等旺枝与细短枝的比例可高达1∶12左右，重瓣红色品种则表现为粗壮长枝与短花枝比例高达1∶20左右。修剪的任务就是要扭转这种不正常的枝条比例关系，通过控制旺盛枝条的消耗性生长，促使内膛短枝逐步转化为健壮、生长节奏稳定的有效枝条，使其在树冠中的比例达到总枝量的50%～60%。修剪方案中要根据调查结果逐一制定各个树种的调整等方法。

（4）树龄：幼树期间各树种都有较旺的生长势，无明显的壮弱区别，定植3～4年后就逐步出现树种各自的形态特征。放任树由于连年的放任生长，其弊病表现得异常充分，如大枝过多、外围密挤内膛光秃、开花外移等。修剪方案中要针对这些不同情况制定具体对策。

（5）树势：就同一树种、同一树龄而言，其树势也不尽相同。它受到管理方法、立地条件、栽植形式等多种因素的影响，其外观表现较为复杂。可以将树势分成旺长型、健壮型、衰弱型。从树体表现上看，还可以分成大枝不均衡、上下不均衡、内膛与外围比例失调等等。修剪方案中要针对这些情况制定具体的修剪方法。

（6）修剪反应：修剪反应可以最现实、最客观反应所管辖绿地中树木当前阶段对修剪的敏感状况。要观察各树种的耐短截、耐疏枝、耐回缩的能力。如果短截后发枝数量较理想、疏枝后枝条恢复较均衡、回缩后增枝部位层次分明，便可以根据情况选择本年度的修剪应该采取的方法。如碧桃白花品种不耐短截，截后枝条丛生，回缩后易萌生丛状枝、无层次，修剪时则要疏、缩结合才能达到预期目的。又如榆叶梅不耐短剪，截后易发旺枝，修剪时要注意保留短花束枝，疏除内膛秋季萌生的细长枝，疏除剪口附近的较弱枝。紫薇、木槿耐修剪，通过重回缩、中短截，可以在短时间内获得较多的开花有效枝并快速完成整形，修剪时要根据具体要求，将截、缩方法结合起来。

（7）营养枝的分布：修剪的重要目的之一是使树冠内萌生较多的营养枝，这类枝生长节奏明显、不徒长、叶片健壮、光合能力强。为获得这类枝有以下两种方法：一是留，二是促生。原则上留要均匀，促要合理。这是修剪技术中最重要和最难掌握的环节。留枝均匀，指的是在树冠外围、中部、内膛三个部位，使有效枝数量的比例大体为：长枝、中枝、短枝的数量比是2∶2∶1。

5.7.2 修剪方案的内容

（1）幼龄树修剪：幼龄树的修剪中提倡“树靠根长，根靠叶养，多留枝叶，适当长放”的修剪原则。这样做对快长树、快成形有明显的作用。幼龄树修剪试验证明，采用这一方法，可以明显加快生长速度。操作原则是：疏除根部密挤枝、粗壮枝和根蘖枝，骨干枝不宜过多，以3～4个为宜。截枝量为原枝长度的3/4～4/5，防止局部生长过旺而干扰树形。其他枝留下使其分生新枝，增加枝叶量，尽快使树体健壮，扩大树冠；留下的长枝可轻短截，促使分生中、短枝。

（2）成龄树修剪：泛指绿地中栽植的树冠已经形成的树。这类树在修剪中以防止外围密挤为主要任务。操作原则是：疏间外围枝，减少外围的竞争拉力；稳定内膛，保留内膛新枝和单生枝，防止内膛光秃；合理选用骨干枝，按树形要求的原则，防止局部的徒长而干扰树形；按树形的形状控制弯曲部位的生长势，培养稳定的枝组；调整枝组在树冠内的分布，严格控制枝条的生长势；合理选用有效枝，注意调节其在树冠内的分布。原则上整体分布要均匀，局部分布不密挤；根据品种差异，制定有

针对性的修剪方法。

（3）不同树势的修剪：可分为旺长型、健壮型、衰弱型。

旺长型：旺长型的树一般内膛中短枝数量极少，修剪以缓和树势为主。掌握多疏、少截、适当缓放、冬夏结合的修剪方法。

衰弱型：衰弱型的树一般一年生枝生长量很小。生长季叶片、枝条细弱。这类树除加强肥水管理外，以重回缩各级骨干枝为主要方法，促使抽生健壮枝条更新树冠。修剪中要注意与缓苗期中的新植树的区别。

（4）放任树修剪：放任树是指因管理粗放，原有树形基础被破坏，造成大枝丛生、外围密挤、主侧枝从属关系紊乱、冠内光照恶化、小枝大量枯死的树木。

改造的方法应按照确定树形、疏除大枝、疏除密生的中等枝、疏间和回缩外围枝、培养枝组这五个步骤逐年完成。操作原则是：清理大枝，对密挤交叉的大枝要疏除；疏间外围枝，解决外围密挤；疏除外围旺枝、壮枝，减小外围拉力。遵循“因树修剪，随枝作形，有形不死，无形不乱”的原则，结合立地条件、空间大小、树冠形状确定按哪一种树形进行改造最有利，如：中心枝壮，可考虑疏层开心形；基部大枝长势均匀，可以考虑自然开心形等等。

树形确定后，根据整形原则认真地选择主枝、侧枝，定下基本骨架，处理好各级骨干枝的枝头，凡妨碍通风透光、影响树形的枝条要首先疏除，如交叉、密挤、重叠、直立的等等。疏枝时要一次完成，不能分年锯除，这样有利于在剪口附近萌生新枝，为补充空间创造条件，同时可以使营养高度集中，有利于留下枝条的长势恢复。大枝疏掉后还要疏除部分与侧枝粗度相仿的多年生枝，其中旺者要从基部疏除，弱者可从小分枝处回缩，严格控制，不使其过旺；及时处理 2 ～ 3 年生的斜生鞭杆枝，促使其分生有效枝；按“一找、二改、三养”的原则稳定枝组，因树做形，切勿死板，依照大枝的走向和立地条件的允许空间合理安排。

5.7.3 修剪方案实例

以下列举某绿化养管单位 ×× 年冬季～ ×× 年春季树木修剪实施方案。

总则

为保证树木修剪工作的有序进行，并为逐步确立适合我辖区立地条件的修剪技术打基础，制定本方案。

方案首先提出今冬明春修剪中应掌握的若干标准，然后从分析存在问题入手，重点阐述实施方法及相应的操作要领，作为本项工作的组织者、执行者共同遵守的原则。

方案的出发点是在修剪工作全面开展以前，对不同栽植形式的树木所应表达的宏观效果统一认识；对各个树种的营养生物学特性、园林配置植特点、树势分析和应采用的具体措施达成共识，以期在本次工作中能初步实现“主、侧枝基本明确、辅养枝搭配较为得当，树体结构趋于合理”的修剪目的。

方案内容

第一部分：修剪的若干标准

一、树体结构标准

（一）树形

绝大部分树种采用疏散分层形、开心形、变则主干形，[特殊树种可以采用伞形（龙爪槐）、丛生形（连翘）、风致形（合欢）]，一般以以上三种树形为基调。

要求基部主枝3～4个，基角50°～75°，每一主枝上着生侧枝2～3个，辅养枝可根据情况选定其长势，应按主强于侧、侧强于辅养、辅养强于枝组的顺序排列。

（二）结构

1. 三稀、三密的原则：修剪后实现大枝稀、小枝密；上稀、下密；外稀、内密。

2. 整形原则：因树修剪、随枝做形、有形不死、层次分明、势力均衡。不强求某种树形，不许大拉大砍。

二、不同栽植形式的树木修剪标准

（一）行道树

1. 效果要求：整齐一致。

2. 三个一致：冠高大体一致；冠幅大体一致；主枝分枝角度大体一致。

（二）孤植树

1. 效果要求：树冠圆满、层次清楚。

2. 三个均衡：树冠上下均衡；主枝间长势均衡；枝组势力均衡。

（三）群植树

1. 效果要求：端正、美观、整体划一。

2. 三不：不空、不挤、不偏。

三、树势判断标准

（一）幼龄树（定植后2～3年）

1. 旺树：冠内有三个以上超过2m生长势的枝条者为旺树。

2. 壮树：冠内枝条一般长度在0.8～1.5m者为壮树。

3. 弱树：冠内枝条长度低于50cm者为弱树。

（二）成龄树（定植后7～9年）

1. 旺树：外围枝头平均生长量超过1m、粗度1.5cm以上。

2. 壮树：外围枝头平均生长量超过50cm、粗度1.2cm左右。

3. 弱树：外围枝头平均生长量低于30cm、粗度低于1cm。

修剪总原则：旺树控、壮树放、弱树促（水肥、植保、修剪三结合）。

四、操作标准

锯口平（涂保护剂），剪口正（适当留护芽桩），疏枝要彻底，回缩要选好跟枝。

第二部分：树体存在主要问题及对策

一、乔木类

（一）共性问题

大枝丛生，层次不清，内腔小枝枯死，外围枝冗长下垂，树势不稳定。

（二）个性表现

1. 白蜡：大枝密挤、直立，主、侧枝平衡关系不明确，树冠郁闭，中短枝数量不足，枝条两极分化现象严重。

解决途径：疏枝、回缩。

2. 国槐：局部丛生、卡脖现象严重，扰乱了主从关系，营养生长与生殖生长矛盾突出。

解决途径：疏密、疏弱、回缩冗长枝，均衡枝条分部数量，控制结实。

3. 栾树：营养生长与生殖生长矛盾突出。

解决途径：养枝、定形、控制开花量。

4. 泡桐：外延过远，内部光秃，叶片早衰。

解决途径：控高、疏花、回缩、部分树行接干处理。

二、花灌木类

（一）共性问题

徒长，枝条密挤，枝条两极分化现象较严重，无稳定树形。

（二）个性问题

1. 碧桃类：主要有五个品种：重瓣碧桃、白碧桃、紫叶碧桃、菊花桃、帚桃。徒长，年生长量超过 1.5m，花束枝不稳定，花芽着生部位上移。

解决途径：结合夏季修剪，拉枝开角、控制徒长，冬剪适当长留、长放。

2. 珍珠梅：主枝不够明确，徒长枝控制不力，侧枝偏弱。

解决途径：疏除多余的根蘖枝，稳定主枝长势，培养侧枝，增加开花面积。

3. 金银木：枝组不稳定，隐芽枝生长势过强。

解决途径：疏旺、缓中、促弱，尽快形成枝组，增加开花、结果面积。

4. 丁香：花枝不稳定，有徒长趋势，枝条比例不当。

解决途径：适度疏枝，多疏少截，以花果控制长势。

5. 紫荆：根蘖枝徒长、不充实，多年生枝老化。

解决途径：结合夏季修剪，控制根蘖枝，重更新 5 年以上的老化枝。

（三）综合性问题

花灌木中：榆叶梅与碧桃类似，紫薇、木槿、连翘等已有较好的修剪对策，石榴、山楂、海棠方法已初步掌握，今冬的任务是在以往的基础上进一步巩固提高。

三、绿篱类

（一）共性问题

上顶剪口处拥挤、丛生，侧面疏松。平、直、弧三线不齐整。

（二）解决办法

压下口，减少顶端优势，点式截侧面，促使中下部发枝，适度重回缩，恢复叶幕厚度，防止中空。

四、针叶树类

（一）共性问题

树势偏弱，副侧枝光腿，整体表现衰弱，观赏效果下降。

（二）解决办法

水足、补肥、促生长，缩枝、催芽、补空间。

第三部分：修剪方法要点

一、正确掌握以下几个字

截、疏、放、缩。

（一）截

轻截，剪掉枝条 1/5；中截，剪掉枝条 1/3；重截，剪掉枝条 3/5；极重截，剪掉枝条 4/5 或仅留 1 ～ 2cm 茬口。

以下几种情况用截枝方法：

（1）选留主侧枝头时用截：强头轻截，弱头重截。

（2）促发局部新枝用截：有空间中截，无空间轻截。

（3）稳定枝组用截：背上枝组轻截，背后、背斜枝组重截。

（二）疏

疏直立、徒长枝，解决局部紊乱；疏细弱枝，解决营养分散。

（三）放

幼龄树：放枝头，保持极性优势迅速扩大树冠。

成龄树：放中庸枝，促生分枝，增加枝叶面积和开花结实面积。

（四）缩

对多年生枝而言，剪掉枝条的一部分，剪口下必留好跟枝。轻缩，剪掉 1/3；中缩，剪掉 1/2；重缩，剪掉 4/5。多年生枝冗长下垂时用中缩，直立旺长用重缩，斜生时用中缩。

二、主要树种修剪要点

（一）乔木类

1. 白蜡：落头、配侧、控倒拉。

2. 国槐：疏密、截头、均枝势。

3. 泡桐：降头、接干、定主枝。

4. 合欢：促横扩、抑远伸、配中枝、适度抬角、合理建层。

5. 幼龄栾树、国槐、椿等：疏旺条、稳中干、配主枝。

（二）花灌木类

1. 桃、榆叶梅等：换枝头、养内膛、控侧枝、保花量。

2. 紫薇、金银木等：疏旺、疏直、缓中庸，截弱、缩冗、根除萌，以轻为主不过重，疏、截、缓放综合用。

3. 海棠、紫叶李：疏除大枝腾地方，换头开角透阳光，缓放中、短多开花，均衡树势保形状。

4. 丁香：变对（生）为合（轴）定树形；强码截后、中码生；中庸花都留下，枝头健壮树均衡。

5. 石榴：树冠多做分层形，主侧关系要分明，大中枝组勤调整，回缩中枝花芽生。

6. 玫瑰：多年丛生树已衰，今年整形从头来，重疏丛枝缓树势，回缩外围花枝来。

其他树种修剪按以上诸方法，适当调整。

第四部分：工作顺序及时间表

一、工作顺序

考虑到原有的知识和技术基础，拟定的工作顺序以先易后难，先简后繁的层次进行。分成以下几个阶段。

（一）培训练兵阶段

室内讲解与现场观察相结合，以熟悉树种生物学特性、了解树木的长势长相为主要内容。

（二）实地演练阶段

现场讲解、操作与分组操作相结合，以熟悉修剪标准、了解树势判断及基本操作工艺顺序为主要内容。

（三）独立操作阶段

单人或双人一株，先做树势判断和树形分析得出结论，然后征求组织者意见，无异议后再行修剪。

二、修剪顺序

先由群植灌木开始，统一认识，熟悉手法；其后进行孤植灌木和乔木的修剪，最后修剪行道树。

三、组织形式

打破班组界线，统一组织人员，统一修剪计划，统一修剪手法，统一修剪行动。

四、时间表

组织人员配置器材	××年11月1日至11月15日
人员培训	××年11月26日至11月29日
练兵	××年11月29日至12月5日
实地演练	××年12月5日至12月10日
独立操作	××年12月10日至××年3月1日

实 践 篇

本篇介绍了 121 个园林树种和品种的生长特性、枝芽特性及整形修剪的方法。其中常绿乔木 10 个、落叶乔木 42 个、绿篱树木 5 个、落叶花灌木 42 个、藤蔓植物 5 个、结果类树木 17 个。

为方便修剪操作者对园林树木生长发育习性及观察方法的掌握，文中对碧桃、榆叶梅、紫薇、木槿等 4 个树种的生长习性、开花习性、枝条分类、放任生长树的表现、改造修剪的着眼点及修剪中区别不同品种的方法做了详细介绍，供读者参考。

第 6 章　园林中常见常绿乔木的整形修剪

6.1　雪松 *Cedrus deodara*

6.1.1　生长特性

雪松是常绿大乔木，中心干挺拔，主枝呈轮生状着生，数量多且自然排列整齐，自然树形呈塔形，高可达数十米。

雪松的中心主干、主枝和侧枝顶端的新梢柔软，常自然下垂。主枝上侧生枝较多，自下而上的粗度无明显差异，枝条具有多次生长的习性，在健壮的单株上表现明显。雪松枝条在母枝上的排列情况见图 6.1–1。

雪松的萌芽率高，成枝力强，发枝均匀，在自然状态下分枝由内及外生长量依次减少，自然成形性极佳。

(*a*)　(*b*)　(*c*)

图 6.1–1　雪松枝条在母枝上的排列特点
(*a*) 先端自然衰弱的辅养枝后面的枝条生长仍均衡；
(*b*) 侧枝上的分枝由内向外生长量自然递减，反映了雪松极好的自然成形习性；(*c*) 外围主枝头的自然层次

6.1.2　枝芽特性

雪松叶针形，蓝绿色，呈螺旋状散生于长枝上，在短枝上密生成丛，参见图 6.1–2，其芽可分为叶芽、花芽和隐芽。

(*a*)　(*b*)　(*c*)

图 6.1–2　新老枝条上叶片的着生状况
(*a*) 一年生枝上短枝和针叶的着生状况；(*b*) 二年生枝段上短枝和针叶的着生状况；(*c*) 多年生枝段上短枝萌发和针叶的着生状况

6.1.3 整形修剪

1. 保持中心主枝的顶端优势

在每年新梢萌动前，要注意对每个单株中心主干的顶梢进行观察。顶梢枝量大、枝头重时要注意扶正保护，通常是沿主干绑缚一根略高于枝头的竹竿或支架等辅助物，将延长枝枝头顺支撑物绑缚，使顶芽处于全树最高地位，继续向上生长（图 6.1–3（*a*））。

在顶梢附近如果有较粗壮的侧枝与主梢形成竞争的现象，必须先对竞争枝进行重短截，先削弱其长势，从而有利于主干顶梢的旺盛生长。

如果原来的主干延长枝生长较弱，而其相邻的侧枝长势旺盛，则要视第三枝的强弱情况进行换头（第三枝强时）或转头，即剪去原头，以侧代主。

2. 调整主枝的生长势和层次

雪松对主枝数量无具体要求，只要主枝不过多过密，不影响通风透光就可以了。当绿地中的雪松表现出主枝数目过多、层间隔过小、主枝间长势无明显差异而导致树冠接近圆柱形时，要及时进行修剪。方法是每层内要按一定间隔选留主枝，以圆满为度。每一层主枝层间距离要在 30 ～ 50cm。随着树体的增大，要及时调整同一层主枝间的密挤枝条，较粗壮的应先短截至分枝处，减缓其长势，待来年再剪除；较细弱的可齐基部一次剪除。梳理层间枝条时对过于粗壮的可分期除去。雪松修剪前后的冠形对比参见图 6.1–3（*b*）。

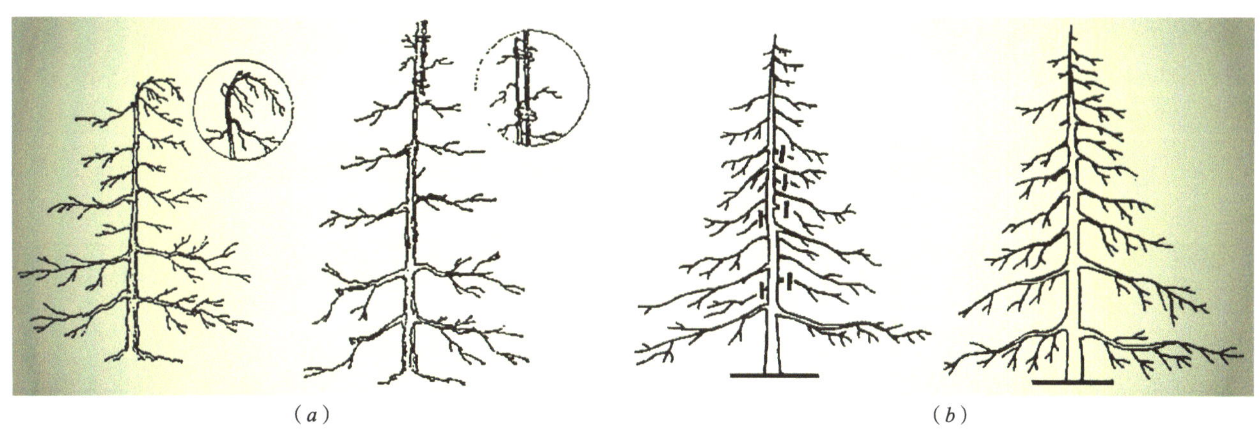

（*a*）　　　　　　　　　　（*b*）

图 6.1–3 修剪前后和枝头扶正示意图
（*a*）雪松枝头扶正；（*b*）雪松修剪前后

雪松主干上的枝条，凡被选中作为主枝培养的，一般都要缓放不短截。相邻层主枝生长不均衡时，对位于上方层内的主枝进行适当控制，以保持塔形树冠的顺利形成。这样做也有利于主枝均衡地加粗生长，促使主枝与主干同步增粗，使整体冠形疏朗匀称，美观大方。

雪松上部主枝生长不均衡时会出现偏冠现象，使树冠上部形成空缺（例如图 6.1–4（*c*）），要给予适时纠正。方法是，将分布过多的枝条用绳索牵引，就近补空。小树可于春季对空裸面适当部位芽眼的上方进行刻伤，刺激隐芽萌发成枝，逐步填补空缺部位。

在天津地区，生长健壮的雪松树枝条在一年中有明显的二次生长现象。第一次生长出现在春季萌芽至 5 月上旬，第二次生长出现在 7 月中旬至 8 月上旬。雪松这两次生长的生长量都很均匀，且长势稳定，没有单一枝条徒长的现象（图 6.1–5）。

（*a*） （*b*）

（*c*） （*d*）

图 6.1–4　雪松的各种冠形

（*a*）生长端正，树姿优美的冠形；（*b*）中部主枝生长势过强，树冠开始变形的冠形；（*c*）上、下主枝长势均等的柱形冠形；（*d*）中心枝衰退的树冠

（*a*） （*b*） （*c*）

图 6.1–5　雪松的二次生长

（*a*）当年的长营养枝二次生长；（*b*）、（*c*）当年的短营养枝二次生长

3. 注意事项

（1）雪松从定植就要注意整形工作，每年对树形和枝条长势略加调整，逐渐使树体丰满、树形潇洒美观，要尽量避免“天然姿态美，不用修剪或不能修剪”的纯自然观点。着力克服树势下强上弱或中部强、上下弱的情况。

（2）保持各级主梢的顶端优势。中心干上部要“控强留中，疏下垂留平斜”；中心干基部要平衡长势，离地面过近、生长过弱或过强的主枝要适当清除，保持塔形冠形。

6.2 龙柏 *Sabina chinensis* cv. Kaizuca

6.2.1 生长特性

龙柏是常绿乔木，具有较强的适应性。老干黄褐色，树皮呈片状剥落。树姿瘦削直耸，树冠呈狭圆筒形，端梢扭转上升，如同燃烧的火炬。

6.2.2 枝芽特性

龙柏的小枝在枝条的先端呈略等长的密簇。叶为鳞状叶，幼时叶绿色，老后为灰绿色。树干挺直，侧枝螺旋状向上抱合，直上盘旋，它是桧柏的一个变种。球果蓝绿色，果面稍具蜡粉。龙柏枝、叶、果的情况如图 6.2–1 所示。

（*a*）　（*b*）　（*c*）

图 6.2–1　龙柏的枝、叶、果

（*a*）枝条先端短枝的着生形式和萌芽状态；（*b*）龙柏的新生枝条和新生的三角形叶片；（*c*）龙柏枝、果的形态

园林中的龙柏在幼年阶段通常表现主弱侧强、下强上弱，成龄后树冠多为圆柱形。因此，龙柏的整形修剪需要一个较长的过程，确定主干和主枝的分布情况是始终要注意的问题。龙柏的生长习性和冠形见图 6.2–2。

（*a*）　（*b*）　（*c*）

（*d*）　（*e*）　（*f*）

图 6.2–2　龙柏的生长习性和冠形

（*a*）自然生长条件下，生长匀称的主弱侧强的冠形；（*b*）、（*c*）组团中不加管理的树形，突出表现主弱侧强的习性；（*d*）、（*e*）用龙柏做球和造型，充分利用了主弱侧强的习性；（*f*）成龄后树冠呈圆柱形，在不修剪的条件下，主弱侧强的习性仍可以清楚地表现出来，形成多杈的冠形

6.2.3 整形修剪

（1）龙柏以圆柱形树形为主，这种树形主干明显、主枝数目较多，便于安排，整形较容易。幼龄期间整形，首先要将主枝配备得当，再将主干上距地面 20cm 范围内的侧枝自主干分生处进行疏枝修剪，以减缓主弱侧强的势力，然后确定好第一个主枝。凡是出自主干同一局部的枝条，虽分生在各个方向，但不能容许其同时存在，必须疏除多余的，即每轮只选留一个作主枝。第二个主枝应当与第一主枝有一定间隔，且要与它错落分布。第二与第三主枝，第三与第四主枝都应依次向上分布，成螺旋式上升的姿态。

（2）要将各主枝短截，剪口处留向上的小侧枝，以便主枝下部的侧芽大量萌生为向里生长的小枝，形成紧抱主干的游龙形。还要注意将各个主枝修剪成下长上短，以确保圆柱形的形态。

（3）将新生柔软而下弯的主干延长枝用竹木等支撑物进行引缚，以保持其顶端生长的优势地位。生长期内每当新枝延伸 10 ～ 15cm 时要剪截一次，全年约要修剪 3 ～ 6 次，以抑制枝梢徒长，使枝叶稠密，形成群龙抱柱状态的树形。这种剪法应在以后数年中反复使用，直至成型。在此过程中需要注意对主干顶端分生的竞争性枝条的控制，要注意控制其生长势，不能喧宾夺主，形成两杈或多杈树形。

（4）主干上主枝间隔为 30cm 左右，主枝间的瘦弱枝要及早修剪，以利通风透光。同时，每年要对主枝向外伸展的侧枝及时进行摘心、剪梢或短截，以改变侧枝生长方向，不断塑造成螺旋式上升的优美姿态。

6.3 黑松 *Pinus thunbergii*

6.3.1 生长特性

黑松又称日本黑松、白芽松，是松科松属的常绿大乔木。树冠葱郁，枝干苍劲，高可达数十米。幼龄期树冠呈广圆锥形，老龄后树冠呈扁平伞形。黑松小枝为橙黄色，冬芽银白色，枝条横展，叶两针一束，丛生枝端。

6.3.2 枝芽特性

黑松冬芽长圆形，顶芽旁轮生有 3 ～ 5 个侧芽，顶芽可生长成为粗壮的主枝，侧芽抽生轮状生长的侧生枝条。黑松的枝芽特性可参考图 6.3–1。

6.3.3 整形修剪

由于黑松原产地的生长环境不同，栽植后在绿地中的树形也不尽相同，且树龄差异导致的树形差异也很大，修剪管理中要按具体的长势和长相进行修剪调整（图 6.3–2）。

通常 5 ～ 6 年生的黑松幼龄树枝条比较匀称，除注意将离地面过近的枝条逐步疏除外，其他枝无特殊情况可以暂不修剪。

树龄较大的树，修剪的主要目的是促进冠体健壮、主枝长势均衡和枝干层次分明。经常遇到的问题是层间和层内枝条的处理。当层间不十分清晰或两大层主枝间着生的枝条较多时，可将层间枝条疏掉一部分 ；层内轮生枝过多时，可以将层内密挤的主枝疏掉 1 ～ 2 个，保留 4 ～ 5 个向四周均衡发展（图 6.3–3（*a*））。黑松主枝生长不均衡主要表现为主枝与主干的夹角、侧枝与主枝间的夹角不一致。修剪中可将角度过小的枝条在生长季节通过拉枝或撑枝的方法予以调整 ；另一个方法是在 4 月中旬，当顶芽抽枝时摘去 1 ～ 2 个长势旺的侧芽，以免与顶芽竞争，使顶芽集中营养向上生长（图 6.3–3（*b*））。

黑松成龄后，冠内除主、侧枝外还有较多的连续长放的细长单轴枝，这些枝条常下垂影响美观，要及时回缩。

图 6.3-1 黑松的枝和芽

（a）短花枝；（b）长花枝和宿存的松果；（c）树冠内膛直立的旺花枝群；（d）长势很强的主枝枝头；（e）侧枝枝头的发枝情况；（f）分层清楚的黑松冠形

图 6.3-2 黑松的树形

（a）树冠上部分为两杈，应予以调整；（b）双主枝经处理后形成完整圆满的树形；（c）树冠上部的直立旺枝应及时控制

图 6.3-3 黑松轮生大枝的处理与摘芽修剪

（a）轮生大枝的处理；（b）摘芽修剪

6.4 油松 *Pinus tabulaeformis*

6.4.1 生长特性

油松又称短叶马尾松、东北黑松，是松科松属的常绿乔木，株高可达25m。树冠呈圆锥状卵形，老年树呈盘状或伞形，树干粗壮直立，叶两针一束。油松树冠开展、四季常青、苍翠欲滴，树干挺拔苍劲，年龄愈老姿态愈奇，老枝斜展、枝叶婆娑，故在园林绿化中广为应用，早在秦代即用作行道树。

6.4.2 枝芽特性

参照黑松的枝芽特性和图6.4–1。

(*a*) (*b*) (*c*)
(*d*) (*e*) (*f*)

图6.4–1 油松的枝和芽
(*a*) 长花枝结果；(*b*) 外围枝生长；(*c*) 树冠内膛的短花枝群；
(*d*) 长势较弱的主枝枝头形成大量雄花；(*e*) 雄花枝；(*f*) 长势较旺的主枝枝头，轮生枝生长整齐

6.4.3 整形修剪

油松的树形见图6.4–2，其整形修剪可参考黑松进行。

(*a*) (*b*) (*c*)

图6.4–2 油松的树形
(*a*) 树冠端正的油松；(*b*) 老树形成完整圆满的平顶树形；(*c*) 树冠上部失去中心枝头，树冠开始偏斜，应及时调整

6.5 樟子松 *Pinus sylvestris* var. *mongolica*

樟子松又称海拉尔松、蒙古赤松，是松科松属的常绿乔木，高达 30m。树冠阔卵形，树干高大通直，适应性强。一年生枝上的叶片为两针一束，较短、硬且扭旋。

樟子松随着树龄的增大，主枝自然开张，栽植密度大时基部枝条自然弯曲下垂。樟子松的枝芽特性及冠形参见图 6.5–1。

（*a*）　（*b*）　（*c*）

（*d*）　（*e*）　（*f*）

图 6.5–1　樟子松的枝、叶、芽和冠形

（*a*）一年生枝条上扭旋的叶片和轮生的芽；（*b*）轮生芽萌发后的成枝形态；

（*c*）树冠上部枝条着生角度明显小于中部枝条；（*d*）树冠上部枝条生长健壮，生长量均衡；

（*e*）树冠基部主枝自然开张并弯曲下垂；（*f*）下部密枝和下垂的主枝影响了整体株型，应进行疏枝调整

樟子松的整形修剪可参照黑松进行。

6.6 白皮松 *Pinus bungeana*

6.6.1 生长特性

白皮松又称白松、白骨松、虎皮松，是松科松属的常绿乔木。高达 20m，幼树树皮光滑，灰绿色，成龄后树皮灰白色，远观碧叶白干、苍翠挺秀，别具特色。白皮松老龄树姿态优美，是我国特有的名贵树种。

白皮松有两种类型：一种具有明显的主干，枝条较稀且横展，树冠呈伞形；另一种自基部距地面 0.5 ～ 1.0m 处分生数个主干，枝条较密且斜向上伸展。

白皮松针叶三针一束，雌雄同株。雄球花生于当年生新枝下部，雌球花生于新枝近顶部。

6.6.2 枝芽特性

白皮松中心枝的顶芽生长势旺盛，极性强，常能形成高大强壮的中心领导枝。由于白皮松中心主枝优势较强，其他主、侧枝年生长量相对较少，因而在幼龄期常形成高大的主干形树冠或圆球状的树冠。白皮松枝、芽的情况可参见图 6.6–1。

（*a*）　（*b*）　（*c*）

图 6.6–1　白皮松的枝和芽

（*a*）外围短枝结果；（*b*）树冠内膛直立枝；（*c*）树冠外围的短枝

6.6.3 整形修剪

幼龄期的白皮松冬季修剪以整形为主，使其尽快形成主枝排列整齐、短枝密生的广圆锥形树冠。主要任务是控制中心主枝上端竞争枝的数量和长势，对夹角小、生长旺的竞争枝要及时疏除，以延缓中心主枝的生长速度。

绿地中栽植的白皮松缓苗期较长，管理者在缓苗期一般均进行修剪，几年后树冠内膛常会因大量直立枝而密挤。因此，白皮松定植后要进行适当的疏枝修剪，选择角度开张较大的枝条作为主枝，如图 6.6–2，其他修剪可参照黑松的方法进行。

（*a*）　（*b*）

图 6.6–2　白皮松的分枝状况

（*a*）幼龄树主枝腰角小，树冠抱生；（*b*）选择基角合理、辅养近平生的枝条作为主、侧枝

6.7 华山松 *Pinus armandii*

6.7.1 生长特性

华山松又称为青松，是松科松属的常绿乔木。高达 30m，树冠广圆锥形、冠形优美，树干通直，高大挺拔，针叶苍翠，生长快，喜光。叶五针一束，质地柔软，是优良的观赏树种。

6.7.2 枝芽特性

华山松的芽着生在一年生枝条的顶端，其周围轮式着生 3 ～ 5 个侧芽，顶芽生长势优于侧芽，成龄后侧芽部位可着生雄花和雌花。华山松枝条层性明显，由于轮生枝较多，树冠局部易拥挤。华山松树冠外围枝、芽特性见图 6.7–1。

（*a*）　（*b*）　（*c*）

图 6.7–1　华山松的枝和芽

（*a*）外围主、侧枝发芽势力均等；（*b*）树冠外围枝发枝情况；（*c*）树冠外围的弱枝发枝量少

6.7.3 整形修剪

幼龄期的华山松冬季修剪以整形为主，使其尽快形成主枝排列整齐的锥形树冠。主要任务是控制主枝和中心领导枝上轮生枝的数量和长势，对直立而生长旺的竞争枝要及时疏除，以保证冠内枝条的整齐度。

树势健壮的华山松侧枝或内膛直立枝上常见由轮生芽萌发后抽生的强旺轮生枝，如图 6.7–2（*a*）。这类枝生长速度较快，1 ～ 2 年内会使树冠的局部密挤，修剪中本着“去旺留弱”的方法进行疏枝以均衡生长势力。

成龄的华山松，由于基部大枝的轮生芽发枝量很大，树冠常出现“下大上小”的不均衡状况，修剪中要注意逐年清理，使树冠尽早实现上下平衡生长，如图 6.7–2（*b*）。

其他修剪可参照黑松的方法进行。

（a）　　（b）

图 6.7-2　华山松的分枝状况
（a）幼龄树轮生枝角度小，临接形着生易卡脖；
（b）成龄树主枝基角合理，树冠较开张，注意逐年清理下部群枝，前期主干高度以 80 ～ 100cm 较好

6.8　桧柏 *Juniperus chinensis*

6.8.1　生长特性

桧柏又称刺柏、圆柏，是柏科桧柏属的常绿乔木。高达 20m，树冠尖塔形或圆锥形，老树广卵形、球形或钟形。冬芽不显著，叶有鳞型和刺状型两种形状，鳞型叶交互对生于老树及老枝上，刺状叶常三枚轮生。桧柏为雌雄异株，雄球花黄色。

桧柏树形整齐优美，耐修剪，寿命长，在园林绿化中应用十分广泛。

图 6.8-1　河南桧的萌芽、开花和生长

6.8.2　枝芽特性

桧柏的枝条密集，主、侧枝不易区别，萌芽时外观上可见到一层新芽，修剪后发枝依然整齐，易造型。

6.8.3　整形修剪

1. 普通修剪

通常桧柏栽植后的修剪有两个方面：其一是离地面过近的下垂弱枝要疏除；其二是对树冠过

于密实的部分进行疏枝，使树冠圆满匀称，同时清除内膛枯枝和交叉的乱枝。如图 6.8-2（*a*）、（*b*）。

2. 造型修剪

桧柏造型修剪有分层轮形、高脚杯形、圆柱形、圆锥形、龙柱形等多种形状。造型工作一般在苗圃中就已经开始了，绿地中修剪是要进行维护和扩展。当需要重新造型时要选择幼龄树进行修剪。以分层轮形为例：首先要将主干上距地面 20cm 范围内的枝全部疏去，选好第一层主枝，剪除层间的枝条，依次向上选择其他各层；对选留的每一层主枝进行短截修剪，短截处的剪口下留向上生长的小枝，这样可以促使主枝下部枝条上的芽大量萌发，使每一层主枝的外观都紧凑、致密，如图 6.8-2（*c*）。冬季完成上述过程后，在生长期内，当新枝长到 10 ～ 15cm 时，修剪一次，全年修剪 4 ～ 5 次，抑制枝梢徒长，使枝叶稠密。同时要及时剪去主干顶端的竞争枝，以防止造成顶端分叉，扰乱树形。主干上各层中间萌生的新枝和细弱枝要及时疏除，对各层主枝上向外伸展的侧枝及时摘心、剪梢、短截，改变侧枝生长方向，造成轮式的优美姿态。

（*a*）（*b*）（*c*）

图 6.8-2 河南桧的修剪

（*a*）、（*b*）随树龄的增长，清理基部乱枝，主干高度 40 ～ 60cm；（*c*）造型修剪

6.9 云杉 *Picea asperata*

6.9.1 生长特性

云杉是松科云杉属常绿乔木，又称大果云杉、白杆，树冠尖塔形，高达数十米。其树形端正，枝叶茂密苍翠，树干高大通直，主枝平展，枝条轮生，层性明显。

6.9.2 枝芽特性

云杉的芽可分为叶芽和花芽，叶芽着生在一年生枝条的中部至顶端；花芽为裸芽，雌雄同株异花，着生在一年生枝条的顶部，为侧生芽。

云杉的萌芽率高，成枝力强，且背后芽萌发的枝条数量较大，成龄后易形成局部枝条堆集的现象，这是造成云杉成龄树内膛枯枝多、外围生长量小、中部拥挤的主要原因。云杉的发枝特性见图 6.9-1。

(a)

(b)

(c)

(d)

图 6.9–1　云杉的发枝习性

(a)、(b) 树冠外围生长旺盛，一年生枝条长度 30cm 以上时，抽生枝条疏密较恰当，无拥挤现象；
(c)、(d) 主、侧枝枝头生长量减小时，枝条开始形成短枝群，枝条密生、拥挤

6.9.3　整形修剪

云杉的树形与松树大体相同。与松树修剪不同的是要将修剪的重点放在防止内膛枝衰弱、外围生长量逐年减小、中部拥挤、树形紊乱的现象发生上。这项工作要贯穿云杉整形的全过程，要在每年自春季新芽萌动开始到夏初这一段时间内，及时对云杉的当年生新芽进行抹芽和疏枝修剪，重点是去掉主枝背上和背后的新芽以及侧枝上密度大的侧芽。图 6.9–2 是云杉常见的几种枝条密挤着生的情况，其中 (a)、(b) 是严重密挤已开始导致内膛枝枯死，观赏效果明显下降的状况，(c) 是枯死导致的树冠残缺，(d)、(e)、(f) 是在出现上述情况之前的 1 ～ 2 年提前进行修剪处理获得的效果，修剪中可结合实际情况进行选择。

对于自然生长多年，已出现上述状况的要在当年冬剪时采用强疏枝的方法，彻底疏除着生在主枝背上和背后的多年生枝。第二年疏间和回缩侧枝上的拥挤枝，保证主、侧枝的先端生长优势。

对大枝层间所夹生的枝条一定要控制其生长势力，不使其延伸过长和体量过大。幼时可疏芽控制，大时可用疏缩法控制。

对第一层大枝下方和背后下垂的辅养枝要先采用逐步收缩的方法缩小体量，2 ～ 3 年内彻底疏除。

图 6.9-2　云杉内膛空裸现象和不同疏枝修剪的效果比较
（*a*）、（*b*）由树冠外围枝条密挤导致的内膛枯死和内膛空裸；
（*c*）局部枯死的树冠外观；（*d*）枝条背上和背后同时疏枝，层间清楚，骨干枝延伸稳定；
（*e*）只疏背上枝，两年后背后枝冗长下垂；（*f*）只疏后部、放长前部，会加剧拥挤

6.10　大叶女贞 *Ligustrum lucidum*

6.10.1　生长特性

大叶女贞又称女贞，是木犀科女贞属的常绿乔木。高达 10m，枝条开展，枝叶清秀，树皮光滑，树冠倒卵形。

大叶女贞萌芽力强、生长快、耐修剪，但不耐寒、不耐干旱。

6.10.2　枝芽特性

大叶女贞的芽可分为叶芽、花芽和隐芽。叶芽着生在一年生枝条的顶端和两侧的叶腋间，单生，萌发后可抽生新枝。叶芽具有早熟性，可抽生夏梢和秋梢。花芽为早熟性芽，着生在一年生健壮枝的顶部，当年进行花芽分化后，先抽生一段枝条，其后显现着生于这个新枝顶端的圆锥花序，并在当年开花、结实。

隐芽着生在年界处，寿命较长，受到外界刺激时可以萌发长成新枝，可用于更新复壮。

大叶女贞的枝条可分为营养枝、花枝和徒长枝。健壮幼龄树以长营养枝（长 50cm 以上）和中营养枝（长 40 ~ 50cm）为主，这类枝条生长旺盛、花芽形成量极少。成龄树以中营养枝和短营养枝（长 30 ~ 40cm）为主，长势较均衡，可分化花芽开花结实。大叶女贞的发枝习性与花枝状况见图 6.10-1 和图 6.10-2。

（a） （b） （c）
（d） （e） （f）

图 6.10–1 大叶女贞的发枝习性

（a）水平生长的背后辅养枝；（b）主枝背上的直立徒长枝；（c）徒长枝发芽状态；（d）影响树形的内向枝，修剪时要及时疏除；（e）在旺树上花序以下的 3 个侧芽可萌生壮枝，这类枝可以用来扩大树冠，且使用时应疏去内向的两个壮枝，留下的要打头；（f）起辅养树体作用的群枝，枝条密挤时要适当疏间

（a） （b） （c）

图 6.10–2 大叶女贞的花枝

（a）中花枝在枝条上的着生位置和结果情况；（b）、（c）短花枝在枝条上的着生位置和结果情况

6.10.3 整形和修剪

1. 树形

大叶女贞的树形有低干式和高干式两种（图 6.10–3）。低干式树形可采用延迟开心形，高干式可采用自然开心形。

由于大叶女贞的分枝角度较小，低干式应选用具有中心领导枝的延迟开心形。这种树形主干高 50～80cm，第一层主枝着生在主干上，第二层和第三层主枝着生在中心领导枝上。第一层主枝 3～4 个，第一层主枝与第二层主枝之间的距离 1.0～1.2m，层间着生辅养枝和枝组；第三层主枝距第二层主枝 0.8m。第一层的每一主枝上着生 2～3 个侧枝，可根据侧枝位置和空间的大小，适当选留副侧枝，但不宜过多，防止造成内膛枝组的衰弱和死亡。树冠延展明显减弱后，将中心领导枝落头开心，变为两层。这种树形层次清楚，枝组量大，树冠丰满。

高干式采用自然开心形，这种树形干高 180 ～ 200cm，其上以临近形式选择三大主枝，主枝间夹角 120°，主枝上着生侧枝 1 ～ 2 个，第一侧枝距主干 40 ～ 50cm，第二侧枝与第三侧枝相距 30 ～ 40cm，其他位置可安排各类枝组。此树形的主要优点是主、侧枝角度适宜，枝条着生量大，各类枝条分布均匀，树冠圆满，容易控制树势，光照条件良好。

（*a*） （*b*） （*c*）

图 6.10-3 大叶女贞的树形

（*a*）低干式，延迟开心形；（*b*）高干式，开心形；（*c*）局部冻害，大枝枯死后恢复生长的树冠外观

2. 定形修剪

大叶女贞栽植时枝条常有拥挤现象，定植后首先调整主从关系，确定各级骨干枝并打头，以保证其生长优势。骨干枝以外的多年生枝不要随便疏除，应按大型辅养枝或枝组进行改造，采用短截或回缩的方法缩小体量，减弱其生长势，加以利用。

主、侧枝上的背后枝要有目的地保留，这样既可以使树冠丰满，又可以作为将来“转主换头”的预备枝。主、侧枝枝头附近的竞争枝可采用“留橛短剪”的方法促使发生中、短枝。

3. 成龄树修剪

大叶女贞成龄树常因越冬伤害造成树冠不完整。修剪中注意留下一段多年生枝段回缩，不要从基部疏除，这样可以利用隐芽当年发生的旺枝补充空间。对这些旺枝夏季要进行多次摘心，促使其充实，提高抗寒能力。

生长正常的成龄树，在逐步完成树形的同时，修剪的重点是调整各级枝组。首先是使各级骨干枝上的枝组分布均匀、互不拥挤，同时向内生长的枝组长势不要过旺，直立的枝组要利用水平枝加大枝组角度，衰弱的枝组要利用向上生长的枝条回缩抬高角度。

第 7 章　园林中常见落叶乔木的整形修剪

7.1　白蜡 *Fraxinus chinensis*

白蜡又称为梣，是木犀科梣属（白蜡树属）落叶乔木。常见栽培的变种有：美国白蜡、小叶白蜡、绒毛白蜡（津白蜡）等。

7.1.1　生长特性

白蜡树体高大，枝繁叶茂，直立型生长健旺，高达 15m。白蜡枝条柔韧，对生，萌芽率和成枝力中等，幼树分枝角度小，成龄后树冠自然开张，呈卵圆形。

白蜡为雌雄异株，雌、雄花分别着生于雌、雄株的当年生枝上，花为不完全花，有鳞片包被，无花瓣。

7.1.2　枝芽特性

1. 芽的类型及特性

白蜡的芽主要是叶芽和花芽。叶芽由主芽形成，位于一年生枝条的顶端和叶腋间，通常一年生枝条的顶芽和其下 2 ～ 4 个节位上对生的芽为叶芽，健旺枝条着生叶芽的节数可达 8 节以上。

白蜡花芽分为雄花芽和雌花芽。雄花芽由副芽形成，着生在雄株的一年生枝条的叶腋间，位于主芽的一侧或四周。雌花芽亦为副芽，着生在雌株一年生枝条叶芽节位下方的各节上。白蜡的雌、雄花均为不完全花，雄花开后脱落；雌花结实后翅果部分脱落，花序梗宿存（图 7.1–1）。

(*a*)　(*b*)　(*c*)
(*d*)　(*e*)　(*f*)

图 7.1–1　白蜡雌、雄株的花枝
（*a*）雄株枝头上的雄花；（*b*）徒长枝上的雄花；（*c*）树冠外围枝上的雄花；
（*d*）雌株枝头上的雌花；（*e*）翅果形成；（*f*）外围枝上宿存的翅果

2. 枝条的类型及特性

白蜡的枝条按其性质可分为发育枝、花枝和徒长枝 3 类。

（1）发育枝和花枝：在白蜡开花之前，发育枝是构成树冠的主要枝条，依其长势不同可分为徒长性发育枝、长发育枝、中发育枝和短发育枝等 4 种。进入开花期之后，树冠内的中发育枝和短发育枝会形成大量花芽，由发育枝转化为花枝。

1）徒长性发育枝：多着生于幼树或长势强旺的树上，长度 120 ～ 150cm，粗 1.5 ～ 2.5cm。在初花期的白蜡树上，徒长性发育枝的数量占 40% 左右，成龄树上几乎不着生徒长性发育枝。

2）长发育枝（长花枝）：这种枝的长度一般为 50 ～ 120cm，粗为 0.8 ～ 1.0cm，能抽生健壮新梢，多位于各级骨干枝的先端，是圆满树冠的主要枝条。

3）中发育枝（中花枝）：长度一般为 40 ～ 50cm，枝条粗度 0.5 ～ 0.6cm。这类枝生长充实，长势稳定，是白蜡树冠内制造光合营养、补充树冠空间的主要枝条。其分布的均匀程度和数量是判断树势的主要依据。

4）短发育枝（短花枝）：长度一般为 20 ～ 40cm，枝条粗度 0.4cm 以下，极易形成花芽。

（2）徒长枝：常发生在年界处，长度在 150cm 以上，粗 1.5cm 以上，直立生长，在初花期和临近衰老期的白蜡树上常见，是补充空间或更新复壮的有用枝条，有利用价值时可在生长季进行短截。休眠期短截容易促发旺枝，难以控制。

7.1.3 整形修剪

1. 树形

白蜡干性较强、成枝力相对较差，枝条稀疏，其树形主要是自然开心形。这种树形修剪量小，成形快。在主干上错落着生 3 个主枝，3 个主枝上各着生 2 ～ 3 个侧枝，并有背后侧枝，利于扩大树冠。各主枝的分布，一般是自然生长，为了充分利用空间，可于必要时适当加以调整。这种树形没有中心领导枝，可充分利用各主枝上向内斜生的分枝，培养为枝组，内膛并不显得空虚，树形成形以后，冠高 4m 左右，冠径 7 ～ 10m。白蜡不同修剪方法的树形见图 7.1-2。

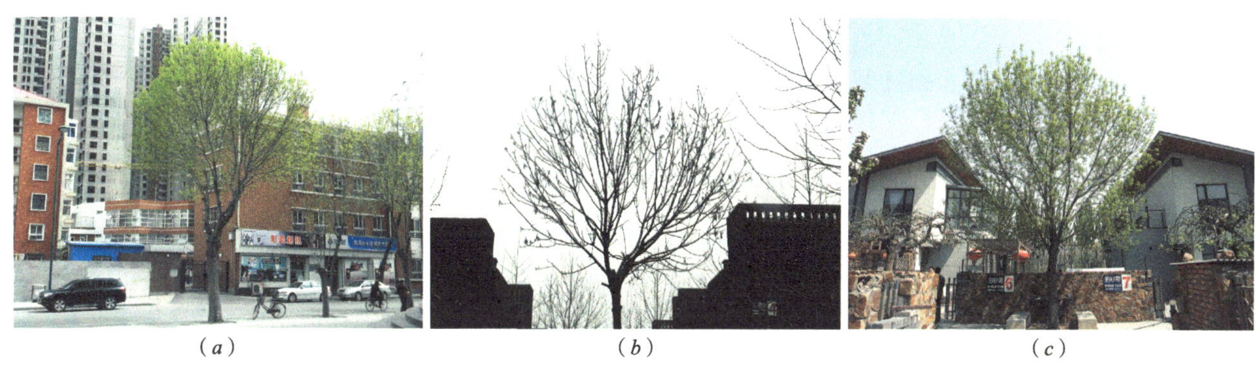

（a） （b） （c）

图 7.1-2 白蜡不同修剪方法的树形

（a）下部大枝被疏光后的形态；（b）开心形疏去中心直立枝后树冠仍圆满；（c）不疏枝树冠上部拥挤，表现上强下弱

2. 新植树的修剪

新栽的白蜡树，多数胸径在 8 ～ 10cm，修剪的任务是在定植后的 2 ～ 3 年内采取冬季修剪和夏季修剪相结合的方法，培养骨干枝，尽快扩大树冠。冬季修剪时选择生长健壮、方向正、长势均衡、角度适宜、位置理想的枝条留作主枝。由于白蜡芽为对生，因此枝头要长放不短截，否则会在剪口下同时萌

发对生的两个长势均等的枝条，扰乱树形。骨干枝以外的枝条除疏掉过旺和过于直立的枝条以外，其余枝一律长放不动，生长季在分枝处进行回缩，逐步培养成大型的辅养枝或枝组。

3. 成龄树的修剪

由于白蜡顶芽萌发的枝条生长量大，枝条柔韧，延伸能力强且速度快，容易形成头重脚轻的局面，先端密集到一定程度就出现自然开张或下垂（图 7.1-3、图 7.1-4）。为使白蜡树形稳定，隔 2 ～ 3 年要进行一次外围疏枝修剪，以增强树体骨架的牢固性。另一方面，白蜡的主枝在生长到一定年限之后，其上着生的侧枝或大型辅养枝常呈水平生长，修剪中要注意抬高角度，防止下垂。

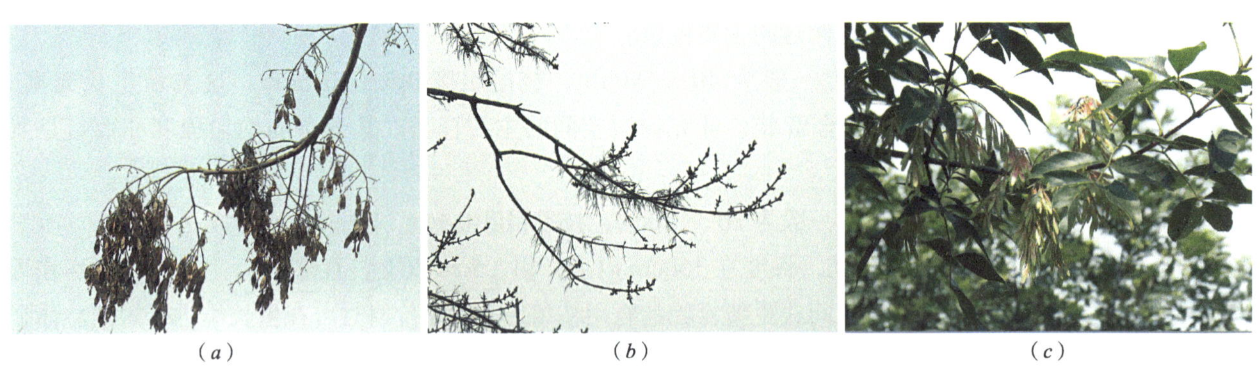

（*a*）（*b*）（*c*）

图 7.1-3　白蜡枝条的倒拉习性在雌株上的表现

（*a*）枝头的倒拉下垂；（*b*）辅养枝的倒拉下垂；（*c*）生长健壮的外围枝头水平生长，逐步开张

（*a*）（*b*）（*c*）

图 7.1-4　白蜡枝条的倒拉习性在雄株上的表现

（*a*）生长健壮的外围枝头逐步开张；（*b*）辅养枝倒拉下垂；（*c*）枝头的倒拉下垂

7.2　国槐 *Sophora japonica*

7.2.1　生长特性

国槐又称槐树、家槐，是豆科槐属的落叶乔木，树冠椭圆形或倒卵形，合轴分枝，顶生圆锥状花序，变种有龙爪槐、蝴蝶槐等。

国槐枝皮光滑，冠形自然开张，树态挺拔，枝繁叶茂，寿命长、适应性广，具有生态上的宽幅性。

7.2.2　枝芽特性

1. 芽的类型及特性

国槐的芽主要是花芽、叶芽和隐芽。

着生在枝条上的侧芽为叶芽，叶芽的外观形态不明显，叶柄脱落后仅可以看到一个凹陷，芽位于其

中。国槐的叶芽具有早熟性，条件适当时可以抽生夏梢和秋梢，生长旺盛的外围枝生长季节可以多次生长，秋梢常以 2 ～ 3 个分枝的形式在极短的夏梢上产生。这些秋梢节间甚短，其上着生的芽子密集，形态不明显，第二年可萌发着生紧凑的新枝团聚在一起（俗称鸡爪枝），常影响美观，这类秋枝一般都要在修剪中剪掉。

国槐的花芽为早熟性芽，着生在当年生枝的顶端，外观上看不到芽的形态，当年形成当年开花结果，在旺树上叶腋中的侧芽也可分化花芽。

国槐萌芽率和成枝力都较弱，自然生长条件下先端可萌生 2 ～ 3 个生长势力均等的枝条，其下的芽子不萌发，成为隐芽，这段枝条便成为光秃带（隐芽带），受刺激后这些芽可以萌发，可利用其更新复壮。

2. 枝条的类型及特性

国槐的枝条，按其性质可分为发育枝、花枝和徒长枝三类。

由于国槐花芽为早熟性芽，越冬的一年生枝条上无芽着生，花枝与发育枝可通过长势和外观进行区别。一般情况下，健壮的枝条和徒长枝当年抽生的花枝数量少，且单个花序大而丰满，如图 7.2–1（*a*）、（*b*）；而长势较弱的枝条，当年抽生的花枝数量很大，单个花序小，花期很短，如图 7.2–1（*c*）。

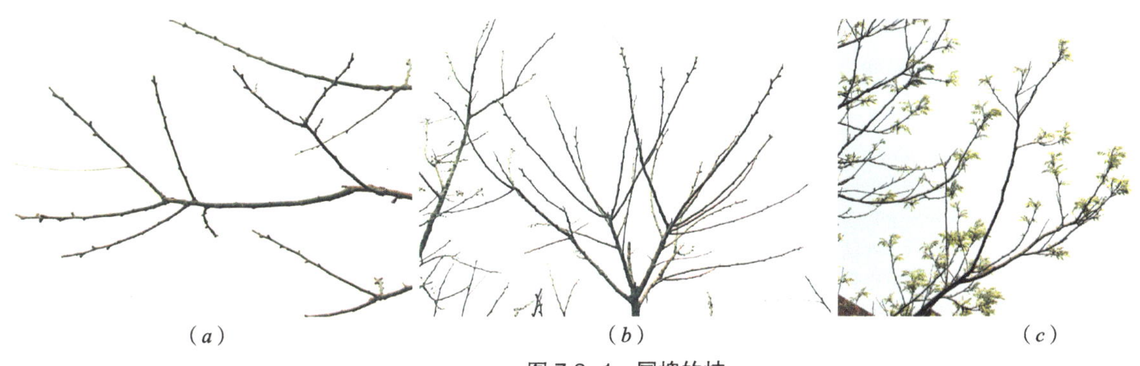

（*a*）　　（*b*）　　（*c*）

图 7.2–1　国槐的枝

（*a*）健壮树的树冠外围抽生的发育枝，当年可抽生少量花枝；（*b*）健旺的多年生直立枝上抽生的发育枝和徒长枝，抽生花枝量极少；（*c*）长势中庸偏弱的树，树冠外围的一年生枝当年可抽生大量花枝

（1）发育枝和花枝：在国槐开花之前，发育枝是构成树冠的主要枝条。依其长势不同可分为徒长性发育枝、长发育枝、中发育枝和短发育枝 4 种。进入开花期之后，树冠内的长发育枝和中发育枝甚至短发育枝都会分化花芽，由发育枝转化为花枝。

1）徒长性发育枝：多着生于幼树或长势强旺的树上，长度在 120 ～ 180cm，粗 1.5 ～ 2.0cm，在初花期的国槐树上，徒长性发育枝的数量占 60% 左右。

2）长发育枝（长花枝）：这种枝的长度一般为 60 ～ 120cm，粗为 0.8 ～ 1.0cm，枝条中部约占枝长 1/2 的范围内着生发育良好的叶芽，能抽生健壮新梢，是圆满树冠的主要枝条，可用于发生新枝补充空间或进行枝条更新。

3）中发育枝（中花枝）：长度一般为 40 ～ 60cm，枝条粗度 0.4 ～ 0.5cm，这类枝生长充实，长势稳定，是国槐树冠内制造光合营养、补充树冠空间的主要枝条。其分布的均匀程度和数量是判断树势的主要依据。

4）短发育枝（短花枝）：长度一般为 30 ～ 40cm，枝条粗度 0.4cm 以下，有极短秋梢或无秋梢，极易形成花芽。

（2）徒长枝：常发生在年界处，长度在 120 ～ 180cm，粗 1.5 ～ 2.0cm，在初花期和临近衰老期的

国槐树上常见，是补充空间或更新复壮的有用枝条，有利用价值时可在生长季进行短截。休眠期短截容易发生旺枝，难以控制。

7.2.3 整形修剪

1. 树形

国槐的树形主要有自然开心形和疏层形。

（1）自然开心形：这种树形的特点是修剪量小，成形快。在主干上错落着生 3 个主枝，三主枝上各着生 2 ～ 3 个侧枝，并有背后侧枝，利于扩大树冠。各主枝的分布，一般是自然生长，但为了充分利用空间，还需适当加以调整。这种树形没有中心领导枝，可充分利用各主枝上向内斜生的分枝，培养为枝组，内膛并不显得空虚。这种树形成形以后，冠高 3.5m 左右，冠径 6 ～ 8m。

（2）疏层形：特点是主枝量少，整形容易，结构牢固。疏层形树体的基本结构是有中心领导枝，全树有主枝 5 ～ 7 个，分为 3 层，第一层有主枝 3 ～ 4 个，第二层有主枝 2 ～ 3 个，第三层有主枝 1 ～ 2 个，层内主枝之间距离 25cm 左右，呈邻近形着生。第一层与第二层主枝的层间距离 60 ～ 80cm，第二层以上各层间距 40cm 左右。成形后，冠高维持在 2.5 ～ 3.5m。树势缓和后落头开心，改造成主干疏层延迟开心形。

国槐不同树形的大枝着生状况见图 7.2–2。

（*a*）（*b*）（*c*）

图 7.2–2 国槐不同树形的大枝着生形式

（*a*）疏层形骨干着生情况；（*b*）开心形骨干着生情况；（*c*）双主枝开心形骨干着生情况

2. 幼旺树的修剪

幼旺树以整形为主，冬季修剪时选留位置好、角度正的枝条做主枝头，在春梢健壮充实的部位进行短截，特别要截去梢端分叉的鸡爪枝，这样扩大树冠速度快，并可促使枝条下部光秃部位萌芽，增加新枝数量，克服由于光杆造成的枝间脱节。

此外还要疏除枝头附近的竞争枝，疏掉徒长枝，选用疏层形做树形的树要注意培养中心领导枝。待树冠高宽比达到 1 ∶ 2 时，每年修剪时只剪去“鸡爪枝”，其他枝长放不动，任其自然生长两年。第三年对树冠进行一次调整，内容有三方面：其一是选留侧枝；其二是调整内膛枝组，保证外围枝头的生长优势；其三是疏除骨干枝外围的竞争性强枝，这样即可使整个树势稳定下来。此后国槐树形基本形成，年生长量会变得很均衡，除根据具体长势采用不同的局部修剪之外，可以不再进行修剪。

3. 弱树的树势恢复修剪

国槐大量开花是导致树体衰弱的主要原因。弱树在外观上多表现树冠外围短发育枝密生或呈丛状，开花量大，延续时间长，叶片颜色淡并有黄叶脱落，伴有明显的隔年开花的现象。这类树必须进行修剪，可采用两种方法交替进行。一种是生长季节疏除花序，在花序显现之后将其剪掉，这项工作越早进行效果越好，但用工量较大；另一种方法是冬季修剪时疏间和回缩外围枝，回缩着生在各级骨干枝上的冗长枝，这种方法尤其适用行道树的修剪。

4. 老龄树的重更新修剪

国槐老龄树的重更新修剪常采用两种形式。一是从主干与主枝交界处锯除树冠；二是各级骨干枝留 1.0 ～ 1.5m，锯除树冠。两种方法都可获得较理想的更新效果，但后者树冠恢复较快。

更新第一年的冬季修剪要按整形原则进行，先确定树形，采用“疏、截、留、放”并用的方式进行修剪。首先疏除选定的骨干枝以外的直立旺枝，轻截选定的骨干枝头，以去秋梢、去鸡爪枝为主。对水平生长的密生枝尽量多留少疏，有希望发展为下层大型辅养枝的要按主枝进行培养，这样可以有效地增加枝叶量，树冠恢复快。一味强疏枝看上去干净利索，但不容易很快得到圆满的树冠，甚至会导致树冠向窄高型发展。从更新后第二年冬季开始可按幼旺树整形修剪的步骤进行。

掌握国槐树修剪方法的重点是对树势和树相的正确判断，通常可用树冠外围枝的长度、疏密度和一年生枝春秋梢的分界情况等进行分析。不同长势的国槐其外围枝的“长相”的典型情况见图 7.2–3。一般情况下，旺树分枝少、单枝粗壮、春秋梢界线明显，而弱树分枝量大，单枝一年仅有一次生长且细短、密挤。

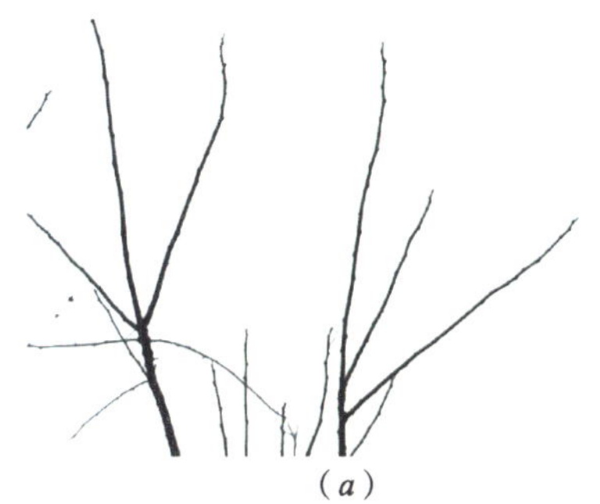
（*a*）

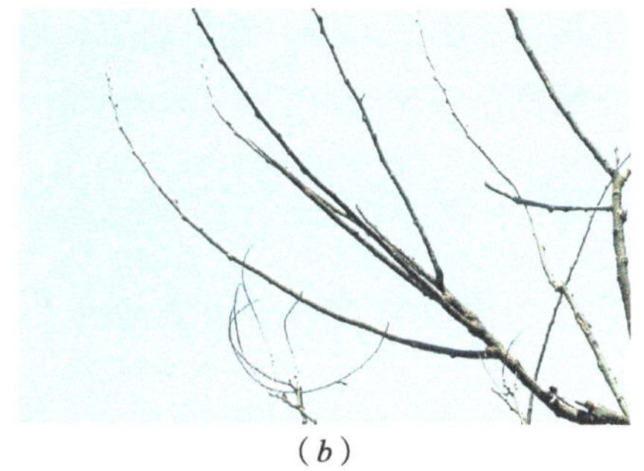
（*b*）

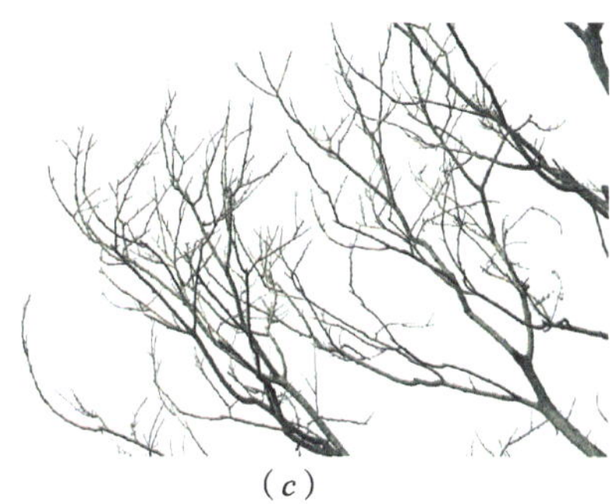
（*c*）

图 7.2–3　不同树势的国槐树冠外围枝的长相

（*a*）健壮树外围枝一般发枝 3 个，长势较均匀；（*b*）旺树的树冠外围枝发枝量大，在 5 个左右，生长旺盛，修剪时留单枝单头可以克服后期形成衰弱的丛生枝头；（*c*）老龄树多年连续分枝，形成衰弱的丛生枝头，称“鸡爪枝”，要及时进行疏间

树冠密挤、紊乱时的修剪方法以疏枝为主，可采用“疏上缓下”、“疏外缓内”、“疏大缓小”的方法，具体的疏枝情况和疏枝后的发枝情况，见图 7.2–4。这些疏枝方法在许多树种上均可以采用，应注意的是首次修剪时对必须疏除的中、大型枝条要全部一次性疏掉，除个别情况外，不要采用“分年疏除”的方法，因为“分年疏除”不利于集中营养，反而会导致局部紊乱。

（*a*）　（*b*）　（*c*）

图 7.2–4　国槐外围枝不同疏间和回缩方法的发枝情况

（*a*）树冠顶部按开心形树形疏枝和留枝；（*b*）去掉先端形成的鸡爪枝，换头；（*c*）疏大留小放中庸

(*d*) (*e*) (*f*)

图 7.2–4 国槐外围枝不同疏间和回缩方法的发枝情况（续）

（*d*）健壮树疏大缓小；（*e*）疏外缓内，内膛萌生新枝；（*f*）修剪当年的整体效果

5. 移植大树的整形修剪

目前移植的国槐大树，根据不同要求采用两种修剪形式。其一是当要求“原冠栽植”时，多采用“疏稀剔密”的方式。这种方法树冠中的中等枝基本被疏净，外观上只留一个轮廓，外围枝疏剪后留下的枝头长势羸弱，先端发枝稀而少，常在疏枝的剪口下萌生多量的徒长性发育枝。这种修剪方法绝大多数达不到使树冠保持原状的效果，都要进行二次修剪，多对萌生发育枝的部位进行重回缩。其二是采用和老龄树更新修剪相同的方法，各级骨干枝留 1.0 ～ 1.5m，锯除树冠，这样树冠反而恢复快且省时省工。移植后的修剪视树势恢复情况而定，总原则是多留枝叶，不疏和尽量少疏枝，待枝条生长长度达到修剪要求后再进行树形的调整。

7.3 金枝槐 *Sophora japonica*.cv. Chrysoclada

7.3.1 生长特性

金枝槐是近年新育的槐树品种，又称黄金槐、金丝槐。园林中栽植的金枝槐是以国槐为砧木进行高位或低位嫁接后获得的单株，砧木和接穗之间的嫁接亲和力强，嫁接口愈合良好，接穗生长健壮。金枝槐衍承了国槐树的生长特性，寿命长、适应性广，具有生态上的宽幅性。

金枝槐枝皮光滑，冠形自然开张，树态挺拔，枝繁叶茂，生长季中枝条呈淡绿黄色，入冬后渐转黄色和金黄色，冬季枝条颜色艳丽，独具风格，具有较高的观赏价值。

7.3.2 枝芽特性

与国槐相同，金枝槐的芽主要是花芽和叶芽。枝条上的侧芽为叶芽，芽的外观形态不明显，叶柄脱落后仅可以看到一个凹陷，芽位于其中。

金枝槐萌芽率和成枝力较弱，自然生长条件下先端可萌生 2 ～ 3 个生长势力均等的枝条，其下的芽子不萌发成为隐芽，这段枝条便成为光秃带（隐芽带），受刺激后这些芽可以萌发，可利用其更新复壮。

生长旺盛的外围枝生长季节具有多次生长的习性，秋梢常形成扭曲状的尾枝，而且节间甚短，其上着生的芽子密集，第二年可萌发着生密挤的新枝，影响美观，这类秋枝一般要在修剪中截掉。

不同树势金枝槐的发枝情况见图 7.3–1。其中，（*a*）是旺树树冠上部枝条的发枝情况；（*b*）是健壮树侧枝枝头的发枝状况；（*c*）是对内膛生长势较旺、分枝多的枝条采用“回缩加疏枝”的方法，由于需要疏除的枝条较多，修剪时对其中 1 ～ 2 个枝要保留一段极短的“橛”，防止伤口太大，削弱枝条生长势力。

（a）　　（b）　　（c）

图 7.3–1　金枝槐的枝条着生情况

（a）树冠上部直立枝的发枝，由于节间短、发枝力强，形成丛生的拥挤枝条，修剪中要疏间；（b）外围枝头的发枝很密，拥挤要进行疏间；（c）疏枝和适当留橛，以形成枝组补充空间

7.3.3 整形修剪

1. 树形

金枝槐的树形以开心形或延迟开心形为主。现阶段绿地中的金枝槐大部分是嫁接 3 ～ 4 年生的树，骨干枝的形成绝大多数是在接穗位置上发展起来的，一般为 4 ～ 5 个，但侧枝则无明显的规律。因此整形中要注意选留和配备侧枝。选留的侧枝以背斜侧为好，第一侧枝距离嫁接口要在 60cm 以上，不要太近，防止成型后基部堆积的大枝过多过密。随着树冠的扩大，继续在第一侧枝的对面选择第二侧枝，定型以后就可以逐年减少修剪量，转为重点调节枝条密集度。

2. 修剪

为保持效果，快速扩大树冠，修剪要以“轻打、中疏”为主要方法。“轻打”指的是对骨干枝枝头只除去扭曲或分叉的秋梢，不必采用在“春梢健壮芽处短剪”的常用方法，这样对加速扩大树冠有利。“中疏”指的是采用中等的疏枝量，金枝槐通常在嫁接口附近除了抽生一个主枝外还会有 3 ～ 4 个斜生或弯曲下垂的辅养枝，这些枝是疏除的主要对象，修剪要掌握“逢三疏一、逢四疏二、先疏直立、平斜缓留”的原则，切忌疏枝过猛，更忌清膛剥枝。以上方法在定植之后的 3 ～ 4 年内进行，同时要按“逢三疏一，逢四疏二”的原则适当疏间外围密集枝条。

图 7.3–2 是低干嫁接的金枝槐骨干枝枝头的修剪方法。近几年在绿化建植中“低干嫁接、组团密植”的栽植形式被广泛采用。金叶槐、金枝槐、金枝白蜡、紫叶矮樱、榆叶梅、美人梅等树种，都有这种建植形式。其优点是在建植初期可以迅速形成色块景观，缺点是这些树木的乔化特性随着年龄的增加会明显地显现出来，突出表现是年生长量和分枝量很大、外围极性强、树冠容易郁闭、内膛容易光秃，观赏层明显上移，与地面结合部位出现较宽的秃裸性分离带。为延缓这一过程，修剪中要采用正确的外围枝头修剪方法，以控制外延速度和稳定内膛，保证立体效果。

骨干枝以外的枝条，只要不影响树形和通风透光一律按枝组对待。其中长势均衡的可修剪成小型枝组，长势壮的可按“去强留弱、去直留斜”的原则改造成大型枝组。

低干嫁接的金枝槐，修剪时要采用控上缓下的方法，以防止枝条延伸过快、下部光秃，参见图 7.3–3。修剪后金枝槐的树形见图 7.3–4。

（a）　（b）

（c）　（d）

图 7.3-2　金枝槐枝头的修剪

（a）枝头背上的旺枝要疏除；（b）为扩大树冠留壮枝短截，后部中庸枝轻截培养成枝组；（c）枝头附近枝条生长势相等时要去大枝留小枝；（d）利用里芽外蹬的修剪效果

（a）　（b）　（c）

图 7.3-3　低干嫁接的金枝槐的修剪方法

（a）由于发枝力强，树冠上部要重疏间；（b）下部枝条先留枝缓放，分枝后逐步回缩；（c）利用双杈枝圆满树冠的修剪情况

(*a*)

(*b*)

(*c*)

图 7.3-4 修剪后的金枝槐树形
(*a*) 高干式；(*b*) 低干式；(*c*) 空裸部分生出新枝补充空间

7.4 金叶槐 *Sophora japonica* cv. Chrysophylla

7.4.1 生长特性

金叶槐为国槐的一个新变种，由国槐芽变选育而成。落叶乔木，小枝浅绿色，萌芽至 7 月下旬以前，叶片金黄色，远看十分美丽。7 月下旬至 9 月下旬叶片呈半黄半绿的颜色。园林中应用的是以国槐为砧木进行高位或低位嫁接后获得的单株。

7.4.2 枝芽特性

与国槐相同，金叶槐枝条上的侧芽为叶芽，芽的外观形态不明显，叶柄脱落后仅可以看到一个凹陷，芽位于其中。

金叶槐萌芽率和成枝力较弱，自然生长条件下先端可萌生 2 ～ 3 个生长势力均等的枝条，其下的芽子不萌发成为隐芽，这段枝条便成为光秃带（隐芽带），受刺激后这些芽可以萌发，可利用其更新复壮。

金叶槐生长性状稳定，生长特性和年生长量与国槐基本相同。枝条在生长到 70cm 左右时向下弯垂，弯垂程度因加粗的快慢有差异，加粗快的弯曲度小，位于骨干枝基部的弯曲度大，这类枝条萌生较多时可形成轮生状的裙枝。

7.4.3 整形修剪

金叶槐的枝条和冠形见图 7.4-1，整形修剪方法参照金枝槐进行。

(*a*)

(*b*)

(*c*)

图 7.4-1 金叶槐的枝和冠形
(*a*) 嫁接口的枝条着生形态；(*b*) 金叶槐的分枝形态；(*c*) 列植的金叶槐冠形

7.5 龙爪槐 *Sophora japonica* cv. Pendula

7.5.1 生长特性

龙爪槐又称蟠槐、垂槐、盘槐，是豆科槐属的落叶乔木，枝繁叶茂，寿命长、适应性广，萌芽力和成枝力都很强，小枝下垂，树冠伞形，是国槐的一个变种。绿地中栽植的单株是以国槐为砧木嫁接繁殖而来。

图 7.5-1 龙爪槐孤植和群植效果

7.5.2 枝芽特性

1. 芽的类型及特性

龙爪槐芽可分为花芽和叶芽两种。花芽为早熟性芽，着生在当年生枝的顶端，旺树叶腋中的侧芽也可分化花芽。枝条上的侧芽和无花枝条的顶芽均为叶芽，叶芽亦具早熟性，可以抽生夏梢和秋梢。叶芽的外观形态不明显，叶柄脱落后可以看到一个凹陷，芽位于其中。

2. 枝条的类型及特性

龙爪槐的枝条，按其性质可分为发育枝、花枝和徒长枝 3 类。

在幼龄期（开花之前），发育枝是构成树冠的主要枝条，依其长势不同可分为徒长性发育枝、长发育枝、中发育枝和短发育枝 4 种。进入开花期之后，树冠内的长发育枝和中发育枝甚至短发育枝都会转化为花枝。因此，龙爪槐成龄后花、果量较大，大量成花往往是树势衰弱的前兆。

（1）长发育枝（长花枝）：多着生于幼树或长势强旺的树上，弯垂长度在 100cm 以上，粗 0.8 ～ 1.2cm。在初花期的龙爪槐树上，徒长性发育枝的数量占 25% ～ 40%。

（2）中发育枝（中花枝）：这种枝的弯垂长度一般为 40 ～ 60cm，粗为 0.5 ～ 0.6cm，弯拱部位和下垂部位中部约占枝长的 2/3，着生发育良好的叶芽，能抽生健壮新梢，是圆满树冠的主要枝条。同时其基部的叶芽发育良好，可用于发生新枝补充空间或进行枝条更新。

（3）短发育枝（短花枝）：长度一般为 30 ～ 40cm，枝条粗度 0.4 ～ 0.5cm，这类枝生长充实、长势稳定，是补充空间的枝条。

7.5.3 整形修剪

1. 树形

龙爪槐的普通树形为单层式（图 7.5-2（*a*）），向四周延展。整形中主要以接穗的分布形式为基础，按自然开心形的主枝排列原则进行整形，主枝一般为 3 ～ 5 个，各主枝上的第一侧枝距离中干 40cm 左右，顺向着生，第二侧枝着生在第一侧枝的对面，与第一侧枝的距离视树冠大小而异，一般为 30cm 左右。其余部分用各类枝组填充空间。

特殊树形中常见的是双层式整形（图 7.5-2（*b*）），这样的树形一般冠幅都较小，但形态别致。整形方法与普通形大同小异。在主枝背上选一合适枝条连年短剪，使其直立向上生长，待达到一定高度时再按自然开心形的主枝排列原则进行做形。

龙爪槐多层式冠形见图 7.5-2（*c*）。

（*a*）（*b*）（*c*）

图 7.5-2 龙爪槐的冠形

（*a*）单层式；（*b*）双层式；（*c*）多层式

2. 幼旺树修剪

幼旺树为了快速成形，通常采用 3 种修剪方法：其一，连续数年冬季修剪时在枝条的弯拱处留上芽修剪；其二，夏季利用叶芽的早熟性在弯拱处留上芽修剪；其三，在生长季的中期，当外围枝条长到 50cm 左右时，利用竹竿撑缚使枝条平展，树冠扩大成形。其中以第三种方法成形最快，且树体营养损失小。

3. 冬季修剪

冬季修剪以截为主，适当疏枝。操作时每枝都要在弯拱处留斜向上的外芽短截，主、侧枝背上壮枝一律疏除，侧枝超过主枝时要换头，为充分利用空间可按空间大小安排枝组。具体的操作方法如图 7.5-3 所示。图中，（*a*）是外围枝头的修剪形式，剪口落在弯拱下 2 ～ 3 个芽处，有利于弯拱处芽的萌发，直接留弯拱处芽会下垂过早，外延距离太短。（*b*）、（*c*）、（*d*）、（*e*）是背口枝的处理方法，其中：背上的中庸枝要长留，留芽 8 ～ 10 个，如图（*b*）；旺枝要重截并保留下部的分枝给夏季修整留下余地，如（*c*）、（*d*）图；多年生枝要充分利用角度好的分枝，如图（*e*）。

4. 夏季修剪

当新梢过长时需要剪梢，花序多时要及时疏除花序，以节约营养、维护树势。

图 7.5-3 龙爪槐的各种枝条的修剪方法

（*a*）主枝头；（*b*）背上侧枝；（*c*）侧枝头；（*d*）背上直立枝；（*e*）骨干枝更新；（*f*）修剪后的枝条分布状况

5. 冠形

龙爪槐的修剪方法不同形成的冠形也有所差别，通常有两种方法："疏枝长留"和"重截短留"，见图 7.5-4。其中（*a*）是采用"疏枝长留"方法修剪的效果，这种方法是选留长势一致的背上枝进行长留修剪，一般留芽 15 个左右，并疏掉着生在其背后的所有枝条，这样的方法枝条向前延伸快，树冠呈下垂的伞形。（*b*）、（*c*）是采用连续"重截短留"修剪的效果，连续重短截后大枝平伸生长，树冠挺拔呈倒伞形。

图 7.5-4 龙爪槐不同修剪方法形成的冠形

（*a*）"疏枝长留"形成的下垂伞形树冠；（*b*）、（*c*）连续施行"重截短留"形成的直立倒伞形树冠

7.6 蝴蝶槐 *Sophora japonica* cv. Oligophylla

7.6.1 生长特性

蝴蝶槐又称五叶槐、畸叶槐，是豆科槐属落叶乔木。高可达 4 ～ 6m，枝条柔韧，树冠开张，长势中等，自然层性好。蝴蝶槐的叶形奇特，复叶只有小叶 1 ～ 2 对，集生于叶轴先端成为掌状，或仅为规则的掌状分裂。其是国槐的一个变种，具有较高的观赏价值。

7.6.2 枝芽特性

蝴蝶槐的芽主要是花芽、叶芽和隐芽。枝条上的侧芽为叶芽，芽的外观形态不明显，叶柄脱落后仅可以看到一个凹陷，芽位于其中。

蝴蝶槐的萌芽率和成枝力均较弱，自然生长条件下先端可萌生 2 ～ 3 个枝条，其下的芽子不萌发，成为隐芽，这段枝条便成为光秃带（隐芽带）。

生长旺盛的外围枝生长季节具有多次生长的习性，形成的秋梢节间甚短，其上着生的芽子密集，第二年可萌发着生紧凑的新枝，形如叶片堆积在一起，影响美观，一般这类秋枝要在修剪中截掉。

7.6.3 整形修剪

1. 树形

以延迟开心形为好，可以先按疏层形进行整形，树势缓和后再落头开心，改造成主干疏层延迟开心形。这种树形的特点是：主枝量少，整形容易，结构牢固。基本结构是有中心领导枝，全树有主枝 5 ～ 7 个，分为三层，第一层有主枝 3 ～ 4 个，第二层有主枝 2 ～ 3 个，第三层有主枝 1 ～ 2 个，层内主枝呈邻近形着生。第一层与第二层主枝的层间距离 60 ～ 80cm，第二层以上各层间距 40cm 左右。成形后，冠高维持在 2.5 ～ 3.5m 左右。蝴蝶槐的树形和分枝特性见图 7.6–1。

（*a*） 　（*b*）

（*c*） 　（*d*）

图 7.6–1　蝴蝶槐的树形和分枝特性

（*a*）开心形冠形；（*b*）外围枝条密挤；（*c*）秋梢分枝集中，春梢段光秃，可采用短截的方法克服；（*d*）直立形冠形

2. 修剪

为保持效果，快速扩大树冠，修剪要以明确骨干枝的生长优势、及时合理地配备枝组为原则。

首先，各级枝头要在春梢健壮芽处短剪，促使萌生新枝，加速扩大树冠。此后的 2 ～ 3 年内，枝头修剪要本着“疏前缓后”的原则进行，枝头附近不留壮枝，及时疏掉与骨干枝头竞争的新枝，保持每一个骨干枝上的枝条布局都符合“外稀里密”的原则。

其次，内膛禁止“清膛疏枝”，对大型枝条按辅养枝进行改造利用，对中、小型枝条一律采用回缩的方法给予保留，改造为枝组。此后的 2 ～ 3 年内认真调整枝组的体量、方向、长势，这样可使树冠丰满，立体感增强，明显提高蝴蝶槐的观赏性。蝴蝶槐内膛枝组的着生情况见图 7.6–2。

（*a*）　（*b*）

（*c*）　（*d*）

图 7.6–2　蝴蝶槐的内膛枝组

（*a*）延伸较长的枝组顶端枝条枯死，后部短枝萌发，新枝过于集中；（*b*）多年生枝及时回缩可以获得稳定的枝组；（*c*）自然更新时先端枝条枯死，萌发枝密挤；（*d*）内膛一年生枝萌发抽枝表现出明显的顶端优势

7.7　泡桐 *Paulownia* spp.

7.7.1　生长特性

泡桐原产于中国，是玄参科泡桐属落叶乔木。喜光、速生、树冠宽阔，盛花时花开满树、壮观馨香，落花后长出的新叶密而大、遮阴效果好，是良好的绿化和行道树种。

园林中常见的种有毛泡桐（*P. tomentosa*）、楸叶泡桐（*P. catalpifolia*）和白花泡桐（*P. fortunei*）。毛

泡桐中的毛泡桐籽桐（河南泡桐，*P. tomentosa*）是我国北方分布最广的种，树干较低矮，枝条略弯曲，树冠伞形，小枝、叶、花、果多长毛，结实多。楸叶泡桐树干通直，树冠圆锥状，叶似楸树叶，叶片下垂，先端长尖，全缘。白花泡桐主要产区在长江流域以南各省。

7.7.2 枝芽特性

泡桐的芽为对生，主要是顶芽、腋芽和潜伏芽。叶芽着生在一年生枝条的顶端和叶腋间，顶生叶芽具有早熟性，当年分化成花序并于当年萌发，外观上可以看到着生在一年生健壮枝条先端的裸生花序，并以该形态越冬。

泡桐的花蕾近圆形，花序由多数聚伞花序排在一起形成顶生圆锥花序，翌年春季花先叶开放。花序以下的对生腋芽分化成叶芽，花后抽生新枝。

泡桐潜伏芽生命力强，可以形成强壮的徒长枝自然接干。在整形修剪中要对其进行合理的控制和利用。

泡桐为假二叉分枝，健壮的一年生枝条多分布于树冠外围，对生芽形成的枝条常形成势力均等的双枝，修剪中要注意调节。

泡桐的枝芽特性参见图 7.7–1。

(*a*)

(*b*)

(*c*)

(*d*)

图 7.7–1 泡桐的枝芽特性

(*a*) 一年生枝条的顶端在当年 7 ～ 8 月间形成聚伞花序；(*b*) 营养充足的枝条花蕾饱满，可以顺利越冬；(*c*) 一年生新枝和残留花梗的二年生枝；(*d*) 长势中庸的树可以大量成花，但树势很快会转弱，修剪中应及时疏间

7.7.3 整形修剪

1. 树形

泡桐的树形因种和品种不同而有差异（图 7.7–2）。毛泡桐自然冠形为宽大的伞形，楸叶泡桐的冠形为圆锥形，因而，毛泡桐树形可采用延迟开心形，楸叶泡桐的树形可疏散分层形。

（*a*）

（*b*）

（*c*）

（*d*）

图 7.7–2 泡桐的冠形

（*a*）自然开心形（毛泡桐）；（*b*）疏散分层形（楸叶泡桐）；（*c*）多主枝自然开心形（毛泡桐）；（*d*）延迟开心形（楸叶泡桐）

2. 修剪

泡桐修剪的总要求是采用“变对生为合轴”的修剪方式。将对生的枝条采用“疏一放一”的方法，使其分枝形式由假二叉分枝改为合轴分枝，进而形成合轴主干形或圆锥形树冠。

新植树定植后的 2 ～ 3 年需连续进行整形修剪，方法是开花后叶芽萌发生长 5 ～ 10cm 时，结合去掉残留的花序，在主、侧枝的带头枝上选留一个健壮侧芽作为主干延长枝，进行中短截。将相对生的另一个芽抹掉，同时剪去着生的瘦弱枝条。在不考虑春季花量时，这种修剪可在休眠季节进行，待树形基本形成后可以改为每 3 ～ 4 年调整一次，主要是疏密、控旺、控冠高、均衡树势和稳定树形。

泡桐自然更新能力较强，其树势的强弱可以从成花数量、花序开花的完整性及一年生枝的健康程度来分辨，如图 7.7–3。当外围枝丛生时，常常是树势转弱、向心更新开始的象征，修剪时应及早采取措施。

（*a*） （*b*） （*c*）

图 7.7–3 泡桐的树势表现

（*a*）健壮的一年生枝条花序上每一朵花可完全开放；（*b*）营养不充足的枝条花蕾自枯现象明显，单枝开花不完全；（*c*）整株出现向心更新

为防止隐芽萌生的枝条形成粗大直立的“树上树”，可在夏季疏芽，防止其变成直立旺长的竞争枝。骨干枝中下部萌发出来的新枝一般角度大、生长势力缓和，应尽量保留，以增加营养面积。

泡桐成花能力极强，种子形成量非常大，在土壤瘠薄或营养面积局限性很大的地区，通过修剪措施减少花枝是稳定树势、延长泡桐寿命的有效手段，可每隔 1 ～ 2 年在休眠期进行一次较彻底的枝组调整和枝头短截修剪。

7.8 栾树 *Koelreuteria Paniculata*

7.8.1 生长特性

栾树又称灯笼树，是无患子科栾树属落叶乔木。高达 12 ～ 18m，北方常见的栽培品种是复羽叶栾树，其树冠自然开张，萌芽率低，发枝力中等。栾树枝条弯曲，单轴延伸明显，自然生长条件下，一年生枝春梢可萌生 1 ～ 3 个生长势力不均等的枝条，通常背后芽萌生的枝条生长势较强，形成倒拉枝，是树冠开张的原因。一年生新枝以下的芽子不萌发，成为隐芽，形成光秃带（隐芽带），受刺激后这些芽可以萌发，可利用其更新复壮。栾树树冠开张后，常因局部萌生的背上徒长枝生长过旺而造成偏冠。

（*a*）

（*b*）

图 7.8–1 栾树的列植和分枝形式

（*a*）群体效果；（*b*）主枝着生情况

7.8.2 枝芽特性

1. 芽的类型及特性

栾树的芽主要是叶芽和隐芽。

一年生枝条的侧芽为叶芽，芽的外观形态明显；顶芽为伪顶芽，没有明显的芽的形态，不能抽生新枝。叶芽具有早熟性，条件适当时着生在当年生新枝顶端的叶芽可以抽生夏梢短枝。这个短枝节间甚短，其上着生的芽子密集，其中的1～2个芽可以进行花芽分化，并抽生新枝，新枝先端着生顶生圆锥花序，其他的芽还可抽生1～2个不着生花序的秋梢。在健壮树上，一年生新枝叶腋中的侧芽也可分化花芽，二次抽枝开花，但数量很少。图7.8–2是着花枝条早熟性芽萌发的形态变化过程。在花序刚刚出现时可以看到花序与春梢间的过渡性枝段（图（*a*））。这一枝段上节间很短，小叶片的叶腋中可以形成叶芽，是栾树枝条前端容易集中发枝的原因，至果实成熟，枝条上的侧芽逐渐分化完全，形成冬芽。

（*a*） （*b*） （*c*）

（*d*） （*e*） （*f*）

图7.8–2 栾树的早熟性芽当年进行花芽分化后的萌发、开花、结实过程
（*a*）抽生花序，可以看到春梢停长与新芽萌发的界限；（*b*）花序分离；（*c*）初花期；
（*d*）盛花期；（*e*）果实形成；（*f*）果实成熟

2. 枝条的类型及特性

栾树的枝条，按其性质可分为发育枝、花枝和徒长枝3类。

（1）发育枝和花枝：在栾树开花之前，发育枝是构成树冠的主要枝条，依其长势不同可分为长发育枝、中发育枝和短发育枝3种。进入开花期之后，树冠内的长发育枝和中发育枝会分化花芽，由发育枝转化为花枝。短发育枝形成花芽量极少，可以抽生下一年的开花预备枝。图7.8–3（*a*）、（*c*）。

（2）徒长枝：常发生在光秃带部位和年界处，长度在150cm以上，在初花期和临近衰老期的栾树上常见，是补充空间或更新复壮的有用枝条。图7.8–3（*b*）。

（*a*）　　（*b*）　　（*c*）

图 7.8–3　栾树的枝条类型

（*a*）发育枝，多位于树冠外围的各级骨干枝头，幼树由顶芽、成龄树常由花序下方第一侧芽抽生；（*b*）无花序着生的直立枝条抽生的徒长枝；（*c*）壮发育枝无花序时抽生长发育枝和中发育枝

栾树枝条类型不同其抽生新枝的能力和形成早熟性花芽的能力也不相同，见图 7.8–4。

（*a*）　　（*b*）　　（*c*）

图 7.8–4　栾树枝条的抽枝能力

（*a*）徒长枝抽生的一年生枝；（*b*）一年生长发育枝长放后可在秋梢短枝枝段抽生密挤的枝条；（*c*）树冠顶部的直立枝条，常在秋梢短枝枝段抽生势力均等的 3 ～ 4 个枝条，因而栾树修剪时剪掉秋梢很重要

7.8.3　整形修剪

1. 树形

栾树采用延迟开心形树形较好。这种树形具有中心领导枝，在中干上留 2 ～ 3 层主枝，后期变为二层的开心形。第一层主枝 3 ～ 4 个，最好邻接排列，以便抑制中干或防止上部过强。层间距 1.5m 左右，为增强树冠密实度，在中干的层间留一定数量的辅养枝和枝组。第一层主枝上留 2 ～ 3 个侧枝，根据侧枝位置和空间大小，适当选留副侧枝，但不宜过多。第二层主枝基角 40° 左右，再向上选留一个主枝，作为第三层。栾树其他形式的冠形参见图 7.8–5。

（*a*）　　（*b*）　　（*c*）

图 7.8–5　栾树的树冠结构

（*a*）圆形树冠；（*b*）三主枝自然开心形；（*c*）多主枝自然开心形，树冠圆形

2. 主枝修剪

栽植后第 1 ～ 4 年内都要利用背后“倒拉枝”带头，开张主枝角度。主枝延长枝短截全长的 1/3，去掉先端的秋梢和残余花序，以健壮的春梢腋芽带头。主枝枝头附近的枝一般生长势力缓和，除直立生长的枝外，尽量多保留，进行轻短截，培养成枝组，增加叶面积数量。

注意平衡各个主枝间的生长势力，特别要控制局部出现的背上徒长枝。这项工作要在 5 月中旬前完成，因为此后是栾树花芽大量形成的时期，不宜再进行修剪。

3. 侧枝修剪

栾树主枝与各级侧枝的自然夹角小，修剪时不留同侧且生长势力相近的侧枝。着生在侧枝左右两侧或背上的枝条过多会导致侧枝的枝叶量迅速加大，使其生长势强于主枝。修剪中对这些枝条要严格控制，同侧的侧生枝间距在 30cm 以上，并尽量改变其生长方向，使其向背斜侧和背后生长。主枝上起填补空间作用的枝条要多保留，有助于主枝的生长。

4. 及时换头

主、侧枝延伸过快会导致树冠过大、叶幕层过薄和骨干枝后部光秃。当主、侧枝扩展过长时，要及时采用“抑前促后”的方法进行调整，即利用枝头后部的枝组进行换头，这样可以使主、侧枝基部抽生枝叶，保证有效叶幕层的厚度。

5. 控制徒长

栾树修剪反应敏感，修剪后的剪、锯口往往萌生大量徒长枝，造成树冠内部郁闭。这些枝，位置较好的可以用来填补空隙；强旺的或疏除或在分枝处回缩，逐步改造成可以利用的枝条。

6. 调整枝组

栾树枝条自然形成枝组的能力很强，修剪中要认真调整，大、中、小枝组要布局合理、错落有致。修剪时做好枝组更新，及时疏除和回缩即将衰弱的枝组，利用新枝及时培养新枝组补充空间（图 7.8–6）。

（*a*）（*b*）（*c*）

图 7.8–6　栾树更新修剪的隐芽萌发量

（*a*）主干更新；（*b*）、（*c*）主枝更新

7.9　悬铃木 *Platanus* spp.

7.9.1　生长特性

悬铃木在生产上通俗地称为法桐，是悬铃木科悬铃木属落叶大乔木，高达 20m 以上，树形优美，自然层性好，树冠开张，枝繁叶茂，萌芽力和成枝力都较强，耐修剪，是世界著名的优良庭荫树和行道树，有“行道树之王”之称。

中国引入栽培的悬铃木有 3 个种，分别为一球悬铃木（美国梧桐，*P. occidentalis*）、二球悬铃木（英国梧桐，*P. acerifolia*）和三球悬铃木（法国梧桐，*P. orientalis*）（图 7.9–1）。目前种植较普遍的是二球悬铃木。

（*a*）（*b*）（*c*）

图 7.9–1 悬铃木属的三个种

（*a*）一球悬铃木；（*b*）二球悬铃木；（*c*）三球悬铃木

7.9.2 枝芽特性

1. 芽的类型及特性

悬铃木的芽为互生，主要有花芽、叶芽和隐芽。幼树上着生在一年生枝条上的顶芽、侧芽均为叶芽。成龄树短枝的顶芽 70% 以上和侧芽 50% 以上可以分化为花芽（图 7.9–2（*a*））。

悬铃木的叶芽具有早熟性，生长旺盛的外围枝生长季节可以多次生长，抽生夏梢和秋梢，秋梢可以分生 1 ～ 3 个分枝。

悬铃木的花芽为混合芽，萌发时抽枝和开花几乎同时进行，花序着生在当年生枝的顶端，上一年形成，翌年开花结果。

悬铃木萌芽率和成枝力都较强，自然生长条件下，先端可萌生 2 ～ 3 个生长势力均等的枝条，其下的侧芽可萌发成短枝。

2. 枝条的类型及特性

悬铃木的枝条按其性质可分为发育枝、花枝和徒长枝 3 类。发育枝和花枝是构成树冠的主要枝条，依长势不同可分为徒长性发育枝、长发育枝、中发育枝和短发育枝 4 种。进入开花期之后，树冠内的徒长性发育枝、长发育枝和中发育枝，甚至短发育枝都会分化花芽，由发育枝转化为花枝。

徒长枝由隐芽萌发而来，常发生在年界处，长度 2.0 ～ 3.5m，粗 2.5 ～ 5.0cm，在初花期和临近衰老期的悬铃木树上常见，是补充空间或更新复壮的有用枝条，有利用价值时可在生长季进行短截。

悬铃木枝组的着生状况可参见图 7.9–2。

（*a*）（*b*）（*c*）

图 7.9–2 悬铃木的花芽着生部位和枝组

（*a*）极短枝的顶芽和侧花芽；（*b*）直立生长的枝组；（*c*）水平生长的单轴枝组

（d） （e） （f）

图 7.9-2 悬铃木的花芽着生部位和枝组（续）
（d）长放后回缩形成的枝组；（e）单轴枝组上的极短花枝；（f）连续长放的单枝，营养恢复后有二次生长的短小秋梢

7.9.3 整形修剪

1. 树形

根据栽植形式不同，悬铃木可采用多种树形，做行道树常采用自然开心形和杯状形，孤植常采用疏层形和合轴主干形，做树阵时常采用延迟开心形等（图 7.9-3）。

悬铃木枝条具有健壮的顶芽，修剪时要充分利用这一特性，引导各级主、侧枝和辅养枝的生长延伸方向，平衡各级分枝的生长势，使树冠逐步均匀扩展，即可得到稳定的圆满树冠。

（a） （b） （c）
（d） （e） （f）

图 7.9-3 悬铃木的冠形和结构
（a）疏层形树形；（b）单干形的行道树；（c）双干形的行道树；（d）上强下弱的树冠；（e）开心形；（f）杯状形

2. 主枝修剪

明确从属关系，做到主侧分明，定植后的 1 ～ 3 年，每年对主枝延长枝打头，一般短截延长枝总长度的 1/3，去掉先端的秋梢不充实部分，以健壮的春梢腋芽带头，并疏除枝头附近的过密枝和直立生长枝。其余枝尽量多保留，作为辅养枝，增加叶面积数量。

平衡各个主枝间的生长势力，可在夏季对旺枝进行疏枝和短截、摘心，以控制生长。仲夏以后悬铃木易生二次枝，可以利用这些枝条带头，调整主枝生长方向。

3. 侧枝修剪

各级侧枝的生长势均不得超过所属主枝。例如，在开心形树冠中，不留同侧且生长势力相近的侧枝，着生在侧枝左右两侧或背上的枝条过多会导致侧枝的枝叶量迅速加大，使其生长势强于主枝。修剪中对这些枝条要严格控制，同侧的侧生枝间距在 30cm 以上，并尽量改变其生长方向，使其向背斜侧和背后生长。主枝上起填补空间作用的枝条要多保留，有助于主枝的生长。

4. 及时换头

主、侧枝延伸过快会导致树冠过大、叶幕层过薄和骨干枝后部光秃。当主、侧枝扩展过长时，要及时采用“抑前促后”的方法进行调整，即利用枝头后部的枝组进行换头，这样可以使主、侧枝基部抽生枝叶，保证有效叶幕层的厚度。

5. 控制徒长

悬铃木修剪反应敏感，修剪后的剪、锯口往往萌生大量徒长枝，造成树冠内部郁闭。这些枝，位置较好的可以用来填补空隙；强旺的或疏除或在分枝处回缩，逐步改造成可以利用的枝条。

6. 调整枝组

悬铃木枝条自然形成枝组的能力很强，修剪中要认真调整，大、中、小枝组要布局合理，错落有致。修剪中做好枝组更新，及时疏除和回缩即将衰弱的枝组，利用新枝及时培养新枝组补充空间。

悬铃木修剪中常见的几种情况见图 7.9–4。其中（*a*）是自然情况下生长均衡的悬铃木自身有序的发枝情况，修剪中要保持这种状况，及时控制对其有影响的枝条。（*b*）是当出现较强势力的竞争枝时采取重截枝的方法控制其生长势，加大分枝角度，然后根据具体情况用“疏旺留壮”的方法削弱生长势，保证枝间的平衡。（*c*）是对生长过旺的枝头短截后发生的均匀的多个枝条，可从中选一个较适宜的枝代替原来的枝头。（*d*）～（*f*）是疏枝、落头和较重回缩修剪后树冠内的发枝情况，这些枝有空间时可以改造成枝组（图（*d*）），过于密挤时可疏掉大部分新枝，留 1 ～ 2 个方向好的枝条补充空间。

（*a*）　（*b*）　（*c*）

（*d*）　（*e*）　（*f*）

图 7.9–4　悬铃木修剪及发枝情况

（*a*）长放后的外围枝头；（*b*）直立生长枝短剪更新后发生旺枝；（*c*）短截后后部枝条均匀发枝；（*d*）背上枝疏枝后锯口发生徒长枝，可短剪改造成枝组；（*e*）重回缩更新发生丛生壮枝；（*f*）延迟开心形的落头开心发枝

7.10 垂柳 *Salix babylonica*

7.10.1 生长特性

垂柳又称垂枝柳、倒挂柳、倒插杨柳，是杨柳科柳属落叶乔木。株高可达 18m，树冠倒广卵形，枝条细长，柔软下垂，随风飘舞，姿态优美潇洒。垂柳萌芽力强，生长迅速，自古即为重要的庭院观赏树，变种有金丝垂柳等。园林中绦柳与垂柳冠形近似。

7.10.2 枝芽特性

垂柳的芽可分为花芽、叶芽和隐芽。成龄树一年生枝条的叶腋中花芽和叶芽复生，叶芽当年不萌发而形成隐芽。自然生长条件下当年生枝的叶芽发枝无一定规律，受刺激或折断、短截后可抽生新枝，如图 7.10–1（*a*）、（*b*）。

垂柳的叶芽具有早熟性，幼龄树上表现十分明显，生长旺盛的外围枝，在生长季节可以多次生长，形成绵长的下垂枝群。

垂柳树冠内枝条的递增规律通常表现为，当年自然干枯的枝条上方的 1 ～ 3 个隐芽于第二年春季萌发时抽生新枝，枯枝自行脱落，新枝自然补充空间，如此往复多年，维持着冠内枝量，并逐年略有增加。

着生在枝条弯拱处和枝干上的隐芽萌发率高，每年可萌生新枝丰富和更新树冠，是多年生垂柳树进行自然更新的主要方式，如图 7.10–1（*c*）。

（*a*）　（*b*）　（*c*）

（*d*）　（*e*）　（*f*）

图 7.10–1　垂柳

（*a*）混合芽；（*b*）枝型和开花状；（*c*）隐芽萌发；（*d*）枝头；（*e*）骨干枝分布；（*f*）生长季中的延迟开心形树形

7.10.3 整形修剪

垂柳以延迟开心形为基本树形。栽植后，保留 3 ～ 5 个强壮枝条作为第一层主枝，同时短截中心干的直立延长枝，其他枝条可任其自然生长。冬季修剪时可在中心干上选择方向正、长势均衡的健壮枝条，进行适度短截作为第二层主枝，以形成主干明显、主枝层次清楚的下垂树冠，同时疏剪衰弱枝条、病虫枝条等，如图 7.10–1（*d*）（*e*）（*f*）。衰弱的大树，可从第一侧枝处锯掉树头更新，留 3 ～ 4 个萌发枝条作为更新的主枝，并剪去其他弱小枝条。修剪时可根据现场的实际需要，适当疏剪垂直的长枝和过长的下垂枝，以保持树冠整齐美观。此后修剪以平衡和圆满树冠为主，任其自然生长，不必进行大规模的细致修剪。

7.11 馒头柳 *Salix matsudana* cv. Umbraculifera

7.11.1 生长特性

馒头柳是旱柳的变种，树冠丰满、整齐，枝叶柔软嫩绿、生长迅速，枝条长势均衡，极少出现局部竞争性生长现象。馒头柳发芽早，落叶迟，适应性强。

7.11.2 枝芽特性

芽的特性与垂柳相近，枝条直立生长，着生在树冠下层的大枝呈近水平生长。馒头柳的枝、芽特性与冠形参见图 7.11–1。

图 7.11–1 馒头柳的枝芽和冠形
（*a*）枝条形态和开花情况；（*b*）隐芽萌发；
（*c*）冠形和骨干枝着生状况；（*d*）更新修剪后恢复的树冠

7.11.3 整形修剪

馒头柳以多主枝丛状开心形为基本树形。栽植后，保留 4 ～ 6 个强壮枝条作为主枝，每主枝上着生 2 ～ 3 个侧枝，其余具有竞争性的枝条可疏掉，其他枝任其自然生长。冬季修剪时对主枝长势进行调整，以形成主枝明显、侧枝层次清楚的卵圆形树冠。此后及时疏剪衰弱枝、病虫枝等。老弱的大树，可从侧枝处锯掉树头更新，留 3 ～ 4 个萌发枝条作为主枝，此后修剪以平衡和圆满树冠为主，任其自然生长。

7.12 合欢 *Albizzia julibrissin*

7.12.1 生长特性

合欢又称为马缨花、绒花树，是豆科合欢属落叶乔木。高 8 ～ 16m，树冠平、广伞形，小叶白天展开、夜晚闭合。合欢生长势强、萌芽率高、成枝力弱，一年生枝条的先端通常抽生 2 ～ 3 个长枝，而且背后枝的生长势常显著强于背上枝，具有明显的“倒拉”习性（图 7.12–1）。

(a)

(b)

(c)

图 7.12-1　合欢延长枝生长的倒拉习性表现

(a)一年生枝生长健壮时，当年生倒拉枝角度可迅速抬高；(b)一年生枝生长中庸时，当年生倒拉枝角度继续加大；(c)多年生枝条连续倒拉的效果

7.12.2　枝芽特性

1. 芽的类型及特性

合欢的芽主要是叶芽和隐芽。

叶芽为腋芽，互生，绝大部分着生在一年生枝条春梢枝段侧方的叶腋中。叶芽具有早熟性，健壮枝条上的叶芽，抽生春稍后出现一段较明显的生长停顿，其顶端分生组织分化混合花芽，分化过程在芽内进行，外观上看不到混合芽的形态。随着继续抽生枝条和顶生花序，生长过旺或营养条件差的枝条只抽生夏梢和秋梢，不能形成混合芽。生长旺盛的外围枝生长季节可以有 2 ～ 3 次生长。

由于合欢萌芽率高，成枝力较弱，自然生长条件下枝条先端可萌生 2 ～ 3 个枝条，其中背后和背上的两个枝条生长势力较旺，其下的芽萌发成为短花枝，这种短花枝是合欢开花的主要枝条。

2. 枝条的类型及特性

合欢的枝条，按其性质可分为发育枝、花枝和徒长枝 3 类。

(1)发育枝和花枝：在合欢开花之前，发育枝是构成树冠的主要枝条。依其长势不同可分为长发育枝、中发育枝和短发育枝等 3 种，进入开花期之后，树冠内的中发育枝和短发育枝分化花芽，由发育枝转化为花枝。

1)长发育枝(长花枝)：这种枝的长度一般为 60 ～ 100cm，是扩大树冠的主要枝条。枝条除顶端着生花序外，中、下部约占枝长的 2/3 的区域着生发育良好的叶芽，能抽生健壮新梢。

2)中发育枝(中花枝)：位于长发育枝下部，长度一般为 40 ～ 60cm，这类枝生长充实，长势稳定，开花量大，是合欢树冠内制造光合营养、补充树冠空间的主要枝条。

3)短发育枝(短花枝)：长度一般为 30 ～ 40cm，多位于树冠内膛，极易形成花芽开花，开花结实量大。合欢树冠内的枯死枝主要来源于这些枝条。

(2)徒长枝：常发生在年界处，长度在 120cm 以上，在初花期和临近衰老期的合欢树上常见，是更新复壮的主要枝条。

合欢枝条的形态及萌芽状况见图 7.12-2。图中，(a)是长发育枝的形态和萌发状况。这类枝条具有明显的二次生长，春梢生长顺直，秋稍呈弯曲生长，春季萌芽时春梢的顶部芽先萌发，秋稍上的芽萌发迟或不萌发，营养缺乏时秋稍会干枯死亡。(b)是长发育枝长放一年后进行回缩修剪的发枝和萌芽情况，其上分生出长、中、短发育枝，具有较好的自然顺序，排列整齐。在合欢的骨干枝修剪和枝组的培养时常采用这种方法。(c)是中发育枝的形态和萌发状况，这类枝条具有二次生长，可抽生极短的秋稍，着花量大、易早衰，应及时进行短截更新。(d)是徒长枝的发枝状况，这类枝萌芽后枝条生长很快，要及时控制，有空间时要进行重短截，无空间时要疏除。

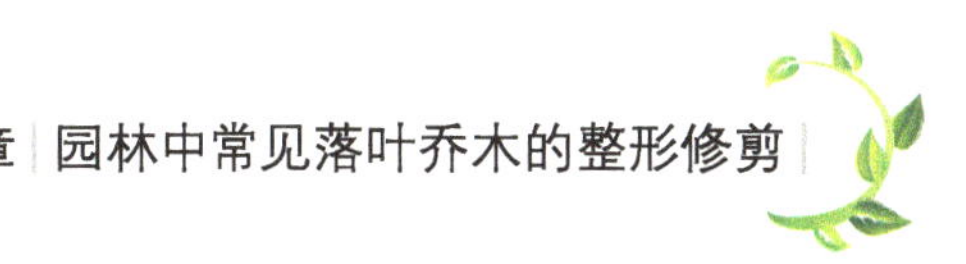

(*a*) (*b*)

(*c*) (*d*)

图 7.12-2 合欢枝条的形态及萌芽状况

(*a*) 长发育枝的形态和萌芽状况；(*b*) 二年生枝回缩后的萌芽状况；(*c*) 中发育枝的形态和萌芽状况；(*d*) 徒长枝的形态和萌芽状况

合欢的花枝类型及花序着生形式见图 7.12-3。对一年生长发育枝进行长放，在当年萌发的枝条中可以抽生较多的长花枝和中花枝（图 7.12-3（*a*）），抽生的这些枝条具有连续开花和结果的能力，一般可以连续开花 2 ～ 3 年，其后逐渐衰老或枯死。因此合欢的枝条更新要 2 ～ 3 年轮换进行一次。抽生的健壮枝条，花序着生在枝条顶端（图 7.12-3（*b*））；抽生的直立旺长枝条，花序着生在连续几个复叶的叶腋中（图 7.12-3（*c*））。

(*a*) (*b*) (*c*)

图 7.12-3 合欢的花枝

(*a*) 一年生壮枝芽子饱满，萌发量大，并可全部形成花序；(*b*) 水平生长且长势中庸的一年生枝条，花序着生在枝条顶端；(*c*) 直立生长且长势强旺的一年生枝条，顶芽下部 5 ～ 7 节叶片的叶腋中可以形成花序

合欢不同树势单株的长势、长相见图 7.12-4。图中，(*a*) 是自然生长状况下健壮树的枝类组成，这类树骨干枝的枝头长势健壮，背上枝组密生且长势基本一致，修剪以控制倒拉枝的角度、维持枝头向上生长、降低枝组高度为主；(*b*) 是旺树的树势表现，主要特征是外围枝头发枝数量过多、长势过强，修剪要严格控制背后枝，不使骨干枝过早开张、枝头下垂；(*c*) 是衰弱树的树势表现，这类树骨干枝的枝头长势已衰退，背上出现枯死的枝组，修剪以恢复树势为主，在补充肥水的基础上，对骨干枝进行回缩修剪，疏除背上衰弱、干枯的枝组，降低大型枝组的高度，尽快恢复树势。

(*a*) (*b*) (*c*)

图 7.12-4 合欢树的长势和长相

(*a*) 自然生长状况下健壮树的枝类组成；(*b*) 旺盛生长树的外围枝头；(*c*) 衰弱树的枝类组成

7.12.3 整形修剪

1. 树形

合欢主要以延迟开心形为基本骨架。这种树形主枝量少，结构牢固，具有较矮的中干，符合合欢自然冠形的扩展规律。基本结构是:有中心领导枝，全树有主枝 5 ～ 7 个，分为两层，第一层有主枝 3 ～ 4 个，第二层有主枝 2 ～ 3 个，层内主枝之间距离 25cm 左右，呈邻近形着生。第一层与第二层主枝间的层间距离 80 ～ 100cm。成形后，冠高维持在 2 ～ 3m 左右。合欢常见的树冠结构类型见图 7.12-5。

(*a*) (*b*) (*c*)

(*d*) (*e*) (*f*)

图 7.12-5 合欢树冠结构类型

(*a*) 挺身式开心形；(*b*) 自然开心形树形的大枝分布情况；(*c*) 自然开心形；

(*d*) 自然开心形生长季的表现；(*e*) 延迟开心形；(*f*) 延迟开心形生长季的表现

2. 定植后的修剪

定植后的合欢树多是由于在苗圃中经过重更新而发出许多长枝，重新构成树冠，修剪应以整形为主。冬季选留位置好、角度正的枝条做主枝头，在春梢健壮充实的部位进行短截，特别要截去梢端的秋梢部分，这样利于树冠迅速扩大，并可促使枝条下部增加萌芽节位，迅速形成树冠。

第二年冬季修剪时，疏除过度下垂的背后枝或在原枝头留上芽进行短剪，抑制倒拉，抬高角度。待树冠高宽比达到 1∶2 时，每年修剪时重点调整“倒拉枝”和背上枝的枝组。

第三年对树冠进行平衡修剪，其一是选留侧枝；其二是调整内膛枝组，保证外围枝头的生长优势；其三是利用骨干枝外围的“倒拉枝”，平衡骨干枝的长势。只要认真操作，整个树势会明显稳定下来。此后合欢树形基本形成，年生长量会变得很均衡，除根据具体长势采用不同的局部修剪之外，可以不再进行修剪。

3. 弱树修剪

合欢大量开花和结实是导致树体早期衰弱的主要原因。弱树在外观上多表现为树冠外围短发育枝密生或呈丛状，叶片颜色淡并有黄叶脱落。修剪方法是冬季疏间和回缩外围枝，疏除、回缩着生在各级骨干枝上的冗长枝组。

4. 老树更新修剪

合欢老龄树的更新修剪可采用在各级骨干枝各留 1.0 ～ 1.5m 锯除树冠的方法，可获得较理想的更新效果，恢复树冠较快。

更新修剪后的第一个冬季修剪，要按整形原则进行，先确定树形，采用“疏、截、留、放”并用的方式进行修剪。首先疏除选定的骨干枝以外的直立旺枝，轻截选定的骨干枝头，以去秋梢为主；对水平生长的密生枝尽量多留少疏，有希望发展为下层大型辅养枝的要按主枝进行培养，这样可以有效地增加枝叶量，树冠恢复快。从第二年冬季开始可按整形修剪的步骤进行修剪。

合欢的自然更新现象及更新修剪方法参见图 7.12-6。

(a)

(b)

(c)

图 7.12-6　合欢自然更新现象及更新修剪

(a) 先端自枯；(b) 向心更新；(c) 局部自然更新

(*d*) (*e*) (*f*)

图 7.12-6　合欢自然更新现象及更新修剪（续）
(*d*)、(*e*) 主枝更新；(*f*) 主枝更新的发枝

7.13　毛白杨 *Populus tomentosa*

7.13.1　生长特性

毛白杨是杨柳科杨属的落叶大乔木，高可达 30m，树冠锥形至卵圆形，主干通直；叶背密生白绒毛，雌雄异株；花序为柔荑花序，雄株多于雌株。

毛白杨萌芽力强，成枝力弱，枝条多呈单轴延伸，树冠内长枝稀少，短枝密生。枝条两极分化现象十分明显。

7.13.2　枝芽特性

1. 芽的类型及特性

毛白杨的芽主要是叶芽、花芽和隐芽。

叶芽着生在一年生长枝的顶端和侧方的叶腋中。叶芽具有早熟性，健壮枝条上的叶芽可抽生春稍和秋梢。生长过旺的枝条可抽生夏梢和秋梢，生长季节可以有 2 ～ 3 次生长。

由于毛白杨萌芽率高，成枝力较弱，自然生长条件下先端可萌生 1 ～ 2 个长枝，余下的芽萌发成为短花枝。短花枝是毛白杨花序分布的主要部位。

毛白杨花芽为纯花芽，一年生短枝顶芽以下的 1 ～ 3 个侧芽可分化为花芽，萌发后抽生柔荑花序。

2. 枝条的类型及特性

毛白杨的枝条，按其性质可分为发育枝、花枝和徒长枝 3 类。

（1）发育枝和花枝：毛白杨的长枝（150cm 以上）分布于树冠外围，短枝是树冠内的主要枝条。

（2）徒长枝：常发生在年界处，长度在 200cm 左右，在幼树和衰老更新的毛白杨树上常见，可用来更新复壮。

毛白杨的枝芽着生情况参见图 7.13-1。其中，(*a*) 是位于树冠外围健壮枝条上的发育枝，这类枝是扩大树冠的主要枝条，枝条上的侧芽均为叶芽，一般不着生花芽。(*b*) 是着生在多年生枝上的一年生中、短枝，这类枝除顶芽为叶芽外，其余侧芽全部形成花芽。(*c*) 是成龄大树的外围枝，其生长势力平缓，可形成大量的短花枝。

（a）

（b）

（c）

图 7.13-1 毛白杨的枝和芽

（a）一年生营养枝的顶芽和侧芽均为叶芽；（b）一年生短枝的侧芽形成花芽；（c）多年生枝上枝条萌发和开花形态

7.13.3 整形修剪

毛白杨常用作背景林或防护林，修剪主要是栽前的截干修剪和成活后 2 ～ 3 年中群体冠形的调整。

栽植前修剪：在规定高度截干后，余下枝条的修剪不要一刀切，分枝点从 2.5 ～ 3m 开始，以上枝条分层次进行选留，一般每层留枝 3 ～ 4 个，层间距 50cm 左右。枝条选好后将这些枝条留 30 ～ 40cm 进行短截。栽植成活后根据发枝情况，对萌发的枝条进行调整。此后的修剪可将群体作为一个整体来看待，逐年调整高度和宽度。

毛白杨常见的几种修剪方式见图 7.13-2。当作为防护林式栽植时，主要应注意逐年抬高分枝点，如图（*a*）；当作为组团栽植时先以重更新修剪的方式定干，如图（*b*），然后将其培养成具有多个分枝的圆头形树冠，如图（*c*）。

（a） （b） （c）

图 7.13-2 毛白杨的修剪

（a）作为防护林设计的列植，逐年抬高分支点的修剪；（b）组团时确定分枝点的修剪；（c）组团成龄后形成的自然开心形的圆形树冠

7.14 华北五角枫 *Acer truncatum*

7.14.1 生长特性

华北五角枫又称元宝枫、平基槭，是槭树科槭属的落叶乔木，高达 12m；树皮灰褐色、深纵裂；单叶掌状 5 裂，先端锐尖或尾尖，基部截形；较喜光；萌芽力和成枝力均强，枝条较直立，外延极性较强；树冠紧凑，枝叶茂密，秋叶转红可供观赏。

7.14.2 枝芽特性

华北五角枫的芽为对生，主要有花芽、叶芽和隐芽。在幼树上，着生在一年生枝条上的顶芽、侧芽均为叶芽。成龄树的短枝上60%左右的顶芽和50%左右的侧芽可以分化为花芽。华北五角枫的各类花枝见图7.14–1。

（*a*）　（*b*）　（*c*）

图7.14–1　华北五角枫的各类花枝
（*a*）长花枝；（*b*）中花枝；（*c*）短花枝和隐芽萌发状况

华北五角枫叶芽具有早熟性，生长旺盛的外围枝生长季节可以多次生长，抽生夏梢和秋梢，春、秋梢之间界限明显。

华北五角枫的花芽为混合芽，在上一年形成，翌年开花结果。混合芽萌发后抽枝和开花几乎同时进行，伞房花序着生在当年生枝的顶端，花为杂性，雄花与两性花同株。华北五角枫的开花状况见图7.14–2（*a*）、（*b*）。

华北五角枫萌芽率和成枝力都较强，自然生长条件下一年生枝条上的侧芽有70%左右可当年萌发形成生长势力均等的中、短枝条。

（*a*）　（*b*）　（*c*）

图7.14–2　华北五角枫的生长状况
（*a*）花枝开花；（*b*）结实；（*c*）生长期冠形

7.14.3 整形修剪

1. 树形

华北五角枫的树形可以采用主干疏层延迟开心形和自然开心形。

主干疏层延迟开心形的优点是主枝量较少，整形容易，结构牢固，可以防止幼龄树木因生长迅速导致树冠抱生。基本结构是有中心领导枝，全树有主枝5～7个，分为三层，第一层有主枝3～4个，第二层有主枝2～3个，第三层有主枝1～2个。第一层与第二层主枝的层间距离为60～80cm，二层以上各层间距40cm左右。成形后，冠高维持在2.5～3.5m，待树势缓和后，落头开心，留下两层主枝，改造成主干疏层延迟开心形。

自然开心形的特点是修剪量小，没有中心领导枝，在主干上错落着生 3 ～ 4 个主枝，各主枝自然生长，主枝上各着生 2 ～ 3 个侧枝，并有背后侧枝，利于扩大树冠，这种树形成形快，但易导致树冠抱生，见图 7.14–2（*c*）。

2. 定植后修剪

经过缓苗期后的幼旺树修剪要以整形为主，冬季修剪时确定骨干枝，然后选留位置好、角度正的枝条做骨干枝头，在春梢健壮充实的部位进行短截，这样树冠扩大速度快。待树冠高宽比达到 1∶1.5 左右时，每年修剪时只剪去拥挤的小枝，其他枝回缩后再长放二年。第三年对树冠进行一次内膛枝组的全面调整。树形基本形成后华北五角枫外围枝的年生长量会变得很均衡，此时要根据具体长势采用不同的局部修剪，长势均衡的树可以不再进行修剪。

经过缓苗期后的成龄树修剪要注意三方面：其一是选留主、侧枝；其二是保证外围枝头的生长优势；其三是疏除骨干枝外围的竞争性强枝。操作时，在第一年的冬季修剪中要按整形原则进行，先确定树形，疏除选定的骨干枝以外的多年生直立枝，对水平生长的多年生枝要回缩保留，下层大型辅养枝要按主枝进行修剪，以增加枝叶量，这样树冠恢复快。第二年冬季开始可按幼旺树整形修剪的步骤进行，2 ～ 3 年便可使整个树势稳定下来。

7.15 五角枫 *Acer mono*

五角枫又称为地锦槭、色木，是槭树科槭属落叶乔木，高 15 ～ 25m，与华北五角枫在单叶形状上有区别，通常掌状五裂，先端渐尖或尾尖，基部为心形（图 7.15–1（*a*））。

五角枫的生长和枝芽特性与华北五角枫相近，区别在于五角枫的枝条较开张，短枝量高于华北五角枫。

五角枫的枝和冠形参见图 7.15–1（*b*）～（*f*），整形修剪方法可参照华北五角枫进行。

（*a*） （*b*） （*c*） （*d*） （*e*） （*f*）

图 7.15–1 五角枫的枝和冠形

（*a*）五角枫单叶形状为掌状五裂，先端渐尖或尾尖，基部为心形；（*b*）枝头的分枝形式；（*c*）内膛更新枝的着生情况；（*d*）外围枝开张，中、短枝密度高于华北五角枫；（*e*）锯口下萌枝可改造为枝组；（*f*）休眠期开心形的冠形

7.16 茶条槭 *Acer ginnala*

7.16.1 生长特性

茶条槭是槭树科槭属落叶大灌木或小乔木，高 4 ～ 6m。树皮灰褐色，纵裂，幼枝绿色或紫褐色，老枝灰黄色。树干直，萌蘖力强，具有多花的特性。花味清香，夏季果翅红色美丽，秋叶易变成鲜红色，翅果成熟前呈红色。

7.16.2 枝芽特性

茶条槭的芽为对生，可分为顶芽、侧芽、顶花芽、腋花芽、潜伏芽。短枝顶芽和停止生长早的长枝的侧芽可以形成混合芽，称为顶花芽和腋花芽，混合芽萌发后先抽枝展叶，然后显现着生在顶端的伞房花序。

树冠内的枝条以长枝（80 ～ 150cm）和短枝（10 ～ 20cm）为主，枝条的两极分化现象较为明显。一般情况下长枝位于树冠外围，短枝位于长枝的下方或多年生枝上，短枝是开花结果的主要枝条。长枝顶芽具早熟性，表现为健壮的长枝一年内可有 2 ～ 3 次生长。茶条槭枝、芽、花、果的着生状况可参见图 7.16–1（*a*）～（*e*）。

图 7.16–1 茶条槭的枝、芽、花和冠形
（*a*）长花枝和短花枝的着生状况；（*b*）营养枝短截后隐芽萌发的状况；（*c*）树冠外围生长旺盛的营养枝，这类枝条的侧芽为叶芽；（*d*）两年生枝条上的短枝顶芽为混合芽，新枝顶端着生花序；（*e*）短花枝上果实的着生状况；（*f*）自然开心形生长季的表现

7.16.3 整形修剪

1. 树形

茶条槭冠体较小，常用树形为自然开心形（图 7.16–1（*f*））。通常主干高度在 40 ～ 50cm，3 个主枝错落着生在主干上。每主枝上配备侧枝 2 ～ 3 个，第一侧枝距主干 30cm 左右，在其对面选择第二侧枝，

第一、第二侧枝间距 40cm 左右。为使树冠丰满，主枝上注意选留基角较大的背后侧枝，着生位置在两个侧枝之间。各级骨干枝上插空选留中小型枝组，并时时注意控制其生长。这种树形内膛充实，树冠丰满。

2. 幼旺树修剪

茶条槭栽植后树势恢复较快，要抓紧整形工作，各级骨干枝头要连续短截 1 ～ 2 年，枝头附近的竞争枝要一次性疏除，其他枝要本着“疏旺缓壮，适度长放”的原则进行处理。由于茶条槭萌芽率高，长放后枝势很快会缓和下来，这时要及时回缩花枝，对长放后出现的多量串花枝要疏间，将其培养成枝组或在夏季修剪时疏除。主干和主枝上萌生的徒长枝，按树冠的空间大小决定去留，较弱的花枝要重回缩进行更新。

3. 夏季修剪

茶条槭夏季修剪要疏间密生的枝条，回缩延伸过远的交叉枝，以利通风透光。有利用价值的旺枝或徒长枝可用拉枝或捋枝的方法处理后给予保留。

4. 改造修剪

绿地中没有整形基础的树，在改造的第一年要按整形原则进行树形修剪，主要是疏除影响主干生长的大型辅养枝、萌蘖枝和影响树冠平衡的大型徒长性骨干枝，对主枝长势弱或主枝受损的，可选择一个生长强健的大型侧枝代替主枝。

7.17 鸡爪槭 *Acer palmatum*

7.17.1 生长特性

鸡爪槭又称鸡爪枫，是槭树科槭属落叶小乔木，高 6 ～ 8m。树皮深灰色，一年生小枝纤细、密生，绿褐色，受光面紫红色，二年生枝暗紫色。伞房花序，花杂性，雄花与两性花同株。夏季易受直射阳光日灼，对土壤适应性较强，不耐寒，越冬须加保护，常植于小气候较好地方。

7.17.2 枝芽特性

鸡爪槭的芽为对生，可分为叶芽、花芽和潜伏芽。鸡爪槭的顶芽败育，其顶端芽常具两个假顶芽。停止生长早的长枝假顶芽和其下方 1 ～ 2 个对生侧芽可以形成混合芽，混合芽萌发后先抽枝展叶，然后显现顶端着生的伞房花序。

鸡爪槭树冠内枝条以长枝（60 ～ 80cm）和短枝（20 ～ 30cm）为主，长枝位于树冠外围，短枝位于长枝的下方或多年生枝上，是开花结果的主要枝条。长枝顶芽具早熟性，健壮的长枝一年内可有 2 ～ 3 次生长，春、秋稍界限明显。

鸡爪槭枝、叶、花、果的着生状况参见图 7.17–1。

图 7.17–1 鸡爪槭的枝、叶、花、果的着生状况

7.17.3 整形修剪

1. 树形

鸡爪槭冠体较丰满，常用树形为自然开心形，通常主干高度在 40 ～ 50cm。主枝 3 ～ 4 个，每主枝上配备侧枝 2 ～ 3 个，第一侧枝距主干 40cm 左右，侧枝间距离 50cm 左右。主枝上选留基角较大的背后侧枝，各级骨干枝上插空选留中、小型背斜和背后枝组，使内膛充实、树冠丰满。鸡爪槭自然开心形冠形及骨干枝分布情况见图 7.17–2。

图 7.17–2 鸡爪槭的冠形和骨干枝分布

2. 定植后修剪

鸡爪槭栽植后树冠已经形成，树势恢复较快，要抓紧整形工作，各级骨干枝枝头要连续短截 1 ～ 2 年，枝头附近的竞争枝要一次性疏除，其他枝要本着“疏旺缓壮、适度长放”的原则进行处理。由于茶条槭萌芽率高，长放后枝势很快会缓和下来，这时要及时回缩花枝，对长放后出现的多量串花枝要疏间培养成枝组或夏季修剪时疏除。主干和主枝上萌生的徒长枝，按树冠的空间大小决定去留，较弱的花枝要重回缩进行更新。

3. 夏季修剪

鸡爪槭夏季修剪要疏间密生的枝条，回缩延伸过远的交叉枝，以利通风透光。有利用价值的旺枝或徒长枝可用拉枝或捋枝的方法处理后给予保留。

4. 改造修剪

绿地中没有整形基础的树在改造的第一年要按整形原则进行树形修剪，主要是疏除影响主干生长的大型辅养枝、萌蘖枝和影响树冠平衡的大型徒长性骨干枝。对主枝长势弱或主枝受损的，可选择一个生长强健的大型侧枝代替主枝。

7.18 红叶鸡爪槭 *Acer palmatum* cv. Atropurpureum

红叶鸡爪槭又称红枫，是鸡爪槭的一个变种。枝条紫红色，新萌发叶、秋叶及花序均为深红色，观赏价值高于鸡爪槭。

红叶鸡爪槭的生长和枝芽特性与鸡爪槭相似，区别在于红叶鸡爪槭的枝条较为开张，短枝量比鸡爪槭少。

红叶鸡爪槭的枝、芽着生情况及冠形参见图 7.18–1，整形修剪方法可参照鸡爪槭进行。

（*a*）（*b*）（*c*）

图 7.18–1 红叶鸡爪槭的花枝、花序和冠形

（*a*）着生在一年生长花枝上的侧生混合芽；（*b*）树冠外围的开花枝组；（*c*）红叶鸡爪槭冠形和主枝的着生状况

7.19 华桑 *Morus cathayana*

7.19.1 生长特性

华桑又名花桑、葫芦桑，是桑科桑属的一个种，为小乔木，高达 12m。华桑冬芽有白柔毛，同一株上的叶片有裂或不裂，雌雄同株异枝，树皮平滑，枝条粗壮稍直立，萌芽力、成枝力强。华桑树冠自然层次清楚，枝条长势均匀，喜光，适应性强，较耐寒，耐干旱，耐瘠薄，耐碱。

7.19.2 枝芽特性

桑树的芽为互生，可分为花芽、叶芽和隐芽。花芽为混合芽，一年生枝条的顶芽和侧芽均可形成混合芽，混合芽萌发后抽生新枝的同时逐渐显现出着生于新枝叶腋中的雌、雄花序（图 7.19–1）。弱枝上着生的芽多为叶芽。

生长充实的一年生枝的顶生叶芽具有早熟性，当年可发生夏梢和秋梢。

桑树树冠内的枝条以长花枝（50 ～ 60cm）和中花枝（40 ～ 50cm）为主，是其开花结果的主要枝条，其次是长度为 30cm 左右的短花枝。

(*a*) (*b*) (*c*)
(*d*) (*e*) (*f*)

图 7.19-1 华桑的混合芽着生位置和花枝开花状况
(*a*) 一年生枝条的侧芽绝大部分为混合芽；(*b*) 华桑的长、中、短花枝，顶芽、侧芽可分化大量混合芽；
(*c*) 顶芽为混合芽时的萌发状况；(*d*) 侧芽为混合芽时的萌发状况；
(*e*) 侧芽在结实的同时有的可以抽生新枝，有的当年不抽枝而形成隐芽；(*f*) 侧芽萌发后显现花序

7.19.3 整形修剪

1. 树形

华桑体量中等，具有一定的自然层次，通常采用疏层形树形（图 7.19-2（*a*））。这种树形都具有中心领导枝，在中干上留 2 ～ 3 层主枝，第一层主枝 2 ～ 3 个，第二层主枝 2 个，第三层主枝 1 ～ 2 个，层间距 1.0 ～ 1.2m。中干的层间一般不保留辅养枝和枝组。华桑枝条较直立，发枝力强，可以及时利用背后枝开张主、侧枝的角度。每个主枝上选留 2 ～ 3 个侧枝，根据侧枝位置和空间大小，适当选留副侧枝，但不宜过多。第二层主枝体量要小一些，生长前期保持圆锥形树冠；后期下部 3 个主枝定型后有目的地加强上部主枝的生长，使树冠逐步形成半圆形。

(*a*) (*b*) (*c*)

图 7.19-2 华桑的冠形、外围枝和单轴枝组
(*a*) 华桑的冠形；(*b*)、(*c*) 华桑树冠外围水平生长的外围枝，这些外围枝都是大型单轴枝组

2. 控制外围生长势

华桑各级骨干枝头的发枝量和生长量都较多，一般为 2 ～ 3 个（图 7.19-2（*b*）、（*c*））。修剪时

本着“单枝单头”和“枝头附近不留壮枝”的原则进行修剪，这样既可以稳步扩大树冠又可防止外围拉力过强造成内膛光秃。对其他枝条，重点是疏除过旺枝、直立枝和密挤枝，中庸枝应全部保留用于开花结果，长放 1 ～ 2 年后回缩成为枝组。

3. 成龄树修剪

在逐步完成树形的基础上，根据花枝类型的变化情况，重点调整各级枝组。华桑的枝组以中型为主，结构要紧凑，采用“长枝轻回缩”的方法进行调整。当整株树生长势力缓和后可以每隔 2 ～ 3 年调整一次。

华桑自然层次好，枝条的生长势均衡，修剪中除个别部位进行少量疏枝外，多以短截修剪为主。不同枝条的短截效果见图 7.19-3。图中，(*a*) 是直立枝短截后的发枝情况，冬季采取“去强留弱”的回缩修剪可培养成枝组；(*b*) 是二年生长放枝的短截修剪效果，多用于枝条长放后的光杆枝的回缩更新；(*c*) 是生长季摘心促进侧芽当年萌发的效果，此方法多用于培养枝组。

(*a*) (*b*) (*c*)

图 7.19-3 华桑的修剪

(*a*) 骨干枝枝头短截修剪的发枝情况；(*b*) 二年生枝短截的发枝情况；(*c*) 生长季对当年生枝进行摘心后侧芽的萌发情况

7.20 龙桑 *Morus alba* cv. Tortuosa

7.20.1 生长特性

龙桑又称九曲桑、龙爪桑，是白桑变种，乔木，高可达 15m。枝条扭曲向上、粗壮、节间短，叶片大、质厚、不裂，萌芽率高，成枝力较弱，耐修剪，雌雄异株。

7.20.2 枝芽特性

龙桑树的芽为互生，可分为花芽、叶芽和隐芽。花芽为混合芽，一年生枝条的顶芽和侧芽均可形成混合芽。混合芽萌发有两种表现形式，其一，可以抽生新枝，花序着生于叶腋中，当年开花结果的同时还可以抽生短花枝或中花枝；其二，以极短枝形式出现，外观上 3 ～ 5 个花序生长在同一节位上，无新生枝条，这个节位的叶芽以隐芽的形式存在下来，条件适宜时可抽生新枝。弱枝上着生的顶芽和侧芽多为叶芽，萌发后可抽生新的花枝。生长充实的一年生枝的顶生叶芽具有早熟性，当年可发生夏梢和秋梢。

龙桑树冠内的枝条以长花枝（50 ～ 60cm）和中花枝（30 ～ 40cm）为主，是龙桑树开花结果的主要枝条，其次是长度为 20cm 左右的短发育枝。

龙桑的枝芽着生情况和冠形见图 7.20-1。其中，(*a*) 是树冠外围一年生枝条的着生情况，可以看到枝条弯曲部位着生的叶芽的外观形态，隐芽着生在枝条的基部，多年生部位的弯曲处为隐芽集中的部位；(*b*) 是龙桑的花枝，顶芽为叶芽，侧芽依据形成条件的差异可形成花芽或混合芽；(*c*) 是这些芽萌发后的开花结实情况；(*d*) 是由众多弯曲的枝条形成的开心形树冠。

（*a*）　（*b*）

（*c*）　（*d*）

图 7.20-1　龙桑的枝、芽和冠形

（*a*）树冠外围一年生枝条的着生状况；（*b*）一年生长花枝和中花枝；（*c*）结果状况；（*d*）冠形

7.20.3　整形修剪

1. 树形

龙桑体量较大，自然层形较好，常采用疏层形树形。其整形过程可参考华桑进行。

2. 骨干枝修剪

龙桑树的枝条弯曲，幼龄期对修剪反应敏感，树冠外围延长枝短截后常萌生 2 ～ 3 个方向不规则的长枝，因而只要枝条长势不过旺、顶芽饱满，可暂时不短截。修剪时可疏除枝头附近的旺枝和直立枝；短截中庸枝；背后枝和背斜枝轻打头，培养为侧枝或副侧枝，这样可以稳步扩大树冠。

3. 成龄树修剪

龙桑树在成龄之后，树冠外围的长枝分布多而密，修剪要根据树形和枝条类型的变化情况来确定。外围生长量大时，要适当疏间外围；外围生长稳定时，重点是保证外围枝量相对稳定，调节枝条递增率和调整内膛各级枝组。龙桑的内膛枝组以大、中型为主，不然会因枝条稀疏而脱节。当整株树生长势力缓和后可以每隔 2 ～ 3 年调整一次。

7.21 构树 *Broussonetia papyrifera*

7.21.1 生长特性

构树又名楮树、野杨梅子，是桑科构树属的落叶乔木，高达 16m。构树的树皮平滑，枝条粗壮平展，萌芽力强，成枝力中等，喜光，适应性强，较耐寒，耐干旱瘠薄土壤，树冠自然层次清楚，枝条长势均匀。雌雄异株，绿地中雌、雄株都有使用。

7.21.2 枝芽特性

构树的芽为互生，可分为花芽、叶芽和隐芽。花芽为混合芽，一年生枝条的顶芽和侧芽均可形成混合芽。混合芽萌发后，抽生新枝的同时逐渐显现出着生于新枝叶腋中的雌、雄花序。通常雄株抽生葇荑花序 2 ～ 3 个（图 7.21–1），雌株抽生头状花序 1 ～ 2 个（图 7.21–2）。构树健壮枝条上的芽均可形成混合芽，弱枝混合芽形成能力低，其上着生的多为叶芽。

（*a*）（*b*）（*c*）

图 7.21–1 构树雄株的枝条类型和雄花着生状况

（*a*）长花枝的侧芽开花形状；（*b*）短花枝的侧芽开花形状；（*c*）对生芽双芽均可形成雄花

（*a*）（*b*）（*c*）

图 7.21–2 构树雌株的枝条类型和雌花着生状况

（*a*）长花枝的侧芽开花状况；（*b*）短花枝的侧芽开花状况；（*c*）对生双芽的结实形态

生长充实的一年生枝的顶生叶芽具有早熟性，当年可发生夏梢和秋梢，但着生于秋梢枝段的顶芽和侧芽均为叶芽，着生于春梢枝段的侧芽几乎都可形成花芽。

构树树冠内的枝条以长花枝（50 ～ 60cm）和中花枝（40 ～ 50cm）为主，是构树开花结果的主要枝条，其次是长度为 30cm 左右的短花枝。健壮树上长花枝和中花枝均匀地分布在树冠外围，极短枝分布于多年生枝上。树势较弱时隔年开花现象明显，而且花枝以极短花枝为主。

7.21.3 整形修剪

1. 树形

构树体量较大，有一定的自然层次，可以采用延迟开心形或疏层形树形。这两种树形都具有中心领导枝，在中干上留三层主枝，延迟开心形后期变为两层，疏层形可以始终保持三层。通常第一层主枝 3 ～ 4 个，层间 1.0 ～ 1.2m，每个主枝上选留 2 ～ 3 个侧枝，根据侧枝位置和空间大小，适当选留副侧枝，但不宜过多。第二层主枝体量要小，一般留主枝 2 个，基角 45° ～ 50°，再向上可再选留一层主枝。中干的层间可适量保留辅养枝和枝组。构树枝条较开张，可以任其自然生长，当遇到基角较小的情况时，可用拉枝或背后枝换头的方法一次性解决。此两种树形的主要优点是前期可以防止树冠抱生，后期可保证冠内通风透光。

2. 骨干枝修剪

构树的各级骨干枝枝头的发枝量和生长量都比较稳定，一般可以发枝 2 ～ 3 个，而且长势均衡，修剪方法是本着“逢三疏一，截一放一”的方法进行修剪，这样可以稳步扩大树冠。构树骨平枝中后部的枝条均匀丰满，其他枝条重点疏除过旺枝、直立枝和密挤枝，中庸枝应全部保留开花，临时的辅养枝要加大角度。

3. 成龄树修剪

成龄树修剪首先是继续逐步完成树形，根据花枝类型变化的情况重点调整各级枝组。构树的枝组以中型为主，结构要紧凑，采用“长轴中回缩”的方法进行调整。当整株树的生长势力缓和后可以每隔 2 ～ 3 年调整一次。

7.22 丝棉木 *Euonymus maackii*

7.22.1 生长特性

丝棉木即白杜卫矛，是卫矛科卫矛属落叶乔木，高达 10m，树冠近球形。树皮灰色，幼时光滑，老时浅纵裂；小枝绿色，微具四棱，无毛；喜光，稍耐阴，耐寒，耐旱，也耐湿，对土壤要求不严。

丝棉木的萌芽力和成枝力均很强，对修剪反应敏感，短截后易发生大量枝条，修剪以疏枝为主。

7.22.2 枝芽特性

丝棉木的芽为对生，可分为叶芽、混合芽和隐芽。丝棉木的冬芽为叶芽或混合芽，叶芽萌芽后抽枝展叶；混合芽萌芽、抽枝展叶后抽生新枝，新枝的基部 2 ～ 3 个节位叶腋间着生二歧聚散花序，落花后副芽形成隐芽。隐芽着生于多年生枝条的原节位处或年界处，稍受刺激即可萌发。

丝棉木的枝可分为花枝和营养枝，花枝萌发后可抽生新枝条并着生花序。丝棉木成龄树的一年生新枝成花量很大，通常生长健壮的一年生枝条的顶芽及下部的 8 ～ 15 节对生的侧芽均可形成混合芽。丝棉木花枝的开花状况见图 7.22-1（*a*）～（*c*）。

7.22.3 整形修剪

1. 树形

丝棉木树体中等，发枝量大，容易整形。可根据栽培地点选择基部三主枝半圆形或自然开心形等冠形。

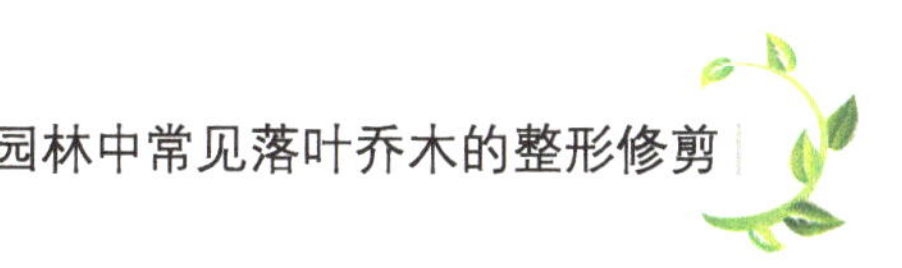

图 7.22-1 丝绵木的花枝、枝组和冠形
（*a*）长花枝的开花形态；（*b*）健壮的外围枝头的着花情况；（*c*）辅养枝长放后枝头下垂；
（*d*）内膛枝回缩后形成的枝组；（*e*）着生在骨干枝上的多年生枝组；（*f*）组团栽植冠形

2. 各级骨干枝修剪

主、侧枝的延长枝留壮枝、壮芽短截，剪口下的对生芽顺手剥掉一个。对生的枝条要根据“变对生为合轴”的修剪原则，疏掉对生枝中的一个，留下方向正、位置好、不直立、不竞争的枝条，保证枝头的生长优势。修剪中应疏除枝头附近的竞争枝，其余枝中、长花枝轻打头，促生较短的分枝。如图 7.22-1 中，（*b*）为外围健壮的一年生斜生枝头，（*c*）为长放的辅养枝下垂枝头。

3. 培养枝组

对长花枝和中花枝一律采用“先放后缩”的方法，尽量少短截，需更新时在隐芽部位短截。这样的枝组顺序性好，且生长较稳定。如图 7.22-1 中，（*d*）为着生在内膛的多年生枝组，（*e*）为着生在侧枝上的多年生枝组。

4. 更新修剪

丝棉木大量开花后，树冠内会形成大量的后部光秃的长轴枝组，要及早更新复壮。衰弱的小型枝组应疏除，进行枝组更新，可采用“回缩抬头”、“去老留新”的方法进行调整。

7.23 黄栌 *Cotinus coggygria* var. *cinerea*

7.23.1 生长特性

黄栌是漆树科黄栌属的灌木或小乔木，2 ～ 3 年生树高可达 2m。树皮暗褐色，小枝紫褐色，喜温暖，耐庇荫，耐干旱瘠薄，对土壤要求不严。黄栌根系发达，萌根力强。

黄栌的花极有特色，为杂性或单性异株，花小，花梗纤细、粉红色，不孕花花梗伸长成羽毛状。

黄栌的萌芽力低，成枝力也较弱，每年树冠中萌生新枝量较少，树冠枝条稀疏，易形成光秃带。黄栌的修剪以短截为主，其对修剪反应不敏感，短截后剪口下发生 1 ～ 2 个长枝，其下再形成 1 ～ 2 个中短枝条。

7.23.2 枝芽特性

黄栌的芽为对生，可分为叶芽、混合芽和隐芽。黄栌的冬芽为叶芽或混合芽，叶芽萌芽后抽枝展叶；混合芽萌芽、抽枝展叶后抽生新枝，新枝的顶部着生圆锥花序，花序下部叶腋间的芽可形成混合芽，第二年开花结实，见图 7.23–1。

黄栌的枝可分为花枝和营养枝，花枝萌发后可抽生新枝条并着生花序，一般集中于一年生枝条的顶部，其下的芽部分萌发但不整齐。短花枝开花后，形成短花枝或短营养枝。

黄栌成龄树的一年生新枝成花量很大，通常生长健壮的一年生枝条的顶芽周围及下部萌发的芽在越冬后均可开花。

隐芽着生于多年生枝条上和年界处，受刺激即可萌发。

(*a*) (*b*) (*c*)
(*d*) (*e*) (*f*)

图 7.23–1 黄栌的分枝、花和果实

(*a*) 花序着生在当年生新枝顶端；(*b*) 一年生枝条顶部着生的轮生芽当年萌发、开花的形状；(*c*) 二年生枝条年界处着生的轮生芽当年萌发、开花的形状；(*d*) 盛花期的花序形态；(*e*) 末花期的花序形态和结果初期状况；(*f*) 落花后的果实着生形态

7.23.3 整形修剪

1. 树形

黄栌树体较小，发枝量较少，整形相对容易。可根据栽培地点选择基部主枝牢固的分层形或自然开心形等树形（图 7.23–2（*a*）、（*b*））。

2. 各级骨干枝修剪

主、侧枝的延长枝应多采用“留壮枝”、“壮芽短截”的方法，以保证枝头的生长优势，克服幼龄树枝条后部光秃，使树体紧凑。通常要根据“变对生为合轴”的修剪原则，将剪口下的对生芽顺手剥掉一个；对生的枝条应疏掉其中的一个，留下方向正、位置好、不直立、不竞争的枝条，同时疏除枝头附近的竞争枝，其余枝中中、长花枝轻打头，促生较短的分枝。对树冠外围的长放枝和骨干枝枝头的修剪常用短截和疏枝的方法交替进行。长放外围枝，由于先端发枝量多，常会形成“头重脚轻”的现象，如图 7.23–2（*c*），修剪中可采用回缩的方法将长放枝改造成枝组；对枝头则应采用疏枝加短截

(*a*) (*b*)

(*c*) (*d*)

图 7.23-2 黄栌的冠形、外围枝的着生形态和骨干枝分布情况
(*a*) 黄栌的自然开心形冠形；(*b*) 开心形树形的骨干枝着生状况；
(*c*) 长放后外围枝的分枝情况；(*d*) 经疏枝修剪后的黄栌枝头的生长情况

的方法进行培养，如图 7.23-2（*d*）。

3. 培养枝组

对长花枝和中花枝一律采用“先截后缩”的方法，尽量少疏枝，需更新时可在年界部位短截，这样形成的枝组生长较稳定。

4. 更新修剪

黄栌大量开花后，树冠内枝条自枯现象较为明显，大型枝组多为后部光秃的长轴枝组，因而要及时更新复壮。衰弱的小型枝组应及早回缩更新，采用“回缩抬头”、“去老留新”的方法进行调整。

7.24 美国红栌 *Cotinus coggygria* cv. Royal Purple

美国红栌是黄栌的一个变种，又名红叶树、烟树，原产美国。落叶乔木，萌芽力、发芽力、萌蘖性强，生长快，年生长量 100cm 左右。春季叶片为鲜嫩的红色或紫红色；夏季其上部新生叶片始终为红色或紫红色，下部叶片渐变为绿色；秋季叶片全鲜红，观之如烟似雾，故有“烟树”之称，彩叶性状独特。

美国红栌树形美观大方，叶片大而鲜艳，喜光，也耐半阴，不耐水湿，抗污染、抗旱、抗病虫能力强，是城市及公园绿化的乔木阔叶彩色新树种。

美国红栌的枝芽特性与黄栌相近，区别在于其枝条直立性和树势的健旺程度均优于黄栌，植株通过修剪较容易实现乔木的牢固树形。美国红栌的枝条发枝状况和冠形参见图 7.24–1。

（a）（b）

（c）（d）

图 7.24–1 美国红栌的枝条和冠形

（a）一年生枝抽生的当年生花枝状况；（b）二年生枝发枝状况；（c）多年生枝发枝状况；（d）美国红栌的直立性冠形

美国红栌的整形修剪见图 7.24–2，修剪中可参照黄栌进行。

（a）（b）（c）

图 7.24–2 美国红栌的修剪

（a）疏掉长势健旺的直立枝条，留下长势均等的一年生枝，以控制直立旺长；
（b）疏枝时留橛，防止留下的枝条抱生，第二年对萌生的新枝“去强留弱”；（c）疏枝后的冠形

7.25 火炬树 *Rhus typhlna*

7.25.1 生长特性

火炬树是漆树科盐肤木属的落叶小乔木，1959 年自欧洲引入我国。火炬树高达 10m，树皮灰褐色、粗糙，小枝茂密、密被粗直柔毛。喜光，耐干旱、瘠薄、盐碱，稍耐寒。适应性强，根系发达，萌蘖能力强，生长迅速。秋季叶转红，果似火炬宿存于枝顶，具较好的观赏性。

火炬树寿命短，树冠外延速度快，内膛光秃明显，一般在 8 ～ 12 年即表现外围枝短小丛生、生长量小、树势衰退明显，需时时注意更新。

火炬树萌芽力很低，成枝力较强，发枝多集中在一年生枝的顶部，健壮的幼龄树枝条的递增有一定规律，常呈 3″ 或 4″ 的几何级数增加，但长度逐年缩短，最终因拥挤和养分供应差而退枝。

7.25.2 枝芽特性

1. 芽的类型及特性

火炬树的芽为互生，可分为叶芽、花芽和隐芽。火炬树的冬芽为叶芽或混合芽，叶芽萌芽后抽枝展叶；混合芽萌芽后先抽生新枝，新枝的顶部着生圆锥花序。火炬树的花为单性异株，新枝的顶部着生的圆锥花序有雌雄之分，通常雄花序脱落，雌花序宿存。

火炬树花序下部叶腋间的芽可连续形成混合芽，第二年开花结实，常在一个连续生长 3 ～ 4 年的枝条上见到当年的新花与 2 ～ 3 年的宿存花序并生的现象。

火炬树的隐芽着生于当年生枝条和多年生枝条上，自然萌发率极低，是更新修剪中可以利用的芽。火炬树隐芽寿命短，利用其更新，需早做计划，通常 1 ～ 2 年生枝条上的隐芽萌发力较强。

2. 枝条的类型及特征

火炬树的枝可分为花枝和营养枝，其枝芽着生状况见图 7.25–1。花枝萌发后可抽生新枝条并着生花序（图 7.25–2），花序一般集中于一年生枝条的顶部，其下的芽发育不充实时多形成叶芽。

（*a*）（*b*）（*c*）（*d*）（*e*）（*f*）

图 7.25–1 火炬树的枝、芽着生状况

（*a*）长花枝的着生状况；（*b*）中花枝的着生状况；（*c*）秋梢芽的着生状况；（*d*）上一年着生花序的枝条的萌发状况；（*e*）树冠外围的枝组着生状况；（*f*）内膛枝组着生状况

(*a*) (*b*) (*c*)

(*d*) (*e*) (*f*)

(*g*) (*h*) (*i*)

图 7.25-2　火炬树花序的形成过程
(*a*)、(*b*) 叶芽的萌发过程；(*c*) ～ (*f*) 混合芽的萌发过程；(*g*) ～ (*i*) 花序的形成过程

火炬树成龄树的一年生新枝成花量很大，通常生长健壮的一年生枝条的顶芽周围及下部萌发的芽均可开花，修剪中有计划地疏枝十分重要。

7.25.3　整形修剪

1. 树形

火炬树冠体较开张，自然形成的骨架清晰，最适宜的树形是杯状形和自然开心形。这两种树形用在火炬树上也有其不足之处，由于火炬树发枝量明显向外围集中，采用杯状形时会加剧外延生长，导致内膛很快光秃；采用自然开心形时选择侧枝较为困难，因此，一般情况下在选择好主枝后不再刻意选择侧枝，而是依靠火炬树的自然分枝进行树冠的培养，每年只通过枝条长势平衡的方法控制过强部分来逐步完成树形，如图 7.25-3。

(*a*)

(*b*)

图 7.25-3　火炬树自然开心形冠形
(*a*) 自然开心形骨干枝和枝组的分布状况；
(*b*) 自然开心形生长季节开花状况

2. 定形修剪

火炬树主、侧枝的延长枝应采用一年生枝短截的方法，利用枝条中部的隐芽萌发形成的枝条使枝轴紧凑，同时对枝头以下萌发的枝条在第二年进行短截，可以获得较稳定的枝组，克服内膛光秃。其他枝在不影响骨干枝枝头的前提下，留下方向正、位置好、不直立、不竞争的枝条，以保证枝头的生长优势，克服幼龄树枝条后部光秃，使树体紧凑。根据“枝头附近不留壮枝”的修剪原则，骨干枝枝头一律采用“单枝单头”的修剪方法，疏除枝头附近的竞争枝，其余的长花枝轻打头，中花枝留下开花，连续 2 ～ 3 年即可完成树形的基本骨架，使内膛充实并有效抑制外延速度。

3. 更新修剪

火炬树大量开花后，树冠内枝条自枯现象较为明显，要及时更新复壮。已表现衰弱的枝组应在 2 ～ 3 年生部位回缩更新，采用“回缩抬头”、“去老留新”的方法进行调整。

7.26 臭椿 *Ailathus altissima*

7.26.1 生长特性

臭椿又称樗树，是苦木科臭椿属的深根性落叶乔木，高达 20 ～ 30m。臭椿枝条粗壮，萌芽力和成枝力均较低，树冠内枝条稀疏，自然层次清楚。圆锥花序顶生，花小而多，白绿色。

臭椿喜光，适应干冷气候，耐干旱瘠薄，对土壤条件要求不严。

7.26.2 枝芽特性

臭椿的芽为互生，可分为叶芽、混合芽和隐芽。臭椿的冬芽为叶芽或混合芽，叶芽萌芽后抽枝展叶，混合芽萌芽后先抽生新枝，新枝的顶部着生圆锥花序。

臭椿的雄花与杂性花异株，在雄株上新枝的顶部着生的圆锥花序为雄花，花后整个花序脱落，留下一段尾枝；在杂性株上，通常雄花脱落，雌花序宿存并形成种子。臭椿花序下部叶腋间的腋芽可连续形成混合芽，第二年开花结实。在杂性株上常可见到在一个连续生长 3 ～ 4 年的枝条上，当年的新花与 2 ～ 3 年的残留花序并生。

隐芽着生于当年生枝条和多年生枝条上，寿命长，但自然萌发率极低，是更新修剪可以利用的芽。

臭椿的枝可分为花枝和营养枝，花枝萌发后可抽生新枝条并着生花序，一般集中于一年生枝条的中下部，紧邻顶芽的侧芽在发育不充实时多形成叶芽。

臭椿的顶生叶芽和生长健旺枝条上的侧芽具有早熟性，当年的 7 ～ 8 月份开始抽生秋梢。这些秋梢很短，叶片的节间紧凑，顶芽发达，容易形成丛枝。

臭椿成龄树的一年生新枝成花量和生长量均较大，背后枝的生长具有明显的“倒拉”习性，是臭椿成龄后树冠开张的主要原因。通常生长健壮的一年生枝条中下部的背后叶芽生长势最旺，周围及下部萌发的芽则抽生花枝开花，修剪中充分利用这一习性十分重要。

7.26.3 整形修剪

1. 树形

臭椿冠体较开张，自然形成的骨架清晰，最适宜的树形是自然开心形（图 7.26–2）。由于臭椿树发枝量均匀，采用自然开心形时重点是选择侧枝和控制局部的不均衡，稍事修剪便可获得理想树形。

2. 定形修剪

先确定主、侧枝，其后对延长枝采用“去秋梢”的短截方法，利用春梢枝条中部芽萌发形成的枝条扩大树冠，特别要利用好背后枝。臭椿背上的直立枝一般不会徒长，对其进行轻短截修剪可使枝轴紧凑。

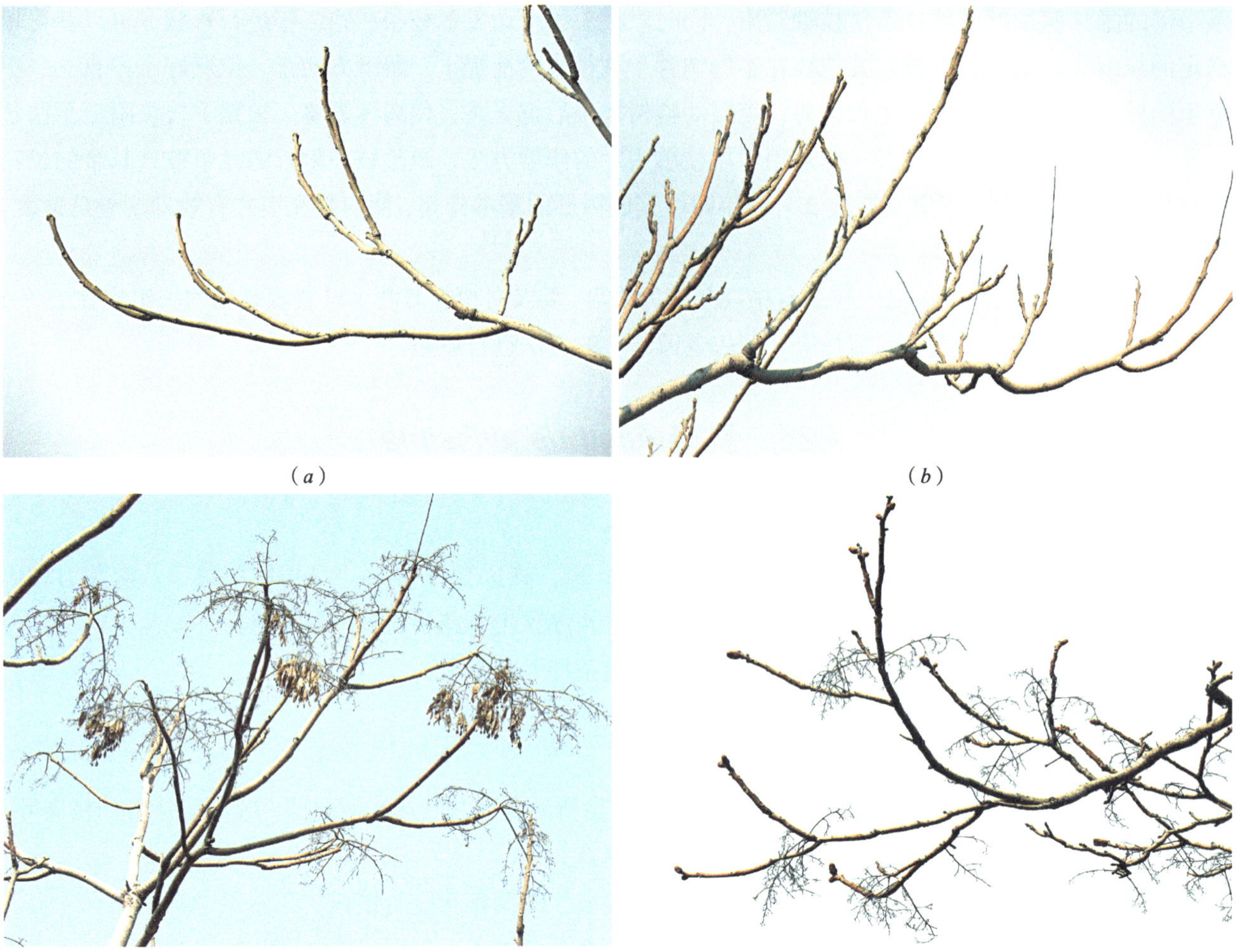

（*a*） （*b*）

（*c*） （*d*）

图 7.26-1　臭椿雄株和杂性株外围枝条的分布状况

（*a*）、（*b*）雄株树冠外围枝的分布状况；（*c*）、（*d*）杂性株树冠外围枝的分布状况

（*a*） （*b*）

图 7.26-2　臭椿的树形

（*a*）雄株主枝邻接式的自然开心形；（*b*）杂性株主枝邻接式的自然开心形

对枝头以下萌发的枝条可先放一年，第二年再进行回缩，这样可以获得较稳定的斜生枝组，防止内膛光秃。其他枝在不影响骨干枝枝头的前提下，留下方向正、位置好、不直立、不竞争的枝条，以保证枝头的生长优势，以防幼龄树枝条后部光秃，使树体紧凑。如此经过连续 2 ～ 3 年即可完成树形的基本骨架，此后可以任其自然发展。

3. 更新修剪

臭椿大量开花后，树冠内枝条自枯现象较为明显，要及时更新复壮。已表现出衰弱迹象的枝组，应在枝条上 2 ～ 3 年生的部位进行回缩更新，采用“回缩抬头”、“去老留新”的方法进行调整。

7.27 千头椿 *Ailanthus altissima*

千头椿自然长势均衡，具有发枝等长的特点，生长特性和枝芽特性与臭椿十分相似。千头椿的分枝和冠形结构参见图 7.27–1。

千头椿整形修剪比臭椿更简便，在定植后只需留好基本骨架，此后可以任其自然生长，经过 3 ～ 4 年之后，进行一次枝条调整修剪，便可获得理想的管理效果。

(*a*) (*b*) (*c*) (*d*)

图 7.27–1 千头椿的分枝和冠形结构
（*a*）在分支点处主枝的分布状况；（*b*）外围多年生枝角度自然开张的状况；
（*c*）树冠顶部外围枝的着生状况；（*d*）整株的株型和自然开心形冠形

7.28 香椿 *Toona sinensis*

7.28.1 生长特性

香椿是楝科香椿属的深根性落叶乔木，高达 25m。香椿小枝顶芽发达，侧芽外形很小；枝条粗壮，萌芽力和成枝力均较低；树冠内枝条稀疏，自然层次清楚；萌蘖力强，生长较快；喜光，喜肥沃土壤和温暖气候，较耐水湿及干旱。

香椿幼叶及嫩芽味清香，是名贵芽菜，庭院中栽培较多。

7.28.2 枝芽特性

香椿的枝芽特性与臭椿大体相同，芽互生，顶生圆锥花序。区别在于，香椿的萌芽力及成枝力大于臭椿，紧邻顶芽的下部侧芽呈轮生状，当年均可萌发。

香椿若以获得芽菜为目的，利用的主要对象则是一年生枝的顶芽和着生在顶芽以下的侧芽，其生长形态见图 7.28-1。图中，(*a*) 是生长健壮的一年生枝经过短截修剪后萌生的采芽预备枝，有明显的二次生长。(*b*) 是连续采芽后形成的一年生枝群，在修剪时应回缩更新。(*c*) 是当年采去顶芽萌发芽枝以后的侧芽萌发情况，这些侧芽中的一部分可作为芽菜继续采收，留 1 ～ 2 个枝作为下一年的采芽预备枝。(*d*) 是生长旺盛的枝条，可在生长季于年界以上 5 ～ 10cm 处短截促使当年的休眠隐芽萌发，增加芽菜的采收量。

(*a*)　(*b*)

(*c*)　(*d*)

图 7.28-1　香椿冬芽和侧芽的萌发状况

(*a*) 一年生枝短截修前后当年形成的芽枝；(*b*) 当年连续采芽后萌发的二次枝；
(*c*) 当年采去顶芽后侧芽的萌发情况；(*d*) 年界处轮生的瘪芽，不能萌发新芽

7.28.3 整形修剪

1. 树形

香椿树冠体较直立，自然形成的骨架清晰，为便于采芽和增加产量，最适宜的树形是低干式的自然开心形。重点是选择侧枝和安排较多量的枝组，尽量增加树冠内的生长点数量，以获得大量新芽。

2. 修剪

先确定主、侧枝，然后对延长枝采用“只留春梢芽”的短截方法，促进发枝和扩大树冠，充分利用好背上枝和背后枝，进行全面短剪，促发新芽并使枝轴紧凑。对枝头以下萌发的枝条可在生长季节进行短截，促发新枝获取第二茬芽。其他枝在不影响骨干枝头的前提下，留下方向正、位置好的枝条，扩大枝组体量，并使其紧凑。

3. 更新修剪

香椿连年采芽后，树冠内枝条扭曲现象较为明显，要在每年第一次采芽后对母枝进行一次短截修剪，促发新枝。待这些新枝生长到 20cm 左右时，用摘心方法摘下 5 ～ 8cm 新芽食用。对已表现衰弱的枝组可在 2 ～ 3 年生部位回缩更新，见图 7.28–2。

（*a*）　　（*b*）　　（*c*）

图 7.28–2　香椿的轮生芽着生部位及利用状况

（*a*）一年生枝条轮生芽的部位，采掉顶芽后可使这些芽萌发；（*b*）锯口附近的轮生隐芽萌发状况；（*c*）多年生枝重短截后促使轮生的芽萌发，利用这些芽可获得较多的芽菜

7.29 楝树 *Melia azedarach*

7.29.1 生长特性

楝树又名苦楝，是楝科楝属的落叶乔木，高达 20m。树皮深褐色，浅纵裂。幼枝绿色，有星状毛；老枝紫褐色，有灰白色皮孔。喜光，幼苗稍耐庇荫，喜温暖气候，不耐严寒，不耐干旱，较耐盐碱。楝树生长快，萌芽力强，成枝力中等，自然层性较好。大枝的尖削度稍差，外延速度过快时易下垂。

7.29.2 枝芽特性

楝树的芽为互生，无顶芽，外观上见到的芽均为侧芽。芽体近球形，可分为花芽、叶芽和隐芽。

楝树花芽为混合芽，营养充足的一年生枝条顶部的 1 ～ 3 个侧芽可形成混合芽。混合芽萌发后抽生新枝的同时逐渐显现出着生于新枝基部 2 ～ 5 节叶腋中的大型聚伞状圆锥花序，新枝的前端可形成一年生壮枝（长 50cm 以上）或中、短枝（长 20 ～ 40cm）。壮枝多位于树冠外围，中、短枝多位于树冠内膛，这些枝条具有连续形成混合芽的能力。

树冠内的长枝和中枝是楝树开花结果的主要枝条，其次是长度为 20cm 左右的短花枝。健壮树上长花枝和中花枝均匀地分布在树冠外围生长健壮的 1 ～ 2 年生枝上。树冠内膛的多年生枝上着生大量的极短枝，这些枝成花数量极少，多为无效枝。树势较弱时楝树的隔年开花现象明显，而且花枝以短花枝为主。楝树的花枝开花状况及其在树冠中的分布见图 7.29–1。

（*a*）　　（*b*）

（*c*）　　（*d*）

图 7.29–1　楝树的花枝和骨干枝分布情况

（*a*）中花枝（40cm 以上）混合芽萌发抽生的新枝的开花情况；（*b*）长花枝（50cm 以上）混合芽萌发抽生的新枝的开花状况；（*c*）树冠顶部枝条的分布状况；（*d*）多年生主、侧枝上枝条分布状况

7.29.3　整形修剪

1. 树形

楝树体量较大，自然层次较好，以疏层形树形为好。这种树形具有中心领导枝，在中干上留三层主枝，通常第一层主枝 3 ～ 4 个，第二层主枝 2 ～ 3 个层间 1.2 ～ 1.5m；第三层主枝 1 ～ 2 个，与第二层主枝的层间距为 0.8m 左右。中干的层间可适量保留辅养枝和枝组。楝树枝条较开张，可以任其自然生长，当遇到基角较小的情况时，可用背后枝换头的方法一次性解决。楝树枝条较稀疏，外延速度快，自然尖削度小，每个主枝上选留侧枝 2 ～ 3 个，侧枝据中心干距离要近一些，以 60 ～ 80cm 为好。根据侧枝位置和空间大小，适当选留副侧枝，数量不宜过多。楝树的常见树形见图 7.29–2。

（a）

（b）

（c）

图 7.29–2 楝树的树形
（a）生长季节的疏层形树形；（b）休眠季节，中心干衰弱的疏层形树形；（c）休眠季节双主枝开心形树形

2. 骨干枝修剪

楝树的各级骨干枝枝头的发枝量和生长量都较稳定，一般可以发枝 1 ～ 2 个，修剪时本着“截一放一”的方法进行，这样可以稳步扩大树冠。其他枝条修剪的重点是疏除过旺枝、直立枝和密挤枝，中庸枝应全部保留开花。

3. 成龄树修剪

楝树成龄树的修剪首先是继续逐步完成树形，根据花枝类型变化的情况，重点调整各级枝组。楝树的枝组以中型为主，结构要紧凑，采用“长轴枝组中度回缩”的方法进行调整。当整株树生长势力缓和后可以每隔 2 ～ 3 年调整一次。

7.30 杜仲 *Eucommia ulmoides*

7.30.1 生长特性

杜仲又称丝棉树，是杜仲科杜仲属落叶乔木，高达 20m，树皮灰褐色，幼时光滑，老则浅纵裂，树冠卵形。

杜仲雌雄异株，花单性，无花被，生于幼枝基部的苞叶内，先叶或与叶同时开放。园林中常见的为雄株。杜仲喜光，幼时不耐日晒，喜温暖湿润气候，不耐严寒。其对土壤适应性较广，在酸性、中性、钙质或轻盐土上均能生长。

7.30.2 枝芽特性

杜仲的芽为互生，枝条无顶芽，外观上见到的芽均为侧芽，可分为花芽、叶芽和隐芽。

杜仲花芽为混合芽，营养充足的一年生枝条上的侧芽均可形成混合芽。混合芽萌发后可先抽生新枝，也可先显现簇生的雄花或雌花。雌、雄花着生于新枝基部 2 ～ 4 节叶腋中，新枝的前端可形成一年生壮枝（长 40cm 以上）或中、短枝（长 15 ～ 40cm）。壮枝多位于树冠外围，中、短枝多位于树冠内膛，这些枝条具有连续形成混合芽的能力。

树冠内的长枝和中枝是杜仲树开花的主要枝条，其次是长度为 20cm 左右的短花枝。健壮树上长花枝和中花枝均匀地分布在树冠外围。树势较弱时，以短花枝为主，常束状着生于外围枝条上。杜仲的花枝类型和开花形态见图 7.30–1。图中可以看出杜仲一年生枝上无顶芽着生，外围一年生长花枝和中花枝的着生层次清楚（图（*a*）、（*b*）），而短花枝则较密挤（图（*c*）），开花过程中长花枝和中花枝花果着生均匀，而短花枝则呈簇状着生。修剪中应注意枝条类型的分布和选择。

图 7.30-1 杜仲的花枝类型和开花形态

（*a*）外围长花枝的形态和着生状况；（*b*）外围中花枝的形态和着生状况；（*c*）内膛枝组上中花枝和短花枝的形态和着生状况；（*d*）外围长花枝的开花状况；（*e*）外围中花枝的开花状况；（*f*）内膛枝组上中花枝和短花枝的开花状况

7.30.3 整形修剪

1. 树形

杜仲体量较大，自然层次较好，可根据栽培目的选择主干分层形、自然圆头形或自然开心形等树形。其中以主干分层形树形较好，这种树形具有中心领导枝，在中干上留三层主枝，通常第一层主枝 3 ～ 4 个，第二层 2 ～ 3 个，第三层 1 ～ 2 个，层间距离第一层与第二层 1.2 ～ 1.5m，第二层与第三层 0.8 ～ 1.0m。中干的层间可适量保留辅养枝和枝组。杜仲树枝条基角较小，可以逐步用背后枝换头。杜仲树枝条较密，上延速度快，每个主枝上选留的 2 ～ 3 个侧枝，以背后侧或背斜侧为好，侧枝间距离以 100 ～ 120cm 为好。根据侧枝位置和空间大小再适当选留副侧枝 1 ～ 2 个。

2. 骨干枝修剪

杜仲树的各级骨干枝枝头的发枝量和生长量都较大，一般可以发枝 3 ～ 5 个，修剪时本着“疏一截一放一”的方法进行修剪，以稳步扩大树冠。骨干枝中、后部的枝条可通过“先短截、后长放、再回缩”的方法控制生长势。对其他枝条进行修剪时，重点是疏除过旺枝、直立枝和密挤枝。

3. 成龄树修剪

杜仲成龄树修剪首先是继续逐步完成树形，根据花枝类型变化的情况，重点调整各级枝组。杜仲树的枝组以中型为主，结构要紧凑，采用“长轴枝组中度回缩”的方法进行调整。成龄树骨干枝上长轴枝组的着生状况见图 7.30-2。图中，（*a*）是对连续长放情况下逐步形成的长轴枝组逐年采用“隔一缩一”的方法进行修剪的效果。实际操作中可以视具体情况在有较大分枝处回缩，延伸较远的单轴枝组可以采用重回缩的方法将其改造成稳定的中、小型枝组。（*b*）是自然生长下杜仲的冠形，通常表现杂乱、不稳定，要及时进行长轴枝组中度回缩，使树冠稳定下来。

当整株树生长势力缓和后可以每隔 2 ～ 3 年调整一次。

（*a*）（*b*）

图 7.30-2　杜仲外围枝的着生状况和冠形

（*a*）主枝水平生长，其上着生大型长轴枝组；（*b*）冠形

4. 杜仲树的夏季修剪

在庭院中栽植的杜仲常将其整形成树干较矮、冠幅较大的树形，在培养过程中结合夏季修剪使其多发枝、快成形。常用的方法是定干高度一般为 1.3 ～ 1.8m，采用基部三主枝疏层形进行整形，主枝采用撑枝或拉枝的方法开张基角，对萌生枝修剪根据需要采用生长季摘心和短截相结合的方法进行。杜仲夏季修剪的效果见图 7.30-3。

（*a*）（*b*）

（*c*）（*d*）

图 7.30-3　杜仲生长季节摘心修剪

（*a*）对着生在树冠外围的旺盛营养枝进行摘心修剪；（*b*）摘心的部位是摘除半成熟叶上部的幼嫩部分；（*c*）摘心剪口下的第一个芽要注意保留叶片，否则芽的萌发部位会发生改变；（*d*）由夏梢部位短剪当年萌发的新枝

7.31 日本皂荚 *Gleditsia japonica*

7.31.1 生长特性

日本皂荚又称山皂荚，是豆科皂荚属的一个种，深根性落叶乔木，树高 15 ～ 25m。喜光，生长速度慢，寿命较长，对土壤适应性较广。树冠扁球形，树皮粗糙；荚果带状、扭曲、刺基部扁，这是区别于皂荚（*G.sinensis*）的主要特征。

日本皂荚萌芽力强，成枝力差，枝条多数靠顶芽单轴延伸。

7.31.2 枝芽特性

日本皂荚的芽为互生，可分为主芽、副芽和隐芽。主芽为叶芽，副芽为纯花芽，叶芽萌芽后抽枝展叶，花芽萌芽后抽生细长的总状花序。通常在一个节位上着生一个主芽和 2 ～ 5 个副芽，发育完善时副芽可全部形成花芽，营养缺乏时副芽分化为叶芽，抽生为长度 0.5cm 左右的极短枝，形态上仅可见到新生的单个或两个复叶，此后该枝退化形成隐芽。

日本皂荚为雄花（雄株）与杂性花（雌株）异株。在雄株上一年生枝叶腋下的副芽形成总状雄花序；在杂性株上，一年生枝叶腋下的副芽形成总状雌花序，开花并形成扭曲的带状荚果。

隐芽着生于多年生枝条的各节位上和年界处，寿命长，但自然萌发率极低，是更新修剪可以利用的芽。

日本皂荚的顶生叶芽和生长健旺枝条上的侧芽具有早熟性，当年的 8 月上旬开始抽生秋梢，过渡性的夏梢很短，着生在夏梢枝段上的叶片小而节间紧凑，叶腋中常形成秕芽。

日本皂荚的花芽形成率很高，枝条可分为长枝（60 ～ 120cm）、中枝（30 ～ 60cm）和徒长枝（120cm 以上），树冠内几乎无短枝。长枝集中于树冠外围，中枝多数着生于多年生枝的中下部，是构成树冠的

图 7.31–1 日本皂荚的枝、芽和花

（*a*）主芽与副芽；（*b*）一年生枝；（*c*）外围枝；（*d*）极短枝；（*e*）多年生枝上着生的极短枝；（*f*）枝刺

主要枝条。日本皂荚的一年生新枝连续单轴延伸的能力很强，是成龄后树冠开张的主要原因。修剪中充分利用这一习性是主要技法之一。

7.31.3 整形修剪

1. 树形

日本皂荚冠体开张，干性较弱，可选择自然圆头形或自然开心形等树形（图 7.31-2）。其中以自然开心形较好，这种树形无中心领导枝，在主干上留 3 ～ 4 个主枝。日本皂荚中、长枝条数量大，因而每个主枝上可选留 1 ～ 2 个背后侧枝或背斜侧枝，并多保留辅养枝和枝组，这样做可使树体较丰满，而且便于管理。

（*a*）　　（*b*）

图 7.31-2 日本皂荚的冠形

（*a*）自然开心形的树形；（*b*）自然圆头形的树形

2. 骨干枝修剪

日本皂荚的各级骨干枝枝头通常发枝 1 ～ 2 个，修剪时本着“截一放一”的方法进行，以稳步扩大树冠。骨干枝中后部的枝条采用“先短截、分枝后再回缩”的方法控制生长势。其他枝条的修剪重点是疏除直立的徒长枝。

3. 成龄树修剪

对成龄树修剪首先是继续逐步完成树形，根据花枝类型的变化情况，重点调整各级枝组。日本皂荚的枝组以单轴为主，要使其结构紧凑，可采用“长轴枝组中度回缩”的方法进行调整。调整的方法与效果见图 7.31-3。图中,（*a*）是在延伸的侧枝上采用“隔一缩一”的调整方法后所形成的牢固枝组。这些枝组的枝轴粗壮，平伸生长稳定，对保持稳固的树体骨架作用明显。（*b*）是采用疏除过细过密的单轴枝组的方法对侧枝上辅养枝的调整，疏枝促进了枝条的向前延伸，但分枝不紧凑，冬季再次修剪时应采用回缩或短截的方法使其稳定下来。当整株树生长势力缓和后，枝组的调整可以每隔 3 ～ 4 年进行一次。

（*a*）　　（*b*）

图 7.31-3　日本皂荚长轴枝组的回缩调整

（*a*）采用“隔一缩一”方法进行调整的枝条着生状况；（*b*）采用“疏除单轴枝组”方法进行调整的枝条着生状况

7.32　玉兰 *Magnolia denudata*

7.32.1　生长特性

玉兰又称为白玉兰、木兰，是木兰科木兰属的落叶乔木。玉兰花大、洁白、美丽、芳香，是中外著名早春花木。

玉兰萌芽力强，发枝力弱，枝条较稀疏、直立，极性生长力强。喜光，稍耐寒，较耐干旱，稍耐碱性土壤。园林中常见的栽培变种及同属植物有紫玉兰和二乔玉兰，近年又有黄色和粉色品种出现。

（*a*）　　（*b*）　　（*c*）

（*d*）　　（*e*）　　（*f*）

图 7.32-1　木兰属植物

（*a*）白玉兰；（*b*）望春玉兰；（*c*）紫玉兰（辛夷）；（*d*）二乔木兰（二乔玉兰）；（*e*）日本辛夷（皱叶木兰）；（*f*）黄玉兰

7.32.2 枝芽特性

玉兰的芽为互生，可分为花芽、叶芽和隐芽。顶芽为纯花芽，肥大，开花后单生枝顶；侧芽为叶芽，瘦小单生（图 7.32–2）。

玉兰树冠内营养充足的一年生枝条的顶芽均可形成花芽，以一年生壮枝（长 40cm 以上）或中、短枝（长 20 ～ 40cm）形成的花芽最好。玉兰的壮枝多位于树冠外围，中、短枝多位于树冠内膛，这些枝条具有连续形成花芽的能力。

（*a*）　（*b*）

（*c*）　（*d*）

图 7.32–2　玉兰的芽

（*a*）叶芽枝；（*b*）叶芽和花芽；（*c*）、（*d*）营养枝的冬态和萌芽态

树冠内的长枝和中枝是玉兰树开花的主要枝条，其次是长度为 20cm 左右的短花枝（图 7.32–3）。健壮树上长花枝和中花枝均匀地分布在树冠外围，树势较弱时花枝以短花枝为主。

（a）

（b）

（c）

图 7.32-3　玉兰的长、中、短花枝
（a）长花枝；（b）中花枝；（c）短花枝

7.32.3　整形修剪

1. 树形

玉兰树体中等，发枝量较少，枝条清晰有序，整形相对容易。可根据栽培地点选择基部主枝牢固的分层形或自然开心形等树形。

2. 各级骨干枝修剪

主、侧枝的延长枝应多采用留壮枝壮芽短截的方法，以保证枝头的生长优势，克服幼龄树枝条后部光秃的现象，使树体紧凑。留下的方向正、位置好、不直立、不竞争的枝条，采用“先放后缩”的修剪方法，有计划地逐步培养成生长紧凑的枝组。同时疏除各级枝头附近的竞争枝，保持枝头为“单枝单头”，这样可有效延缓外围的拉力，使内膛枝组健壮稳定，克服开花部位外移。其余枝应于中、长花枝花谢后再短截，促生较好的分枝。

3. 培养枝组

对长花枝和中花枝在花谢后短截，尽量少疏枝，需更新时可在分枝部位回缩，这样形成生长较稳定的枝组。

4. 更新修剪

玉兰大量开花后，大型枝组容易形成后部光秃的单轴枝组，因而要分年度地各选一部分进行回缩复壮，采用“回缩抬头”、“去老留新”的方法进行调整。

5. 生长季修剪

玉兰生长季修剪主要是对树冠内的旺枝和枝头附近的竞争枝进行短截修剪，以利花芽发育。同时疏除主干上其他过密枝、重叠枝。

7.33　鹅掌楸 *Liriodendron chinense*

7.33.1　生长特性

鹅掌楸又称马褂木，是木兰科鹅掌楸属的落叶乔木，高达 20 ～ 30m，是国家二级保护植物。树冠圆锥形，叶片马褂状（图 7.33-1（*a*）），花杯状、内面黄色。

鹅掌楸生长速度快，树形端正，叶形奇特，秋叶黄色，是优美的园林绿化树种。在小气候良好的条件下生长良好并能安全越冬。绿地中栽植的马褂木多数是近年国内用鹅掌楸与北美鹅掌楸杂交育成的杂种，生长势比父、母本旺盛，高、粗生长明显加快，耐寒力亦有所提高。

图 7.33-1 鹅掌楸的枝和叶

（*a*）鹅掌楸的叶形；（*b*）树冠外围的长营养枝；（*c*）树冠内膛的短营养枝；（*d*）树冠顶部直立生长的长营养枝

7.33.2 枝芽特性

鹅掌楸的芽为互生，可分为顶芽、侧芽和隐芽。长枝（40cm 以上）的顶芽和侧芽均为叶芽。短枝（20 ～ 30cm）的顶芽常为花芽，花芽为混合芽，萌发后先抽生枝叶，顶端着生花序；短枝的侧芽常不萌发转化成隐芽。隐芽着生于多年生枝条的各节位上和年界处，自然萌发率极低，是更新修剪可以利用的芽。鹅掌楸的顶生叶芽和生长健旺枝条上的侧芽具有早熟性，常于当年的 7 月下旬开始抽生秋梢。

鹅掌楸树冠中枝条自然生长稳定均衡，以长枝和短枝为主，徒长枝（120cm 以上）较为少见。长枝集中于树冠外围；短枝多数着生于多年生枝的中部，花芽形成率高，是构成树冠和开花的主要枝条（图 7.33-1（*b*）～（*d*））。鹅掌楸一年生新枝连续单轴延伸的能力很强，是成龄后树冠开张的主要原因。

鹅掌楸的花和果见图 7.33-2。

7.33.3 整形修剪

1. 树形

鹅掌楸体量大，自然层次好，枝条生长均衡稳定，树形以主干分层形较好。这种树形干高可根据具体条件选定，一般 2.5 ～ 3.5m，在中干上可留 5 ～ 6 层主枝，每层主枝 3 ～ 4 个，层间距 1.0 ～ 1.5m。层间可适量保留辅养枝和枝组。鹅掌楸幼龄期枝条基角较小，可以逐步用背后枝换头。每个主枝上选留的 2 ～ 3 个侧枝，以背后侧枝或背斜侧枝为好，侧枝间距离以 100 ～ 120cm 为好。根据侧枝位置和空间大小再适当选留副侧枝 1 ～ 2 个。

园林中鹅掌楸的常见冠形见图 7.33-3。

（*a*）　（*b*）

（*c*）　（*d*）

图 7.33-2　鹅掌楸的花和果

（*a*）盛花期；（*b*）盛花期的群体形态；（*c*）末花期；（*d*）鹅掌楸的果实

（*a*）　（*b*）　（*c*）

图 7.33-3　鹅掌楸的树形

（*a*）主干分层形；（*b*）延迟开心形；（*c*）群植时的柱形树冠

2. 骨干枝修剪

鹅掌楸树的各级骨干枝枝头的发枝量少、生长量偏大，一般可以发枝 1 ～ 3 个，修剪时本着“疏一放一”的方法进行修剪，一般不打头，可以稳步扩大树冠。骨干枝中后部的枝条可用“先短截、后长放、再回缩”的方法控制生长势，增加开花部位。对其他枝条的修剪重点是疏除密挤枝。

3. 成龄树修剪

鹅掌楸成龄树主枝角度逐步加大，修剪首先是稳定树形结构，根据花枝类型变化的情况，重点调整各级枝组。鹅掌楸树的枝组以中型为主，结构要紧凑，采用“长轴枝组中度回缩”的方法进行调整。当整株树生长势力缓和后可以每隔 3 ～ 5 年调整一次。

7.34 七叶树 *Aesculus chinensis*

7.34.1 生长特性

七叶树又称娑罗子，是七叶树科七叶树属的落叶乔木，高达 15 ～ 25m。树冠长圆形或圆球形，主枝开展。喜光，适生于温和气候和湿润环境，较耐寒，深根性，寿命长，生长较快，在小气候适宜的地方生长良好。

七叶树萌芽力及成枝力均较弱，小枝稀疏粗壮，树姿秀丽，为著名的观赏树种。

7.34.2 枝芽特性

七叶树的芽为交互式对生。可分为叶芽、花芽和隐芽。幼旺树一年生枝的顶芽和侧芽均为叶芽，顶芽体型特大，四棱形，侧芽较小，呈近圆形。顶芽的极性优势强，成龄树的顶芽可形成花芽。花芽为混合芽，萌发后先抽生枝叶，顶端着生圆锥花序。通常顶芽和其下部的 1 ～ 2 个对生芽可形成混合芽。

生长健壮的七叶树以旺枝（80cm 以上）为主，随着树龄的增加逐渐转化为以长枝（50cm 左右）和中枝（30 ～ 40cm）为主，花量增多，树势逐渐稳定。

7.34.3 整形修剪

七叶树多在冬季至早春萌芽前进行修剪。由于枝条为交互式对生，位置处在上下对生的芽，常会萌发一部分上下对生且生长势较强的背上枝或背后枝，修剪时要将这些枝条中无利用价值的枝全部从基部疏除，保留水平或斜向的枝条，这样全株才能形成优美的树形。

夏季修剪过密枝与过于伸长枝。

图 7.34-1 七叶树的枝、叶、花和冠形

7.35 梧桐 *Firmiana platanifolia*

7.35.1 生长特性

梧桐又称青桐，是梧桐科梧桐属的落叶乔木，高 15 ～ 20m，树冠卵圆形，树干端直。梧桐树皮光滑绿色，小枝粗壮，萌芽力和成枝力均较弱，枝条多集中于枝条顶端，呈丛状。

7.35.2 枝芽特性

梧桐芽为互生，可分为叶芽、花芽和隐芽。在一年生枝条上，侧芽为叶芽，圆形、芽体较小，萌发率极低，多转化成隐芽；顶部芽节间极短，外观上 5 ～ 6 个簇生在一起，顶芽不明显，萌发后形成近轮生的多个枝条，通常位于中间的顶部芽可发生旺枝，位于周围的芽中有 1 ～ 2 个可形成花芽，萌发后抽生顶生圆锥花序。

顶部芽萌生的枝是构成梧桐树冠的主要枝条，近轮生的枝条着生形式使梧桐自然层次较好，整形修剪中要充分利用这一习性。梧桐的分枝特性可参见图 7.35–1。

(*a*) (*b*)

(*c*) (*d*)

图 7.35–1 梧桐的分枝特性
(*a*) 外围一年生枝具有倒拉习性；(*b*) 顶端一年生枝的轮生芽萌发状况；
(*c*) 三年生枝段萌枝量明显减少；(*d*) 整株表现有明显的向上极性生长

7.35.3 整形修剪

1. 树形

梧桐树体量较大，自然层次好，可选择主干分层形树形。这种树形具有中心领导枝，在中干上留 3 ～ 4 层主枝，通常第一层主枝 3 ～ 4 个，第二层主枝 2 ～ 3 个，第三层主枝 1 ～ 2 个。第一层与第二层之间的距离为 1.2 ～ 1.5m，第二层与第三层层间距离为 0.8 ～ 1.0m。层间可适量保留辅养枝和枝组。梧桐树枝条基角较小，可以逐步用背后枝换头。每个主枝上选留的 2 ～ 3 个侧枝，间距以 80 ～ 100cm 为宜。

根据侧枝位置和空间大小再适当选留副侧枝 1 ～ 2 个。

2. 骨干枝修剪

梧桐树的各级骨干枝枝头的发枝量和生长量都较大，一般可以发生 3 ～ 5 个轮生枝，修剪时本着“以疏为主”的方法进行，选择方向正、位置好的枝条作为枝头，稳步扩大树冠。骨干枝中后部的枝条进行“先短截、后长放、再回缩”的方法控制轮生枝数量。对其他枝条修剪的重点是疏除过旺枝和直立枝。

梧桐较适于回缩修剪，一般情况下，回缩后的枝条发枝舒展，而短截后的枝条则发枝拥挤，因此生产中常采用“先放后缩”的方法进行修剪。梧桐的发枝特点和修剪回缩部位见图 7.35–2。图中，(*a*) 是梧桐健壮的一年生枝长放时的萌芽状况，顶芽和其下的 5 个侧芽可以同时萌发并抽生长枝，发枝状况如图 (*b*)，修剪时选择位置好、方向正的枝条代替原头进行回缩，这样可以起到开张角度、缓和枝势、平衡各枝头间长势的多重作用。图 (*c*) 是调整后的树冠生长情况。

(*a*)

(*b*)

(*c*)

图 7.35–2 梧桐的修剪与冠形

(*a*) 一年生枝条萌芽率高，宜长放，不必短截；(*b*) 长放后回缩，分枝角度较好；(*c*) 修整后枝叶分布均匀

3. 成龄树修剪

成龄树修剪首先是继续逐步完成树形，要特别注意接近主干顶端的轮生枝的修剪。要确保中心主干顶端延长枝的绝对优势，剪除与其同时生出的轮生分枝。与主干形成竞争的枝条必须及时进行修剪控制，不能放任不管，以免造成分叉树形。当整株树生长势力缓和后可以每两年调整一次。

7.36 沙枣 *Elaeagnus angustifolia*

7.36.1 生长特性

沙枣又名桂香柳、银柳，是胡颓子科胡颓子属落叶乔木，树高可达 15m；树皮栗褐色至红褐色，有光泽；枝条稠密，具枝刺，下垂，侧枝易横生，不易形成直立主枝干；树冠多为圆卵形、倒卵形。沙枣生活力很强，有抗旱、抗风沙、耐盐碱、耐贫瘠等特点。

7.36.2 枝芽特性

沙枣的芽为互生，可分为混合芽、叶芽和隐芽。混合芽萌发当年可抽生新枝，花序着生于这个枝条的叶腋间，可开花结果。叶芽通常由枝条前端的 1 ～ 5 个腋芽分化而成。

隐芽多着生在多年生枝的原枝条节位上，通常每一节上有 2 ～ 5 个或更多，可以形成混合芽，也可以形成叶芽，条件适宜时可开花结果或抽生新枝。

沙枣的树冠中以弯垂的长枝和短枝为主，枝条类型依树龄变化而变化。幼龄期叶芽可以抽生健壮的一年生营养枝，构成树体的骨架。树冠形成后，这些骨干枝上的芽分化为混合芽，抽出弯垂的一年生枝条开花结果。树势衰弱后，骨干枝上隐芽萌发形成更新的营养枝。如此往复，树冠变得拥挤，枝条叠生。绿地中常见的沙枣的生长情况如图 7.36-1 所示。图中,(*a*)是沙枣当年生枝上花果的着生形态，花枝柔软下垂；(*b*)是经多年开花、结实之后，多年生枝开始变得弯曲下垂，(*c*)是无主干的灌丛外围枝的下垂情况；(*d*)是经过疏枝和适当回缩修剪后树冠仍保持较直立的姿态，因而，沙枣在幼龄期应当加强修剪，培养牢固的骨架。

(*a*) (*b*)

(*c*) (*d*)

图 7.36-1　沙枣的树形和结果枝

(*a*) 当年生枝上花和果实的着生形态；(*b*) 弯曲下垂的多年生枝；(*c*) 灌丛形外围枝下垂情况；(*d*) 疏枝和回缩可使树体保持直立姿态

7.36.3　整形修剪

1. 树形

沙枣宜采用开心形树形，利用其幼龄树枝条生长旺盛的习性采用“只截不放”的方法，通过短截在 2～3 年内完成树形，配备好较为牢固的主干和主、侧枝。高干栽培时要防止主干扭曲和倒伏，前期可以立支架进行辅助。

2. 修剪

沙枣幼龄期修剪以截为主，建立牢固的骨架。成龄期修剪以疏为主，防止枝条过厚、过密，出现头重脚轻的现象。修剪时，对过长的下垂结果枝可根据枝条密集程度进行适当回缩，以稳定沙枣的生长势。枝条衰老前要提前进行更新修剪。常用方法是，局部更新可在三年生枝段进行回缩，整体更新可在主、侧枝的中下部进行一次性锯除，此后根据长势选择枝条以恢复树冠。

7.37 白榆 *Ulmus pumila*

7.37.1 生长特性

白榆又称为榆树、家榆，是榆科榆属的落叶乔木，高达 25m，树冠卵圆形；树皮暗灰色，纵裂粗糙；一年生枝灰色至黄褐色，二年生枝灰色。喜光，适应性强，对土壤要求不严，耐瘠薄，在沙地和轻盐碱地也能生长，不耐水湿。白榆为深根性树种，抗风，生长快，寿命长，萌芽力和发枝力均很强，幼旺树上常见直立呈羽状排列的新枝。

7.37.2 枝芽特性

白榆的芽为互生，可分为花芽、叶芽和隐芽。花芽为纯花芽，先于叶芽萌发，抽生簇生于一年枝上的聚伞或总状花序。白榆的花芽多由侧芽形成，通常健壮的一年生枝条（长 40cm 左右）由枝条基部至枝条前端的 10～20 个节位上的侧芽均可分化为花芽，花芽开花结果后该节位形成空节。叶芽多数着生在一年生枝条的前端，抽生新枝向前延伸生长，这种习性使成龄白榆多年生枝条常形成一段段空裸并弯曲下垂。白榆花芽开花形态及各类花枝的着生形态见图 7.37–1。

白榆的隐芽着生在多年生枝的年界处，寿命很长，通常每一节上有 2～3 个，可潜伏十几年或数十年，条件适宜时可抽生新枝。

白榆的树冠中以弯垂的长枝（50～80cm）和中枝（30～50cm）为主，枝条类型依树龄变化而变化。幼龄期叶芽可以抽生健壮的一年生营养枝，构成树体的骨架；成龄后长枝和中枝开花结果；树势衰弱后，骨干枝上隐芽萌发形成更新的营养枝，枝条叠生，冗长下垂。

（*a*）

（*b*）

（*c*）

（*d*）

图 7.37–1 白榆的花芽和花枝
（*a*）短花枝的形态和开花状况；
（*b*）中花枝形态和结果状况；
（*c*）长花枝形态和结果状况；
（*d*）长、中、短花枝在树冠内的分布情况

7.37.3 整形修剪

1. 树形

白榆干性强、树冠大，自然层性好，树形比较自由，以主干分层形或自然开心形为主。主干分层形具有中心领导枝，可在中干上留三层主枝，通常第一层主枝 3～4 个，第二层主枝 2～3 个，第三层主枝 1～2 个。由于白榆树体高大，主枝间的层间距离要大一些，一般第一层与第二层的层间距离为 1.5～1.6m，第二层与第三层的层间距离为 1.2m 左右，层间可以着生过渡性的临时辅养枝。白榆枝条基角较大，枝条易平伸，先端易下垂，可以逐步用背上枝换头。白榆枝条

较密，郁闭速度快，每个主枝上选留的侧枝以背斜侧枝为好，并时时注意抬高枝头角度。侧枝上适当选留副侧枝 1 ～ 2 个，不宜太多，空间较大时可用枝组补充空间。常见的白榆树形和骨干枝着生状况见图 7.37–2。

(a)

(b)

(c)

图 7.37–2　白榆的树形
(a)、(b) 主干分层形；(c) 双干式分层形

2. 骨干枝修剪

白榆的各级骨干枝枝头的发枝量一般为 3 ～ 4 个，修剪时应本着“疏一截一放一”的方法进行，以稳步扩大树冠。骨干枝中后部的枝条通过“先长放、后回缩”的方法控制生长势。对其他枝条修剪的重点是疏除过旺枝、直立枝和密挤枝。

3. 成龄树修剪

成龄树修剪首先是继续逐步完成树形，根据花枝类型变化的情况，重点调整各级枝组。白榆的枝组以中型的单轴枝组为主，枝组间排列要紧凑，采用“长轴枝组中度回缩”的方法进行调整。当整株树生长势力缓和后可以每隔 3 ～ 4 年调整一次。

7.38　垂枝榆 *Ulmus pumila* cv. Pendula

7.38.1　生长特性

垂枝榆又称龙爪榆，通常用垂枝榆的幼枝作接穗，白榆作砧木，通过嫁接而来，作为园林观赏树木栽培范围较广。

7.38.2　枝芽特性

垂枝榆小枝细长，弯曲下垂，树冠呈伞状，其生长和枝芽特性与白榆相似。垂枝榆的冠形和结果枝见图 7.38–1。

7.38.3　整形修剪

为了提高垂枝榆的观赏效果，每年早春都应对其进行修剪。

1. 整形

保持高 2.0 ～ 2.5m 直立挺拔的主干，主、侧枝从主干顶端横向生长，构成伞形、圆满的树冠。在冬季修剪时，要将枯枝、死枝、直立向上枝、下垂枝从基部疏掉，构成一个伞形骨架。

图 7.38-1　垂枝榆的冠形和结果枝

2. 修剪

垂枝榆发枝力强，修剪中要适当疏间重叠枝、平行枝、交叉枝，注意枝条间距应均等，使整个树冠层次清楚，枝叶有较大的空间。

对分枝进行修剪时，要留上面的枝条，将生长在下面的枝条从基部疏掉。保留下来的枝条要进行短截，选择枝条斜上方的芽为剪口芽，这样发枝均匀，树形美观。

垂枝榆砧木上的萌芽要及早疏掉，疏枝要彻底，不要留桩，剪口要平滑，防止影响冠形。

7.39　刺槐 *Robinia pseudoacacia*

7.39.1　生长特性

刺槐又称洋槐，是豆科刺槐属的落叶乔木，高达 25m。树皮灰褐色，不规则深纵裂；树冠倒卵形；幼枝灰绿色至灰褐色，有纵棱或无棱。喜光，浅根性，根系发达，萌芽性强，成枝力中等，有根瘤菌。刺槐对土壤条件要求不严，耐寒、耐旱，适应性较强，为速生四旁绿化树种，习见为行道树，又是优良的蜜源植物。

7.39.2　枝芽特性

刺槐的芽为互生，无顶芽，侧芽为柄下芽。芽可分为花芽、叶芽和隐芽。花芽为混合芽，萌发后腋生下垂的总状花序与抽生的新枝同步显现，开花结果。混合芽由侧芽形成，位置无一定规律，通常健壮的一年生枝条（长 50cm 左右）由枝条基部往枝条前端的 6 ～ 10 个节位上的侧芽均可分化为混合芽。叶芽多数着生在一年生枝条的前端，抽生新枝向前延伸生长，扩大树冠。隐芽着生在多年生枝的年界处，通常每一节上有 3 ～ 4 个，条件适宜时可抽生新枝。

刺槐的树冠中以长枝（60 ～ 100cm）和中枝（40 ～ 60cm）为主，枝条类型依树龄变化而变

化。幼龄期叶芽可以抽生健壮的一年生长枝，构成树体的骨架；成龄后以开花的中枝和短枝（20 ～ 40cm）为主；树势衰弱后，除骨干枝上隐芽萌发形成更新的营养枝之外，其他枝常表现为短枝拥挤的密生丛枝。刺槐不同类型的花枝形态及开花状况见图 7.39–1（*a*）～（*c*）。

（*a*）（*b*）（*c*）（*d*）（*e*）（*f*）

图 7.39–1　刺槐的花枝和枝组

（*a*）长花枝开花状况；（*b*）中花枝开花状况；（*c*）短花枝开花状况；（*d*）由长花枝组成的枝组；（*e*）由长花枝和中花枝组成的树冠外围的单轴枝组；（*f*）由长、中、短花枝组成的辅养枝

7.39.3　整形修剪

1. 树形

刺槐干性较强、树冠大、生长快，但根系浅、抗风能力差。树形以自然开心形为主。开心形没有中心领导枝，在主干上留 3 ～ 4 个主枝，每个主枝上选留的侧枝以背斜侧枝为好，并应及时开张枝头角度。侧枝上适当选留副侧枝 1 ～ 2 个，太多会导致风阻过大，易倒伏。通常可适量保留辅养枝和枝组，大风时可将其疏除。刺槐枝条基角较小，枝条易直立，可逐步用背后枝换头，其树冠形状和骨干枝结构见图 7.39–2。

（*a*）（*b*）（*c*）

图 7.39–2　刺槐的树形与冠形

（*a*）开心形树形，形成的半圆形树冠；（*b*）多主枝开心形；（*c*）自然生长的老龄刺槐的树形

2. 骨干枝修剪

刺槐的各级骨干枝枝头的发枝量一般为 2 ～ 3 个，修剪应本着“疏一截一放一”的方法进行，以稳步扩大树冠。骨干枝中后部的枝条采用“先截、后放、再回缩”的方法控制生长势。对其他枝条修剪的重点是疏除过旺枝、直立枝和密挤枝。

3. 成龄树修剪

成龄树修剪首先是继续逐步完成树形，根据花枝类型变化的情况，重点调整各级枝组。刺槐的枝组以大型的单轴枝组为主，枝组间排列要紧凑，由于刺槐根系浅，在雨量大和风力强的情况下极易倒伏，为了防止这种情况的出现，修剪中应及时调整树冠内的枝条密度，特别要疏除在各级骨干枝背上着生的直立枝组和侧枝中间夹生的大型辅养枝，以增强通风能力，有效减轻倒伏情况的发生。同时对树冠外围的单轴枝组要适度疏间或回缩，一方面减小风阻，另一方面防止内膛光秃。回缩的疏枝的对象参见图 7.39–1 中的（*d*）～（*f*)。当整株树生长势力缓和、气候较平稳时，可以每隔 3 ～ 4 年再调整一次。

7.40 红花洋槐 *Robinia pseudoacacia* var. *decaisneana*

红花洋槐是刺槐的一个变种，落叶乔木，主干直立，高 12 ～ 18m，花紫红色，花大色美。园林中通常栽植的多为根蘖苗（图 7.40–1）。

图 7.40–1 红花洋槐根蘖更新状况

红花洋槐树形自然开张，树态丰满，枝繁叶茂，冠形圆满，适应性强；根系浅，抗风能力差，尤其在透雨后遇大风的天气倒伏现象普遍。红花洋槐的生长和枝芽特性与刺槐相似，其花枝、枝组及开花形态见图 7.40–2，整形修剪方法和修剪注意事项可参照刺槐进行。

7.41 毛刺槐 *Robinia hispida*

7.41.1 生长特性

毛刺槐又称毛洋槐，是豆科刺槐属的一个种，落叶灌木，株高 1 ～ 3m；枝条稀疏，冠形自然开张；小枝密被紫红色硬腺毛及白色曲柔毛；花大色美，枝、叶、花各具特色，观赏价值较高。

园林中栽植的毛刺槐是以刺槐为砧木进行高位嫁接后获得的单株，砧木和接穗之间的嫁接亲和力一般，嫁接口愈合稍差，接穗生长不牢固，接口易劈裂。又因毛刺槐枝条较脆，易风折，所以在背风和小气候环境良好处才能生长好。

（a）　　（b）

（c）　　（d）

图 7.40-2　红花洋槐的花枝、枝组和开花形态

（a）混合芽抽生的花枝；（b）花枝的开花状况；（c）树冠外围的开花枝组；（d）单轴枝组的开花状况

7.41.2　枝芽特性

毛刺槐的芽为互生，无顶芽，侧芽为柄下芽。芽可分为花芽、叶芽和隐芽。

花芽为混合芽，萌发后腋生下垂的总状花序与抽生的新枝同步显现，开花结果。混合芽由枝条前端的侧芽形成，通常健壮的一年生枝条（长 40cm 左右）前端的 2 ～ 4 个节位上的侧芽均可分化为混合芽，开花后这段枝条常萎缩为一段尾枝，见图 7.41-1（*a*）。

（a）　　（b）　　（c）

图 7.41-1　毛刺槐的花芽和枝

（a）一年生短花枝和叠生花芽；（b）一年生长枝形态；（c）具有二次生长的骨干枝枝头

叶芽多数着生在一年生枝条的基部，可抽生新的中、短花枝，条件适宜时可抽生长枝向前延伸生长，扩大树冠。隐芽着生在多年生枝的年界处，通常每一节上有 1 ～ 2 个，条件适宜时可抽生新枝。

毛刺槐的树冠中以长枝（40 ～ 60cm）和中枝（30 ～ 40cm）为主，枝条类型依树龄变化而变化。幼龄期叶芽可以抽生健壮的一年生长枝，构成树体的骨架；成龄后以开花的中枝和短枝（20 ～ 30cm）为主（图 7.41–1（*b*）、（*c*））；树势衰弱后，除骨干枝上隐芽萌发形成更新的营养枝之外，其他枝以丛状短枝为主，花量明显减少。

7.41.3 整形修剪

1. 树形

毛刺槐树冠较小，枝脆易折，树形以开心形为好。由于毛刺槐的骨干枝大部分是在接穗上发展起来的，一般为 3 ～ 4 个，整形中首先要注意选留和配备侧枝。第一侧枝距离嫁接口要在 30cm 以上，不要太近，防止成形后接口部位堆积的大枝过密形成“瘤状”。随着树冠的扩大，可选择第二侧枝，一定要控制好第二侧枝的体量和延展速度，防止外围重量过大而造成劈裂。定型以后就可以逐年增加回缩修剪量，结合疏枝，使枝组紧凑。

2. 修剪

为稳步扩大树冠，修剪要以“中打、轻疏”为主要方法。“中打”指的是对骨干枝枝头只留春梢芽，去掉顶部花芽，以获得健壮的新枝，这样对加速扩大树冠有利。“轻疏”指的是采用较轻的疏枝量，只疏除接口附近的萌蘖枝。第二年枝头修剪利用“逢三疏一、逢四疏二、先疏直立、平斜缓留”的方法来稳定枝势。骨干枝以外的枝条，只要不影响树形和通风透光，一律按枝组对待。其中长势均衡的可修剪成小型枝组，长势壮的可按“去强留弱、去直留斜”的原则改造成大型枝组。毛刺槐枝组的着生形式见图 7.41–2。

（*a*）　　（*b*）　　（*c*）

7.41–2 毛刺槐的枝组

（*a*）着生在树冠顶部的直立枝组；（*b*）由二年生枝形成的健壮枝组；（*c*）多年生枝组的排列形式

7.42 枫杨 *Pterocarya stenoptera*

7.42.1 生长特性

枫杨又称麻柳，是胡桃科枫杨属的落叶乔木。树高达 20 ～ 30m，速生，萌芽力和成枝力均较弱，枝条粗壮，树冠内枝条稀疏。枫杨喜光，不耐庇荫，喜温暖湿润气候，耐水湿和轻盐碱。

7.42.2 枝芽特性

枫杨一年生枝条上的芽互生，每一节位的叶腋中芽常双芽叠生，可分为混合芽、裸芽、叶芽和潜伏芽。

枫杨为雌雄同株异花，雄花芽多数着生于一年生枝的中部和中下部，为纯花芽，萌发后抽生柔荑花序。雄花芽鳞片很小，不能覆盖芽体，通常称为裸芽。雌花芽为混合芽，萌发后抽生当年生新枝，葇荑花序或穗状花序着生于当年生新枝顶端。

枫杨混合芽多数着生于一年生枝顶端，其下 1 ~ 3 个侧芽也可分化为混合芽，萌发后抽生结果枝，在结果枝的顶端着生雌花序，开花结果。

枫杨的叶芽多数着生在健旺枝条顶端或结果枝混合芽的下方，常与雄花芽上下叠生。在营养枝或徒长枝上着生的芽多为叶芽，萌发后抽生发育枝。

潜伏芽即休眠芽，属于叶芽的一种，多数着生于枝条基部的年界处。芽体小，外观呈圆形，一般情况下不萌发，但寿命长，生活力可维持数十年，随着枝干的增粗，渐被埋入树皮中，当遭受刺激时，可以萌发抽枝，用于更新复壮。

枫杨顶芽的性质因树龄不同而有差异。幼树顶芽萌发后，生长量大，形成骨干枝构成树冠。进入结果期后，多数顶芽形成混合芽，抽枝结果，少数顶芽仍继续抽枝生长，扩大树冠。

(*a*) (*b*)

(*c*) (*d*)

图 7.42–1 枫杨的枝和花

(*a*) 一年生雄花枝；(*b*) 当年生营养枝；(*c*) 当年生雌花枝；(*d*) 一年生枝条的发枝情况

7.42.3 整形修剪

1. 树形

枫杨干性较弱，成枝力相对较差，枝条稀疏，树形以自然开心形为好。自然开心形树形修剪量小，成形快，在主干上错落着生 3 ～ 4 个主枝，三主枝上各着生 2 ～ 3 个侧枝，合理安排背后侧枝，这样有利于扩大树冠和调节主、侧枝着生角度。各主枝可任其自然生长，必要时可适当通过用背后枝或枝组“换头”的方法加以调整。这种树形没有中心领导枝，可充分利用各主枝上向内斜生的分枝培养为枝组。成形以后，冠高 4m 左右，冠径 7 ～ 10m。

2. 新植树的修剪

新栽的枫杨树，多数胸径在 15 ～ 20cm，修剪的任务是在定植后的 2 ～ 3 年内采取冬季修剪和夏季修剪相结合的方法，选择和调整骨干枝，尽快稳定树冠。冬季修剪时选择生长健壮、方向正、长势均衡、角度适宜、位置理想的枝条留作主、侧枝。骨干枝以外的枝条应疏掉过旺和过于直立的枝条，其余枝在分枝处进行回缩，逐步培养成大型的辅养枝或枝组，以稳定枝叶数量和光合营养面积。

3. 成龄树的修剪

由于枫杨枝条柔韧，多年生枝条先端容易拥挤，导致枝条下垂，头重脚轻。为使枫杨树形稳定，应隔 2 ～ 3 年进行一次外围枝条的疏枝修剪，以增强树体骨架的牢固性。枫杨的主枝在生长到一定年限之后，其上着生的侧枝或大型辅养枝常水平生长，修剪中要注意抬高角度，防止下垂。

第 8 章　园林中常见绿篱树木的整形修剪

8.1　大叶黄杨 *Euonymus japonicus*

8.1.1　生长特性

大叶黄杨又称为冬青卫矛，是卫矛科卫矛属的常绿灌木或小乔木，高 4 ～ 5m，叶常绿，有光泽。大叶黄杨萌芽力和发枝力均很强，极耐修剪，常见的变种有：'金边'大叶黄杨、'金斑'大叶黄杨等。

8.1.2　枝芽特性

大叶黄杨的芽为近对生，可分为叶芽、花芽和隐芽。大叶黄杨的冬芽均为叶芽，萌芽后抽枝展叶；花芽为早熟性芽，着生于一年生新枝的叶腋中，萌发后显现绿白色的小型聚伞花序。隐芽着生于多年生枝条上和年界处，稍受刺激即可萌发（图 8.1–1）。

大叶黄杨的枝可分为花枝和营养枝，花枝为越冬后萌后的枝条，可以着生花序（图 8.1–2）。经多次修剪后相继萌生的枝条为营养枝，不着生花序。

（*a*）　（*b*）　（*c*）

图 8.1–1　大叶黄杨各种隐芽的萌发状况

（*a*）三年生枝的隐芽多在节间部位发生；（*b*）五年生枝的隐芽在靠近年界处发生；（*c*）十年生枝的隐芽只发生在年界处

（*a*）　（*b*）　（*c*）

图 8.1–2　大叶黄杨的枝

（*a*）外围萌发的营养枝；（*b*）当年短花枝；（*c*）短截后侧芽当年形成花芽

8.1.3 整形修剪

大叶黄杨定植时，无论是孤植还是篱植，绝大多数是由多株组合而成的，可将其看做一个整体，在生长季和冬季根据具体要求进行修剪。

孤植情况下，要根据要求的树形进行修剪，建立牢固的骨架，如球形、方柱形、纺锤形，可在生长季中对生长突出的枝条进行短截修剪，促使形成丰满的树冠。

成形后每年要有计划地使树冠扩展，注意更新复壮。为促使新枝多生分枝、早日形成球形，在生长季节应对新枝多次修剪，但要注意连续同一高度的修剪会造成枝条在一个固定点上的堆积，一旦这个枝条衰弱或受其他机械损伤会在绿篱平面上形成空洞，要及早预防。方法是在枝条的固定的堆积点下方提早进行回缩修剪，利用下部的分支形成分散的枝条以缓和这种状况（图 8.1–3）。

（*a*）　（*b*）　（*c*）

图 8.1–3　大叶黄杨局部枝条堆积点的修剪方法

（*a*）已经形成疙瘩的多年生枝要剪掉“疙瘩枝”，利用下部分枝来丰满树冠；
（*b*）一年生枝形成的“疙瘩枝”要及时剪掉，促使下部的隐芽萌发及时补充空间；
（*c*）利用“疙瘩枝”下面的侧芽及时进行短截修剪

与大叶黄杨类似的树种是小叶黄杨，其修剪管理方法可参照大叶黄杨。

8.2 紫叶小檗 *Berberis thunbergii* cv. Atropurpurea

8.2.1 生长特性

紫叶小檗是小檗科小檗属的一个栽培变种，灌木。高 1.5 ～ 2.5m，分枝多，枝红褐色，节部有针刺。叶常年为紫红色，春天开金色花，落叶后红色果实不脱落，观赏价值很高。目前栽培变种还有绿叶小檗、银边小檗等。

紫叶小檗萌芽率很高，形成短枝的能力很强，形成长枝的能力稍差，树冠内枝条两极分化现象明显。

8.2.2 枝芽特性

紫叶小檗的芽为互生，可分为叶芽、花芽和隐芽。叶芽常着生在一年生枝的秋梢上，营养条件差的短枝顶芽也常为叶芽。花芽为混合芽，二年生以上的短枝的顶芽绝大部分可形成花芽，一年生新枝几乎没有形成花芽的能力。隐芽绝大多数着生于年界处，通常与叶芽同时萌发或稍迟萌发。

紫叶小檗的枝可分为营养枝和花枝。由于连续的“平头式”修剪，营养枝大部分由隐芽或经过极重短截的一年生枝条萌发而来，其显著特征是萌发后的生长速度远远要高于由一年生枝上着生的叶芽萌发形成的一年生营养枝，而且这些枝条上的叶芽具有早熟性，当年可抽生 1 ～ 2 次副梢，多集中于树冠外围。紫叶小檗的花枝为极短枝，长度 1.0 ～ 2.5cm，着生在二年生或多年生枝条上。

紫叶小檗和绿叶小檗的枝、芽、花、果情况见图 8.2–1 和图 8.2–2。

图 8.2–1　紫叶小檗的枝、芽、花和果实
（*a*）一年生枝条萌芽状况；（*b*）侧芽和隐芽萌发；（*c*）修剪后枝条的萌发状况；
（*d*）自然生长的枝条的萌发状况；（*e*）开花状况；（*f*）当年生花枝结果状况

图 8.2–2　绿叶小檗的枝、芽、花、果
（*a*）侧芽和隐芽萌发；（*b*）长花枝；（*c*）结实状况

8.2.3　整形修剪

紫叶小檗定植时，无论是孤植还是篱植，绝大多数是由多株组合而成的，可将其看做一个整体，在生长季和冬季根据具体要求进行修剪。

孤植情况下，要根据要求的树形进行修剪，建立牢固的骨架，如球形。在生长季修剪时要利用叶芽具有早熟性的特点进行多次短剪，促进发枝补充空间。当出现偏冠时要利用隐芽萌发力强的特点对较小的一面施行多点短截，促发新枝，对于较大的一面可进行适度的疏枝和长放延缓其生长势，逐步使其形成美观的球形树。

成形后每年要有计划地扩展树冠。特别注意的是，连年的“平头式”修剪，容易导致枝条局部拥挤，即局部出现由纤细枝条形成的“束状枝”，严重时这种“束状枝”死亡，使树冠形成空洞。修剪中要注意观察，提早进行更新复壮，可采用回缩至多年生枝的健康部位的修剪方法或提前对“束状枝”进行疏间修剪。

8.3 金叶女贞 *Ligustrum × vicaryi*

8.3.1 生长特性

金叶女贞又名英国女贞，是木犀科女贞属落叶灌木。高 2 ～ 3m，冠幅 1.5 ～ 2m。初生叶片金黄色，老叶呈绿色。

金叶女贞成枝力强，枝条长势均匀，位于树冠上下左右各方向的枝条均可伸展自然，且很耐修剪。

8.3.2 枝芽特性

金叶女贞的芽为对生，可分为叶芽、花芽和隐芽。金叶女贞的冬芽均为叶芽，萌芽后抽枝展叶。花芽为早熟性芽，着生于一年生新枝的顶端，萌发后显现圆锥状花序。隐芽着生于多年生枝条上和年界处，稍受刺激既可萌发。

金叶女贞的枝可分为花枝和营养枝。花枝为初夏萌生的枝条，可以着生花序；经多次修剪后相继萌生的枝条为营养枝，不着生花序。

（*a*）　　（*b*）　　（*c*）

图 8.3-1　金叶女贞的枝芽特性

（*a*）侧芽和隐芽同时萌发；（*b*）混合芽抽生的当年生花枝；（*c*）树冠外围当年生营养枝

8.3.3 整形修剪

金叶女贞在绿地中多成片栽植或组成球形，独本栽植的较为少见，修剪方法可参照大叶黄杨和紫叶小檗的方法进行。

8.4 胶东卫矛 *Euonymus kiautschovicus*

胶东卫矛是卫矛科半常绿灌木，树皮灰绿色，叶对生、薄革质、广椭圆形，聚伞花序。胶东卫矛在园林中多做绿篱或组团栽植，在夏初和初秋进行两次整形修剪，使其形成规则致密的几何图案。

大叶黄杨和胶东卫矛同为卫矛科卫矛属的常绿植物，是用作绿篱的材料，二者的主要区别是，大叶黄杨的株形紧凑，枝条直立性较强；胶东卫矛株形松散，基部的枝条呈匍匐状，并能生根。大叶黄杨叶缘细锯齿较明显，手摸有明显的刺手感；胶东卫矛叶缘的锯齿不很明显，手摸刺手感不明显。胶东卫矛的枝、叶和果实着生情况见图 8.4–1，其整形修剪方法参考大叶黄杨进行。

（*a*）　（*b*）　（*c*）

图 8.4–1　胶东卫矛的枝叶和果实

（*a*）分枝形态；（*b*）短枝；（*c*）花枝着生形态

8.5　水蜡树 *Ligustrum obtusifolium*

水蜡树又称水蜡，是木犀科落叶或半常绿灌木，高达 3m，树冠圆球形，树皮暗黑色。水蜡树在公园、庭院有栽培，孤植、丛植、片植或作绿篱使用。

8.5.1　生长特性

水蜡树萌芽力强，枝条分枝多，生长快，一年生幼枝有柔毛，枝条多呈下垂拱形生长。水蜡树耐修剪，易移栽，病虫害很少，易于管理。

8.5.2　枝芽特性

水蜡树的芽为对生，可分为叶芽、花芽和隐芽。花芽为混合芽，萌芽后抽枝展叶，圆锥花序着生在枝条顶端，花序略下垂，花白色、有香气。果实为核果，黑色，椭圆形，稍被蜡状白粉。

水蜡树的隐芽着生于多年生枝条和年界处，稍受刺激即可萌发。

水蜡树的枝可分为花枝和营养枝，花枝可以着生花序。经重修剪后萌生的枝条多为营养枝，不着生花序。水蜡树的分枝习性和冠形见图 8.5–1。

8.5.3　整形修剪

水蜡树可在冬季和生长季根据具体要求进行修剪。水蜡树的幼树生长旺盛，以整形为主，宜轻剪。修剪中应严格控制直立枝，斜生枝的上位芽在冬剪时应剥掉，防止生长直立枝，同时疏剪徒长枝、病虫枝、干枯枝。成龄树应充分利用立体空间，促使其多开花。具体修剪方法可参考丁香进行。

水蜡树在孤植情况下，要根据所要求的树形进行修剪，建立牢固的骨架，如球形。生长季修剪时要利用枝条生长量大的特点进行多次短剪，促进发枝，补充空间。当出现偏冠时，要利用隐芽萌发力强的特点对树冠较小的一面施行多点短截，促发新枝，对树冠较大的一面进行适度的疏枝和长放延缓其生长势，逐步使其形成美观的球形树。

（*a*）　　（*b*）

（*c*）　　（*d*）

图 8.5-1　水蜡树的分枝习性和冠形

（*a*）连续长放后的单轴枝组中部的中、短花枝着生状况；（*b*）健壮的两年生枝上中花枝的着生状况；（*c*）树冠内枝条的轮生状况；（*d*）分层形和卵圆形树冠

第9章　园林中常见落叶花灌木的整形修剪

9.1　金银木 *Lonicera maackii*

9.1.1　生长特性

金银木又称金银忍冬，是忍冬科忍冬属的落叶灌木，高达3～4m。萌芽力（图9.1–1）和成枝力都很强，树冠内枝叶着生茂密，枝条呈弯弓形下垂，易拥挤。金银木的常见冠形见图9.1–2。

金银木单叶对生，花着生在当年生新枝叶腋中，花色素雅，花冠白色，后渐变黄。秋季果实经过绿、紫、红等渐变色，观赏价值较高。

（*a*）　（*b*）　（*c*）

图9.1–1　金银木的萌芽力

（*a*）直立生长的长营养枝顶芽和侧芽均可萌发；（*b*）水平生长的中庸枝侧芽也可萌发；（*c*）着生在三年生单轴枝组上的一年生枝条，其侧芽和年界处的隐芽可同时萌发

（*a*）　（*b*）　（*c*）

图9.1–2　金银木的冠形

（*a*）对称的半圆形；（*b*）对称的圆形；（*c*）对称的偏斜形

9.1.2　枝芽特性

金银木的芽为对生，可分为花芽、叶芽和隐芽。花芽为混合芽，着生于一年生枝的叶腋间，芽萌发后抽生当年生新枝，随着新枝的生长，花蕾与叶片依次出现，花蕾以成对的形式着生于新枝的叶腋中。

金银木的花芽形成能力极强，健壮的单株上所有枝条的冬芽均可形成花芽，即使是强旺的徒长枝，在其二次分枝上也可着生花芽。在衰弱的多年生枝上花芽形成的能力仍然很强，只是花朵质量差、数量少。叶芽通常着生在当年新枝的叶腋中与花蕾复生，但芽体瘦小，萌发力极差。

金银木的隐芽着生于多年生枝条的年界处和根颈部位，萌发力强，一年中可多次生长。萌发后形成较长的粗壮弯垂枝条（图 9.1–3）。这些隐芽萌生的枝条是形成金银木当年生长或更新的主要枝条，也是第二年新一轮开花枝条的主要来源。因此，正确地调整和利用这些枝条，是整形修剪的关键。必须注意防止这些枝条的无序生长而导致的金银木冠形紊乱。

金银木以一年生长枝（大多数在 60 ～ 100cm）开花为主，花、果分布其上，呈鱼刺状，均匀而美丽。健壮树的树冠中还可见到生长稳定的三年生左右的小型枝组。金银木的花枝类型如图 9.1–4 所示。

(*a*)

(*b*)

(*c*)

图 9.1–3　金银木隐芽萌发的各种形态

(*a*) 内膛多年生枝上隐芽的萌发状况；(*b*) 空裸部位的隐芽萌发状况；(*c*) 主干隐芽萌发状况

(*a*)

(*b*)

(*c*)

图 9.1–4　金银木的花枝类型

(*a*) 金银木的长花枝；(*b*) 金银木的中花枝；(*c*) 金银木的短花枝

9.1.3　整形修剪

1. 树形

金银木树形有丛干式和单干式，都采用自然开心形（图 9.1–5）。打好骨架基础是修剪的关键。

（1）单主干自然开心形：干高 50 ～ 60cm 左右，树高 4m 左右，有主枝 3 ～ 5 个，向四周均匀分布。由于枝条下垂，各主枝的形成多在每年的背上枝中选择角度好、方向正的枝条进行短截或回缩而来，主枝上再配备适当的侧枝，构成扁圆形树冠。

（2）多主干自然开心形：干高 50cm 左右，树高 3m 左右。有主干 3 ～ 4 个，主干均匀向外分布，每个主干上有主枝 2 ～ 3 个，共有主枝 6 ～ 8 个。各主枝向树冠四周均匀分布，互不交叉重叠，同一主干上的主枝间相距 50cm 以上，主枝上着生枝组。这种树形成形快，易于更新，但树枝易交叉重叠。

（a）

（b）

（c）

图 9.1–5 自然生长条件下金银木的主干形式
（a）单干式；（b）丛干式；（c）短干式

2. 定形修剪

幼龄期的金银木常以丛状栽植，栽后在 1.2 ～ 1.5m 处短截，当年生长的枝条多细长下垂和弯曲，长放 1 ～ 2 年后老枝先端萎缩变弱，由背上萌生枝代替原枝，如此往复，树形逐渐紊乱。

通常在行植或篱形栽植的情况下，可保持上述生长状况，维持群体的基本一致。但在稀疏的组团栽植和孤植的情况下，就需要考虑树形，原则上是要选择合适的枝条进行一次极重短截，留枝高度在 30 ～ 40cm，以促发直立生长的旺枝作为培养骨干枝的基础。其后可按上述树形的整形要求，按步骤进行。

3. 枝组修剪

金银木以长枝开花为主，开花后形成大量的单轴枝组。在成龄的树冠中，常见到结果枝衰弱、纤细、拥挤和徒长枝旺长、无序的现象。外观上枝条两极分化现象明显，1 ～ 2 年后成团的弱枝开始自然更新，这种习性是金银木冠形易紊乱的主要原因。修剪中可采用“枝组交替更新”的方法予以纠正。方法是在圆满树冠保证局部生长稳定的条件下，对细弱长枝进行适当短截，使其当年在开花的同时发生新枝，作为第二年开花的预备枝。或者将邻近的两个枝条看做一组，采用“截一放一”的方法，使一个发枝，另一个开花结实；第二年对放的枝条进行回缩，对截的枝条进行“疏枝放单条”修剪。枝组体量过大或转弱时可以将其疏间，利用隐芽枝重新培养枝组，这样轮回更替便会使枝条的生长势均衡稳定下来。

金银木几种常见枝组的着生形态和形成过程见图 9.1–6，其中，（a）是并生的单轴枝组，常集中在树冠外围，多数由一年生长营养枝长放一年后形成，修剪中可根据需要进行疏间或回缩。（b）是三年生枝连续长放后形成的大、中型枝组，修剪中应注意更新复壮。（c）是连续长放的多年生枝上由隐芽萌发后形成的粗壮单轴枝组，通常这类枝组生长势偏旺，修剪中应本着“疏强留弱”的原则进行疏间。（d）是生长衰弱的枝组，这样的枝组生长在树冠的下部，开花很少，修剪中要根据空间大小进行回缩更新或疏除。

4. 其他修剪

及时疏除树冠内和主干基部萌生的萌蘖枝、徒长枝，平衡主枝间的长势。生长季节对当年生新枝进行适当疏枝和摘心，控制枝条生长过旺。总体来看，金银木修剪要点可以用“多疏、少截、加甩放”来概括，解释为以“疏剪为主，尽量少截，适度回缩”。

(a)　(b)

(c)　(d)

图 9.1-6　金银木的枝组

(*a*) 并生的单轴枝组；(*b*) 大、中型枝组；(*c*) 多年生枝上由隐芽形成的大型单轴枝组；(*d*) 衰弱的枝组

(a)　(b)　(c)

图 9.1-7　金银木冬剪后的冠形和根蘖更新状况

(*a*) 修剪后的开心形树冠；(*b*)、(*c*) 根蘖更新状况

9.2　猬实 *Kolkwitza amabilis*

9.2.1　生长特性

猬实是忍冬科猬实属的落叶灌木，高达 3m。幼枝上疏生柔毛，枝条呈弯弓形下垂，干皮薄片状剥落。枝叶着生茂密，花色娇艳；瘦果状核果，外面被有刺毛，形如刺猬，是著名的观花灌木。

9.2.2 枝芽特性

猬实的芽为对生，可分为花芽、叶芽和隐芽。花芽为混合芽，着生于一年生枝的叶腋间，萌发后先抽生一段枝条，其顶端着生伞房状聚伞花序。猬实的花芽形成量极大，健壮的单株上枝条所有的冬芽均可形成花芽，衰弱的多年生枝的侧芽形成花芽的能力差、数量少。

叶芽着生在花序下部的当年生枝条的叶腋间。开花后这些枝条形成细弱密集的枝群，自然状态下叶芽当年不萌发，是越冬的主要形态，越冬后其中一部分枝条枯死，外观上形成束状的弱枝群，它们常是导致树冠郁闭的主要原因。

猬实的隐芽着生于多年生枝条的年界处和根颈部位，每年都有一定数量的萌发。猬实隐芽萌发的枝条当年就可形成花芽，第二年开花结实。由根颈部萌发的隐芽多形成直立的徒长枝，可用来补充树冠空间；由年界处萌发的隐芽，常集中在树冠外围枝条的弯拱处，萌发后形成较长的粗壮弯垂枝条，是形成猬实新一轮开花枝条的主要来源。

猬实一年生枝的着生形态和获得这类枝条的方法见图 9.2–1。这类枝在形成的当年不开花，但侧枝已形成花芽，通常称为营养枝。修剪中可以通过短截或长放方法获得这些枝条，也可以利用隐芽萌生的徒长枝经改造修剪后获得。

(*a*)　(*b*)　(*c*)

图 9.2–1　猬实的营养枝

(*a*) 短截后发生的长营养枝；(*b*) 隐芽萌发的徒长枝；(*c*) 长放后分枝形成的当年生营养枝

猬实一年生枝上花芽着生的位置和开花形态见图 9.2–2，修剪中要利用一年生长营养枝开花并在花后进行回缩修剪，经过几年回缩调整可以形成稳定健壮的枝组，如图 9.2–2（*c*）。

(*a*)　(*b*)　(*c*)

图 9.2–2　猬实的花枝和枝组

(*a*) 侧芽萌发状况；(*b*) 侧芽为混合芽，当年抽生花枝形成单轴枝组；(*c*) 健壮的枝组开花状况

9.2.3 整形修剪

猬实的修剪可参照金银木的整形修剪方法进行，需侧重以下几个方面。

1. 树形

常采用多主干自然开心形。干高 50cm 左右，树高 3m 左右。有主干 3 ～ 4 个，主干均匀向外分布，每个主干上有主枝 2 ～ 3 个，各主枝向树冠四周均匀分布，互不交叉重叠，主枝上着生枝组。

修剪中的留干高度不同常会影响猬实的冠形，见图 9.2–3。当树冠无主干或主干很短时，树冠下部的枝条常下垂形成球形树冠，如图（*a*）；当有较明显主干且高度在 30 ～ 40cm 时，第一层枝条常培养成侧枝，多形成半圆形树冠，如图（*b*）；主干高度在 50cm 以上且数量较少时，多形成扁圆形树冠，如图（*c*）。修剪中要根据现场的植物配置布局、空间和层次要求选择适宜的主干高度，获得不同的冠形，以实现设计意图。

（*a*）　（*b*）　（*c*）

9.2–3　猬实主干、主枝的着生形式和冠形.

（*a*）无主干、主枝，丛生的单株树冠多为球形；（*b*）有极短的主干，主枝均匀着生的单株树冠多为半圆形；（*c*）有主干，主枝着生均匀的单株树冠多为扁圆形

2. 生长季修剪

开花后，将开过花的长枝条在弯拱处留上枝回缩，促发新枝，作为第二年开花的预备枝，同时疏间密生的花枝。并对当年生新枝进行适当摘心，控制枝条生长过旺。

3. 冬季修剪

疏除树冠内和基部由隐芽萌生的萌蘖枝、徒长枝和部分开花后的弱枝，更新三年生左右的老枝，使其萌发新枝。注意平衡主枝间的长势。

9.3　西府海棠 *Malus × micromalus*

海棠种类众多，西府海棠是其中的一种。明代《群芳谱》载“海棠有四品，皆木本，西府海棠、垂丝海棠、贴梗海棠和木瓜海棠”。虽然同称为海棠，但其生长特性差异很大，修剪方法也各有特点。

下面介绍西府海棠和八棱海棠的整形修剪方法。

9.3.1　生长特性

西府海棠是蔷薇科苹果属的落叶小乔木，幼龄期枝条多直立生长，分枝处形似“辘轳把”；通常栽植 5 ～ 6 年后，多年生大枝会从 1.8 ～ 2.5m 处逐年向外弯曲生长，使树冠开张，大枝背上常萌生大量直立徒长枝。

9.3.2　枝芽特性

1. 芽的类型及特性

西府海棠的芽可分为花芽和叶芽；顶芽和侧芽(腋芽)；活动芽和隐芽（潜伏芽）；饱满芽和秕芽等。

（1）花芽和叶芽：西府海棠的花芽着生在生长健壮的一年生枝的顶端和其下 1 ～ 8 个节位上，花芽为混合芽，在抽生的新枝顶端着生花序。叶芽着生在旺枝顶端和枝条的中下部，只抽生枝叶不开花。

（2）顶芽和侧芽：西府海棠的顶芽，有的为叶芽，有的为混合芽。侧芽也可形成混合芽，称为腋花芽，生长稳定的一年生营养枝其腋芽可以形成较多的混合芽。

（3）活动芽和隐芽：枝条上的芽形成以后，能按时萌发的是活动芽，多位于枝条顶部或中上部；枝条下部或基部的芽不能按时萌发，是隐芽（不活动芽）。

（4）饱满芽和秕芽：常指同一枝条上不同部位的叶芽。凡芽体肥大、充实饱满、发育健壮的为饱满芽；芽小而瘦，发育不良的为秕芽。西府海棠春、秋梢交界处的芽多为秕芽。修剪中，常用饱满芽作为骨干枝或延长枝的剪口芽，以迅速扩大树冠，还经常利用芽子的饱满程度来调节树体或主枝的生长势和延伸方向。

2. 枝的类型及特性

西府海棠树的枝条因着生位置、形态和作用的不同，分为新梢、一年生枝、二年生枝、多年生枝、结果枝和营养枝等。

（1）新梢：是指当年抽生带有叶片的枝条。因新梢的发生季节不同，又可分为春梢和秋梢。

（2）一年生枝和多年生枝：当年抽生的枝，自落叶以后至第二年春季发芽前为止，称为一年生枝。生长两年以上的枝，称为多年生枝。

（3）营养枝：当年只能抽枝长叶而不开花结果的枝条，称为营养枝或发育枝。依其着生位置和生长发育情况不同，又分为徒长枝和叶丛枝。徒长枝由隐芽或不定芽萌发，生长旺而直立，粗而不壮，节长芽瘦，叶大而薄，组织不充实。叶丛枝长度多在 1cm 以下，节间极短，莲座叶多（一般有 4 ～ 9 片叶子），停止生长早，营养积累多，最易形成花芽。

（4）开花枝：枝条上直接着生花芽，既能开花又能结果，可分为长、中、短花枝及短花枝群。长度在 15cm 以上，具有顶花芽的是长花枝；长度在 5 ～ 15cm 之间的为中花枝；长度在 5cm 以下的为短花枝。短花枝结果后连续分枝而形成的群状短花枝称为短花枝群，其是西府海棠上良好的小型开花枝组，连续开花的年限一般在 3 ～ 5 年以上。

图 9.3–1　西府海棠的枝和芽

（*a*）三年生枝上的短花枝；（*b*）六年生枝上的短花枝；（*c*）二年生枝上的果台枝的顶花芽；（*d*）一年生长枝的顶花芽和腋花芽；（*e*）隐芽萌生的枝条；（*f*）更新枝长放一年后形成的花枝；（*g*）外围枝组上着生的中花枝和短花枝；（*h*）更新修剪后枝条长放不疏枝形成的花芽

9.3.3 整形和修剪

1. 树形

西府海棠树形宜采用修剪量小、成形快的自然开心形。这种树形主干较矮，一般在 40 ～ 50cm，在主干上错落着生 3 ～ 4 个主枝，自然生长，三主枝上各着生 2 ～ 3 个侧枝。整形过程中要特别注意培养背后侧枝，防止主枝过早开张而扰乱树形，并为利用背后枝换头、稳定树冠打好基础。该树形成形以后，树高 4.5m 左右，冠径 2.5 ～ 3.5m。在自然生长条件下，西府海棠的主枝数和着生方式多不规则，表现为基角很小、丛生，常以轮生、临近着生等形式形成直立的树冠（图 9.3-2），修剪中要按树形结构给予适当调整。

（*a*）（*b*）（*c*）

图 9.3-2 西府海棠的大枝分枝状况

（*a*）在主干上轮生的多个主枝；（*b*）在主干上临近着生的多个主枝；（*c*）由主干上徒长枝形成的主枝

西府海棠的主枝在定植后的 6 ～ 8 年内可持续直立生长，使树冠呈直立的纺锤形，在 8 年生之后，树冠逐步开张。开张的形式是主枝向外弯曲，腰角自然增大。此阶段的修剪要注意角度开张的适宜度和稳步向“上稀下密”、“外稀里密”的树冠结构过渡。可通过“落头开心”和“疏间外围”的修剪方法来控制树冠外围疏密程度，防止外围生长势过强导致的大枝后部光秃（图 9.3-3）。

图 9.3-3 多主枝的西府海棠成龄后树冠自然开张的表现和落头过程

2. 修剪方法

（1）培养各级骨干枝：要保持西府海棠直立的窄冠形，勿使其过早地出现枝条向外开张的现象，造成冠形紊乱，各级骨干枝头应连续多年采用“疏上缓下”的方法进行修剪。方法是定植后 1 ～ 2 年内对选出的主、侧枝延长枝施行短截打头，此后的数年内可连续施行“疏旺放壮”、“单枝单头”的修剪方法，

(a)

(b)

(c)

(d)

图 9.3-4　西府海棠更新修剪
(a)～(c)主枝逐渐开张，内膛枝大量萌发，这些枝成花能力强，修剪中要很好地利用；
(d)多年生枝回缩，逐步改造成大枝组

即每年疏掉萌生的旺枝、缓放中庸枝、留一个健康枝条作为枝头。背后枝留壮枝、壮芽作为枝头，以保证新枝粗壮；疏除内膛的徒长枝，疏剪过密过细的小枝，其余枝尽量多留；对长势中庸枝和中、长花枝不要短截，尽量多利用中、长花枝的顶花芽和旺花枝上腋花芽开花。

（2）短截培养枝组：西府海棠主要是靠短截培养枝组，对长势中等、位置向外和位于骨干枝中下部的长势中等的枝条要采用“先截后放”或“先放后缩”的方法修剪成紧凑的小型枝组。当这些枝组后部光秃时及早回缩，延长枝组寿命。

（3）截放结合：西府海棠树姿直立、萌芽率高，易形成短花枝，单枝连续缓放会使叶丛枝和短花枝明显增多，而且缓放后容易造成后部光秃的“鞭杆枝”，较难通过回缩的方法将其改造成枝组，所以要注重截放相结合，对中庸枝多进行轻短截，旺枝可在盲节处轻短截。

（4）及时更新：目前绿地中的西府海棠绝大部分已进入开花盛期，树冠内已形成大量的小型枝组，衰弱枝和锥形的弱小短枝也大量存在，所以要及早更新复壮。衰弱的小枝组应疏除，进行枝组间更新；弱枝组去弱留壮、去斜留直、去远留近、去老留新。花枝连续开花 2 ～ 3 年长势变弱时就要回缩更新，长花枝在结果后要在果台下留短花枝剪截；当年生的中、长花枝要进行中短截，去掉顶花芽和腋花芽，培养成预备枝。这样进行更新修剪后，树冠结构稳定，开花丰满、树姿优美。图 9.3-4 是树冠外围枝经过“疏旺放壮”、“单枝单头”、“落头开心”的修剪后，内膛光秃带上的发枝情况。这些枝在抽生的当年便可形成大量花芽，不仅补充了空间，还有效地克服了树冠内膛无枝组着生的状况（图（a）～（c））。修剪中三年生左右的“鞭杆枝”不应直接疏除，而应采用中回缩的方法，即在多年生光秃带上剪掉枝条总长度 1/3 或 1/2，作为辅养枝来培养，可当年形成花枝第二年开花结果（图（d））。

八棱海棠在绿地中也有较多栽植，与西府海棠的不同处在于树冠较开张，开花习性与西府海棠相同，修剪中主要任务是调整好枝组。八棱海棠的枝组类型和着生位置见图 9.3-5。由于八棱海棠的树冠比较开张，树冠内膛空间较大，修剪中要尽量多地安排各类中、小型枝组。特别注意利用在树形调整过程中锯除中型枝条后由锯口萌生的新枝条，及时将其改造成中型枝组。八棱海棠的生物学特性（枝条自然角度、分枝形式等）与苹果中的‘金冠’类似，因此其整形修剪方法可参照‘金冠’苹果进行。

图 9.3-5 八棱海棠的枝组
（a）背后枝组；（b）侧生枝组；（c）背上枝组；（d）辅养枝改造成的枝组；
（e）内膛由徒长枝改造成的枝组；（f）内膛斜生枝连续修剪形成的枝组

9.4 垂丝海棠 *Malus halliana*

9.4.1 生长特性

垂丝海棠是蔷薇科苹果属的落叶小乔木，树高 3 ～ 4m。枝干峭立，枝条开张，小枝细弱、微弯曲，树冠开展、广卵形。

9.4.2 枝芽特性

1. 芽的类型及特性

垂丝海棠的芽可分为顶芽、侧芽（腋芽）、花芽、叶芽、饱满芽、秕芽等。

（1）顶芽和侧芽：垂丝海棠的顶芽，有的为叶芽，有的为混合芽。侧芽可形成混合芽，称为腋花芽。生长稳定的一年生营养枝的腋芽可以形成较多的混合芽。

（2）花芽和叶芽：垂丝海棠的花芽着生在生长健壮的一年生枝的顶端和其下 1 ～ 6 个节位上，花芽为混合芽，在抽生的新枝顶端着生花序。叶芽着生在旺枝顶端和枝条的中下部，只抽生枝叶不开花。

（3）饱满芽和秕芽：垂丝海棠健旺的一年生枝春梢上的芽充实饱满，春、秋梢交界处的芽多发育不充实，为秕芽。

2. 枝的类型及特性

垂丝海棠树的枝条因着生位置、形态和作用的不同，分为一年生枝、多年生枝、结果枝和营养枝等。

（1）一年生枝和多年生枝：当年抽生的枝，从落叶以后至第二年春季发芽前为止，称为一年生枝。生长两年以上的枝，称为多年生枝。

（2）营养枝：当年只能抽枝长叶而不开花结果的枝条，称为营养枝或发育枝。垂丝海棠的各级枝上常分布有较多的叶丛枝，其长度多在 1cm 以下，节间极短，停止生长早，营养积累多，最易形成花芽。

（3）开花枝：枝条上直接着生花芽，既能开花又能结果，可分为长、中、短花枝。长度在15cm以上，具有顶花芽的是长花枝；长度在5～15cm之间的为中花枝；长度在5cm以下的为短花枝。

和其他树种比较，垂丝海棠枝条分布层次清晰，长势均衡，营养枝与花枝易于区分，如图9.4–1。

(*a*)　(*b*)　(*c*)　(*d*)　(*e*)　(*f*)

图9.4–1　垂丝海棠的枝、芽、花、果

（*a*）一年生枝上的顶花芽和腋花芽；（*b*）枝组上的中、短花枝；（*c*）改造修剪后的背后枝组；（*d*）隐芽萌发状况；（*e*）连续开花的长花枝；（*f*）大枝组的着生形态

9.4.3　整形和修剪

1. 树形

垂丝海棠树形开张、冠体较小，树形采用延迟开心形较好。这种树形具有中心领导枝，主干高40～50cm，第一层主枝着生在主干上，第2～3层主枝着生在中心领导枝上。树冠延展明显减弱后，将中心领导枝落头开心，变为两层，第一层主枝3～4个。为防止中干“卡脖”，第一层主枝呈邻近排列，枝间距离20cm左右。第一层主枝与第二层主枝之间的距离在1.2～1.5m左右，层间着生辅养枝和枝组。第三层主枝距第二层主枝0.8m。第一层的每一主枝上着生2～3个侧枝，可根据侧枝位置和空间大小，适当选留副侧枝，但不宜过多，以防止造成内膛枝组的衰弱和死亡。这种树形层次清楚，枝组量大，树冠丰满。

2. 修剪方法

（1）培养牢固的主侧枝：要保持垂丝海棠舒展开张的冠形，各级骨干枝头应连续多年采用“单枝单头”的修剪方法。可连年短截各级骨干枝头，疏掉枝头附近萌生的旺枝、直立枝，选择中庸枝作为枝头。枝头以下的枝条可根据长势选择侧生或斜生的枝条进行缓放，第二年在分枝处进行回缩，培养成枝组。修剪时要注意疏除内膛的徒长枝，疏剪过密过细的小枝；对长势中庸枝和中、长花枝不要短截，尽量多利用中、长花枝的顶花芽和旺花枝上腋花芽开花。对各级枝头不宜连续长放，防止骨干枝过早地出现腰角或梢角过大的情况。

（2）培养稳定的枝组：垂丝海棠的枝组来源有 3 个：其一是一年生营养枝长放形成的单轴枝组；其二是多年生枝回缩形成的中、小型枝组；其三是由辅养枝改造形成的大型枝组。在修剪管理较粗放时枝组常冗长、长势不稳定，应及时回缩以提高枝组的稳定性，如图 9.4–2。

图 9.4–2 垂丝海棠的枝组

（*a*）单轴枝组；（*b*）外围枝组；（*c*）侧枝上的辅养枝；（*d*）连续长放形成的不稳定的枝组；（*e*）拥挤的单轴长放枝枝组，修剪中要疏间并拉开角度予以利用；（*f*）小型枝组

对位于骨干枝中下部和骨干枝背上的长势中等的枝条要充分利用，采用“先截后放”或“先放后缩”的方法培养成紧凑的小型枝组。当这些枝组后部光秃时要及早回缩，以延长枝组寿命。

对树冠内的小型枝组要及早更新复壮，衰弱的小枝组应疏除，弱枝组去弱留壮、去斜留直、去远留近、去老留新。花枝连续开花 1 ～ 2 年就要回缩更新，长花枝结果后要在果台下留短花枝剪截；当年生的中、长花枝要进行中短截，去掉顶花芽和腋花芽，培养成预备枝。

（3）抬高角度：垂丝海棠树姿开张，成龄后树冠内的大型枝组或长放的单枝会明显下垂，要注意用角度好的枝条换头或采用背上枝组代替原头，抬高枝组角度。

9.5 贴梗海棠 *Chaenomeles lagenaria*

9.5.1 生长特性

贴梗海棠又称为铁杆海棠、贴梗木瓜，是蔷薇科木瓜属落叶灌木，树高 1.5 ～ 2m。枝干峭立，树冠开展，小枝细弱，枝条开展、有刺。

花单生或数朵簇生于二年生枝条上，朱红色，单瓣或重瓣，径约 3 ～ 5cm，花梗极短。

9.5.2 枝芽特性

贴梗海棠的芽为互生，可分为花芽、叶芽和隐芽。花芽为纯花芽，着生在枝条的侧方。在健壮枝条的同一个节位上花芽、叶芽和隐芽同时存在，通常花芽先开放，叶芽常不萌动，以隐芽的形式存在于节位下方，受刺激时可发生花枝或形成短营养枝。成龄树的枝条上常有复生的花芽，外观上呈簇状着生。

生长充实的一年生枝的顶芽具有早熟性，当年可发生夏梢和秋梢；但着生于秋梢枝段的顶芽和侧芽均为叶芽，只可以抽枝展叶，着生于春梢枝段的侧芽几乎都可形成花芽。

贴梗海棠的隐芽存在于枝条的年界和离地面 20cm 处的多年生枝部位，每年都有一部分自然萌发，要视情况给予利用，多余的要及时疏除。

贴梗海棠树冠内枝条以长花枝（30 ～ 40cm）和中花枝（20 ～ 30cm）为主，是贴梗海棠开花结果的主要枝条，其次是长度为 0.5 ～ 5cm 的极短花枝和短营养枝。

健壮树上的长花枝和中花枝均匀地分布在树冠外围，极短枝分布于多年生枝上。树势较弱时隔年开花现象明显，而且花枝以极短花枝为主，如图 9.5–1。

(*a*) (*b*) (*c*) (*d*) (*e*) (*f*)

图 9.5–1 贴梗海棠的枝、芽、花、果
(*a*) 多年生枝上的短花枝；(*b*) 二年生枝上的短花枝；
(*c*)、(*d*) 1 ～ 2 年生枝形成的长、中、短花枝；(*e*) 极短花枝；(*f*) 结果状况

9.5.3 整形修剪

1. 树形

贴梗海棠冠体较小，但枝条挺拔，园林中多丛植（图 9.5–2），常用树形为自然丛状开心形。这种树形通常无主干，3 ～ 4 个主枝由地面生出，均匀向四周生长。每主枝上配备侧枝 2 ～ 3 个，第一侧枝距

地面 30 ～ 40cm，在其对面选择第二侧枝，侧枝之间距离 45cm 左右。为使树冠丰满，主枝上可选留基角较大的背后侧枝，着生位置在两个侧枝之间。各级骨干枝上插空选留中型枝组，空间大时可培养辅养枝补充空间，但要注意控制其生长势。

图 9.5-2 丛植的贴梗海棠

2. 幼树修剪

贴梗海棠的栽植常成丛、成束，难以分清主次。整形工作中要先确定各级骨干枝，其余的枝条可采用极重短截的方法使其发生旺枝，作为第二年进一步定形的备用枝条。留下的各级骨干枝头要在二年生处回缩，利用剪口下的一年生枝带头，也可利用年界处的隐芽带头，以促发健壮的一年生枝。由于贴梗海棠的萌芽力强，强修剪后易长出徒长枝，所以健旺的幼树修剪不宜过重。

3. 成龄树修剪

树冠成形后，如需要继续扩大树冠，可对主、侧枝头进行短截修剪，一般剪留 1/2。为了增强观赏性，修剪的重点应转移至副侧枝和枝组，通过重短截，使隐芽逐渐萌发成枝，这样形成的枝组紧凑、牢固、花量大。长花枝多进行中短截，使其形成较多的中花枝和极短花枝。这样做可使副侧枝形成开花枝群，对其每年进行交替回缩修剪，交替扩大、延展，5 ～ 6 年后再选基部或附近的健壮枝条进行更新。

（*a*） （*b*） （*c*）

图 9.5-3 贴梗海棠成龄树的枝组

（*a*）花后短截成枝组；（*b*）多年生枝回缩成枝组；（*c*）短花枝缓放成枝组

4. 生长季修剪

贴梗海棠生长较快，易造成枝条过密。除冬季修剪要疏除过密枝外，应在枝条迅速生长期即 5 ～ 6 月份，将过旺的外围枝摘心或剪梢，一般剪去 1/4，同时疏掉徒长枝、交叉枝和萌蘖枝。

9.6　杜梨 *Pyrus betulaefolia*

9.6.1　生长特性

杜梨又名棠梨、毛杜梨，是蔷薇科梨属乔木，树高达 10m。树势生长旺盛，树冠开张下垂，枝常有刺。

杜梨萌芽率高，成枝力中等，幼龄树冠内枝条稀疏，单轴延伸的多年生枝上着生的刺状短枝多而密，冠内枝条两极分化现象明显。成龄后树冠内枝条充实，形成枝组能力强，自然生长条件下单轴延伸和下垂的大、中、小枝组明显。

9.6.2　枝芽特性

1. 芽的类型及特性

杜梨的芽可分为花芽、叶芽和隐芽（潜伏芽）。花芽多数着生在生长健壮的一年生短刺状枝的前端和其下 1 ～ 3 个节位上，短刺状枝无顶芽。杜梨花芽为混合芽，在抽生的新枝顶端着生花序。

一年生中枝和长枝的顶芽，有的为叶芽，有的为混合芽；侧芽也可形成混合芽，为腋花芽，生长稳定的一年生营养枝其腋芽可以形成较多的混合芽。

叶芽着生在旺枝顶端和枝条的中下部，只抽生枝叶、不开花。叶芽具有早熟性，条件适宜时，可抽生夏梢和秋梢。

隐芽多着生在年界处，寿命长，通常不萌发，受强刺激时萌生徒长枝，可用于树冠的更新复壮。春、秋梢交界处的秕芽也可形成隐芽，修剪中常用这些芽做剪口芽，以抑制枝条的生长速度和发枝类型。

2. 枝的类型及特性

杜梨的枝条，可分为花枝和营养枝。

花枝有长花枝（长度 60 ～ 100cm）、中花枝（长度 30 ～ 60cm）、刺状花枝（长度 15 ～ 30cm）的区别，随着树龄的增加，树冠内的枝类组成会发生很大的变化。杜梨的刺状花枝着生形态见图 9.6–1。

（*a*）　　　　（*b*）

图 9.6–1　杜梨刺状花枝的着生形态

（*a*）一年生枝上的刺状短枝；（*b*）两年后刺状短枝发育成枝组

（*c*）　　　　（*d*）

图 9.6–1　杜梨刺状花枝的着生形态（续）

（*c*）多年生枝上的刺状短枝当年形成的刺状花枝；（*d*）多年生枝上的刺状短花枝群

当年只能抽枝长叶而不开花结果的枝条，称为营养枝或发育枝，幼龄树上较多，是增加树体营养和扩大树冠的主要枝条。依其着生位置和生长发育情况不同，又分为徒长枝和叶丛枝。徒长枝由隐芽或不定芽萌发，生长旺而直立，粗而不壮，节长芽瘦，叶大而薄，组织不充实。叶丛枝长度多在 1cm 以下，节间极短，莲座叶多（一般有 4 ～ 9 片叶子），停止生长早，营养积累多，最易形成花芽。

9.6.3　整形修剪

1. 树形

杜梨树体高大，宜采用基部三主枝半圆形的树形。其结构是有中心领导枝和 5 ～ 6 个主枝，主枝分三层错落着生在中心领导枝上，第一层有主枝 3 个，第二层有主枝 2 个，第三层有主枝 1 个。第一层的三大主枝，最好以邻近的方式着生于主干上，主枝间的距离为 20 ～ 30cm，这样可以避免“卡脖”，三主枝上各着生 2 ～ 3 个侧枝，间距 50 ～ 80cm。第二层选留的 2 个主枝，层间距离 1.2 ～ 1.5m，上下不重叠。第三层选留的 1 个主枝，距第五主枝 100cm 左右。

2. 各级骨干枝修剪

主、侧枝的延长枝留壮枝、壮芽短截，以保证枝头的生长优势。疏除枝头附近的竞争枝，其余枝尽量多留；中、长花枝轻打头，促生较短的分枝，为培养枝组打基础。

3. 培养枝组

杜梨主要是靠短截和回缩相结合来培养枝组。对中花枝宜多采用“先截后缓”的方法；长花枝宜多采用“先缓后截”的方法或采用“打盲节”的剪法培养紧凑的枝组。杜梨短枝寿命长，一般情况下行中度修剪，不要过重以防止短枝抽生旺条，扰乱树形。

杜梨枝条自然成组能力很强，修剪中要充分利用这一习性。通常树冠内膛的二年生枝可以形成稳定的小型枝组（图 9.6–2（*a*））；树冠内膛的三年生枝可以形成稳定的中型枝组（图 9.6–2（*b*））；外围的多年生枝可以形成稳定的大型枝组（图 9.6–2（*c*））。

（a）　（b）　（c）

图 9.6-2　着生在成龄杜梨树上的枝组类型
（a）内膛小型枝组；（b）背上中型枝组；（c）外围大型枝组

4. 更新修剪

杜梨大量开花期，树冠内已形成大量的小型枝组，要及早更新复壮。衰弱的小型枝组应疏除，进行枝组更新，可采用“去斜留直”、“去老留新”的方法进行调整。

9.7　现代月季 *Rosa* cvs.

9.7.1　生长特性

现代月季是蔷薇科蔷薇属植物，株高 30 ～ 200cm 或更高。露地栽培时，生长季中可多次开花。

现代月季种类繁多，株型差异很大。有枝条直立生长的类型，还有枝条角度大、扩展范围广的类型，也有枝条柔韧呈拱形弯曲的类型。园艺上通常将其分为杂种茶香月季（简称 HT）、丰花月季（Fl）、大花月季（GR）、微型月季（MIN）与藤本月季（Cl）5 类。其生长特点主要是：

杂种茶香月季：生长势强，花大，花心高出四周花瓣，花形优雅，具芬芳香气。花的颜色丰富，花梗挺立，品种繁多，是月季中最大的一个家族。

丰花月季：生长势强壮，株型高矮中等，开花时形成大而密的花束状伞房花序，花朵较小，单瓣或重瓣，花色比较齐全。

大花月季：为杂种茶香月季与丰花月季的杂交后代，生长势强，株高多在 1m 以上。能连续开花，花色多样，缺少淡紫色，也少有复色类型。

微型月季：株高一般不超过 30cm，枝条、叶片及花朵均较小，花色丰富，开花不断，冬季耐寒。

藤本月季：属于落叶灌木，其茎较长，一般在 1 ～ 2m 之间，长的可达 5 ～ 10m。能连续开花，生长势强。

9.7.2　枝芽特性

现代月季的芽为互生，主要的芽是叶芽和隐芽。叶芽位于枝条的顶部和两侧，萌发后可抽枝展叶。

生长健壮的叶芽，在抽生当年生新枝的过程中，其顶端分生组织进行花芽分化，并开花。此过程看不到新枝生长有明显的停顿期。生长弱的枝条则继续形成叶芽。

现代月季的越冬芽全部是叶芽，依其着生部位和越冬前的生长状况不同，其越冬的外观形态具有较明显的差异，第二年的萌芽早晚也有所不同。

隐芽多集中在根颈部位或地面以上 20cm 左右的枝段上，隐芽每年都有一部分自然萌发，可用于植株的更新复壮。由嫁接繁殖的单株，根颈部位的隐芽形成的枝条多为砧木萌发的枝条。月季隐芽寿命较短，6 ～ 8 年生老茎上几乎不能萌生隐芽枝，常形成干橛。

现代月季萌芽力弱，成枝力强，剪口下通常可发枝 2 ～ 3 个，主要枝条有花枝、营养枝和萌蘖枝。长度在 40cm 以上为旺花枝，长度 30 ～ 40cm 为长花枝，20 ～ 30cm 为中花枝，10 ～ 20cm 的为营养枝。依年龄和生长势的不同营养枝所占的比例不同，长度 10 ～ 20cm 的短营养枝很少开花，长度在 30 ～ 40cm 的长花枝修剪后萌生的新枝开花最好。

现代月季枝上具有皮刺，刺有弯有直，大小疏密与品种有关，也有个别品种近无刺。

9.7.3 整形修剪

1. 常规修剪

露地栽植的现代月季，绝大部分采用灌木状修剪，分别在冬剪和夏剪进行。以杂种茶香月季、丰花月季和大花月季为例，在冬剪时可留 3 ～ 6 根当年生充实的枝条，每枝剪留 6 ～ 10 个芽，并结合去老枝、弱枝、病虫枝进行修剪。当灌丛初步形成之后，冬季主要是维持灌丛的平衡，可采用“换枝修剪”的方法进行调节。方法是：在灌丛中选择一部分枝条进行重截，促其萌生新枝，更新老枝，这种枝条长势旺，开花较晚；另一部分枝条正常修剪，使其正常开花。以后管理中逐年进行轮换，并注意各个方向相互交错。夏剪分别在夏、秋两季进行，主要是摘蕾、剪梢和去残花等。

6 ～ 8 年生的现代月季植株开始老化，枝干粗糙，枝皮呈灰褐色并伴有瘤状突起，老枝上不易生新枝。修剪中要抓住萌蘖枝及时进行更新，当萌蘖枝长出 5 ～ 6 片复叶时进行摘心，促使下面腋芽形成新枝，新枝长到 25 ～ 30cm 时，可除去老枝。

修剪习惯不同，常对修剪产生一定的影响，强剪时每个主干上保留 2 ～ 3 个侧芽，称为低枝重剪；轻度弱剪时则保留较多的侧芽。修剪时不要除去太多强壮健康的枝条，在营养可以满足的条件下，大株型的植株的花朵量大，而且大小、颜色、花梗长度等能展现本品种的特性，若不适当的强剪，会导致徒长，打乱植株体内的营养平衡，甚至缩短植株寿命。在某些特殊的情况下可以进行强剪，如冬季大量枝条被冻死时或因气候反常、倒春寒出现再结冻时都可应用强剪。另外，修剪强度的选择还要考虑具体的水肥条件，留芽太多发枝不整齐、花芽形成少，反而不利于月季的生长，且影响其观赏性。月季一年生枝条不同修剪强度的反应见图 9.7–1。

(a)

(b)

(c)

图 9.7–1 月季一年生枝条不同强度修剪的几种反应
(a) 长梢修剪，留芽 8 ～ 10 个、剪留长度 30cm 左右的发枝情况；(b) 中梢修剪，留芽 6 ～ 8 个、剪留长度 25cm 左右的发枝情况；(c) 徒长枝短剪 2/3 的发枝情况

(*d*)　　(*e*)　　(*f*)

图 9.7–1　月季一年生枝条不同强度修剪的几种反应（续）

(*d*) 极短梢修剪，留半明芽和隐芽、留枝长度 5cm 的发枝情况；(*e*) 二年生枝全部采用极短梢修剪，留半明芽和隐芽的发枝情况；(*f*) 出现冻害的多年生枝，全部留隐芽进行更新修剪的发枝情况

月季修剪中还有一种情况需要注意：由于枝条形成的时间不同，生长过程中获得的营养条件不同，在越冬前其枝条上越冬芽的形态也有一定的差异（图 9.7–2）。修剪时剪口芽要尽量选择越冬形态一致的芽，否则会导致发芽和生长不一致。

(*a*)　　(*b*)

(*c*)　　(*d*)

图 9.7–2　月季越冬枝条上芽的几种形态

(*a*) 以萌芽状态越冬的芽体状况；(*b*) 以萌发状态越冬的芽体状况；
(*c*) 以萌动状态越冬的芽体状况；(*d*) 以隐芽状态越冬的芽体状况

2. 树状月季修剪

树状月季的优点很多，主干挺拔，立体感强，高度常与人的视线处于同一水平，适宜在各种环境布置中应用。

（1）分类：按高度不同，树状月季分为：高度 30 ～ 40cm 的微型树状月季、高度 50 ～ 60cm 的十姊妹型树状月季、高度 80 ～ 100cm 的丰花型树状月季、高度 100 ～ 120cm 的大花型树状月季和高度 180 ～ 300cm 的垂枝型树状月季。

（*a*）　（*b*）　（*c*）

（*d*）　（*e*）　（*f*）

图 9.7–3　树状月季的几种形态

（*a*）、（*b*）大花型树状月季；（*c*）、（*d*）丰花型树状月季；（*e*）、（*f*）十姊妹型树状月季

（2）修剪：树状月季的形状比一般月季更有装饰性，修剪中必须注意保持树冠各方向生长的匀称，经多年认真修剪才能完成树形。

因类型不同，在适宜的部位确定主干高度，高度确定后，在主干上端依次选留 3 ～ 4 个枝条作主枝培养，除去干上其他枝芽。主枝长到 20 ～ 30cm 时进行摘心，以促使产生新的分枝。培养树形期间，在生长期内要对主枝进行疏蕾和摘心，尽量减少花量，使养分更多地集中到枝条生长方面。这样到秋季即可形成主干和主枝，骨架基本成形，冬季修剪时选留一个健壮外向枝短截，以扩大树冠，并以侧枝作为开花的主要枝条。

植株出现上强下弱时，修剪时上部应轻短截，保留 7 ～ 8 个侧芽，使其多开花；下面的主枝重短截，保留 3 ～ 5 个芽，促发壮枝。尽量保留主枝上两侧的分枝，使其在各个方向错落分布并剪除背上枝和背后枝，侧枝留芽 3 ～ 5 个，花后按常规修剪方法修剪。成形后的树状月季，可设立支架稳定一段时间，树体牢固后除去。

3. 藤本月季修剪

藤本月季是现代月季中的一大种类，由蔷薇（如多花蔷薇、粉团蔷薇、七姐妹蔷薇等）与大花香水月季反复杂交而得或由杂种茶香月季、壮花月季、聚花月季、微型月季的变种演变而来。

藤本月季具有长藤，藤长因不同品种而异。依据开花习性，有些品种是一季开花，有些品种是多季开花。强爬蔓、半爬蔓品种，常制成花篱、棚架、拱门、花柱或依附建筑物生长。藤本月季的常见品种及栽植形式见图 9.7–4。

(a)　　(b)　　(c)

(d)　　(e)　　(f)

图 9.7–4　藤本月季的常见品种和栽植形式

(a)'安吉拉'(依附于墙壁);(b)'奇境'(笼式支撑);(c)'德国金'(篱壁式);(d)'莫扎特';(e)'光谱'(单柱支撑);(f)'橘红火焰'(多柱支撑)

藤本月季在冬季或早春进行修剪，以 2 月中旬～ 3 月上旬完成为好。因藤本月季在修剪时需辅以缚扎作业，如修剪过晚，枝条含水分高而脆，易被折断，芽已萌发，幼芽易被擦伤，会减少着花量。

修剪作业首先要剪除枯枝、弱枝、病虫害枝，再根据株形而区别对待，如花屏形、圆柱形等。然后可根据植株枝条的多少和长势强弱，酌情从根部剪除部分或全部 4 ～ 5 年以上的老枝，留下全部 4 ～ 5 年以内的成年枝和新枝。如果是花篱式，可将二年以上的枝条剪除部分或全部，留下二年生以下的枝条。第三步，根据藤本月季在旺盛生长季节上部枝多、叶茂、花丰，而下部易空裸、不开花的特点，结合垂直绿化的不同方式需要，把所留枝条作合理分布，用绳进行缚扎诱导。

藤本月季剪去老枝后，会长出茁壮新枝，应及时调整枝条疏密度，进行引缚，以新枝填补空间。完成缚扎诱导后，再把枝梢剪去 20 ～ 30cm，以刺激新梢开花，这样可使花屏上下左右繁花似锦。而花篱式，则应横向缚扎诱导。

花期之后，可对整株藤本月季进行适当调整修剪，从基部彻底切除隔年生的老藤，保留头年生的壮藤，促使植株基部发出强壮的新枝，当年就能形成健壮的新生藤系，如此往复，植株的体积逐步壮大。

4. 微型月季修剪

微型月季植株高度一般不超过 30cm，常用于广场、庭院等景点的布置。

微型月季生长期一般不作修剪，只需把残花剪去即可，冬季休眠时可稍做重剪，疏掉病弱枝、老枝，留下健壮的枝条，太长的枝条稍微短剪即可。

5. 花期调控修剪

根据月季成花习性，可通过简单地计算日期来预测开花时间。月季芽从发育到开花的时间可以借助修剪时间、修剪部位来调整。修剪的时间主要根据各品种的有效积温和特性，并参照设施栽培的保温能力来推算。在天津地区常用的推算方法是借助月季花芽分化进程所需要的时间来进行的。通常月季的芽由膨大至发芽后的第四片叶展开时开始花芽分化，此后逐次进行萼片、雄蕊、雌蕊的分化，然后进入到

显蕾、蕾膨大和开花阶段。由芽膨大至第四片叶展开，春季约需要 10 ～ 14 天，夏、秋季约需 8 ～ 10 天；由第四片叶展开至显蕾，春季约需 20 ～ 25 天，夏、秋季约需 18 ～ 20 天；由显蕾至盛花期平均天数在 10 ～ 12 天。生产应用时常根据节日前后两天所需要的花开形式来确定修剪时间。要求 5 月 1 日国际劳动节开花的露地栽培的月季要在现场设置大棚提温，一般要在 2 月 15 日前将大棚设置好，并进行修剪，要时时注意棚内温度，及时通风，防止温度过高。要求国庆节开花，可在 8 月 20 日前后修剪。要根据季节、树势、花期需求等来决定花期调控的修剪时间。

9.8　玫瑰 *Rose rugosa*

9.8.1　生长特性

玫瑰是蔷薇科蔷薇属落叶灌木，茎直立丛生，密生刺毛和倒刺。花单生或数朵丛生于当年生新枝顶端，每年开花一次，由于不同类型枝条的花蕾显现的时间不同，从整株看玫瑰的花期延续时间较长。园林中常见的品种有：重瓣红玫瑰、重瓣紫玫瑰、重瓣白玫瑰等。

9.8.2　枝芽特性

玫瑰的芽为互生，主要是叶芽和萌蘖芽。叶芽位于枝条的顶部和两侧，萌发后可抽枝展叶。生长健壮的叶芽，在生长的过程中，其顶端分生组织可形成花芽开花。生长弱或生长过旺的枝条则继续形成叶芽。萌蘖芽多集中在根颈部位或地面以上 20cm 左右的枝段上，每年都有一部分自然萌发，容易使灌丛拥挤、内部光照恶化。

玫瑰灌丛内主要枝条有营养枝、萌蘖枝。长度在 40cm 以上为旺枝，长度 30 ～ 40cm 为长枝，20 ～ 30cm 为中枝，10 ～ 20cm 为短营养枝，10cm 以下为极短枝。通常健壮的旺枝、长枝和部分中枝当年可抽生长、中、短花枝。玫瑰不同枝条抽枝开花状况见图 9.8–1。

(*a*)　(*b*)　(*c*)

图 9.8–1　玫瑰不同枝条抽枝开花状况

(*a*) 旺枝、长枝上抽生的当年生长花枝开花状况；(*b*) 中枝上抽生的当年生中花枝开花状况；(*c*) 短枝顶芽抽生的短花枝开花状况

依年龄和生长势的不同各类营养枝所占的比例显著不同，拥挤而老龄的灌丛，常表现为丛内多年生枝条密生且粗细不均。通常在 4 ～ 5 年以上的老枝上，其外围枝多为长度 10cm 以下的短营养枝，开花很少，而在 2 ～ 3 年生的枝条上，一年生枝的长度一般在 30cm 以上，修剪后可以成束开花。从整株来看，玫瑰开花不均匀，局部开花的现象十分明显。玫瑰萌蘖枝发枝多不规律，一般栽植三年左右便表现出新旧枝条杂生现象。

9.8.3　整形修剪

玫瑰的树形为自然丛状形，依据灌丛的大小，主枝可选留 10 ～ 20 个，并要用轮换的方法做到每

3～5年更新一遍，以保证基枝的年龄在四年生左右。每年冬剪要将灌丛内枝条梳理清楚，外围一年生枝保留壮芽，剪留长度不短于30cm。为了维护良好的生长势，适度采用回缩的方法，平衡各主枝之间的生长势。

更新修剪时，可利用基部的萌蘖枝，第一年在离地80cm处短截；第二年重回缩欲代替的多年生枝，以新枝补充空间；第三年将老枝从基部剪除。对生长中庸的一年生枝条，要注意选留饱满芽短截，作为明春开花的预备枝。花量大时要在开花后要及时剪去残花和果实，以节约营养。

9.9 黄刺玫 *Rose xanthina*

9.9.1 生长特性

黄刺玫又称为黄刺梅、黄玫瑰，是蔷薇科蔷薇属的落叶灌木，株形丛状，株高1～3m。黄刺玫的萌蘖力、成枝力和花芽形成能力都很强，健壮的一年生枝条几乎所有的节位上均可形成花芽。黄刺玫有单瓣和重瓣品种（图9.9-1），重瓣品种只开花，不结果。

(*a*)　(*b*)　(*c*)
(*d*)　(*e*)　(*f*)

图9.9-1　黄刺玫的品种

（*a*）单瓣品种的花蕾为尖塔形；（*b*）单瓣品种单花开放形态；（*c*）单瓣品种开花群体形态；
（*d*）重瓣品种的花蕾为圆球形；（*e*）重瓣品种单花开放形态；（*f*）重瓣品种开花群体形态

9.9.2 枝芽特性

黄刺玫的芽为互生，主要的芽是叶芽和萌蘖芽。叶芽位于枝条的顶部和两侧，萌发后可抽枝展叶，并可发生夏梢和秋梢。花芽具有早熟性，由生长健壮的叶芽顶端分生组织分化形成。在生长中庸粗壮或生长健壮的长枝上花芽形成数量多、质量好。萌蘖芽多集中在根颈部位或枝条的年界处，每年都有一部分自然萌发，年界处的萌蘖枝生长稳定时，当年可以形成花芽并开花，根颈部位的萌蘖枝当年生长势通常较弱，长放两年后生长速度加快，会导致灌丛拥挤。

黄刺玫灌丛内主要枝条有营养枝、萌蘖枝，以长度在 50cm 以上的旺枝和长度 30 ～ 40cm 的长枝为主要开花枝。所以黄刺玫冠形通常呈拱形下垂。黄刺玫萌蘖枝发枝多不规律，一般栽植三年左右根部萌蘖枝开始发生，以后逐渐表现出新老枝条杂生现象。

（a）

（b）

（c）

（d）

图 9.9-2 黄刺玫的枝与冠形
（a）单瓣品种的发枝力较强；（b）单瓣品种树冠下垂枝较多；
（c）重瓣品种的发枝力相对较弱；（d）重瓣品种的树冠下垂枝较少

9.9.3 整形修剪

黄刺玫的树形为自然丛状形，依据灌丛的大小，主枝可选留 6 ～ 8 个，并要用轮换的方法做到每 4 ～ 5 年更新一次，以保证基枝的年龄在五年生左右。每年冬剪要将灌丛内枝条梳理清楚，作为预备枝的要注意培养，打头加速其生长，其后两年内在逐步收缩老枝的同时将其培养为新主枝。

外围一年生枝进行轻短截，一般去掉弯垂的细弱部分。前部和中部的一年生枝条可择其中一部分施行留 5 ～ 6 芽短剪，以促发新枝作为第二年开花的预备枝。对细弱的冗长枝、拥挤的多年生枝以及年界处萌生的拥挤的萌蘖枝要尽量疏除。要采用适度回缩的方法，平衡各主枝之间的生长势，维持整株树冠的均衡外观。

黄刺玫发枝量大、耐修剪，但易早衰。所以春季开花后可短剪长势旺盛的枝条，秋季可对徒长枝条进行秋剪，与此同时还要注意及时更新。通常是利用基部的萌蘖枝，第一年在离地 40cm 处短截；第二年可对发生的新枝行中短截，同时重回缩欲代替的多年生枝；第三年可将老枝从基部剪除，用新枝代替原来的主枝。

对多年生的老植株，可适当疏剪老龄枝和背后的大型下垂枝、疏间内膛衰老的拥挤枝，以减小树冠厚度，使树冠通风透光。

9.10 紫荆 *Cercis chinensis*

9.10.1 生长特性

紫荆又称为满条红、荆树，是豆科紫荆属落叶灌木或小乔木。紫荆高可达 2 ～ 3m，枝干直立，成枝力弱，萌芽和萌蘖力强，常导致枝干丛生、自然层次差。紫荆具有多花的特性，枝条无顶芽，最上面一个芽在枝条顶端一侧。

9.10.2 枝芽特性

紫荆的芽为互生，可分为花芽、叶芽和隐芽。花芽与叶芽以叠生或复生的形式着生于一年生枝条的侧芽节位上，叶芽极瘦小，常退化，且一年生枝条的前端多为叶芽。在多年生的短枝节位或骨干枝上，叠生或复生的花芽集生在极短花枝上，外观呈松果形。

生长健壮的一年生枝条上，除顶端的 3 ～ 5 个芽外，其下各节侧芽均可形成花芽，萌发后顶端抽生 1 ～ 3 个新枝，其下全部为花。

紫荆树冠内的枝条以长花枝（30 ～ 50cm）、中花枝（10 ～ 20cm）和极短花枝（0.3 ～ 0.5cm）为主，一般情况下，长花枝均匀地分布在树冠外围，中花枝分布于内膛的多年生枝上，极短花枝广分布于骨干枝的各个部位，是紫荆开花结荚的主要部位。紫荆的主要枝条类型参见图 9.10–1。

紫荆的隐芽集中在年界处和根颈部位，每年根颈部隐芽可大量自然萌发，是更新的主要枝条。年界处的隐芽寿命短，三年生以上的隐芽受刺激后萌发率很低。这是修剪中回缩要在二年生处落剪的原因。

图 9.10–1 紫荆的枝条类型

(*a*) 一年生长花枝的花芽着生状况；(*b*) 二年生枝上极短花枝的着生状况；(*c*) 萌蘖枝的发生状况；(*d*) 一年生枝的开花状况；(*e*) 多年生枝的开花状况；(*f*) 一年生发育枝的抽枝状况

9.10.3 整形修剪

1. 树形

紫荆冠体较小，枝条直立，常用树形有自然丛状开心形和有主干自然开心形等。

自然丛状开心形无主干，3 ～ 4 个主枝由地面生出，均匀向四周生长。每主枝上配备侧枝 2 ～ 3 个，第一侧枝距地面 30 ～ 40cm，在其对面选择第二侧枝，侧枝之间距离 35cm 左右。紫荆成龄后发枝数量很少，因而栽植后 2 ～ 3 年是建立树形的最佳时间。紫荆的常见树形和树冠组成见图 9.10–2。

图 9.10–2 紫荆的树形和树冠组成

（*a*）有主干开心形树形；（*b*）无主干丛状形树形；

（*c*）有主干开心形树形的主枝分布状况；（*d*）自然生长条件下丛生形树冠中部枝条的分布状况

为使树冠充实，主枝上要选留背后侧枝，各级骨干枝上要插空选留中型枝组，不要轻易疏枝，所有新枝都可经夏季处理后培养成辅养枝。这样形成的树形内膛充实，树冠丰满。

有主干自然开心形的整形方法与自然丛状开心形基本一致，修剪时可参照来做。

2. 定植后修剪

紫荆栽植后枝条多冗长，而且根颈部留有较多的萌蘖枝。整形修剪中要将各级骨干枝头回缩到二年生处，剪口下的一年生枝不要疏除，尽量短截利用。枝头发生的新枝要本着“截一放一”的原则进行修剪，其他枝要用“缓旺截壮，适度回缩”的方法进行处理。由于紫荆成枝率低，长放后枝势很快会出现衰弱，所以对一年生营养枝要及时短剪。

萌生的萌蘖枝，按树冠的空间大小决定去留，可选择 2 ～ 3 个健壮的萌蘖枝在地面附近进行极重短剪，作为更新预备枝进行培养。

3. 生长季修剪

生长季修剪主要是在春季疏除根颈部位的萌蘖芽，对骨干枝上的萌生芽采取摘心的方法培养成枝组；对于枝条过于密挤的树可在花后进行适量的疏枝，夹角过小时可采用撑、拉的方法加大枝条角度。上部生长势过旺且基部光秃的树可适当疏间上部的外围枝条。

4. 更新修剪

紫荆易早衰，绿地中生长势差的树，要及时进行更新修剪，更新过程要将预先培养的预备枝和逐步回缩的衰弱枝结合起来。修剪中要将“计划更新”作为一项内容，经常观察单株的生长势，提前利用萌蘖枝培养新的骨干枝。

9.11 紫薇 *Lagerstroemia indica*

9.11.1 生长特性

紫薇又称为百日红、痒痒树，是千屈菜科紫薇属落叶灌木或小乔木，高 3 ～ 6m，干性差，喜光，自然生长下常呈丛状。成龄树表皮片状剥落，树干平滑、扭曲，小枝幼时略呈四棱形，花序圆锥形。常见的变种与品种有银薇、红薇等（图 9.11–1）。

图 9.11–1 紫薇的花色

紫薇的萌芽力、成枝力均较强，连续长放的条件下，枝条先端可抽生 1 ～ 2 个长花枝，其他枝绝大部分为呈羽状排列的细弱短营养枝，容易造成内部光秃和开花部位外移。

连续长放三年的枝条，一年生枝段抽生的开花有效枝占总枝量的 85% 以上，二年生枝段开花有效枝为 10% 左右，三年生枝段开花有效枝不足 5%，四年生枝段上几乎不能抽生有开花效花枝，容易出现内膛光秃。

紫薇树冠内当年可抽生大量的短营养枝，这些枝绝大多数不能形成花芽，连续生长 1 ～ 2 年后，自行干枯退化。

9.11.2 枝芽特性

1. 芽的类型及特性

紫薇的芽主要为花芽、叶芽、伪顶芽和隐芽。

（1）花芽：紫薇的花芽为混合花芽或纯花芽。混合花芽常见于旺花枝上，着生于这类枝上的侧芽具早熟性，芽当年萌发后抽生的枝条顶端着生花序。在壮花枝或中花枝上能当年抽生花序的花芽除少部分为混合花芽外，绝大部分为纯花芽，萌发后，直接抽生花序。

紫薇的花芽着生在各类枝条的顶端，自然生长情况下，侧芽一般不萌发，当受伤或修剪之后，侧芽当年也可形成花芽，这一成花习性是紫薇多花修剪技术的主要生物学依据之一。

（2）叶芽：紫薇的叶芽全部为侧芽，是紫薇越冬的主要芽，芽体较小，结构紧实而不松散，鳞片革质较硬。

（3）伪顶芽：这种芽在中花枝、短花枝和短营养枝上表现明显。

越冬侧芽在春季萌发后抽生的枝条都无明显的顶芽形态，花原始体由枝条下部的侧生分生组织形成并抽枝开花。

（4）隐芽：紫薇的隐芽绝大部分集中在年界处，更新修剪后，可在年界部位萌发丛生的花枝。紫薇的隐芽寿命较长，是重更新修剪可以利用的芽。

紫薇越冬的冬芽均为叶芽，每年春季萌发抽生新枝，新枝生长 30 ～ 40 天后（5 月初），除旺枝和徒长枝外，大部分枝条停止生长，开始花芽分化。外观上可以看到较明显的枝条生长停顿现象。

紫薇的花芽由枝条顶端的早熟性夏芽形成，在当年的 5 月中旬开始孕育，6 月中旬分化完成。夏芽为混合芽，着生在一年生新枝顶端，健壮的一年生枝条其顶部 1 ～ 4 个节位上的侧芽也可分化夏芽。夏芽内进行花序分化，约 20 天后顶部芽抽枝，显现花序开花。

一般先生长的枝条先分化，以后随着树冠内枝条生长的陆续停止，可连续在不同类型的枝条上形成夏芽并进行花芽分化，这种花芽分化特点，形成了紫薇开花连绵不断的树种特性。

2. 枝条的类型及特性

紫薇的枝条，按其性质可分为花枝、徒长枝和无效枝。

（1）花枝：着生花序的枝，根据其长短、粗细的不同，可分为旺花枝（即徒长性花枝）、长花枝、中花枝、短花枝以及极短花枝 5 种。

① 旺花枝：多着生于幼树或长势强旺的树上，长度在 50cm 以上、粗 0.6cm 以上，在副梢上也可抽枝开花。在健壮的紫薇树上，旺花枝的数量占 20% 左右。

② 长花枝：长度一般为 30 ～ 50cm、粗为 0.6cm，开花能力和分枝能力都较强，能抽生 2 ～ 3 个健壮分枝开花，是开花的主要枝条。长花枝上的冬芽发育良好，可于当年短剪继续抽生花枝。

③ 中花枝：长度一般为 10 ～ 30cm、枝条粗度 0.3 ～ 0.4cm，生长较充实。

④ 短花枝：长度在 5 ～ 15cm 之间、粗 0.3cm 左右，通常开花后着生少量果实，越冬后大部分枯死。长势健壮的短花枝开花后侧生冬芽，仍能抽生较弱的新枝。

（2）徒长枝：在更新部位多见，长度在 60cm 以上、粗 0.8cm 左右，其上有少量夏芽，偶有开花。

（3）无效枝：放任不剪的或连续长放的多年生枝上常见，长度在 5 ～ 20cm 不等、粗 0.2cm 以下，形态尖瘦细长，易折断，单生或丛生，通常越冬后会大量死亡。

紫薇旺花枝和长花枝的年生长量较大，枝条较柔软，开花结果后由于先端较重，自然加大枝条角度。紫薇修剪反应比较敏感，长枝中截可萌生新枝 3 ～ 4 个，同时紫薇耐重修剪，在采用极重修剪的条件下，可以获得较完满的新树冠。紫薇树冠内枝条两极分化现象明显，细弱的极短枝没有形成花芽的能力，多数在越冬后枯死，而生长健康或在正常修剪条件下的树枝条整齐，长势均衡。紫薇自然条件下的发枝特点见图 9.11-2。

(*a*)　(*b*)　(*c*)

(*d*)　(*e*)　(*f*)

图 9.11-2　紫薇自然条件下的发枝特点

（*a*）水平生长的枝形成密集的细枝群；（*b*）多年生枝上的更新芽多出现在年界处；（*c*）光秃的多年生枝上条件适当时的萌发状况；（*d*）连续长放枝条在自然更新时基部易发生壮枝；（*e*）连续长放枝条在自然更新时，中部易发生中、短枝；（*f*）连续长放枝条在自然更新时，顶部由于生长点密集，易发生密集的短枝

9.11.3　整形和修剪

1. 树形

紫薇的树形以丛状开心形或多主枝自然半圆形为主，个别具有低矮主干的宜采用自然开心形或分层形。

（1）丛状开心形：这种树形没有明显的主干，可由地面开始选留 4 ～ 6 个大的枝条作为主枝。以后，逐年进行培养，在每一个主枝上可选留 1 ～ 2 个背斜侧枝或背后侧枝。第一侧枝距地面的高度依树冠最后要求高度而定，一般距地面 80 ～ 120cm；第二侧枝选在第一侧枝对面，距第一侧枝 40 ～ 60cm。修剪时用这些枝条来构成树冠的基本骨架，并注意在每年修剪中要选用角度较大的枝条做枝头来开张树冠的角度，逐步形成开张的树冠。这种树形的优点是树冠开张、树形圆满、延展范围较大，开花时丰满俊美。

（2）多主枝自然半圆形：在丛植的情况下，树丛的中心常有 1 ～ 2 个大枝直立生长，生长势较旺而且分枝多、加粗快，在这种情况下，可以选用多主枝的自然半圆形。这种树形是将中心直立生长的 1 ～ 3 个大枝统一作为中心领导枝看待，保持其生长优势，并在其周围选择 4 ～ 5 个角度好、长势均衡的大型枝作为侧枝，形成疏层形的基本骨架。此后，第一层枝条按照自然开心形的整形修剪方法配备各级侧枝。这种树的整形要求是：对选留的枝条每年进行中度短截，注意逐年加大主枝角度，构成树冠的第二层。两层间的距离为 0.6 ～ 0.8m，距离不能过大，防止两层间脱节。这种树形的优点是：树冠大、花量大、立体感强，适于空间较大的地方选用。

（3）分层形：具有明显的主干和中心领导枝。在主干上着生两层主枝，第一层主枝 3 ～ 4 个，其上分别着生侧枝 1 ～ 2 个；第二层主枝着生于中心领导枝上。整形过程中，主枝和侧枝的选留距离依树冠的大小而定。

有些绿地中的紫薇在定植前经过了造型，主干由丛生的主枝扭生在一起形成，属于特殊造型的一种，修剪时按主枝的分枝形式，进行与分层形相同的修剪管理。

2. 定植后修剪

定植前的丛状紫薇一般没有固定的树形，要在定植后逐步完成。树形要根据定植区的环境条件来决定。在以一定的株行距成片栽植的情况下，选用的树形以丛状开心形为好；在空间较大情况下，可选用多主枝自然半圆形。

整形中选留的主、侧枝要进行中度短截，剪口芽要选留外芽，以利萌生壮枝和扩大树冠，其余的弱枝、细枝、锥形枝要全部疏除，以减少营养消耗。选留的主、侧枝经中短截后，剪口可萌生壮枝 3 ～ 4 个，第二年修剪时在萌发的 3 ～ 4 个枝条中选一个角度好、方面正、长势壮的枝条做枝头，仍进行中短截修剪。同时，疏除背上较直立的壮枝。其余 1 ～ 2 个枝条可行轻短截或在两个枝中一个行中短截一个行极重短截，为培养侧枝打基础。在修剪的第三年除继续保持枝头的优势之外，注意侧枝的培养，其修剪方法与主枝修剪基本相同，不同的是对侧枝要经常采用换头技术，即以生长势较差的枝条代替枝头，这样可以防止其与主枝头竞争，保持树冠层次。

3. 树形的调整修剪

上一年定形修剪之后，树形轮廓基本确定，第二年修剪的重点是：调整当年生新枝的长势和在树冠中的分布数量，有计划地培养侧枝；要保留各级骨干枝的生长优势，选择方向好、长势壮的旺花枝进行中短截，枝头附近的旺枝要疏除，壮花枝可轻短截或重短截。第三年去强留弱，内膛的各类枝采用“疏旺、截壮、缓中短”的方法，缓和局部优势，使养分均匀分散。更新修剪后，第二年会引起光秃部分萌发大量的隐芽，此时要根据空间的大小均匀选留。采用“疏旺、缓壮、截斜生”的修剪方法，使这些枝条尽快分枝，补充空间。

定植后 3 ～ 5 年，树体骨架基本形成，要注意对中花枝和短花枝的利用，在有空间的地方对壮枝行轻短截，第二年可抽生的 1 ～ 2 个壮枝，其下还可抽生 3 ～ 4 个中花枝和短花枝。修剪时要回缩掉抽生的 1 ～ 2 个壮枝，保留中花枝和短花枝，这样既可以防止扰乱树形又可以为培养枝组奠定基础，以后几年的修剪中要时时注意控制这类枝条的生长势，促使其多形成中花枝。

树形的调整要通过综合使用各种修剪方法来完成，做到整形与开花两不误。其常用的修剪方法见图 9.11-3。

图 9.11–3　紫薇调整修剪

（a）外围枝短截；（b）落头控制过高生长，扩大树冠；（c）一年生旺枝不能长放，要进行中短截或重短截；（d）骨干枝上萌生的枝条要保留并进行短截；（e）外围枝组短截头梢，下部全部短截，注意还应对留下的细枝进行疏间；（f）内膛直立枝组容易返旺，影响树形，短截头梢后下部全部短截，注意下一年修剪时对萌发的旺枝进行疏间；（g）对旺枝要“逢二去一”，细枝“逢四去二”并进行中短截；（h）去大枝后萌生枝要细致疏间，细弱枝全部疏去，留壮枝进行轻短截

紫薇极耐修剪，经过三年调整，树势便可稳定下来，而且开花丰满、花序大、花朵多。

4. 成龄树的改造修剪

目前紫薇多采用平头式的修剪方法，一般是在 2 ～ 3 年生枝条上进行平茬式修剪。这种修剪方法的优点是充分利用了紫薇的隐芽萌芽力和成枝力强的特点，可以促生大量的旺花枝和壮花枝开花，使生长季树冠呈圆形，叶片大、新枝粗壮，而且这种方法操作简便，修剪一次可以缓放两年不动，以后再采用一次，较为省力。但它也有明显的缺点，常造成大枝过多、发枝无规律、树冠层次差、树形紊乱，尤其是冬季，树冠杂乱、颓败，观赏价值低下。紫薇枝干光滑，培养良好的树形，冬季的可赏性会显著提高，因此，要对成龄树进行一定程度的改造修剪，将合理整形与平头修剪结合起来，达到既更新了树冠，增强了休眠期的观赏性，又增加花量的双重效果。

（1）骨干枝选留：这项工作在改造修剪的第一年完成，修剪时要根据整形原则，依据选定的树形选留各级骨干枝。骨干枝以外的大枝，原则上一律疏除，这样可以集中营养，给各级枝将来的发展留下充足的空间。大枝疏除之后，根据各级骨干枝的生长状况，主枝头可在多年生枝段进行重回缩，其他枝头可在三年生枝段进行重回缩。

（2）枝组选留：选做用来培养枝组的多年生枝，可根据其着生部位、着生角度进行重修剪，直立、粗壮且无分枝的多年生枝可从枝条基部留下 5cm 行极重截。有分枝时可从分枝处回缩，但这类分枝不能太高，一般距着生的主、侧枝在 30cm 之内可以用，否则要进行重截。斜生或下垂的枝条生长势力较缓和，不易萌生壮枝，修剪中要重点利用，有分枝时一般在分枝处进行回缩，并对分枝进行重短截，无分枝时可进行中短截。这样处理后第二年可以萌生有层次的更新枝条，一年便可恢复树冠。第一年的更新修剪量按一年生枝总量计要达到 60% ～ 70% 以上。

（3）更新修剪：紫薇的更新修剪可分为局部更新修剪和整株更新修剪两部分。由于紫薇的年生长量和花、果量都较大，经常会因局部旺长或花、果过多导致细枝丛生，出现树冠内不均衡的现象，因此，局部更新修剪每年都要适量进行，通常采用局部强疏枝的方法来控制局部的旺长或衰弱，以均衡并缓和整个树冠的生长势。紫薇的局部更新方法参见图 9.11–4。

图 9.11–4　紫薇局部更新的疏枝修剪方法

（a）疏掉极性很强的旺枝，抽生中花枝；（b）着生在多年生枝上的细枝容易枯死，应疏除；
（c）疏掉上部弱枝可促进基部隐芽萌发，生长季再疏除干橛；（d）疏除密挤的多年生枝；
（e）疏上缓下，诱导光秃部位发生新枝，圆满树冠；
（f）～（h）局部重疏重缩可有效控制紫薇生长势力，促进萌生大量新枝用以补充空间

整株更新修剪多在移栽定植后或需要整株调整树形的情况下采用。例如因紫薇的极性生长很强，使有些树冠长得瘦高，且多年生枝条中下部光秃、冠形紊乱，致使树木失去观赏价值。这种情况下，修剪时常利用紫薇发枝力极强的特点，采用极重修剪来回缩大枝，使树冠可以在短时间迅速恢复，一般情况下修剪的当年即可得到较丰满的树冠。紫薇整株更新参见图 9.11–5。

图 9.11–5　紫薇更新修剪的几种形式和效果

（a）主干细长、无树冠的植株进行截干更新的效果；
（b）对多年生主枝中下部光秃、冠形紊乱、失去观赏价值的植株进行重短截后主枝更新的效果；
（c）整株树冠极重修剪更新的隐芽萌发情况

5. 多花修剪

多花修剪是根据紫薇的连续成花习性而提出的，紫薇花芽形成前的营养准备期时间较长，渡过这一时期后花芽便连续分化并开花，当年生枝的侧芽进行修剪后仍可当年形成花芽并开花结实。根据上述习性，多花修剪技术包括以下两项内容。

（1）利用春季萌发多量有效枝提高成花数量：紫薇的成花有效枝以壮花枝和中、短花枝为主，旺花枝因长势偏旺、枝条过长，花序着生较远。在利用休眠季节进行修剪时，可根据树势情况选择不同的修剪方法来获得较多的开花有效枝。在树势偏旺时，当年形成的枝条大部分是旺花枝或壮花枝，依

据紫薇萌芽力和成枝力均强的特性，改变一味平头式重剪的修剪方法，对旺花枝行轻短截、对壮花枝行中度短截，可使剪口下萌发 2 ～ 3 个壮花枝和 4 ～ 5 个中、短花枝，这样的方法可以大大提高有效枝的着生数量，增加花序数。在树势偏弱的树上要充分利用越冬后仍有生命力的短营养枝，采用一年生枝中度回缩的修剪方法，使营养集中。这样修剪后可以使这些短营养枝当年抽生中、短花枝，在剪口下边可抽生部分壮花枝。为了防止冬季修剪过重，常在生长季进行补充修剪，对象主要是冗长的裙枝、密挤或下垂的外围枝头等，以调节局部密挤和防止局部徒长，同时可促进新枝的萌发，获得较多有效花枝，如图 9.11-6（*a*）～（*d*）。

图 9.11-6　紫薇多花修剪方法

（*a*）冗长的裙枝上着生的多量短枝绝大部分不能开花，可在生长季节进行回缩，促使萌生花枝；（*b*）外围枝头延伸过远的要及时回缩换头；（*c*）生长季节对直立光秃枝进行回缩修剪，当年可萌生 2 ～ 3 个花枝；（*d*）生长季节对短枝丛生的多年生枝进行强疏枝修剪，当年可萌生 3 个以上花枝；（*e*）当年生旺长的营养枝可进行摘心修剪；（*f*）摘心修剪后再次萌生花枝 2 ～ 3 个

（2）利用夏季形成的越冬芽当年萌发形成花芽，提高成花数量：紫薇当年生枝的顶端花序开放后便结实形成种子，由于这些果实的存在，枝条上着生的芽子当年一般不萌发，形成冬芽越冬，第二年才能萌发抽生新枝。开花后在种子形成之前，对其进行短截，剪口下 3 ～ 4 个芽当年便可形成花芽，再次开花。这一方法可以作为补充休眠期修剪的不足而采用，起到既调整树形又可增加花量的双重作用。短截时期可根据不同目地而选择。当枝条长势过旺、延伸过远或为了培养枝组增加分枝时，可在 6 月初枝条顶部成花之前进行，一般采用中短截，这样既可以增加分枝又可以增加短花枝数量，并促使枝条增粗。当为了增加花量、延长开花期限时，可在 7 月中旬壮枝花序凋谢之前采用轻短截，这样可以防止由于种子的形成而消耗营养，又可增加花序数量，如图 9.11-6（*e*）～（*f*）。总体来看，生长季节的多花修剪法可在 6 月中旬～ 8 月上旬进行，若能和整形工作结合在一起进行可起到很好的美化效果。

9.12 丁香 *Syringa oblata*

丁香（图 9.12–1（*a*））又称为紫丁香、华北紫丁香，是木犀科丁香属的落叶灌木或小乔木，常见的主要变种是白丁香（图 9.12–1（*b*））。另一个与丁香相似的种是北京丁香（图 9.12–1（*c*）），所不同的是北京丁香的花芽为混合芽。

（*a*）　（*b*）　（*c*）

图 9.12–1　与丁香相似的种与变种

（*a*）丁香；（*b*）（变种）白丁香；（*c*）北京丁香

丁香属中还有华丁香和暴马丁香两个种在园林中应用较多，由于这两个种间的枝芽特性有明显的区别，修剪的差异较大，后面将分别给予介绍。

9.12.1 生长特性

丁香是落叶灌木或小乔木，幼茎挺拔，枝条粗壮，树高可达 2m。其成枝力、萌芽力和萌蘖力均较强，具有多花的特性，较耐修剪，幼龄期枝条较稀疏、呈束状向上直立生长，老龄树枝条短细、呈团状。

9.12.2 枝芽特性

丁香的芽为对生，可分为花芽、叶芽和萌蘖芽。花芽和叶芽均为冬芽，在上一年形成，第二年萌发，开花、生长。

紫丁香花芽为纯花芽，单个花芽的花序为聚伞形圆锥花序，健壮的一年生枝条顶部的轮生芽及以下 1 ～ 8 节对生的侧芽均可形成花芽，开花时看到的花序是由这些花芽集体形成的，如图 9.12–2（*a*）、（*b*）；而北京丁香的顶芽为混合芽（图 9.12–2（*c*）），修剪中应注意区别。

叶芽通常着生在一年生枝的中下部，也有与花芽着生在同一节位上的情况，外观上表现为对生的两个芽，一个抽生花序，另一个则抽生新枝。叶芽具早熟性，当年可发生秋梢，但秋梢发育不充实时，极少形成花芽，仅抽生较短的“尾枝”，其上的 2 ～ 4 个轮生芽可分化为花芽。

丁香萌蘖芽的数量很大，这种芽集中在年界处和根颈部位，在外观上无明显的芽形态，每年都有一部分自然萌发。

丁香为假二叉分枝，树冠内枝条以长花枝（50cm 以上）、中花枝（40 ～ 50cm）和短花枝（20 ～ 40cm）为主。通常长花枝和花后形成的果穗不均衡地分布在树冠外围，当年形成的中花枝和短花枝分布于长花枝的下方或多年生枝上，健壮的成龄树上有 70% 左右的各类枝条可着生花芽。

图 9.12-2 丁香的枝芽特性

（*a*）丁香（紫丁香）枝条前端的顶芽和侧芽为裸花芽；

（*b*）白丁香当年生枝条上对生的芽一个为裸花芽，形成花序，另一个为叶芽，抽生新枝；（*c*）北京丁香的混合花芽的发枝情况

9.12.3 整形修剪

1. 树形

丁香冠体较小，枝条挺拔，常用树形为自然开心形。绿地中多见的是无主干形式，通常 3 ～ 4 个主枝由地面生出，均匀向四周生长。每个主枝上配备侧枝 1 ～ 2 个，第一侧枝距地面 30 ～ 40cm，在其对面着生第二侧枝，侧枝之间距离 35cm 左右，各级骨干枝的间隙着生单轴枝组。

图 9.12-3 丁香的丛状分枝形式

（*a*）树势弱时基部更新枝大量萌发；（*b*）健壮树的萌枝量少；（*c*）树冠郁闭的组团下部空裸；

（*d*）疏除大枝后基部枝条开始生长补充空间；（*e*）主枝过多，树冠仅剩一个薄层；（*f*）疏上缓下修剪，树冠加厚、枝叶茂密

2. 定形修剪

以幼株丁香栽植时多是堆栽，以成龄树栽植时也多表现枝条密挤、冗长，树形杂乱。定形修剪首先

要剪除枯枝、细枝和弱枝。

对选择的各级骨干枝要回缩到 2 ～ 3 年生处，利用分枝或年界处萌生的隐芽作为枝头，促使发生健壮的一年生枝作为新的枝头。对枝头要连年进行中短截修剪，注意剪口下留叶芽，或采用花后补剪的方法确定枝头。

要采用“变对生为合轴”的修剪方式进行修剪，对生的枝条采用“疏一放一”的方法使其以合轴分枝的方式进行生长，这种方法对克服丁香枝条呈束状向上直立生长的发枝习性十分有效。

3. 冬季修剪

冬季修剪中的主要工作是疏枝，疏掉生长部位较低且较弱的密挤枝和根颈处萌生的无利用价值的萌蘖枝。为使枝条分布均匀，按“变对生为合轴”的原则疏除多余的和拥挤的花枝。丁香冬季修剪时所有的枝条都不宜短截，只有在顶部花芽质量差时采用极轻短剪的方法将其去掉。在对北京丁香进行修剪时，一年生长枝（35cm 以上）可以采用短截修剪的方法，但要注意剪口芽的选留，一般不留对生双芽，采用“留一去一”的方法保证合轴分枝的形式。

对于成龄的弱树或衰老树以回缩更新修剪为主，弱枝密集成团时观赏价值已经很低，此时再经仔细修剪对于整体恢复树势无补，要在整形原则的指导下，采取在多年生部位重回缩的方法进行更新，此后按定形修剪的方法依次进行修剪。

4. 生长季修剪

生长季采取的修剪措施是去残花、疏枝和回缩。这些操作过程也必须在把握“变对生为合轴”原则的基础上进行。通常回缩修剪是缩掉花序的残枝，需要调整的部位要结合整树进行，如开张枝条角度时，剪口以下各节位上的枝条都要采用“疏一放一”的修剪方法进行，以消除对生枝条带来的枝条紊乱。

9.13 华丁香 *Syringa laciniata*

9.13.1 生长特性

华丁香是木犀科丁香属的一个种，落叶灌木或小乔木，高可达 3m，幼茎细长柔韧，叶片羽状深裂至全裂、质地柔美。华丁香的成枝力、萌芽力和萌蘖力均较强，具有多花的特性，较耐修剪。

9.13.2 枝芽特性

华丁香的枝芽特性与丁香大体相同，明显的区别在于叶片的形态、枝条质地和生长方式不同。华丁香芽为对生，可分为花芽、叶芽和萌蘖芽。花芽和叶芽均为冬芽，在上一年形成，第二年萌发，开花、生长。

花芽为纯花芽，健壮的一年生枝条顶部的轮生芽及以下 1 ～ 6 节对生的侧芽均可形成花芽；叶芽着生在一年生枝的中下部（图 9.13-1（*a*）～（*c*））。

华丁香萌蘖芽的数量很大，这种芽集中在年界和根颈部位，在外观上无明显的芽的形态，每年都有一部分自然萌发（图 9.13-1（*d*）～（*f*））。

华丁香为假二叉分枝，枝条细长、柔软，易下垂。树冠内枝条以长花枝（50cm 以上）、中花枝（40 ～ 50cm）为主。

图 9.13–1 华丁香
(a)、(b) 花芽为裸芽着生在枝条的前端，后部为叶芽；(c) 长花枝后部可萌生新的花枝，是花后换枝修剪的部位；
(d) ～ (f) 华丁香的冠形、分枝和萌蘖状况

9.13.3 整形修剪

1. 树形

华丁香冠体较丁香瘦而高，枝条柔软下垂，常用树形以自然开心形为好。宜采用无主干形式，通常 4 ～ 5 个主枝由地面生出，均匀向四周生长。每个主枝上配备侧枝 1 ～ 2 个，第一侧枝距地面 40 ～ 50cm，在其对面着生第二侧枝，侧枝之间距离 40cm 左右。各级骨干枝的间隙着生单轴枝组。

2. 定形修剪

定形修剪首先要剪除枯枝、细枝和弱枝。对选择的各级骨干枝要回缩到 2 ～ 3 年生处，利用分枝或年界处萌生的隐芽作为枝头，促使发生健壮的一年生枝作为新的枝头。对枝头要连年进行中短截修剪。短截时注意剪口下留叶芽，若留下花芽时，要采用花后补剪的方法用叶芽枝换头。由于华丁香枝条细软下垂，要注意选择背上枝带头，以抬高枝条角度。对生的枝条也应采用“变对生为合轴”的修剪方式进行修剪。

3. 换枝修剪

华丁香同样具有在一年生枝条的前部形成裸花芽、花序下部的叶芽常抽生新花枝的特性，由于其枝条细、节间长，花后修剪时宜采用“换枝修剪”的方法进行回缩，即缩掉老枝的花序部分，换成下部新枝，这些枝可以形成新的花枝，如此往复待枝条衰老前进行一次更新修剪，可达到稳定树势的目的。

其他修剪可参照丁香修剪的方法进行。

9.14 暴马丁香 *Syringa reticulata*

9.14.1 生长特性

暴马丁香是丁香属的另一个种，落叶乔木或小乔木，枝条挺拔粗壮，树高可达 5m。成枝力、萌芽

力均较强，具有多花的特性，较耐修剪，幼龄期枝条较稀疏、呈束状向上直立生长，老龄树树姿开张。

9.14.2 枝芽特性

暴马丁香的芽可分为花芽、叶芽和隐芽。花芽为纯花芽，健壮的一年生枝条的顶芽和以下 2 ～ 3 个侧芽均可形成花芽。叶芽着生在一年生枝的中下部，具早熟性，当年可发生秋梢，秋梢上极少形成花芽。隐芽着生在年界处，每年都有一定数量的隐芽自然萌发，可用于更新复壮。

暴马丁香树冠内枝条可以分为长花枝（40cm 以上）、中花枝（30 ～ 40cm）和短花枝（20 ～ 30cm）等类型，以中花枝开花最好（图 9.14-1（*a*）、（*b*））。

（*a*） （*b*） （*c*） （*d*）

图 9.14-1 暴马丁香的枝、叶、花及冠形

（*a*）健壮的花枝；（*b*）长花枝上枝、叶、花序混生；（*c*）开花状况；（*d*）冠形

9.14.3 整形修剪

1. 树形

暴马丁香冠体大，枝条挺拔，常用树形为自然开心形。绿地中多见的是有主干的形式。三大主枝在主干上错落着生，每个主枝上配备侧枝 1 ～ 2 个，第一侧枝距主干 50 ～ 60cm，第二侧枝距第一侧枝 40 ～ 50cm 左右。各级骨干枝的间隙着生各级枝组。这样的树形主枝斜向上生长，长势较强、树冠扩大较快；主枝枝头较少，顶端优势较弱，主、侧枝从属关系明确，通风透光良好，树体健壮（图 9.14-1（*c*）、（*d*））。

2. 修剪

可参照丁香修剪的方法进行。区别点在于：丁香是复合花序，花序总轴为上一年形成的枝条，花后修剪采用的是回缩的方法，留枝对象为中下部叶芽萌生的当年生新枝。暴马丁香是顶生花序，花序着生在一年生新枝的顶端，花后修剪应疏掉残花，利用花序下面的腋芽重新萌发形成新的花枝。

9.15 碧桃 *Prunus persica* var. *duplex*

9.15.1 生长特性

碧桃又称为花桃，是蔷薇科李属落叶小乔木，栽培历史悠久，品种繁多。碧桃树冠为广卵形，株高可达 6m，健壮的一年生枝条多直立生长，株形美观。花有单瓣和重瓣；花色有白、红、粉红、紫红及红白相间等多种颜色（图 9.15–1）；花着生在一年生枝上，部分品种只开花不结果或很少结果。花期 4 月中下旬～ 5 月上中旬。常见品种有：红碧桃、白碧桃、紫叶碧桃、洒金碧桃等，品种间的生长和开花习性有较明显的差异，修剪方法也不尽相同。

图 9.15–1　碧桃的花色

9.15.2 枝芽特性

1. 芽的类型及特性

碧桃的芽可分为花芽和叶芽两种，花芽着生在枝条侧面的叶腋中，叶芽着生于枝条顶端或在枝条侧面的叶腋间与花芽复生。根据每节枝条上着生芽的数量，又可分为单芽和复芽。还可根据芽的特性分为早熟性芽、休眠芽和不定芽。

在一个节上只着生一个叶芽或一个花芽的称为单芽，着生两个以上的称为复芽。在复芽中，凡有两个芽并生时，多为一个花芽和一个叶芽；三个芽并生时，中间为叶芽，两旁为花芽，偶有三个都是叶芽；有四个芽并生时，也是叶芽居中，两旁是花芽。如营养不足或遭受机械损伤时，可能有节无芽，俗称盲节，修剪时剪口不能留在此处。

碧桃的花芽为纯花芽，芽体肥大，只能开花不能抽枝。碧桃修剪时，剪口芽必须留叶芽，才能使新梢继续生长，如剪在复芽处，须将花芽除去。

碧桃叶芽具有早熟性，在生长期长、环境条件适宜的情况下，一年内可抽生 1 ～ 2 次副梢，形成多次分枝和多次生长，修剪时可充分利用这一习性加速完成树形。

碧桃的潜伏芽寿命较短，更新的能力也较弱。

2. 枝条的类型及特性

碧桃的枝条，按其性质通常分为发育枝、花枝和徒长枝三类，而在修剪操作中，为了便于区别，常将碧桃的枝条分为发育枝（营养枝）、叶丛枝（极短枝）、花枝、徒长枝、二次枝（副梢）5 种类型。

（1）发育枝：长势强于花枝、弱于徒长枝，具有较多的叶芽和少量花芽。

（2）叶丛枝：着生于多年生枝中下部的短缩小枝，如图 9.15–2（*e*）中着生在枝条最下部的小枝。叶丛枝上簇生少数叶片，长度一般 1 ～ 1.5cm，顶端为叶芽，生命可维持 2 ～ 3 年，易自枯。在成龄树和衰弱树上有大量这类枝着生，可用于枝组的更新复壮。

（3）花枝：具有较多花芽的一年生枝，以开花为主。根据其长短、粗细、花芽排列状况的不同，可分为旺花枝（即徒长性花枝）、长花枝、中花枝、短花枝以及花束状枝五种。

① 旺花枝：多着生于幼树或长势强旺的树上，长度在 50cm 以上，粗 0.8cm 以上。在副梢上也可着生花芽并开花，复花芽着生数量少。在初花期的碧桃树上，旺花枝的数量占 5% ～ 10%。

② 长花枝：这种花枝的长度一般为 30 ～ 50cm，粗为 0.8cm 左右，枝条的基部和顶端为叶芽，中部约占枝长 2/3 的范围内，多着生发育良好的复花芽。长花枝的开花能力和连续开花的能力都较强，开花的同时，还能抽生 2 ～ 3 个健壮新梢，来年连续开花，是开花的主要枝条。长花枝基部的叶芽发育良好，可于基部进行更新。

③ 中花枝：长度一般为 10 ～ 30cm，枝条粗度 0.3 ～ 0.5cm，生长充实，单花芽和复花芽混合着生。枝条的上部和下部以单花芽为主，枝条中部多着生复花芽，开花能力好，开花后可抽生中、短花枝，连续开花。

④ 短花枝：长度在 5 ～ 15cm 之间，粗 0.3cm 左右。除顶芽为叶芽外，其余大部分为单花芽，复花芽着生很少，难于在基部更新。长势健壮的短花枝开花后先端仍能抽生新梢。

⑤ 花束状枝：这种花枝的长度一般只有 3 ～ 5cm，粗度多在 0.3cm 以下。除顶芽为叶芽外，单花芽密生，节间极短，排列较为紧密，呈花束状。此类枝条多萌生于弱树或老树上，且着生在 2 ～ 3 年生枝段背上的花芽开花较好，其余均开花不良，花期短。除用于衰老树的更新以外，花束状枝多数应疏除。

（4）徒长枝：长势很旺、粗而不壮，多数徒长枝基部的粗度可达 1cm 以上。碧桃的徒长枝在幼树的中上部或强旺树的主枝先端以及剪、锯口附近最易出现，多由潜伏芽萌发而成。这类枝条抽生副梢较多，在修剪控制得当的情况下，可以培养为骨干枝或枝组。

（5）二次枝：是由一年生新梢上的早熟性腋芽所抽生的枝条，也叫副梢（如图 9.15–2（*a*）、（*d*））。此类枝条在徒长枝、发育枝、徒长性花枝和长花枝上均可抽生，其上着生叶芽或花芽。抽生时间较早的副梢组织较为充实。

3. 花芽在各类枝上的分布

碧桃花芽在不同类型枝条上的分布数量和分布密度有较大差异。旺花枝枝条粗壮，但节间长，秋梢部分空节较多，即使有花，多以单花芽形式着生，仅在春梢中部 20 ～ 30cm 范围内着生复花芽，因此花的总数量少、密度小；短花枝和花束枝绝大部分节位上是以单生花芽为主，花量也不大；壮花枝与中花枝由于生长较稳定，秋梢短、节间短，节上均着生复花芽，条件好时每节可以着生三个花芽，这类枝花量多、密度大，是碧桃开花的主要枝条，其在树冠内的均匀分布是提高美化效果的基础。

图 9.15-2　碧桃品种间的花枝类型比较

（*a*）粉花重瓣碧桃的旺花枝，具有春梢、夏梢、秋梢；（*b*）粉花重瓣碧桃的长花枝和中花枝；
（*c*）粉花重瓣碧桃的短花枝（花束状枝）；（*d*）紫叶重瓣碧桃的旺花枝，具有春梢、夏梢、秋梢；
（*e*）紫叶重瓣碧桃的中、短花枝；（*f*）白碧桃旺花枝上的夏梢、秋梢，该枝段无花芽着生；
（*g*）白碧桃的旺花枝，只有春梢枝段着生花芽；（*h*）白碧桃的短花枝，枝条前端仍有秋梢

4. 各类枝的开花顺序

碧桃不同类型枝条的开花顺序有一定差异。花芽萌动、膨大、显色等物候过程在壮花枝上先开始，以后逐步是中花枝、旺花枝和花束枝。在通常的气象条件下，壮花枝萌动早，但开花较迟，萌动至膨大约需 16 ～ 24 天，花束枝萌动较晚但持续时间较短，由萌动至膨大约需 10 ～ 12 天。

在同一个单枝上的开花顺序是：壮花枝和旺花枝春梢中部的花芽先萌动，以后是春梢基部花芽萌动，秋梢上着生的花芽萌发最迟。这一规律显然与上一年花芽的营养充实程度和春梢养分运输的形式有密切关系。

花朵开放的持续时间也因枝类不同有明显差异，旺花枝和中花枝单花开放的持续时间最长，自然生长条件下，由花芽膨大期至盛花可持续 14 ～ 16 天，而花束枝上的花朵由花芽膨大期至盛花仅维持 8 ～ 10 天。

9.15.3　品种间生物学特性的差异

碧桃品种间在树性、物候期、年生长量、枝类着生比例等方面都存在一定的差别，为了在修剪中根据不同的品种特性采取有针对性的方法，将其主要区别分述如下：

1. 物候期的差异

花期顺序大体为：最早的是白碧桃，以后逐步是绛桃、紫叶桃、洒金碧桃，重瓣粉碧桃。

2. 枝条硬度及着生角度的差异

枝条的硬度和分枝角度对树冠的形状和枝组培养方法的选择都有重要影响，在改造修剪中，正确掌握这一特性更为重要。

在碧桃品种之间，枝条木质化程度存在明显的差异。直观上看，枝条坚硬的品种成枝力较差而萌芽力较高，枝条的递增率低，分枝角度小，树冠形成较慢，早熟性芽当年萌发形成的枝条分枝部位较高，内膛易空裸，春梢生长量大。而枝条较柔软的品种其成枝力、萌芽力都比较强，但春梢生长量小，早熟性芽萌发量大，由早熟性芽萌发的枝条分枝角度大。总体来看，枝条较柔软的品种的主要特点是成形快，

枝条丰满，枝条递增率高，开花部位集中且开花丰满，整形容易。

根据以上特点，把碧桃分为硬枝类型品种和软枝类型品种两大类。属于硬枝类型的品种有：粉花重瓣碧桃、绛桃、紫叶碧桃。属于软枝类的品种有：洒金碧桃、白碧桃、菊花桃和直立生长的照手桃。垂枝碧桃介于二者之间。直观上看，硬枝类型的碧桃外观上表现为枝条较稀疏、粗壮直立，平均枝条递增率为 1 ： 1.2，花芽多数集中着生于枝条的中下部，且秋梢生长量较少，春、秋梢比例为 1 :（0.3 ～ 0.5）。软枝类型的碧桃外观上表现为枝条密挤，内膛枝细长，内膛与外围的枝条两极分化明显；花芽分布具有明显的枝类差异，粗壮的外围枝着花量极少，内膛细枝着花较多；枝条再生率高，一般为 1 :（3.6 ～ 5.7）；壮枝和细枝上的秋梢成花能力低下；春、秋梢比例大，为 1 :（1.1～1.9），这一特性在整形修剪时应给以充分注意，习惯上采用的去秋梢方法可在软枝品种上采用，并将剔密和疏除弱枝等方法与之结合运用。

3. 生长势的差异

修剪中强调的树木生长势通常是指，某树种在有效观赏期间其生长量净增强度，泛指外围延伸枝条的生长量。总的来看，硬枝类型的碧桃生长势强，易形成稳定的树冠和疏密有序的分枝层次，但分枝角度小，树冠容易抱生。软枝类型品种生长势则较弱，枝条密挤，壮枝分枝角度小，细枝分枝角度大甚至下垂生长，树冠易开张。同一类型中也有一定差异：硬枝类型中，生长势的顺序是粉花重瓣碧桃最强，绛桃次之，紫叶桃最较差；软枝类型中，白花碧桃长势最强，洒金碧桃次之，菊花桃较差。

4. 不同年龄时期的树势差异

观察发现：在定植后的第二年，各品种的发枝长度无明显差异，定植后第三年则开始表现出各类型的特性。硬枝类品种生长量大、萌芽率低，长枝数量多，约为软枝品种长枝数量的 1.2 ～ 1.4 倍；软枝类品种的萌芽率明显高于硬枝类品种，其中短枝的发生数量比硬枝品种高 0.9 ～ 1.5 倍。因此，对于碧桃来说，应于定植第三年开始注意改变修剪方法，以促进花枝的逐年递增，这是十分必要的。

5. 自然树冠结构的差异

硬枝类品种的树冠易形成大枝交叉式的紊乱；软枝类品种的树冠形成外面密挤、内膛横生，丛生式紊乱。在修剪粗放的情况下，硬枝类的品种表现树冠直立、高大，大枝粗壮、丛生，局部的枝条为平行或并生生长。软枝类品种多表现主枝直立，而枝条中上部下垂、开张，形成下垂圆头形树冠，且局部枝条紊乱，枯死枝很多，早衰现象明显，因此，在修剪中应注意防止枝条早衰和枯死，使枝条更新复壮。

6. 再生能力和耐更新能力的差异

一般来看，在树木中凡属于萌芽率高的树种和品种，其自然更新能力都差，早衰现象比较严重，而萌芽率较低的树种更新能力较强，寿命长。碧桃中硬枝类品种枝条粗壮、寿命较长，因此更新能力较强，在短枝和隐芽处回缩大枝，容易萌生较多的新枝补充空间，使树冠尽快丰满。软枝品种则不同，在较大的剪、锯口之下，其再生能力较弱，只萌生少量新枝，且萌发部位十分集中，不易尽快恢复树冠。因此，软枝类碧桃品种必须注意年龄时期，并根据局部枝类的演变规律，正确使用更新修剪技术，才可以达到预想的效果。

7. 秋季生长量差异

从生长后期营养积累的角度看，秋季的生长速度与生长量可以反映树种的营养转换、消耗和积累的平衡稳定程度。硬枝类品种在完成第一次生长后树冠内绝大部分枝条停止生长，积累养分为花芽分化做准备，这一平衡与相对稳定期可长达 1 ～ 1.5 个月（6 月上旬～ 7 月中下旬），第二次生长（即早熟性芽的萌发）只发生在少数壮枝上，因此表现出早熟性芽数量相对较少，后期光合作用稳定、树势健壮、花芽充实饱满。

而软枝类品种春梢生长量极少，着生于春梢上的侧芽在 5 月中旬便大量开始萌发，至 6 月中下旬形成多量的集中生长细枝，花芽绝大部分着生于这类枝上。而着生于春梢上的侧芽则延伸很快并再次萌发新枝。花芽形成时，枝条生长的速度稍有下降，但不十分明显。由于养分的竞争造成秋梢无花，叶腋中秕芽大量出现，这种现象是软枝类碧桃外延速度快、易早衰、后部易光秃的主要原因。

8. 开花有效枝的差异

开花有效枝指在一定的树冠容积下，生长稳定（不徒长、不过旺）、花芽充实、花期长，而且能继续萌生良好花枝的一类枝条的总称。这类枝在树冠内的比例若能达到 70% ～ 80%，则可以实现最佳的美化效益，充分体现该树种的色彩特点。

碧桃因类型不同开花有效枝的差异极大，可分成两大类，在硬枝类品种中，长度 25 ～ 35cm、粗度 0.3 ～ 0.4cm 的枝条开花效果最佳，花芽分布密度最高，这类枝多数斜生或直立型着生在各级骨干枝的枝组之上。而在软枝类型的品种中，则以长度 15 ～ 25cm、粗度 0.3 ～ 0.4cm 的细长枝为开花有效枝，这类枝条细长柔软，多呈现斜生或下垂生长。更明显的区别是软枝品种有效枝上部 5 ～ 10cm 为光秃带，很少着生花芽，花芽分布集中于枝条中下部，修剪时要短截掉空裸部位才会使花期延长，这类枝主要着生在较大的枝组上。

9. 修剪反应的差异

一般常说的修剪反应，主要是指短截和疏枝后留下的枝条的萌芽量、花枝量和花芽形成数量的多少，即指对修剪的敏感程度。在观赏桃中硬枝类型的碧桃品种较耐修剪，采用较重的截枝和较重的疏枝可以在修剪的第二年获得较理想的枝条，并可以利用其培养枝组，属于修剪反应不甚敏感的类型。软枝类型的品种发枝量大，短截后易发生较多的旺枝，一般剪口下可以发长枝 3 ～ 4 个，而且生长量较大，平均长 60 ～ 80cm，其上着生较多的二次枝，这一类型不易多短截和重短截，否则会导致枝条丛生，秋梢生长过旺会影响花芽的数量和质量。

10. 枝组培养的差异

枝组是构成树冠的基本单位，也是充分发挥美化效益的主要物质基础，其培养技术必须根据品种的发枝习性来进行。修剪实践证明，碧桃硬枝类品种培养枝组较容易，可以随时安排大、中、小各类枝组；而软枝类品种培养枝组较困难，一般要通过“先放后缩”或“截后连放、适度回缩”的方法来稳定大、中型枝组，其他空间用单轴的小型枝组来填缺补空，适量安排。

9.15.4 整形和修剪

1. 树形

碧桃喜光，在整形中应以自然开心形为基本树形，以满足其对光照的要求。但是单一选用自然开心形的树形，远远不能满足园林美化的要求。因为用于园林美化的碧桃除要求开花以外，尚需能充分展示其优美的姿态。根据不同的景点设计，如孤植、行植、群植或用于河岸、湖岸的造景等多样化的栽植形式，所选用的树形也不尽相同，可根据立地空间条件，在不违背其生长发育规律的前提下创造更优美的树形。

（1）杯状形：这种树形是碧桃的推广树形，其基本结构是有三个明显的主枝，在每个主枝上有分生势力均等的两个分枝，分枝上再各分生 1 ～ 2 个枝作为枝头。其优点是树冠开张，光照好，三主枝匀称、美观。但该树形用在碧桃上存在严重的缺点：首先碧桃没有产量要求，负载量很小，每年外围枝外延速度较快，内膛易光秃，树势控制困难，稍有疏忽极易形成外围丛生和内膛直立的徒长枝而扰乱树形；其次是整形要求过于严整，不易掌握。

（2）自然开心形：该树形干高 80 ～ 100cm，上以临近形式选择三大主枝，主枝间夹角 120° 。主

枝上着生侧枝 2 ～ 3 个，第一侧枝距主干 60 ～ 70cm，第二侧枝距第三侧枝 50 ～ 70cm，其他位置可安排各类枝组。定植后 1 ～ 2 年内选留第一侧枝，2 ～ 3 年内选留第二侧枝，要注意各级侧枝应在对面方向选留，尽量不用顺生侧枝。这种树形的树冠圆满，主、侧枝层次明确，在每一个主、侧枝上均可以安排大型的开花枝组。主要优点是枝条着生量大，开花多；各类枝条分布均匀，各类枝组着生于主、侧枝的四周，树冠圆满、美观；由于树冠开心，光照条件良好；主、侧枝角度适宜，容易控制树势，基部光秃带较小。缺点是对整形的技术要求较高，必须按标准安排主、侧枝，并且要随时注意调整主、侧枝和大型枝组之间的平衡关系，控制大型枝组的生长势。

（3）延迟开心形：树形的特点是中心保留一个中干，其上选留两个主枝后进行开心修剪，形成两层树冠。这种树形适于软枝类品种，如白花碧桃，因为软枝类品种前期生长量较大、分枝角度小，枝条多呈直立生长，若选用开心形，树冠容易抱头生长，保留一个中干可以有效地防止这一现象。主枝角度较小的硬枝类品种也可以选用这种树形，可以在主枝基本固定后进行开心修剪，疏除中心枝。延迟开心形的主、侧枝的培养方法与开心形相同。

2. 幼龄树修剪

绿化建植采用的碧桃树龄都在 3 年以上，在苗圃期间已有一定的树形基础，定植时绝大多数地上留枝量偏多、树形紊乱。整形修剪要分成 4 个阶段来完成。

（1）选择骨干枝，减少地上部营养消耗：定植 1 ～ 2 年内是根系恢复生长与扩大吸收面积、地上部发枝展叶、营养物质逐年积累、为大量开花做准备的时期。定植 1 ～ 2 年内要审慎地选留主枝并留好剪口芽。按空间大小选留侧枝，多余枝条要适当疏除，保证能抽生长势较好的一年生枝。

（2）多留枝叶，提高营养水平：当一年生枝有一定数量秋梢时，说明树体恢复较好。主枝头在春梢上部进行轻短截，不可过重，防止下一年旺长或徒长。主干或大枝上隐芽萌生的枝条除少数直立枝、徒长枝或影响树形的发展并与枝头竞争的枝条要疏掉之外，其余要保留下来，不要疏除。留下的枝条秋梢过长时可剪掉秋梢诱发中、短枝，待分枝后再回缩，并尽量保留花芽。不要过重地疏枝、短截或刻板地强调树形，否则会使树体成形慢、开花少，影响树势的恢复。

（3）确定树形结构，扩大树冠：定植 3 ～ 4 年，树体营养生长已基本恢复，一年生枝的年生长量和数量明显增加，外围长枝年生长量可达 60 ～ 80cm，这一时期是确定树体骨架的重要时期，需要综合运用各种修剪手段，有计划地安排侧枝和枝组，调整主枝头的生长方向和角度。第一层侧枝是构成树冠的重要枝条，选择时，应距主干 60 ～ 70cm，与主枝的夹角为 60° ，着生在主枝的背斜侧，不宜选择背上侧枝。侧枝附近的枝条要进行夏季摘心，主枝头长度达 35cm 时（6 月中旬）要进行摘心，促使发生副梢。冬剪时，疏除密挤、并生、直立、徒长的枝条，其余的尽量保留培养成枝组。

硬枝类品种物候期晚、副梢分生能力差、一年生枝粗壮、秋梢短，为促使其分枝可在 5 月下旬～ 6 月中旬对枝条进行摘心或短截，诱发副梢和分生短枝。软枝类品种物候期早、副梢分生能力强、秋梢长，但秋梢成花能力较差，主芽很难形成饱满叶芽，这类品种的旺枝要在 5 月中旬进行摘心，促使早熟性芽尽早萌发，以利成花。

（4）充实树体，培养开花枝组，实现立体开花：定植后的第 5 年，树冠已基本形成。这一阶段的主要任务是利用各类枝组补充空间，同时根据所选用的树形继续调整主、侧枝的关系，逐步完成树形。主要的注意力应从整形转向枝组的调整与培养。枝组的数量、排列顺序以及枝组生长势力的相对平衡与稳定是体现“春花、夏绿、秋叶、冬枝”这一树体基本特色的重要物质基础。

由于碧桃修剪中回缩和短截方法使用较多，枝组绝大部分通过回缩改造而成或连续短截而成，不同部位存在形式也各种各样，图 9.15-3 中介绍了这些枝组的主要着生形式。

(a)　(b)　(c)　(d)
(e)　(f)　(g)　(h)

图 9.15-3　碧桃的枝组

(a) 直立枝组；(b) 下垂的单轴枝组；(c) 主枝开角后侧生枝培养的枝组；(d) 大剪口下壮枝改造的枝组；(e) 枝头附近的小枝组；(f) 辅养枝改造成的枝组；(g) 直立旺枝改造成的枝组；(h) 骨干枝背上小型枝组

枝组在树冠内排列的原则：在主、侧枝上由内向外的顺序是内大、外小、中间中，即：内部安排大枝组，中部安排中型枝组，外围安排小枝组。同时应注意对单轴枝的充分利用，尤其硬枝类品种分枝能力差，骨干枝和各类枝组上常着生较多的单轴枝，这类枝的连续发枝能力一般可维持 3 年，要尽量保留，不要随意疏除。按以上的方法进行安排，可实现外稀里密的树冠结构，既有利于通风透光，又可以有效地控制外延极性，防止外围郁闭和内膛光秃。

3. 侧生枝组的培养方法

碧桃没有产量的要求，只要能使枝条生长稳定、花芽充实饱满、树冠紧凑，便可明显地提高观赏效果。因此，枝组的培养可以用放、缩结合的方法，不要急于求成或过多地进行短截修剪。基本做法是：

(1) 冬季轻截，第二年疏除壮枝：这种方法多用于硬枝类品种的中、大型枝组的培养。选取位置和方向适宜、长度约 40 ~ 50cm 的枝条，留春梢上部的芽进行轻短截，剪口芽第二年形成一直立壮枝，其后部形成一个斜生的中、短枝。第二年冬季修剪时壮枝从基部疏去，选一斜生中枝作枝组头梢，进行轻截，2 ~ 3 年便可形成稳定的中、大型枝组。

(2) 夏季摘心，冬季去强留弱：这种方法一般用于生长旺盛的枝条。在 6 月中旬，枝条长度达 40cm 时，摘心剪去枝条顶端 10cm，促使侧芽萌发，一般可发生副梢 3 ~ 4 个。冬季修剪时，缩剪先端 1 ~ 2 个较壮分枝，然后短截剪口下第一枝作大枝组头梢，其余枝长放不动，待分枝后再回缩，视空间大小适当短截，增加分枝数量。

(3) 连续长放，分枝后回缩：这种方法适用于着生在主、侧枝背后的枝条，这一类枝一般称为裙枝，在不影响光照的条件下这类枝可以多留，用以辅养树体和增加开花部位。这种枝条长势中庸，角度大，不影响树形的发展，因此不急于疏掉和短截，可长放 1 ~ 2 年后在短分枝处采用回缩的方法培养成背后枝组。

4. 背上枝组的培养方法

背上枝组是构成树冠美的重要枝条，这类枝极性强，难以控制，稍不注意便易萌生较多徒长枝，扰乱树形。修剪时应重点进行控制，将其改造成枝组。方法有 3 种：

（1）冬截夏抑：对长度达 35 ～ 40cm 的枝条，冬季留 25cm 行短截修剪。剪口芽萌生的直立壮枝在 6 月上旬剪掉 1/2，其余枝条分枝角度较大时可轻摘心，第二年冬剪时去强留弱，改造成枝组。

（2）夏截冬缩：对由隐芽萌生的枝条，夏季当长度达 30cm 左右时剪去 1/2，冬季回缩修剪，留短枝开花。

（3）冬放夏缩：长度在 30cm 左右的枝条，冬剪时一般不动，或进行去秋梢修剪，留作开花枝。7 月中旬，将上部萌生的壮枝剪去，当年便可形成枝组。

9.16 垂枝桃 *Prunus persica* cv. Pendula

9.16.1 生长特性

垂枝桃为蔷薇科樱桃属落叶小乔木。由嫁接繁殖而来，树势中庸，年生长量和发枝量均较小；枝条下垂，幼枝呈浅绿色，成熟后呈紫褐色；树冠犹如伞盖，花粉红或白色，是桃花中枝姿最具韵味的一个类型。

9.16.2 枝芽特性

1. 芽的类型及特性

垂枝桃的芽可分为花芽和叶芽。花芽为副芽，着生在枝条侧面的叶腋中，叶芽为主芽，着生于枝条顶端或枝条侧面的叶腋间与花芽复生。在复芽中，有 1 个花芽和 1 个叶芽并生的形式，偶有 3 个都是花芽的情况且在白花品种中多见。在营养不足、生长量过小并连续延伸时会形成有节无侧芽的螺旋式短枝。垂枝桃的花芽为纯花芽，芽体肥大、只能开花不能抽枝，修剪时剪口芽必须留叶芽，才能使新梢继续生长。垂枝桃叶芽具有早熟性，在条件适宜的情况下，生长季节内可抽生副梢。

垂枝桃的潜伏芽寿命较短，更新的能力较弱，容易衰老，更新比较困难。

2. 枝条的类型及特性

垂枝桃的枝条可分为发育枝、花枝、徒长枝和二次枝 4 类。

（1）发育枝：长势强于花枝、弱于徒长枝，具有较多叶芽和少量花芽的枝条。

（2）花枝：具有较多花芽的一年生枝，以开花为主。根据其长短、粗细、花芽排列状况的不同，可分为旺花枝（即徒长性花枝）、长花枝、中花枝、短花枝以及花束状枝等（图 9.16–1）。

（*a*）（*b*）（*c*）

图 9.16–1 垂枝桃长、中、短花枝和花束状花枝的着生状况
（*a*）～（*c*）放任生长条件下，垂枝桃外围枝形成的长、中、短花枝和花束状花枝的着生状况

(d)　(e)　(f)

图 9.16-1　垂枝桃长、中、短花枝和花束状花枝的着生状况（续）
(d)～(f) 回缩加疏枝修剪后，垂枝桃外围枝形成较整齐的单轴枝组

（3）徒长枝：长势很旺，多着生于下垂枝条的拱背处，粗而不壮，延伸 1m 左右时下垂弯曲，易形成背上徒长性大枝组。在幼树的中上部或强旺树的剪、锯口附近易出现。这类枝条抽生副梢较多，在修剪控制得当的情况下，也可以用来培养骨干枝或枝组。

（4）二次枝：是由一年生新梢上的早熟性腋芽所抽生的枝条，也叫副梢。此类枝条，在徒长枝、发育枝、徒长性花枝和长花枝上均可抽生，其上着生叶芽或花芽。抽生时间较早的副梢，组织较为充实。

9.16.3　整形修剪

1. 树形

垂枝桃喜光，在整形中其应以自然开心形为基本树形，以满足其对光照的要求。该树形干高 60～80cm，上以临近形式选择三大主枝，主枝间夹角 120°。主枝上着生侧枝 2～3 个，第一侧枝距主干 50～60cm，第二侧枝与第三侧枝相距 40～50cm，其他位置可安排各类枝组。定植后 1～2 年内选留第一侧枝，2～3 年内选留第二侧枝，要注意各级侧枝应在对面方向选留，尽量不用顺生侧枝。这种树形的主、侧枝层次明确，在每一个主、侧枝上均可以安排大型的开花枝组。主要优点是枝条着生量大、开花多；各类枝条分布均匀，各类枝组着生于主、侧枝的四周，树冠圆满、美观；主、侧枝角度适宜，容易控制树势，基部光秃带较小。但要随时注意调整主、侧枝和大型枝组之间的平衡关系，控制大型枝组的生长势。

2. 修剪

垂枝桃的修剪过程可参考碧桃的修剪方法进行。需要注意的是，由于垂枝桃的枝条下垂生长，在幼树期要注意选择主枝头的剪口芽留在拱形枝条的弯拱处，或在夏季用撑枝的方法使枝条展开生长，以迅速扩大树冠。同时注意对背上枝生长势的控制，幼树期背上不留大型枝组，随着骨干枝扩大，在主、侧枝上尽量多安排单轴枝组，长放 1～2 年后经过回缩修剪改造成中、小型枝组。各级枝头进行短截修剪时留向外的侧芽，使新枝均匀地向四周垂吊。

9.17　帚桃 *Prunus persica* cv. Pyramidalis

帚桃是蔷薇科桃属树木，又名塔形碧桃、日本丽桃、‘照手’桃，是观赏桃花品种中独特的一个类型，最早起源于日本。“照手”日文的含义是指“扫帚”，20 世纪 80 年代日本利用帚桃为亲本培育出粉色、红色及白色等纯色‘照手’系列帚桃。北京植物园 1998 年从日本引进 4 种帚桃品种，现在绿地中已有较普遍的种植。

图 9.17-1 帚桃的花色

9.17.1 生长特性

帚桃的树型高大，平均株高可达 3 ～ 5m，干性强，顶端优势明显。其树冠窄，枝条密度大，直立，最显著的特点是分枝角度小，枝条如“镢铲把”形向上直立生长。在连续长放的情况下，多年生的帚桃枝条尖削度不明显，5 ～ 6 年生的单株因上部枝叶量过大，有自然开张的情况出现。

9.17.2 枝芽特性

1. 芽的类型及特性

帚桃的芽与其他观赏桃类相同，可分为花芽和叶芽两种，花芽着生在枝条侧面的叶腋中，叶芽着生于枝条顶端或在枝条侧面的叶腋间与花芽复生。根据每节枝条上着生芽的数量，又可分为单芽和复芽。还可根据芽的特性分为早熟性芽、休眠芽和不定芽。

帚桃的花芽为纯花芽，芽体肥大，只能开花不能抽枝。帚桃修剪时，剪口芽必须留叶芽才能使新梢继续生长。帚桃叶芽具有早熟性，在环境条件适宜的情况下，一年内可抽生 1 ～ 2 次副梢，形成二次分枝，修剪时利用这一特点可加速成形。

2. 枝条的类型及特性

帚桃的枝条，按其性质可分为开花枝、叶丛枝和徒长枝三类。

（1）开花枝：具有较多花芽的一年生枝，以开花为主。根据其长短、粗细、花芽排列状况及开花特性等的不同，可分为徒长性开花枝、长花枝、中花枝、短花枝以及花束状花枝 5 种。帚桃花枝着生状况见图 9.17-2。

（*a*）　　（*b*）　　（*c*）

图 9.17-2 帚桃花枝的着生状况

（*a*）延伸较长的外围长花枝集中在顶部，树冠开始开张；（*b*）由内膛长、中、短花枝形成的开花枝群；（*c*）健壮树长花枝开花状况

① 长花枝：这种花枝的长度一般为 30 ～ 50cm，粗为 0.6cm，枝条的基部和顶端为叶芽，中部约占枝长 3/4 的范围内多着生发育良好的复花芽，开花能力和连续开花的能力都较强。开花的同时，还能抽生 2 ～ 3 个健壮新梢，来年连续开花，是开花的主要枝条。长花枝基部的叶芽发育良好，可于基部进行更新。

② 中花枝：长度一般为 20 ～ 30cm，枝条粗度 0.3 ～ 0.5cm，生长充实，单花芽和复花芽混合着生。枝条的上部和下部以单花芽为主，枝条中部多着生复花芽，开花能力好，开花后可抽生中、短花枝，连续开花。

③ 短花枝：长度在 5 ～ 15cm 之间，粗 0.3cm 左右。除顶芽为叶芽外，其余大部为单花芽，复花芽着生很少，仅能开花，坐果能力差，难于在基部更新。长势健壮的短花枝，开花坐果后，先端仍能抽生新梢，是华北系统品种和衰老树上开花较好的枝条。

④ 花束状花枝：这种花枝的长度一般只有 3 ～ 5cm，粗度多在 0.3cm 以下，除顶芽为叶芽外，单花芽密生，节间极短，排列较为紧密，呈花束状，故有此名。此类枝条多萌生于弱树或老树上，其中只有着生在 2 ～ 3 年生枝段背上的较易坐果，其余均开花不良，2 ～ 3 年后即自行枯死。此种枝条除用于衰老树上的更新以外，多数应疏除。

（2）徒长枝：长势旺，粗而不壮，基部的粗度达 0.8cm 以上。在幼树的中上部、强旺树的主枝先端以及剪、锯口附近最易出现，由潜伏芽萌发而成。这类枝条抽生副梢较多，修剪控制得当可以培养为骨干枝或开花枝组。

（3）叶丛枝：着生于多年生枝中下部短缩的小枝，年生长量仅 0.5cm 左右。枝上簇生少数叶片，落叶后，枝上布满芽痕，顶端为叶芽，生命可维持 2 ～ 5 年。叶丛枝在成龄树和衰弱树上发生较多，可用于更新复壮或培养成开花枝组。

（4）副梢：由一年生长花枝和徒长枝新梢上的早熟性腋芽所抽生的枝条，或称二次枝，其上着生叶芽或花芽。抽生时间较早的副梢组织较为充实，可以成为开花枝，抽生较晚的除着生于基部两侧的叶芽较充实外，其余均不充实，甚至无芽，修剪时可留基部芽短截。

9.17.3 整形修剪

1. 树形

由于树冠直立，所以帚桃的树形主要是纺锤形（图 9.17–3）。这种树形有主干，三大主枝在主干上错落着生，有一定间隔，与主干结合牢固；主枝向上生长，长势较强；树冠延伸较快；主枝枝头较少，有利于调控顶端优势、安排侧枝；主、侧枝从属关系明确，通风透光较好，树体健壮，冠形丰满。幼龄期这种树形直立、挺拔，观赏性较好。

（*a*）

（*b*）

（*c*）

图 9.17–3 帚桃的骨干枝结构和冠形
（*a*）主干和主枝；（*b*）栽植的群体形态；（*c*）生长季节的形态

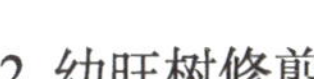

2. 幼旺树修剪

幼树长势旺，一年中可抽生 1 ～ 2 次副梢，在整形修剪中，应充分利用这一特点快速成形。定植后 3 ～ 5 年内，树的长势较旺，树冠也继续延伸，花枝数量逐年增多。修剪要调节骨干枝间的长势使之平衡，培养健壮牢固的骨架，理顺从属关系，防止树冠紊乱和外延速度过快。对各级骨干枝头可采用“疏枝长放，转主换头”相结合的方法尽量减少外围枝的枝芽量，达到减缓外围拉力和减轻枝头重量的目的。同时注意保护由骨干枝中下部隐芽所萌生的新枝，这些枝条绝不能轻易疏除，要采用“放一年，缩一年”的方法逐渐培养成大型背后枝组，以增加树体的冠幅、丰满度和开花部位。骨干枝生长势不平衡时应及时抑强扶弱，对强枝采取重疏间的方法，减少枝叶量；对弱枝多用短截修剪，增加枝叶量，增强其长势。

3. 成龄树修剪

帚桃在栽植 6 年后，树冠已经很大，长势逐渐缓和，各级骨干枝的上部角度较幼龄期开张，树冠扩大速度减缓。修剪的重点除继续平衡各级骨干枝的长势外，要认真修剪各类枝组，使其分布均匀，树冠上下、内外都要有长势健康、稳定的枝组着生，不能脱节形成局部光秃。这是实现完满效果的前提。

帚桃修剪中易出现的几种问题见图 9.17–4，其中，图（*a*）是树冠上部延伸过快导致的基部光秃；图（*b*）是中部枝条过密、拥挤，导致大枝丛生、小枝过弱；图（*c*）是外围枝连年长放，导致中上部枝条过度开张失去树性特点。这些问题在修剪中应重点纠正。

（*a*）（*b*）（*c*）

图 9.17–4　帚桃修剪中应注意的几个方面

（*a*）下部光秃；（*b*）中部花枝脱节；（*c*）中上部枝条过度开张，失去品种特点

9.18　寿星桃 *Prunus persica* f. *densa*

9.18.1　生长特性

寿星桃是普通桃的变种，小乔木。树体自然矮化，外观上植株矮小、树冠紧凑、枝条短而密生。单枝上花芽、叶芽密集着生，节间距离很短。花色鲜艳、重瓣，有红色、白色、粉红色等不同类型，是我国地方品种资源。寿星桃的冠形与果实见图 9.18–1。

图 9.18–1　寿星桃的冠形和果实

9.18.2 枝芽特性

寿星桃的芽为互生，芽的主要形态有主芽、副芽、纯花芽、叶芽、瘪芽、潜伏芽。枝条顶芽为叶芽，生长旺盛的枝条顶芽的形态不明显。春梢上的侧芽多为复芽，位于中间芽体瘦小的芽是主芽，萌发后抽枝展叶；位于两侧芽体肥大的芽为副芽，是纯花芽，只开花不发枝。秋梢上大部分为瘦小的叶芽或瘪芽，花芽数量明显比春梢少。

树冠内枝条以长枝（30 ～ 50cm）和短枝（5 ～ 20cm）为主，枝条的两极分化现象较为明显。长枝多位于树冠外围，短枝大部分着生在多年生枝上，是开花结果的主要枝条。长枝顶芽具早熟性，健壮的长枝一年内可有两次生长。

寿星桃萌芽率高，成枝力较弱，但枝条先端抽生长枝的能力强。在中等强度短截的条件下，被剪枝条有 80% 以上可以抽生长枝 1 ～ 2 个，这是寿星桃通过修剪可以较均衡地扩大树冠的主要原因。充分利用这一习性可以获得生长较为稳定的枝组，并可对辅养枝的生长势力进行合理的调节。

寿星桃枝条节间很短，枝叶紧凑、密生，其枝芽特性参见图 9.18-2 和图 9.18-3。

(*a*) (*b*) (*c*) (*d*) (*e*) (*f*)

图 9.18-2 寿星桃的枝芽特性

(*a*) 红花品种的旺枝，具有春梢和秋梢；(*b*) 红花品种的花束枝；(*c*) 红花品种的壮枝秋梢很短；(*d*) 白花品种的旺枝，秋梢很长；(*e*) 红花品种的丛状短枝；(*f*) 红花品种的秋梢只有顶芽可以萌发

(*a*) (*b*) (*c*)

图 9.18-3 寿星桃的发枝特性

(*a*) 二年生枝段隐芽抽枝情况；(*b*) 红花品种一年生枝段秋稍抽枝与开花同步；(*c*) 白花品种一年生枝段秋稍抽枝晚，形成光杆枝

9.18.3 整形修剪

1. 树形

寿星桃的树形一般以自然开心形为基础，在主干的不同方向和部位，选留 3 ～ 4 个主枝，每主枝上适当选留 2 ～ 3 个侧枝。这种树形通风透光，符合寿星桃喜光的要求。

2. 修剪

每年修剪都要对选留的各级骨干枝头进行适度打头，以持续地保证枝头的生长优势。方法是：当条件允许时，剪口放在春梢饱满芽处，春梢短时，剪口可放在秋梢的健壮芽处，尽量不用瘪芽带头。

寿星桃枝条紧凑，容易密挤，修剪中要适当疏枝。操作时要以拉开枝间距离和控制局部过旺为主。

3. 生长季节修剪

为使树形美观和便于观赏果实，花后或生长期采取抹芽、摘心、扭梢、拉吊、疏剪等方法整形。花后第一周和第三周进行两次疏果。可根据植株的大小，每枝先留 3 ～ 4 个小桃，最后每枝留 1 ～ 2 个供观赏即可。花开后，除保留部分长势好、位置佳的花外，无用的花疏去，这是寿星桃结出优良果实的关键。

4. 枝组修剪

寿星桃枝条密生，枝组多数是由枝条长放 2 ～ 4 年后再回缩修剪而成，这些枝组的着生位置和形态见图 9.18-4。由于枝条短粗、密生，枝组的修剪以疏间为主，方法是“疏旺、疏弱、截壮、缓中”。即疏除旺长和衰弱枝条、壮枝行中短截、顶芽饱满的中庸枝缓放不动。

(*a*) (*b*)

(*c*) (*d*)

图 9.18-4 寿星桃的枝组

(*a*) 由辅养枝改造形成的枝组；(*b*) 树冠内膛的小型枝组；(*c*) 树冠外围的小型枝组；(*d*) 着生在侧枝上的中型枝组

9.19 菊花桃 *Prunus persica* cv. Stellata

菊花桃为蔷薇科李属落叶小乔木。花型奇特，色彩鲜艳，因花形酷似菊花而得名，是观赏桃花中的珍贵品种。

9.19.1 生长特性

菊花桃外观上株形较小，枝条紧凑，开花繁茂。枝条长势中等，花芽形成能力很强，花重瓣，有红色、粉红色两种不同类型（图 9.19-1）。

图 9.19-1 菊花桃的花色

9.19.2 枝芽特性

菊花桃的芽为互生，可分为花芽、叶芽和潜伏芽等。菊花桃的花芽为副芽，叶芽为主芽，着生在枝条顶端和两侧叶片的叶腋间；生长旺盛的枝条其顶芽的形态不明显，侧芽多为复芽，位于中间、芽体瘦小的芽是主芽，萌发后抽枝展叶；位于两侧、芽体肥大的芽为副芽，是纯花芽，只开花不发枝。

潜伏芽着生于年界处，寿命较短，每年均有一部分潜伏芽自然萌发，对增加开花部位有利，可用以培养新枝组。

菊花桃树冠内枝条以长花枝（30 ～ 40cm）和短花枝（5 ～ 20cm）为主，长花枝多位于树冠外围，短花枝大部分着生在多年生枝上。长花枝顶芽具早熟性，健壮的长花枝一年内可有两次生长，二次枝上大部分为瘦小的叶芽或瘪芽，花芽数量明显比春梢少。

树龄不同菊花桃开花主要枝条会发生变化，一般情况下树龄在 6 年生之前以长花枝开花为主（图 9.19–2），6 年生以后逐渐转为以中、短花枝开花为主。

图 9.19–2 菊花桃幼树的开花形态（以长花枝开花为主）

菊花桃萌芽率高，成枝力中等，在中度短截的条件下，被剪枝条有 50% 以上可以抽生长花枝 1 ～ 2 个和短花枝 2 ～ 3 个，利用这一习性可以获得生长较为稳定的枝组。

9.19.3 整形修剪

1. 树形

菊花桃的树形一般采用自然开心形。主干高度 40 ～ 50cm，在主干的不同方向选留 3 ～ 4 个主枝，每主枝上适当选留 2 ～ 3 个侧枝，这种树形通风透光，符合菊花桃喜光的要求。

2. 定形修剪

修剪时要对选留的各级骨干枝头进行适度打头，剪口放在春梢饱满芽处，以持续地保证枝头的生长优势。辅养枝上的旺枝要及时疏除或花后回缩。由于菊花桃萌芽率高，枝条容易密挤，操作时要以拉开枝间距离和控制局部过旺为主。

3. 生长季节修剪

花后或生长期采取摘心、捋枝、疏剪等方法进行修剪，保留长势好、位置佳的枝条，细弱的枝条疏去。生长直立的枝条不要轻易疏枝，可采用捋枝的方法减缓长势，改变其生长方向，空间大时可用摘心的方法培养成枝组。

4. 枝组修剪

菊花桃的枝组以中、小型为主，枝组的修剪以平衡组内枝条长势为主，局部采用“控旺、疏弱、放中庸”的方法，即疏除旺长和衰弱枝条，对顶芽饱满的中庸枝缓放不动，待分生中花枝后再适度回缩。

9.20 山桃 *Prunus davidiana*

山桃为蔷薇科李属落叶小乔木，花型奇特，色彩鲜艳，是观赏桃花中的珍贵品种。

9.20.1 生长特性

山桃外观上株形较大，枝条紧凑，开花繁茂。枝条长势较旺，花芽形成能力很强，开花早，花单瓣。山桃生长极性强，一年生枝条常直立生长，年生长量可达 1.8m 以上。山桃对修剪反应敏感，短截修剪常会萌生旺枝。

9.20.2 枝芽特性

山桃的芽为互生。可分为花芽、叶芽、潜伏芽等。山桃的花芽为副芽，叶芽为主芽。叶芽着生在枝条顶端和两侧叶片的叶腋间，多为复芽，位于中间芽体瘦小的芽是主芽（叶芽），萌发后抽枝展叶；位于两侧芽体肥大的芽为副芽，是纯花芽，只开花不发枝。

叶芽具有早熟性，生长季中可以分生 2 ～ 3 个副梢，并可进行花芽分化，通常副梢上的花芽分化质量差，花期短，易早落。

山桃的萌芽力和发枝力均强，幼旺树的树冠内枝条以旺花枝（80～100cm）和长花枝（60 ～ 80cm）为主，位于树冠外围。成龄树以中花枝（40 ～ 60cm）、短花枝（20 ～ 40cm）和极短花枝（5 ～ 20cm）为主，随着年龄的增加，开花枝条的类型也逐渐发生变化，显著特点是短花枝所占比例明显增加。

(*a*)　(*b*)

(*c*)　(*d*)

图 9.20-1　山桃的花枝

（*a*）花在枝条上着生的位置，副芽为花芽，主芽为叶芽；（*b*）山桃主芽发枝、副芽开花的情况；
（*c*）长花枝位于多年生枝条前端，在其下着生中、短花枝；（*d*）自然生长的山桃的花枝在树冠中的分布情况

9.20.3 整形修剪

1. 树形

山桃的树形一般采用开心形，主枝多为 3 ～ 4 个，每个主枝上选留 3 个侧枝。由于山桃对光要求较严，所以各主枝开张角要大，其上着生的侧枝的间距也要大一些，且应与树冠大小相一致。一般情况下，冠高 4m，侧枝间距以 1.2m 左右为宜；冠高 5m 以上时，侧枝间距应为 1.5m 左右。为抑制树冠上部生长过强，保证冠内良好的光照条件，侧枝间不要再留大型的辅养枝和枝组，有时可根据侧枝位置和空间大小，适当选留大型的背后枝和中型的斜生枝作为副侧枝，但数量不宜过多。这种树形的主要优点是可保证冠内通风透光，符合山桃喜光的要求。

山桃自然生长状况下树冠易直立（图 9.20-2（*a*）），要注意开张角度（图 9.20-2（*b*）、（*c*））。通常凡是角度合理且大枝均衡的树，其树冠端正，而大枝直立的树常出现树冠偏斜现象，如图 9.20-3 所示。

（*a*）（*b*）（*c*）

图 9.20-2 山桃骨干枝的结构形式

（*a*）低干双主枝的骨干枝结构形式；（*b*）低干基部三主枝延迟开心形的骨干枝结构形式；（*c*）基部三主枝自然开心形的骨干枝结构形式

（*a*）（*b*）

图 9.20-3 山桃不同主枝结构的冠形

（*a*）高干基部三主枝自然开心形的球形树冠；（*b*）低干双主枝形成的纺锤形树冠，主枝直立不均衡

(c)　　(d)

图 9.20-3　山桃不同主枝结构的冠形（续）
（c）低干基部双主枝形成的扁圆形树冠；（d）高干双主枝形成的不规则树冠

2. 定形修剪

修剪时要先确定留下的各级骨干枝，其他枝原则上一次性疏除。尽量利用背后枝换头以开张角度。枝头进行适度疏间，以持续地保证枝头的生长优势。辅养枝要换头加大角度。由于山桃抽生旺枝的能力很强，操作时尽量少打头或不打头，要以拉开枝间距离和控制局部过旺为主。

3. 成龄树修剪

成龄树的花枝类型已发生很大变化，整株树生长势力缓和。此时在逐步完成树形的同时，修剪的重点是调整各级枝组。由于山桃枝组的枝轴都较长，而且结构松散，因而要多采用“压平开角、逐步收缩”的方法进行调整，即利用枝组的背后枝加大枝组角度。由大型辅养枝转化的大型枝组视具体情况逐步回缩，着生在其他部位的中、小型枝组尽量利用短花枝和极短花枝开花。这时树冠基本完成“上稀下密、外稀里密”的树体结构。

9.21　紫叶李 *Prunus cerasifera* cv. Atropurpurea

9.21.1　生长特性

紫叶李又称为红叶李，是蔷薇科李属落叶小乔木。枝条纤细，成枝力和萌芽力均较强；花芽在上一年形成，第二年春季开放；春季萌芽后叶片及幼枝均为紫红色，七月中旬以后紫色渐转为灰紫色，至八月上旬秋梢开始生长，其后发生的新枝又为紫红色，颜色较春梢淡。

9.21.2　枝芽特性

紫叶李的芽为互生，可分为花芽、叶芽、潜伏芽等。

紫叶李的副芽为花芽，主芽为叶芽。叶芽着生在枝条顶端和两侧叶片的叶腋间，这些腋芽多为复芽，位于中间、芽体瘦小的芽是主芽（叶芽），萌发后抽枝展叶；位于两侧、芽体肥大的芽为副芽，是纯花芽，只开花不发枝。

叶芽具有早熟性，生长季中可以分生 1 ～ 2 次副梢，副梢进行花芽分化的能力较低，花芽稀疏且质量差、花期短、易早落。

幼旺树的树冠内枝条以旺花枝（60 ～ 80cm）和长花枝（40 ～ 60cm）为主，位于树冠外围。成龄

树以中花枝（20～40cm）、短花枝（10～20cm）和极短花枝（5～10cm）为主，随着年龄的增加，主要开花枝条的类型也逐渐变化。

图 9.21-1 紫叶李的花枝类型与冠形
（*a*）着生在外围枝条上的长、中、短花枝；（*b*）水平生长枝上着生的短花枝；（*c*）内膛隐芽萌生的新枝；（*d*）内膛一年生枝条长放的萌枝形态；（*e*）位于树冠下部用以改造成大型枝组的辅养枝；（*f*）开心形的冠形

9.21.3 整形修剪

1. 树形

紫叶李适宜采用延迟开心形进行整形。树形的结构和整形过程可参考山桃进行。应当注意的是，紫叶李在幼龄阶段主枝的分枝角度极小，这种角栽培上称为“夹皮角”，常会造成主枝劈裂，因此，修剪中不要用力开角以防止大枝劈裂（图 9.21-2）。随着树龄的增长，这样的角会有所缓和。

图 9.21-2 紫叶李的主干和主枝分枝形式
（*a*）夹皮角的表现；（*b*）夹皮角随着树龄的增加逐渐缓和；（*c*）用加大腰角的方法保护基角，防止大枝劈裂

2. 定形修剪

紫叶李栽植时绝大部分表现为枝条拥挤、主从关系不明显。修剪时要先确定各级骨干枝，对密挤和

竞争性的大枝采用大型辅养枝的处理方法，利用背后枝进行回缩，这样做一方面可以降低枝条高度，另一方面又可以开张枝条角度。与此同时对主、侧枝头要进行适度疏间，持续地保证枝头的生长优势。辅养枝要换头加大角度，拉开枝间距离，控制局部过旺。不同修剪方法紫叶李外围枝的发枝情况不同，连续回缩修剪可使枝条生长均衡有序，见图 9.21-3。

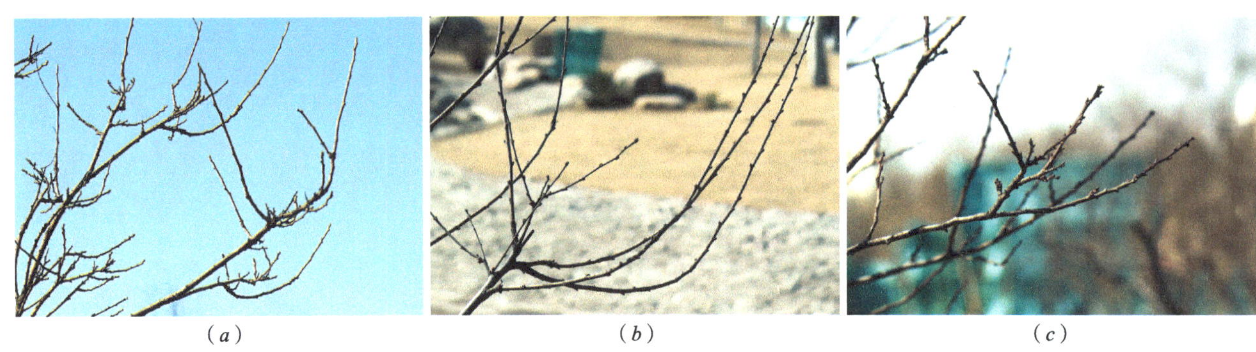

（*a*）　（*b*）　（*c*）

图 9.21-3　紫叶李的外围枝着生情况

（*a*）自然生长情况下外围枝的着生情况；（*b*）枝头一次性回缩修剪后的发枝情况；（*c*）连续修剪后长势稳定的外围枝

3. 成龄树修剪

紫叶李成龄树的花枝类型转向以中、短花枝或极短花枝为主，整株树生长势力缓和。此时在逐步完成树形的同时，不能因“剔密”而忽略了对枝组的培养，成龄树修剪的重点是调整各级枝组。由于紫叶李的枝条柔软、花枝着生紧凑，要采用短剪枝组头梢的方法继续扩大枝组，同时对过长的枝组进行回缩复壮；大型而直立的枝组要利用背后枝加大枝组角度；由大型辅养枝转化的大型枝组视具体情况，控制长势、压低角度或逐步回缩。着生在其他部位的中、小型枝组尽量利用短花枝和极短花枝开花。紫叶李枝组的培养方法可参考图 9.21-4。

（*a*）　（*b*）　（*c*）

（*d*）　（*e*）　（*f*）

图 9.21-4　紫叶李的枝组培养

（*a*）～（*b*）由一年生枝条先放后缩获得；（*c*）～（*e*）由多年生枝回缩改造获得枝组；（*f*）将内膛萌生枝培养成枝组

9.22 紫叶矮樱 *Prunus × cistena*

9.22.1 生长特性

紫叶矮樱为落叶小乔木，是紫叶李和矮樱的杂交种。株高 1.8 ～ 2.5m，冠幅 1.5 ～ 2.8m，成枝力和萌芽率强，生长快，枝条生长均衡。冠形较紫叶李疏松，萌蘖力强，耐修剪，适应性强。

紫叶矮樱枝条紫褐色，叶片呈紫红色，在整个生长季节内颜色稳定，优于其他紫叶树种，通过多次摘心可形成多分枝，容易培养成球形或篱形。

9.22.2 枝芽特性

紫叶矮樱的芽为互生，可分为花芽、叶芽、潜伏芽。花芽为副芽，主芽为叶芽。叶芽着生在枝条顶端和枝条两侧叶片的叶腋间，多为复芽，位于复芽中间且芽体瘦小的芽是主芽（叶芽），萌发后抽枝展叶；位于两侧、芽体肥大的芽为副芽，是纯花芽，只开花不发枝。

叶芽具有早熟性，生长季中可以分生 1 ～ 2 次副梢，副梢进行花芽分化的能力较低，着生的花芽稀疏且质量差、花期短。

幼旺树的树冠内枝条以旺花枝（40 ～ 60cm）和长花枝（30 ～ 40cm）为主，位于树冠外围。成龄树以中花枝（20 ～ 30cm）、短花枝（10 ～ 20cm）和极短花枝（5 ～ 10cm）为主，随着年龄的增加，主要开花枝条的类型也逐渐变化。紫叶矮樱的枝芽类型参见图 9.22-1。

（*a*）　（*b*）　（*c*）　（*d*）　（*e*）　（*f*）

图 9.22-1　紫叶矮樱的枝芽类型和冠形

（*a*）紫叶矮樱的长花枝、中花枝、短花枝在枝条上的分布情况；（*b*）树冠外围的并生直立枝；（*c*）花芽的着生位置和开花状况；（*d*）内膛直立枝组，修剪中要压低高度，加大分枝角度；（*e*）成龄树进行辅养枝的清理修剪后萌生的新枝，修剪时可改造成枝组补充空间；（*f*）生长较均匀的外围枝着生情况

9.22.3 整形修剪

1. 树形

由于紫叶矮樱枝条生长量均衡，最适宜采用自然开心形进行整形。这种树形的特点是枝组较多、修

剪量小、成形快。主干高40cm左右，在主干上错落着生3个主枝，其上各着生2～3个侧枝，还可配备背后侧枝，可以更快地扩大树冠。主枝自然生长，为了充分利用空间，各主枝上可安排向内斜生的分枝，培养为枝组，使内膛充实、冠形丰满。

2. 定形修剪

紫叶矮樱栽植时枝条自然排列清楚，拥挤现象较为少见，定植后主要是调整主从关系和丰满树冠。修剪时确定各级骨干枝后要打头，保证其生长优势。

对其他大枝要按大型辅养枝或枝组来看待，尽量多留少疏枝。主、侧枝上的背后枝要采用“里芽外蹬”的方法打头加以利用，一方面可以使树冠丰满，另一方面又可以开张枝条角度。

主、侧枝头有竞争枝时，可按“主、侧枝头附近不留壮枝”的原则，旺者进行适度疏间、中庸者施行中截利用，这样即可持续地保证枝头的生长优势。

3. 成龄树修剪

紫叶矮樱成龄树的花枝类型转向以中、短花枝或极短花枝为主，在逐步完成树形的同时，修剪的重点是调整各级枝组。首先是使各级骨干枝上的枝组分布均匀、互不拥挤，同时向内生长的枝组长势不要过旺，直立的枝组要利用水平枝加大枝组角度，衰弱的枝组要利用向上生长的枝条回缩以抬高角度。

9.23 樱花 *Prunus serrulata*

9.23.1 生长特性

樱花又称为山樱花，蔷薇科李属落叶乔木，高达5～20m。樱花成枝力和萌蘖力弱，萌芽力强，极性生长明显，枝条稀疏、易光秃，长枝粗壮，短枝相对纤弱，树冠内枝条两极分化现象明显，外观上冠形疏松。樱花变种和变型很多，有重瓣红樱花、日本樱花、日本晚樱等。

9.23.2 枝芽特性

樱花的芽为互生，可分为顶芽、侧芽和隐芽。

叶芽着生在一年生枝条的顶端和生长旺盛的一年生枝条的叶腋间。长度25cm以下的中、短枝的腋芽多为单生花芽，开花后形成空节，可连续数年由顶芽发枝延伸。强枝顶生叶芽具有早熟性，生长季中可抽生秋梢，其上花芽形成量极少。

樱花的叶芽和花芽见图9.23-1，图中（*a*）是生长中庸的中花枝，其上顶芽单生，为叶芽，顶芽以下均为单生花芽；（*b*）是生长健壮的一年生中花枝，四个芽中顶芽为叶芽，下方轮生三个花芽；（*c*）是营养枝，侧芽全部为叶芽。

（*a*）

（*b*）

（*c*）

图9.23-1 樱花的叶芽与花芽

樱花幼旺树的树冠内枝条以旺枝（40 ～ 60cm）和长枝（30 ～ 40cm）为主，多位于树冠外围，内膛多为徒长性枝条。随着年龄的增加，主要开花枝条的类型也逐渐变化，以短花枝和极短花枝为主。成龄树的树冠外围除着生少量的一年生营养枝外，绝大部分为长花枝和中花枝，而内膛则以中花枝（20 ～ 30cm）、短花枝（10 ～ 20cm）和极短花枝（5 ～ 10cm）为主。樱花花枝着生情况见图 9.23-2。

（*a*）

（*b*）

（*c*）

（*d*）

图 9.23-2　樱花的花枝

（*a*）短花枝下部为单生花芽，顶芽为叶芽；（*b*）徒长枝的顶芽与侧芽均为叶芽；（*c*）长花枝中部均为单生花芽；（*d*）二年生枝上短花枝群开花形态

9.23.3　整形修剪

1. 树形

由于樱花树体高大、极性强、分枝角度小，适宜采用主干疏层形和多主枝自然形进行整形修剪。

（1）主干疏层形：基本结构是有中心领导枝，干高 80 ～ 100cm，全树有主枝 5 ～ 7 个，分为三层，分别着生在主干和中心领导枝上。第一层有主枝 3 个，第二层有主枝 2 ～ 3 个，第三层有主枝 1 ～ 2 个，基部三主枝临近形着生，间距 25cm 左右。第一层与第二层主枝间的层间距离 60 ～ 80cm，第二层以上各层间距 45cm 左右。成形后，树高维持在 4 ～ 5m。树势稳定后落头开心，改造成主干疏层延迟开心形，这种树形的优点是主枝量少、整形容易、结构牢固。

采用主干疏层形时，应该注意控制主枝角度，栽植后主枝基角过小时可在生长季节采用支、撑、拉的方法加大主枝角度，拉枝开角的角度以 50° ～ 65° 为宜。

(a)　　(b)

(c)　　(d)

图 9.23-3　樱花的枝组和树冠结构

(*a*)侧枝上着生的大型枝组；(*b*)外围长放一年的枝条形成的单轴枝组；(*c*)内膛连续长放的单轴枝组；(*d*)多主枝自然形的树冠结构

(2)多主枝自然形：多主枝自然形有明显的中干，主干高 80 ～ 100cm，主枝自然分层排列。第一层主枝 3 ～ 4 个，第二层主枝 1 ～ 2 个，有的还可形成第三层。各层主枝自然分布、上下错落、互不重叠，各主枝上再生侧枝，形成圆头形树冠。这种树形的优点是修剪量小、成形快、枝条比较密、观赏性好。缺点是冠内光照条件较差，应选择适宜的时间把中干去掉，改造为类似开心形的树形。

2. 定形修剪

樱花栽植时枝条自然排列清楚，拥挤现象较为少见，定植后主要是调整主从关系和丰满树冠。修剪时确定各级骨干枝后要打头，保证其生长优势。

樱花枝条稀疏，不要轻易疏枝，骨干枝以外的多年生枝要按大型辅养枝或枝组来看待，尽量采用短截或回缩的方法加以利用。

主、侧枝上的背后枝要全部保留，这样既可以使树冠丰满，又可以作为转主换头的预备枝。主、侧枝头附近的竞争枝采用留橛短剪的方法促使发生中、短枝。

3. 成龄树修剪

成龄树的花枝类型以中、短花枝或极短花枝为主，在逐步完成树形的同时，修剪的重点是调整各级枝组。首先是使各级骨干枝上的枝组分布均匀、互不拥挤，同时控制向内生长的枝组使其长势不要过旺，直立的枝组要利用水平枝加大枝组角度，衰弱的枝组要利用向上生长的枝条回缩抬高角度。

总之，樱花的修剪以回缩为主要方法。在开张枝条角度和防止枝条延伸过远的修剪中，及时采用回缩修剪十分必要。修剪中对于樱花一年生枝不要急于短截，先放一年看情况再进行回缩修剪（“先放后缩”）比较稳妥。实际操作中可参照图 9.23-4 中的几种情况进行。

图 9.23-4　樱花的修剪

（*a*）回缩形成的枝组；（*b*）年界处疏枝促使隐芽萌发抽生花枝；（*c*）控制外围长势后，多年生枝中部抽生高质量的花枝群；（*d*）留隐芽疏枝的效果；（*e*）树冠基部的大型辅养枝经回缩修剪后改造成大枝组；（*f*）徒长枝的改造利用效果

9.24　流苏树 *Chionanthus retusus*

9.24.1　生长特性

流苏树又称为隧花木、萝卜丝花，是木犀科流苏树属落叶乔木，雌雄异株，高达 10m 以上。

流苏树长势强旺，幼龄期顶端优势十分明显，一年生枝条萌芽力较低、成枝力强，外围枝容易密挤；成龄树多年生枝条单轴延伸能力强。

流苏树高大优美，枝叶茂盛，初夏满树白花，如覆霜盖雪，清丽宜人。花序顶生，花期 5 ～ 6 月。

9.24.2　枝芽特性

流苏树的芽为对生，强枝顶部芽轮生，中庸枝或弱枝的顶芽呈二叉状分生，从形态上可分为花芽、叶芽和隐芽。

花芽为混合芽，着生于一年生枝条的顶端。营养充足时顶芽以下 2 ～ 3 对侧芽也可分化为花芽。花芽萌发后先抽生一段枝条，其顶端着生聚伞状圆锥花序。这段枝条上着生的腋芽可以形成叶芽，也可以分化新的混合芽，成龄树上的短枝大部分是这类枝条。

叶芽着生在一年生枝条的中下部，短枝腋芽多为叶芽，可连续数年发枝延伸形成单轴枝组。着生在健壮枝条上的叶芽具有早熟性，生长季中可抽生秋梢，其上腋芽多形成隐芽。

流苏树的萌芽率低，先端极性强，多年生枝上常见到一段段的光秃带，是隐芽着生的主要部位。隐芽的寿命长，自然萌发的情况下生长较稳定，并可自然转化成小型枝组。

随着年龄的增加，树冠内主要开花枝条的类型也逐渐变化。通常幼旺树树冠内的枝条以旺枝（40 ～ 60cm）和长枝（30 ～ 40cm）为主，它们多位于树冠外围，内膛较空；成龄树以中花枝（20 ～ 30cm）和短花枝（10 ～ 20cm）为主。

流苏树的枝芽形态及开花状况见图 9.24–1 和图 9.24–2。

（*a*）　（*b*）

（*c*）　（*d*）

图 9.24–1　流苏树的枝芽形态

（*a*）顶芽和对生的侧芽发枝情况；（*b*）对生枝在枝条上的排列情况；

（*c*）长势较弱的多年生枝的着生情况；（*d*）外围多年生枝条分布情况

（*a*）　（*b*）　（*c*）

图 9.24–2　流苏树的花枝开花状况和冠形

（*a*）内膛中、短花枝开花状况；（*b*）外围长、中花枝开花状况；（*c*）流苏树冬季冠形

9.24.3 整形修剪

1. 树形

流苏的先端极性很强，常采用延迟开心形的树形，这样既可以均衡树势又可以减少光秃带。

延迟开心形的树形具有中心领导枝，在中干上留三层主枝，后期通过疏枝和回缩外围枝的修剪方法使树冠变为两层的开心形。第一层主枝 3 ～ 4 个，主枝开张角度要大些，以减缓极性，每个主枝上选留 2 ～ 3 个侧枝；根据侧枝的位置和空间大小，适当选留副侧枝，但不宜过多。第二层主枝体量要小，基角 45° ～ 50° ，再向上可再选留一层主枝。层间 0.8 ～ 1.0m，为抑制上强和保证冠内良好的光照条件，在中干的层间不留辅养枝和枝组。这种树形的主要优点是前期可以防止树冠抱生，后期通过疏除密挤大枝和回缩延伸过远的多年生枝逐步改造成开心形树形，这样可保证冠内通风透光，符合流苏对光照的要求。

2. 骨干枝修剪

流苏各级骨干枝头的发枝量和生长量都较大，一般可以发枝 3 ～ 4 个，而且长势强旺，修剪时本着“逢三疏一，截一放一”和“逢四疏二，截一放一”的原则进行修剪，可以明显减缓外围拉力，促使中后部的枝条充实。修剪时疏除过旺枝条，其他应全部保留开花。充分利用主、侧枝上的背后枝，将来可以利用其换头以开张主、侧枝角度。临时的辅养枝要“单枝单头”，加大角度。由于流苏抽生单轴旺枝的能力很强，要多疏枝，尽量少打或不打头。

3. 成龄树修剪

流苏树成龄树的花枝类型会发生很大变化，整株树生长势力缓和。此时在逐步完成树形的同时，修剪的重点是调整各级枝组。流苏的枝组结构较紧凑，树冠外围着生的绝大部分是单轴枝组，修剪中多采用“疏间回缩”的方法进行调整。当树冠外围逐步表现郁闭后，多年生枝会拥挤，此时常采用“疏外缓内、疏上缓下”的方法进行修剪，以起到促进内膛枝生长势转壮、补充空间的作用（图 9.24–3）。

（*a*） （*b*） （*c*） （*d*）

图 9.24–3 流苏树的枝组

（*a*）实施“疏外缓内、疏上缓下”的修剪方法后内膛形成的直立新枝，可改造为枝组；
（*b*）生长势开始减弱的内膛直立枝组；（*c*）连续长放形成的内膛直立枝组；（*d*）树势缓和后内膛枝组粗壮，形成短花枝群

9.25 木槿 *Hibiscus syriacus*

9.25.1 生长特性

木槿又称为朱槿、朝开暮落花，为锦葵科木槿属落叶灌木。木槿干性差，喜光，萌芽力、成枝力均较强，花有重瓣和单瓣。

木槿属于仲夏成花树种，其花芽当年形成，当年开放并结果。花芽形成能力强，在适宜的条件下健壮枝条顶部的 1 ～ 10 个以上的节位能形成花芽。

9.25.2 枝芽特性

1. 芽的类型及特性

木槿的芽主要为冬芽和夏芽。越冬的冬芽均为叶芽，每年春季萌发抽生新枝，新枝生长 40 ～ 50 天后（6 月初），除旺枝和徒长枝外，大部分枝条停止生长，开始花芽分化。外观上可以看到较明显的枝条生长停顿现象。

木槿的花芽当年分化、当年开花并结实。花芽由当年生枝条顶芽周围的副芽和叶腋中侧芽一旁的副芽形成。木槿的副芽为复生或叠生，每一节位上有副芽 1 ～ 4 个，因其分化速度不同，成熟期和开花期也有一定间隔，这是木槿单枝连续不断开花的原因。

枝条的顶端叶芽和临近的侧芽具有早熟性，当年可抽生秋梢。健旺幼树的旺枝，顶芽以下 6 ～ 8 个侧芽当年可萌发形成副梢；生长势中等的枝条多数表现副梢生长能力微弱，短枝呈螺旋状。外观上木槿枝条的单枝都很长，旺树上则多见单轴延伸长达 1.5m 以上，先端着生帚状的分枝。

木槿绝大部分花芽在当年的 6 月上中旬开始孕育，7 月上旬分化完成并现蕾，一般先生长的枝条先分化，以后随着树冠内枝条生长的陆续停止，可连续在不同类型的枝条上进行花芽分化。

2. 枝条的类型及特性

木槿的枝条，按其性质可分为花枝、徒长枝和无效枝。

（1）花枝：着生花序的枝，根据其长短、粗细的不同，可分为旺花枝（即徒长性花枝）、长花枝、中花枝、短花枝以及极短花枝 5 种。

① 旺花枝：多着生于幼树或长势强旺的树上，长度在 50cm 以上，粗 0.5cm 以上，在副梢上也可抽枝开花。在健壮的木槿树上，旺花枝的数量占 20% 左右。由于生长势较旺，成花量相对较少，枝条上花往往间隔着生，过旺时花稀少。

② 长花枝：花枝的长度为 30 ～ 50cm，粗为 0.4 ～ 0.5cm，开花能力较强，能在 1 ～ 10 节上开花，是开花的主要枝条。长花枝上的冬芽发育良好，可于当年短剪继续抽生花枝。

③ 中花枝：长度为 10 ～ 30cm，枝条粗度 0.3 ～ 0.4cm，生长较充实，每节位上有花芽 2 ～ 4 个，是健壮树开花的主要枝条。

④ 短花枝：长度在 5 ～ 15cm，粗 0.3cm 左右，常见于老龄树和长势较弱的树，通常开花后着生少量果实，越冬后部分枯死。长势健壮的短花枝开花后侧生冬芽仍能抽生较弱的新枝。

（2）徒长枝：在更新部位多见，长度在 60cm 以上，粗 0.6cm 左右。其上有少量花芽，偶有开花。

（3）无效枝：是指树冠内不能开花的枝。在直立型品种上，这类枝多呈叶丛状，长度 0.5cm 左右；在开张型品种上，这类枝细长、春生的叶片色浅而薄，长度在 10 ～ 20cm。

9.25.3 品种特性

为了在修剪管理中便于区别，将栽培的木槿品种分为直立型和开张型两大类。从树种特性上看，木槿属于枝条柔韧性较强的树种，品种间的区别主要表现在枝条着生角度、萌芽成枝力、耐修剪能力等方面。共同的规律是开张型绝大部分以单瓣花为主，如：纯白、白花红心、蓝色、粉花等品种。直立型多以重瓣花品种为主，如白花红心、粉花红心等。下面对不同品种在修剪中需要注意的方面给以描述。

1. 枝条着生角度的差异

直立型品种枝条粗壮，与母枝之间的夹角小，树冠成纺锤形，一年生短枝数量少，树冠显得稀疏。其枝条着生状况和长、中、短花枝的开花状况见图 9.25-1。

开张型品种一年生长枝柔软、粗细均匀，与母枝之间的夹角大，由枝条中部向外呈拱形弯曲。在当年生枝中，中、短枝的数量较大，而且形态细长，树冠密挤。开张型品种长、中、短花枝的开花状况和多年生枝在树冠内的着生形式见图 9.25-2。

(*a*) (*b*) (*c*) (*d*) (*e*) (*f*)

图 9.25-1 直立型木槿的花枝类型及开花状况

(*a*) 树冠外围的长花枝和中花枝；(*b*) 树冠外围的中花枝和短花枝；(*c*) 着生在多年生枝上的无效花枝；(*d*) 长花枝开花状况；(*e*) 中花枝开花状况；(*f*) 短花枝开花状况

(*a*) (*b*)

图 9.25-2 开张型木槿的花枝类型及开花状况

(*a*) 外围的长花枝开花状况；(*b*) 外围的中花枝开花状况

（c）　　（d）

图 9.25-2　开张型木槿的花枝类型及开花状况（续）
（c）着生在多年生枝上的短花枝开花状况；（d）树冠内膛的无效花枝

2. 发枝数量的差异

自然生长情况下直立型品种枝条连续长放后，枝类比例变化较明显，经长放后，旺花枝和壮花枝的形成能力下降，数量明显减少，而短营养枝的数量明显增加。开张型的品种在连续长放的条件下，可以保持抽生壮花枝和短花枝的能力，这是长放情况下开张型品种开花年限要长于直立型品种的原因。

3. 生长势与冠形的差异

直观上看，直立型品种一年生枝粗壮、挺拔，树冠抱生呈纺锤状，冠幅较小、层次较清楚。开张型品种一年生旺花枝易弯曲下垂，树冠开张呈伞形，冠幅大、无明显层次，树冠较紊乱。

4. 不同年龄时期的树势差异

8 ～ 12 年生以上的木槿大树中，直立型的品种树高可达 4 ～ 5m，基部出现明显的光秃，上部仍抱生，开花部位严重上移；开张型的品种树冠高度在 3.5 ～ 4m，树冠圆满可连续数年维持抽生短花枝的能力，花朵丰满。因此在整形中，直立型品种要及早防止光秃和开花部位外移。

5. 萌芽力和成枝能力的差异

木槿属于萌芽力和成枝力均强的树种，对修剪反应较为敏感，不耐强修剪。开张型的品种成枝能力强于直立型品种，连续修剪两年后，抽生的旺花枝和壮花枝的数量达总枝条数量的 40%，而直立型品种抽生的旺花枝和壮花枝为总枝量的 30% 左右。

9.25.4　整形和修剪

1. 树形

园林中木槿常见的冠形有多种（图 9.25-3），根据木槿的生长特性，适宜的树形为自然分层形和自然丛状形。

（1）自然分层形：这种树形适于直立型品种，基本结构是有明显的主干，主干上着生 3 ～ 4 个主枝，每主枝上着生 1 ～ 2 个侧枝。整形中，树干和主枝的选留高度因立地条件有所不同。空间较大，栽植较稀时侧枝距主干的距离远一些；空间较小时，干可低一些，侧枝距离主干近一些，侧枝的数量也应少一些。

（2）自然丛状形：这种树形适用于开张型品种，也可以采用有一段主干的自然开心形。这种树形可

(a) (b) (c)

(d) (e) (f)

图 9.25-3 木槿的树冠类型

(a)老龄的高干扁圆形树冠;(b)幼龄树低干纺锤形树冠;(c)多主枝丛状半圆形树冠;
(d)有极低主干的多主枝半圆形树冠;(e)球形造型的圆形树冠;(f)篱形栽植的群体形态

有主枝 6 ～ 8 个,每个主枝上着生侧枝 1 ～ 2 个,侧枝的数量和位置可根据树冠的大小来定。大冠形侧枝着生部位距主干应远一些,反之则应近一些。

2. 定植后修剪

绿地中的木槿在定植前一般没有整形基础,多为丛枝状。有些地方定植时为了尽快体现绿化效果,常采用几墩丛植在一穴中的方法,其后则采用平头式修剪。由于木槿的成枝力强,这种栽植方式和修剪方法给其修剪管理带来一定的困难(图 9.25-4)。对于这种情况,修剪中可将丛植的木槿作为一个单株看待,根据修剪的原则来进行修剪,但务必按品种类型来进行。

(a) (b) (c) (d)

图 9.25-4 木槿成枝力极强所引起的外围枝拥挤现象

(a)生长旺盛的软枝－开张类型品种的外围枝;(b)生长中庸的软枝－开张类型品种的外围枝;
(c)生长旺盛的硬枝－直立类型品种的外围枝;(d)生长中庸的硬枝－直立类型品种的外围枝

(1)直立型品种的定植后修剪:这一类型的木槿在整形过程中,时时要注意防止树冠抱头生长,控制树冠不能拥挤,给开花有效枝以较充分的着生空间,防止开花部位外移、内膛枝条枯死和形成基部光秃。

应选用自然分层形作为这一品种类型的树形,原因之一是自然分层形对基部主枝的着生角度有着比较严格的要求。因此,在整形过程中的前几年要把开张主枝角度放在首位,做法是:定植后选择方向正、位置好的主枝 3～4 个，对枝头进行中度短截，连续进行 2～3 年后，枝头下部 2～3 年生枝段上可萌生健壮的背后枝。这种枝的分枝角度大，此时可利用这类枝条进行换头修剪，并将其长放一年，同时选择 3 年生枝条上的壮花枝进行中短截，培养成侧枝。下一年修剪时将长放枝条上萌生的直立枝疏掉，利用角度大的分枝代替原头并进行中度短截。这样连续 3 年后，便可使大枝角度加大至 50° 左右，树体骨架基本形成。

对主、侧枝以外的其他枝条采用“一放、一疏、一缩”的修剪方法，连续进行 2～3 年，抑制其生长势。例如：一年生的壮花枝，第一年开花后缓放不剪；第二年将萌生的旺枝、壮花枝由基部全部疏掉，留下中花枝和短花枝开花，冬剪时在中花枝分枝处进行回缩修剪。这种方法可在树冠内或同一生长势的枝条上反复多年使用，起到有效促花和控制生长势的效果。4～6 年生的树生长势较强，外围枝修剪后，多数可在剪口下萌发 3 个壮枝，为了增加花量、控制枝头的外延速度，可采用“截一、疏一、放一”的方法。“截一”指选留的枝头留外芽短截 1/2；“疏一”指疏掉枝头的竞争枝；“放一”指对位置较低的壮花枝长放，诱使其萌生多量的中短枝，以后再采用回缩的方法，使其逐渐转变成枝组。这样做一方面可起到抑前促后的作用，防止中下部枝条衰老，另一方面又可以增加外围枝数量以形成较多的花芽，从而保证观赏效果。

（2）开张型品种的定植后修剪：这一品种的主要问题是中花枝以上枝条抽生数量较多，树冠虽然开张，但显得紊乱，控制不当会造成树冠郁闭。自然生长情况下内膛枝大部分表现为枝条细长、组织不充实、开花数量较少，易引起内膛枝条枯死和早期落叶。选用自然丛状形的树形，通过整形可以克服这些弊病。整形方法是：定植后，选择 5～6 个大枝对枝头进行短截，其余枝条全部疏除，以节省营养。第一年在剪口下可萌生新枝 3～4 个，此时应选择背上枝作主枝头进行短截，防止外围枝头过早地下垂；其余枝依其长势和角度采用不同的方法进行处理，原则上仍是“疏一、截一、放一”。

对于内膛萌生的直立旺枝，除可以利用的枝条外，其余全部疏除，尽量不采用短截的方法，防止萌枝过多，扰乱树形。定植后的第三年，树体骨架基本形成，此时的重点要放在调整枝条数量和调节枝类比例上。外围旺枝可采用“逢三去一，逢四去二，截一放一”的方法，减少外围枝数量，防止郁闭和外延速度过快。要注意截枝的部位和芽子的选留，以剪口下萌生新枝不下垂、不过度旺长为原则。对主枝上着生的侧枝要掌握“勤疏枝、勤换头、多长放”的修剪方法，控制它的延伸速度。长放后的侧枝头，第二年修剪时要及时回缩，以中花枝代替原头，这样一放一缩，往复进行可以在 2～3 年内将侧枝的生长势缓和下来，使树体表现出自然丛状形的树冠层次。

内膛着生的枝条和其他辅养枝的控制要连年采用“疏旺、放壮、留中短”的方法，放后及时回缩，缩后易转旺则可再疏、再放、再缩，严格控制枝条高度和延展过度，使其多开花。开张型品种不易保持稳定的枝组，采用这种方法后，凡是得到控制的多年生主枝一律可以按枝组看待。

总体来看，木槿定植后的修剪以“疏枝”为主，其常用的几种疏枝修剪方法见图 9.25-5。

（*a*）（*b*）（*c*）（*d*）

图 9.25-5　木槿疏枝修剪的几种方法

（*a*）疏双枝开角；（*b*）疏多年生枝开角；（*c*）疏枝剔密；（*d*）逢四去二

(*e*)　(*f*)　(*g*)　(*h*)

图 9.25-5　木槿疏枝修剪的几种方法（续）

（*e*）疏二放一（中间短截枝为过渡枝，夏剪时疏除）；（*f*）疏上缓下；（*g*）旺枝逢三疏二；（*h*）疏大缓小

3. 放任生长树的改造修剪

在放任生长条件下，直立型品种有两种表现，一是树体高大且基部光秃，树冠呈纺锤形，花蕾少；另一种表现是树体早衰，多年生枝条上着生大量瘤状短枝。开张型早衰现象较少见，成龄大树形成开心形的伞形树冠，花朵较稀，单枝成花数量减少，多为一枝一花。改造修剪应区分品种类型进行。

（1）直立型品种的改造方法：首先要降低树高，促生有效花枝。修剪时要按分层的基本原则选留主、侧枝。干扰主、侧枝生长的多年生枝要一次性疏除，尽量保留树冠内较细的多年生枝并及时进行回缩更新。主、侧枝头要行重回缩，一般回缩部位在 2 ～ 3 年生枝段的分枝处，选留的分枝角度要大、方向要正。中心枝剪留高度根据修剪后的主、侧枝高度来定。修剪后的树形应克服放任生长下的纺锤形态，并逐年向半圆形过渡。这样处理后，第二年树冠内会萌生大量长花枝和中花枝，此时可结合定植后树的修剪方法进行。一般在修剪的第二年有效枝便可明显增加，花期延长，修剪效果十分明显。

第二步是“重缩促枝”，采取适当的重回缩修剪。主枝回缩至 2 年生枝段的分枝上，侧枝回缩至 3 年生枝段的分枝上，其他辅养枝可按其高度和粗度分别在 3 ～ 4 年生部位进行重回缩，使其萌生旺花枝、长花枝。以后根据发枝情况，按定植后的修剪方法进行修剪。

改造修剪时要注意树势的差异，不同树势情况下枝条长势和修剪方法的区别见图 9.25-6。通常在改造修剪的第一年就应对树势做出明确的判断，然后再确定留枝距离和疏枝数量，避免修剪过重导致旺长。

(*a*)　(*b*)　(*c*)　(*d*)

(*e*)　(*f*)　(*g*)　(*h*)

图 9.25-6　木槿直立类型品种的改造修剪方法

（*a*）、（*b*）长势中庸树的萌芽和发枝状况；（*c*）长势中庸树采用中等修剪量进行疏枝修剪和少量短截修剪后的冠形；（*d*）局部进行中短截，留枝较长是为了给夏剪留出余地，防止强刺激后发生大量旺枝；（*e*）、（*f*）长势偏旺树的萌芽和发枝状况；（*g*）对长势偏旺树的双枝进行短截，夏剪时将较直立的改造为枝组；（*h*）修剪后留下的枝条角度开张，疏密合理，枝间距离均匀，一般在 30cm 左右

（2）开张型品种的改造修剪：这一类型的品种改造修剪重点是疏间外围的密挤枝，调整主、侧枝的分枝层次，回缩多年生的辅养枝。处理一年后按照定植后的修剪方法进行修剪。

9.26 榆叶梅 *Prunus triloba*

榆叶梅又称为榆梅、小桃红，为蔷薇科李属落叶灌木或小乔木。其叶片很像榆树的叶，常见栽培的变种有：红花重瓣榆叶梅、单瓣榆叶梅等。

9.26.1 生长特性

自然生长的榆叶梅枝条多呈直立型生长，开张角度小，萌芽力极强，成枝力稍差。二年生以上枝条芽的萌动率可达 90% 以上，其中着生在顶部的芽可萌生长枝，剩余的绝大部分萌发形成极短的花束枝（以下称为极短花枝），这类枝花芽着生量大，平均单枝花芽着生数量为 10～15 个，是榆叶梅开花的主要枝条。但极短花枝寿命短，开花年限为 4～5 年，以后逐年衰弱，转化为隐芽，使大枝后部逐渐空裸，开花部位逐年外移。

每年立秋以后榆叶梅内膛的萌枝能力增强，一般情况下，由多年生的隐芽或衰弱的极短枝顶芽萌发成秋枝。这类枝细弱、冗长，组织不充实，花芽着生量少而且质量差。在后期雨水较多的年份这种现象更为突出，常常造成树冠内通风不良。

9.26.2 枝芽特性

1. 芽的类型和特性

榆叶梅树冠内的芽根据其性质不同分为 4 种：花芽、叶芽、早熟性芽和潜伏芽。

（a） （b） （c）
（d） （e） （f）

图 9.26–1 榆叶梅的芽

（a）旺枝早熟性的顶芽萌发抽生夏梢和秋梢；（b）中庸枝早熟性的顶芽当年萌发抽生极短的夏梢；（c）早熟性的侧芽当年萌发抽生秋枝；（d）封顶的极短枝；（e）封顶的一年生枝；（f）隐芽萌发

（1）花芽：为纯花芽，外被鳞片，鳞片内为苞片和花器官。按着生形式可分成单花芽和复花芽。在长花枝和中花枝上每节位均为复花芽，可着生芽 2 ～ 3 个，其中较瘦小的为叶芽，较肥大者为花芽，花芽开花后脱落，节上留下花梗痕。单花芽绝大部分着生于极短枝上，落花后形成空节。榆叶梅花芽形成能力极强，几乎每一个叶腋的副芽均可成花。花芽从 6 月上旬开始分化，以后沿着春梢、夏梢、秋梢的顺序连续进行，此期间没有明显的停顿，至 10 月上旬整株花芽形态分化全部完成。

（2）叶芽：着生在枝条的顶部和每节的叶腋中，芽体瘦小，外被鳞片，内为雏梢。榆叶梅的叶芽具有早熟性。健壮的叶芽可形成 5 ～ 7 节雏梢，能抽生长花枝或中花枝。

（3）潜伏芽：主要集中于枝条的年界处。当枝条连续长放后，着生于四年生枝段的极短枝上，也可退化形成潜伏芽。当枝条受伤或重回缩修剪之后，这些潜伏芽当年可以萌发，抽生新枝。

（4）早熟性芽：在自然生长的情况下，早熟性芽主要着生在长枝的顶部和健壮的一年主枝的侧方。一般情况下，长枝的顶芽和其下 1 ～ 2 个侧芽均具早熟性，当年即可抽生夏梢和秋梢。

2. 枝的类型和特性

修剪中，根据榆叶梅各类枝的生长情况和发生时间，树冠内的枝条可分为旺花枝、长花枝、细长花枝、极短花枝 4 种。榆叶梅的花枝类型及开花形态见图 9.26–2 和图 9.26–3。

（1）旺花枝 ：这类枝绝大部分着生于树冠外围，是当年生枝，一般长度 80 ～ 120cm，粗度 0.6 ～ 1cm，旺树上粗度可达 1.3 ～ 1.6m，枝上着生花芽和叶芽。旺花枝在一年中有 2 ～ 3 次生长，而且叶腋内的侧芽饱满，鳞片包被紧实而不松散。

（2）长花枝 ：长度 40 ～ 60cm，粗度 0.4 ～ 0.6cm，是生长健壮树上的主要枝条。枝上着生花芽和叶芽，一年中有 2 次生长，叶腋内的侧芽饱满，鳞片包被紧实。

（3）极短花枝：这类枝是榆叶梅树冠内的主要枝条，长度仅 0.5 ～ 1cm，粗 0.5cm 左右，其上着生

图 9.26–2　榆叶梅的花枝类型

（*a*）春梢长花枝；（*b*）由极短枝抽生的一年生长花枝和秋枝形成的长花枝；（*c*）极短花枝；（*d*）徒长性花枝；（*e*）秋枝形成的花枝；（*f*）隐芽秋枝形成的花枝

图 9.26-3　榆叶梅花枝的开花状态

(a)一年生水平生长的长花枝开花形态;(b)一年生直立生长的长花枝开花形态;(c)一年生直立生长的中花枝开花形态;(d)二年生枝上极短枝的开花形态;(e)多年生枝上的极短花枝开花形态;(f)隐芽萌发的秋枝开花形态

叶芽与花芽。花芽以轮生形式着生于短枝上，顶芽为叶芽，夏季形成叶丛状的莲座叶片。花芽在叶腋中形成，受刺激或进行回缩修剪时，这类枝可萌生旺花枝或长花枝。极短花枝开花后着花点成为空节，连续 3 ～ 4 年以后形成瘤状短枝，大量花芽集生于上。

(4)细长花枝：这类枝绝大部分是秋后生长形成，在树冠内膛的多年生枝段上着生数量较多。外观冗长、细弱，枝条皮色浅，多为黄褐色，长度在 30 ～ 50cm，粗 0.2 ～ 0.4cm。枝上着生花芽数量很少，芽体不充实，分化不完全。细长花枝在 8 ～ 10 年生树上数量极多，不仅扰乱树形而且常因这类枝条过多而造成树冠郁闭，修剪时应重点给以疏除。

此外，以山桃为砧木嫁接的榆叶梅，嫁接不亲和现象明显，多表现“粗腿”症状，嫁接部位高时，八年生左右便出现明显的树冠焦梢、退枝现象。

9.26.3　整形修剪

1. 树形

园林中榆叶梅的常见树形见图 9.26-4，根据枝芽生长特性，榆叶梅整形原则上应以矮冠的自然半圆形为主，但根据不同的立地条件可选择以下几种树形。

(1)主干圆头形：这种树形有明显的主干，主干上着生 3 ～ 4 个主枝，主枝上着生 2 ～ 3 个侧枝，整形前期要适当保留中心枝。其主要优点是树冠较开张，树形圆满，大枝间保持一定的距离，可以安排中、大型枝组，使树冠紧凑而不松散。缺点是对选留的主枝方向和主、侧枝之间的关系以及中心枝的控制利用都有较高的技术要求，注意不当易造成树冠抱生。因而，苗木定植后应根据空间的大小选留主枝，干高一般为 30 ～ 40cm，在分枝中选择 3 ～ 4 个方向正、角度好的枝条做主枝；三年生以后可以在选出的主枝上适当安排侧枝，侧枝的着生部位应在距主枝基部 40 ～ 50cm 处，各主枝的侧枝要顺向选留，忌选对生侧枝，以保证通风透光。成形后主枝基角约 60°、腰角 40°、梢角 30°。

（2）多主枝自然半圆形：这种树形是由主干圆头形演变而来的一种树形。其优点是：整形容易，适于粗放管理，主干着生的枝条较多，一般为 6 ～ 7 个。缺点是：容易造成早期树冠郁闭，枝条拥挤，开花部位外移。因而，定植后疏去明显的旺枝或弱枝，将生长适中的 6 ～ 7 个枝条全部留下进行中度短截；在以后的 1 ～ 2 年内随时控制剪口下枝条的生长势，按照“疏壮、疏旺、留中庸枝”的方法，仅留一枝做主枝头以防止树冠的早期密挤。

（3）三挺身形：这种树形沿用了基部三主枝自然开心形的整形方式，基部主枝多为 3 ～ 5 个。目前部分绿地采用这种树形，其优点是树姿挺拔、主枝明确、小枝分布较多，开花时显得匀称、秀丽。缺点是控制外围极性较困难，稍不注意会导致外枝过度延伸，五年生以后出现树冠大、干基小、头重脚轻等不协调现象。这种树形的整形要求是留干高度为 50cm 左右，选 3 个长势均匀的枝条作为主枝，其余枝条全部疏除，留下的 3 个枝条行中度短截。剪口萌生的枝条第二年修剪时要疏去，过旺的枝留下两个，其中截一个做枝头、放一个促使分生短枝，第三年对短截的枝条作相同处理。对长放枝条，将当年生长枝全部疏除，留下一年生极短枝做开花枝条，逐步培养成侧枝，这样可以防止树冠早期郁闭，增加中下部的开花部位，防止出现冠、干不协调的现象。

（4）丛干扁圆形：这种树形没有明显的主干，由地面即行分枝，似灌木的丛生状。其优点是适于在较宽阔的地方栽植，而且可以用于堆栽（每穴栽 3 ～ 4 棵），管理方便，修剪操作简单，可根据空间大小随意安排主枝。缺点是成龄后观赏效果差，看上去不规则，无空间层次，给人以拥挤杂乱之感。整形要求是：定植后的第一年，将选好的主枝短截，以后每年对萌生枝进行疏剪，采用“逢三去二，逢四去三”的方法连续进行，防止外围密挤。定植后五年以后，连年疏间外围一年生长枝，仅留极短枝开花。

另外，在庭院中，为了限制榆叶梅的生长速度，解决树冠郁闭快的问题，常在生长季对新萌发的当年生枝实行连续控制。常用的方法是连续短截当年生新枝，使局部形成十分紧凑的花芽群，通常称这种修剪方法为“一条龙”式修剪。榆叶梅一条龙式修剪的花芽着生情况见图 9.26-5，这种剪法的树形多数采用开心形和三挺身形。

2. 定植后修剪

榆叶梅在苗圃中多采用主干圆头形定形，苗龄一般为 4 ～ 5 年生，常表现枝多形乱，解决的最好方法是正确疏枝。在定植后除主、侧枝外，其余枝条全部疏除以减少营养消耗。榆叶梅枝条的年界处着生许多隐芽，疏枝时要尽量充分利用这些芽，操作时剪口上移 0.5cm 即可将其留下，这样做既有利于伤口愈合，又有利于增加当年新枝、增加叶量，实现以叶养根。第二年将这些枝择其一、

（a）

（b）

（c）

（d）

（e）

图 9.26-4 榆叶梅的冠形和主枝着生方式
（a）主干圆头形；（b）多主枝自然半圆形；（c）三挺身形；（d）开心形；（e）一条龙剪法的冠形

(a)

(b)

(c)

图 9.26–5　榆叶梅一条龙式修剪的花芽着生情况
(a) 生长季留 6 ～ 8 个芽中等短剪的花枝形态；(b) 连续控制修剪后极短花枝的枝条形态；(c) 树冠下部短枝的着花形态

二转化为枝组，方法是：对隐芽萌生的新枝采取“疏强、疏弱、留中庸”的方法进行修剪，留下的枝条当年不回缩，待第三年各枝均萌发极短枝后，将当年生中、长枝全部疏除，利用极短花枝开花。采用这样的方法可以使榆叶梅顺利通过恢复树体营养的生长阶段。

3. 树形确定后的修剪方法

定植后 3 ～ 5 年内是榆叶梅营养生长最旺盛的时期，短截枝条的剪口下容易萌生 4 ～ 6 个壮枝，控制这类枝条的长势主要采用疏、缩、截相结合的方法。原则上枝头截要轻，竞争枝疏要彻底，缓放枝选择要得当。尽量选择角度大、着生部位低、长势中等的枝条进行缓放。这样做既可以稳定树形结构，又可使花芽数量明显增加，连续二三年可将树势稳定下来。

4. 稳定树势的修剪方法

榆叶梅的多花稳势技术也要靠调节枝类组成来完成。树势恢复之后随着枝量的增加，多花效果来自于 3 种枝条：其一是利用骨干枝基部或者直接着生于主干的一年生中、短枝；其二是树冠中部长势中庸的枝条经缓放后，疏除其上着生的 1cm 以上的营养枝后留下的极短枝群；其三是枝头附近的当年短截枝和长放枝。这一阶段要重点注意扭转一直沿用的清膛修剪方法，全部保留基部中、短枝，实现树体结构的上稀下密，这样便可以实现立体开花。

榆叶梅枝类的两极分化习性决定了它不能培养出紧凑的中、小型枝组。因此，枝组的概念可以扩充为凡是着生在主枝上有两个以上分枝、长势中等的枝条，都可以作为枝组看待。在榆叶梅树冠中这类枝应占总数量的 70%。修剪中应连年采用保留极短枝、疏除一年生壮枝的修剪方法，控制外延速度，将其生长控制在一定的范围内。

与夏季修剪相结合是稳势修剪中的重要环节，榆叶梅夏季控制的方法以摘心和短截最为有效（图 9.26–6），一般旺枝进行 2 ～ 3 次夏季短剪后，当年便可以形成集束形花枝，这类花枝花芽健壮，而且花期长。

5. 放任生长树的改造修剪

榆叶梅冠体较小，短枝着生率极高，生产中的放任树由于连年采用平头修剪和清膛疏枝的修剪方法而造成树体“内空外挤”。改造修剪中要重点做好以下几项工作：

（1）骨干枝的选留：放任生长的榆叶梅主枝密挤且空裸严重，内膛细弱，冗长枝丛生，改造时应以多主枝半圆形为基础进行改造。五年生以上的树，主枝以选留 4 ～ 5 个为宜，并且要保留中心枝，不要忙于“去中开心”。除此之外，凡与主枝的生长方向和角度较一致的要一次疏除；角度很大、生长有空间的裙枝可采用单头延伸的方法行较重回缩，尽量保留。

（2）外围枝头的处理：留下的大枝凡中部有较好分枝的枝条一律保留，枝头附近的密挤枝要按“逢

图 9.26-6 榆叶梅夏季修剪

（*a*）对当年生枝摘心情况；（*b*）摘心后发枝情况；（*c*）对新生枝再次摘心情况；
（*d*）～（*f*）生长季节采用一条龙修剪的枝条形成过程：其中（*d*）是第一次短截发枝后，在萌生的二次枝的隐芽处短剪再次萌发的情况，（*e*）是连续修剪形成的聚集在一起的短枝群，（*f*）是当年在生长季节获得的一条龙花枝的枝条形态

三去一，逢四去二”的原则进行疏间，保留两个枝头。改造的第一年，枝头的修剪采用“只疏不截”的方法，这样一方面可以防止外围抽生旺枝，另一方面还可以促进内膛短枝迅速恢复，增加花量。

（3）改造培养枝组：放任树中斜生、水平或下垂的多年生枝是改造成枝组逐年增加花量的理想枝条，可适度回缩。由隐芽萌生的新枝采取“疏强、疏弱、留中庸”的方法进行修剪，留下的枝条当年不回缩，待第三年各枝均萌发极短枝后，将当年生中、长枝全部疏除，利用极短花枝开花。

（4）清理内膛枝：内膛的细弱、冗长枝在改造修剪的第 1 ～ 2 年会明显增多。这类枝除极少数外一般无保留价值，短截后也不能分生较好的枝条，因此要一次性疏除。

9.27 美人梅 *Prunus × blireana* cv. Mei Ren

9.27.1 生长特性

美人梅是蔷薇科杏属的园艺杂交种，由宫粉型梅花和紫叶李杂交而成，为落叶小乔木。叶片卵圆形，紫红色；花粉红色，春季开花；较耐盐碱，是优良的园林观赏、环境绿化树种。

9.27.2 枝芽特性

美人梅的芽可分为花芽、叶芽、早熟性芽和潜伏芽 4 种。

美人梅花芽为纯花芽，按着生形式可分成单花芽和复花芽。在长花枝和中花枝上每节位均为复花芽，可着生芽 2 ～ 3 个，其中芽体瘦小的为叶芽，芽体稍肥大者为花芽；单花芽大部分着生于极短的花束枝上。美人梅花芽形成能力强，一年生枝除基部的叶腋中形成秕芽外其他节位的副芽均可形成花芽。健壮

的叶芽能抽生长花枝或中花枝。

美人梅的潜伏芽主要集中于枝条的年界处，当枝条受伤或重回缩修剪之后，这些潜伏芽当年可以萌发，抽生新花枝。

早熟性芽主要着生在长枝的顶部，在自然生长的情况下，长花枝的顶芽和其下 1 ～ 2 个侧芽具早熟性，当年即可抽生夏梢和秋梢。

美人梅的枝条可分为旺花枝、长花枝、中花枝 3 种。

旺花枝大部分着生于树冠外围，长度 60 ～ 80cm，旺树上可达 120cm 以上，一年中有 2 ～ 3 次生长；长花枝的长度 40 ～ 60cm，是健壮树开花的主要枝条，一年中有两次生长；中花枝的长度 20 ～ 40cm，是美人梅成龄树树冠内的主要枝条，着生花芽量多。

（*a*） （*b*） （*c*）

（*d*） （*e*）

图 9.27-1 美人梅的花枝和冠形

（*a*）长花枝，多数节位上为复花芽，靠近枝条中下部的芽常为单花芽，叶芽为隐芽；
（*b*）短花枝，多数节位上仅有花芽，叶芽为隐芽；（*c*）旺花枝，多数节位上为复芽，开花并抽枝；
（*d*）外围营养枝；（*e*）幼龄期的半圆形树冠

9.27.3 整形修剪

1. 树形

美人梅整形应以矮冠的自然开心形为主，根据不同的立地条件可选择三主枝和多主枝。

（1）三主枝自然开心形：这种树形有明显的主干，干高一般为 40 ～ 50cm，主干上着生 3 个主枝，每主枝上着生 2 ～ 3 个侧枝，侧枝距主干 40 ～ 50cm，成形后主枝基角约 60°、腰角 40°、梢角 30° 左右。这种树形的主要优点是树冠较开张，树形圆满，大枝间保持一定的距离，可以安排中、大型枝组，使树冠紧凑。缺点是对选留的主枝方向和主、侧枝之间的关系以及中心枝的控制利用都有较高的要求，注意不及时易造成树冠抱生。

（2）多主枝自然半圆形：这种树形是由三主枝自然开心形演变而来的一种树形。其优点是：整形容易，适于粗放管理，主干着生的枝条较多，一般为 6 ～ 7 个。缺点是：容易造成早期树冠郁闭，枝

条拥挤，开花部位外移。因而，定植后疏去明显的旺枝或弱枝，将生长适中的 6 ～ 7 个枝条全部留下进行中度短截，在以后的 1 ～ 2 年内随时控制剪口下枝条的生长势，按照“疏壮、疏旺、留中庸枝”的方法，仅留一枝做主枝头防止树冠的早期密挤。

2. 定植后修剪

美人梅在苗圃中多采用多主枝自然开心形定形，定植后修剪首先是正确疏枝。除主、侧枝外，其余枝条要全部疏除以减少营养消耗。

3. 树形确定后的修剪方法

定植后 2 ～ 3 年内美人梅营养生长最旺盛，短截枝条的剪口下容易萌生 3 ～ 5 个壮枝，修剪时枝头要轻截，竞争枝要彻底疏除，缓放枝选择要注意角度，直立枝不要放，尽量选择角度大、着生部位低、长势中等的枝条进行缓放。这样做可以稳定树形结构，使花芽数量明显增加，连续 2 ～ 3 年可将树势稳定下来。

4. 生长季节的修剪方法

美人梅夏季控制的方法以摘心和短截最为有效。一般生长旺盛的枝条长至 40cm 时摘心，促进腋芽饱满。进行 2 ～ 3 次夏季短剪后，当年便可以形成优质中花枝。

9.28 珍珠梅 *Sorbaria kirilowii*

9.28.1 生长特性

珍珠梅又称为华北珍珠梅，是虎耳草科珍珠梅属落叶丛生灌木，高可达 2m。枝干挺拔，成枝力、萌芽力和萌蘖力均较强，自然层次好，具有多花的特性，极耐重修剪。

9.28.2 枝芽特性

珍珠梅的芽为互生，可分为叶芽和隐芽（图 9.28-1）。叶芽为冬芽，鳞片红色、美观，且具早熟性。叶芽萌发后先抽生枝条，待新枝生长到 30 ～ 60cm 时，顶端的早熟性芽开始花芽分化，顶芽随分化随生长，没有明显的停顿期，其后顶端显现大型的圆锥花序。健壮的成龄树上有 80% 的一年生枝条可着生花序。

珍珠梅的隐芽量很大，集中在年界和根颈部位，外观上无明显的芽的形态，每年都有很大一部分自然萌发，并可以当年形成花芽，是珍珠梅开花的主要枝条之一。

（*a*） （*b*） （*c*）

图 9.28-1 珍珠梅叶芽和隐芽的着生[illegible]及萌发情况

（*a*）一年生枝的叶芽和与二年生枝交界处的隐芽萌发状况；（*b*）各种[illegible]生枝发芽整齐一致；（*c*）隐芽发芽整齐一致

珍珠梅树冠内枝条以长枝（60cm 以上）、中枝（40 ～ 60cm）和短枝（30 ～ 40cm）为主，一般情况下长枝均匀地分布在树冠外围，中枝和短枝分布于长枝的下方或多年生枝上。

9.28.3 整形修剪

1. 树形

珍珠梅冠体较小，枝条挺拔，常用的树形为自然开心形。这种树形可分为有主干和无主干两种形式，无主干的 3 ～ 4 个主枝由地面生出，均匀向四周生长；有主干的 3 ～ 4 个主枝着生在高度 20 ～ 30cm 的主干上，均匀向四周生长。

两种树形的每个主枝上配备侧枝 1 ～ 2 个，第一侧枝距主枝基部 30 ～ 40cm，在其对面选择第二侧枝，侧枝之间距离 35cm 左右。各级骨干枝上选留位置合适的一年生枝进行中短截以补充树体空间，这种树形内膛充实，树冠丰满。

珍珠梅较耐修剪，方法以短截为主，经过连年的修剪可以获得稳定的树冠结构（图 9.28–2（*a*））。但仅去除萌蘖并对树冠进行适当疏枝也可在短期内使树冠长势均衡，见图 9.28–2（*b*）。而在自然生长条件下，珍珠梅常因萌蘖的生长势过旺影响树冠的生长，使骨干枝不牢固，见图 9.28–2（*c*）。

（*a*）　　（*b*）　　（*c*）

图 9.28–2　珍珠梅修剪后的冠形和自然冠形

（*a*）经过连年修剪形成的自然开心形冠形；（*b*）去除萌蘖并对树冠进行粗略调整后的冠形；（*c*）自然冠形

2. 冬季修剪

珍珠梅栽植后枝条多冗长，整形中先剪除枯枝、弱枝，再将各级骨干枝头回缩到 2 ～ 3 年生处，利用年界处的隐芽带头，促发健壮的一年生枝。当枝头发生出均匀的几个枝条时，要"疏弱截强"，对其他枝要"疏旺截壮"。珍珠梅所有的枝条都不宜长放，每发现长放枝都要及时回缩到多年生部位。萌生的直立徒长枝，按树冠的空间大小决定去留。

由于珍珠梅主枝寿命短、易早衰，冬剪时要做到当年生枝条的修剪与主枝的更新兼顾，根据长势选留主枝预备枝（图 9.28–3（*a*））；选留好预备枝后，逐步将其培养成新的主枝，同时及时疏掉已衰老的主枝（图 9.28–3（*b*））。当整株出现衰亡时要对主枝进行重回缩更新，并注意培养主枝中下部萌生的新枝使树冠尽快恢复（图 9.28–3（*c*）、（*d*））。

3. 生长季修剪

生长季采取的修剪措施是抹芽、剪梢、疏枝，对象主要是直立的徒长枝和轮生隐芽萌生的簇生枝。抹芽从发芽后即可进行，剪梢在五月下旬，剪掉徒长性新枝全长的 1/3，分枝后还可以开花。对于花已凋谢的枝，在树体健壮的前提下对败花枝进行剪梢，剪口落在花序以下第 2 ～ 3 片成叶处，这样还可以使剪口芽萌发并开花。

（a） （b）

（c） （d）

图 9.28-3 珍珠梅更新修剪

（a）原树修剪的同时选留更新预备枝的情况；（b）疏除老龄枝的更新修剪；
（c）重回缩更新修剪效果；（d）树干局部利用隐芽进行更新的萌发情况

9.29 迎春 *Jasminum nudiflorum*

9.29.1 生长特性

迎春又称迎春花，是木犀科素馨属落叶灌木。迎春的枝条细长，呈直立或拱形下垂，树形丛状形。迎春的萌芽力、萌蘖力强，耐修剪。露地种植呈悬垂形生长，盆栽或有支附时可绑扎造型。

图 9.29-1 迎春的枝条和花

9.29.2　枝芽特性

迎春芽分为花芽、叶芽和萌蘖芽。花芽和叶芽均为侧芽，顶芽常不发育。

迎春花芽为纯花芽，着生在一年生枝条中部节位上，多数单生，少数复生，花落后形成空节（图 9.29–2（*a*））。叶芽着生在一年生枝条下部和基部节位上，单生，萌发后抽生新枝，着生在当年生枝条弯拱处的叶芽常表现具有早熟性，当年萌发形成刺状二次枝（图 9.29–2（*b*））。

迎春的隐芽和萌蘖芽数量很大，集中在年界处和根颈部位，每年都有一部分自然萌发，并可以当年形成花芽（图 9.29–2（*c*））。

迎春的枝条可分为骨架枝、多年生枝和一年生枝。骨架枝是构成树形的主要枝条，上面着生多年生枝，其上抽生各类一年生枝条。这些一年生枝条，因长势不同、位置不同有较明显的差别，其中长度 40 ～ 50cm 的枝条为长花枝，30 ～ 40cm 的枝条为中花枝，20 ～ 30cm 以下的为短花枝。小于 20cm 的枝条形成花量极少，瘦弱，呈刺状。长花枝和中花枝是迎春开花的主要枝条。

（*a*）　　（*b*）　　（*c*）

图 9.29–2　迎春叶芽、花芽的萌发形态和花枝类型

（*a*）健壮的一年生长花枝；（*b*）当年生枝上分生的一年生刺状中花枝；（*c*）由隐芽形成的花芽和叶芽

9.29.3　整形修剪

迎春无固定树形，丛生的可按多主枝丛状形进行整形，篱式的可将其按单丛进行区分后再按多主枝丛状形进行整形。

图 9.29–3　迎春的株型

迎春花芽绝大多数着生在一年生枝条上，只要每年获取足够数量的健壮的长花枝和中花枝即可保证观赏效果。因而，冬季修剪时在满足圆满树冠的原则下，首先将先端过长的外围枝回缩到所需高度，过厚的部位进行适当疏枝，减少空裸。然后对所有的一年生枝条进行合理安排，采用“换枝修剪”的方法

进行修剪，做法是：对留下开花用的枝条施行轻短截，去掉顶端不充实和花芽稀疏的枝段，与它邻近的另一个一年生枝条则采取留 2 ～ 3 个叶芽，行极重短截，令其抽生一年生长、中花枝，作为明年开花的预备枝，这样做相当于用今年的一个花枝换回了明年的 2 ～ 3 个花枝。如此往复，迎春会生长很好。为了美观，被截的枝条可隐蔽在花枝以下。

过旺的植株应减少换枝修剪的数量，可采用花后疏枝的方法。做法是在五月中旬对强枝进行摘心，其后在六月份短剪新梢。

9.30 连翘 *Forsythia suspensa*

9.30.1 生长特性

连翘又称为黄金条、黄花杆、黄寿丹，是木犀科连翘属落叶灌木，高可达 2.5m，丛生，枝条开展，常呈拱形下垂。连翘有花叶、紫枝、毛叶等变种。

9.30.2 枝芽特性

连翘的芽为对生，分为叶芽、花芽、隐芽和萌蘖芽。叶芽为主芽，花芽为副芽，在各节位上可同时着生叶芽、花芽和隐芽。生长健壮的枝条节位上的花芽常叠生在一起形成双花芽，如图 9.30–1（*a*）；生长势较弱的枝条节位上叠生芽为一个花芽和一个叶芽，如图 9.30–1（*b*）。在盲节或秋稍上形成的芽由于营养缺乏，常形成单叶芽，如图 9.30–1（*c*）；营养较充足时可形成单花芽，如图 9.30–1（*d*）。一年只有一次生长的营养枝营养积累充足，枝条充实健壮，其顶芽及以下各节可形成轮生花芽和叠生花芽，如图 9.30–1（*e*）。

（*a*） （*b*） （*c*） （*d*） （*e*）

图 9.30–1 连翘的花芽和花枝类型

（*a*）壮花枝上多数花芽叠生；（*b*）长势差的花枝上花芽多单生，叠生时一个为花芽一个为叶芽；（*c*）秋梢上单生、瘦弱为叶芽；（*d*）夏梢上单生、芽体饱满的为花芽；（*e*）顶花芽轮生，中间为叶芽连翘花芽形成量极大，加之芽的叠生形式，形成了独特的开花特点。花芽在枝条上的着生形态因枝类不同而各不相同，在修剪中应认真区别，注意选留。连翘各类枝条上花芽着生特点及开花形式参见图9.30–2。

(a)　(b)

(c)　(d)

图 9.30–2　连翘花芽的开花形态

(a)一年生极短花枝开花形态；(b)一年生旺枝上侧芽（多芽叠生）的开花形态；
(c)先花后叶的表现形式，叶芽萌动晚于花芽；(d)顶芽（多花芽轮生）的开花形态

生长健壮充实的一年生枝的顶芽具有早熟性，当年可发生夏梢和秋梢，着生于春梢、夏梢和秋梢枝段的花芽着生形式明显不同。

连翘的萌蘖芽存在于主干的中下部和根颈部位，每年都有相当一部分自然萌发，是更新的基础（图9.30–3（a）、（b））。

连翘树冠内枝条以长花枝（60cm 以上）和中花枝（40 ～ 60cm）为主，是连翘开花结实的主要枝条，其次是长度为 20 ～ 30cm 的短花枝和短营养枝。

健壮树上长花枝和中花枝分布在树冠外围，短枝分布于内膛多年生枝上。树势较弱时短花枝和短营养枝数量激增，隔年开花现象明显。

（*a*）

（*b*）

（*c*）

图 9.30–3 连翘的自然更新和圈枝整形

（*a*）骨干枝上自然更新枝条的发生情况；（*b*）根蘖枝条发生情况；（*c*）圈枝整形情况

9.30.3 整形修剪

1. 树形

连翘的冠体较小，枝条柔韧下垂，常用树形为自然丛状开心形。这种树形通常无主干，3 ～ 4 个主枝由地面生出，均匀向四周生长。每主枝上配备侧枝 1 ～ 2 个，第一侧枝距地面 30 ～ 40cm，在其对面选择第二侧枝，侧枝之间距离 40cm 左右。各级骨干枝上插空选留单轴枝组，空间大时可利用中、小型辅养枝补充空间，但要注意控制其生长势。

在庭院中为节约空间，常用圈枝的方法将连翘造型成球形或花篮形（图 9.30–3（*c*）），成形过程的修剪多采用冬季重短截和生长季连续摘心的方法来控制枝条生长势，维持冠形。

2. 幼树修剪

连翘常成丛栽植，难以分清主次。整形工作中要先确定各级骨干枝，其余的枝条可采用极重短截的方法，留 20cm 左右，截掉上部，促使其发生旺枝，作为第二年进一步定形的备用枝条。留下的各级骨干枝头要在二年生处回缩，利用剪口下的一年生枝带头，并对其打头，剪口留上芽，以减少下垂幅度。也可利用年界处的隐芽带头，以促发健壮的一年生枝。由于连翘萌芽力强，强修剪后易长出徒长枝，所以健旺的幼树修剪后要加强生长季节的修剪调整。

图 9.30–4 是连翘幼龄树发枝的几种常见情况，其中图（*a*）是生长健壮的一年生枝长放后发生的当年生枝的抽枝情况。这类枝除在生长季对其中生长过旺、过密的进行疏间外，对延伸过远的枝条还要适当回缩。图（*b*）是着生在骨干枝上的直立枝在冬季修剪时进行短截后的发枝情况，这类枝需要在生长季采用“去强留弱”的方法进行 1 ～ 2 次回缩修剪才能使枝条的长势稳定下来。图（*c*）是幼龄期萌蘖枝的发生情况，这类枝不要全部疏除，要有目的地培养成骨干枝并进行生长季摘心，为主枝更新和扩大树丛打基础。图（*d*）是幼树外围枝头当年生枝条的拥挤情况，需要在生长季节对其进行交替短剪或摘心，一方面防止枝头因枝量过大而下垂，另一方面可调整枝头延伸方向和角度。

3. 成龄树修剪

树冠成形后，如需要继续扩大树冠，可对主、侧枝头在弯拱处进行短截修剪，一般剪留枝条全长的 1/2。长花枝多进行中短截，疏除背上的壮枝；中花枝适度长放后回缩成枝组，使其形成较多的中、短花枝开花，以后每年对其施行交替回缩修剪，2 ～ 3 年后，再选基部或附近的健壮枝条进行更新。

4. 生长季修剪

连翘生长较快，易造成枝条过密，除冬季修剪要疏除过密枝外，在枝条迅速生长期的 5 ～ 6 月份，应将过旺的外围枝摘心或剪梢，一般剪去枝条总长的 1/4，同时疏掉徒长枝、交叉枝和萌蘖枝。

连翘的修剪反应见图 9.30–5。其中，图（*a*）是树冠内直立的二年生枝花后在年界处短截的修剪反应，可看到 3 ～ 5 个隐芽全部萌发，在第二次夏剪时还要对直立的当年生枝条本着“去强留弱、去直立留斜

(*a*) (*b*)

(*c*) (*d*)

图 9.30-4　连翘花后发枝和萌蘖枝萌发形态

生”的原则进行疏枝。图（*b*）是长放的一年生枝当年发枝后第一次采用生长季回缩的发枝效果，第二次生长季修剪时应回缩掉先端的两个对生壮枝以获得方向、角度都理想的主枝延长枝。图（*c*）是内膛光杆枝处理后的效果，先留上芽短截，然后再回缩掉直立枝和疏去或短截侧生的强枝，就可逐步演变成内膛枝组。图（*d*）是外围旺枝的摘心效果，从中再选择适宜枝作延长枝。

(*a*) (*b*)

图 9.30-5　连翘的修剪反应

（*a*）中短截后发枝情况；（*b*）外围枝轻短截后发枝情况

（c）　　（d）

图 9.30–5　连翘的修剪反应（续）

（c）内膛光杆枝重短截后发枝情况；（d）夏季摘心后发枝情况

9.31　棣棠 *Kerria japonica*

9.31.1　生长特性

棣棠又称为棣棠花、黄榆梅等，为蔷薇科棣棠属落叶灌木，高 1.5 ～ 2.5m。小枝绿色，略呈折曲状，枝干柔软，萌芽力和萌蘖力均较强，自然层次差，具有多花的特性。常见栽培变种是重瓣棣棠，花重瓣、金黄色，树冠圆球形。

9.31.2　枝芽特性

棣棠的芽为互生，可分为花芽、叶芽和隐芽。花芽着生在枝条侧方的叶腋中，有单生和与叶芽叠生的不同形式。花芽为混合芽，萌发后先抽枝展叶，然后显现出着生在新枝顶端的花朵。成龄树健壮枝条 2/3 的侧芽可形成混合芽，发育中等的枝条侧芽多发育成叶芽和少量混合芽，弱枝几乎不分化混合芽。棣棠的隐芽集中在年界和根颈部位，每年都有一部分自然萌发，使树冠逐年拥挤，应及时疏除。

树冠内枝条以 40 ～ 60cm 的长花枝和 40cm 以下的细枝为主，一般情况下长花枝均匀地分布在树冠外围，是棣棠开花结果的主要枝条。细枝分布于内膛或长花枝下方的多年生枝上，这些枝外观上细弱冗长，先端常焦枯，有时与长花枝交织在一起，表现杂乱无序。

棣棠的萌芽和开花状况见图 9.31–1。

（a）　　（b）　　（c）　　（d）

图 9.31–1　棣棠的萌芽和开花情况

（a）平茬修剪萌发更新的根蘖枝；（b）侧生枝萌芽；（c）、（d）重瓣和单瓣棣棠开花形态

(e)　(f)　(g)　(h)

图 9.31–1　棣棠的萌芽和开花情况（续）

(e)、(f) 水平生长枝条的萌芽开花；(g) 短截一年生枝，利用当年副梢开花；
(h) 长放一年生枝，利用春梢枝段开花（秋梢部分已越冬枯死）

9.31.3　整形修剪

1. 树形

棣棠冠体较小，枝条柔软下垂，常用树形为自然丛状形。这种树形无主干，8 ～ 10 个主枝由地面生出，均匀向四周生长。主枝上不配备侧枝，为使树冠丰满，可插空选留中型单轴枝组，空间大时可用辅养枝补充空间，但要注意控制其生长势。

2. 定形修剪

棣棠栽植后枝条多丛生、冗长、纤细，整形时可采用一次性平头修剪，一般剪掉枝条总长的 1/2 ～ 2/3。待树势恢复后，在萌发的新枝中选择适合的枝条作为主枝，其余的要疏除，按整形步骤进行修剪。

3. 生长季修剪

生长季修剪主要是疏枝，枝条上的细弱分枝采取“截一疏一”的方法，即弱的可以疏掉，壮的可以短截，逐步扭转细枝密布、通风透光差的状态。对有利用价值的旺枝或徒长枝可以采用捋枝的方法处理后给予保留。

4. 成龄树修剪

成龄棣棠最主要的问题是树形基础差，树冠郁闭，枝条杂乱，开花表面化。修剪的第一年要按整形原则进行调整，主要是疏除影响冠形的大型辅养枝、基部萌蘖枝和影响树冠平衡的大型徒长性骨干枝。主枝长势弱或主枝受损的，可选择一个生长强健的大型枝代替主枝。棣棠较耐修剪，所以调整树形要在一年完成。骨干枝以外的枝条重点是“疏弱留强”、“适度回缩”，在疏除细弱枝时要尽量彻底，以细弱的老枝、过密枝和残留花枝为主要对象。由于棣棠枝条髓心较大，重回缩时极易枯死，因此，回缩时要留好剪口下的“跟枝”，下垂枝利用上芽抬高角度。第二年进行全面的枝组调整，即对生长健壮的枝条进行回缩。“跟枝”过强时不宜采用重回缩的方法，可用疏枝法来弥补。

5. 更新修剪

棣棠萌蘖力强，当枝条过密，用一般整形方法无法调整时，可以考虑进行平茬更新，尤其是篱式栽培的情况下，隔 2 ～ 3 年可以重更新修剪一次。操作方法是在冬季修剪时，地面以上保留 20cm 进行平茬，上面覆盖肥土，可以促使第二年多发新枝、多开花。

图 9.31-2 棣棠的更新修剪

（*a*）经过梳理后的冠形；（*b*）经过疏枝后的冠形；

（*c*）经过外围短剪和细弱枝清理后的冠形；（*d*）～（*f*）经过调整后疏密关系较合理的冠形

9.32 天目琼花 *Viburnum sargentii*

9.32.1 生长特性

天目琼花又称为鸡树条荚迷、山竹子，为忍冬科荚迷属落叶灌木，高 1.5 ～ 2.5m。枝干挺拔，成枝力、萌芽力和萌蘖力均较强，自然层次好，具有多花的特性，秋叶和果实呈红色。

9.32.2 枝芽特性

天目琼花的芽为对生，可分为花芽、叶芽和隐芽。花芽为二叉分枝形式，着生于枝条顶端，成龄树多可形成混合芽。在生长健壮的一年生枝条上，除顶芽外其下 1 ～ 3 节对生侧芽也可形成混合芽，混合芽萌发后先抽枝展叶，然后显现出着生在顶端的聚伞花序。天目琼花的萌芽状况见图 9.32-1。

图 9.32-1 天目琼花的萌芽状况

（*a*）残留的花梗上没有混合芽，新的混合芽由当年生枝的副芽形成；

（*b*）健壮一年生营养枝侧芽节位的主芽和副芽形成的混合芽的萌发抽枝状况；（*c*）健壮一年生营养枝的轮生副芽的萌发抽枝状况

树冠内枝条以长花枝（30 ~ 50cm）和中花枝（20 ~ 30cm）为主，一般情况下长花枝均匀地分布在树冠外围，中花枝分布于长花枝的下方或多年生枝上，是天目琼花开花结果的主要枝条。

天目琼花的隐芽集中在年界和根颈部位，每年都有一部分自然萌发，要视情况给予利用，多余的应疏除。

9.32.3 整形修剪

1. 树形

天目琼花冠体较小，枝条挺拔，常用树形为自然丛状开心形。这种树形通常无主干，3 ~ 4 个主枝由地面生出，均匀向四周生长。每主枝上配备侧枝 2 ~ 3 个，第一侧枝距地面 30 ~ 40cm，在其对面选择第二侧枝，侧枝之间距离 35cm 左右。为使树冠丰满，主枝上可选留基角较大的背后侧枝，着生位置在两个侧枝之间。各级骨干枝上插空选留中型枝组，空间大时可培养辅养枝补充空间，但要注意控制其生长势，防止“喧宾夺主”。这种树形内膛充实，树冠丰满。

2. 幼旺树修剪

天目琼花栽植后枝条多冗长，整形工作中对各级骨干枝头要回缩到 2 ~ 3 年生处，剪口下的一年生枝组织不充实，因而不要以剪口下的一年生枝带头，可利用年界处的隐芽带头，以促发健壮的一年生枝。当枝头发生均匀的两个枝条时，要“疏一放一”。其他枝要本着“疏旺缓壮，适度回缩”的原则进行处理，对于对生的成串枝条要用“隔一疏一”的方法将其改造成合轴分枝的方式。由于天目琼花成枝率高，长放后枝势很快会出现衰弱，这时要及时回缩花枝，培养成枝组；萌生的徒长枝，按树冠的空间大小决定去留。这种修剪方法的注意点和修剪反应见图 9.32–2。其中作为枝头，在当年开花后仍要“疏一放一”，以保证枝头的生长优势（图 9.32–2（*a*））。树冠外围要继续“隔一疏一”以平衡枝条间的距离（图 9.32–2（*b*））。

（*a*）

（*b*）

（*c*）

图 9.32–2 生长旺盛的天目琼花的修剪反应
（*a*）旺盛的一年生枝采用长放的方法修剪后的开花状况；（*b*）生长旺盛密挤的树冠外围枝疏间后结实状况；（*c*）疏密有致的树冠结构

3. 生长季修剪

生长季修剪主要是疏芽，枝条上的对生芽采取“隔一抹一”的方法进行修剪，可以逐步扭转对生枝的交叉现象，有利通风透光。对有利用价值的旺枝或徒长枝可用拉枝或捋枝的方法处理后给予保留。

4. 改造修剪

绿地中整形基础差的树，第一年要按整形原则进行定形修剪，主要是疏除影响主干生长的大型辅养枝、萌蘖枝和影响树冠平衡的大型徒长性骨干枝，对主枝长势弱或主枝受损的，可选择一个生长强健的大型侧枝代替主枝。天目琼花很耐修剪，所以这次定形要一次性完成，不必采用分年进行的方法。对骨干枝以外的枝条重点是回缩并促使下垂枝抬高角度，第二年进行全面的枝组调整。

9.33 红瑞木 *Cornus alba*

红瑞木又称为红梗木，为山茱萸科梾木属落叶灌木。常见品种有：银边红瑞木，叶缘白色；花叶红瑞木，叶黄白色或有粉红色斑；金边红瑞木，叶缘黄色或有黄色斑点。

9.33.1 生长特性

红瑞木枝条直立丛生，高可达 1.5 ～ 2m，老枝呈暗红色，小枝鲜红色。红瑞木寿命较短，大部分 3 ～ 5 年生单株表现出生长衰弱、皮色暗淡、株内大枝枯死的现象。

9.33.2 枝芽特性

红瑞木的芽为对生，可分为花芽、叶芽和萌蘖芽。花芽为混合芽，着生在健壮的一年生枝条顶部，萌芽后先抽生枝叶，伞房花序着生于顶端。旺长枝条的顶芽和其下 1 ～ 2 个侧芽具有早熟性，可抽生二次枝。侧芽着生在一年生枝的侧方，营养条件好时顶芽以下 1 ～ 2 节的侧芽也可形成混合芽。萌蘖芽着生在根颈部，每年有一定量的萌发，可用以植株更新。

红瑞木树冠内枝条两极分化现象较为明显。外观上枝条以长度 50cm 的长枝为主，可占总枝量的 80% 以上，是构成树冠的主要枝条。15 ～ 20cm 的短枝，分布在一年生枝的顶部和多年生枝的中部，修剪中常通过短截和疏枝的方法将其去掉。

9.33.3 整形修剪

1. 树形

红瑞木灌体较小，常用丛状自然形进行整形，选留生长均匀的枝条 6 ～ 8 个作为主枝，每个主枝在 30cm 左右处短截，使其产生 2 ～ 3 个分枝，构成树冠。这种树形无明显的侧枝，当发枝过多且对树形有影响时可疏除拥挤枝。红瑞木耐修剪，中短截发枝均匀。在越冬产生冻伤时，一般可采用平茬修剪的方法，利用萌蘖芽恢复树冠。

2. 幼旺树修剪

红瑞木栽植后，在现有枝中选择生长均衡、年龄基本一致的枝条做主枝，堆栽的要当做一株看待进行选择。在之后的 1 ～ 2 年内采取中短截的修剪方法，即将主枝在多年生枝部位施行中度回缩，一般剪掉枝条总长度的 1/2，利用年界处的隐芽萌发新枝。当年即会形成圆满的树冠。

3. 更新修剪

年年更新是红瑞木修剪的主要特点。可在主枝或萌蘖枝的基部保留 1 ～ 2 个芽，其余全部剪去，促使第二年萌发新枝。生长旺盛时可以隔 1 ～ 2 年进行一次。

由于红瑞木常采用多个单株组合式栽植，修剪中首先要注意对原枝进行调整。图 9.33–1 给出了几个红瑞木在修剪中常见的情况，其中，图（*a*）是原灌丛不均衡的状况，修剪时可根据需要对不均衡的枝条施行回缩或疏除；图（*b*）是短花枝与营养枝并生的情况，通常的修剪方法是对花枝在花后疏间，为了节省营养还可以疏掉密挤的果穗；图（*c*）是花枝并生的情况，一般在冬季修剪时采用“疏一放一”或“疏一截一”的方法来调整枝条的密度；图（*d*）是调整后的红瑞木灌丛在生长季的生长情况，疏密合理、不拥挤、无偏冠现象。

(*a*) (*b*)

(*c*) (*d*)

图 9.33–1 红瑞木的分枝形式、花枝开花形态和冠形
(*a*)红瑞木的分枝形式；(*b*)短花枝与营养枝并生的形态；(*c*)花枝并生的形态；(*d*)调整后的冠形在生长期的生长状况

9.34 柽柳 *Tamarix chinensis*

9.34.1 生长特性

柽柳又称三春柳、红荆，为柽柳科柽柳属的小乔木或灌木，高达 7m。嫩枝绿色，纤细而下垂；老枝直立，红褐色或淡棕色。叶钻形或卵状披针形，长 1 ～ 3mm。总状花序集生于当年枝顶，花粉红色。

柽柳萌发力强，易成活，耐修剪，寿命长。喜光，稍耐阴，喜低湿，耐盐碱，耐干旱。叶和新枝形状新奇，花期长，常作庭园绿化树种，园林中常见的还有红柳（多枝柽柳）。园林中常用的柽柳属植物见图 9.34–1。

园林中对柽柳的应用有不同形式，见图 9.34–2。采用组团形式栽植，通常需要将柽柳按乔木的形式进行修剪（图 9.34–2（*a*））；采用绿墙形式栽植，常将柽柳 2 ～ 3 株栽植在一起，成为一个单株，然后以株间距 1 ～ 2m 栽植成一排，形成绿墙，此时需将柽柳按灌木的形式进行修剪（图 9.34–2（*b*））；采用绿篱形式栽植，常作为道路分车带或绿地中区域性分割的绿带，需要将柽柳按绿篱的修剪方法进行修剪（图 9.34–2（*c*））。因此，修剪中要特别注意在不同栽植形式下，由于对柽柳枝芽特性利用的侧重点不同，修剪方法亦有区别。

（a）　（b）

（c）　（d）

图 9.34-1　柽柳属常见的其他种
（a）刚毛柽柳；（b）细穗柽柳；（c）华北柽柳；（d）多花柽柳

图 9.34-2　柽柳的应用形式

9.34.2　枝芽特性

柽柳的芽为互生，可分为花芽、叶芽和萌蘖芽。

花芽有混合芽和早熟性芽两种，混合芽着生在健壮的一年生枝条顶部，春季萌芽后先抽生枝叶，复圆锥状花序着生于顶端；早熟性芽着生于当年枝上抽生的二次枝顶端，着生复圆锥状花序。侧芽常为叶芽，着生在一年生枝的侧方，营养条件好时顶芽以下 1 ～ 2 节的侧芽也可形成混合芽。

柽柳的萌蘖芽着生在根颈部和多年生枝条的年界处，每年都有较多数量的自然萌发，要及时疏除或用以植株更新。

柽柳树冠内枝条以长度40cm以上的长枝为主，占总枝量的80%以上，是构成树冠的主要枝条。15～20cm的短枝，分布在一年生枝的顶部和多年生枝的中部。修剪中常通过短截和疏枝的方法将其去掉。

9.34.3 整形修剪

1. 树形

柽柳冠体较直立，枝条柔韧，在组团栽植时选用的树形以延迟开心形为好。这种树形有主干，3～4个主枝着生在主干上，均匀向四周生长。每个主枝上配备侧枝1～2个，第一侧枝距主干30cm左右，在其对面选择第二侧枝，侧枝之间距离35cm左右。各级骨干枝上插空选留中型枝组，这种树形骨干枝较牢固，内膛较充实。

2. 幼树修剪

在按乔木进行修剪时，一般表现为多年生枝条直立，其他枝条多冗长下垂，整形工作中要选择健壮枝作为枝头，也可利用年界处的隐芽带头，以促发健壮的一年生枝。第二年在发出的枝条中择其优者采取“疏—截—放—”的方法保证枝头的生长优势，其他枝要本着“疏旺缓壮，适度回缩”的原则进行处理。由于柽柳成枝率高，长放后枝势衰弱很快，要及时回缩，培养成枝组。

柽柳树冠各部分萌芽成枝的特点见图9.34-3。其中，图（*a*）是健壮的一年生枝的发枝情况，在以组团和绿墙形式栽植时，修剪中要特别注意疏除该一年生枝下部密生的枝条，保证其不弯曲、不下垂。柽柳在作为绿篱形式栽植时，常要进行平头式修剪，这会导致剪口下枝条丛生（图9.34-3（*b*）），为了防止基部光秃，平头修剪要及时疏间直立枝。

柽柳不同部位的萌芽状况见图9.34-3（*c*）～（*f*）。其中，图（*c*）和（*f*）是连续抹芽后形成乔木型骨干枝的情况。图（*d*）和（*e*）是在绿墙和绿篱式栽培中利用新芽进行更新的情况。以上特点在枝条选留和修剪培养中要给予充分注意。

（*a*）（*b*）（*c*）（*d*）（*e*）（*f*）

图9.34-3 柽柳萌芽和发枝情况

（*a*）一年生枝发枝情况；（*b*）二年生枝短截发枝情况；（*c*）隐芽在多年生枝上的着生部位；（*d*）多年生枝条疏枝后隐芽萌发情况；（*e*）主干上隐芽萌发状况；（*f*）主枝上隐芽萌发状况

3. 生长季修剪

柽柳隐芽萌发力强，生长季修剪要及时疏芽，以利通风透光。对有利用价值的可用拉枝或捋枝的方法处理后给予保留。

9.35 蜡梅 *Chimonanthus praecox*

9.35.1 生长特性

蜡梅又称为黄梅、香梅，为蜡梅科蜡梅属落叶灌木，高达 4m。常见的栽培变种与品种有：素心蜡梅、磬口蜡梅。

蜡梅喜光，稍耐阴，不耐寒，多栽在背风向阳处。在黏土及碱地上生长不良。

9.35.2 枝芽特性

蜡梅的芽为对生，可分为花芽、叶芽和隐芽。

花芽为纯花芽，单生，健壮的一年生枝条顶芽和其下 3 ～ 6 对芽均可形成花芽。着生在健壮枝条花芽以下各节位的侧芽和着生在生长较弱的一年生枝条上的侧芽常为叶芽。

蜡梅的隐芽着生在多年生枝条的年界处，每年都有少量的自然萌发，可用以植株更新。

蜡梅树冠内枝条以长度 20 ～ 30cm 以上的花枝为主，占总枝量的 50% 以上，是构成树冠的主要枝条。20cm 的短枝分布在一年生枝的基部和多年生枝的中部，修剪中常通过短截方法将其改造为开花枝组。

图 9.35-1 蜡梅的花枝类型和开花状况

9.35.3 整形修剪

1. 树形

蜡梅常采用低干的开心形树形。干高 35cm 左右，主枝 3 个，每主枝上侧枝 1 ～ 2 个，其他枝条一般留下作为培养小型枝组的基础。各主枝处留斜向外生长的枝条作为枝头。

2. 修剪

冬季修剪，以逐步完成树形为主，保证各级骨干枝的生长优势，骨干枝头打头 1/3，用换头修剪的方法控制侧枝生长势，使其不强于主枝。疏除连续开花后过密和过弱的小枝组，留 2 ～ 3 对芽短截强枝，留 1 对芽短截弱枝，做到新老枝组的及时更新。生长季节及时采用抹芽和疏枝相结合的方法将无用枝去掉。对强旺的骨干枝、延长枝和内膛萌生的旺枝进行摘心或剪梢，减缓其长势；对弱枝则用背上枝代替原头，抬高角度、增强枝势。

9.36 枸杞 *Lycium chinense*

9.36.1 生长特性

枸杞，茄科枸杞属落叶灌木，树高可达 1.5 ～ 2m。萌蘖力强，树干弯曲，丛生多枝，枝条曲拱形下垂或拱形匍匐，多年生枝上有细刺着生。枸杞具有多花的特性，单花花萼绿色、花冠淡紫色，果实成熟时呈红色或橘红色，花果均很美观（图 9.36–1）。

（*a*）　　（*b*）　　（*c*）

图 9.36–1　枸杞的开花和结果情况

（*a*）当年生花枝；（*b*）一年生枝的短枝开花和结果并存状况；（*c*）当年生枝结果状况

9.36.2 枝芽特性

枸杞的芽为互生，可分为顶芽、侧芽和隐芽。顶芽位于枝条的顶端，常不能正常萌发。侧芽萌发伸长到 30cm 以上后，在新枝的叶腋中孕育花芽并开花结实。同一单株上的侧芽有陆续萌发的习性，因而表现为花期很长（5 ～ 10 月），花后约 1 个月果实成熟，常出现花果并存现象。发育健壮的当年新枝其侧芽偶可发生二次枝，并有二次果出现。隐芽着生于年界处、主干或主枝基部，可用于更新复壮。

枸杞的枝条柔软，发枝量多，常见的枝条形态见图 9.36–2。

（*a*）　　（*b*）　　（*c*）

图 9.36–2　枸杞的枝条形态

（*a*）一年生枝；（*b*）二年生枝；（*c*）自然分枝的多年生枝；

(*d*)　　(*e*)　　(*f*)

图 9.36-2　枸杞的枝条形态（续）

（*d*）修剪梳理后的外围多年生枝；（*e*）短截形成的多年生单轴枝组；（*f*）疏枝修剪后的多年生枝

9.36.3　整形修剪

1. 树形

枸杞冠体小，枝条下垂，常用树形为自然分层形，通常主干高 40 ～ 60cm，其上均匀着生主枝 3 ～ 4 个，在每个主枝上可直接配备枝组或大型辅养枝，不必刻意选留侧枝。为使树冠丰满，主枝上可选留基角小、直立的背上枝作为中心干，其上着生第二层主枝 2 ～ 3 个，两层之间的距离要在 40cm 以上。对影响树形的其他枝可进行重回缩或疏除。各主枝上可插空选留单轴的小型枝组，结果后剪去老枝进行更新。

2. 幼旺树修剪

枸杞栽植后，选择年龄基本一致的枝条做主枝，在之后的 1 ～ 2 年内采取在枝条弯拱处留上芽连续短截的修剪方法，以快速增加新枝，扩大树冠。同时对骨干枝以外的枝条采用轻短截或长放的方法，使其以单轴枝组的形式开花结果。同时注意在生长季节疏掉徒长枝、密生枝，减少养分消耗，促进果实发育。修剪时还要注意枸杞的栽植形式，通常在无支护时，要注意对支撑树体部分的枝条的修剪，用 2 ～ 3 年的时间培养一段牢固的主干以支撑树冠，如图 9.36-3（*a*）、（*c*）。在有支护的条件下可一次性将主干高度留足，此后的修剪则以培养树冠为主，如图 9.36-3（*b*）。

(*a*)　　(*b*)　　(*c*)

图 9.36-3　枸杞的栽植形式

（*a*）组团式栽植；（*b*）支护式群植；（*c*）孤植

3. 更新修剪

枸杞的成枝力较强，容易造成枝条杂乱，应注意培养着生有序的各类枝组，其中以单轴枝组在树冠内均匀分布为好。基本方法是单枝长放，结果后立即回缩，如此往复，这样处理后可使枝组稳定 2 ～ 3 年。

9.37 多花胡枝子 *Lespedeza floribunda*

9.37.1 生长特性

多花胡枝子为豆科科胡枝子属的小灌木，株高 0.5 ～ 3m。枝叶翠绿，花色娇艳，质地柔和，形态美观。枝条细长柔弱，分枝多，先端下垂，树形因枝条披垂而呈拱垂形生长，在强修剪情况下可形成直立强枝，构成直立型树冠。

在正常生长和越冬的情况下，多花胡枝子健壮的一年生枝无分枝，二次生长多分布在一年生枝的先端，可以清晰地看到侧生的主芽和副芽，如图 9.37–1（*a*）。树势较旺时，一年生枝会在形成的当年发生大量副梢，这些副梢组织不充实，越冬后自然干枯，如图 9.37–1（*b*）。

（*a*）　（*b*）

图 9.37–1　多花胡枝子芽和枝的类型

（*a*）在健壮的一年生枝条节位上可以着生两个副芽或一个主芽一个副芽；

（*b*）一年生枝条上的分枝枯死，有生命的芽着生在分枝基部，修剪时去掉干枯的分枝并对枝条进行疏枝

多花胡枝子的突出生长特征是着生在一年生枝条的小枝或着生在二年生枝上的一年生细长枝越冬后会全部干枯，个别年份或营养条件较差时，二年生以上的枝条也会出现类似情况，常误以为植株死亡。造成这种现象的原因很大程度上是由于胡枝子的开花习性，由于花序的着生部位绝大部分集中在枝条的中上部，枝条本身是花序的总轴，没有或极少具有叶芽的分化，叶芽只在枝条的基部着生。越冬后枯死应是一种正常的生命现象，其主要的表现形式见图 9.37–2，在修剪中需要仔细辨认，防止误剪、误砍。

（*a*）　（*b*）　（*c*）

图 9.37–2　多花胡枝子副梢越冬枯死的形态表现

（*a*）、（*b*）一年生枝条主芽是具早熟性的混合芽，当年开花，越冬后枯死，副芽第二年可萌发形成新枝；

（*c*）越冬后的树冠外观，常错认为冻死

9.37.2 枝芽特性

为便于描述和区别，将多花胡枝子主要体现出的芽分为主芽、副芽、潜伏芽、混合芽、早熟性芽，这些芽依据其着生部位和形成过程中的营养条件不同有各种各样的表现，修剪中要仔细区别。

主芽常分布在枝的近基部，萌发后可形成健壮的一年生枝条，并可连续形成腋生总状花序。副芽着生于主芽两侧或由主芽萌发的花枝两侧，萌发后可形成健壮的一年生枝条，中部至先端可连续形成腋生总状花序。潜伏芽多位于年界处，呈轮状着生，寿命短，稍受刺激便可以萌发成枝，是更新复壮的主要芽类。花芽为混合芽，具有早熟性。

多花胡枝子的萌芽率和成枝力均很强，自然状态下，一年生枝条上着生的芽有 80% 左右可以萌发，其中 60% 左右可以发育成长度 40cm 以上的花枝。树冠内的主要枝条是长花枝（120cm 以上）和中花枝（40 ～ 120cm），短枝极少，外观上看到的树冠几乎均由长枝构成。

9.37.3 整形修剪

1. 树形

多花胡枝子的树形在幼龄期（树龄 5 年之内）以丛状形为主，主枝 4 ～ 5 个为好，每主枝上选留侧枝 2 ～ 3 个，保持干高在 50cm 之内，及时疏除主干基部和根颈部的萌蘖枝，防止其干扰树形。

为了使骨架稳定，最终定形的主枝数以 2 ～ 3 个为好。在每年修剪时可重点培养其中 2 ～ 3 个长势均衡、方向适宜的分枝，少留花，适度重短剪以促使其发生壮枝，加速向外围的延展量；其余分枝则按辅养枝对待，以开花为主，发现其长势影响欲留主枝时可进行强疏枝。这样促控结合处理可为成龄后确定最终树形打好基础。

另外，要注意根据不同的栽植形式进行整形，胡枝子常见的栽植形式如图 9.37–3 所示。当孤植且附近有较高大的绿篱时，宜采用矮干式整形，形成球形树冠（图 9.37–3（*a*））。在房屋角隅栽植，附近有花坛或其他植物时采用高干式整形（图 9.37–3（*b*））。在绿地中与其他植物搭配栽植时，宜根据配置的协调性采用合理的群体树形（图 9.37–3（*c*））。

（*a*）（*b*）（*c*）

图 9.37–3 不同栽植条件下胡枝子的生长情况
（*a*）路旁的孤植形式；（*b*）房屋角隅的栽植形式；（*c*）绿地中栽植的形式

2. 修剪

多花胡枝子修剪的首要任务是疏除干枯枝，对于只有部分枝段干枯的枝条要分段剪截，不可盲目地一味疏枝。较好的方法是分为两次修剪，第一次将疏干枯枝与调整树形结合进行，其他的枝条一律不动；第二次在芽萌动期间至抽枝前进行，以便区别有用的芽和枝，其方法和效果见图 9.37–4。

(a)　(b)　(c)

图 9.37–4　多花胡枝子疏除干枯枝的方法及效果
(a) 一年生枝疏除越冬干枯枝后的隐芽萌发部位；(b)、(c) 二年生枝的回缩换头和疏枝修剪效果

3. 更新修剪

年年更新是胡枝子修剪的又一主要特点，由于隐芽萌枝量很大，枝条自我补充能力强，修剪时可以灵活地进行疏枝、换头等操作。尽管显得修剪量很大，剪后树冠光秃难看，但萌芽抽枝后很快便可以恢复。多花胡枝子更新修剪方法及效果见图 9.37–5。

(a)　(b)　(c)

图 9.37–5　多花胡枝子的更新修剪
(a) 多年生枝的更新复壮修剪；(b)、(c) 强疏枝可促进隐芽萌发，用于局部更新，总枝量不会减少

9.38　珍珠绣线菊 *Spiraea blumei*

9.38.1　生长特性

珍珠绣线菊又称喷雪花，蔷薇科绣线菊属落叶灌木，高 1.5m，呈丛状生长。树形自然开张，树态丰满；枝叶花繁茂，冠形圆满；叶片质地柔和；枝条纤细优美，开展自然，多数呈弧形弯曲，具有较高的观赏价值。

9.38.2　枝芽特性

珍珠绣线菊的芽为互生，可分为顶芽、侧芽、隐芽。顶芽着生在停止生长早的短枝顶部。侧芽着生在一年生枝的侧方，营养条件好时每一节的侧芽都可以形成花芽，称为腋花芽。花芽为纯花芽，萌发后苞片先展开，其形似叶但无叶柄，苞片内着生无总梗或有短梗的伞形花序。开花后形成空节，不能萌发新枝，只有无花的节位才可萌枝，但无明显的规律性，这是珍珠绣线菊花后出现一段枯荣交替时期的主要原因。隐芽着生在枝条的年界处，外观形态极小，萌发率极高，是珍珠绣线菊新、老花枝更替的主要枝条。此外在根颈部还着生有萌蘖芽，通常萌发量很少，只有当地上部严重衰退时才会大量萌发，可用以更新植株。

珍珠绣线菊树冠内枝条的两极分化现象较为明显。外观上枝条以长度为 80 ～ 150cm 的长花枝为主，

可占总枝量的 75% 以上，垂形着生，是构成树冠的主要枝条。15 ～ 20cm 的短枝多位于多年生枝的中下部，分布无规律，其顶芽在受刺激的情况下可抽生长枝，修剪中常用来补充树冠。一般情况下长枝位于树冠外围，短枝位于长枝的下方或多年生枝上。长枝顶芽具早熟性，表现为健壮的长枝一年内可有 2 ～ 3 次生长。珍珠绣线菊芽和枝条的几种常见形态见图 9.38-1，其中，(*b*) 中枝条可以采用短截修剪；(*c*)、(*e*)、(*f*) 宜采用疏枝修剪；(*d*) 宜采用回缩修剪。

(*a*) (*b*) (*c*)

(*d*) (*e*) (*f*)

图 9.38-1 珍珠绣线菊的花枝

(*a*) 单花芽内着生的短梗伞形花序；(*b*) 一年生长花枝；(*c*) 长花枝群；
(*d*) 二年生枝上的长花枝和短花枝（两极分化现象明显）；(*e*) 长花枝结果的形态；(*f*) 长花枝开花和隐芽萌发同步，可用于更新

9.38.3 整形修剪

1. 树形

珍珠绣线菊冠体小，常用树形为丛状自然形，通常主枝 8 ～ 10 个均匀着生，第一层距离地面 30cm 以上。在每个主枝上可直接配备枝组或大型辅养枝，不必刻意选留侧枝。幼龄期为使树冠丰满，主枝上可选留基角较大的背后大型枝组，对树形有影响时可将其重回缩或疏除。各级骨干枝上插空选留中小型枝组，并时时注意控制其生长。这种树形内膛充实，树冠丰满。珍珠绣线菊的冠形与开花形态见图 9.38-2。

(*a*) (*b*) (*c*)

图 9.38-2 珍珠绣线菊的冠形和开花形态

(*a*) 高干型修剪形成半圆形树冠；(*b*) 低干型修剪形成扁圆形树冠；(*c*) 平头式修剪形成球形树冠

2. 幼旺树修剪

珍珠绣线菊栽植后树势恢复较快，修剪中要在原有枝中选择生长均衡、年龄基本一致的枝条做主枝，堆栽的树要当做一株看待进行选择。在之后的 1 ～ 2 年内采取单干式的修剪方法，即将主枝上的一年生分枝全部剪掉，仅留下多年生枝，利用年界处的隐芽萌发新的花枝。萌芽后根据需要进行疏芽、定枝。这样当年即会形成圆满的树冠，第二年即会花开满树。

3. 夏季修剪

夏季修剪要按时间顺序有目的地进行。程序是疏芽、疏间密生的枝条、回缩延伸过远的下垂枝。同时注意对有利用价值的旺枝或徒长枝可用拉枝或捋枝的方法处理后给予保留。

4. 改造修剪

绿地中没有修剪基础的树一般枝条杂乱，树冠偏斜或偏冠，在改造的第一年要按整形原则进行树形改造修剪，主要是疏除影响主干生长的大型萌蘖枝。偏冠的树生长弱的一面要不留或少留花枝，旺的一面要适当疏除强枝、回缩中等枝，这样处理后 1 ～ 2 年可实现冠体平衡。

9.39 大叶醉鱼草 *Buddleja davidii*

9.39.1 生长特性

大叶醉鱼草为落叶灌木，高 2 ～ 5m，树皮茶褐色，小枝微有棱，被柔毛；植株生长旺盛，分枝较多，单枝年生长量多在 70 ～ 120cm；成花能力强，萌发的单枝 95% 以上可形成花芽开花。

在冬季干旱、冻水浇灌不足、立地条件差的地方或处在冬季风口处的植株会表现耐低温能力较差，越冬后一部分一年生枝条出现干梢和退枝现象，严重时二年生以上的枝条也会出现这种情况。

9.39.2 枝芽特性

醉鱼草的芽可分为冬芽、早熟性芽和隐芽。花芽为混合芽，具有早熟性。

冬芽着生在越冬一年生枝的叶腋间，第二年春季萌发，抽生长花枝。早熟性芽着生在当年生枝的叶腋间，当年分化当年萌发，多数也可以形成花芽开花（图 9.39–1（*a*））。隐芽多数着生于一、二年生枝条的交界处，这些芽寿命较短，受轻刺激或遇冻害退枝时即可萌发。着生在根颈部位的根蘖芽，在正常生长和受轻刺激的情况下均可萌发。

醉鱼草的成枝能力强，抽生的新枝绝大多数可形成长花枝（120cm 以上）、中花枝（60 ～ 120cm）

（*a*）

（*b*）

图 9.39–1 醉鱼草的枝和花
（*a*）早熟性芽形成的花序；
（*b*）由小聚伞花序集成的穗状圆锥花序

和短花枝（40 ～ 50cm）。植株健壮时，40cm 以下的短枝也可形成花芽，但花序较短。

醉鱼草的花色较丰富，有紫色、白色、粉色、黄色等；花序为穗状，是由小聚伞花序集成的穗状圆锥花序，着生于一年生枝的顶端，长 20 ～ 40cm（图 9.39–1（*b*））。

9.39.3 整形修剪

1. 树形

由于醉鱼草的一年生花枝多且长，一般以主干疏层形和开心形为基本骨架进行整形修剪（图 9.39–2（*a*）、（*b*）），以利于花枝的分布和着生。由于株型较小，具体的整形尺寸可根据不同栽培条件和长势来确定。

（*a*） （*b*）

（*c*） （*d*）

图 9.39–2 醉鱼草的树形和冻害修剪

（*a*）开心形树冠枝条分部空间较大；（*b*）以主干疏层形修剪的树冠；（*c*）、（*d*）受冻害后的几种剪留形式

2. 修剪

醉鱼草的成枝力强，过多的留芽会导致树形紊乱和萌生较多无效短枝，消耗营养并使枝类比例失调。因而，对一年生枝条进行普遍的中短截（剪掉枝条总长度的 1/2）并疏除弱枝，同时选择可以培养为骨架的枝条进行重短截（剪掉枝条总长度的 2/3）。重短截的对象是将来欲培养为骨干枝的一年生枝，以促

使其萌生壮枝，此后结合夏季摘心促其增粗、健壮。

3. 更新修剪

醉鱼草较难形成长期稳定的枝组，因此，年年更新是修剪的主要方法。一般情况下对上一年短剪1/2的枝条要采用回缩的方法，其余的枝条的再行1/2短剪，同时疏掉弱枝和干枯枝；或对上述枝条采用去弱留强的方法进行疏枝修剪，留下的仍剪留1/2。连续2～3年后就要重回缩或利用下部隐芽萌发的枝条进行更新。

受冻害的单株，在年界处下剪，促使隐芽萌发，恢复树冠，也可对多年生枝进行重回缩，利用萌蘖芽进行树冠更新，如图9.39–2，其中（*c*）采用萌蘖枝进行更新，（*d*）采用骨干枝上的隐芽萌生枝进行更新。

9.40　毛樱桃 *Prunus tomentosa*

9.40.1　生长特性

毛樱桃又名山樱桃，蔷薇科李属（樱属）的落叶灌木，树高1.8～2.5m。毛樱桃果实小，成熟早。自然生长下的毛樱桃枝条多呈直立型生长，开张角度小，萌芽力极强，成枝力差。二年生以上枝条芽萌动率可达85%以上，着生于顶部的1～3个芽可萌生长枝，剩余的绝大部分萌发形成极短的花束枝。这类极短的花束枝花芽着生量大，平均单枝花芽着生数为5～10个，是毛樱桃开花的主要枝条。

9.40.2　枝芽特性

1. 芽的类型和特性

毛樱桃树冠内的芽可分为花芽、叶芽和潜伏芽3种。

花芽为纯花芽，按着生形式可分成单花芽和复花芽，在长花枝和中花枝上每节位均为复花芽，可着生芽2～3个，其中较瘦小的为叶芽，较肥大者为花芽，花芽开花后脱落，节上留下花梗痕；单花芽绝大部分着生于极短枝上，落花后形成空节。毛樱桃花芽形成能力强，几乎每一叶腋的副芽均可成花。

叶芽位于每节的叶腋中，芽体瘦小，能抽生长花枝或中花枝。

潜伏芽主要集中于枝条的年界处，当枝条受伤或重回缩修剪之后，这些潜伏芽当年可以萌发，抽生新枝。

2. 枝的类型和特性

毛樱桃的枝条分为：长花枝（长度60cm以上）、中花枝（长度40～60cm）、短花枝（长度20～40cm）和极短花枝（长度0.5～1cm）4种（图9.40–1）。

生长旺盛的幼龄树以长花枝和中花枝为主。生长势力缓和的成龄树以短花枝和极短花枝为主。极短花枝是毛樱桃树冠内的主要枝条，其上着生叶芽与花芽。花芽以轮生形式着生于短枝上，短枝顶芽为叶芽，夏季形成叶丛状的莲座叶片。花芽在叶腋中形成，受刺激或进行回缩修剪时极短花枝可萌生长花枝或中花枝。

毛樱桃的成花量大，坐果率也很高，通常可以达到全部花量的60%左右。其开花和坐果形态见图9.40–2。

(*a*) (*b*)

(*c*) (*d*)

图 9.40-1 毛樱桃的花枝类型

(*a*) 旺花枝具有春梢、夏梢和秋梢；(*b*) 中花枝群；(*c*) 长花枝；(*d*) 短花枝和极短花枝

图 9.40-2 毛樱桃的花和果

(*a*) 长花枝开花状况；(*b*) 短花枝和极短花枝开花状况；(*c*) 短花枝结果状况；(*d*)、(*e*) 长花枝结果状况；(*f*) 极短花枝结果状况

9.40.3 整形修剪

1. 树形

毛樱桃的树形以自然开心形为好，干高 50 ～ 60cm，其上以临近形式选择三大主枝，主枝间夹角 120°，主枝上着生侧枝 2 ～ 3 个，第一侧距主干 50 ～ 60cm，第二侧枝与第三侧枝相距 40 ～ 50cm，其他位置安排各类枝组。这种树形的树冠圆满，主、侧枝层次明确，枝条着生量大，在每一个主、侧枝上可以安排大型的开花枝组，开花结果多，各类枝条分布均匀，树体内光照条件良好，基部光秃带较小。如图 9.40–3（*a*）、（*b*）。

绿地中进行组团栽植时也可采用挺身式开心形树形。这种树形主枝常以轮生形式着生于主干上，主枝基角小、直立，占据空间小，如图 9.40–3（*c*）。

（*a*）（*b*）（*c*）

图 9.40–3 毛樱桃的冠形和骨干枝结构

（*a*）自然开心形冠形和主枝；（*b*）自然开心形树形的外围枝；（*c*）挺身式开心形的主干和主枝

2. 定植后修剪

4 ～ 5 年生左右的毛樱桃，常表现枝多形乱，定植后除主、侧枝外其余多年生枝要适当疏除，以减少营养消耗。留下的枝条在第二年修剪时将其回缩，转化为枝组。采用这样的方法修剪后，毛樱桃可顺利通过树体恢复阶段。

3. 树形确定后的修剪方法

定植 3 ～ 5 年内是毛樱桃营养生长最旺盛的时期，短截枝条的剪口下容易萌生 2 ～ 3 个壮枝，控制这类枝条的长势主要采用疏、缩、截相结合的方法。原则上枝头截要轻，竞争枝疏要彻底，缓放枝选择要得当。尽量选择角度大、着生部位低、长势中等的枝条进行缓放。这样可以稳定树形结构、使花芽数量明显增加，连续做 2 ～ 3 年可将树势稳定下来。

9.41 金枝白蜡 *Fraxinus* sp.

9.41.1 生长特性

金枝白蜡是从欧洲引进的木樨科白蜡属落叶乔木。树皮和枝条均为金黄色，在冬季尤为明显；树干直立，树形优美，枝叶繁茂，生长较快。树冠呈圆形或倒卵形，落叶后枝条呈金黄色。绿地中常见的是以低干嫁接的单株，用以组团，是很好的彩色观枝、观叶树种。

9.41.2 枝芽特性

金枝白蜡为雌雄异株或同株，园林中应用的多为以雄株为接穗的嫁接苗，也偶见雌雄同株的单株。

形态上金枝白蜡的芽为对生，芽的主要形态有主芽、副芽、裸花芽、叶芽、潜伏芽。枝条顶芽为叶芽，生长旺盛的枝条顶芽周围的副芽形态明显，春梢上的侧芽多为雄花芽（裸花芽）。

树冠内枝条以长枝（60 ～ 80cm）和短枝（20 ～ 30cm）为主，长枝多位于树冠外围。健壮单枝很少着生花芽，在顶端可抽生长枝 2 ～ 3 个，抽生的短枝位于长枝下方，长势均衡、排列整齐。长枝顶芽具早熟性，健壮的长枝一年内可有两次生长。

金枝白蜡的枝、芽着生情况见图 9.41–1。

（*a*）（*b*）（*c*）

图 9.41–1 金枝白蜡枝条和花芽的着生形式

（*a*）一年生枝条上当年生枝的着生形式；（*b*）一年生枝条的侧芽和顶部的轮生芽可分化雄花芽；（*c*）金枝白蜡雌雄同株的单株上雌花和雄花的着生状况

9.41.3 整形修剪

1. 树形

金枝白蜡的树形以自然开心形为好，干高 30 ～ 40cm，其上以临近形式选择三大主枝，主枝上着生侧枝 2 ～ 3 个，这种树形树冠圆满，主、侧枝层次明确，枝条着生量大，各类枝条分布均匀，光照条件良好，基部光秃带较小。

2. 定植后修剪

4 ～ 5 年生左右的金枝白蜡，常表现枝条较多，定植后除主、侧枝外其余多年生枝要适当回缩，转化为枝组。采用这样的方法修剪后，金枝白蜡可顺利通过树体恢复阶段。

3. 树形确定后的修剪方法

定植 3 ～ 5 年内是金枝白蜡营养生长最旺盛的时期，短截枝条的剪口下容易萌生 2 ～ 3 个壮枝，控制这类枝条的主长势要采用疏、缩、截相结合的方法。原则上枝头截要轻，竞争枝疏要彻底，缓放枝选择要得当。尽量选择角度大、着生部位低、长势中等的枝条进行缓放。这样可以稳定树形结构，使花芽数量明显增加，连续做 2 ～ 3 年可将树势稳定下来。

（*a*）（*b*）（*c*）

图 9.41–2 金枝白蜡的修剪、树体结构和冠形

（*a*）回缩修剪利用分枝开张角度；（*b*）去强留弱，将内膛直立枝改造为辅养枝；（*c*）外围枝开角后的枝条分布状况

（*d*） （*e*） （*f*）

图 9.41-2 金枝白蜡的修剪、树体结构和冠形（续）
（*d*）嫁接口的愈合情况；（*e*）球形树冠的骨干枝结构；（*f*）直立型树冠的骨干枝结构

9.42 紫穗槐 *Amorpha fruticosa*

9.42.1 生长特性

紫穗槐是豆科紫穗槐属的丛生落叶灌木。高 1 ～ 4m，枝条丛生、直伸，枝叶繁密。强壮的株丛可萌生 15 ～ 30 个萌条，花期很长，适应性很强，耐寒，耐瘠薄，耐盐碱，有一定的耐涝能力。紫穗槐具根瘤菌，能改良土壤。侧根发达，萌芽力强。

9.42.2 枝芽特性

紫穗槐枝叶繁密，以 100cm 以上的长枝为主，芽可分为混合芽、早熟性芽和隐芽。花芽为混合芽，具有早熟性，萌发后抽生顶生的圆锥状总状花序。

混合芽着生在越冬一年生枝上，顶芽和侧芽均能形成混合芽。混合芽在上一年形成，第二年春季萌发，抽生花序。早熟性芽着生在当年生枝的叶腋间，当年分化当年萌发，少数可以形成花芽开花。

紫穗槐侧芽很小，常两个叠生。隐芽多数着生于一、二年生枝条的交界处和根颈区域，这些芽寿命较短，受轻刺激即可萌发。

紫穗槐的成枝能力强，抽生的 120cm 以上的新枝绝大多数可形成长花枝，树冠内 40 ～ 50cm 枝条成花能力较差。植株健壮时，40cm 左右的中型枝可形成花芽，但花序较短。

紫穗槐芽和枝的着生状况和外部形态见图 9.42-1。修剪中应区别对待类型不同的枝和芽，通常要注意对外围枝春梢的利用，采用短截的方法保证枝头的生长优势，如图 9.42-1（*d*）、（*f*）。而对于生长较密挤的则应注意疏间以减少外围枝的着生长密度，如图 9.42-1（*c*）、（*e*）。

（*a*） （*b*） （*c*）

图 9.42-1 紫穗槐的枝芽和树冠的外围枝
（*a*）、（*b*）叠生芽的着生位置和萌发形态；（*c*）一年生枝的秋季早熟性芽萌发抽生的尾枝

(*d*) (*e*) (*f*)

图 9.42-1 紫穗槐的枝芽和树冠的外围枝（续）

(*d*) 一年生枝条的春梢；(*e*) 树冠的外围连续长放三年的多年生枝和枝组；(*f*) 一年生枝条的秋梢（尾枝）

9.42.3 整形修剪

1. 树形

由于紫穗槐的一年生枝多且长，一般以丛状形进行整形修剪，具体的整形尺寸可根据不同栽植形式和体量来确定。

2. 修剪

紫穗槐的成枝力强，在需要保留一定的冠体的修剪中，可采用普遍截掉秋梢的方法，结合疏除弱枝，进行平头式或球面式修剪。在需要培养一定冠形的修剪中，可采用重疏枝的方法，同时选择可以培养为骨架的枝条进行重短截（剪掉枝条总长度的 2/3）。重短截的对象是将来欲培养为骨干枝的一年生枝，以促使其萌生壮枝。

3. 成龄树修剪

紫穗槐多为丛生形，成龄后骨干枝常不稳定，修剪中可以用骨干枝和辅养枝来区别树冠内的大型枝条的属性，一般情况下用来延展树冠的可定为骨干枝，用来补充树冠空间的可定为辅养枝。对辅养枝的修剪要时常注意上一年短剪过的枝条第二年一定要采用回缩的方法，防止骨干枝和辅养枝混淆不清，树冠紊乱。另外，由于紫穗槐的花序都着生于枝条顶端（图 9.42-2（*a*）），秋季时顶部的残留花序和果穗会影响美观，修剪中可结合短截疏除果穗。

(*a*) (*b*) (*c*)

图 9.42-2 紫穗槐的开花习性和树体结构

(*a*) 旺盛的一年生枝其顶部芽和侧芽当年抽生新枝和花序情况；(*b*) 丛生枝的着生情况；(*c*) 较清楚的骨干枝形成的群体冠形

第 10 章　园林中常见藤蔓植物的整形修剪

10.1　紫藤 *Wisteria sinensis*

10.1.1　生长特性

紫藤又称为藤萝、葛藤，是豆科紫藤属大型落叶木质藤本植物，萌芽力和成枝力强，耐修剪且长势强旺，一年生藤蔓延伸长度可达 15 ～ 20m。

紫藤一年生枝条有自枯现象，常出现在长一年生蔓的先端部分，表现为越冬后一年生枝条顶部干枯。

紫藤花蓝紫色至淡紫色，密集而醒目，观赏价值高。

10.1.2　枝芽特性

1. 芽的类型及特性

紫藤的芽为互生，芽的主要形态有腋芽和隐芽。

紫藤腋芽中有的可以分化为花芽有的分化成叶芽。叶芽可以抽生主蔓和侧蔓，花芽为纯花芽，可以抽生下垂的总状花序。

通常紫藤一年生蔓的第 6 ～ 12 节叶腋间的腋芽可形成花芽，第二年开花并结荚。健壮的一年生短蔓的顶部也可形成花芽。进入开花期的植株，基部老蔓上的隐芽可以萌发并抽生徒长蔓，常用于植株的更新复壮。

2. 蔓的类型及特性

紫藤可分为主蔓（主干）、侧蔓、花蔓、开花母蔓和发育蔓等。

从基部抽生的强壮发育蔓称为主蔓（主干）；从主蔓上分生的蔓称为侧蔓；能够开花的一年生蔓称为花蔓；着生花蔓的称为开花母蔓；由母蔓上抽生的不开花的蔓称为发育蔓，其上的每个叶腋间都有芽，是第二年的理想结果母蔓。以上各种蔓的形态特点见图 10.1–1。

（*a*）　（*b*）　（*c*）

图 10.1–1　紫藤的枝

（*a*）多年生外围长蔓无花芽着生，为营养蔓；（*b*）一年生长蔓（长花枝）；（*c*）多年生外围枝的枝条着生状况

（*d*）　（*e*）　（*f*）

图 10.1–1　紫藤的枝（续）

（*d*）一年生短蔓（短花枝）和花序着生状况；（*e*）一年生长蔓开花状况；（*f*）结实状况

10.1.3　整形修剪

1. 树形

紫藤树形按栽植形式分有棚架式、攀缘架式和独立式等（图 10.1–2）。

（*a*）　（*b*）　（*c*）

（*d*）　（*e*）　（*f*）

图 10.1–2　紫藤的栽植方式

（*a*）拱形门式栽植；（*b*）依附式栽植；（*c*）花架式栽植；（*d*）棚架式栽植；（*e*）独立式栽植；（*f*）匍匐式栽植

2. 定形修剪

选留健壮枝蔓作主蔓，剪去先端不成熟部分。剪口附近若有侧蔓，可适当疏掉 1 ～ 2 个。主蔓要求高度以下的枝蔓全部疏除，余下的侧蔓，留 2 ～ 3 芽短剪。通常这样处理后当年可以发生十余个新枝，冬剪时，按架面的形状对新枝进行均匀绑缚，并对新枝留壮芽进行短截，第二年即可发出强健侧蔓和开花母蔓。此后每年的修剪管理中均应以这一树形为基础，有层次地将各级枝条均匀扩展，保证架面舒展、枝蔓间长势均衡，并及时剪去枯枝、病虫枝、互相缠绕的重叠枝。对过密的短开花母蔓和发育蔓，适当疏除或留 1 ～ 2 个芽短截。其修剪方法见图 10.1–3。

（a）

（b）

（c）

图 10.1-3　紫藤的修剪方法
（a）外围长放后的二年生枝采取疏除顶部弱枝、长放一年生壮枝的修剪方法（扣头甩放）；
（b）疏除密挤枝，回缩延伸过远的水平枝；（c）外围转弱的多年生枝的更新修剪，疏枝和重回缩修剪并用

3. 更新修剪

自然生长的紫藤常表现枝蔓叠生、交互缠绕、架面或独立单株蔓层厚薄不均。冬季修剪时，在架面上选留 4 ～ 6 个生长健壮的侧蔓进行回缩，对留下的开花母蔓和发育蔓进行仔细疏间和整理，留出其生长的位置，避免发生新蔓后拥挤。第二年冬季修剪时再按定植后整形修剪的要求按步骤进行调整。

10.2　金银花 *Lonicera japonica*

10.2.1　生长特性

金银花又称忍冬，是忍冬科忍冬属的缠绕藤本植物，茎长 8 ～ 9m，萌芽成枝力强，生长迅速，茎缠绕攀援。金银花的花朵形态和花色变化见图 10.2-1。

图 10.2-1　金银花的花朵形态和花色变化

10.2.2　枝芽特性

1. 芽的类型及特性

金银花的芽为对生，芽的主要形态有花芽、叶芽和隐芽。

金银花的花芽为混合芽，可以抽生一年生蔓并开花，花着生于一年生蔓中上部的叶腋中，开花后形成空节。顶部和枝条基部的叶腋中的芽常分化为叶芽。

隐芽着生在枝条年界处，也可以分化为混合芽，当年抽生徒长蔓或花蔓，是金银花当年花蔓的主要来源之一。

2. 蔓的类型及特性

金银花可分为主蔓（主干）、侧蔓、花蔓和发育蔓等。

从基部抽生的强壮发育蔓称为主蔓（主干）；从主蔓上分生的蔓称为侧蔓；能够开花的一年生蔓称为花蔓；不开花的蔓称为发育蔓，发育蔓叶腋间的芽可以分化为混合芽，是第二年的开花母蔓。

10.2.3 整形修剪

1. 树形

金银花树形有灌木式和攀援式，见图 10.2–2。

（*a*）　　（*b*）　　（*c*）

图 10.2–2 金银花的生长形式

（*a*）依附式生长；（*b*）篱架式生长；（*c*）攀援式生长

2. 修剪

以灌木形式整形时，需培养一段直立的主干，主干已达到需要高度的，要及时修剪掉基部和主干上的萌蘖枝，以保证侧蔓健壮、支撑力强。侧蔓上的其他枝条，可保持其自然披散下垂。

作攀援式整形时，需将枝蔓牵引至架上，每年对侧枝进行短截，剪除互相缠绕枝条，让其均匀分布在篱架上（图 10.2–3（*a*）、（*b*））。

金银花在栽植 3 ～ 4 年后枝条易密挤，修剪时适当疏去老的枝蔓和密挤的一年生花蔓，以利于基部隐芽萌发。冬季修剪时，疏剪过密枝、过长枝和衰老枝，将枯枝、纤细枝、交叉枝等从基部疏除（图 10.2–3（*c*）、（*d*））。

金银花一般一年可开两次花。当第一批花凋谢之后，对新枝梢进行适当摘心，促进侧芽分化混合芽，为二次开花做准备。

（*a*）　　（*b*）

图 10.2–3 金银花的修剪方法

（*a*）一年生蔓短截修剪的发枝情况及藤蔓中部隐芽萌发；（*b*）多年生枝短截后的发枝情况

（c）　　　　（d）

图 10.2-3　金银花的修剪方法（续）

（c）着生在多年生老蔓上的枝条进行全面短截情况；（d）基部老蔓发生的更新枝

10.3　五叶地锦 *Parthenocissus quinquefolia*

10.3.1　生长特性

五叶地锦是葡萄科爬山虎属的落叶大藤本。同属常见栽培的有三叶地锦。

10.3.2　枝芽特性

五叶地锦枝条粗壮，暗褐色，具分枝卷须，卷须顶端有吸盘。

图 10.3-1　五叶地锦的新枝攀附过程

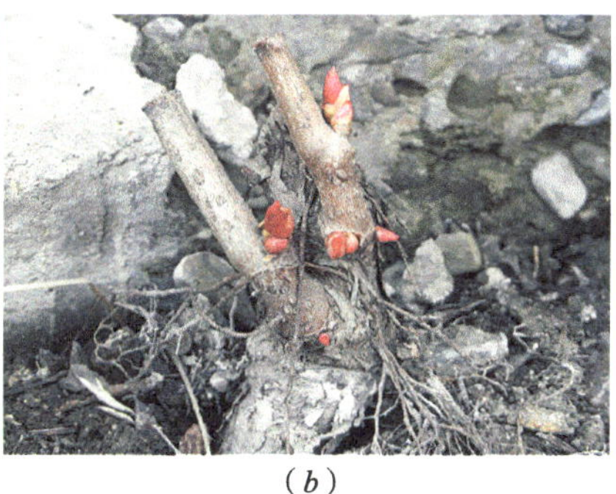

（*a*）　（*b*）　（*c*）

图 10.3-2　五叶地锦的枝、芽、花

（*a*）一年生枝条叶腋内分化的主芽和副芽的萌发状况；（*b*）老枝更新修剪隐芽萌发状况；（*c*）花序的着生状况

10.3.3　整形修剪

五叶地锦靠吸盘附着墙面（图 10.3-3）。栽种时，要对干枝进行重修剪或短截，成活后将藤蔓引到墙面，及时剪掉过密枝、干枯枝和病虫枝，使其均匀分布。也可在墙面上设计图案，剪去图案以外的枝叶，即可创造出较理想的、有生命的图案画面。

（*a*）　（*b*）　（*c*）

图 10.3-3　五叶地锦的应用形式

（*a*）吸附式；（*b*）篱壁式；（*c*）匍匐式

10.4　凌霄 *Campsis grandiflora*

10.4.1　生长特性

凌霄花又称为紫葳，是紫葳科凌霄属落叶木质大藤本。茎长 10 ～ 15m，茎节具气生根，并以此攀缘。凌霄的发枝力和萌蘖性强，耐修剪。

10.4.2　枝芽特性

1. 芽的类型及特性

凌霄花的芽为互生，芽的主要形态有腋芽和隐芽。

凌霄花的腋芽可以抽生主蔓和侧蔓，也可以分化为花芽。花芽为早熟性芽，由一年生蔓的顶端分生组织当年分化而来，并于当年开花。由健壮植株老蔓上的隐芽萌发抽生的一年生蔓，当年也可进行花芽分化并开花。凌霄长花枝开花习性见图 10.4-1。

（*a*）　　（*b*）　　（*c*）

图 10.4–1　凌霄长枝开花习性表现

（*a*）外围的长花枝和营养枝着生情况；（*b*）顶部的长花枝和营养枝着生情况；（*c*）整株的开花形态

2. 蔓的类型及特性

凌霄花可分为主蔓（主干）、侧蔓、花蔓和发育蔓等。

从基部抽生的强壮发育蔓称为主蔓（主干）；从主蔓上分生的蔓称为侧蔓；能够开花的一年生蔓称为花蔓；不开花的蔓称为发育蔓，发育蔓上每个叶腋间都有分化完全的腋芽，可以越冬，是第二年生长、开花的主要枝蔓。

3. 蔓的攀援特性

凌霄靠枝蔓茎节上发生的气生根进行攀援，一年生蔓和多年生蔓上气生根发生情况有所不同，见图 10.4–2。修剪中对气生根已枯死的老蔓应进行有选择的更新修剪。

（*a*）　　（*b*）

（*c*）　　（*d*）

图 10.4–2　凌霄茎的攀援状况

（*a*）一年生枝条气生根发生状况；（*b*）一年生枝条发育成熟后气生根着生状况；（*c*）多年生枝上老龄气生根形态；（*d*）主干上枯死的气生根形态

10.4.3 整形修剪

定植后首先适当剪去顶部不充实部分，疏剪密挤的侧蔓，留下 2 ～ 3 个侧蔓并进行牵引使其附着在攀援物上，这样经过一年生长就会形成较完整的骨架。第二年新枝萌发前进行修剪，保留与走向一致的一年生蔓，剪去方向不一致、分布零乱的一年生蔓，或将这些一年生蔓经过牵引、绑扎等方法转至需要处。在一年生蔓的壮芽上方处进行短截，可以在当年获得较多的花蔓。留枝时，枝间要保留有一定距离，使新枝不重叠，这样可形成主次分明、均匀分布的枝蔓结构。

凌霄生长势很旺，分枝量大，春季萌芽前最好进行一次梳理性修剪，清理主、侧蔓上的萌蘖枝，剪除过密枝，增加冠体的通透性。此外，在萌芽后对节位上同时萌发的主芽和副芽要选择其中生长势好的留下继续生长，生长势较弱的要及时抹掉，避免形成并生的枝蔓，造成拥挤，见图 10.4–3（*c*）。当枝蔓长到允许长度后对其中旺盛的一年生蔓进行摘心，促生分枝和增加花量。

（*a*）　　（*b*）　　（*c*）

图 10.4–3　凌霄的修剪

（*a*）短截修剪后更新芽萌发状况；（*b*）多年生蔓上的轮生芽萌发状况；（*c*）多数节位上的主芽和副芽可同时萌发

10.5　蔷薇 *Rosa multiflora*

10.5.1 生长特性

蔷薇又称为野蔷薇、多花蔷薇、蔓性蔷薇，是蔷薇科蔷薇属落叶蔓性小灌木。干枝蔓生，茎细长，多皮刺，株高 1 ～ 2m。常见栽培的变种有：① 多花蔷薇：茎蔓细长，野生性状明显，常用作嫁接月季或其他蔷薇的砧木。② 粉团蔷薇：花淡粉红色，重瓣，花径 2 ～ 4cm，芳香。品种很多，是攀援性藤本月季的重要亲本。③ 十姐妹：茎细长蔓生，小叶片椭圆形有毛。初夏枝顶开花，呈圆锥花序，花极美丽，重瓣，深粉红色，多 7 或 10 朵在一起，芳香。叶较大，刺较少。④ 光叶蔷薇：茎长 3 ～ 4m，匍匐地上，平滑呈鲜绿色。散生钩刺，羽状复叶，小叶无毛而有光泽。盛夏短梢上开花，常数花或多花簇生，纯白色，有佳香，是蔓生性藤本月季的重要亲本。

蔷薇常用的栽培形式见图 10.5–1。

(*a*) (*b*) (*c*)

图 10.5-1 蔷薇的栽植形式

(*a*) 匍匐式栽培；(*b*) 依附式栽培；(*c*) 棚架式栽培

10.5.2 枝芽特性

蔷薇的芽为互生，芽的主要形态是叶芽和隐芽。叶芽位于枝条的顶部和两侧，萌发后可抽枝展叶。

蔷薇的越冬芽全部是叶芽，具有早熟性。生长健壮的叶芽，在抽生当年生新枝的过程中，其顶端分生组织进行花芽分化并开花，但外观上看不到新枝生长明显的停顿期。生长弱的枝条则继续形成叶芽。

隐芽多集中在根颈部位，每年都有一部分自然萌发，常用于植株的更新复壮。

蔷薇萌芽力强，通常一年生枝有 60% 以上的芽可以萌发并开花。可发枝 2 ～ 3 个，主要枝条有花枝、营养枝和萌蘖枝。长度在 100cm 以上为旺花枝，长度 60 ～ 100cm 为长花枝，40 ～ 60cm 为中花枝，30cm 以下的为短花枝。以长花枝萌生的新枝开花最好。蔷薇的枝条萌芽特性见图 10.5-2。

(*a*) (*b*) (*c*)

(*d*) (*e*) (*f*)

图 10.5-2 蔷薇的枝条萌芽特性

(*a*) 一年生枝条上着生的芽的萌发状况；(*b*) 二年生枝条上着生的一年生枝侧芽和隐芽同时萌发；(*c*) 强旺的一年生枝当年可抽生 2 ～ 3 个二次枝；(*d*) 多年生母蔓抽生的一年生枝；(*e*) 夏梢萌芽力很强；(*f*) 以集束方式进行栽培管理的蔷薇枝条萌芽状况

10.5.3 整形修剪

蔷薇树形一般为丛状，形成多主枝的树丛，由于枝条柔软，多需要有支撑或将其捆绑成束。有依托物时，多成垂生形覆盖，多年后形成枝条交织的厚厚一层。

蔷薇冬季修剪以疏枝为主，要彻底疏除过密、干枯、徒长、有病虫害和木质化程度低的新梢，回缩连续长放形成的束状短枝群，控制枝芽数量，使主从关系明显，整株枝条长势均衡。

蔷薇发枝多不规律，可以在 6 ～ 7 月进行补充修剪，将抽生位置不当、交叉、拥挤的枝条从基部剪除或改变其伸长生长的方向，并短截旺枝、长放水平生长的枝条，促使形成较多生长稳定的长花枝来增加第二年的花枝数量。

第 11 章　园林中常见结果类树木的整形修剪

11.1　苹果 *Malus pumila*

苹果，是落叶果树中主要栽培树种之一，也是世界果树栽培面积较广、产量较多的树种之一。苹果因其树形美观、果实高产、营养价值较高而深受人们喜爱。苹果品种很多，在庭院栽培的品种中以元帅系（'新红星'）、'金冠'、'富士' 居多（图 11.1–1），近年来在园林绿地中也栽植了一定数量的成龄苹果树，品种以 '金冠'、'国光'、'富士' 居多。下面以 '金冠' 和 '富士' 为例给予介绍。

（*a*）　（*b*）　（*c*）

图 11.1–1　苹果结果状况

（*a*）'红富士' 苹果；（*b*）元帅系（'新红星'）苹果；（*c*）'金冠' 苹果

11.1.1　生长特性

苹果树属于大乔木，一般表现树体高大，干性强，树势强健，树姿开张，枝条密生，顶端优势较强。因品种不同其生长特性有较明显的差异。

11.1.2　枝芽特性

1. 芽的类型及特性

苹果的芽分类较为复杂，可分为定芽和不定芽、顶芽和侧芽（腋芽）、花芽和叶芽、混合芽和中间芽、活动芽和隐芽（潜伏芽）、饱满芽和秕芽等等。

（1）顶芽和侧芽：苹果的顶芽，有的为叶芽，有的则为混合芽。有些品种的侧芽也可形成混合芽，称为腋花芽，如 '金冠' 和 '富士' 苹果着生在一年生营养枝上的侧芽（腋芽）也可以形成较多的混合芽。

（2）不定芽：不定芽的发生没有一定的位置，萌发后易生成徒长枝，可用于更新。不定芽萌生的枝条在无利用价值时通常都疏掉。

（3）混合芽：萌发后先抽枝长叶，新枝顶端开花结果。多数苹果品种的短枝顶芽和部分品种的腋芽是混合芽。

（4）中间芽：芽的外观形似花芽，但萌发后只能抽生一个细弱的短枝，果农称之为 "撒谎芽"。这种芽在苹果和梨树上较为常见。

（5）活动芽和隐芽：枝条上的芽形成以后，能按时萌发的是活动芽，多位于枝条顶部或中上部；枝条下部或基部的芽不能按时萌发，是不活动芽（隐芽）（图 11.1–2（*a*））。

（6）饱满芽和秕芽：常指同一枝条上不同部位的叶芽。凡芽体肥大、充实饱满、发育健壮的为饱满芽；芽小而瘦，发育不良的为秕芽（图 11.1–2（*b*）～（*e*））。苹果树春、秋梢交界处的芽多为秕芽。修剪中，常用饱满芽作为骨干枝或延长枝的剪口芽，以迅速扩大树冠，还经常利用芽子的饱满程度来调节树体或主枝的生长势和延伸方向。

（*a*）（*b*）（*c*）

（*d*）（*e*）（*f*）

图 11.1–2　苹果的秕芽和早熟性芽

（*a*）年界处的隐芽萌发；（*b*）春、秋梢交界处的夏梢轮痕；（*c*）盲节处；（*d*）盲节处的秕芽不萌发；（*e*）早熟性芽萌发后依次再形成夏梢和秋梢，枝段交界部位叶腋中的芽多数为秕芽；（*f*）当年生枝早熟性顶芽二次萌发生长

2. 枝的类型及特性

苹果树的枝条，因着生位置、形态和作用的不同，分为若干类型。如骨干枝和辅养枝；新梢和一年生枝、二年生枝、多年生枝；结果枝和营养枝等等。

（1）新梢：是指当年抽生带有叶片的枝条。因新梢的抽生季节不同，又可分为春梢和秋梢。春梢组织充实，芽体饱满，健壮整齐；秋梢组织不很充实，芽体不饱满，抗寒力差。

（2）一年生枝、二年生枝与多年生枝：当年抽生的枝，自落叶以后至第二年春季发芽前为止，称为一年生枝；自发芽后至第二年春天发芽为止，生长两年的枝条，称为二年生枝；生长两年以上的枝，称为多年生枝。

（3）营养枝：当年只能抽枝长叶而不能开花结果的枝条，称为营养枝、生长枝或发育枝。视其着生位置和生长发育情况不同，又分为徒长枝、纤弱枝和叶丛枝。

① 徒长枝：由隐芽或不定芽萌发，生长旺而直立、粗而不壮，节长芽瘦，叶大而薄，组织不充实。

② 纤弱枝：多由位置不当的弱芽萌发而成，枝条纤细而短，叶小而薄，芽体尖而扁。纤弱枝组织不充实，生长发育不良，无更新能力。

③ 叶丛枝：此种枝条的长度多在 1cm 以下，节间极短，莲座叶多（一般有 4 ～ 9 片叶子）。叶丛枝停止生长早，营养积累多，最易形成花芽。

（4）结果枝：枝条上直接着生花芽，既能开花又能结果，可分为长、中、短果枝及短果枝群。

① 长果枝：长度在 15cm 以上，具有顶花芽。

② 中果枝：长度在 5 ～ 15cm 之间。

③ 短果枝：长度在 5cm 以下。

④ 短果枝群：是短果枝结果后又连续分枝而形成的群状短果枝，是苹果和梨的良好结果枝。其连续结果的年限一般为 4 ～ 7 年。

苹果树冠中长、中、短果枝的着生比例因树龄大小而有变化，在一般情况下，树龄越大，中、短果枝的数量越多。苹果幼树和初果期树，多以长、中果枝结果为主；进入盛果期的树或弱树，则以短果枝结果为主。在修剪过程中，应根据树龄大小、花芽多少，注意对其进行保护和选择利用。

图 11.1–3 ‘金冠’苹果的枝、芽

（*a*）健壮的一年生果台枝具有顶花芽和腋花芽；（*b*）二年生果台枝具有顶花芽；

（*c*）连续长放的中果枝可以连续成花并结果；（*d*）多年生的小型结果枝组；（*e*）着生在骨干枝背后的枝组

11.1.3 整形和修剪

1. 树形

苹果树形可采用主干疏层形、基部三主枝半圆形、自然开心形等（图 11.1–4、图 11.1–5）。

（1）主干疏层形：是苹果树常用的树形。这种树形的特点是：主枝量少，整形容易，结构牢固，丰产稳产。基本结构是主干高 80cm 左右，有中央领导干，全树有主枝 5 ～ 7 个，分为 3 层。第一层有主枝 3 个，第二层有主枝 2 ～ 3 个，第三层有主枝 1 ～ 2 个，层内主枝之间距离 25cm 左右，呈邻近形着生。第一层与第二层主枝间的层间距离 60 ～ 80cm，二层以上各层间距 40cm 左右。成形后，树高维持在 3.5 ～ 4m 左右。树势缓和后落头开心，改造成主干疏层延迟开心形。

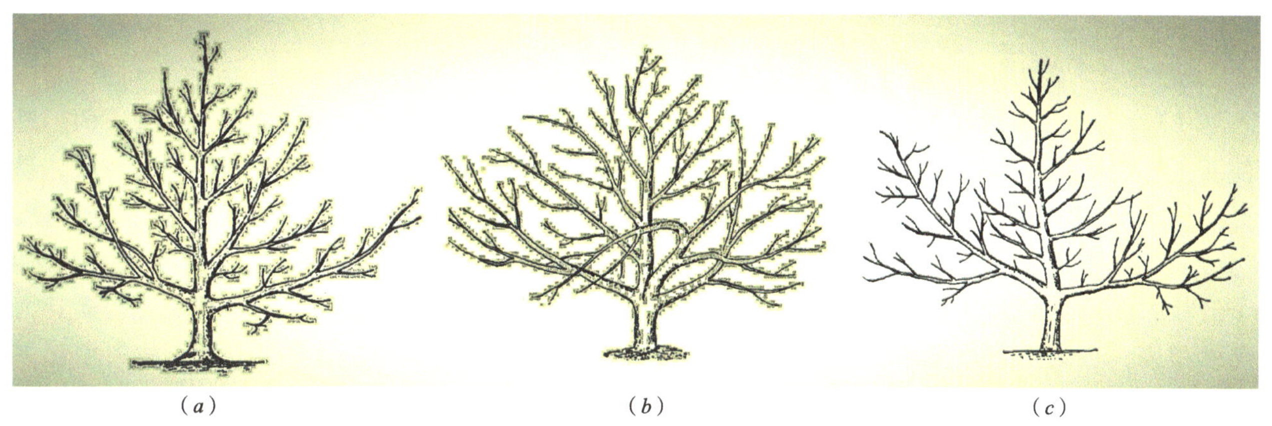

（a）　　（b）　　（c）

图 11.1-4　苹果的三种基本树形

（a）主干疏层型；（b）基部三主枝半圆形；（c）自然开心形

图 11.1-5　苹果树形

（a）主干疏层形；（b）双干开心形；（c）三主枝半圆形；（d）十字形；（e）自然开心形；（f）基部主枝邻接形（容易卡脖）

（2）基部三主枝半圆形：有中心领导枝和 5 ～ 6 个主枝，分 3 层错落着生在中心领导枝上，第一层有主枝 3 个，第二层有主枝 2 个，第三层有主枝 1 个。第一层的三大主枝，有邻接和邻近之分，邻接的第一层 3 个主枝距离较近，容易出现卡脖和下强上弱现象；邻近的三主枝间有一定的距离，一般为 30cm 左右。第二层选留的 2 个主枝，也要有一定的间距，上下不重叠，避免对生。第三层选留的 1 个主枝应距第五主枝 100cm 左右。

（3）自然开心形：这种树形的特点是枝组较多，修剪量小，成形快，结果早。主干较矮，一般只有 40cm 左右。在主干上错落着生 3 个主枝，3 个主枝上各着生 2 ～ 3 个侧枝，并有背后侧枝，利于扩大树冠，增加结果部位。各主枝的分布，一般是自然生长，但为了充分利用空间，还需适当加以调整。这种树形虽然没有中心领导枝，但可充分利用各主枝上向内斜生的分枝，培养为结果枝组，所以，内膛并不显得空虚，结果面积不小，产量也不低。这种树形成形以后，树高 3m 左右，

冠径 4 ～ 5m。

2.‘金冠’苹果修剪要点

（1）生长结果特性：‘金冠’苹果树体中大、树势强健、树姿开张、干性强，易上强下弱，基部三主枝邻近易掐脖。新梢斜生，节间短。萌芽率高，成枝力中等。潜伏芽少，但寿命较长，易更新复壮，对修剪的敏感性一般。幼树生长健旺，生长量大，枝条较直立、细而硬，有细锥形枝。‘金冠’苹果分枝较多且较开张，有副梢，生长均匀，容易整形。生长枝短截后，上部能抽生 3 ～ 4 个健壮的枝条，中部发出几个中、短枝。结果后枝条逐渐开张，大量结果后树势缓和，但萌芽力仍然很强，极易形成短果枝，而发枝力变弱，剪口下只能抽出 1 ～ 2 个中、长枝，枝条中部多为短枝。

‘金冠’苹果树极易成花，3 ～ 4 年开始结果。初果期的树二年生枝上长、中、短枝顶芽大都是花芽，部分一年生枝上的春、秋梢上饱满芽是腋花芽，顶芽也是花芽。由于萌芽率高，最易形成短果枝。果枝连续结果的能力较强，一般能连续 4 ～ 5 年。盛果期的树以短果枝结果为主，易形成较多的短果枝群，配合中、长果枝，但长果枝结果个头小、果锈多。树势衰弱后，常出现细弱果枝，坐果率降低，果实变小。果台能抽生一个短枝或长枝，多者可抽出三个果台枝。‘金冠’苹果有腋花芽结果习性，幼树旺枝秋梢的饱满芽往往是腋花芽，成龄树旺枝上部和充实的小枝包括果台枝也有腋花芽，结果良好，并可以抽出较长的果台枝。

‘金冠’苹果的许多锥形枝往往不是花枝，要缓放一年才成花；结果过量时，也会出现大小年现象；严重干旱的年份，中、长枝早封顶，形成许多中、长果枝。

（2）修剪方法：

① 培养各级骨干枝：主、侧枝的延长枝剪截要稍重，留壮枝壮芽，以保证新枝粗壮；疏除过密过细的小枝，其余枝尽量多留；中庸枝和中、长果枝不打头，健壮的生长枝短截促分枝。应利用中、长果枝和旺枝秋梢上腋花芽结果，增加产量，但只能剪留 2 ～ 3 个腋花芽。

② 短截培养枝组：‘金冠’苹果主要是靠短截培养枝组，对中庸枝采用先截后缓、先缓后截的方法或采用打盲节的剪法培养紧凑的小枝组。‘金冠’苹果短枝寿命短，后部易光秃，应及早回缩，培养矮壮枝组以延长枝组寿命、提高坐果率。

③ 多截少放：‘金冠’苹果萌芽率高，最易形成短果枝，如果轻剪缓放，会使萌芽量更大，叶丛芽、短果枝、短刺状枝更多，消耗过多的营养。由于潜伏芽寿命短，缓放后容易造成后部光秃，无法回缩为小枝组，所以要注重短截，少缓少疏。短截一年生枝，上部可发出 2 ～ 3 个分枝，下部多形成短果枝，可连续结果。旺枝可重截，发枝后缓放使其形成花芽，待见花时剪截，以提高坐果率。壮枝可中截或重截，发枝后去直立留平斜，以培养中、小枝组；细弱枝不能短截，应等到粗壮时再短截。细长枝应缓出一串花芽后见花剪截。

④ 及时更新：盛果前期已形成大量的小枝组，结果后易衰弱，长出锥形的弱小短枝且不能成花，所以要及早更新复壮。衰弱的小枝组应疏除，进行枝组间更新，弱枝组去弱留壮、去斜留直、去远留近、去老留新。一般果枝组连续结果 2 ～ 3 年长势变弱时就要回缩更新，长果枝结果后要马上于果台下留短果枝剪截，让后部结果；长果枝中截后，前部发枝后部成花、结果，前部分枝再短截以培养预备枝。如此反复更新，结果枝与生长枝可保持 1 ∶ 1 的比例。

3.‘富士’苹果修剪要点

（1）生长结果特性：‘富士’苹果是‘国光’苹果和‘红元帅’苹果的杂交种，它具有双亲的特性，树体高大、干性强、树势强健、树姿开张、枝条密生、顶端优势较强。‘富士’苹果新梢生长量大，一

般为 60 ～ 80cm，长的超过 1m，秋梢约占一半，长势强旺；树冠横向生长快，冠径大，干周加粗快，喜光性强；随树龄的增长树势逐步缓和、枝条逐渐开张。

‘富士’苹果的萌芽力和成枝力极强，分枝多，总枝芽量大，在正常的管理条件下不会出现枝芽量不足的现象。生长枝短截后，一般可分枝 3 ～ 5 个，成枝 3 ～ 4 个。一个枝条从顶端到基部，几乎所有的芽都能萌发并分生出大量的中、短枝，且芽具有早熟性，不易产生光秃现象。二年生以上枝条的下部常抽生出不同长度的细弱枝和细小的锥形叶丛枝。

‘富士’苹果有腋花芽结果习性，幼树直立徒长枝的秋梢顶部可形成 3 ～ 5 个腋花芽，结果树强枝和中枝的秋梢顶部也能形成腋花芽。初果期以长果枝结果为主，盛果期多为短果枝结果。

（2）修剪方法：

① 幼树和旺树的修剪：‘富士’苹果萌芽力和成枝力强，树冠外围枝条短截过多或过重会“冒条”过多，使树冠郁闭，影响通风透光和成花，所以，要轻短截、少短截，适当疏枝。主、侧枝的延长枝正常短截；直立旺枝和过密的生长枝可疏除或部分采用拉枝等方法加以处理；斜生枝和下垂枝可缓放，以减少长枝的数量，增加中、短果枝比率。‘富士’苹果树冠上部枝条直立性强，而下部易开张，对开角过大的枝条要抬高角度、多留枝，使其壮起来；开角小的用支、拉等方法加大角度；开角较好的枝条要充分利用其成花结果。‘富士’苹果树易出现上强下弱，修剪时应增加第一层主枝的分枝量，处理好第二层以上过多的大枝，对留下的主枝除疏其上的直立旺枝外，余下的要少疏轻截，以利树势缓和与结果。‘富士’苹果的侧枝抽生能力强，常与主枝竞争，所以要注意主、侧枝的从属关系，使侧枝向下侧斜。

② 初果期树的修剪：要继续完成整形任务，同时结合生长季修剪培养和合理配置结果枝组，以尽快增加产量。‘富士’苹果生长季修剪方法参见图 11.1–6。

（*a*） （*b*） （*c*）

（*d*） （*e*） （*f*）

图 11.1–6 ‘富士’苹果的生长季修剪

（*a*）正常生长的外围延长枝；（*b*）夏季控制生长，施行轻摘心，仅去掉幼嫩尖端可诱使 1 ～ 3 个芽当年萌发；（*c*）夏季控制生长，剪去当年生新枝总长度的 1/4，萌枝量较少，剪口芽生长旺盛；（*d*）生长季节对水平枝施行剪梢修剪后的发枝效果；（*e*）生长旺盛的直立枝从分枝处进行回缩的效果；（*f*）生长季采用留橛的方法疏除多年生枝，用萌生的新枝补充空间在冬季修剪中，'富士'苹果初果期树常用"抓盲节"和"抓环痕"的短截方法来促使苹果树发生较多数量的中、短枝，生产中将这种方法称为"戴帽修剪"。此种修剪方法在控制枝条生长势、培养枝组中效果明显。通常苹果树在一、二年生的交界处（年界）会形成一段秕芽枝，"戴帽"就是指剪口下留秕芽的数量。留秕芽多，常称"戴高帽"；留秕芽少，常称"戴低帽"。留芽的多少要依据具体情况来确定，一般枝势较强时应多留，反之则少留。目前，"戴帽"修剪在夏季修剪中已得到了广泛应用，参见图 11.1–7。

(a)　(b)　(c)　(d)　(e)　(f)

图 11.1–7　'富士'苹果修剪反应

(a)'富士'苹果的萌芽力强，枝头短截 1/3 后芽子几乎全部萌发；(b) 长势中庸的枝条可以采用长放的方法来获得较多的中短枝；(c) 采用"戴低帽"修剪，环痕以下的芽子萌发较多；(d) 采用"戴高帽"修剪，秕芽可以萌发；(e) 直立枝组连续"戴低帽"留秕芽修剪，显著抑制枝条生长势；(f)"戴帽"修剪的第二年发生中短花枝和一个营养枝，枝组基本形成

对中庸枝进行缓放可以收到"一缓一串花"的效果，再用"见花再回缩"的修剪方法来培养小型枝组。多年生枝条后部的中、短小枝不要短截，让其继续延伸生长成为中、长果枝结果。对营养枝要适当轻剪。对中心干逐步落头降低树高，以改善光照条件，促进第一层和第二层主枝生长。

③ 盛果期树的修剪：'富士'苹果树喜光性强，如受光量小，枝条中后部芽子弱小，严重的会变成无芽的光秃小枝，盛果后期果枝更易枯衰。'富士'苹果结果后内膛枝条会显著衰弱，必须使全树各类枝保持上疏下密、外疏内密的状态，要及时处理辅养枝，打通光路，让阳光照到每个小枝上。

盛果期，由于短枝多、枝芽量大，果枝容易下垂，中后部小枝易成干橛，要早更新、勤更新，培养壮枝壮芽，维持枝组的长势。果枝结果 2 ～ 3 年后，可在二年生部位剪截；衰弱枝组，可在它的中上部选择角度向上的壮枝剪截，疏除后部过多的花芽和细弱枝，促其更新复壮；下垂枝组，在向上的分枝处剪截，抬高角度；冗长枝组，在较强壮的短枝处回缩；果台枝细弱时应疏除。

11.2 梨 *Pyrus* spp.

梨在绿地中作为观花和观果树种广泛栽植，在庭院中更为多见。梨栽培品种有白梨、秋子梨、砂梨、西洋梨四大系统。绿地和庭院中常见的有白梨系统中的鸭梨、雪梨、酥梨和西洋梨系统中的巴梨等（图 11.2–1）。

（*a*）（*b*）（*c*）（*d*）

图 11.2–1 梨的常见品种
（*a*）鸭梨；（*b*）雪花梨；（*c*）巴梨；（*d*）砀山梨

11.2.1 生长特性

梨树体高大、树势健壮，生长较慢，顶端优势明显，干性强，寿命较长，后期骨干枝易开张。从生长特性来看，梨树的生长结果习性与苹果近似，但又有明显不同，应注意区别。例如，秋子梨和白梨系统中的大多数品种在幼龄和健旺生长期间，其生长速度比苹果缓慢，所以在同样的环境条件下，梨树的树冠常小于苹果树。因此，对幼龄梨树的修剪，要比苹果树轻，修剪量大会导致树体生长慢、结果晚。

11.2.2 枝芽特性

1. 芽的特性

梨树枝条前期生长较快，顶、侧芽均较充实、饱满，较易形成花芽，这是梨比苹果结果早的原因。

梨树的大部分品种，萌芽率都很高，成枝力多数比苹果树低。但不同品种间成枝力有差别，一般秋子梨系统的品种成枝力较高，砂梨系统较低。

梨树的长营养枝有春、夏梢之分，但是无秋梢，显著特征是春梢与夏梢上的芽都很充实，萌芽率都很高。长枝形成是在中枝的基础上又继续生长一段，于 6 月下旬以前停止生长。这段新梢，虽然与苹果的秋梢相似，但因它是在 5 月下旬至 6 月下旬生长的，所以称为夏梢。春梢上的芽与枝条所形成的夹角较大，夏梢上的芽与枝条所形成的夹角较小。梨树隐芽寿命长，经修剪刺激后，很易萌发抽枝，利于更新。

2. 枝条的特性

梨树也进行长、中、短枝的划分，但枝条的长短枝两极分化明显，相互转化的能力弱，因此，树冠内枝组类型差异较大且容易形成短果枝群（图 11.2–2）。

幼龄树和健旺树，枝条直立、树冠不开张，容易出现上强下弱的现象，大量结果后，主枝角度变大，又容易下垂。

（*a*） （*b*） （*c*）

（*d*） （*e*） （*f*）

图 11.2–2 梨的各种枝条和枝组
（*a*）长营养枝；（*b*）中营养枝；（*c*）短营养枝；
（*d*）花枝；（*e*）树冠外围着生中花枝和短花枝的枝组；（*f*）树冠内膛着生大量短花枝群的背上枝组

11.2.3 整形和修剪

1. 树形

梨的树形种类较多，常用的树形主要有主干疏层形、多主枝自然形等（图 11.2–3）。

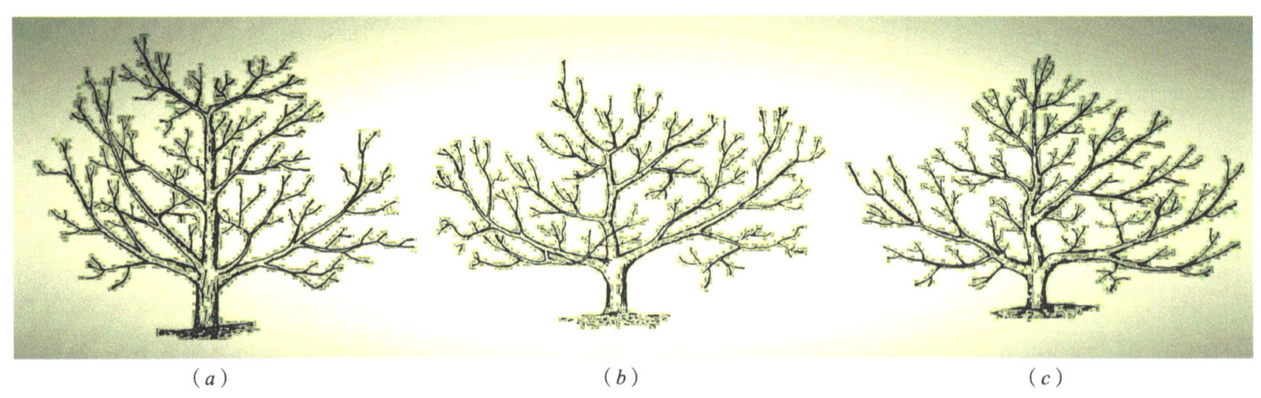

（*a*） （*b*） （*c*）

图 11.2–3 梨的三种基本树形
（*a*）多主枝自然形；（*b*）延迟开心形；（*c*）主干疏层形

（1）主干疏层形：这种树形具有明显的中干，一般干高 80 ～ 100cm，基部主枝一般为 3 个，全株主枝 8 ～ 10 个，分层排列在中干上，层间距离 80cm 左右。第一层主枝的基角不超过 70° 。各层主枝上的侧枝数量，因品种不同而不同，以骨干枝不相互影响为原则，一般是上层主枝的侧枝少，下层主枝的侧枝多。这种树形符合梨树的生长结果习性，修剪量较轻、成形较快、结果较早、产量也较高，在多数梨树品种上都可采用。但因梨树的顶端优势较强，在修剪时应注意控制“上强”。

在不同年龄阶段梨树的骨干枝数量应当有所区别。树龄小、生长健旺时枝叶量相对少，此时骨干枝可适当多些。大量结果以后，枝叶量逐渐增多，为了稳定结果部位、改善光照条件和保持树的长势，骨干枝的数量可适当减少，可将部分侧枝或副侧枝逐步回缩改造为结果枝组。

采用主干疏层形时，应该注意控制主枝角度，拉枝开角时以 40° ～45° 为宜。随树龄的增长，大部分梨树品种主枝角度很易开张，有时可达 70° ，这种下垂会影响产量、质量和观赏。

（2）多主枝自然形：多主枝自然形有明显的中干，干高 80 ～ 100cm，主枝自然分层排列。第一层主枝 3 ～ 4 个，第二层主枝 1 ～ 2 个，有的还可形成第三层。各层主枝自然分布，上下错落、互不重叠，各主枝上再生侧枝，形成圆头形树冠。这种树形，修剪量轻、成形自然而快速、结果早、枝条比较密、观赏性好。缺点是冠内光照条件较差，确有影响时可把中干去掉，改造为类似开心形树形。鸭梨多主枝自然开心形树冠结构见图 11.2–4。

（*a*）

（*b*）

（*c*）

（*d*）

图 11.2–4 鸭梨多主枝自然形的树冠结构和花枝分布情况
（*a*）鸭梨多主枝自然形树形；（*b*）主枝和侧枝的分布；（*c*）枝条长放的效果；（*d*）大型辅养枝回缩后的效果

（3）延迟开心形：其树体结构由主干疏层形演变而来，适用于中心领导枝长势较弱的树，第一层主枝 3 ～ 4 个，第二、第三层各两个，形成扁圆形树冠，如图 11.2–5（*a*）所示。这种树形基部主枝生长势较强，可着生大量枝组，如图 11.2–5 中的（*b*）、（*c*）、（*d*）图。

(*a*)

(*b*)

(*c*)

(*d*)

图 11.2–5　延迟开心形的树形结构

(*a*)延迟开心形树形；(*b*)健壮的长果枝顶花芽开花后可抽生两个果台副梢；(*c*)侧枝上的枝组开花状况；(*d*)基部有空间的地方由裙枝培养成的大型枝组

2. 短截修剪

短截是梨树修剪中的主要方法之一。在长枝的夏梢中部短截，发生长枝较多，但长势较弱，可削弱顶端优势；在长枝春梢中部短截，发生长枝，长势较强。对长枝短截越重，发出枝的数量越少，越不利于成花。在梨树修剪中要灵活运用短截技术，例如，若想削弱枝条的顶端优势，可行轻短截；为在需要部位促发分枝，增加枝量，可用中短截；为削弱局部枝条生长量，促进局部枝条的生长势时，可用中短截或重短截。

主枝延长枝的修剪主要靠短截完成。各级枝头的短截长度基本相同，使主、侧枝顶端的垂直高度不相差过大。为了防止主枝背上萌生徒长枝，要适当控制两侧枝条的修剪量，避免过多过重地短剪或缩剪两侧的枝条或枝组，这样便可防止生长优势转移到主枝背上而造成主枝背上冒条和旺长。

3. 回缩修剪

回缩修剪大多用于已成龄的树，分为对骨干枝进行回缩修剪和对多年生枝进行回缩修剪两种情况。前者是为防止骨干枝或着生在骨干枝上的单轴枝组延伸过快、防止树冠内膛光秃，而在适当部位进行的缩剪。后者是为防止结果枝组前强后弱，而在结果枝组先端适当部位进行的回缩修剪。在梨树上回缩修剪常使剪口以下的第一枝生长势削弱，而且枝龄越大、枝条越粗、剪口离剪口枝越近，削弱作用也就越明显；反之，枝龄越小、枝条越细、剪口离剪口枝越远，削弱剪口枝的作用也就越小。所以，需要在多

年生枝段上进行回缩修剪时要注意留辅养枝以免削弱枝势。

在梨树修剪时，对主、侧枝背上和外围枝组进行回缩时，对剪口枝的促进作用比较明显，而对主、侧枝中下部或两侧的大、中型枝组进行回缩时，对剪口下分枝的促进作用就往往不明显，这种促进作用会转移到被缩剪枝组所在骨干枝的背上，促进背上的枝条或枝组长势转旺，甚至徒长。这一反应规律，采用回缩修剪时应充分予以注意。

对梨树树冠内膛的枝组进行回缩时，不仅不会有明显促进生长的作用，而且对平生或下垂的大枝组，一次回缩过重或连年回缩时，往往容易加速这些枝组的死亡，在修剪中应注意避免。

4. 缓放修剪

缓放不是对全树所有枝条都不剪，而是在对部分枝条进行修剪的基础上，有意识地留下一部分枝条不进行修剪。缓放修剪主要是应用在幼龄和生长健旺的梨树上，是提高梨树早期产量的有效措施，但对长势较弱的树，一般不采用缓放的办法。

梨树长枝缓放以后，枝条明显增粗，长势显著减弱，中、短枝的数量增加，叶片的数量也多，有利于营养物质的积累和花芽的形成。中枝缓放以后可由顶芽继续延伸形成中枝，下部的侧芽则可以萌发较多长势较弱的短枝。

5. 疏枝修剪

梨树疏剪后的整体反应与疏剪部位有关。当顶端优势的作用大于疏剪剪口的作用时，可以增强疏剪部位以上枝条的长势，反之，则削弱疏剪部位以上枝条的长势。中干较高、生长量较大、生长势也强的梨树，如疏除中干上的辅养枝或顶端延长枝剪口下的分枝，虽然能削弱中干的生长量，但却能增强延长枝的长势。而对角度较大的主枝，在前端疏剪时，就往往有削弱延长枝长势的作用。

在梨树修剪中，为了促进局部枝条的生长，可在该枝上部疏去一个或几个枝条；为削弱局部枝条的长势，可在枝条下部疏去一个或几个枝条；为了促进隐芽的萌发或使细弱短枝转旺，可在其前端适当疏枝；为了平衡结果枝组的前后长势，防止“赶前丢后”，可在枝组前部进行疏剪，以促进后部长势；为了促进花芽形成、增加营养积累、改善冠内的通风透光条件，可适当疏剪过密、过弱的枝组或过旺、过密的枝条。

6. 摘心修剪

摘心也是梨树夏季修剪中经常采用的修剪方法之一。摘心要在春梢生长期间进行，过晚则效果不理想。

对某些着生位置不当、长势过旺的枝条，可通过摘心削弱它的长势，促其分生短枝、成花结果。对骨干枝进行摘心，可以促生二次枝，以加速树冠的形成。

为了培养结果枝组，可对那些长势很旺而又准备培养为结果枝组的新梢，在长达 30cm 左右时摘心，促进分生二次枝，以加速枝组的形成，还可减少冬季修剪量。

为了促进花芽形成，可在花芽分化期，对长势较旺的新梢进行摘心，暂时抑制其营养生长，以节省养分，用于形成花芽。

7. 辅养枝的修剪

梨树辅养枝的修剪原则是，“有空留、过大缩、过密疏”。只要不妨碍主枝的生长和发展，在各层主枝枝背下和侧枝之间，都可根据空间大小适当选留辅养枝。对辅养枝的生长量要适当加以控制，以不大于附近骨干枝的生长量为原则。对辅养枝上发生的分枝，要适当轻剪。当辅养枝的生长空间较小、没有发展的余地而不能长期保留时，第一年、第二年的修剪就要轻剪或缓放，促其提早结果。辅养枝结果以后或经连年轻剪长放，其生长量大于附近骨干枝或妨碍附近骨干枝生长时，则需根据具体情况，适当加以控制，重剪或者疏除。

8. 结果枝组的修剪

梨树的结果枝组，可根据分枝数量的多少，分为大型枝组、中型枝组和小型枝组 3 种。

大型枝组具有 15 个以上的分枝，寿命较长，但结果较晚；中型株组具有 8 ～ 10 个分枝，结果时间比大型枝组早，但比小型枝组晚；小型枝组分枝较少，只有 2 ～ 5 个分枝，这种枝结果年限较短。

修剪时，应注意保持中枝组中庸的长势，并使各分枝交替结果。如果花果过多，可疏除部分中、长果枝的顶花芽，使其转为预备结果枝。如果长势较强，附近又有发展空间时，可选留延伸枝，使其继续发展。如果没有发展空间，对前端枝条要去强留弱，加以控制；对生长纤细的枝条，则需回缩复壮。

大枝组，在一般情况下，长势强于中、小枝组，修剪时要注意留延伸枝，使其逐年发展，以利于稳定下部的中、小枝组。选留大枝组的延伸枝时，要根据下部中、小枝组的长势强弱，决定所选留的延伸枝的强弱，生长势力强的，要选留强延伸枝；生长势力弱的，需选弱枝作延伸枝。如果大枝组的长势变弱或延伸过长，就要进行轻度回缩，以促壮枝势。

在枝组的发展过程中，常易出现前强后弱的现象，可根据树龄大小和树势强弱，采取抑前促后的办法进行调节。即对前面的强枝，适当缓放或多留花、果，而对后面的弱枝，修剪时选壮芽带头，少留或不留花、果，促其弱枝返壮，以平衡树势。

11.3 核桃 *Juglans regia*

11.3.1 生长特性

核桃为高大的落叶乔木，树冠多呈圆头形，树龄长达 200 ～ 300 年。其枝条壮，树姿开张，一般树高 10 ～ 20m，最高可达 30m 以上，冠径 10m 以上。核桃较喜光，发芽晚，落叶早，自然更新能力很强，一生中可自然更新 2 ～ 3 次。

核桃幼龄树生长较慢，多以顶芽向上生长，很少发生分枝。4 ～ 5 年生以后，营养生长转旺，生长逐渐加快，开始出现分枝；10 年生后，树冠基本形成，以后随着树龄的增长，树冠逐渐扩大，产量不断增加；20 年生以后，便进入盛果期，树冠逐渐开张，枝条开始下垂，外围新梢生长量逐渐减小，树势趋于平衡，产量高而稳定，果实质量也好；40 ～ 50 年生以后的大树，树冠逐渐郁闭，通风透光不良，内膛小枝衰弱甚至干枯死亡，外围出现焦梢，主、侧枝下部光秃，结果部位外移，产量和果实质量下降。

核桃的枝条具有“伤流”现象，伤流期从秋季落叶起直到第二年展叶后止，若在这段时间内进行修剪或受到机械损伤，便会有大量的树液由伤口溢出，影响树体的生长和发育，造成树势衰弱。因此，核桃树的修剪时间，最好在秋季采果后至落叶前或开花后至生理落果前进行。

11.3.2 枝芽特性

1. 芽的类型和特性

核桃树的芽依据其形态、性质和构造的不同，可分为混合芽（雌花芽）、叶芽、雄花芽（裸芽）、潜伏芽、复芽 5 种，如图 11.3-1。

（1）混合芽：核桃为雌雄同株异花树木，雌花芽为混合芽，外观圆形，饱满肥大。结果早的核桃品种，混合芽除着生于一年生枝顶端外，其下 1 ～ 5 个侧芽也可分化为混合芽；结果晚的核桃品种，混合芽仅在一年生枝顶端或以下 1 ～ 2 个芽处，单生或与叶芽、雄花芽叠生于叶腋间。混合芽萌发后抽生结果枝，在结果枝的顶端着生雌花序，开花结果。

（2）叶芽：又称为营养芽，多数着生在枝条顶端或结果枝的混合芽以下、雄花芽以上或与雄花芽上

下叠生。营养枝或徒长枝上的芽多为叶芽。顶生叶芽，芽体肥大，鳞片疏松，芽顶呈尖形、卵圆形或圆锥；侧生叶芽小，鳞片包被紧实，呈小圆环形。叶芽萌发后抽生发育枝。

核桃顶端优势强，饱满顶芽易抽生旺枝。顶芽以下的侧芽，抽枝和结果的比重很小，特别是枝条中下部的侧芽，多自行干枯脱落，形成光秃带，所以核桃的树冠较稀疏。

（3）雄花芽：多数着生于一年生枝的中部和中下部，为纯花芽，萌发后抽生柔荑花序。雄花芽鳞片很小，不能覆盖芽体，通常称为裸芽。

（4）潜伏芽：即休眠芽，属于叶芽的一种，多数着生于枝条基部的年界处。其体小，外观呈圆形，一般情况下不萌发，但寿命长，生活力可维持数十年甚至百余年。随着枝干的增粗，潜伏芽渐被埋入树皮中，当遭受刺激时，可以萌发抽枝，用于更新复壮。

（5）复芽：生于枝条的叶腋间，呈上下排列或纵排列，上芽为主芽，下芽为副芽，排列方式以叶芽、雄花芽及两个雄花芽叠生者为最多。

核桃顶芽的性质因树龄不同而有差异。幼树顶芽萌发后，生长量大，形成骨干枝构成树冠；进入结果期后，多数顶芽形成混合芽，抽枝结果，少数顶芽仍继续抽枝生长，扩大树冠。

核桃的顶芽有真假之分，凡未着生雌花者，其顶芽为真顶芽，枝条顶端生有雌花者，其顶芽为假顶芽。假顶芽是由雄花下第一个侧芽的基部伸长而形成，真顶芽较易形成混合芽且坐果率也较高。

(*a*) 　(*b*)

(*c*) 　(*d*)

图 11.3–1　核桃芽的类型

(*a*) 着生在一年生枝上的叠生花芽，有雄花叠生和雌雄花叠生两种形式；(*b*) 雄花芽（裸芽）；(*c*) 雌花芽（混合芽）；(*d*) 雄花芽和雌花芽的着生形态

2. 枝的类型和特性

核桃的枝条，按其功能可分为：营养枝、结果枝、结果母枝和雄花枝 4 种。

（1）营养枝：即发育枝，树冠内凡只能抽枝长叶而不能开花结果的枝条都是营养枝。营养枝又可分为 3 种类型：发育枝、中间枝、徒长枝。

① 发育枝：由叶芽萌发而成，生长健壮，长度和粗度都比较大，是扩大树冠、延长生长的主要枝条，也是形成结果枝的主要枝条。如图 11.3–2（*a*）。

② 中间枝：由叶芽萌发而成，长势较弱，长度较小，多着生于树冠内部，其上叶芽较小，停止生长较早。营养充足、管理条件较好时，中间枝可以着生混合芽而变为结果枝。

③ 徒长枝：多数由潜伏芽萌发而成，着生于幼树和大树内膛的骨干枝上。枝条粗壮、直立，节间长，叶片大，但发育不充实。及早摘心并经改造以后，可培养为结果枝组。如图 11.3–2（*b*）。

（2）结果枝：由结果母枝上的混合芽萌发而成，顶端着生雌花结果，果实下面的芽可由上至下依次形成混合芽、叶芽、雄花芽和潜伏芽。按结果枝的长度，又可分为长果枝、中果枝和短果枝。如图 11.3–2（*c*）。

（3）结果母枝：是着生结果枝的基枝。顶芽以下的 1 ～ 3 个侧芽形成混合芽，第二年抽生结果枝开花结果。结果母枝的长势强弱对结果枝的健壮程度和坐果率高低影响很大。如图 11.3–2（*d*）。

（4）雄花枝：长势极弱，长度在 5cm 左右，只着生雄花芽而不能结果。其顶端为一瘦弱叶芽。雄花枝多着生于弱树、老树和光照不良的内膛。雄花枝增多是树势变弱的标志之一，修剪时应注意疏除。

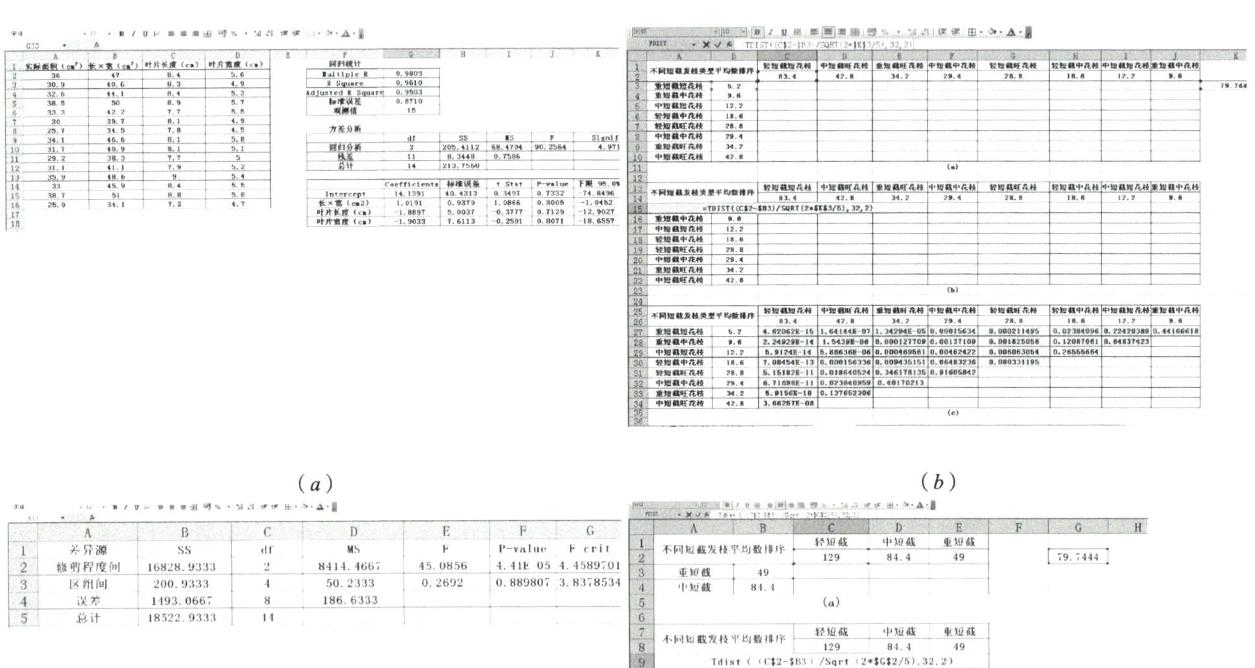

实际面积（cm²）	长×宽（cm²）	叶片长度（cm）	叶片宽度（cm）
36	47	8.4	5.6
30.9	40.6	8.3	4.9
32.6	44.1	8.4	5.3
38.5	50	8.9	5.7
33.3	42.2	7.7	5.5
30	39.7	8.1	4.9
25.7	34.5	7.8	4.5
34.1	46.6	8.1	5.8
31.7	40.9	8.1	5.1
29.2	38.3	7.7	5
31.1	41.1	7.9	5.2
35.9	48.6	9	5.4
33	45.9	8.4	5.5
38.7	51	8.8	5.8
25.9	34.1	7.3	4.7

回归统计	
Multiple R	0.9803
R Square	0.9610
Adjusted R Square	0.9503
标准误差	0.8710
观测值	15

方差分析

	df	SS	MS	F	Signif
回归分析	3	205.4112	68.4704	90.2564	4.971
残差	11	8.3448	0.7586		
总计	14	213.7560			

	Coefficients	标准误差	t Stat	P-value	下限 95.0%
Intercept	14.1391	40.4313	0.3497	0.7332	-74.8496
长×宽（cm2）	1.0191	0.9379	1.0866	0.3005	-1.0452
叶片长度（cm）	-1.8897	5.0037	-0.3777	0.7129	-12.9027
叶片宽度（cm）	-1.9033	7.6113	-0.2501	0.8071	-18.6557

（*a*）

=TDIST((C$2-$B3)/SQRT(2*$K$3/5),32,2)

不同短截发枝类型平均数排序		轻短截短花枝	中短截旺花枝	重短截旺花枝	中短截中花枝	轻短截旺花枝	轻短截中花枝	中短截短花枝	重短截中花枝
		83.4	42.8	34.2	29.4	28.8	18.6	12.2	9.6
重短截短花枝	5.2								
重短截中花枝	9.6								
中短截短花枝	12.2								
轻短截中花枝	18.6								
轻短截旺花枝	28.8								
中短截中花枝	29.4								
重短截旺花枝	34.2								
中短截旺花枝	42.8								

79.744

(a)

不同短截发枝类型平均数排序		轻短截短花枝	中短截旺花枝	重短截旺花枝	中短截中花枝	轻短截旺花枝	轻短截中花枝	中短截短花枝	重短截中花枝
		83.4	42.8	34.2	29.4	28.8	18.6	12.2	9.6
=TDIST((C$2-$B3)/SQRT(2*$K$3/5),32,2)									
重短截中花枝	9.6								
中短截短花枝	12.2								
轻短截中花枝	18.6								
轻短截旺花枝	28.8								
中短截中花枝	29.4								
重短截旺花枝	34.2								
中短截旺花枝	42.8								

(b)

不同短截发枝类型平均数排序		轻短截短花枝	中短截旺花枝	重短截旺花枝	中短截中花枝	轻短截旺花枝	轻短截中花枝	中短截短花枝	重短截中花枝
		83.4	47.8	34.7	29.4	28.8	18.6	17.7	9.6
重短截短花枝	5.2	4.62062E-15	1.64144E-07	1.34294E-05	0.00015634	0.000211495	0.02384096	0.22420389	0.44166618
重短截中花枝	9.6	2.24929E-14	1.5439E-06	0.000127709	0.00137109	0.001825058	0.12087061	0.64837423	
中短截短花枝	12.2	5.9124E-14	5.88636E-06	0.000469561	0.00462422	0.006063054	0.26555664		
轻短截中花枝	18.6	7.08454E-13	0.000156336	0.009435151	0.06483236	0.080331195			
轻短截旺花枝	28.8	5.15182E-11	0.018640524	0.346178135	0.91605842				
中短截中花枝	29.4	6.71698E-11	0.023840959	0.40170213					
重短截旺花枝	34.2	5.9156E-10	0.137652306						
中短截旺花枝	42.8	3.66257E-08							

(c)

（*b*）

差异源	SS	df	MS	F	P-value	F crit
修剪程度间	16828.9333	2	8414.4667	45.0856	4.41E 05	4.4589701
区组间	200.9333	4	50.2333	0.2692	0.889807	3.8378534
误差	1493.0667	8	186.6333			
总计	18522.9333	14				

（*c*）

不同短截发枝平均数排序		轻短截	中短截	重短截
		129	84.4	49
重短截	49			
中短截	84.4			

79.7444

(a)

不同短截发枝平均数排序		轻短截	中短截	重短截
		129	84.4	49
Tdist ((C$2-$B3)/Sqrt (2*$G$2/5),32,2)				
中短截	84.4			

(b)

不同短截发枝平均数排序		轻短截	中短截	重短截
		129	84.4	49
重短截	49	2.46325E 15	5.009E 07	
中短截	84.4	5.19197E 09		

(c)

（*d*）

图 11.3–2　核桃的各类枝

（*a*）枝头（营养枝）；（*b*）由徒长枝改造成的大型结果枝组；（*c*）中果枝（顶芽和下面 1 ～ 2 个侧芽为雌花芽）；（*d*）由中、短结果母枝构成的结果枝组

核桃不同类型的枝条具有不同的开花结实形态，见图 11.3-3。图中，(*a*) 是单生的雌花枝的开花结实状况；(*b*) 是雄花枝开花状况；(*c*) 是结果母枝上同时着生的雌花和雄花的开花状况；(*d*) 是初次开花结果的健壮结果母枝开花结果状况。

(*a*)　(*b*)

(*c*)　(*d*)

图 11.3-3　核桃的开花与结果特性

11.3.3　整形和修剪

1. 树形

核桃树体高大、喜光，适宜的树形有疏散分层形和自然开心形。

（1）疏散分层形：有健壮的中心领导枝和 5 ～ 7 个主枝，分 2 ～ 3 层着生在主干和中心领导枝上。一般第一层有主枝 3 个，第二层 2 个，第三层 1 ～ 2 个。这种树形枝条多、树冠大，适于在立地条件较好、土壤深厚的绿地上采用。核桃需光性强，层间距离要适当大些，以免造成树冠内膛郁闭、小枝枯死。一般第一层、第二层主枝的层间距离应保持 1.5m 左右，于第二层主枝 1m 以上处再选留第三层主枝。注意调整各级枝条的从属关系和平衡长势。

（2）自然开心形：在土质较差的地块和对于树形开张的品种，难以形成较强的中心领导枝时，可采用这种树形。由于核桃幼树枝量少，大多数自然开心形的树属于多主枝自然开心形，而且表现为双主枝、三主枝或多主枝临近着生等多种形式，树冠无明显的分层，如图 11.3-4。通常自然开心形的树形全树有 4 ～ 5 个主枝，着生于主干周围，向四周扩展。各主枝上再各选留 1 ～ 2 个侧枝，或

直接培养大型结果枝组。这种树形不要选留过多的大枝，以防通风透光不良，影响小枝生长，造成结果部位外移而降低产量。核桃在幼树期间，树冠多为圆头形；盛果期后，树冠逐渐扩大，枝条逐渐下垂，而形成自然半圆形。

（*a*） （*b*）

（*c*） （*d*）

图 11.3–4 核桃的树形

（*a*）过渡期的分层形；（*b*）三主枝临近形；（*c*）双主枝开心形；（*d*）多主枝开心形

核桃各侧枝的选留，要考虑树形的结构特点。采用开心树形时，侧枝离主干的距离可以近些；采用有主干的树形，侧枝离主干的距离就要适当远些。各层主枝上的第一个侧枝，一般不要短于 50cm。除注意培养主、侧枝外，对过渡性的辅养枝，也要注意改造和利用，既可作为侧枝预备枝，也可培养为结果枝组，增加全树枝量和树体营养贮备。由于核桃的发枝量较少，在处理枝条时，就应特别慎重，原则是“宁可多留，不要多剪”。对保留的辅养枝，要根据不同的着生部位、作用等经常进行调整，既要维持正常长势又要防止过旺、扰乱树形或影响骨干枝生长。调整的常用方法是回缩修剪，以防止密挤和竞争。

2. 各级枝头的修剪

核桃生长的显著特点是背后枝的长势很强，俗称“枝条的倒拉习性”，如不及时控制，便会影响延长枝的生长，所以，修剪中应及时控制背后枝，增强骨干枝长势。对背后枝的处理，要看基枝的生

长情况，如原枝头已经很弱，而背后枝的角度、方位较好时，可用背后枝代替原枝头；如原枝头长势正常，背后枝粗度较大、长势又较旺时，就要及时疏除，以免形成竞争；如背后枝长势较弱，又着生花芽，可待结果后再酌情处理。

3. 徒长枝的修剪

对徒长枝一般要疏除，需要利用时，可先摘心，缓和长势并促生分枝后再行培养和利用；对骨干枝以外的强枝，一般也应疏除，以免形成竞争；对小枝，则不要急于疏除，可利用其增加枝量和营养面积，辅养树体，过密过多处可适当处理。

对着生在主、侧枝中部的徒长枝，如有生长空间且角度方向适宜，可逐步培养为结果枝组。对多余的徒长枝，则应及时疏除，以免消耗养分和影响光照；对直立生长的强旺徒长枝，如需培养利用，可于夏季摘心，秋季在春、秋梢交界处剪截，改变枝条角度、促生分枝、削弱长势，以改造利用；已经发生分枝的徒长枝或已经形成的枝组，出现先端变弱、后部光秃的现象时应及时回缩。总之，对徒长枝的利用要合理安排，适当选留，采用促进和控制相结合提高树体营养水平。

4. 下垂枝的修剪

核桃开始结果以后，下垂枝的数量会逐渐增多。这些下垂枝是因枝条生长的“倒拉”习性造成的，它们生长速度快、组织不充实，具有徒长枝的性质，不仅难以形成结果母枝，而且影响向上枝条的生长，如不及时进行控制，则易造成树势衰弱、枝条干缩、结果部位外移、产量下降。修剪中对长势衰弱的下垂枝，可采用回缩修剪和抬高角度的办法进行更新复壮；对长势中庸又有一定产量的下垂枝，可回缩改造为结果枝组；对长势强而又没有产量的下垂枝，可通过疏除其上的强旺枝和背后枝的办法来削弱其生长势力，待其由旺长变为中庸后，再逐步改造为结果枝组；对位置不当且过密的下垂枝，应及时疏除。

5. 骨干枝的调整与修剪

随着树冠的扩大和结果量的增加，核桃的骨干枝易出现延伸过长，甚至下垂等不良现象，要注意及时调整。对延伸过长、长势较弱的大枝，可在斜上方生长的健壮分枝处进行回缩，以抬高枝头角度、增强其长势；对密集的重叠枝，可根据空间大小，决定回缩或疏除；对树冠外围的枝条，不宜短截；对细弱枝和过密枝，可以疏除，以改善光照、促进植株健壮生长、维持强旺树势。

6. 结果枝组的培养和修剪

结果枝组的多少、强弱决定核桃的产量和观赏性。培养结果枝组的常用方法是“先放出去，再缩回来”。就是在树冠内膛或其他适当部位，选留健壮枝条长放，并将其周围的弱枝疏除，促生分枝后，再行回缩，并使其横向生长，增加分枝量、扩大结果面积。回缩修剪是核桃培养枝组的常用方法，这样的枝组着生方向好、长势稳定、结果多，如图 11.3–5。枝组的着生位置，一般以背斜侧较好，背上枝组可控制利用，但不宜留背后枝组。大、中、小型枝组的比例和数量要适当，分布要均匀，一般枝组的距离以 60 ～ 80cm 左右为宜，以充分利用光照。树冠内膛以培养中型枝组为好，过大影响枝头生长，过小结果能力差、寿命短、不易更新复壮。

连续结果数年后枝组会逐渐衰弱，要及时回缩复壮，以增强树势。对小型结果枝组，可采取“去弱留强、去老留新”的办法，增加枝叶量、扩大营养面积；对长势正常的中型枝组，可利用回缩复壮的办法，使组内分枝轮流结果；对长势过旺的中型枝组，可通过“去强留中庸”的办法进行调整；对大型枝组，要控制其过度延伸，以防树上长树，如果大型枝组已经没有延伸空间或其上的小型枝组长势过弱产量下降时，应及时回缩，更新复壮。

(a) (b) (c) (d)

图 11.3-5 核桃的修剪
(a)及时回缩可促进侧芽萌发，克服光秃现象；(b)回缩培养外围枝组；
(c)回缩修剪后形成的健壮的结果母枝坐果好；(d)直立枝回缩培养的枝组

7. 辅养枝的修剪

着生在中心领导枝和各主、侧枝上的辅养枝，修剪时可根据空间大小和着生位置以及是否影响骨干枝生长等因素综合考虑。有生长空间而且已经结果，也不影响主、侧枝生长的辅养枝应该保留，以增加树体营养和提高产量；已经没有生长空间，而且严重影响主、侧枝生长的辅养枝应逐步疏除。疏除大辅养枝时，应在分枝处或锯口处留有小枝以缓和长势，促进伤口愈合，防止发生徒长枝。尚有生长空间，也有一定数量辅养枝时，可将辅养枝逐步改造为结果枝。对长势旺盛的徒长枝，除内膛过密应及时疏除外，结果期的树可适当选留并改造为结果枝组，或培养为主枝的接班枝。

8. 衰老树的修剪

核桃树自然更新能力很强，衰老树的更新修剪分为大更新和小更新。

大更新多用于极度衰弱的老树，通常是在骨干枝中下部有良好分枝处锯除，利用萌发的新梢重新形成树冠。小更新是在骨干枝中上部有分枝处锯除，重新形成树冠和提高产量。这种更新办法，修剪量小、树冠恢复快。进行小更新需要先培养好更新枝，当更新枝的长势强于原枝头时，再更新换头。

11.4 李 *Prunus salicina*

11.4.1 生长特性

李为小乔木，树姿较开张，树冠较矮小，一般树高 3 ～ 4m，冠幅 5 ～ 6m。幼龄李树生长迅速，一年生新梢的加长生长可达 2 ～ 3 次。大多数品种的萌芽率和成枝力较强，枝条稠密；潜伏芽的寿命较长，也容易萌发，自然更新能力较强，所以，骨干枝下部的光秃现象较轻。

园林中常见的李为中国李，近年可见到欧洲李（*Prunos domestica*）的栽培，但因其喜干燥气候，目前仅在华北有少量栽培，南方多雨，尚未见成片栽培。

长势旺盛的中国李，早期抽生的副梢生长充实，能成花结果。李树有发生根蘖的习性，一般情况下应及时疏除。中国李树的寿命较长，可达 30 ～ 40 年，李树开始结果的年龄较早，在当年生新梢上可形成花芽，3 ～ 4 年生即可开始结果，8 ～ 10 年生开始大量结果，经济寿命较长。

11.4.2 枝芽特性

1. 芽的类型及特性

李树芽可分为叶芽和花芽两种，新梢的顶芽为叶芽，叶腋处着生花芽，一个叶腋间能着生许多芽，最多可达 12 个，成为一个芽组。位于中间的多为叶芽，位于两旁的多为花芽，也有叶芽。花芽、叶芽的形态和大小差不多，但花芽的鳞片被有蜡质，赤褐色，有光泽，外形也较饱满，可与叶芽区分。

李树花量很大，在一个花芽内可生出 2 ～ 4 朵花，长势偏旺的一年生枝的侧芽和二年生枝条的侧生短花枝均可开花结果。如栽培管理和整形修剪适当，李树较易获得丰产。李树的花枝开花状况见图 11.4-1。

（a）

（b）

（c）

（d）

图 11.4-1　李的花枝开花状况
（a）一年生枝的副芽开花；（b）衰弱的多年生花枝；（c）二年生枝段的短花枝；（d）多年生花枝群

2. 枝条的类型及特性

李树的枝条，可分为发育枝、结果枝和徒长枝 3 类。

结果枝有长果枝、中果枝、短果枝和花束状果枝之分（图 11.4-2）。中国李除少数品种以短果枝和花束状果枝结果居多外，绝大部分品种以中、长果枝结果为主。而欧洲李则以中、短果枝为结果多。

幼龄李树营养生长较旺，多以长果枝结果为主，随着树龄的增长，花束状结果枝增多。这是中国李结果的重要特征，生产中可以依此来判断所管理的树木是哪一种李树。

花束状结果枝的着生部位多在母枝的中、下部，每年生长一小段，又形成花芽，可连续结果 4 ～ 5 年。不同枝龄上的花束状果枝，虽然着生大量花芽，但并不都能结果。结果最好的还是 3 ～ 4 年生枝段，五年生以后坐果率较低，且有下降趋势。老树上的花束状果枝如果营养条件较好，或通过更新修剪，可以发生更新枝。

中国李的长果枝和中果枝多着生在母枝的上部，花芽一般不充实、坐果率较低，而欧洲李主要以中果枝和刺状短果枝结果。发育健壮的李树，当年生新梢也可形成花芽结果，是李树的主要结果部位，一般比较固定，而且集中在树冠中、下部，所以隔年结果现象较少。但因其每年都以顶端叶芽向前延伸，下部枝条容易衰老，降低结果能力，所以结果 3 ～ 4 年就需回缩更新，促其复壮。

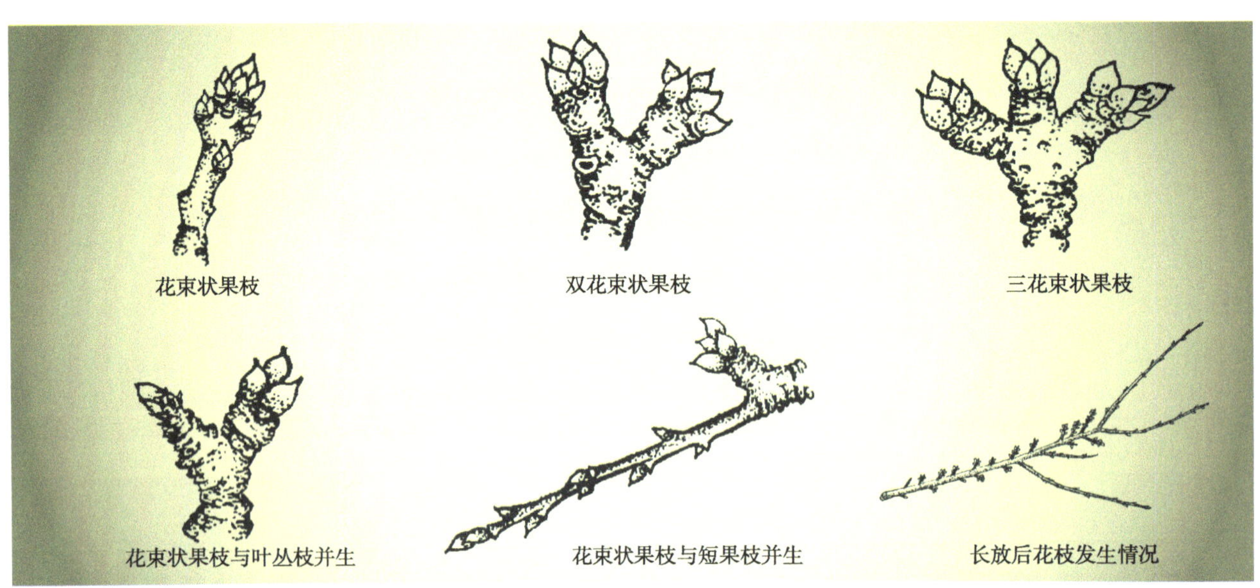

图 11.4–2　李的枝芽类型

11.4.3　整形和修剪

1. 树形

目前李树所采用的树形主要有自然开心形和疏散分层开心形两种。

（1）自然开心形：树高 3 ～ 4m，有主枝 3 ～ 4 个。在主干上选留 3 ～ 4 个角度和方位适宜的枝条作为主枝，不留中心领导枝。第一主枝的开张角度 40° 左右，第二主枝 35° 左右，第三主枝 30° 左右，以保持 3 个主枝的长势均衡。如果分枝角度较小、枝条过于直立，可采用撑枝、拉枝等办法加大主枝角度。主枝头剪留长度一般以剪去枝条总长度的 1/3 ～ 1/4 为宜。第二年冬季修剪时，主枝延长枝要轻度短截。侧枝的剪留长度，以剪去当年新梢生长量的 1/3 左右为宜。其余枝条中，长度在 5cm 以下的短枝，应该全部保留，使其成为花束状果枝或短果枝；长度在 6cm 以上的中、长枝条可稍重短截，促其分生发育枝和结果枝。以后各年的冬季修剪，除继续对延长枝适当短截，使其向外伸展外，应注意选留侧枝和培养枝组，枝组和侧枝着生方向以背斜侧为宜，使其在主、侧枝上左右分布。各侧枝间的距离以保持在 50cm 左右为宜。

（2）疏散分层开心形：干高一般为 50cm 左右，有中心领导枝，全树有主枝 5 ～ 7 个，分三层着生于主干和中心领导枝上。第一层留 3 个主枝，每个主枝上培养 3 ～ 4 个背斜侧枝；第二层留 2 个主枝，每主枝上培养 2 个侧枝；第三层留 1 个主枝，各主枝上留 1 个侧枝。各层间的距离，由下而上依次为 60cm 和 50cm。各级骨干枝的剪留长度，一般以剪去当年新梢生长量的 1/3 左右为宜。在最后一个主枝选定以后，可以剪除其上的中心领导枝部分，进行“小开心”。其余不选作骨干枝的枝条，短枝保留、中枝短截、徒长枝或过旺枝可从基部疏除。

这种树形的主枝较多、分布均匀，树冠呈半圆形或圆头形，空间利用充分，结果面积大，经 4 ～ 6 年即可成形。

2. 幼树和健旺树修剪

幼树定植后，按上述整形要求选留主、侧枝。修剪中要注意平衡树势，维持好各枝骨干枝的从属关系。当主枝或主、侧枝之间出现强弱不均、从属关系不明时，可回缩强枝，加大角度，少留小枝，轻剪延长枝；对弱枝则需抬高枝头角度，多留小枝，适当重剪延长枝，使树势平衡。

李树的萌芽率和成枝力较强，又以短果枝和花束状果枝结果为主，修剪时应注意疏除旺长的发育枝和过密的中、长果枝，以调整树体营养，促使花芽充实和果枝健壮。幼树期间先端易抽生发育枝和长果枝，中、下部则易抽生长势衰弱的短果枝，但这种果枝结果不良。为促生健壮短果枝，应注意培养结果枝组，也可在基枝上，使短果枝或花束状果枝轮流交替结果，以维持短果枝的健壮长势。当基枝逐年伸长，长势衰弱不利结果时，可重剪更新或疏除。

李树的枝条节间较短，枝、芽较多，新梢密挤、丛生。为保持树冠内部的良好的通风透光条件，可于早春萌芽后抹除过多嫩芽，也可于夏季疏除过密新梢。对长度在 30cm 以上的一年生强枝，修剪时可剪去全长的 1/4；长 15 ～ 20cm 的中枝，可剪去枝条总长度的 1/3 左右。延长枝宜长留，侧枝宜短留。在延长枝的顶端，一般可抽生 3 ～ 4 个新梢，修剪时除留 1 个作延长枝外，下面再留一个侧生枝，多余枝条可从基部疏除。树冠内部的细弱枝，可根据情况疏除或短截。

3. 成龄树的修剪

李树进入盛果期以后，长势渐弱，此时要适当加大修剪量，以保持生长和结果的平衡。骨干枝上的花束状果枝和短果枝的数量过多时，可适当多疏剪，以免削弱树势；对衰老的结果枝组要及时回缩更新，以保持健壮长势；对各级骨干枝的延长枝，可适当重剪，以加强营养生长，延长盛果年限。

对长势过旺、产量很低的成年树，修剪时应先找出原因。如因为修剪过重引起，就应减轻修剪强度，只疏密生枝，不再短截；如因结果过多而长势衰弱且有大小年结果的现象，则应在加强土肥水综合管理的基础上，适当加重修剪，以促进营养生长，恢复树势。

中国李的多数品种结果早、产量高，修剪程度可适当重于欧洲李，先端的新梢长度以 30 ～ 40cm 左右为适宜。由于欧洲李的主要结果部位为中、短果枝，因此，对一年生营养枝可适当重剪。

4. 衰老树的修剪

及时回缩更新，刺激萌发较多的壮枝和徒长枝；选留位置、方向适宜的枝条，培养为新的骨干枝，重新形成树冠。

11.5　中华猕猴桃 *Actinidia chinensis*

猕猴桃是原产于中国的野生藤本果树。在全世界约 54 个种类中，经济价值最高、栽培最为普遍的是中华猕猴桃，其在绿地中鲜有栽培，在庭院中栽培较多。下面以中华猕猴桃为例给予介绍。

11.5.1　生长特性

1. 左旋生长

中华猕猴桃的蔓条，具有逆时针旋转（左旋）缠绕生长的习性。当新梢伸长到一定长度时，因其组织幼嫩不能直立，就需要依靠蔓条先端的缠绕能力，依附于其他物体上或蔓条间。

2. 自枯现象

在自然条件下生长的猕猴桃，上部蔓叶长势较旺，遮阴较重，下部蔓叶得不到足够的光照，因而在生长后期，顶端会自行枯死，这种现象，即为自枯现象。在野生状态下，3 ～ 4 年生蔓条枯死后，进行自然更新。在人工栽培条件下，由于蔓条比较稀疏，长势也比较壮旺，所以自枯现象出现的也比较晚，一般在蔓条的正常生长停止时才会出现。

3. 很强的极性和明显的背地性

侧芽的位置背向地面的，生长旺盛；与地面平行的，长势中庸；向着地面的蔓条长势衰弱，甚至不萌芽。披散形生长的一年生蔓条先端往往垂向地面，这部分芽几乎与地面平行，所以长势一般；中下部向上的芽，能抽生粗壮的蔓条，甚至徒长，此种蔓条出现后，其上部的蔓条便越来越弱，最后也出现自枯现象。

4. 结果早

猕猴桃实生苗一般 3 ～ 4 年开始结果，6 ～ 7 年后进入盛果期，一般单株产量 10 ～ 20kg，最高可达 100kg 以上。嫁接的植株，第二年就开始结果，4 ～ 5 年后即可进入盛果期。

11.5.2　蔓芽特性

1. 芽的类型及特性

猕猴桃的芽分为腋芽和潜伏芽。腋芽可以抽生主蔓和侧蔓，也可以分化为花芽。通常位于一年生蔓第 2 ～ 6 节叶腋间的腋芽可形成花芽，第二年开花结果；着生果实的叶腋间没有叶芽，结果后成为盲节，不再继续抽生蔓条；结果部位以上各节位的腋芽在第二年可以继续萌发抽生新蔓，发育为新的结果母蔓。猕猴桃所有新蔓都很容易形成花芽，修剪时要特别注意结果母蔓的适宜密度，防止郁闭。进入结果期的植株，基部老蔓上的潜伏芽萌发抽生徒长蔓，可用于更新复壮。

2. 蔓的类型及特性

猕猴桃的枝条可分为主蔓、侧蔓、结果蔓、发育蔓、结果母蔓、徒长蔓等（图 11.5–1）。

（1）主蔓：从茎的基部抽生的强壮发育蔓。

（2）侧蔓：从主蔓上分生的蔓。

（3）发育蔓：由结果母蔓上抽生的没有花芽的蔓，发育蔓上的每个叶腋间都有芽，芽上茸毛短而少或者光滑。这种蔓条是第二年的理想结果母蔓，其数量的多少决定着第二年产量的高低。

（4）结果蔓：能够开花结果的蔓条称为结果蔓，由结果母蔓上抽生。结果蔓多着生于结果植株一年生蔓的中上部或短缩蔓的上部。根据结果蔓的着生部位、长势强弱和蔓条长短，结果蔓又可分为：

① 徒长性结果蔓：长度在 50cm 以上。徒长性结果蔓多发生于结果母蔓的中部，由背向地面的芽萌发而成，长势较旺，停止生长较晚，一般在 6 月上、中旬期间停止生长。若肥水充足、蔓条生长健壮、中下部腋芽饱满，徒长性结果蔓可成为第二年的结果母蔓连续结果。

② 长果蔓和中果蔓：长度 30 ～ 50cm 的果蔓为长果蔓；长度 10 ～ 30cm 的果蔓为中果蔓。长、中果蔓一般由与地面平行的腋芽萌发而成，常在 5 月上旬至 6 月上旬停止生长。长、中果蔓长势中庸、组织充实、腋芽饱满，一般都能连续结果。

③ 短果蔓和短缩果蔓：长度 5 ～ 10cm 的果蔓为短果蔓；长度 5cm 以下的果蔓为短缩果蔓。短果蔓和短缩果蔓多发生在结果母蔓的下部和顶部，由节位向下的芽萌发而成，节间较短。结果过多时，腋芽瘦弱，不能连续结果。

（5）徒长蔓：由主蔓或侧蔓基部或由其他优势部位所萌发的、直立向上、没有花的旺长蔓条。徒长蔓的节间较长，组织不充实，茸毛多而长。徒长蔓可长达 3m 左右，最长的可达 7 ～ 8m，其上部有时可分生二次蔓。在肥水条件较好、管理水平较高的条件下，中上部及二次蔓也可发育为结果母蔓，但不甚理想。

(a) (b) (c)

(d) (e) (f)

(g) (h) (i)

图 11.5-1 猕猴桃的枝条类型

(a) 主蔓；(b) 主蔓左旋生长；(c) 主蔓基部萌发的徒长蔓，可用于植株更新；
(d) 中果蔓；(e) 短果蔓；(f) 长果蔓；(g) 由短果蔓形成的枝组；(h) 徒长性侧蔓；(i) 发育蔓

11.5.3 整形和修剪

1. 架形

通常采用篱架和棚架两种方式整形。

（1）篱架整形：篱架整形多采用单干，主要有双臂双层水平形和双臂三层水平形。

（2）小棚架整形：是较为普遍的架形，整形的方法步骤是：采用单干，定植时把幼苗栽在两支柱中间，留 2 ～ 3 个饱满腋芽进行短截。新梢萌发后，选留一个强壮新梢，在旁立一支柱，固定引缚，促其迅速向上生长，到达或接近棚面时，对强壮新梢进行摘心或把先端拉平，促使新梢上部萌发 2 ～ 3 个蔓条，作为永久性主蔓。3 个主蔓分别从棚的中央向左右引缚，并促其生长健壮、腋芽饱满。在这 3 个永久性主蔓上，每隔 50cm 左右选留一个结果母蔓。在结果母蔓上，每隔 30cm 左右选留一个结果蔓，以后再使这些结果蔓转化为结果母蔓，抽生结果蔓结果。结果母蔓和结果蔓，一般三年左右更新一次，将多余蔓条疏除。肥水条件较好时，可在主干、永久性主蔓或是结果母蔓上适当选留几个生长健壮、位置适当的蔓条作为结果母蔓的预备蔓，以备更新结果母蔓之用。图 11.5-2 为猕猴桃小棚架栽培的枝条分布和开花结果状况。

此种架形架面大，完成整形时间较长，冬季修剪和蔓条管理也较困难。当结果蔓的生长超过最外一道铁丝时，就任其下垂生长。此种树形通风透光良好、产量高、品质好、但抗风力弱。

(*a*) (*b*) (*c*)

图 11.5-2 猕猴桃小棚架栽培的枝条分布和开花结果状况

(*a*) 主蔓在架面上的分布状况；(*b*) 抽生的当年生结果蔓开花状况；(*c*) 经引缚管理后当年生结果蔓在架面上的分布状况

2. 冬季修剪

冬季修剪在落叶以后至第二年伤流以前的休眠期间进行，主要方法是：

（1）疏剪：主要疏除细弱蔓、枯死蔓、病虫蔓、交叉蔓和过密蔓。萌蘖蔓和徒长蔓如不用于更新，也应及时疏除；留作更新的，留 5 ～ 8 个芽短截。过密发育蔓，应适当疏除。准备培养成结果母蔓的，可在 80 ～ 100cm 之间短截。

（2）更新：对已经结果三年以上的结果母蔓要酌情进行更新。在结果母蔓基部，选生长健壮、腋芽饱满的结果蔓或发育蔓进行回缩，以延缓结果部位外移；如整个结果母蔓很弱，则可从基部疏除，另行选择培养。

（3）调整结果母蔓：疏除生长细弱、过密和多余结果母蔓，保留位置适宜的结果蔓，培养为结果母蔓。对结果蔓选留 2 个芽剪截，使其萌发为结果蔓开花结果。

（4）对结果母蔓上的徒长性结果蔓，在结果部位以上剪留 3 ～ 4 个芽；长、中果蔓剪留 2 ～ 3 个芽；短果蔓和极短果蔓一般不剪。对连续结果后衰老干枯蔓应剪除；对发育充实、腋芽饱满的要保留或适当短截。

（5）注意伤流，适期修剪：猕猴桃的伤流期长，在落叶后和早春修剪较易产生伤流，修剪时要尽量避开。冬季修剪一般在霜降至立冬期间完成；夏季修剪要尽量采用抹芽、摘心等措施，减少剪、截伤口，避免营养流失。

3. 夏季修剪

夏季修剪的时间，从初夏开始到 7 ～ 8 月止。主要方法有：

（1）及时处理徒长蔓：经过整形的植株，在营养充足的条件下，基部常易抽生徒长蔓，如不用于更新，则应及时抹除。留作预备蔓的，可于 1m 左右处及早摘心，以促其健壮。

（2）及时疏除过密蔓：对着生过密、衰弱、遭受机械损伤的蔓条应及时疏除。生长粗壮、腋芽饱满、位置适宜的，要注意保留利用。

（3）摘心促壮：对发育蔓和结果母蔓，要根据长势强弱和培养目的及时摘心，促其生长健壮和腋芽饱满充实。对结果蔓，要在结果部位以上剪留 7 ～ 8 个芽，自枯封顶的不必修剪。对徒长性发育蔓或结果蔓摘心后，经半月左右，其顶端又可萌发二次蔓。对二次蔓可留 3 ～ 4 叶摘心。二次蔓摘心后还可萌发三次蔓，对三次蔓可留 2 ～ 3 叶摘心。8 月中旬以后，可不必再行摘心。

（4）处理下垂蔓：下垂蔓长势弱，影响通风透光，所结果实质量也差，可酌情疏除。

（5）避免相互缠绕：中华猕猴桃的蔓条长势很旺，如不及时摘心或短截，则易相互缠绕而影响通风透光。

（6）避免顶芽受伤：中华猕猴桃的髓部中空，组织不充实，水分极易蒸发，修剪后伤口愈合也慢，而且常在剪口下干枯一段，所以修剪时要在剪口芽上部留 3 ～ 4cm 的桩，以防顶芽遭受损伤。

11.6 葡萄 *Vitis vinifera*

葡萄是最常见的庭院果树，品种很多，受欢迎的有‘玫瑰香’、‘巨峰’、‘红玫瑰’等品种。下面以这些品种为例给予介绍。

11.6.1 生长特性

葡萄是多年生蔓性藤本果树，在一般情况下，需攀缘其他物体生长，因而，在葡萄栽培中，便有各式各样的架式及不同的整形方式和修剪方法。但无论架式和整形方式有什么不同，都必须注意葡萄的生长结果习性、不同种类和品种的生物学特性、栽植方式、立地条件等，据此确定正确的整形修剪措施，以便获得最好的经济效益。

11.6.2 枝芽特性

1. 芽的类型及特性

葡萄的芽主要有两种，一种是冬芽，另一种是夏芽，两者同时着生在新梢的叶腋间。葡萄的芽具有早熟性，在年生长期内，可多次抽生新梢。这对加速整形、提早结果、抵抗不良外界环境条件和增加早期产量，有重要作用。

（1）冬芽：是由一个主芽和 3 ～ 8 个副芽组成。能抽生花序的称为花芽，不能抽生花序的称为叶芽，但从外部形态上不易区别。

在正常情况下，冬芽需在越冬后才能萌发，抽生结果枝。为了多次结果，可采取修剪措施促使其在当年萌发，在二次枝上开花结果，出现一年多次结果。

主芽萌发后形成的新梢，称为主梢。副芽一般不萌发，如营养充足或局部遭受刺激，也可萌发抽生新梢，称为主芽副梢。在同一节上抽生 2 个新梢，称双发枝；抽生 3 个或 3 个以上的新梢，称多发枝。一般修剪留枝时每节只留 1 个新梢，将其他新梢抹掉，在花序少的年份，常留两个新梢，以增加产量。

如果冬芽在秋季萌动，还未能抽出新梢就遇低温而死亡，或在早春萌动后遇低温而死亡，以后不再具有萌发能力，此种芽称为“瞎眼”，在修剪中应该注意。

同一枝条上不同节位的芽，质量有所不同。一般情况下基部的芽多数发育不良，质量差；中部的芽多为饱满花芽；上部的芽质量也差，表现出“芽的异质性”。不同品种间优质芽部位有所不同，熟悉品种的习性、准确掌握优质芽的部位才能做好整形修剪。

（2）夏芽：着生在冬芽的旁边，是一种“裸芽”，当年即可萌发抽生副梢。在肥水充足、摘心修剪及时的条件下，副梢可在短期内形成花芽并开花结果。但副梢的果穗和果粒都比主梢的小，且皮厚、汁少，酸含量较高。

（3）潜伏芽：除冬芽和夏芽外，还有一种潜伏芽，是发育不完全的基部芽。这种芽一般不萌发，而潜伏在皮层内，大多数没有花序分化，可用于更新。

芽萌发的顺序：芽的类型不同，萌发的顺序也不一样。在正常情况下，冬芽的中心芽首先萌发；当中心芽遭受损伤或营养丰富时，副芽也可同时萌发；如果遭遇冻害使冬芽死亡，潜伏芽便大量萌发。在生长季节，如将主梢摘心，则副梢可迅速代替主梢。一次副梢摘心后，二次副梢便开始生长，每摘心一次，便可促使其更高级次的枝萌发。如果把副梢全部摘去或强摘心，便可迫使冬芽在当年萌发。

图 11.6-1 ‘巨峰’葡萄的芽和枝条

（a）着生在一年生枝条上的冬芽；（b）着生在二年生枝条上的一年生枝条，当年进行中梢修剪一般留芽 6～8 个；（c）由二次枝形成的结果枝应进行短梢修剪，一般留芽 2～3 个；（d）冬芽为混合芽，萌发后抽生的新枝和花序；（e）当年生营养枝的形态；（f）健壮的一年生枝条中部的节位芽的着生情况：叶腋中着生不萌发的冬芽、当年形成副梢的夏芽和叶对面的花序

2. 枝的类型及特性

葡萄整个树体，是由带叶的新梢和不带叶的老蔓所组成。老蔓是树体的骨干，新梢决定葡萄的产量。

（1）老蔓：因着生部位不同，又可分为主干、主蔓和侧蔓三部分。

① 主干：是从地面到分生主蔓的部分，较为粗大。在冬季需埋土防寒的地区，因埋土操作不便，所以多不保留主干，而从地面上直接分生几个主蔓。

② 主蔓：是从主干上分生的枝蔓。没有主干的树体，则直接由地面分生。

③ 侧蔓：是从主蔓上分生的枝蔓。在生产中，由于整形方式不同，有的留有侧蔓，而有的则不留。

（2）新梢：带有果穗的叫结果枝，着生结果枝的为结果母枝；不带果穗的叫发育枝；各主、侧蔓先端的新梢叫延长梢；由潜伏芽萌发的新梢叫萌蘖枝，其中生长特别旺盛的叫徒长枝。新梢上膨大的部分叫做节；节与节之间的部分叫节间。

（3）卷须：卷须的作用在于缠绕其他物体，固定新梢。当卷须缠住其他物体时，便迅速生长并很快木质化，没有其他物体可攀缘时，卷须可较长时间的保持绿色，然后枯黄脱落。在人工栽培条件下，

卷须自由缠绕会造成新梢生长紊乱、勒伤枝蔓或果穗感染病害、养分消耗等问题，所以应结合绑蔓及时摘除。

（4）花序：葡萄的花序为复总状花序，从穗轴分生多级分支，在分支顶端着生成簇小花。花序从着生果枝处到穗梗节的分支，有的不带小花，而为一卷须，有的带有小花而成为副穗。对落花落果严重的品种，如玫瑰香等，可在花前采用掐花序尖和除副穗的办法，以提高坐果率。

（5）果穗：花序在开花坐果以后便成为果穗。果穗由穗梗、穗轴和果粒组成。有些果粒因授粉不良或营养不足等原因会形成小粒或青粒，进行疏果可改善果粒的生长状况从而提高果穗质量。

葡萄萌芽后至果实形成，要经过新梢伸长、花序生长、闭花授粉、果穗成熟等几个阶段，如图 11.6-2 所示。

（*a*）

（*b*）

（*c*）

（*d*）

图 11.6-2 ‘巨峰’葡萄的开花与结实过程

（*a*）生长中的新梢，其上着生叶片、卷须和果穗；（*b*）花序成熟后进行闭花授粉；（*c*）授粉后形成的幼果；（*d*）果实形成

11.6.3 整形和修剪

葡萄是藤本果树，其枝蔓可根据需要整成各种形式。但不论整成何种形式，其最终目的都是为了尽快地使葡萄丰产、优质且便于管理。

1. 架形

绿化或庭院中栽植葡萄常用的架形有：无架、小棚架、篱架等（图 11.6-3）。

（a）

（b）

（c）

（d）

图 11.6-3　架形

（a）简易的篱架；（b）依附于窗护栏；（c）小棚架；（d）大棚架

（1）无架：无架就是不搭架，其管理较为粗放。选择枝蔓直立性较强、易结果的品种。无架整形又可分为灌木状整形、三角形整形和依附式整形等多种。

① 灌木状整形：每株只留 1 个主干，高度根据立地条件确定。第一年冬剪时，留 20 ～ 50cm 定干；第二年冬剪时，在主干上部选留 1 ～ 2 个粗壮充实的新梢，按中、短梢剪成来年的结果母枝，中梢一般留芽 6 ～ 8 个，短梢留芽 2 ～ 3 个，第三年后，使其成为主蔓；第三年及以后的冬剪，仅对新梢进行短剪。一般新梢向上生长，超过 1.5m 时可任其自由下垂生长。

② 三角式整形：即按等距离三角形栽植，每株留一主干。第一年冬季修剪时，留 60 ～ 80cm 定干；第二年冬剪时，在距地面 50cm 左右处，留一新梢，使其向另一株连接；第三年基本完成整形。在连接枝上，每隔 25cm 左右留结果部位。在定植后的 1 ～ 2 年内，因主干较细不能自立，需在中间设立支柱，当主干粗壮并能自立时再撤除。

③ 依附式：此种方式粗放、古老。将葡萄栽于其他树旁，使葡萄枝蔓依附于树，任枝蔓自由生长、无一定形状，或依附于窗户护栏自由攀爬。

（2）棚架：形式很多，经常应用的是小棚架，通常结构是架长 3 ～ 5m、架基高 1.5m、架面最高处 1.7 ～ 2m，呈倾斜状，也有两端等高架面平展的架形。在棚架整形过程中，由于主蔓的多少不同，又可细分为少主蔓自由式和多主蔓扇形及分段水平整形等。

① 少主蔓自由式：在定植当年，只选留 1 ～ 2 个新梢作为主蔓，冬剪时留 60 ～ 80cm 剪截。第二年，在每个枝梢的顶端选留 2 个生长健壮的新梢，冬剪时，留一长梢作延伸之用，留一短梢作为结果枝，再在基部再选留 1 ～ 2 个新梢剪短。以后，每年都在主蔓先端留延长枝，对主蔓进行长、中、短梢修剪，长梢留芽 12 ～ 15 个，中梢留芽 6 ～ 8 个，短梢留芽 2 ～ 3 个，直至布满架面。

② 多主蔓扇形：一般每株留 2 ～ 3 个主蔓，主蔓上再分生若干侧蔓，使植株呈扇状分布于架面。定植后第一年，新梢长达 50cm 左右时摘心，在基部留一粗壮副梢，多余者及时除去，前部留 1 ～ 2 个副梢向前延伸；冬剪时，剪留 30 ～ 50cm 作为主蔓。第二年春天发芽后，在每个主蔓上选留 2 ～ 3 个新梢，余者及时除去，到冬季修剪时，再按长势强弱进行长、中、短梢修剪。到第三年春天萌芽后，根据枝条长势强弱和枝蔓的稀密进行疏芽，一般每隔 10 ～ 15cm 留一新梢，季修剪时再按长势强弱进行不同长度的修剪；枝条粗壮、新梢距离较大或作为延长梢的可以长放，反之则行中、短梢修剪，作为下一年的结果母枝。

（3）篱架：有单壁篱架和双壁篱架两种形式，葡萄栽植点在架的一侧或双壁立柱中间。用拉线或斜支柱将两端的边柱固定。通常采用多主蔓扇形的整形方法。

2. 冬季修剪

葡萄在休眠期和芽膨大前容易出现伤流，冬季一般在霜降到立冬这段时间内修剪较为适宜、避开最冷的 1 月。冬季修剪主要是保持健壮树势、调节生长结果、合理布置枝蔓、剪除病虫弱枝、更新复壮。

（1）剪留长度：冬季修剪，主要是对着生冬芽的新梢修剪。通常按留芽的多少，分为长梢修剪（留 8 ～ 12 芽）、中梢修剪（留 4 ～ 7 芽）、短梢修剪（留 2 ～ 4 芽）、极短梢（留 2 芽以下）、极长梢（留 12 芽以上）以及长、中、短梢结合修剪等方法。修剪时应根据架式、品种、树龄、树势、气候条件和肥水管理条件等综合考虑。长、中、短梢结合修剪，没有固定的结果部位，根据新梢生长状况，决定剪留长度。通常是新梢粗度在 1cm 以上时，行长梢修剪；粗度在 0.6 ～ 1cm 时，行中梢或短梢修剪；粗度在 0.6cm 以下的从基部疏除。短梢修剪，技术简单、易于掌握、管理容易，但树势容易衰老，应注意更新。具体到一棵葡萄上，采用何种修剪方式为好，应视实际情况确定。对用于扩大树形的延长枝，多采用长梢或极长梢修剪；如为充实架面和扩大结果部位，多采用中、长梢修剪；为固定结果部位，防止其外移，可采用短梢或极短梢修剪。

（2）结果母枝的留量：影响葡萄产量的因素是多方面的，特别是管理条件的影响，在土质条件较好、管理水平较高时，可适当多留几个结果母枝；肥水管理跟不上时，就应适当减少结果母枝的留量。冬季修剪时，结果母枝的留量可适当多些，通过夏季修剪进行调节。

（3）更新修剪：树势变弱、结果能力下降时，应及时对葡萄进行主、侧蔓的更新修剪，促其复壮。更新修剪可分为局部更新（也称小更新）和全部更新。

局部更新只对少量衰老主蔓进行更新，可在衰老枝蔓的基部，有计划地选择位置适当、长势健壮的枝蔓，代替原有老蔓。

大量枝蔓衰老以至全株枯死时，需全部更新，可从主蔓基部萌发的萌蘖枝或徒长枝中，选择部位适宜者加以培养，以代替原有的主、侧蔓。

3. 夏季修剪

夏季修剪是在冬季修剪的基础上调节生长与结果、节约养分、改善通风透光条件、控制新梢生长速度、提高产量品质的有效措施。包括除梢、摘心、疏花序、疏果穗、去卷须、摘老叶等。

（1）除梢：即抹芽，指除去不必要的幼芽，减少养分消耗。除梢的时间越早越好，在芽子萌动后即可开始进行。由于芽的萌发时间有先后，除梢操作应进行 2 ～ 3 次，按芽的不同着生部位分别进行处理。多年生主、侧蔓及近地面处所萌发的潜伏芽，多数没有花序，除用于更新修剪或填补空间以外，应一律及早摘除。

第一次除梢对象是双发枝或三发枝、发育畸形或遭受损伤的新梢以及位置不当且方向不好的新梢。双发枝或三发枝留一个健壮的芽，其余新梢要及早除去。

第二次除梢的时间可在新梢长达 10 ～ 15cm、能辨别花序时进行。此时要继续除去萌芽，另一个主要任务是处理发育枝，在生长正常的情况下，凡不拟留作来年结果母枝的，可全部除掉。

第三次除梢的时间，可在新梢长 25cm 左右时进行。这次除梢，是对前两次未除净的或后来萌发的幼芽进行处理。除继续除去过密、过弱新梢外，在结果正常的情况下，也可除去一些花序瘦小的结果枝，以提高质量。

除梢数量的多少和品种的萌芽力、树势强弱、修剪方法以及肥水条件等有关。'玫瑰香'等萌芽力强的品种，除梢量可多些；'巨峰'等萌芽力弱的品种，除梢量则少些。长势壮旺的植株，除梢宜少；弱树弱枝，除梢应多。实行长梢修剪的，除梢可多些；短梢修剪，除梢宜少。肥水充足时，除梢宜少；营养不良时，除梢可多些。除梢以定梢后的新梢在架面上分布均匀、稀密适度为原则。

（2）摘心：葡萄的长势一般较旺，在自然生长条件下，新梢长度可达 10m，每一个叶腋间又很容易抽生副梢，应及时处理，防止消耗营养，影响产量。

新梢摘心可抑制其营养生长，提高坐果率和产量。摘心的早晚、轻重程度和次数多少，因品种特性、枝蔓种类、树势强弱、肥水条件和管理水平的不同而有差异。一般发育枝和延长枝的摘心时间要比结果枝晚，留叶也多，以便发育更多的饱满冬芽，作为来年的结果母枝。'玫瑰香'等品种，可在开花前 3 ～ 5 天，在花序以上留 5 ～ 8 片叶摘心。如果花序以上只留 2 ～ 4 片叶，则摘心过重，虽能提高坐果率且幼果前期膨大也快，但由于叶面积小，对后期果粒的膨大和着色有不良影响。

在摘心的同时，还应及时除去花序以下的副梢，而对花序以上的副梢，则根据不同情况进行具体处理。除顶端的 1 ～ 2 个副梢外，其他副梢有的可留 1 ～ 2 片叶摘心，有的则应将全部副梢抹去。副梢留 1 ～ 2 片叶摘心可促进冬芽饱满，利于提高产量、品质，但容易引起郁闭，造成病害蔓延。如将副梢全部除掉，虽易于管理，但浆果成熟晚且品质较差。顶端的 1 ～ 2 个副梢，宜留 4 ～ 6 片叶反复进行摘心。

（3）疏剪花序和疏穗疏果：一般情况下不必疏花序，也不要掐穗尖。在肥水不足、枝蔓细弱、新梢负载量过大或落花落果严重时，可以适当疏除部分花序，或在花前 3 ～ 5 天掐去花序的 1/5 左右，以调节养分供应，使果穗紧密。

疏果工作宜在葡萄粒如黄豆大小时进行。最好是选在晴天的下午，此时果穗和果梗柔软，并可和绑蔓工作结合在一起同时进行。疏果前轻轻振动一下，震落授精不良的幼果，并理顺果穗，使其自然下垂生长。

（4）去卷须摘老叶：因卷须缠绕果穗和枝蔓会造成枝梢紊乱，影响采收和修剪，所以必须及时除掉卷须。除卷须的工作，一般是结合摘心进行。

4. 利用副梢多次结果

葡萄的芽具有早熟性，可利用副梢多次结果，也可利用冬芽二次梢和夏芽副梢。'玫瑰香'、'巨峰'、'红玫瑰'等品种，都比较容易获得多次果，而'龙眼'和'牛奶'等品种则较为困难。利用夏芽副梢多次结果的方法，是在开花前 10 天左右，在花序以上留 4 ～ 6 片叶摘心的同时，保留顶端的 2 ～ 3 个夏芽，

以下各节萌发的新梢则全部去掉。顶端的夏芽抽梢后，有花序的，在花序上留 2 ～ 3 片叶摘心；没有花序的，留 2 片叶摘心，促使顶端未萌发的夏芽充分发育，抽枝结果。

利用冬芽二次梢结果的方法是在花前 10 天左右，结果枝在花序上部留 4 ～ 6 片叶摘心，暂时保留顶端的 1 ～ 2 个夏芽副稍，将多余的除掉。到新梢摘心后 20 天左右，将这些暂时保留的顶端副梢摘除，迫使冬芽萌发，萌发后形成的冬芽二次梢，有花序的在花序以上留 2 片叶摘心，没有花序的从基部除掉，迫使下节的冬芽萌发、结果。注意选用壮枝，暂时保留的副梢摘除时间不能过早，也不能过晚。过早，冬芽分化不好，花序没有形成；过晚，二次果不能正常成熟。在利用二次梢结果时，要注意选用冬芽二次梢结果能力较强的品种，如‘玫瑰香’等。葡萄多次结果必须在加强土肥水综合管理和病虫害综合防治的基础上，才能获得良好效果。

11.7　山楂 *Crataegus pinnatifida*

通常说的山楂是指红果、山里红。山楂是我国原产，栽培历史悠久。整形修剪合理的山楂其树势健壮，树形优美，枝组紧凑，结果面积大，果实丰满，观赏效益极高。

11.7.1　生长特性

山楂为浅根性树种，侧根多分布在 40cm 左右的土层中，5 ～ 20cm 的土层中常易发生不定芽，形成根蘖苗。

山楂定植后发根较晚，而且较为困难，一般定植的当年，地上部生长都较弱，到第 2 ～ 3 年生长才转旺，以后的生长则一年比一年旺盛。实际工作中山楂常有“见旺长而不剪”的习惯，甚至连延长枝也不剪，因而逐渐影响了树形和枝组结构。

幼龄的山楂，树姿较直立，树冠半开张，树冠内长枝多，中、短枝少，营养生长占优势，树冠扩展快，停止生长晚。成龄后骨干枝的角度逐渐增大，树冠开张或下垂。

山楂的干性较强，中干的长势往往大于第一层的 3 个主枝。因而管理中不能对中干进行长留长放，也不能对第一层的 3 个主枝实施重剪，否则会造成树冠直立抱生，影响树冠的均衡和美观。

山楂树在结果之前长势很旺，结果后营养生长迅速减弱、果枝量迅速增加、树势明显减弱，结果过多时树势容易早衰。山楂枝条容易形成花芽，即使在很长的发育枝上也能形成花芽，成龄树单枝为营养枝的枝条数量很少。

11.7.2　枝芽类型及特性

1. 芽的类型及特性

山楂树冠内，着生在营养枝顶端的芽称为顶芽，是真顶芽；着生在花序下方的芽，结果后也位于枝条的顶端，称为假顶芽，它是由侧芽分化而成的（图 11.7–1（*a*）、（*b*））。

山楂的顶芽肥大、充实，其下的 2 ～ 3 个侧芽也较肥大。由这些芽萌生的枝条其延伸能力都很强，对下部侧芽的萌发和生长有明显的抑制作用，因而枝条的下部容易光秃。山楂树冠外围枝条较密，造成内膛光照不足、枝稀而弱，开花结果部位多集中在树冠外围。

山楂的花芽为混合芽。发育充实的枝条，除顶花芽外还有腋花芽。腋花芽的数量与枝条的长度有关，长度在 25 ～ 30cm 的枝条其顶花芽以下能形成 2 ～ 3 个腋花芽，可以抽生几个健壮的结果新梢。在结果新梢的顶端以下的几个叶腋中，当年还能形成腋花芽，连续开花结果，并可转化为大、中型枝组；长

势弱的果枝结果后长势更弱，不能转化为枝组，常形成衰弱的单轴枝。

山楂的隐芽较多，寿命较长，自然更新的能力很强。位于年界处的隐芽生命力强，是更新的主体；而枝条中、下部的侧芽形成的隐芽，会导致枝条下部光秃，且枝龄越老光秃越重，更新也越困难。

2. 枝的类型及特性

山楂的枝条可分为长果枝、中果枝和短果枝，果枝为一年生枝，只有顶花芽。长果枝长度在25cm以上，中果枝长度在15～25cm之间，短果枝长度在15cm以下。山楂以长15cm以上、粗度在0.5cm左右的结果枝结果较好，细弱而短的果枝质量较差，常常是只开花不坐果（图11.7–1（*c*）～（*f*））。

（*a*）　（*b*）　（*c*）

（*d*）　（*e*）　（*f*）

图 11.7–1　山楂的枝芽特性

（*a*）上一年未结果的一年生枝条的真顶芽，顶芽和侧芽均为混合芽；
（*b*）上一年结果的一年生枝条没有真顶芽，为假顶芽枝，侧芽可分化为混合芽；（*c*）长果枝；
（*d*）着生中果枝和短果枝的枝组；（*e*）顶芽萌发新枝，其生长势明显优于侧芽枝；（*f*）外围果枝的着生状况

山楂枝条连续结果能力较强，一般为2～4年，多者可达7～9年。连续结果能力的大小因品种、树龄、树势及立地条件有一定差异。

山楂的顶端优势较强，所以常导致树冠内的中、短枝条寿命较短，连续开花结果的能力相对较差，内膛容易光秃。在整形过程中，应注意抑制顶端优势，维持冠内枝组长势，增强枝组的连续结果能力。控制顶端优势的方法之一是加大骨干枝的角度。山楂的萌芽率中等、成枝力强，长枝短截以后可发生约5个长枝，且长势较旺，有时长达2m。山楂的长、短枝分化明显，而中、短发育枝转化能力弱、寿命较短，结果后很易死亡，较难转化为大、中枝组。长枝甩放后，由于萌芽率低、转化能力弱，基部容易光秃，剪留越长光秃现象越严重。

3. 枝条生长与开花特性

山楂的混合芽萌发后先抽生当年生新枝，新枝的顶端着生花序，如图11.7–2。

(*a*)

(*b*)

(*c*)

图 11.7-2 山楂枝条的生长开花特性

(*a*) 混合芽萌发后抽生的当年生新枝；(*b*) 当年生新枝顶端着生花序；(*c*) 未形成混合芽的顶芽具有早熟性，抽生夏梢和秋梢

11.7.3 整形修剪

1. 树形

山楂常用的树形有延迟开心形和自然开心形。

（1）延迟开心形：具有中心领导枝，在中干上留 3 ～ 4 层主枝，后期开心变为两层。

此种树形的第一层主枝多为 3 个，也可选留 4 个。第一层的第三、第四个主枝最好邻接排列，以便抑制中干或上部过强。山楂对光照要求较严，所以层间距离要适当大些。层间距离的大小应与树冠大小相协调，冠高 4m，层间距以 1.2m 左右为宜；冠高 6m 以上时，层间距应为 1.5m 左右。为抑制上强和保证冠内良好的光照条件，在中干的层间不要再留辅养枝和枝组。此种树形第一层的 3 个主枝开张角要大，每个主枝上选留 3 个侧枝。第二层主枝开张角度较小，40° 左右，再向上可再选留 1 个主枝。第一层的每一主枝上除选留 3 个侧枝以外，还可根据侧枝位置和空间大小适当选留副侧枝，但不宜过多。过多的侧枝或副侧枝，容易造成内膛枝组的衰弱和死亡。第二层主枝背下的大枝过多时，会影响第一层、第二层主枝间的光照，应注意回缩更新。

（2）自然开心形：没有中心领导枝，干高 30 ～ 50cm，冠高 3 ～ 4m，主枝 3 ～ 5 个，着生部位与主干延迟开心形相似。山楂的自然开心形树形要求侧枝分布均匀，不交叉、不重叠，第一侧枝距中干 40 ～ 50cm，第二侧枝距第一侧枝 30cm 左右，第三侧枝距第二侧枝 40 ～ 50cm。侧枝左右排开，其上着生枝组且应分布均匀，当主枝数量和树冠高度达到上述要求时，即可落头开心。开心后，树冠上部微凹陷，略呈扁圆形，叶幕受光面积较大，树冠上部光照较好，冠内枝组的发育充实健壮。

(*a*)

(*b*)

(*c*)

图 11.7-3 山楂的树形

(*a*) 延迟开心形的树体结构；(*b*)、(*c*) 开心形的各种冠形

(*d*)

(*e*)

(*f*)

图 11.7-3 山楂的树形（续）
(*d*)～(*f*) 开心形的各种冠形

2. 竞争枝的控制和辅养枝的利用

山楂幼旺树或成龄树的局部剪口下第一、第二两个芽所萌发的枝条往往角度小、长势旺，容易出现竞争现象，修剪时要注重处理，一般不要留竞争枝作主、侧枝用。对角度小、长势旺的枝条，宜及早控制或疏除。此种枝条过多时，可疏去一部分并重截一部分，第二年夏季通过多次摘心，控制其加长生长，促生分枝，也可采取拉枝、捋枝等办法，使其水平生长，缓和长势后，开花结果。对于那些没有利用价值的竞争枝或徒长枝，可及早从基部疏除。

长势旺的山楂树不要急于发展中干以及第二层、第三层主枝，以免出现上强下弱的现象。为早期增强观赏性，可在过渡层的中干上适当选留辅养枝。这样对于积累树体营养、迅速扩大树冠、培养永久性枝组都有重要作用，但不要保留过多，以免影响骨干枝的生长和扰乱树形。对已经形成的大辅养枝，要根据前后左右分枝量确定是保留、疏除还是缩剪。有较大空间又不影响主、侧枝生长时，辅养枝可暂时保留；如辅养枝前旺后弱，可以疏除；如前弱后壮，可适当缩剪。

3. 结果枝组的培养

山楂的结果枝组可分为大、中、小型 3 种。大、中型结果枝组是山楂的主要结果部位。修剪中应根据枝条的生长发育状况决定各类枝组的修剪程度和培养办法。为培养临时性枝组，以轻剪小枝为主。为培养分枝紧凑、靠近骨干枝的永久性枝组，多采用重截的办法，即对长枝进行重短截促发中、短枝，然后对中段长的中枝再适当短截，以促生分枝、增加枝量、形成枝组。

4. 夏季修剪

（1）拉枝：春季发芽后，对角度较小的骨干枝或生长较旺的大枝，用塑料绳、草绳或开角器将其角度拉大，可以改善树体的通风透光条件、控制顶端优势、增加枝条的营养积累，有利于促发内膛枝和形成花芽。

（2）摘心剪梢：在 5 月中、下旬新梢即将停止生长时，对山楂强旺枝条进行摘心，可促使新梢先端几个腋芽萌生 2～3 个新枝，这对增加枝量和扩大树冠的效果都很明显。若在 6 月中、下旬进行摘心，一般不再萌发新梢，但有利于形成花芽。再晚摘心枝芽不充实，还可能遭受冻害。

5. 枝组的修剪

山楂树大量开花以后，花枝的数量明显增多，大多数中庸枝的芽或其下部的腋芽，都可能是花芽。花芽的数量越多树势越容易衰弱。

对永久性枝组，应根据空向大小，决定继续延伸还是回缩，空间较大时，可继续适当延伸；空间较小、影响骨干枝生长时，可适当回缩，使结果枝轮流更新，交替结果。影响光照和主、侧枝生长的临时枝组，应及时回缩或疏除。对那些连续结果多年的结果枝，应注意疏除或短截，以集中营养、促进枝条

健壮生长、提高坐果率和增大果实个头，也有利于短截的枝条继续形成花芽，防止大小年现象发生。修剪中可采取“截前促后”和“去弱留强”的办法，复壮结果枝组，促发健壮枝条。

6. 春季复剪

山楂的花芽一般着生在结果枝的顶端及其以下的几个芽位，但主、侧枝的延长枝枝头应选留叶芽。在冬季修剪时，花芽、叶芽有时难以区分，如误留花芽作延长枝枝头，则开花结果之后，枝头长势变弱，影响树冠扩大；所以应在春季芽子膨大后再进行一次复剪，将主、侧枝延长枝枝头上的花芽剪掉，以叶芽当头，保持枝条生长优势。

7. 放任生长树的修剪

此类树的共同特点是，骨干枝多、树形紊乱、树势衰弱、开花部位外移、果实质量差。对这类树修剪，不必过分强调树形，可根据“因树修剪，随枝作形”的原则，进行改造修剪。修剪时，可先疏除密挤、重叠或交叉的大枝，对留下的大枝，要使其分布均匀、长势平衡，而且互不影响。如需疏除的大枝较多，可采取逐年疏除的办法，以免造成过多的伤口，影响树体的长势。第一年可先疏除 1 ～ 2 个大枝及内膛的过密枝、衰弱枝；对单轴延伸的长枝，在有分枝处进行回缩；交叉枝、重叠枝可疏去；位置不当、长势较弱的干枯枝和密挤枝，可适当疏除一部分，以复壮树势、增加营养积累、提高花果质量。以后各年应继续疏除过密枝和衰弱枝、回缩冗长枝，促进树体健壮，保持枝组紧凑。对内膛空虚的大树，应选择和利用徒长枝，更新或培养为新的结果枝组。山楂放任树上常见的枝组类型及对应的修剪方法见图 11.7–4。

(a)　(b)　(c)　(d)　(e)　(f)

图 11.7–4　山楂放任生长树上多见的枝组类型

(a) 连续长放、结构松散的枝组，应及时进行回缩更新；
(b) 健壮的单轴枝组，要逐步促其分枝进而变成牢固的枝组；
(c) 衰弱的枝组，采用疏花果的方法减少花果量以恢复生长势；
(d) 密挤的外围枝组，应疏间和控制其向上极性以促进延长枝恢复生长势，向两侧发展；
(e) 后部光秃的枝组，生长季用刻伤的方法促使后部发枝后将其培养成小型枝组，填补空裸部位；
(f) 延长枝背上枝组过强，可用枝组进行换头，抬高延长枝的梢角

在进行更新修剪时要注意以下几个方面：首先要选择生命力强的短枝。一般情况下，着生在三年生枝基部的短枝极有利于复壮，三年生以上枝条最好选择着生在年界处的隐芽进行更新，多年生枝上萌发的细弱新枝一般不用作更新枝（图 11.7-5）。

（*a*）　　（*b*）　　（*c*）

图 11.7-5　山楂更新部位的选择

（*a*）多年生枝后部的健壮短枝是及时更新最好的芽；（*b*）多年生枝上的单薄短枝起不到更新作用；（*c*）年界处集中生长了较多的隐芽，是更新的有效部位

另外要注意，更新后骨干枝要分布合理、不拥挤，小枝分布均匀，树冠层间距离恰当，直立枝得到有效控制，辅养枝得到合理处置（图 11.7-6）。

（*a*）　　（*b*）　　（*c*）

图 11.7-6　山楂放任树更新修剪后的情况

（*a*）疏除过多的密枝和弱枝后的形状；（*b*）调整层间距离，打开层间后的效果；（*c*）疏除影响光照的背上直立枝和大型辅养枝

11.8　石榴 *Punica granatum*

11.8.1　生长特性

石榴又称为安石榴、海石榴，是石榴科石榴属落叶灌木或小乔木。石榴树高 5 ～ 7m，树冠常不整齐；幼枝呈四棱形，枝顶端常呈棘刺状，长成后则枝条圆滑，小枝质地软而韧，能负荷很多果实，呈弓形而不折断；干和大枝多向左方扭转生长，其上多有瘤状突起；老树树皮多呈块状剥落。

石榴的花多为红色，也有粉红色和黄白色，因品种而异。花冠倒卵形，与萼片同数而互生，花有单瓣、重瓣之分，花期 5 ～ 6 月。果实球形，红黄色，顶端有宿萼，为多子的浆果，成熟期 8 ～ 9 月。

石榴的变种与品种甚多，长期栽培发展为果石榴与花石榴两类。常见的品种及变种有：

月季石榴：植株矮小，叶线状披针形，5 ～ 9 月每月开花一次，花红色、单瓣或重瓣，花果较小，属于矮生小石榴类。月季石榴也称作盆石榴。

重瓣红石榴：亦称千瓣大红石榴或重瓣红石榴，属花石榴类型，花大而瓣多。重瓣红石榴的花果均很艳丽夺目，为观花观果的主要品种。

白花石榴：亦称银榴，5～6月开花一次，花白色。其重瓣者称千瓣白石榴，花期长，延至7月亦可开花。

黄花石榴：花色微黄，单瓣，果皮也是黄色，重瓣黄色者称千瓣黄石榴。

玛瑙石榴：又称玻璃石榴，花大、重瓣，花色有红花白色条纹或白花红色条纹。

11.8.2 枝芽特性

1. 芽和花的类型及特性

石榴的芽可分为混合芽（花芽）和营养芽（叶芽）。石榴的花分为完全花和不完全花。外观上完全花的子房发达，子房上下等粗、腰部略细，呈筒状，又名“筒状花”。这种花的雌蕊一般高于雄蕊，发育健全，可以结果。不完全花子房不发育，外形上大下小、呈钟状，俗称“钟状花”，是退化的花。这类花胚珠发育不完整，雌蕊发育不全或完全退化，只开花不坐果。还有中间类型的花，雌蕊和雄蕊高度相平或略低，也呈筒状。这类花坐果率较低，果内籽粒少而小。

2. 枝的类型

石榴枝条的形态和功能区别很大，为描述方便将枝条按以下方式分类。

依据年龄将其分为：一年生枝、二年生枝、三年生枝，三年生以上枝称多年生枝。

依据是否能形成花芽将其分为：中花枝、长花枝、短花枝、最短花枝（图 11.8-1）、徒长枝、最短结果母枝。石榴不同果枝的结果状况见图 11.8-2。

（*a*）　（*b*）

（*c*）　（*d*）

图 11.8-1　石榴的花枝类型

（*a*）中花枝；（*b*）长花枝；（*c*）短花枝；（*d*）最短花枝

（a）　　（b）　　（c）

图 11.8–2　石榴不同结果枝的结果状况
（a）长果枝；（b）中果枝；（c）短果枝

依据枝条的长度可分为：叶丛枝（又称最短枝，枝长 2cm 以下，节间极短，基部簇生数叶，无明显腋芽，只有 1 个顶芽）、短枝（2 ～ 7cm）、中枝（7 ～ 15cm）、长枝（15cm 以上）。

依据功能将其分为：结果枝、结果母枝、营养枝、针状枝和徒长枝。

3. 枝条的生长特性

石榴的枝条中，生长势最弱的是只具有单一顶芽的最短枝，这类枝在一般条件下可保持微弱生长，并在顶部再度形成最短枝，当遇到适宜条件时可成为结果母枝，当受到强刺激时则可抽生长枝。

生长势稍强的是普通营养枝，包括短枝、中枝、长枝，这些枝易形成结果母枝。

生长特别旺盛的是长营养枝（35cm 以上）和徒长枝，这类枝条从春至夏、秋可连续生长，并且随其伸长，自中上部各节抽生与母枝几乎成直角的二次枝、三次枝。着生在长营养枝和徒长枝中下部的分枝向水平方向伸展，一般长势不强，有的可成为短枝，长度在 10cm 左右；着生于上部的二次枝、三次枝可抽生为长枝，其中有的当年可形成混合芽，成为结果母枝。

石榴的长营养枝一年有 2 ～ 3 次生长高峰，春天第一次抽生的新梢是春梢，在五月上旬前后形成，至五月中旬后生长明显减弱并逐渐停止；其后六至七月抽生的新梢是夏梢；八月份以后抽生的新梢是秋梢。与其他树木不同的是石榴枝条看不到明显的春、秋稍界限和芽体形态的明显差异，但可以清楚地分辨出不同生长势枝条的着生形态，如图 11.8–3。

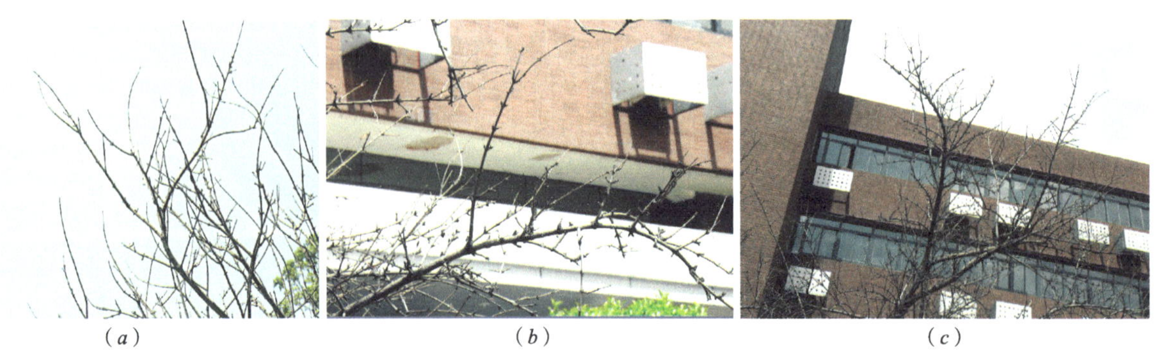
（a）　　（b）　　（c）

图 11.8–3　石榴的外围枝类型
（a）健壮树的外围骨干枝头；（b）连续延伸和开花结实后下垂的多年生外围枝；（c）着生多量花果且长势缓和的外围枝

11.8.3 整形修剪

1. 树形

在绿地中石榴多由地面发出多个主干，自然情况下呈灌丛状生长。对石榴的修剪如果每年除了剪除基部萌蘖外，对其他枝多不再修整，就会造成冠内枝条密挤、通风透光不良、开花部位严重外移。这种树不仅管理不方便，而且观赏价值不高。

石榴合理的树形以单主干自然开心形、多主干自然开心形、多主干自然半圆形和双主干“V”字形为好（图 11.8–4）。

（*a*）

（*b*）

（*c*）

图 11.8–4 石榴主干的常见形式
（*a*）单干式；（*b*）三干式；（*c*）低干式

（1）单主干自然开心形：干高 50cm 左右，树高 3m 左右，无中央领导干。有主枝 3 ～ 5 个，向四周均匀分布，各主枝在主干上着生间距 15 ～ 20cm，主枝与主干夹角 50° ～ 60° 。

（2）多主干自然开心形：干高 50cm 左右，树高 3m 左右。有主干 3 ～ 4 个，主干均匀向外分布，主干与垂直线的夹角 40° ～ 50° 。每个主干上有主枝 2 ～ 3 个，共有主枝 6 ～ 8 个，各主枝向树冠四周均匀分布，互不交叉重叠。同一主干上的主枝间相距 50cm 以上，主枝上着生结果枝组。这种树形成形快、主干多、易于更新，但主枝多且易交叉重叠。

这种树形如果留两个主干，就成双主干“V”字形。树体结构同三主干开心形，但因为减少了主干，主枝更容易安排。

（3）多主干自然半圆形：有主干 2 ～ 4 个，干高 0.5 ～ 1m，树高 3 ～ 4m。主干各自向上延伸，每个主干上着生主枝 3 ～ 5 个，共有主枝 12 ～ 15 个，分别向四周生长，避免交叉重叠。这种树形成形快、枝条多、花量大，缺点是树冠易郁闭、管理不太方便。

2. 修剪注意事项

石榴生长量大，要采用冬、夏结合的修剪方法。修剪的内容包括整形、树体结构调整、延长枝的短截、结果枝组的培养、花枝数量的调整、辅养枝的控制和萌蘖枝的处理等。操作中要注意以下几方面：

（1）品种：不同品种树体大小、生长势、萌芽力、分枝角度、花芽形成情况都不相同，树势强壮、发枝多的品种修剪宜轻，宜多疏，反之则宜偏重。花量大且坐果率高的品种，修剪可少留花芽，反之则应尽量多保留花芽。

（2）树龄：幼树长势旺、树体小、遮阴轻，应以整形为主，轻剪长放多留枝。成年树则需稳定树势，维持树形，适度更新枝组。对徒长枝，位置好的可用于骨干枝或枝组的更新，无用的彻底剪掉。老龄树要加大修剪量，更新树冠，维持健旺长势。石榴成龄树常用的几种修剪方法见图 11.8–5。

（a）

（b）

（c）

（d）

图 11.8–5　石榴成龄树的修剪方法

（a）直立枝回缩后长放不短截；（b）留橛疏枝，其他枝长放（疏旺缓壮）；
（c）疏枝后伤口处的萌生枝可夏季摘心，留 2 个方向、位置适宜的枝条，其余疏除；（d）长放枝夏季留背后枝回缩

（3）树势：树势旺的应多疏少截使之缓和，达到中庸长势；偏弱树应行较重修剪，少留花枝，以恢复树势。

3. 夏季修剪

石榴的芽有早熟性，旺枝很易萌发二次枝、三次枝，树冠很容易郁闭。夏剪主要解决通风透光的问题，控制局部徒长，促使加速成形。夏剪包括抹芽、摘心、剪梢等，对无用和密挤枝芽应及早抹除，无用徒长枝及时去掉，有空间的可以通过摘心、扭梢等办法使之转化为结果枝。抱头生长的树要因树因枝地通过拉枝、拿枝来开张角度。

4. 放任树的修剪

要按整形要求行修剪改造，首先疏掉或回缩一部分较大交叉枝、重叠枝、密挤枝，调整各级骨干枝的从属关系。对于影响通风透光的过密主干要去掉，疏间和回缩外围密生、衰弱、下垂或成簇生长的花枝。在疏除大枝时要防止大拉大砍，应分期分批疏间，避免因修剪太重而影响树势。石榴大枝修剪采用的疏枝方法见图 11.8–6，（a）图是为了均衡主枝之间的长势采用的“去强留中庸”的疏枝方法，（b）图是枝条过于密集的单株疏除拥挤的直立枝和冗长的下垂枝后的树冠枝条分布情况。

（a）

（b）

图 11.8-6　石榴大枝的修剪

（a）均衡长势，去大留中；（b）去除影响树形的大枝，改造成长势均衡开心形

石榴的隐芽很易萌发，回缩后易抽生新枝，通过截、缓、拿、扭、剥等办法使之成为枝组，以充实秃裸的内膛。改造树不要强求树形，只要达到枝间有距离、通风透光好、枝组分布均匀就可以。

11.9　柿 *Diospyros kaki*

11.9.1　生长特性

原产我国的柿子树为高大的落叶乔木，树高可达 10m 以上，树冠较为开张。自然更新的能力很强，在一般的栽培条件下，经济寿命可达 100 年以上，管理好的柿树，树龄可长达 300 年以上。柿树多用君迁子（软枣或黑枣）作砧木，根系分布较浅，主要根群分布在 20 ～ 40cm 左右的土层内。未经移植的坐地苗，垂直根可深达 3 ～ 4m，侧根较为发达，须根较多，萌生细根较强，因此抗旱能力强。

在自然生长的情况下，柿树树冠多呈半圆形、圆头形、圆锥形或偏头形等多种自然形状，冠形紊乱郁闭，枝条密集交叉，通风透光不好，树体长势较差，柿果产量较低、品质也差。

11.9.2　枝芽特性

1. 芽的类型和特性

柿树的芽有混合芽、叶芽、潜伏芽和副芽等 4 种。

（1）混合芽：柿树的混合芽为花芽，着生于结果母枝的顶端，其下 1 ～ 2 个侧芽也可以分化为混合芽。

（2）叶芽：柿树的叶芽比花芽瘦小，多着生在结果母枝的中部，萌芽后抽生发育枝。

（3）潜伏芽：潜伏芽着生在枝条下部，其寿命长，可达 10 年之久，遇到刺激后便可萌发抽枝，可用于更新。

（4）副芽：副芽多着生于枝条基部的鳞片下，其寿命比潜伏芽还长，遭受刺激时萌发抽枝的能力也比潜伏芽强。因此，在柿树修剪过程中，除充分利用花芽和叶芽外，还应注意保护和利用潜伏芽及副芽，促生新枝后可用于更新骨干枝和树冠。

着生在枝条上的芽子，因着生部位不同，其发育程度和萌发力的强弱也有差异，一般是顶端到基部逐渐减弱。

2. 枝的类型和特性

柿树的枝条，可分为结果母枝、结果枝、发育枝和徒长枝等。

（1）结果母枝：是着生混合芽和抽生结果枝的枝条，长势较强，一般长度为 10 ～ 30cm，顶芽和以下的第一、第二两个芽为混合花芽，第二年开花、抽枝、结果。

（2）结果枝：当年由结果母枝的顶芽和第 1 ～ 2 两个侧芽抽生的枝条，其叶腋间着生花朵并在当年开花结果。结果枝大致可分为 3 段，基部 2 ～ 4 节着生隐芽，中部着生花芽，但不再产生腋芽；顶部 3 ～ 5 节多着生叶芽，在营养充足时，可形成混合芽，成为下一年的结果母枝，翌年继续抽枝结果。

（3）发育枝：是由一年生枝上的叶芽萌发形成或多年生枝上的潜伏芽和副芽遭受刺激后萌发而成。由于发育枝的发生部位不同，其生长强弱也很不一致，可分为强发育枝和弱发育枝两种。

强发育枝着生于一年生枝的顶部或由多年生枝的隐芽萌发而成。其枝条较为粗壮，长度一般在 30cm 以上。在营养充足和管理水平高的条件下，强发育枝顶部的芽子可以形成混合芽而变为结果母枝。

弱发育枝生长纤细，着生于一年生枝中部或多年生枝下部，长势细弱，长度一般在 10cm 以下。此类枝条只能消耗养分，影响通风透光，不能形成混合芽。修剪时应及时疏除。

（4）徒长枝：俗称“疯枝”或“水条”，是由直立发育枝的顶芽萌发形成或由大枝的潜伏芽遭受刺激抽生。徒长枝长势非常旺盛，节间长，叶片大，但组织发育不充实。这类枝条通常都是直立向上生长，如不及时控制，长度可达 1m 以上，可用于更新复壮。

图 11.9–1 综合显示了柿树的枝芽着生位置和发枝、开花情况。其中，（*a*）图是二年生枝上抽生的一年生结果母枝的着生情况。结果母枝的顶芽和顶芽下方的 1 ～ 2 个侧芽可以形成混合芽，这些混合芽的萌发、抽枝形态和花芽的着生位置见图（*d*）和（*e*）。图（*b*）是混合芽和叶芽的着生位置和萌发状况；（*c*）是没有形成混合芽的壮发育枝和徒长枝上叶芽的发生状况，通常这些叶芽萌发后当年可以抽生结果母枝，下一年开花结果。柿树果实的形成过程和着生位置见图 11.9–2。

（*a*）　（*b*）　（*c*）

（*d*）　（*e*）

图 11.9–1　柿树的枝芽特性

（*a*）二年生枝条上着生的长、中、短结果母枝；（*b*）上一年形成混合芽的顶芽和侧芽在第二年春季萌发的状况；（*c*）上一年未形成混合芽的顶芽和侧芽在第二年春季萌发的状况；（*d*）柿树的结果母枝为一年生枝，顶芽至第三个芽为混合芽，萌发后抽生结果枝；（*e*）混合芽抽生的当年生结果枝，花朵位于新枝的叶腋间，为单生，结果后这一枝段形成空裸；上部的顶芽和其下第 1 ～ 3 个侧芽可以继续分化为混合芽，成为下一年的结果母枝

（a）

（b）

（c）

图 11.9-2 柿树的结实过程（（a）～（c））

11.9.3 整形修剪

绿地中栽植的柿树大多已成龄，骨架已经形成，随着生长，树势逐渐恢复，冠内枝条和结果数量逐年增加，修剪的任务主要是保持树冠内部的均衡生长。

柿树是以壮枝结果的树木，结果母枝越粗壮，抽生的结果枝越多，坐果也越好，因此应通过修剪技术，尽量培养健壮的结果母枝。

1. 树形

柿树的树冠比较高大，主干和中心领导枝的直立性强，主枝较多、层形明显，适宜树形以疏散分层形和自然开心形为好（图 11.9-3）。

（a）

（b）

图 11.9-3 柿树的树形
（a）疏散分层形；（b）向开心形过渡的延迟开心形

2. 骨干枝修剪

对主、侧枝要调节其长势，使其均衡并保持从属关系。各级骨干枝的延长枝，以及由主、侧枝上抽生的发育枝，要适当短截，促生分枝，促进其转化为结果母枝。对树冠外围局部出现旺长的新梢，要适当短截，一般剪去枝条总长度的 1/3 左右，以防过度延伸而扰乱树形。过密的可适当疏除或用回缩的方法进行换头修剪。

3. 结果母枝的修剪

结果母枝密挤时，应适当疏剪，去强留弱，使其均匀分布，也可剪去过多的结果母枝的混合芽，将其作为预备枝。所留结果母枝，以长 10 ～ 30cm、生长健壮充实的为好。结果母枝的顶芽有连续结果能力，连续结果 2 ～ 3 年后，因其结果部位外移，应及时回缩修剪，保持结果母枝的健壮长势。对结果后长势衰弱、无力再形成混合芽的结果枝，可在有饱满侧芽处短截，使其更新复壮。如结果部位以下没有饱满侧芽时，可在基部重截，促使潜伏芽萌发抽枝。

4. 徒长枝修剪

在有生长空间的情况下，徒长枝可及早摘心或短截，促生分枝，以培养为结果枝组，填补树冠的空虚部位。没有利用空间或着生位置不当的徒长枝，要及早疏除。

5. 细弱枝修剪

对细弱枝、交叉枝、密挤枝、并生枝，应及时进行疏除。对细长下垂的弱枝和长势衰弱的枝组，可在较壮分枝处缩剪复壮。对细弱下垂的多年生枝，应在向上生长的良好分枝处及时回缩，以抬高枝头角度、复壮长势。

6. 枝组的培养和修剪

柿树枝条向前延展较快，后部易光秃，延伸 2 ～ 3 年后即应回缩成为小型结果枝组。多年生辅养枝要通过换头或回缩的方法培养成大型结果枝组；光秃严重的枝条可用基部萌生的枝条进行结果枝组的更新。柿树枝组的培养方法和着生形态见图 11.9–4。

(*a*)　(*b*)

(*c*)　(*d*)

图 11.9–4　柿树枝组的培养

(*a*) 合理地利用连续分枝形成健康稳定的枝组；(*b*) “抑前促后”、“控上缓下” 相结合形成的枝组；(*c*) 徒长枝改造修剪形成的枝组；(*d*) 利用隐芽萌生的枝条于夏季控制培养新枝组

7. 夏季修剪

在新梢萌发后至木质化以前，抹去剪、锯口附近的萌芽，需留下以补充空间或更新用的枝条要及早摘心，以防形成徒长枝。对位置适宜、有利用价值的长枝或徒长枝，在长达 20 ～ 30cm 时摘心，促发二次枝，并使其形成结果母枝。

11.10 君迁子 *Diospyros lotus*

君迁子又称为软枣，为柿树科柿树属落叶乔木，树高可达 10m，树冠圆形，树皮暗灰色，有小块长方形的深纵裂。

君迁子的生长和枝芽特性与柿树相近，区别在于君迁子的一年生枝条平展，成枝力、萌芽力和坐果率均高于柿树。其花枝分布、开花和结果形态见图 11.10–1。

（*a*） （*b*） （*c*）

图 11.10–1 君迁子的花枝和果枝

（*a*）结果母枝上着生的结果枝；（*b*）当年生结果枝上叶腋中的单花开放情况；（*c*）当年生果枝的结实情况

君迁子的整形修剪方法可参照柿树进行。

11.11 桃 *Prunus persica*

11.11.1 生长特性

桃树原产我国，栽培历史悠久，品种繁多。桃树为落叶乔木，在自然生长条件下，树高一般为 4 ～ 5m，冠径 5 ～ 6m，树冠开张或半开张，喜光，生长快，结果早，寿命短。我国的栽培品种可分为华北、华中两大系统。在肥水条件好，管理水平也较高时，两年后便可结果，6 ～ 7 年生进入盛果期，10 ～ 15 年生产量最高，常见品种有久保、油桃、水蜜桃等（图 11.11–1）。

桃树干性较弱，枝条的顶端优势不明显，在自然生长条件下，很易失去主干而呈现开张或半开张形的树冠。桃树主枝的开张角度大小，对树姿的影响很大。华北系统的肥城桃，其主枝角度小于 40°，

（*a*） （*b*） （*c*）

图 11.11–1 桃的品种

（*a*）水蜜桃（泰安蜜）；（*b*）油桃；（*c*）大久保

树姿较为直立。华中系统的大久保，其主枝角度一般大于 60° ，树冠开张，有时甚至下垂。

11.11.2 枝芽特性

1. 芽的类型及特性

桃树芽分为花芽和叶芽，花芽着生在枝条侧面的叶腋中，叶芽着生于枝条顶端或在枝条侧面的叶腋间与花芽复生。根据每节枝条上着生芽的数量，又可分为单芽和复芽。还可根据芽的特性分为早熟性芽、休眠芽和不定芽。

在一个节上只着生 1 个叶芽或 1 个花芽的称为单芽，着生 2 个及以上的称为复芽。在复芽中，凡有 2 个芽并生时，多为 1 个花芽和 1 个叶芽；3 个芽并生时，则中间为叶芽、两旁为花芽，偶有 3 个都是叶芽；有 4 个芽并生时，也是叶芽居中，两旁是花芽。如营养不足或遭受机械损伤时可能有节无芽，俗称盲节，修剪时剪口不能留在此处。

桃树的花芽为纯花芽，芽体肥大，只能开花不能抽枝。桃树修剪时，剪口芽必须留叶芽，才能使新梢继续生长，如剪在复芽处，须将花芽除去。

桃芽具有早熟性，在生长期长、环境条件适宜的情况下，一年内可抽生 2 ～ 3 次副梢，甚至更多，形成多次分枝和多次生长。这是桃树结果早的原因，修剪时应充分利用这一特点。桃树不同着生姿态的枝条二次枝的发生情况见图 11.11–2。

（*a*） （*b*） （*c*）

图 11.11–2 桃枝条的二次生长

（*a*）直立枝二次生长；（*b*）当年生枝顶芽二次生长；（*c*）主枝枝头二次生长

桃的潜伏芽寿命较短，更新的能力也较弱，因而树体寿命短、容易衰老，更新也较困难。

2. 枝条的类型及特性

桃树的枝条，按其性质可分为发育枝、结果枝和徒长枝三类。

（1）发育枝：长势强于结果枝、弱于徒长枝，具有较多的叶芽和少量的花芽，可利用其更新结果枝组。

（2）叶丛枝：着生于多年生枝中下部的短缩小枝，年生长量仅 0.5cm 左右，枝上簇生少数叶片，落叶后，枝上布满芽痕；顶端为叶芽，生命可维持 2 ～ 5 年，极易自枯。叶丛枝在成龄树和衰弱树上发生较多，可用于更新复壮结果枝组。

（3）结果枝：具有较多花芽的一年生枝，以结果为主。根据其长短、粗细、花芽排列状况及结果特性等的不同，可分为徒长性结果枝、长果枝、中果枝、短果枝以及花束状果枝等 5 种。

① 徒长性结果枝：多着生于幼树或长势强旺的树上，长度 50cm 以上、粗 0.8cm 以上，在副梢上也可着生花芽并结果，复花芽着生数量少。在初果期的桃树上，徒长性结果枝的数量占 5% ～ 10%。

② 长果枝：这种果枝的长度一般为 30 ～ 50cm，粗为 0.8cm，枝条的基部和顶端为叶芽，中部约占

枝长的 2/3，多着生发育良好的复花芽。长果枝结果能力和连续结果的能力都较强，结果的同时，还能抽生 2 ～ 3 个健壮新梢，来年连续结果，是结果的主要枝条。长果枝基部的叶芽发育良好，可于基部进行更新。

③ 中果枝：长度一般为 10 ～ 30cm，枝条粗度 0.3 ～ 0.5cm，生长充实，单花芽和复花芽混合着生。枝条的上部和下部以单花芽为主，枝条中部多着生复花芽，结果能力好，结果后可抽生中、短果枝，连续结果。

④ 短果枝：长度在 5 ～ 15cm 之间，粗 0.3cm 左右；除顶芽为叶芽外，其余大部为单花芽，复花芽着生很少，能开花结果，但坐果能力较差，难于在基部更新。长势健壮的短果枝，开花坐果后，先端仍能抽生新梢，是华北系统品种和衰老树上结果较好的枝条。

⑤ 花束状果枝：这种果枝的长度一般只有 3 ～ 5cm，粗度多在 0.3cm 以下，除顶芽为叶芽外，单花芽密生，节间极短，排列较为紧密，呈花束状，故有此名。此类枝条多萌生于弱树或老树上，其中只有着生在 2 ～ 3 年生枝段背上的较易坐果，其余均结果不良，2 ～ 3 年后即自行枯死。此种枝条除用于衰老树上的更新以外，多数应疏除。

（4）徒长枝：长势很旺、粗而不壮的枝条，多数徒长枝基部的粗度可达 1cm 以上。这类枝多生长在幼树的中上部或强旺树的主枝先端，以及剪、锯口附近最易出现，多由潜伏芽萌发而成。这类枝条，抽生副梢较多，在修剪控制得当的情况下，可以培养为骨干枝或结果枝组。

（5）副梢：是由一年生新梢上的早熟性腋芽所抽生的枝条，也叫二次枝。此类枝条在徒长枝、发育枝、徒长性结果枝和长果枝上均可抽生，其上着生叶芽或花芽。抽生时间较早的副梢，组织较为充实，可以成为结果枝。抽生较晚的或在二次枝上抽生的三次枝，除着生于基部两侧的叶芽较充实外，其余均不充实，甚至无芽，所以修剪时一般只留基部芽短截。

11.11.3 整形和修剪

1. 树形

桃树的树形主要有改良杯状形、自然开心形、延迟开心形、丛状形等。

（1）改良杯状形：是在杯状形的基础上改进而成。这种树形有主干，三大主枝邻接，主枝开张角度 40° ～ 50° 。各个主枝及其侧枝均按二叉式分枝，形成 3 个主枝、6 个侧枝和 12 个副侧枝，在这些枝条上培养大、中、小型结果枝组。树冠形成以后，各级骨干枝间保持 50cm 左右的间距。此种树形，修剪量较轻，产量较高，结果年限也较长。

（2）自然开心形：有主干，三大主枝在主干上错落着生，有一定间隔且与主干结合牢固，主枝负载量大、不易劈裂。主枝斜向上生长，长势较强，树冠扩大较快。主枝枝头较少，顶端优势较弱，利于延长侧枝寿命。主、侧枝从属关系明确，通风透光良好，树体健壮较易丰产。

（3）延迟开心形：在一段时间里保留中干，全树有 5 ～ 7 个主枝，第一层有主枝 3 个，按 10 ～ 15cm 的间距错落排列，呈邻近式着生。第二层有主枝 2 ～ 3 个，第三层只有 1 个主枝。每个主枝上有侧枝 2 ～ 3 个。此种树形的结果面积较大，易于丰产，比较适于长势健壮的品种。整形过程中，要注意开张主枝角度，并保持 100 ～ 120cm 的层间距离，快要郁闭时改造为自然开心形。

2. 幼树期修剪

幼树长势旺，萌芽率和成枝力强，一年中可抽生多次副梢。在整形修剪中，应充分利用这一特点。定植后 3 ～ 5 年，桃树便可进入初果期。此期树的长势仍然较旺，树冠也继续扩大，果枝数量逐年增多，产量逐年提高。修剪的主要任务是，调节骨干枝间的长势平衡，理顺从属关系，防止树冠紊乱。通过修剪，培养健壮、牢固的骨架，培养结果枝组。

修剪时应根据树势确定对主、侧枝延长枝的剪留长度，长势较旺的树，可留 50 ～ 60cm 短截；长势弱的，留 30 ～ 40cm 短截，剪口芽留外侧饱满芽。侧枝的剪留长度，以主枝延长枝的 2/3 左右为宜，以防与主枝竞争。

对徒长枝和竞争枝，有利用价值的，要前期控制，改造为结果枝；没有利用价值的，应及早疏除。

主枝生长势不平衡时，及时抑强扶弱。对强枝重剪并适当多留结果枝，剪口下留外芽，在生长期对其进行摘心或拿枝、捋枝以调整其生长角度。对弱枝轻剪，适当少留果枝，剪口芽留上芽，增强其长势。

出现上强下弱现象时，上部轻剪，缓和长势；下部少留果枝，多留更新枝。由主枝角过小而形成上强时，则应开张其角度，改善下部的光照条件，促进生长。

出现上弱下强现象时，采用主枝延长枝剪口留上芽的办法，抬高枝头角度，上部少留结果枝，疏除下部直立旺长枝，多留斜生结果枝，逐渐恢复其平衡长势。

3. 培养结果枝组

大型结果枝组，以在主枝背上错落斜生为宜，侧枝上以背后侧和外侧枝为主，在大枝组间再适当错落着生些中、小型枝组，以充分利用空间。桃树树冠内各类枝组的着生位置和形态见图 11.11–3。培养大、中型结果枝组的办法，一般是利用徒长性结果枝，重短截后促生分枝。修剪时去强留弱、去直留斜，选用斜生枝带头，并不断改变其延伸方向，以控制高度、改善光照条件、防止上强下弱。

(*a*)　(*b*)　(*c*)

(*d*)　(*e*)　(*f*)

图 11.11–3　桃的枝组

(*a*) 树冠下部水平生长的辅养枝改造成的大型枝组；
(*b*)(1) 为内膛由徒长枝形成的直立枝组，(2) 为换头修剪后形成的大型竞争性枝组；(*c*) 内膛直立枝回缩修剪形成的大型枝组；
(*d*) 水平生长枝经长放形成的中型枝组；(*e*) 连续长放形成的单轴小型枝组；(*f*) 徒长枝改造修剪形成的大型枝组

对主、侧枝两旁的外向枝组，可利用徒长性结果枝或长果枝短截，促生分枝后，选中庸枝带头，保持其稳定的长势。为了维持其与主、侧枝的从属关系，可采取放缩结合的办法，控制其发展。同一方向

的大枝组间，一般应保持 1m 左右的间距，中枝组间也应保持 30cm 左右。中、小枝组多为各类果枝结果后逐步培养而成，应使其均匀分布于树冠内外和大枝组间，以增加结果面积、提高产量。

4. 盛果期修剪

桃树进入大量结果期后，长势逐渐缓和，主、侧枝的角度都比较开张，树冠不再扩大。大量结果后期，主、侧枝的延长枝也由发育枝转化为长果枝。树冠内的枝组基本配备齐全，徒长枝数量显著减少。至大量结果后期，树的长势变弱，短果枝和花束状果枝的数量增多，中、小枝组开始衰亡，骨干枝的基部开始出现光秃现象，果实变小。此时要通过调节主、侧枝角度，维持其从属关系、控制树冠发展、改善通风透光条件、维持枝组的结果能力，同时应及时更新弱枝以延缓结果部位外移。

（1）骨干枝修剪：剪口要选留上芽以抬高枝头角度或选择适宜枝条回缩更新。枝头回缩不要过急，以防发生旺枝。

（2）结果枝组的修剪：既要用其结果，又要注意培养，使其在结果的同时能够抽生良好的新梢作为预备枝。通常采用单枝更新和双枝更新的修剪方法。

单枝更新是将长果枝适当轻剪长放。待先端结果枝条下垂以后，基部叶芽便会抽生新枝，修剪时可回缩至新枝处，再短截更新枝。这种修剪方法适用于花芽着生节位高或果枝细软的品种。

双枝更新，是在一个枝组内选留先后或上下排列的 2 个枝条，一为果枝，留 6 ～ 8 节短截，使其结果，在此枝下方附近，再选一枝，留 2 ～ 5 节短截，促其抽生 2 个新梢作为预备枝。第二年冬剪时，将已结果的枝条剪除，使预备枝上的一个新梢结果，另一个短截，作为新的预备枝。桃树利用双枝更新，要注意选择健壮充实的枝条作为顶备枝，其数量因树体长势和部位而不同，弱树和弱枝组适当多留，壮树和壮枝宜适当少留，树冠内膛和下部多留，外围和上部适当少留。

5. 夏季修剪

桃树夏季修剪所采取的主要措施是抹芽、摘心、控制竞争枝和徒长枝以及扭梢等。在幼嫩新梢长 2 ～ 3cm 时，将多余的新梢抹去，可以节约养分，使保留新梢生长健壮；新梢长到一定长度时，摘除先端幼嫩部分，使新梢暂时停止延长生长，可刺激副梢萌发和加速树冠形成；在 6 月下旬对新梢和副梢进行摘心，可减缓营养生长，促进花芽分化；在 7 ～ 9 月间，剪除新梢和副梢的幼嫩部分，可抑制营养生长，促进枝芽充实，增加贮备营养，利于安全越冬。主、侧枝的延长枝附近所抽生的旺枝，常易导致上强下弱，通过摘心加以控制或疏除。冠内所抽生的徒长技，没有利用价值时要及时疏除，有利用价值时，通过连续摘心可培养为结果枝组。扭梢用于桃树的效果也很好，即在 5 月中下旬，当新梢半木质化时，将旺长的直立新梢扭曲呈水平或下垂状态可缓和长势、防止徒长，以利于成花、增加产量。桃树夏季修剪的主要方法和剪后枝条形态见图 11.11-4。

（*a*）　　（*b*）　　（*c*）

图 11.11-4　桃的夏季修剪

（*a*）直立枝摘心后仍发生旺枝，需继续进行第二次夏季修剪；（*b*）生长势中等的外围枝摘心后发生较好的新枝；（*c*）生长势较强的外围枝短截后背上还会发生直立新枝，第二次夏季修剪时留 2 ～ 4 个叶片短截，培养成枝组

11.12 无花果 *Ficus carica*

11.12.1 生长特性

无花果是桑科无花果属的落叶小乔木或灌木。在气候适宜且自然生长的条件下，高可达 4 ～ 6m，树冠直径达 5m 左右。扦插一年生苗栽植后，第 3 年开始结果，第 6 ～ 8 年以后大量结果，寿命很长。无花果受伤后能分泌出白色黏性乳汁。品种有矮生无花果、大花无花果等。

无花果地上部重修剪时，能自根际或老枝年界处萌生许多萌蘖枝。但放任不修剪或轻修剪时，各枝仅顶芽和其附近 2 ～ 3 腋芽萌发伸长，中、下部几乎没有分枝。常表现各新枝仅先端有分枝，并且依一定间隔生轮生状枝，树冠最后成为圆头形。每年分枝的间隔依生长强弱有所不同，幼年期生长旺盛，分枝的间隔远，随树龄的增加，枝的伸长度减少，分生各轮生枝群的间隔即短缩，这是老树枝梢密生、内部枝枯死、枝条下垂的原因。

11.12.2 枝芽特性

1. 芽的类型及特性

无花果的芽主要是顶芽、腋芽和潜伏芽。顶芽和腋芽着生在一年生枝的顶端和叶腋处，潜伏芽着生在根颈和枝条的年界处。顶芽为叶芽，萌发后抽生新枝；腋芽萌发形成的新梢，除其叶腋基部 2 ～ 3 节外，其余各节随新梢的伸展，依次着生隐头花序（果实）。在着生果实的同一叶腋内还可分化 1 ～ 2 个叶芽（并生芽），这种芽具早熟性，条件许可时当年可萌发并结果（二次果），条件差时有些叶芽第二年萌发。

由于无花果独特的枝芽特性，为了在修剪中便于区别，特将无花果的枝、芽、花的着生情况和各部分的名称列于图 11.12–1 中。

图 11.12–1　无花果的枝芽特性

（*a*）长花枝；（*b*）中花枝；（*c*）短花枝；（*d*）当年生花枝；（*e*）徒长枝；（*f*）当年生枝的二次生长

图中：（1）为春梢，（2）为秋梢，（3）为春果，（4）为当年生枝，（5）为夏果，（6）为叶芽

2. 枝条的类型及特性

无花果的枝只可分为结果母枝、结果枝和营养枝。结果母枝能抽生结果枝并结果，营养枝不抽生结果枝。结果母枝依生长的充实程度有优劣之分，生长充实、健壮的枝梢是优良结果母枝，可以连续结果。自然生长条件下无花果的发枝情况见图 11.12–2。

（*a*）　（*b*）　（*c*）

图 11.12–2　自然生长条件下无花果的发枝形态

（*a*）树冠外围枝头的发枝情况；（*b*）树冠顶部枝头的发枝情况；（*c*）树冠上部主枝的发枝情况

3. 结果特性

新梢上着生果实成熟时间不同，同一新梢上的果实不能同时成熟，先发生的先成熟，一部分发生晚的会皱缩脱落，因而，无花果有“春果”和“夏果”之分。无花果的结果特性见图 11.12–3。

（*a*）　（*b*）　（*c*）

图 11.12–3　无花果的结果特性

（*a*）生长健壮的一年生枝上春果的结实情况；（*b*）一年生枝分生的健壮的当年生枝，其上可着生大量的夏果；（*c*）当年生枝生长过旺时不能分化花芽，枝条上无夏果

11.12.3　整形和修剪

1. 树形

无花果最常用的树形是自然开心形（图 11.12–4）。干高 0.7 ～ 1m 左右。3 个主枝向周围伸展，其上着生侧枝，侧枝间距 40 ～ 45cm。其余新梢可行摘心作为辅养枝或全部除去，以免妨碍主枝的生长。自根际或主枝年界处所生的新枝应及早除去，以免扰乱树形。

（a）　　（b）

图 11.12-4　无花果自然开心形的树形及主枝结构
（a）开心形树形；（b）主枝分布和主枝头短剪后的发枝情况

2. 冬季修剪

冬季修剪一方面要继续完成整形，维持好现有树形，另一方面要对结果母枝及夏果着生的结果枝进行仔细修剪。

（1）调整树形：对主枝和副主枝的延长枝适度短截，强枝短留、弱枝长留，维持主枝或副主枝间生长势平衡；树冠内交叉或平行的枝适当保留，以不相互荫蔽为度；主枝延长枝的剪口芽留外向芽，生长弱时留内向芽，其附近新梢长势过强时及早除去，生长中庸时新梢可选适宜的留作辅养枝。

主枝或副主枝分生的侧枝，随年龄的增加，会使结果部位外移导致枝条下部空虚，应对伸展衰弱的侧枝由健壮分枝处回缩，促其附近隐芽发生新梢充实和更新侧枝。

（2）疏剪结果母枝：无花果极易形成结果母枝，一年生枝除徒长枝而外，不论上年是否结果，几乎全部都可成为结果母枝，应适当疏枝，去劣存优，所留枝条之间要有适当间隔，抽枝后不致相互影响。

3. 夏季修剪

在冬季修剪不适当或生长过旺时，夏季修剪有利于补充冬季整形修剪的不足和减缓旺盛的长势，主要方法见图 11.12-5。生长过旺不充实的新梢不易生成花蕾，可在 5 月中旬左右留 30cm 摘心，使其分生二次枝并在二次枝先端分化花芽，摘心时期过晚不利于花芽分化。

（a）　　（b）

图 11.12-5　无花果的夏季修剪
（a）控制外围枝的长度，可采用夏季回缩的方法；（b）夏季可利用角度好、生长壮的背后枝开张角度

（c） （d）

图 11.12–5 无花果的夏季修剪（续）
（c）大辅养枝回缩，当年可有较多夏果；（d）修剪后的外围冠形

11.13 杏 *Prunus armeniaca*

杏是蔷薇科乔木，原产我国，是栽培最为普遍的果树之一。以山桃或山杏为砧木嫁接繁殖。在适宜的生长条件下，树高可达 6m 以上，是北方核果类果树中树冠最大的树种。杏树的寿命长，在条件适宜和管理水平较高的条件下，树龄可达 200 年以上。嫁接苗定植后，2 ~ 3 年开始结果，8 ~ 10 年进入盛果期。杏树开花较早，易受晚霜危害。

杏树在绿地中有较多栽植，庭院中更为普遍。

11.13.1 生长特性

根系分布较深，地上的树冠大。幼龄杏树生长特别旺盛，扩冠迅速、长势健壮，定植后 5 ~ 6 年内新梢年生长量可达 2m 以上，在短期内可形成较大的树冠。杏树枝条的生长能力和更新能力都很强。

11.13.2 枝芽特性

1. 芽的类型和特性

杏树芽可分为花芽、叶芽、潜伏芽，花芽为纯花芽。芽的生长状态呈单芽或 2 ~ 3 个芽并生。单生的花芽多着生在新梢或副梢的顶端；单生的叶芽多在枝条基部和顶端；3 个芽并生时，两旁为花芽，中间是叶芽，这种排列的复芽坐果率高（图 11.13–1（*a*））。在同一品种中，叶腋间并生芽的数目与枝条的长度有关，枝条越长，并生芽的数目也越多。在一个枝条上，上部多生单芽，下部多复芽。

杏树具有早熟性的芽，当年芽形成后，条件适宜即可萌发。通常在生长良好的情况下，一年内可发出 2 ~ 3 次分枝。利用这个特性可使杏树提早形成树冠和早结果。

2. 枝的类型和特性

杏树树冠内有结果枝、营养枝等。根据花芽的着生情况和枝的长短，分为长花枝、中花枝、短花枝及花束状花枝 4 类（图 11.13–1（*b*）～（*d*））。结果能力以短花枝及花束状花枝较强，但寿命短，一般不超过 5 ~ 6 年。营养枝的生长期长、生长量大、长势强，有明显的二次生长，前期消耗营养物质多，后期生产和积累营养物质的能力强，对扩大树冠、增加枝量、维持树体长势等有明显效果。

(a) (b) (c) (d)

图 11.13-1 杏的花芽和花枝类型
(a)长花枝上着生的单花芽和复花芽；(b)中花枝和花束状枝；
(c)长放后的 2 ～ 3 年生枝上抽生的各种花束状枝；(d)外围营养枝长放后抽生的中花枝和短花枝

杏树的萌芽力和成枝力相对较弱，位于枝条基部的芽往往不能萌发而成为潜伏芽。潜伏芽的寿命可达 20 ～ 30 年，当条件适宜时（如回缩大枝后）即可萌发为更新枝。

从发枝情况来看，杏树抽生长枝的能力弱而形成短枝的能力很强，在成龄的杏树上每年除骨干枝的枝头可形成少数长枝外，其余都是短花枝或花束状枝。由于花束状花枝着生花芽较多，所以杏树每年开花很多。杏树不同类型枝条的开花和结果状况见图 11.13-2 和图 11.13-3。

(a) (b) (c)

图 11.13-2 杏树不同类型枝条的开花状况
(a)长花枝开花；(b)中花枝开花；(c)花束状花枝开花

（a）　（b）　（c）

图 11.13-3　杏的结果枝
（a）长果枝结果；（b）中果枝结果；（c）短果枝结果

11.13.3　整形和修剪

1. 树形

杏树应用较为普遍的是自然圆头形、疏散分层开心形和自然开心形（图 11.3-4）。

（1）自然圆头形：这种树形没有明显的中心枝，一般是在自然生长条件下略加调整而成，具有 5 ～ 6 个错落着生的主枝向外围伸展。在主枝上距主干 50 ～ 60cm 处着生第一侧枝，其余侧枝错落着生于主枝两侧，间距 40 ～ 50cm 左右。在侧枝上着生各类结果枝组，枝组的着生方向和部位不是很严格，主要着生于骨干枝的两侧和背下。着生在背上的枝组，只要长势不是过强、互不干扰且不影响骨干枝的生长，可以保留。这种树形，修剪量比较小，树冠形成快，主枝分布均匀，进入结果期也较早，适用于直立性较强的品种，但其缺点是树冠内膛后期容易空虚。

（2）疏散分层开心形：这种树形有较为明显的中心主枝。全树共有 8 ～ 9 个主枝，分作三层。第一层有主枝 4 ～ 5 个，第二层 2 ～ 3 个，第三层 2 个。第一层主枝与第二层主枝的层间距离为 100cm 左右，第二、第三层的层间距离为 60 ～ 70cm，第三层主枝以上的中心领导枝枝头可以截除，使植株呈小开心状。在各层主枝上，每隔 50 ～ 60cm，选留 1 个侧枝，在侧枝上再培养各类结果枝组。

（a）　（b）

图 11.13-4　自然生长条件下杏树的树冠形态和主枝分枝情况
（a）自然圆头形的主枝分枝情况；（b）自然开心形的树冠形态和主枝分枝情况

2. 各级骨干枝的修剪

对幼龄和生长旺盛的杏树，要选留和培养好的主、侧枝。对枝条的修剪，可根据“长枝多去，短枝少去”的原则进行处理，对各类枝条进行适当修剪，以利扩大树冠和整形。过密枝条要适当疏除。小枝

可以不剪，以便形成花芽，提早结果。对主枝延长枝，一般以剪去当年生长量的 1/4 ～ 1/3 为宜，并要注意保持各主枝间的均衡生长。

幼龄期或生长健壮的杏树，枝头附近、枝条拐弯处或平直伸展的枝上，常易发生直立生长的强枝，要及时加以处理，以免影响骨干枝的生长发育。

结果枝或长势中庸的枝条过多或位置不当时，也要适当疏间，使其稀密适中、分布均匀、互不干扰，利于通风透光。

树冠形成后要根据具体情况在结果的同时继续完成树冠的整形工作，重点以均衡树势和调整主、侧枝的长势为主，同时利用辅养枝结果，并注意培养枝组。

（*a*） （*b*）

（*c*） （*d*）

图 11.13-5　杏树的修剪方法

（*a*）上强树的上部疏枝修剪；（*b*）侧枝枝头留下芽短截以开张角度；
（*c*）侧枝枝头里芽外蹬，开张角度；（*d*）内膛徒长枝拉平后再长放可形成一串花枝，待其结果后改造成枝组

3. 更新修剪

随着杏树的生长和年龄的增加，树冠内枝条逐渐出现密挤，表现为新梢生长量减弱，细弱的枝条较多，不易形成花芽。此时要利用杏树的潜伏芽寿命较长、伤口容易愈合的习性，及时进行更新修剪。更新修剪的有效方法是回缩修剪，根据树体或枝条的衰弱程度，决定更新部位和强度。一般是在主枝或侧枝衰弱时要回缩外围枝并对中部的枝组和辅养枝进行较重的回缩修剪，待刺激潜伏芽萌发后，选留健壮枝条培养成新的带头枝以恢复骨干枝长势或培养成新的结果枝组（图 11.13-6）。对树冠内膛所发生的徒长枝，应尽量予以保留，适当短截后，促其抽生果枝，防止内部光秃。

(*a*)　(*b*)

(*c*)　(*d*)

图 11.13-6　杏树枝组和辅养枝的更新修剪方法

(*a*) 空裸部分留枝补空间；(*b*) 大枝组先放后缩；(*c*) 内膛直立枝组花后再回缩；(*d*) 辅养枝改造成枝组

4. 粗放管理树的修剪

连续数年未修剪的杏树多表现为枝干多而密挤、内部光秃现象较严重、树势较弱或树冠生长不均衡、花枝量少。此类树在修剪改造时，不必强调树形，以调整清理为主。首先疏除过密大枝，如有三枝并生，可疏除中间一枝，保留两侧大枝；对长势衰弱的延长枝，可在多年生部位缩剪，并且选留背上枝带头，以恢复树势。

向外延伸较长的单轴枝，可在多年生枝段选择较壮分枝进行回缩，以促生分枝、补充空间。这种树除修剪调整外，还应加强土肥水综合管理。

11.14　银杏 *Ginkgo biloba*

11.14.1　生长特性

银杏是银杏科银杏属的高大乔木，树干直立，大树高达 15 ～ 20m。银杏雌、雄异株，又称白果树，为我国特有树种。其生长缓慢，播种后一年高约 5 ～ 20cm，20 年左右后开始进入结果期，所以也叫它公孙树，意思是“公种而孙始得食”。

11.14.2 枝芽特性

1. 芽的类型和特性

依据银杏树芽的形态、性质和构造的不同，可分为混合雌花芽（雌株）、叶芽、混合雄花芽（雄株）。

银杏的雄花为葇荑花序，在短枝先端和叶同时发生，一个短枝上常生 4 ~ 6 个。雄花下垂，具多数雄蕊，雄蕊有短柄，在柄端生有花粉囊 2 个。雌花和叶同时发生于短枝上，每枝着花 2 ~ 3 个，每花有长柄，柄端通常生裸生胚珠 2 个，胚珠下具 1 个环状座，通常仅一个胚珠成熟（图 11.14–1）。6 月上旬开花，10 ~ 11 月果实成熟。叶在长枝上互生，但在短枝上 3 ~ 6 个密集为一丛，很像丛生的状态。叶秋季变黄脱落，依变色的迟早，可以识别苗木的雌、雄，雄株的落叶期多较雌株为迟。

（*a*）　（*b*）　（*c*）

图 11.14–1　银杏的雄花和雌花

（*a*）雄株多年生枝上着生的雄花群；（*b*）雄花开放形态；（*c*）雌株一年生枝上着生的雌花花蕾形态

2. 枝的类型和生长特性

银杏的枝条按其功能可分为：营养枝、结果枝（雌株）和雄花枝（雄株）3 种。修剪工作中为了容易区别，通常将枝条分为短枝和长枝两种。银杏的长短枝两极分化十分明显，极短枝占很大比例，其形态特征见图 11.14–2。银杏的雌花和雄花分别着生于雌株和雄株的短枝上。

（*a*）　（*b*）

图 11.14–2　银杏的枝芽形态

（*a*）一年生枝条和侧芽；（*b*）二年生枝条上着生的一年生短枝

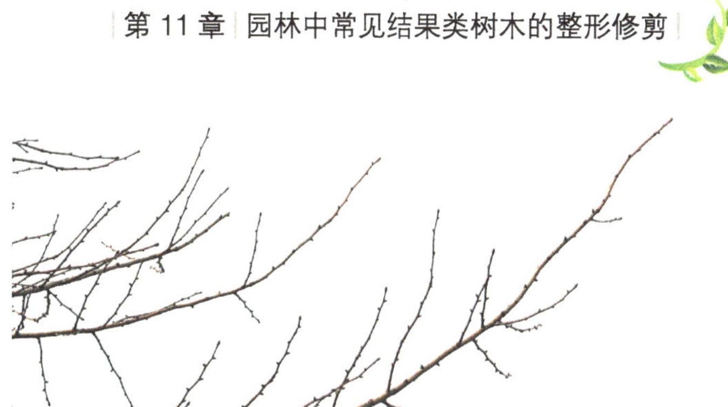

（*c*）　　　　　　　　　　（*d*）

图 11.14-2　银杏的枝芽形态（续）

（*c*）多年生枝上的多年生短枝呈螺旋状排列；（*d*）银杏主枝的排列形式及分枝着生状况

成龄银杏萌芽率很高，成枝力很差，生长季树冠中的叶片绝大部分着生在短枝和极短枝上。在营养相对集中的部位，枝条的顶芽可以抽生中枝或长枝，主要集中在树冠外围枝的先端，这些枝经多年延伸，逐步形成银杏的骨干枝。银杏各类枝条的萌发状况见图 11.14-3。

（*a*）　　　　　　（*b*）　　　　　　（*c*）

图 11.14-3　银杏枝条的生长状况

（*a*）顶芽抽生的枝，方向和角度适宜时可作为延长枝；（*b*）一年生短枝生长情况；（*c*）徒长枝的发枝情况

11.14.3　整形和修剪

1. 树形

银杏树体高大、喜光，适宜树形有主干形和自然开心形。雌株比雄株低矮而粗壮，枝较多，叶较少，多为自然开心形，这也是实生苗辨别雌、雄株的依据之一。

主干形有中央领导干，垂直向上伸长，多自由生长，随主干的延长周围逐渐分生主枝，自然形成圆锥状的主干形。

另一部分银杏树是当树干直径达 4 ～ 5cm 左右时进行高接，形成自然多干形。这种树形以留 3 ～ 4 个干为好，随着伸长生长，逐渐配置主枝，使枝条向周围和背后发展。

2. 修剪

抑制强枝、扶助弱枝，使主枝间的生长势力保持平衡，并适宜疏间密生枝，使阳光通透。

图 11.14-4　银杏的冠形

银杏的枝梢短枝多而长枝少，树冠内枝条不易密生，所以修剪宜少，不必行细致的修剪。只要剪去枯枝和老弱下垂的侧枝使其更新，直立徒长枝有扰乱树形的自基部除去。

银杏隐芽寿命很长又极易萌发，故主枝或侧枝的更新较容易，同时树冠或主枝下部也不易光秃无枝。

银杏成龄树常有连续长放的单轴枝，这类枝要适度回缩，培养为枝组。那些自干或大枝上发生的光秃下垂枝通常不分枝，且向下发展，因不影响光照、不扰乱树形，可任其自然生长，不必修剪。

图 11.14-5　银杏的修剪
(a) 侧枝长放修剪；(b) 大型辅养枝的回缩修剪；(c) 冗长枝回缩成为枝组

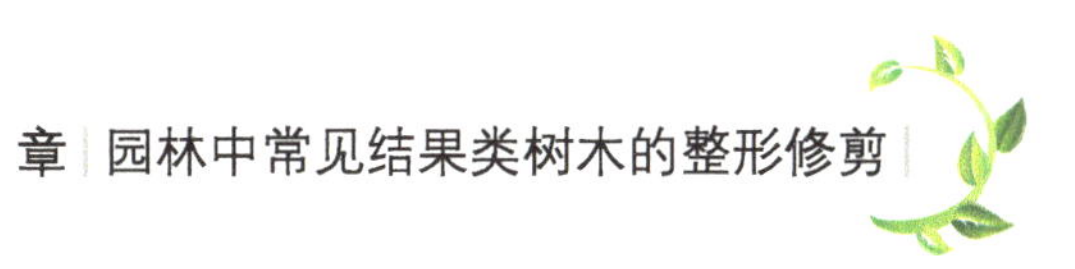

(*d*)　　(*e*)　　(*f*)

图 11.14-5　银杏的修剪（续）

(*d*) 骨枝干上的单轴长枝群回缩可成为牢固枝组；(*e*) 连续长放的单轴枝过密时应适当疏间；(*f*) 单轴枝延伸过远时应及时回缩

11.15　樱桃 *Prunus* spp.

11.15.1　生长特性

园林中栽培的樱桃有以果实为主的中国樱桃、甜樱桃，大部分栽植在庭院中；还有酸樱桃和毛樱桃以及一些杂交种，分散栽植于街道绿地或居住区绿地中。由于种类和品种不同，其生长和结果习性也不尽相同。在形态上分为乔木型和灌木型。

中国樱桃、甜樱桃和它们的杂交种，属乔木型。树体高大，一般 6 ～ 7m，最高可达 10m 以上，冠径 6 ～ 7m；长势健壮旺盛，干性较强，层性明显，树冠多呈自然圆头形或开张半圆形；幼树生长强旺，枝条成层排列，树姿直立，角度较小，树冠不开张。此类型的樱桃栽培中多采用干性明显、枝条分层配置的树形。

甜樱桃开始结果的年龄较早，一般定植后 4 ～ 5 年开始结果；8 ～ 10 年生进入盛果期，盛果年限一般可维持 15 ～ 20 年；30 年生左右的大树，多数进入更新期；40 年生的大树，多数进入衰老期，寿命较短。

中国樱桃的树体一般小于甜樱桃，树高多在 4m，冠径 5 ～ 6m，层性不很明显。中国樱桃结果早，一般定植后三年即可开始结果，3 年生左右进入盛果期。中国樱桃的潜伏芽寿命较短，但基部萌蘖力强，可利用潜伏芽和萌蘖进行更新。侧枝的寿命，多为 7 ～ 8 年，其更新方式多利用潜伏芽，萌蘖多用于树冠更新。

樱桃芽的萌发力强，其中，中国樱桃和酸樱桃的萌芽率最高，一年生枝上的芽几乎全能萌发。甜樱桃的萌芽率相对较低，其中‘大紫’、‘小紫’、‘黄玉’等品种的萌芽率较高，‘滨库’、‘那翁’和‘水晶’较低。酸樱桃当中的‘毛把酸’成枝力最强，中国樱桃次之，甜樱桃最差。樱桃成枝力的强弱随着树龄的增大而减弱，在不同的年龄时期中，以幼龄树的成枝力最强，进入结果期以后则逐渐减弱，进入盛果期以后，中、长枝条的比例更少。

11.15.2　枝芽特性

1. 芽的类型及特性

樱桃的芽为单生，分为叶芽和花芽两类。叶芽较瘦长，为尖圆锥状，萌发后抽枝、展叶，形成骨干枝和结果枝，以扩大树冠。花芽肥大饱满，为圆锥形，多着生于花束状果枝、短果枝、中果枝以及长果枝和混合枝的基部。

按照樱桃芽的着生部位，可分为顶芽和腋芽两类。顶芽都是叶芽，腋芽中则既有叶芽也有花芽。

按照樱桃芽的发育速度，可分为早熟性芽和潜伏芽。芽子形成以后，在当年就能萌发的，叫早熟性芽。芽子形成以后，需待若干年才能萌发的，叫潜伏芽。樱桃潜伏芽的寿命可长达 20 年，可用于衰老期的树体更新。

（1）叶芽：樱桃的叶芽分布于各类枝条的顶端、发育枝的叶腋间以及长果枝和混合枝的中、上部。各级骨干枝和结果枝均由叶芽形成，用于扩大树冠和增加结果部位。樱桃的叶芽具有早熟性，在芽子形成的当年即可萌发。

（2）花芽：樱桃的花芽为纯花芽，在开花结果以后，着生部位即光秃。因此，在顶芽抽枝延伸生长的过程中枝条的后部和树冠的内膛容易发生光秃现象，致使结果部位很快外移。

2. 枝条的类型及特性

樱桃的枝条，按其性质可分为发育枝和开花结果枝两类。樱桃的枝条在一年中可以有多次生长，形成春梢、夏梢和秋梢。甜樱桃中的‘黄玉’，容易抽生副梢，而品种‘那翁’抽生副梢的能力则较差。樱桃新梢一年中多次生长的特点为幼树迅速扩大树冠、提早结果提供了有利条件。

（1）发育枝：即营养枝，其顶芽和各节上的侧芽均为叶芽。叶芽萌发后抽枝展叶，是形成骨干枝和扩大树冠的基础。一般是前端的叶芽抽枝展叶扩大树冠，下部侧芽则抽生结果枝。结果枝的顶芽，既可继续抽生结果枝，也可抽生发育枝。因而，除幼树的徒长枝外，发育枝大都为混合枝。幼树和长势较旺的初果期树，抽生发育枝的能力较强。长势较弱或进入盛果期以后的树，发育枝抽生的数量很少，而且发育枝基部的部分侧芽也转化为花芽，使发育枝本身成为既是发育枝又是结果枝的混合类型。

（2）混合枝：长度大于 30cm，中、上部的侧芽全为叶芽，基部的 5 ～ 6 个腋芽常为花芽，是既能抽枝长叶又能开花结果的枝条。混合枝是成枝力强的品种初果期扩大树冠和形成果枝的主要枝条。混合枝上的花芽发育质量较差，坐果率低，果实成熟较晚，品质也差。

（3）长花枝：是长度为 20cm 左右的花枝，除顶芽和附近的几个侧芽为叶芽外，其余芽都是花芽。中国樱桃中的有些品种，长花枝的比例较大，初果期的甜樱桃也有一定比例的长花枝，长花枝较多的品种，如‘大紫’，由于其顶端逐年向外延伸，形成一种疏散状的结果枝组。长花枝上的花朵坐果率低，但果实个大，品质也较好。长花枝结果以后，中下部容易光秃，只有顶端的 2 ～ 3 个芽能够继续抽生不同的花枝，这种花枝在幼树和初果期树上较多，其形态见图 11.15-1（*b*）。

（4）中花枝：长度在 10cm 左右，除顶芽为叶芽外，其余全部为花芽（图 11.15-1（*c*））。中花枝是中国樱桃和酸樱桃的主要花枝类型，而在甜樱桃品种上数量不多，不是主要果枝类型。

（5）短花枝：长度在 5cm 左右，通常多着生在二年生枝的中、下部，数量较多，除顶芽为叶芽外，其余全部是花芽（图 11.15-1（*a*））。这种花枝在成枝力强的品种的盛果期树上占有一定的比例。短花枝上的花芽一般发育质量较好，坐果率高，品质也好。

（*a*）

（*b*）

（*c*）

图 11.15-1　樱桃的花枝

（*a*）樱桃的短花枝群；（*b*）外围长花枝；（*c*）内膛的中花枝

（6）花束状花枝：是一种极短的花枝，它的年生长量很小，仅有 1 ～ 2cm，节间特别短，除顶芽为叶芽外，其余都是花芽。由于其花芽紧密聚合、成簇生长，开花时好像花束一样，故名为花束状花枝。这种花枝是‘那翁’、‘水晶’、‘鸡心’等甜樱桃品种的主要花枝类型，其他品种，如‘小紫’甜樱桃的盛果期树上也占有相当大的比例。花束状花枝的寿命很长，一般可达 7 ～ 10 年。花束状花枝的花朵坐果率最高，但其上花芽的数量常因树势、枝势的不同而不一样。一般壮树、壮枝上的花束状花枝，花芽数量多；弱树、弱枝上的花束状花枝，花芽数量较少。在花束状花枝结果为主的品种上，由其顶芽萌发，逐年顺直延伸生长，形成一种单轴延伸形枝组。由于花束状花枝的年生长量极小，寿命又长，在树冠中的分布密度大，坐果率也高，所以以花束状花枝结果为主的品种，结果部位外移缓慢，产量高而稳定。但是，如果这种花枝的顶芽被破坏，全枝就会干枯死亡。所以，在修剪时，要适当地回缩修剪，促其多萌发一些花束状花枝，同时又要注意保护它的顶芽，使其不受损害。

以上各类枝条在开花后的结果状况见图 11.15–2。

(*a*)　(*b*)

(*c*)　(*d*)

图 11.15–2　樱桃各类花枝的结果状况

（*a*）多年生的极短花束状果枝的结果状况；（*b*）二年生的花束状果枝的结果状况；
（*c*）连续延伸生长的单轴中果枝的结果状况；（*d*）一年生长果枝的结果状况

11.15.3 整形和修剪

1. 树形

樱桃树的树形主要有开心自然形、丛状自然形、主干疏层形等（图 11.15–3）。中国樱桃和酸樱桃常为丛状自然形，甜樱桃的树体高大，喜光性强，多采用开心自然形和主干疏层形。

（1）开心自然形：特点是没有中心领导枝，但有主干，一般干高为 20 ～ 40cm。定干以后，从主干萌发的分枝中选留 3 ～ 5 个方向、位置和角度都比较适宜的枝条作为主枝。每个主枝上再培养 3 ～ 4 个侧枝，各侧枝错落分布，避免交叉重叠。各主枝上的第一个侧枝，最少应距主干 50cm，然后在第一侧枝的对面 60cm 左右处选留第二侧枝，以后再间隔 50 ～ 60cm 再选留 1 ～ 2 个侧枝。在主、侧枝的枝轴上，根据空间的大小，适当选留一些中、小型的斜生枝条，短截后促生分枝，逐步培养为大、中型的结果枝组。此种树形主枝开张角度 30° 左右，基部侧枝的开张角度 50° ～ 60°，第二层以上侧枝的开张角度 40° 左右。主枝的开张角度不要过大，以免枝条逐年向外延伸、下垂而引起树势衰弱；但也不要过小，以免枝条直立生长，造成枝条生长过旺、树冠不开张、形成的果枝较少，而影响产量、品质。第一、第二层侧枝上，也可留副侧枝，在各级骨干枝上，再培养结果枝组。这种树形经 5 ～ 6 年培养后即可初步成形。进入结果期以后，树冠多呈半圆形。

开心自然形树形整形容易，修剪量小，树冠开张具有明显层次，管理方便，通风透光良好，结果早，产量高，果实质量也好，是樱桃常用的树形。一般土质条件下均可采用这种树形。

在整形过程中，要注意平衡各级骨干枝间的生长势力，开张好第一层侧枝的角度，以防树冠郁闭或出现偏冠现象。

（2）丛状自然形：特点是没有主干和中心领导枝，直接由地面分生 4 ～ 5 个主枝，向四周伸展。每个主枝上有 3 ～ 4 个侧枝，以占满空间为度。在主、侧枝上，根据空间大小，培养不同类型的结果枝组。成形以后，树冠呈半圆形。这种树形的优点是，主枝角度比较开张，树冠小，成形快，通风透光良好，进入结果期早，管理也较方便，衰老后易于利用萌蘖更新。缺点是树冠内部容易郁闭，层性明显的品种不宜采用这种树形。

（3）主干疏层形：主干疏层形具有明显的主干和中心领导枝，主枝分层配置在主干和中心领导枝上。干高 50cm 左右，全树有主枝 6 ～ 8 个，分 3 ～ 4 层错落分布。第一层有主枝 3 个，开张角度 40° 左右；第二层主枝 2 个，开张角度约 50° 左右；第三、第四层各留 1 个主枝。第一、第二层主枝间的层间距离为 80 ～ 100cm，第二、第三层间的距离保持 60 ～ 70cm，第三、第四层的间距可适当小些。

第一层主枝上，各配备侧枝 4 ～ 5 个。第一侧枝距主枝基部 60cm 左右；第二侧枝在第一侧枝对面，距第一侧枝 30cm 左右。第一、第二侧枝的开张角度为 60° ～ 70°，向主枝背后或两侧生长。第三侧枝和第一侧枝在同一面，与第二侧枝相距 60 ～ 70cm。第四侧枝在第二侧枝的同一侧，距第三侧枝 20 ～ 25cm。第二层至第四层主枝，每个主枝上有侧枝 2 ～ 4 个。在各层主枝的侧枝上，可根据情况适当培养副侧枝，在各级骨干枝上培养结果枝组。

主干疏层形的整形过程中对技术条件要求较高，修剪量较大。结果后树势容易维持，结果部位比较稳定，树冠内外的果实数量和果实大小也比较均匀。整形前期，要适当多留辅养枝以增加枝叶数量、加快扩大树冠，同时还应注意平衡各级骨干枝的生长势力，采用撑、拉等办法开张第一层主枝角度，以防出现上强现象。此种树形适合于多数甜樱桃品种的生长特性，特别适合于干性强、层性明显的‘那翁’、‘大紫’、‘黄玉’等甜樱桃品种，适于在土壤肥沃的平地果园采用。此种树形的树体骨架牢固，寿命较长。

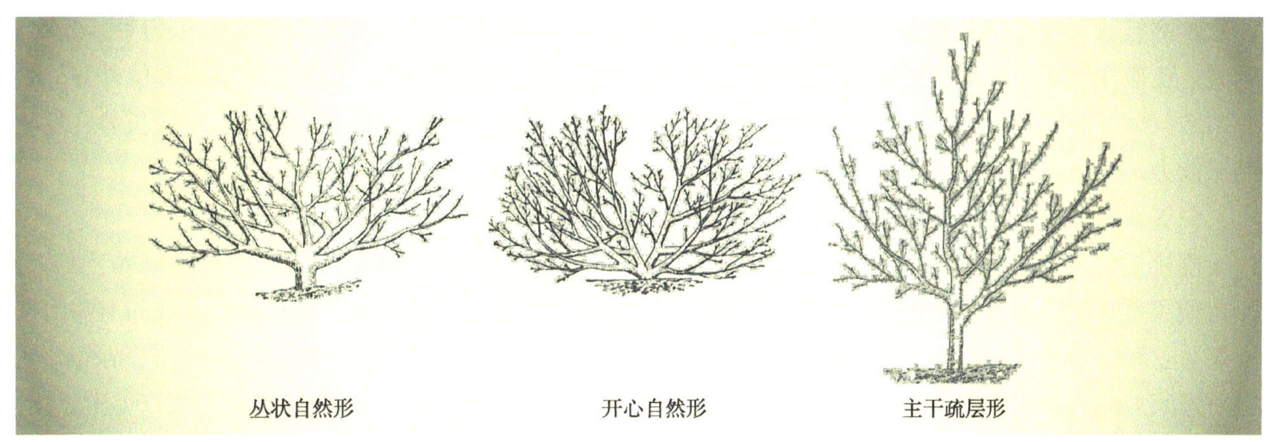

图 11.15-3　樱桃的三种基本树形

2. 修剪时期

主要是休眠期和生长期两个时期。

（1）休眠期修剪：是从 11 月中、下旬落叶开始，到第二年 3 月底 4 月初萌芽为止。在整个休眠期间，修剪的适宜时间越晚越好，以 3 月中、下旬接近萌芽时修剪最好。修剪过早，伤口失水的时间长，春天容易流胶，影响生长，严重时还能造成枝条死亡。

（2）生长期修剪：包括新梢生长期和采果后两段时间。

① 新梢生长期修剪：主要采用摘心的办法，抑制新梢旺长，促生分枝，增加枝量，促进花芽分化。长势强旺、生长时间长的枝条在整个新梢生长期内可连续摘心数次。

② 采果后修剪：在 7 月上、中旬进行。多采用疏枝的办法，疏除过密、过旺、扰乱树形的多年生大枝，调整树体结构，改善树冠内的通风透光条件，均衡树体长势，促进花芽分化。采果后疏除多年生大枝，伤口容易愈合，不致削弱树势。

3. 幼树的修剪

为促进幼树提早结果和早期丰产，幼树应以整形为主。对各类枝条的修剪程度都应从轻，除疏除老枝、过密枝、交叉枝外，对中庸枝和小枝应尽量多加保留；对一年生枝，可适当轻短截，促生分枝，形成花芽。

主枝的剪留长度为 40 ～ 50cm，侧枝为 40cm 左右，强侧枝 30cm 左右。3 ～ 5 年生的幼树，根据整形的要求，继续选留和培养各级骨干枝，并注意调整枝条开张角度，维持从属关系，注意树势平衡，开始培养结果枝组。

直立性强的品种，要采取措施开张角度，抑制过旺生长，同时多留小枝，促花结果。出现主、侧枝长势不均匀时，应抑强扶弱，对过强的主、侧枝适当回缩，利用下部的背后枝作延长枝头，并适当轻剪。

4. 大量结果树的修剪

樱桃树定植后 7 ～ 8 年开始大量结果，生长势逐渐减弱。此时修剪主要是调整树体结构、改善光照条件，维持健壮树势。修剪中应疏除弱枝、保留强枝、不断更新复壮衰老的结果枝组、保持树冠内部有更多的有效结果部位，生长强旺的大枝和扰乱树形的多年生过密枝以及后部光秃、结果部位外移的大枝可在采果后进行疏剪或回缩修剪。生长旺盛的主、侧枝延长枝长达 40 ～ 50cm 时，可剪去当年生长量的 1/4 ～ 1/3。对长势中庸的延长枝，若生长正常，年生长在不超过 20cm 时可不必短截。剪截延长枝时，剪口一定要留叶芽，不要留花芽，以防只结果不抽条。

对树冠内的多年生下垂枝以及细弱、衰老的结果枝组，要注意更新复壮，缩剪到有良好分枝处，并注意抬高枝头角度以增强长势。同时采取“去弱留强，去远留近，以新代老”等措施，以便更新复壮。同时，还应注意不断提高枝组中叶芽的比例，以维持正常的生长结果能力，以便抑制结果部位外移，防止内膛空虚。结果多年的枝组，可在枝组先端的 2 ～ 3 年生枝段处缩剪，以促生分枝、增强长势、复壮结果能力。

5. 更新修剪

樱桃树的潜伏芽寿命较长，大、中枝经回缩更新修剪后，都容易萌发徒长枝，要择优培养，2 ～ 3 年内便可重新形成树冠。在截除大枝时，如果在适当部位有生长正常的分枝，可从这个分枝的上端回缩更新。这种方法修剪量较小，伤口处留有分枝利于伤口愈合。利用徒长枝培养新主枝时，应选择方向、位置适宜且向外伸展的枝条，以利树冠形成，其余枝条应尽早抹除。空间较大时，可以短截以促生分枝，同时缓放成花，形成枝组。冬季和早春疏除大枝时伤口不易愈合，流胶过多进而影响树体长势，所以更新修剪最好在萌芽后进行。

11.16 枣 *Ziziphus jujuba*

11.16.1 生长特性

枣是鼠李科枣属的落叶灌木或乔木。园林中应用的一般为乔木，高达 10m，生长比较直立。灌木型多为酸枣，呈多主干丛生状，树高 5 ～ 6m，园林中较少见。

枣树为浅根性树种，根系分布范围广，常比地上部大好几倍；水平根可长达 10m 以上，主要分布在地表以下 20 ～ 30cm 土层中。水平根上很容易发生根蘖，特别是在根部遭受机械损伤以后，更易萌发根孽，所以很容易更新。枣树的寿命很长，一生中可连续自然更新几次而不衰，生长健壮、结果良好，树龄在一二百年的枣树到处可见。

枣树品种很多，大体上可分为小枣类型和大枣类型。小枣类型的树高一般为 6 ～ 7m，冠径 5 ～ 6m。大枣类型的树冠要比小枣类型高大，树干比较顺直，在园林中较多见。

枣树的生长速度因年龄有所变化，一般幼龄枣树的生长比较缓慢，无论是小枣型还是大枣型，其新梢年生长量都不大，但枝条的直立生长能力较强，树冠扩展较慢。7 ～ 8 年生以后，分枝量才逐渐增加，树冠逐渐开展，结果部位增多。枣树“开甲”对树体的营养生长有抑制作用，但可促进生殖生长。枣树“开甲”就是在主枝或主干上对枣树施行环状剥皮，是夏季修剪的一项主要技术措施。“开甲”可以限制光合营养向根系运输的速度和数量，使其积累在枝叶上，提高坐果率。但过多地结果会导致枣头（发育枝）的延长生长减弱，形成大量枣股（结果母枝），使树体长势变弱，树冠缩小，内膛萌发徒长枝，进入自然更新阶段，这时需要采取相应的修剪措施，尽快恢复树体长势，维持一定产量。

11.16.2 枝芽特性

和其他树木相比，枣树的枝、芽类型及其相互转化的特性有许多独特之处，树冠的形成也有自身特点。

1. 芽的类型和特性

枣树的芽一般分为主芽和副芽两种。主芽又叫正芽或冬芽，副芽又称夏芽，主、副芽着生在同一节位，上下排列，是为复芽。

（1）主芽：为晚熟性芽，在形成的当年不萌发，外被针刺状鳞片，着生在枣头和枣股的顶端，或侧生在枣头一次枝和二次枝的叶腋间。主芽通常形成枣股，也可萌发成枣头，有时不萌发而成为“隐芽”。枣树隐芽的寿命很长，可达百年之久，如遭受刺激或损伤，仍可萌发为枣头或枣股，利于树体更新复壮。

（2）副芽：为早熟性芽，侧生于主芽的左或右上方。枣头一次枝基部和二次枝上的副芽，萌发后形成枣吊；枣头一次枝中上部的副芽，萌发后形成永久性二次枝，其上的主芽在第二年春天萌发后，形成新的枣股。一次枝上的主芽，第二年多不萌发。枣股上的副芽，萌发后形成枣吊（结果枝），开花结果，是主要的结果性枝条。

2. 枝条类型和特性

枣树的枝条，可分为枣头、枣股和枣吊 3 种。

（1）枣头：是指一年生发育枝，为营养性枝条，是形成骨干枝和结果基枝的主要枝条，是中心主轴和侧生二次枝的总称，即常规所说的中心领导枝和主枝。

新生的枣头，它既能进行营养生长、扩大树冠，又可增加结果部位以提高产量。所以枣头既是营养生长性枝条，又是结果性枝条，说明两类枝条相互之间是可以转化的。修剪中对枣头进行摘心，就可以显著提高坐果率。

枣头是由主芽萌发形成的（图 11.16–1）。在枣头形成过程中，逐渐分化形成若干个主芽和副芽，并由顶端以下的副芽迅速分化出枣吊和二次枝。二次枝停止生长后，不形成顶芽，也不延长生长，而且主芽当年也不萌发。枣树的整形，主要是针对枣头，枣头能扩大结果面积，增加新的枣股。

（*a*）　　（*b*）

图 11.16–1　枣的主芽形成新枣头的两种形式

（*a*）由一年生枣头的顶部主芽形成；（*b*）由着生在多年生枝顶部的枣股形成

枣头在一年中有多次生长的现象，尤其在幼树、旺树和重更新树上，这种现象表现得十分明显。与其他树种不同的是枣头在两次生长之间，不像其他树种的春、秋梢那样有明显的界线。随着枣头第一次枝的生长，还可在一次枝上再生二次枝。

枣头的生长很旺，能连续单轴延伸生长，年生长量一般可达 1.2m 以上，同时其加粗生长也很快，是形成主、侧枝和构成树冠的主要枝条。枣头上的二次枝，一般只有 5 ～ 8 节，最多的在 10 节以上，每个节上分化有主芽和副芽。主芽当年不萌发，在第二年形成枣股，所以说二次枝是着生枣股的母枝。副芽在当年只能抽生一个枣吊。这种枣吊，虽然也能开花结果，但因生长期短，开花结果晚，所以果实小，品质也差。枣头经摘心后可提高坐果率和促进果实的发育。而在枣头二次枝基部侧生的主芽，一般当年多不萌发，常处于休眠状态，是枣树更新的基础。枣头顶端的主芽虽能萌发形成枣头，但在树体衰弱或营养条件较差的情况下，也可由枣头转化形成枣股。这种枝、芽的相互转化，是枣树修剪的重要依据。

枣树的树龄不同，着生枣头的多少也不一样。幼旺树着生枣头较多；进入盛果期以后，逐渐减少；衰老期几乎不能抽生枣头，进行更新修剪后，仍能萌发大量枣头。

和其他树木的发育枝生长顺序显著的区别是，枣头生长不是先抽生一次枝，再抽生二次枝，而是一次枝和二次枝几乎同时向前延伸，很难分出先后顺序。可见枣树整个树冠的构成是由枣头上的顶芽和侧芽连年不断地萌生新枣头而逐渐形成的。

（2）枣股：是一种短缩的结果母枝，和其他树木的结果母枝相似。枣股的顶芽是主芽，虽然每年都延伸生长，但生长量极小，只有 1 ～ 2mm。随着枣股顶芽的生长，其周围的副芽也同时抽生 2 ～ 6 个枣吊开花结果。枣股的年龄不同，抽生枣吊的多少也不一样，随着枣股年龄的增加，抽生枣吊的数量也随之增加。1 ～ 2 年生的枣股，一般只抽生 2 ～ 3 个枣吊；3 ～ 5 年生的枣股，可抽生 4 ～ 6 个枣吊，而且结果也好；7 ～ 8 年生以后，抽生枣吊的数量逐渐减少，结果能力也逐年减退。一般以 3 ～ 7 年的枣股结果能力最强。着生在二次枝上的枣股，10 年生以后结果能力衰退，而着生在主、侧枝上的枣股，最多可活 20 ～ 30 年，以后便逐渐衰老而死亡。

枣股衰老以后，依靠基部潜伏芽可再度形成枣股，继续抽生枣吊，开花结果。对弱树、弱枝进行回缩更新，其上的枣股还能抽生出强壮的枣头，可以重新形成树冠。枣股在树冠内的着生形态和萌发状况见图 11.16–2。

（*a*）　　（*b*）　　（*c*）

图 11.16–2　枣股

（*a*）冬态，枝条上的瘤状突起为多年生枣股；（*b*）一年生枝条上枣股萌发状况；（*c*）多年生枝条上枣股萌发时，由轮生芽萌生多个枣吊

（3）枣吊：是由枣股上着生的副芽抽生的具有脱落性质的柔软下垂的枝条，是枣树的结果枝。因这些枝条像吊挂在树上一样，所以称为枣吊；又因为它在落叶时能随叶片一起脱落，所以又称脱落性枝条。

能抽生枣吊的芽主要是枣股上的副芽，在枣头的基部和二次枝各节上也能抽生，大多数都能开花结果。

枣吊一般长 15 ～ 20cm，幼旺树上抽生的枣吊可达 30cm 以上。枣吊的叶腋间均能着生花序，以中、上部各节的花序坐果较好。枣吊的萌发和花序着生及坐果状况见图 11.16–3。

枣吊没有分枝能力，在生长期间，遭受机械损伤脱落以后，能从原枣股处萌发新的枣吊，具有多次萌发和多次结果的特点，遇到自然灾害使第一茬花遭受损失以后，还能重新抽枝开花。这是修剪中应该注意利用的特性。

(*a*)　(*b*)　(*c*)

图 11.16-3　枣吊的萌发和花序着生及坐果状况

(*a*) 枣股萌发初期的枣吊形态；(*b*) 枣吊叶腋间的花序开花状况；(*c*) 枣吊的坐果状况

枣吊是着生在枣股上的，只有增加健康枣股的数量，才能有效地增加枣吊数量，产量才会显著提高。因此，在加强肥水综合管理的前提下，正确运用修剪技术，培养大量健壮枣股，是实现上述目标的基础。

11.16.3　整形修剪

枣树枝芽类型的独特性决定了枣树的整形修剪工作独具特点。首先枣树的每一个枣股每年都能抽生结果枝，而且能形成大量花芽，有枝就有花。其二，发育枝形成以后，经过 1 ～ 2 年的生长，就可以转化为结果枝组。在修剪时，只需把骨干枝配置好，把结果枝组培养好，而不必考虑如何促进花芽的形成、分布和数量。其三，结果枝组的生长量小而且很稳定，连续结果的能力很强，易于培养和更新。其四，枣树的营养枝少，而且营养枝能自然地转化为结果枝组，容易协调生长和结果的关系。所以，枣树的整形修剪工作重点是搞好骨架的培养、结果枝组的合理分布、枝龄的控制和调整，并按从属关系调节树体的长势。

1. 树形

(1) 疏散分层形：这种树形全树有主枝 7 ～ 8 个，分作三层。第一层主枝 3 ～ 4 个，第二层主枝 2 ～ 3 个，第三层主枝 1 ～ 2 个。第一、第二层主枝间的层间距离 100 ～ 120cm，第二、第三层的层间距离 50 ～ 60cm。每个主枝上选留 2 ～ 3 个侧枝。各主枝要错落排列，插空选留。侧枝要搭配合理，分布均匀，以充分利用空间。见图 11.16–4 (*a*)。

(2) 自然开心形：这种树形不留中心领导枝，在树干上部选留 3 ～ 4 个主枝，基角 40° ～ 50°，向四周伸展。在每一个主枝的外侧，再选留 3 ～ 4 个侧枝，使结果枝组均匀地分布在主、侧枝的前后左右，充分利用空间和光照。这种树形中心较空，树冠呈扁圆形，光照较好，结果枝组较多，骨干枝结合牢固，造型简单，便于管理。整形修剪时，应注意主枝的开张角度，不要过大，也不要过小，以免造成偏冠。见图 11.16–4 (*b*)。

(3) 多主枝自然圆头形：又称多主枝自然形。这种树形是在放任生长的情况下，由自然形改进而来，绿地中应用较为普遍。其树体较为高大，不分层次，一般有主枝 6 ～ 8 个，在主干上错落排列，主枝间相距 50 ～ 60cm，每主枝上分生 2 ～ 3 个侧枝。因主枝轮生在主干上，各主枝的生长势力大致相等，所以没有明显的中心领导枝。主枝基角为 50° ～ 60°，生长势力中等，比较容易成形。这种树形修剪量小，枝条较多，骨干枝结合牢固，结果枝组发育良好。但进入大量结果期以后，易出现外围枝多密挤，内膛小枝容易枯死，主枝中、下部光秃现象，届时可落头开心，改造为自然开心形。见图 11.16–4 (*c*)。

（a）

（b）

（c）

图 11.16-4 枣的树形与大枝分布情况
（a）基部三主枝分层形；（b）三主枝自然开心形；（c）多主枝自然圆头形

2. 修剪

绿地中的枣树，大多已进入结果期，树形基本养成，通常表现抽生枝条量大。修剪工作主要是继续扩大树冠，维持健壮树势和良好的通风透光条件。修剪时对发育充实健壮、方向角度适宜的枝条，可用于扩大树冠和结果。交叉重叠、细弱并生的下垂枝，可根据枝条着生位置分别进行疏剪或短截，以免扰乱树形、消耗养分。

（1）骨干枝修剪：对各级骨干枝的延长枝，适当剪截、继续延伸，增加结果面积，提高产量。对不用于扩大树冠的枝条，可采用摘心的办法，控制生长，促进结果。对个别直立强旺枝，可开张其角度，抑制营养生长，缓和长势。

中心领导枝的高度，以保持 4 ～ 5 为宜，过高时适当逐年落头。如果中心领导枝已经自然封顶、停止生长扩展进而改变了原来的直立生长特点时，也可暂不落头，改造为结果枝继续结果。

（2）树冠外围的枣头修剪：留一部分延伸生长，其余部分短截后促生分枝以扩大结果面积。对内膛的徒长枝，如有空间时可选健壮者短截，一般剪去枝条总长度的 1/3 ～ 1/2，或生长期摘心，促生分枝，培养为结果枝组。其他无用枝条，应及早疏除。

（3）结果枝组修剪：疏除衰老枝组，使大部分结果枝组保持在壮龄期。更新的方法，一是“先养后去”，二是“先去后养”。“先养后去”，是在衰弱枝组的下部或附近的骨干枝上，选留一个发育枝，短截或刻伤后促生旺枝，培养 1 ～ 2 年后，再更新成为枝组；“先去后养”是对衰老的结果枝组，进行重回缩，刺激下部或附近骨干枝上的潜伏芽萌生壮枝，再培养为结果枝组。“先养后去”的方法可根据枝组的年龄、衰老程度逐一更新，不会影响全树产量，适用于树势较强、自然发枝较多的品种。“先去后养”办法适用于树龄较大、树势较弱、自然发枝少的品种。此法修剪量大，需在全树大部分部位进行剪截，如只作局部短截，由于发不出理想枝条，更新效果不好。

枣树进入衰老期以后，各级主、侧枝上的枣股以及多年生枣头上的二次枝开始枯萎、死亡，树势逐渐衰弱，结果枝少而短，结果少，产量低。此时应根据枣树衰老程度，采取有效措施，促其更新复壮。

（4）开甲：开甲又称为嫁枣，是减少枣的落花落果、促使多结果的一项修剪技术。这项技术起源于我国古代，《齐民要术》记载：“反斧斑驳椎之，名嫁枣”。意思是把斧头反过来，用斧背椎击枣树树干的皮部，使它负伤部位像斑马的斑纹一样，叫做嫁枣。开甲是嫁枣的俗称，操作时一般都采用环状剥皮的方法。

开甲的对象是十年生左右开始进入盛果期的枣树，在每年 6 月上旬枣花盛开时，选晴天上午在离地面 30 ～ 40cm 的树干上，先将树干的老皮刮掉一圈，再切去宽约 1cm 的嫩皮，深达木质部。此后可每年在距上年剥皮的旧伤痕上下 15cm 左右处进行环剥（图 11.16-5）。

（a）　（b）

（c）　（d）

图 11.16-5　枣树开甲

（a）环剥的部位在主干上；（b）剥口逐渐愈合；（c）剥口愈合后；（d）剥口保护

在庭院中，当树干直径达 3cm 以上时，可以进行这项工作，但剥口宽度要小一些。

（5）更新修剪：方法如下：

① 停止开甲，施肥养树：停止开甲后，树势恢复很快。停止开甲两年，发育枝大量发生，生长量大增；停止开甲三年，新的树冠基本形成，基本恢复树势。在停止开甲过程中，配合增施肥水和其他更新修剪，则树势和产量可很快恢复。

② 骨干枝回缩更新：对树头残缺不全、树势衰弱、骨干枝开始干枯、结果枝组大量衰亡的衰老枣树，可在开甲部位以下，将整个树冠锯除，进行树干更新。也可按主、侧枝层次进行回缩，回缩长度应超过大枝长度的 1/3 ～ 1/2。为防止剪口失水，影响剪口芽萌发，可在剪口芽以上留出 5cm 的枝段。

③ 枣股更新：枣树的衰老程度不同，更新修剪的轻重也不一样。对刚刚进入衰老期、有效枣股的数量尚保持在 60% 左右的树，可行轻更新；缩剪程度可占枝条全长的 1/3 左右，用缩剪处的新分枝代替原有枝头。对树体长势已经显著衰弱、二次枝和枣股大量死亡、有效枣股不足 20% 的树，可进行中度更新；缩剪程度占骨干枝总长度的 1/2 左右。对树势已经极度衰弱、各级枝大量死亡、有效枣股的数量只有 10% 的树，要进行重度更新；缩剪程度要占骨干枝总长的 2/3，剪口枝要选留向外生长的壮枝或健壮枣股。

④ 培养新树冠：更新修剪以后，因刺激萌发的发育枝常密集成丛，要从更新修剪后的第二年起，按照整形的原则，选择方位好、长势壮的发育枝，培养为骨干枝，多余的细弱、密集枝，要及时疏除，

并要加速培养结果枝组，尽快形成比较理想的树冠。

（6）改造修剪：放任生长、未经修剪的枣树，常表现树形紊乱，主、侧枝多，通风透光不良。对这类树改造的方法是：

不强调树形，本着“因树定枝，因枝修剪”的原则适当进行改造。选留和培养好中心领导枝。对冠内直立生长或与中心领导枝并生的竞争枝，除选留其中位置适宜、开张角度大、二次枝或分枝较多的多年生枝作为主枝加以培养外，对其余无用的枝条应全部疏除。中心领导枝过高且下部光秃严重的，应在其下部有分枝的部位进行回缩。缩剪后留下的侧枝和外围枝，一般缓放不剪，生长过长或直立者，可在分枝处轻度缩剪，以开张树冠和改善通风透光条件。对树冠内的过密枝、纤细枝和由内膛枣股萌发的枣头及徒长枝等，均应疏除。但对着生部位适宜的枣头，也可保留并加以短截，促发新枝。

11.17 龙爪枣 *Ziziphus jujuba* cv. Tortuosa

11.17.1 生长特性

龙爪枣与普通枣树相比较，树体相对矮小，通常树高在 4m 之内。幼龄期枝条生长快，扭曲度较差，四年生之后扭曲生长明显加强，长度在 40 ～ 50cm 的枣头和 30 ～ 40cm 的永久性二次枝弯曲度明显加强。通常随着生长季逐步结束，枝条木质化程度逐步提高，扭曲的新枝逐步固定。

龙爪枣冠形和果实的观赏性优于普通枣，整株观赏价值高于普通枣树，但坐果率低。

11.17.2 枝芽特性

龙爪枣的枝芽特性与枣树相似，明显的区别在于龙爪枣的永久性二次枝发枝量较枣树小，树冠中枝条层次不明显。龙爪枣的枝条着生与开花结实状况见图 11.17-1 和图 11.17-2。

（*a*）

（*b*）

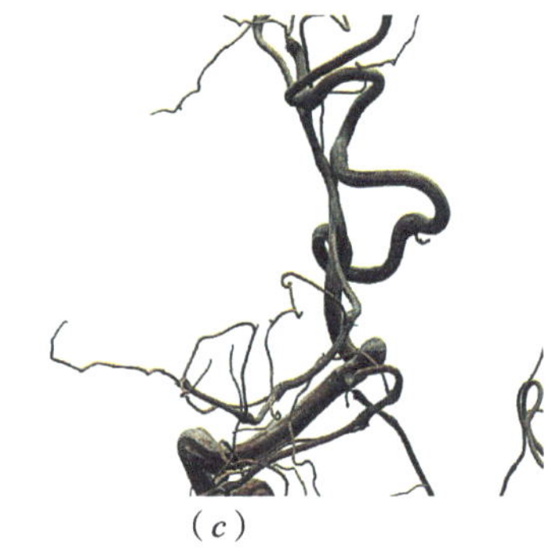
（*c*）

图 11.17-1 龙爪枣的枝条着生状况

（*a*）老龄的外围多年生枝上着生的多年生枣股；（*b*）健壮的外围多年生枝上着生的一年生枣头；（*c*）树冠顶部多年生枣头的生长状况

（*a*）

（*b*）

（*c*）

图 11.17-2 龙爪枣的枝条生长和开花结果状况

（*a*）枣头生长；（*b*）枣吊生长；（*c*）枣吊结实

11.17.3 整形修剪

龙爪枣的整形修剪方法可参照枣树进行，其常用树形见图 11.17-3。

（*a*）　　（*b*）　　（*c*）

图 11.17-3 龙爪枣的冠形

（*a*）自然开心形；（*b*）自然开心形的主枝分布情况；（*c*）开心形（左）和双层形（右）

研究篇

本篇扼要介绍了与整形修剪试验研究密切相关的“调查研究”方法和“露地试验研究”方法。

其中重点介绍了“调查研究”的相关标准、“露地试验研究”的试验设计方法和用“Microsoft Office Excel 数据分析工具”进行数据处理和数据统计分析的步骤，并以1989～1993年《天津市主要花灌木树种生物学特性和栽培技术研究》课题中碧桃的修剪研究为例，说明园林树木修剪研究中需侧重的几个方面以及在修剪试验设计原则指导下的试验方法。

第 12 章　园林树木整形修剪的研究

园林树木在栽植后的数十年内都处在不断生长的动态变化当中，这就要求养管者在栽培管理过程中不断地观察树木的生长状况，发现新问题时应及时改进和修正整形修剪方法，使园林树木在生长的各个阶段都能够恰当地表达其所应表达的园林内涵。因而，在深入了解园林树木生长发育规律和熟练掌握常规修剪方法的基础上，适当地掌握一些和整形修剪有关的树木生物学调查方法和试验研究技术，对科学地改进和提高修剪质量是十分有利的。

本章将简要地介绍修剪试验研究的基本原理和常用方法，并结合实例说明完成一项修剪研究通常采用的程序和步骤。

12.1　整形与修剪的研究内容

12.1.1　整形

整形研究通常指对树木的树形构成方式和内在结构进行的研究。

园林树木的树形可以分为个体和群体两个方面，从园林绿化大效果上来看，"树形"既有单一树种组成的整齐划一的大型群体，如绿篱、模纹；又有由单个或多个树种组成的复合群体，如组团、片林、行道树；还有用来点景的个体树形，如孤植树等等。树形的研究首先要充分考虑设计意图，分清层次、林缘线、间隔、透视、相互关联等基本关系后，在充分考虑大群体结构的前提下再来完成单株树形，并根据单株在群体中的位置确定不同的个体形状。处在外围的单株可选用疏层形或开心形；处在中间的单株则可采用分层形、柱形等。重点是要结合栽植密度、单株体积、生长速度、株间的相互关系、设计构图等多个方面来研究更实用的树木群体结构和保持大群体持续稳定的方法。

12.1.1.1　研究树体结构的组成

树体结构组成的研究主要是探讨使树木个体、群体都具有牢固骨架和接受良好光照的树体形状。要本着以下三方面进行研究：

首先，要紧密结合树木的自然冠形、枝芽特性、发枝习性、芽的早熟性等生物学特性，研究树体结构的组成，即主枝、侧枝的从属关系和配备数量，树冠上下层枝条层性关系的协调性和层间枝条的疏密程度等。

其二，根据设计构图要求研究各种树形（如开心形、圆头形、柱形、主干疏层形、篱形、匍匐形等）的合理留干高度、骨干枝条的数量及配备方式。

其三，研究与树木年龄、长势相适应的枝条类型组成比例。对群植和组团则要重点研究高密度条件下的群体树形，在搞清个体树形与群体之间相互矛盾又相互依存的关系的前提下，探讨既保证单株健壮又可以协调大群体平衡稳定的群体结构。

12.1.1.2　研究树形的培养方法

探讨不同土壤、气候、地形、组合方式等条件下，各树种及其品种的优良树形，研究制定与之相吻合的整形原则；探讨和总结该树形在成形过程中不同阶段出现的技术问题和解决途径；调查不同树种树冠占有空间的速度和效率的高低、结构的牢固性和稳定性。

12.1.1.3 *研究树木修剪存在的问题*

调查树木的种种表现，及时总结经验，发现其中主要优点和存在问题，分析问题产生的原因、表现、危害，探讨解决问题的技术和方法，为新植树木的管理提出树形培养、调整、改造的技术措施。

对于以色彩、花、果为主要观赏点的花灌木，修剪研究重点要放在不同树种不同年龄阶段的树形培养、克服开花部位外移、建立平衡稳定的树体结构方面。

近年来绿地建植面积迅速扩大，在建植的 1 ～ 3 年内需要研究和探讨的整形问题也在迅速增多。从目前调查的结果来看，新建绿地种植苗木的年龄都偏大，而且建植密度较高，主要表现是：

① 由于移入前苗木管理粗放，整形基础差，高密度建植会导致在短时间内个体和群体同时出现郁闭现象（有的组团在建植的当年就已经处在半郁闭状态了）。

② 栽植前都进行过较重的修剪，常见的有两种表现：其一是重疏剪，留下一个轮廓；其二是不疏枝对外围枝进行平头式短截。这些做法各有利弊，重疏剪时由于伤口过多先端容易枯死，发枝的部位多集中在枝条的中部；平头短截修剪常见的情况是枝条密集、主从不明、易出现局部旺长等问题。恢复过程中需要研究整形修剪的方式和平衡树势的技术。

12.1.2 修剪

修剪研究在整形原则的指导下，研究各树种的枝芽特性、修剪反应的敏感程度、自然更新能力等生物学特性，提高对树种生长特性和应激能力的认知度，进而探讨各种修剪技法的实施效果，确定不同年龄阶段合理的修剪量和冠内枝组的适宜数量、类型、比例。完善使树体结构趋于合理、生长势力逐渐均衡、枝类比例适当、体量丰满匀称、树姿优美稳定的适宜措施。

12.1.2.1 *研究不同树种、品种的生物学特性*

与整形修剪密切相关的树种生物学特性包括：

① 树种的枝芽特性、枝条在树冠内的演替规律、枝条生长动态、叶面积指数变化动态、花芽分化特征、根系生长与分布特点等；

② 树种的生理学特性，如有机营养物质季节性生产、消耗、积累动态等；

③ 修剪措施对树种的枝、叶、花、果、根形成的影响等。

以上内容可根据不同研究目的进行选择，一般情况下，以树种的枝芽特性、枝条在树冠内的演替规律、枝条生长动态等最为重要，应进行细致的观察和详细记载。

12.1.2.2 *研究各种修剪方法和不同修剪强度在树冠内的反应*

主要研究疏剪、短截、回缩、长放、摘心、拿枝等一系列修剪方法采用的适宜时期和恰当强度，防止因逆时期操作和修剪过量而造成树木旺长或修剪强度不够达不到预期目的。

研究过程中一方面要以枝条的生长量、枝条类型比例和整体修剪量为指标，分轻、中、重三种强度进行试验，观察记载不同修剪强度的修剪反应；另一方面从修剪后的枝条长势、不同类型枝条发生数量和比例等方面调查和评价上述修剪方法对芽的萌发、枝条形成数量、花芽分化、枝叶质量的影响。综合探讨各种修剪措施应用的效果，进而确定适合自己管理区域的修剪强度、修剪数量和树冠指标，归纳总结出现阶段修剪管理的技术参数，如适宜的修剪量、层间距、短剪程度、疏枝量等，总结出协调树冠内外势力、提高冠内枝条质量的技术方法。

12.1.2.3 研究树冠更新方式和树种、品种的再生能力

重点研究修剪强度、修剪时期对枝条再生能力的影响，这项研究在放任树的改造中尤为重要。其调查指标和方法与上述方法相同。有条件时根据需要可进行物质成分、器官发生质量等项目的测定。

12.2 整形修剪研究的特点和要求

12.2.1 整形修剪研究的特点

第一，园林树木具有年周期和生命周期的规律性变化，试验当年得到的结果会受到前几年问题累积的影响，因此需要较长的期限才能得出正确的结论。

第二，园林树木植株的配置形式多样，单株或组合体的体量较大，根系分布深而广，研究易受地形、土壤、气候等生态条件和管理条件不一致的影响。因此研究时要特别注意试验地和试验植株的选择，正确进行试验设计、田间排列，合理地增加试验的重复次数以减少误差。

第三，园林树木的繁殖方法多种多样，如花灌木中的碧桃、榆叶梅、海棠、紫叶李、矮樱等，阔叶树中的龙爪槐、金枝槐、金叶槐、金枝白蜡、垂枝榆和常绿树中的龙柏等是采用嫁接方法繁殖的，还有一些是采用扦插等方法获得的。由于繁殖方法不同会影响植株生长发育状况，研究时选择相同的砧木和接穗的植株为试材，以减少株间差异，提高研究的准确性。

园林树木修剪研究中，这些特点会增加研究的复杂性和差异，研究前通过深入细致的生物学调查可以较快地了解树木生长规律，提高试验条件的一致性，提高研究结果的可靠性。

12.2.2 整形修剪研究的要求

1. 目的明确

首先要抓住目前生产实践中急需解决的问题进行研究。对研究的预期结果及其推广应用价值要大致做到心中有数。

2. 具有代表性

指环境条件（土壤、气候、绿地结构形式等）和生产条件（施肥水平、管理制度等）与研究结果所服务的地区相适应，代表的范围越广其意义也就越大。

3. 具有正确性

研究的正确性越强，结果就越可靠，就越能反映客观实际。研究的正确性包括准确性和精确性两个方面。准确性是指试验性状的观测值与其相应真值的接近程度。观测值与其相应真值越接近，试验就越准确，但在一般试验中，真值是未知的，所以准确性不易确定。精确性指同一个试验中同一个试验性状的重复观测值彼此接近的程度。重复观测值彼此越接近，则试验越精确，它是可以计算的。在没有系统误差时，精确与准确是一致的。因而在研究中尽最大努力来准确使用试验技术，避免发生人为差错，最大可能地促使研究条件的一致性，是提高研究结果可靠性的有效途径。

4. 具有重演性

指在条件相似的情况下，做相同的研究后所得到的结果相类似的程度。研究结果越相似，该研究的重演性就越好，证明研究结果真实地反映了客观规律，在生产实践中推广研究成果会稳妥可靠。

12.2.3 制定研究方案

修剪课题通常来源于三个方面，上级部门的布置、生产实践中急需要解决的问题、个人在工作

中发现的新问题。选定研究课题后要根据研究要求，制定详细的研究方案，明确研究的目的、意义、要求、内容、方法、操作标准、预期效果等等，以便在研究过程中检查研究的进展情况，保证研究任务的完成。内容包括：立项依据、研究方案、研究现状、研究所需条件等。其中研究方案包括的内容有：

① 研究目标、研究内容和拟解决的问题：研究目标应清晰、明确；研究内容要具体、明确、重点突出，层次分明；拟解决的关键问题是指预计可以解决的理论或技术上的某些关键问题。

② 研究方法、技术路线、试验方案：研究方法是指课题研究所采用的具体方法，包括试材、技术、方法等。技术路线是研究过程中的基本步骤或基本流程，可用文字叙述，也可用框图表述。试验方案是指项目实施的具体技术细节，如试验设计方法、试材选择标准、试验的露地排列方式、观测和测量标准等等，试验方案是整个试验的具体安排，内容要切实可行。

③ 进度安排：从制定研究方案开始直至课题结束，对各阶段安排日期并对每阶段的主要工作内容给予简要介绍。

12.3 整形修剪的研究方法

园林树木整形修剪的研究方法主要包括调查研究和试验研究。试验研究又分为露地试验研究和室内试验研究（温室试验研究和实验室试验研究）。在实践工作中，在确定研究项目后可根据研究的目的和具体条件选用适宜的方法，通常在一个研究项目中这些方法常常是互为补充、配合使用的。

12.3.1 调查研究

调查研究是修剪研究中普遍采用的研究方法，它的主要特征是对园林树木修剪后所表现出的各种反应进行研究，如短截后的发枝情况、叶面积大小变化情况、不同类型枝条的比例情况等都可以通过现场调查获得直观的认识。由于调查研究法简而易行，能较快地获得结果，而且适用性广，因此，调查研究是一种既节省时间又可以提高研究效果的方法，包括经验总结调查法和生物学调查法两个方面。

12.3.1.1 经验总结调查法和修剪效果调查法

1. 经验总结调查

经验总结调查法是在对某些先进技术或先进的养护管理经验进行学习和总结时经常采用的研究方法。各地园林部门在园林树木栽培中经常会创造出适于推广的先进经验和技术，通过考察、学习、座谈、访问、现场参观和实地调查等多种形式，发现先进管理方式并及时调查总结这些先进经验，有针对性地进行分析、吸收，这对于解决自身管理中存在的问题十分有利。

经验总结调查法也存在一定不足，主要表现在调查所得结果多数是一种综合表现，较难区别出所获得的结果是哪些因子起了主导作用，难以在多种复杂的现象中进行分析、鉴别和比较。例如，考察某一效果表达较好的绿地时会受到建植年龄、树种组成、水肥条件、修剪水平等诸多因子的共同作用，单纯用修剪方法或其他因子去肯定或否定往往会出现偏差。此时可以把经验总结调查作为进行修剪露地试验研究或其他因子研究的准备工作，然后按不同的因子设置露地试验，逐一加以证实会使结果更为可靠。

2. 修剪效果调查

修剪效果调查法属于经验总结调查法中的单项调查。修剪效果通常是指某一种或两种以上的修剪措施结合起来使用时对树木发生的枝条种类、数量的作用程度。由于影响整形修剪的因素很多，而且一些影响的延续时间又较长，所以进行这项调查总结工作，重点要调查树木整形修剪技术的实施效果。要对树龄、树冠结构、枝组在树冠中的分布、枝条和芽的健康情况等作全面了解，注意观察分析树种、品种的发枝习性和开花习性，对调查区域内各种树木的长势、群体的稳定程度、观赏性进行重点记载，同时要对被考察地区的自然条件、栽培条件和整形修剪处理的各种类型进行一定数量的现场测量，为进一步开展专项试验研究打好基础。

修剪效果调查要本着三方面进行。首先要明确树形培养过程中的修剪技术特点，即树形养成过程中所运用的重点修剪方法以及某些修剪措施采用的时间、强度并进行比较分析。其二是结合不同树种、品种的生物学特性，调查各树种对修剪方法的反应，如不同年龄阶段的修剪发生枝条类型的差异特性及根据剪、锯口附近的枝条发生量来判断树种对修剪刺激的敏感度、芽的萌发能力、隐芽的数量、寿命等。其三是要明确相同的修剪方法在不同树龄乃至不同树种上实施的差异程度，如对树木的花芽形成、发枝数量、发枝类型以及树体局部和整体的影响程度。在以上调查的基础上，得出冬季修剪中疏枝、短截等方法综合运用的效果和冬、夏修剪相结合的手法运用后的综合效果。

总之，修剪调查法是在普遍观察分析的基础上对特殊的经验或存在的问题作典型的针对性单因子分析。例如：天津南开园林局范学林等（1988）为解决该区复康路 5 ～ 8 年生碧桃树观赏效果参差不齐的问题，对该地区三个不同类型绿地（分车带、街景、复康河沿岸）的树形和整形方法作了调查分析，发现该年龄段的碧桃生长良好，树冠完整，但骨干枝较密挤，导致树冠郁闭，通风透光条件开始恶化，部分树出现内膛光秃、开花部位外移等问题。在分析原因之后提出的技术措施和实施方法是：

① 按自然开心形树形对碧桃进行树形调整，其基本结构为干径 15 ～ 25cm，干高 0.8 ～ 1.2m，3 ～ 5 个主枝，主枝角 45° ～ 55° ，主枝上留 2 ～ 4 个互生侧枝，第一、第二侧枝间距 50 ～ 60cm，除此之外的过密枝一律疏除。

② 品种间存在差异，白花碧桃发枝力明显强于粉花重瓣碧桃，突出表现为外围枝条密集、内膛光秃现象严重，修剪时应疏除部分直立大枝，利用背后枝开张主枝角度。

③ 在粉花重瓣碧桃上进行以提高萌芽率为重点的修剪方法，应采用延迟修剪，夏剪促生中短花枝，控制竞争枝，改造多年生鞭杆枝为枝组（长放、回缩、夏季短剪相结合）。

④ 骨干枝先端单枝单头，通过“转主换头”的方法控制树高和冠幅，克服内膛光秃，培养牢固紧凑的枝组，使枝组靠近骨干枝。

以上修剪措施实施三年后可看到，碧桃的树冠结构得到了明显改善，观赏效益显著提高，该措施对该区的碧桃修剪起了很大的推动作用，并为此后进行的修剪露地试验研究创造了条件。

12.3.1.2　生物学调查

生物学调查是园林树木栽培的各种研究中主要采用的方法，常通过调查研究和露地试验研究来获取有关园林树木各器官生长发育等方面的数据资料，或以某些生物学指标来分析说明试验效果。通过完整的生物学调查可总结出规律性资料，例如：计算枝类比、枝条生长量、干周等，可作为分析指标来应用；定期测量根系和枝条或按照生长进程定期解剖生长中的芽，观察其分化情况，可了解年周期中树木生长和发育的动态规律。因此生物学调查法是一种应用范围很广的研究方法。

修剪研究中生物学调查的对象是园林树木的树体结构组成和根、茎、叶、花、果等器官。通过调查其发生部位、发生数量、质量以及发生过程中的动态变化来了解树木的生长发育规律，从中找出指标和相关性，得出真实而正确的结论，从而可为露地试验研究和生产直接提供数据资料和相应的指标及标准。

生物学调查要定时、定点进行。安排的调查时期要适当，取样要典型，标准要一致，调查部位要有标记，观察的项目要抓住关键，做到少而精。现场记载的资料要及时统计整理并与现场核对，以便及时纠正差错。为了提高调查质量，可根据具体条件和要求适当增加重复次数，增加调查株数或部位。生物学调查法不是仅局限于绿地现场调查，常结合室内分析测定、组织切片观察等同步进行，如花芽分化观察、枝叶营养元素含量化学分析等，还可与露地试验相结合，应用生物数学的方法对树木生物学调查的一些参数进行统计分析，以进一步了解一些规律。生物学调查内容包括：

1. 物候观测

在生物学调查中，物候期观测具有多方面的意义，它不仅是制定树木周年养护管理制度的生物学依据，还是园林树木种植设计、选配树种、形成四季景观的重要依据。

整形修剪研究中进行物候期观测的主要目的是准确地掌握树木的季节性变化的形态特征，掌握枝、叶、花、果在年周期中的生长情况和树冠内不同类型枝条的生长动态变化。

表 12.3–1 所列的是树木物候观测的主要内容，其中以叶芽开放期、花芽开始膨大期、花蕾或花序出现期、开花始期、开花盛期、开花末期、第二次开花期、新梢生长期、落叶期等最为重要。

乔、灌木植物物候观测记录表 表 12.3–1

编号： 树种名称： 树龄： 观测单位： 观测人： 观测日期：

观测地点： 建植环境：地形及坡度 土壤酸碱度： 配植植物种类：

芽萌动				展叶		开花					新梢生长				叶变色		果实成熟			落叶		
叶芽开始膨大期	叶芽开绽期	花芽开始膨大期	花芽开绽期	开始展叶期	展叶盛期	花蕾或花序出现期	开花始期	开花盛期	开花末期	第二次开花期	一次梢开始生长期	一次梢停止生长期	二次梢开始生长期	二次梢停止生长期	叶开始变色期	叶完全变色期	果实成熟期	果实脱落开始期	果实脱落末期	落叶开始期	落叶盛期	落叶末期

注：在空格中填入观察日期（日 / 月）。

物候期记载的详细程度一般是根据研究内容的需要来定。修剪试验经常选择枝条生长物候期进行观察，目的是了解枝条的生长状况。例如在“不同类型枝条生长动态观察”中，对树冠内营养枝、长花枝、中花枝、短花枝由萌芽至停止生长的各阶段进行特别细致的观察、测量和记载，还要绘出曲线从中找出规律。

有的树种在萌动期前还存在一个树液流动开始期，此时修剪会出现伤流，如核桃、葡萄等。修剪研究中也要仔细观察记载。

物候期观测方法及参考标准如下：

（1）芽萌动期

① 芽萌动期：是树木由休眠转入生长的标志，形态上可见叶芽和花芽膨大、开绽。当芽鳞开始分离，侧面显露出浅色的线形或角形时，记为芽膨大始期。具有裸芽的树种不记录芽膨大期，如：枫杨、核桃的雄花，白蜡的雄花等。不同树种由于芽的内部结构不同，芽膨大特征有所不同。如碧桃、榆叶梅的花芽是纯花芽，海棠、山楂、葡萄等是混合花芽，具有混合芽的树种顶芽有时为叶芽，要分别记录物候期。对于某些较小的芽或具绒毛状鳞片的芽，如猬实、榆树等可用放大镜观察。

② 芽开绽期：芽开绽期是指鳞芽外被的鳞片裂开，芽顶部出现新鲜颜色的幼叶或新鲜的花蕾顶部。有些树种的芽膨大与芽开绽不易分辨，可只记芽开绽期。具纯花芽早春开放的树木，如：山桃、山杏、紫叶李等的外被鳞片裂开，见到花蕾顶端时，为花芽开绽期或显蕾期。具混合芽春季开花的树木，如：海棠、山楂、杜梨等，由于先长枝叶后开花，其物候期可细分为芽开绽期和花蕾或花序出现期。

（2）展叶期

① 展叶开始期：树种不同，叶片在芽内存在形态的具体特征不同。叶刚出现时，小叶呈卷曲状或按叶脉呈褶叠状，当出现的第一批叶中有 1 ～ 2 片展开时，为展叶开始期。具复叶的树木，以其中 1 ～ 2 片小叶子展时为准；针叶树以幼针叶从叶鞘中开始出现时为准。

② 展叶盛期：阔叶树以其半数枝条上的小叶完全平展时为准。针叶树以新针叶长度达老针叶长度 1/2 时为准。有些树种开始展叶后可很快完全展开，可以不记展叶盛期。

③ 春色叶呈现始期：以春季所展之新叶整体上开始呈现有一定观赏价值的特有色彩时为春色叶呈现始期，如紫叶李、紫叶矮樱、金叶槐等。

④ 春色叶变色期：以春叶特有的翠绿色彩整体上消失时为准，如由鲜绿转暗绿，由淡红色转为绿色。杜梨、梨树则有明显的“亮叶期”，标志叶成熟。

（3）开花期：可以细分为开花始期、开花盛期、开花末期、多次开花期。

① 开花始期：阔叶树种在选定观测的单株中，50% 以上的植株各有 5% 的花瓣完全展开时为开花始期。具有柔荑花序的树种，如柳属树种，在其雄株柔荑花序上以见到雄蕊，且出现黄花时为开花始期；雌株见到柱头出现黄绿色为开花始期。杨属树种开花始期不易见到散出花粉，以花序松散下垂时为开花始期。针叶树类和其他以风媒传粉为主的树木，以轻摇树枝见有花粉散出时为开花始期。

② 开花盛期：在观测树上见有一半以上的花蕾都展开花瓣时为开花盛期。杨柳属树种一半以上的柔荑花序松散下垂或散粉时为开花盛期。针叶树不记开花盛期。

③ 开花末期：在观测树上残留约 5% 的花时，为开花末期。针叶树类和其他风媒树木以散粉终止时或柔荑花序脱落时为准。

④ 多次开花期：有些树种可以在一年内多次开花，如月季、石榴、木槿。有些虽然属于一年一次春季开花的树种，但可在某些年份的夏秋间或初冬出现再次开花的现象，对于这种情况要另行单独观测记录和分析。方式是：a. 记载树种名称、再次开花日期、开花数量、花朵（或花序）的健康程度、花期长短；b. 记载树体状况，包括树龄、树势、生长环境、当年温度变化情况、叶片是否因冰雹和病虫害等早期脱落、养护管理情况等等；c. 是否再次结果以及结果数量、果实成熟情况等，经过连续几年观察记载，可以看到这种情况出现是否延续、稳定，以此判断这种多次开花现象是属于偶见的再度开花，还是一年多次开花的变异类型。

（4）果实生长发育和落果期：果实生长发育和落果期自坐果开始至果实成熟脱落止，可以细分为果实成熟期和果实脱落期。

①果实成熟期：当观测树上有一半的果实变为成熟色时，为果实和种子成熟期，可分为初熟期和全熟期。不同类别的果实成熟时有不同的颜色，当树上有少量果实变为成熟色时为果实和种子的初熟期；果实绝大部分出现成熟时的颜色但尚未脱落时，为果实的全熟期，此时是树木主要采种期。有些树木的果实为跨年成熟的应记明。

②果实脱落期：开始脱落期：即成熟种子开始散布或连同果实脱落。脱落末期：成熟种子或连同果实基本脱完。要注意的是有些树木的果实和种子在当年年终以前仍留树上不落，应在“果实脱落末期”栏中写“宿存”，并在第二年记录表中记下脱落日期，同时在右上角加“*”号，于表下作注，说明为何

年的果实。观果为主的树木要增加记载其具有一定观赏效果的开始日期和最佳观赏期。

（5）新梢生长期：由叶芽萌动开始，至枝条停止生长为止。一年中有多次生长的树种，其新梢的生长有一次梢（春梢）、二次梢（夏梢或秋梢或副梢），个别的旺长树会有三次梢出现。营养枝停止生长的标志为形成顶芽或梢端自枯不再生长，此时记为枝条停止生长期。

（6）花芽分化物候期：树种开花习性取决于花枝上的花芽分化。花芽分化物候期的观察需采样后在室内借助显微镜，用徒手切片法或剥芽法进行。单花的分化过程，按花原基的形成时期来划分，分为开始分化期、花萼分化期、花瓣分化期、雄蕊分化期、雌蕊分化期等。全株的观察统计要记录花芽分化开始期、分化盛期、分化终止期。绝大部分园林树木花芽在上一年形成，第二年春季开放，如：海棠、碧桃、榆叶梅、连翘、丁香等等。还有些树种花芽当年形成当年开放，常见的有紫薇、木槿、月季、蔷薇等等。

（7）叶变色物候期：树木秋季第一批叶子开始变为黄色或红色的时候为叶变色期，要分别记录开始变色期与全部变色期。但应注意与干旱、炎热、病虫害等原因引起的非季节性叶变色分开。

（8）落叶物候期：指树木秋冬的自然落叶。从被观测的树木秋冬开始落叶始，至叶片全部落尽时止。因夏秋季干旱、暴风雨、冰雹、水涝或发生病虫害引起的落叶不予记载，可在备注栏中注明并拍照记录。针叶树不易分辨落叶期，可不记。天津市秋季落叶常受 10 月末至 11 月上旬的冷空气影响而出现集中落叶期，生长旺盛的树木叶片会有“青干”现象（秋冬突然降温至零度或零度以下时，叶子还未脱落，有些冻枯于树上），这时应注意记载变温的时间并在物候记载中加注“干枯未落”。

落叶期可分为 3 个阶段记载：落叶始期（约有 5% 的叶子脱落）、落叶盛期（全株约有 30% ～ 50% 的叶片脱落）、落叶末期（叶子约 90% ～ 95% 脱落为落叶末期）。

（9）物候期观察中的注意事项

① 要选择定植 3 年以上、生长发育正常并已开花结实的树木 3 ～ 5 株作为观测对象。雌雄异株的树木（如白蜡、椿树、皂荚等）最好同时选有雌株和雄株，并在记录中注明雌（♀）、雄（♂）性别。观测植株与需测量记载的枝条选定后，要做好标记并进行阶段性的摄影记录。

② 根据观测的目的要求和项目内容确定观测间隔时间的长短和记载方法。天津地区春季开花的树种一般开花期较短，最佳观赏期一般在 7 ～ 12 天左右，因此对变化快、要求细的项目要每天观测或隔日观测（如连翘），观测时间一般为下午。选择的观测部位高度要合适，向阳面的枝条或上部枝物候表现较早。高树顶部不易看清，可辅助用望远镜或用高枝剪剪下小枝观察，无条件时可观察下部的外围枝。

③ 有特殊的观察要求时应增加物候期观察项目。例如为了解树木花芽形成时间，要增加花芽分化物候期观察；为确定最佳观赏期，观赏春、秋叶色变化的时期要增加叶变色的观测内容等等。

④ 物候观测要有专人负责，人员要固定。观测记录要随看随记，不应凭记忆事后补记。

园林树木的物候期观测是绿地管理中每年必须进行的基本工作，是制定绿地管理计划的依据，也是整形修剪研究要求的主要内容。

2. 树体基本情况调查

树木体量的大小、枝条一年内的生长量、各类枝条在树冠内分布比例、枝条的疏密程度等基本情况是树木整形修剪试验研究的基础资料，常作为修剪试验处理效应的观测指标。其调查内容及方法如下：

（1）树高、冠高、冠径

树高、冠高、冠径是表示树体生长情况的一个常用指标。树冠体积决定于树冠大小与树高、冠高两个因素，因而也将平均树高和冠高作为群体结构的指标。

树高和冠高可用标杆、皮尺、塔尺等工具测量，树高是从地面到树冠最高点的距离；冠高是树冠最下层分枝至树冠最高点的距离；冠径又称为枝展，从东西和南北两个方向测量树冠的直径，以树冠东西或南北枝条伸展最远处计算。例如记载为 2.8m × 2.5m 的数据，2.8m 表示的是东西方向的枝展，2.5m 表示的是南北方向的枝展。

常见树形树冠体积的计算方法如下：

圆头形 $V=\left(\frac{D}{2}\right)^2\left(H-\frac{D}{6}\right)\pi$

半圆形 $V=\frac{\pi D^2}{8}L$

圆锥形 $V=\frac{\pi D^2}{12}L$

扁圆形 $V=\frac{4}{3}a^2b\pi$

式中：D 为冠径；L 为冠高；H 为树冠绿叶层高；$a=\frac{D}{2}$；$b=\frac{L}{2}$。

（2）基径、胸径、干周

基径、胸径、干周是树体生长量的指标，一般分枝点较高的乔木如国槐、白蜡、栾树、杨柳树等常采用胸径来表示（在距地面 120cm 处测量）；分枝点较低的花灌木采用基径或米径（在距地面 20cm 处或 100cm 测量）。测量方法通常用卷尺测量树干的周长，所得值是干周；用围尺或卡尺可直接测量基径、胸径。

基径、胸径、干周需要连续几年调查，要在测量处用红漆作出标记，每年测量后重复涂一次漆。因为树干多近圆柱形，有了干径或干周即可换算出树干横断面积。这三者均可代表干的粗度，由于树干粗度与树冠、根系重量均有密切正相关，因此用树干粗度代表树体大小比较稳定，观测也比较简便。

3. 枝条调查

枝条在一年内生长的动态变化直接反映树体营养生长的状况。掌握枝条生长的速度、节奏、数量、枝类组成和生长的变化动态，可以为制定修剪技术提供重要的生物学依据。

（1）一年生新枝生长量

一年生新枝生长量是衡量树势的重要指标，常以营养枝平均长度表示。各树种或品种都有相应比较合适的一年生新枝生长量，调查工作常在一年生新枝停止生长以后进行。方法是，选择树冠外围剪口下芽萌发的长枝或未进行短截修剪的顶芽发生的长枝进行测量。一般幼树要测量全部一年生新枝的生长量；成龄树可在树冠外围随机选择具有代表性的营养枝 30 个进行测量。所得到的数据计算其平均数。也可选 3 ～ 5 株树，每株调查 1 ～ 2 个主枝上着生的一年生枝，以平均值来表示某一区域的树木一年生新枝的生长量。

枝条具有多次生长习性的树种，如海棠、碧桃、紫薇、金银木、榆叶梅等，在测量一年生新枝长度时，可以分别记载春梢、夏梢、秋梢或副梢的长度，并计算春梢、夏梢、秋梢占枝条总长度的比例。

（2）一年生新枝生长动态

选 3 ～ 5 株有代表性的植株，在每株上选一年生新枝 10 ～ 20 枝，尽可能分布在各部位和各方向。选枝时，要估计入选枝可能发生为长枝，一般用剪口下第 1 ～ 2 枝或长放枝的延长枝，多用外围一年生新枝，而不用内膛徒长性枝。从一年生新枝开始生长起，定期观测每个枝的长度和粗度，直至一年生新枝停止生长为止，枝条长度可用直尺或卷尺测量，粗度可用卡尺进行测量。每次调查计算出平均长度，作为累计生长量，并用当次与前次调查长度之差作为两次调查间隔期间的增长量，换算成日平均生长量。

根据这些数据，年终总结时以调查日期为横坐标，生长量或增长量为纵坐标，即可绘出枝条生长动态曲线图。图 12.3–1 是 1990 年对榆叶梅、紫薇的调查结果。

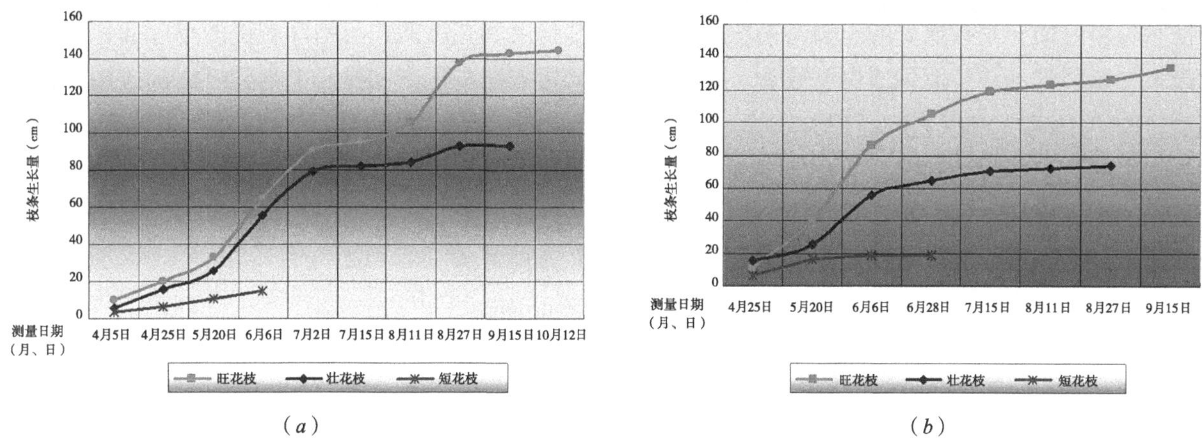

图 12.3–1 榆叶梅和紫薇的枝条生长动态

（a）榆叶梅枝条生长动态；（b）紫薇枝条生长动态

（3）枝条数量

在落叶后至萌芽前，对全树的枝条数量进行调查和统计，用单株枝量与树冠垂直投影下土地面积的比值来表示单位面积上的枝量。值的高低表示树冠枝条的疏密程度。通常单位面积上枝条量过少则景观效果差；枝量过多则枝叶茂密、树冠郁闭，会导致树冠内部的部分枝叶光合效能降低而早期脱落，逐步形成内堂光秃。

（4）枝类组成

各种类型枝条在树冠内的比例称为枝类组成，一般按枝条的长短分类。调查中分别统计全树或选择的几个大枝上各类枝条的数量，计算其比例。不同树种或品种，开花、结实的习性不同，其枝类组成的最佳状况亦不相同。如：榆叶梅合理的枝类比例，短枝要远远高于长枝，长枝与短枝的比例为 1∶10；而紫薇长枝与短枝的合理枝类比例为 1∶（0.3 ～ 0.5），中长枝要明显高于短枝。修剪不当时这种比例会发生很大的变化，此时必须要纠正原来的修剪方法。

从园林树木的长势和树体结构的合理性来看，优质的长、中、短枝数量和相对稳定的枝类比例是良好树体结构的标志，此时的树木光合能力最强，贮藏营养最丰富，生长最稳定。

（5）枝条的成熟度和节间长度

枝条的成熟度常以枝条外部皮色深浅和木质化程度来表示。凡是成熟的枝条颜色都比较深（多呈深褐色或深棕黄色，有的还带有紫红色），枝条茸毛较少，皮孔明显，有的树种枝条成熟后具有光泽，如丁香、榆叶梅、枣、海棠、金枝槐等。

节间长度是指两个叶片当中的距离。调查枝梢中部一定长度内的节数，每一节的平均长度即为节间长。生长健壮的枝条节间长度相对较小；徒长枝、细弱枝的节间长度相对较长。因为节间长度与枝条类型和长度有关，在比较时应选择相同类型的枝条。

4. 叶片调查

叶片是树木营养物质的制造器官，其质量的优劣以叶形成的早晚、叶面积的大小、叶的色泽、厚度、着生密度等进行分析判断。在试验中常以叶的变化作为主要观测标志，如叶片开始生长至停止生长所需要的时间、优质大型叶片存活的时间等可作为判断树势生长是否稳定的依据。

（1）单叶面积的测定方法

单叶面积的测定对研究树木生物学特性、计算叶面积指数、指导修剪都具有重要意义。单叶面积测定方法很多，在树木叶面积简易快速测定方法的研究中发现，树木单叶的长度、宽度、长度乘宽度等3种性状与单叶面积呈极显著的正相关关系。其中，叶片长度和宽度的积与精确测得的单叶面积的相关系数最大，所得到的单叶面积值也更准确。因此，这种测定方法在生产和科研中得到广泛的应用。具体算法请参阅第13章的相关内容。用Microsoft Office Excel中的“数据分析”工具进行叶面积计算。

（2）叶面积系数的测定

叶面积系数的表示方法：

单株叶面积与该树行距乘株距的土地面积之比为叶面积系数。

$$\text{单株叶面积指数}=\frac{\text{单株叶面积}}{\text{株距}\times\text{行距}}$$

单株叶面积与该树树冠投影面积之比为树冠投影叶面积系数。

$$\text{单株树冠投影叶面积指数}=\frac{\text{单株叶面积}}{(\text{树冠半径})^{2}\times\pi}$$

计算叶面积系数：

常用方法是按枝类比计算总叶面积，方法是将树冠内枝条分类，调查各类枝条的数量，每类枝条各取代表枝10～20个，实测其叶片数和单叶面积，计算各类枝平均单枝总叶面积，乘以该类枝数，各类枝的总叶面积相加之和，为全树的总叶面积。调查记载如表12.3-2所示。

海棠总叶面积的调查结果表 表12.3-2

枝类	叶丛枝	短枝	中枝	长枝	营养枝	总计
叶数（个）						
单叶面积（cm^2）						
单枝叶面积（cm^2）						
枝数（个）						
总叶面积（m^2）						

5. 花期调查

花期调查除记载开花物候期各个进程的日期外，还要详细记载花朵持续时间及与外界环境条件的关系。花期观察要选择生长正常、健壮的植株，从蕾期开始，逐日观测记载当天开放的花朵数量，并计算其占总观测花数的百分数，确定当日花开放的进程。同时观测开花期气象因素，研究影响开花期早晚、持续时间长短的因子。

在花期调查的同时还要注意对花芽质量的调查，重点观察花芽的饱满度，开花后花冠的大小、形状、色泽，若有变化则需寻找影响因素。花灌木在树形紊乱、树势衰弱的情况下常有花不整齐、花期短、花色不正常或花芽僵死等现象，例如杏、桃、毛樱桃、丁香、连翘等都存在这种现象。

6. 枝芽特性调查

不同的树种都具有极性和芽的异质性，这是园林树木的共性特征。如在营养枝中部的饱满芽处短截，则表现生长旺盛；在秋梢部位的先端短截，则生长活跃性小，容易形成短枝等等。修剪的重点是在了解共性的基础上研究个性，按照每一个树种的枝芽特性，根据需要确定修剪部位和修剪强度。只有在与树木生物学特性要求相吻合且养分充足供应的条件下，才能发挥修剪的作用。

枝芽特性的观察主要包括以下内容：

（1）树冠内枝条的类型

分辨枝条类型的方法是认真观察树冠内的二年生枝和一年生枝，区别新梢、副梢、春梢、秋梢、一次枝、二次枝、营养枝、徒长枝、结果枝以及果台和果台副梢（海棠、杜梨、苹果、梨等）的外部形态特征。

（2）芽的类型

观察花芽、叶芽、混合芽、纯花芽（碧桃、紫叶李、榆叶梅、毛樱桃等）、腋花芽（海棠、苹果、梨等）、单芽、复芽、潜伏芽的着生部位、着生姿态及外部形状。

（3）树木枝芽的生长方式和特征

① 顶端优势：观察枝条顶端着生的芽或枝条，辨别萌芽数量和生长势最强的枝条的着生位置；观察水平或下垂枝条顶部 1 ～ 5 个芽的发枝情况，辨别是否有极性变化、是否有倒拉性状、顶芽是否发育、是否有被其他极性部位的芽所取代的现象。

② 芽的异质性：自上到下仔细观察一个枝条上芽的大小和饱满程度，鳞片的色泽、大小、包被的松紧程度；测量不同质量芽在枝条上的分布部位和分布的枝段长度，并计算其占整个枝条长度的比例。

③ 芽的早熟性：观察健壮枝条的顶芽、腋芽（桃、李、梅杏等的侧芽）的形成时间，观察是否可以当年萌发。一般当年生芽萌发率较高的树种或品种萌芽率高，成枝力强，树冠郁闭快。

④ 萌芽率和成枝力：统计一年生枝条上芽的萌发数量，计算萌芽率；记载萌发的芽抽生 15 ～ 20cm 以上的长枝数量，说明成枝力。

⑤ 层性：观察分枝点处树木的分枝着生状况，有无中心干，主枝分布是否具有成层现象，确定树木的层性。

⑥ 分枝角度：观察抽生的枝条与着生母枝间的夹角，判断枝条的分枝角度。

7. 树形和树冠结构调查

观察乔木树木地上部的主干、中心干、主枝、侧枝、骨干枝、延长枝的着生情况和枝组的类型、比例以及其在各级枝条上的着生和分布情况。

合理的树形和树冠结构要符合“三稀三密”的原则。下述各项的调查分析常作为树冠结构是否合理的基础数据。达到的观赏和生态效果可概括为：春花、秋实、夏叶、冬枝。

（1）树冠和树冠结构

处在不同年龄时期树木的树冠，其发育状况的指标包括：干高、冠高、冠径、树冠体积、有效体积、无效空间（光秃带）的比例、叶面积系数等。

树冠结构是否合理的指标包括：主枝数、第一层主枝粗度、主枝排列形式、主枝角度、枝组配置位置和数量、不同类型枝条组成比例等。树冠整体结构是否合理的常用指标是树冠光照分布。通常用照度计进行测定，包括：层间光强、冠下光强、枝条密度与光强的关系等，必要时进行叶片结构解剖与叶功能的生理指标测定。调查记载的内容见表 12.3–3 和表 12.3–4。

树冠结构调查表　　　　表 12.3–3

<table>
<tr><th rowspan="4">处理号</th><th rowspan="4">处理方法</th><th colspan="4">主枝数（个）</th><th colspan="2">主枝粗（cm）</th><th colspan="2">临时枝</th><th colspan="10">枝组（个）</th></tr>
<tr><th rowspan="3">总数</th><th colspan="3">分布</th><th rowspan="3">下层</th><th rowspan="3">上层</th><th rowspan="3">数量（个）</th><th rowspan="3">分布</th><th colspan="4">数量</th><th colspan="6">分布</th></tr>
<tr><th rowspan="2">一层</th><th rowspan="2">二层</th><th rowspan="2">三层</th><th rowspan="2">总量</th><th rowspan="2">大</th><th rowspan="2">中</th><th rowspan="2">小</th><th colspan="3">层次</th><th colspan="3">级次</th></tr>
<tr><th>1</th><th>2</th><th>3</th><th>1</th><th>2</th><th>3</th></tr>
<tr><td></td><td></td><td></td><td></td><td></td><td></td><td></td><td></td><td></td><td></td><td></td><td></td><td></td><td></td><td></td><td></td><td></td><td></td><td></td><td></td></tr>
</table>

叶幕结构调查表　　　　表 12.3–4

处理号	树龄（年）	树冠体积（m^3）	光秃体积（m^3）	叶幕体积（m^3）

（2）观赏效果

观赏效果重要指标之一是开花情况，包括：花量、花朵的分布均匀度和分布层次、花朵质量，必要时要通过定期采样解剖观察花芽的形成过程，以便深入了解某一树种的营养代谢特征。

（3）长势

树体长势均衡程度的指标是枝条数量和枝条质量，包括：单位空间平均枝量、有效枝的数量比例、不同类型枝条的势力差异、花枝类型及花芽数。

综合以上三项调查结果，对树体结构进行全面分析，并注意在树形培养过程中不同阶段导致树形紊乱的主要矛盾。例如定植后过旺的极性生长或过重的短截刺激是树冠郁闭的主要原因，需通过拉枝开张角度，外围疏枝缓放、夏剪促分枝的综合方法进行调整。

8. 树势判断

树势反映了树木营养生长（枝条生长量、枝类比例）与生殖生长（花芽数量、结果数量）的关系。修剪研究中要综合考虑，一株生长旺盛且叶片浓绿的单株其树势不一定强，往往属于虚旺型的，其抗性（抗风、抗旱、抗病虫）都较差，如果是果树其产量一定会很低且果实质量差。

修剪研究中对树势的判断要以树高、冠高、枝展、干周和一年生新枝生长量、花芽数量和质量、结果数量和质量等为指标进行综合评判。由于树体生长经常受到外界条件的影响，同一树种、品种和相同树龄的树木在不同外界环境条件和养管技术水平条件下，生长差异很大。因此，要通过深入的调查研究逐步建立自己的树势评判标准。

树势判断的主要依据是树冠中一年生枝的长度、成熟度、芽的饱满度以及花枝的类型和数量，一些树种还要测量春、秋梢的长度，计算其比例。实际判断时，需要收集多种数据，进行综合分析。具体的方法是：

（1）外围枝生长量调查

以各级骨干枝和大、中型枝组延长枝（或称枝头、外围枝）为调查对象统计数量，测量长度。分别记录在一年生枝生长情况调查表中（表 12.3–5）。

一年生枝生长情况调查　　**调查日期：**　　表 12.3–5

品种	枝号	长度（cm）		顶芽性质（花芽或叶芽）	侧花芽数（个）	备注
		春梢	秋梢			

（2）枝条类型调查

园林树木树种间差异很大，调查前首先根据不同树种建立枝条分类标准，通常的做法是以越冬顶芽形态完整、芽体饱满为前提将枝条分为长、中、短三类或长、中、短、极短四类。例如粉花重瓣碧桃将生长健壮且芽体充实饱满的枝条分为五类：长度在 5cm 以下无花芽着生者定为短营养枝；5 ～ 10cm 者为短花束枝；10 ～ 25cm 为中花枝；25 ～ 35cm 为长花枝；35cm 以上为旺花枝。树龄不同分类方法可进行调整，一般健壮幼树的生长枝长度一般为 60 ～ 100cm，而健壮的成龄树的生长枝长度通常在 40 ～ 50cm。枝条类型调查可按表 12.3–6 进行。调查时可分别记载春梢长度和秋梢长度，也可根据表 12.3–7 区别树势。

枝类调查统计表 表 12.3–6

品种	树龄	调查枝数（个）	生长枝比例（%）	长花枝比例（%）	中花枝比例（%）	短花枝比例（%）	秋梢枝比例（%）

树势的区别标准 表 12.3–7

种类	新梢生长量（cm）	长枝	中枝	短枝
旺树	40 ～ 50	多、旺	较多	少
壮树	30 ～ 40	中	中	中
中庸树	20 ～ 30	少	中	多
弱树	＜ 20	少	多	很多

9. 修剪反应的调查

修剪反应的调查可按表 12.3–8 ～表 12.3–12 的内容进行。

营养枝修剪处理基本情况调查 调查日期： 表 12.3–8

树号	枝号	长度（cm）	粗度（cm）	总芽数（个）	剪留芽数（个）	着生方位、角度

营养枝修剪后剪口发枝情况调查 调查日期： 表 12.3–9

项目	剪口下枝序				
	1	2	3	4	5……n
长度（cm）					
粗度（cm）					
花芽数（个）					

修剪量调查表 表 12.3–10

树号	枝号	处理	修剪前一年生营养枝平均长度（cm）	剪掉长度（%）	剪掉枝量（个）

树木树体修剪反应调查　　表 12.3-11

处理号	树龄	发枝量							长势		叶面积（cm²）	
			长枝		中枝		短枝					
		总发枝数（个）	数量（个）	占总发枝数的比例（%）	数量（个）	占总发枝数的比例（%）	数量（个）	占总发枝数的比例（%）	树冠内长枝占总枝数的比例（%）	长枝平均长（cm）	单叶面积	单枝面积

更新改造修剪反应调查表　　表 12.3-12

处理号	树龄	部位	原营养枝生长量（cm）	潜伏芽		发枝总量（个）	长枝		中枝		短枝	
				萌发数（个）	生长量（cm）		数量（个）	占发枝总量的比例（%）	数量（个）	占发枝总量的比例（%）	数量（个）	占发枝总量的比例（%）

12.3.1.3　调查研究的取样技术

调查研究的目的是对所调查的总体作出估计和推论。但是所调查的总体往往包含有大量的个体，要全部调查是不可能的，也是不必要的。因而，通常仅从总体中进行抽样调查，由样本的结果对总体的情况作出估计和推论。所以，调查样本选取的科学性与获得统计数据的准确性、精确性极为相关。

1. 取样的几个基本概念

（1）总体与总体容量

由具有共同性质的个体而组成的群体，在统计学上称为总体。所谓共同性质是相对而言的，有较大的幅度。总体的大小主要根据研究目的和性质的一致性大小来决定。例如，研究不同修剪量对白花碧桃新梢生长的影响时，白花碧桃的品种特性即为共同性质，可以构成一个总体。但如果试验不同修剪量对碧桃的影响时，则整个碧桃的特性为共同的性质，碧桃的所有品种构成一个总体，其中包括了粉花重瓣、紫叶、白花、洒金、菊花桃等多个品种。

具有无穷多个体的总体称为无限总体，实际工作中也常将个体数虽然有限，但数量很大的总体看作无限总体。例如一个公园中白蜡树的所有雌花枝、一排行道树的所有叶片都可看作无限总体。个体数是有限可查的整体称为有限总体。例如某白蜡行道树的木蠹蛾虫孔数、某毛白杨背景林中患腐烂病的株数等。统计中用 N 表示构成总体的所有个体数目，称为总体容量。一般情况下，研究的总体都比较大，N 为不可知数，只有在总体相当小时 N 才有确定数目，而研究小总体的实际意义常常是不大的。

（2）样本与取样

由于小总体实际意义不大，而大总体又无法全面进行，所以，试验大多是从总体中抽出部分个体进行研究，这些个体叫做样本。当然，这些样本对总体应具有代表性，否则就失去了意义。

从总体中抽取样本的过程叫取样，样本是否对总体有代表性决定于取样技术，而取样技术的正确性决定于取样方法和样本含量。

（3）取样单位与样本含量

取样所用的基本单位叫作取样单位。样本内含有取样单位的多少叫样本含量。例如以株为单位调查修剪存在的问题，"株"便是取样单位，若取 30 株进行调查，则样本含量为 30。从理论上讲，样本内的取样单位越多，样本含量越大，则得到的结论值越准确，抽样误差越小，对总体值的代表性越大。但样本量过大，则在生产中浪费多，工作量大，不易进行。

2. 取样方法

取样方法很多，由于树木试验的特殊性，各种取样方法的效果和应用价值也有区别，应根据试验和调查的具体要求加以选择，以取得最佳效果。

（1）顺序取样

按一定顺序抽取样本。方式可以是对角线式、平行式、分行式、棋盘式等等（图 12.3–2）。例如，对行道树的调查，取样时先随机抽取一株，然后按照顺序和一定间隔抽取样本，至该区的最后为止，一般要求样本量不少于调查总体的 5%。顺序取样方法简便，也较适应园林树木的栽植形式，当试材较一致时，能得到较准确的结果。

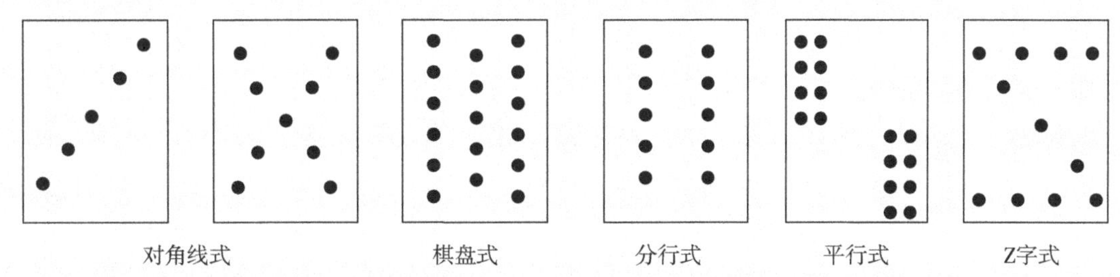

图 12.3–2　常用的顺序取样方法

（2）典型取样

典型取样是树木取样中非常重要的方法。实际工作中，根据调查中需要了解的问题，调查者从总体内有意识地抽出有代表性的一部分单株作为样本，这对异质性强的树木来说，是一种常用的取样方法。但这种方法由于失去了随机性，所得数据不适于采用统计方法进行分析。但因这种方法具有很强的代表性，同样能科学地反映客观事实，可以看作是总体的真实反映，例如在树木的生物学调查中许多项目都要采用典型取样法，而不能采用其他方法。

（3）随机取样

从总体中机会均等地抽出样本的方法叫随机取样。由于合乎随机原理，所得数据结果适于统计分析，可得出无偏的总体平均数、总和数或成数的估计值，可以无偏估计抽样误差及进行显著性检验。但如果总体变异较大，且样本量不够多时，随机取样估值仍会产生有偏性。随机取样通常采用下列几种形式：

① 简单随机取样：直接从调查总体中随机地取出既定数量样本的方法叫作简单随机取样，也称单纯随机取样。例如在 100 株树木中取 5 株作调查，可先编成 1 ～ 100 号，查随机数字表或使用计算器中的随机数字，以两位数为单元查，如果得到 58、64、72、31、03，则用这些号码的树作样本。这种方法简便，适用于个体间差异较小或抽样较少的调查。

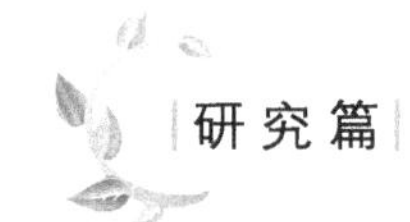

② 整群抽样：直接从调查整体中随机地抽出较多数量的“群”作为样本，每一“群”中包括了等量的若干抽样单位，全部调查。随机方法与上面①的方法相同，只不过整群抽样是以“群”为单位进行随机抽取。

③ 巢式取样：当总体很大而抽取的样本又不能多时，可先在总体里随机抽取较大的群体，然后再从中随机抽取较小群体，直到随机取样单位便于调查为止。一般只用二级巢式取样。例如，调查某行政大区当年春植时的常绿树移栽成活率，可先将有常绿树移栽的建设单位进行编号，随机取 10 个，再将此 10 个建设单位编号，每建设单位抽 3 个区片，然后对这 30 个区片进行调查，从而推断出整个行政大区的常绿树移栽成活率。这种取样方法也称多级抽样或阶段抽样。

④ 划区抽样：划区抽样是先将总体按其变异状况分为比较一致的若干部分，每个部分称作同质区层，再在每部分按其量的大小有比例地进行随机取样。这种方法也称为分层取样或类型抽样。例如调查土壤肥力可依具体情况将绿地分成瘠薄区、一般区、肥沃区，再按各区面积大小比例随机取点测定。划区时，应尽量使每一区内观测值的变异度最小。

树木本身具有变异大的特点，采用随机法调查时多进行划区，这样既可应用加权法由各区层的估计值来估计总体真值，又可减小植株和土壤变异的影响，相当于实行局部控制，提高了平均数估值的准确性和样本的代表性。划区抽样相当于典型抽样与简单随机抽样的综合应用。

在实际工作中，取样是每项试验或调查都需要进行的工作。究竟采用哪种抽样方法应根据研究总体的具体情况来确定。只有正确地取样，才能使调查的结果有代表性，提高试验结果的准确性，所以取样是研究工作十分重要的步骤。

3. 样本观测

除正确地确定取样方法外，科学的观测样本同样重要，它可减少人为误差，使样本的代表性充分反映出来。

观测样本应体现唯一差异原则，即除试验处理外，尽可能使观测项目的环境条件一致，同时应制定统一而明确的观测标准，尤其对多点、多年的观测，应使用统一标准。还应注意观测时间、观测人员尽量一致，以提高试验的准确性。

样本观测的方法、时间等应符合树木生长发育的规律，以掌握较可靠的结果，例如物候期观察，要根据其进程确定观察时间和测量时间。观察资料应完整，不要遗漏或出现错误，应按时进行调查记载，不要凭记忆补记、追记，以免出现错误。

样本观测是一项严肃而细致的工作，也是反映客观实际的依据，所以应消除主观因素，以严谨的态度和求实的精神进行，这是科学研究中科技工作者应具备的品德修养。

12.3.2 露地试验研究

露地试验研究是园林树木修剪研究中常用的方法。它是以差异对比法为基础，在人为控制或人工处理条件下，突出对比因素以比较不同处理的反应和效果，通过严密的试验设计技术，排除其他不相干因素的影响，专门研究某个或某些因子的作用。

露地试验研究的主要优点在于：试验是在人为控制的相对一致的条件下研究因子的数量或质量特征，因此，比较容易搞清所要研究的问题。缺点是它的应用局限在一个较小的范围内，而且应用中要涉及一些生物统计学的基础科学知识，推广应用有一定难度。

另外，园林树木的试验研究需要的时间较长，为了加速试验进程、提高试验效果，一般要采用预备试验和正式试验相配合的方法。在正式试验中还可分为几个步骤，先进行小区试验，继而选择效果最好

的处理进行现场生产试验，最后将最佳的处理推广于生产。

园林树木的整形修剪研究主要是探讨不同修剪方法对树冠结构、开花数量、树势、发生有效枝量等因素的影响。试验开始前，先要根据生物统计的原理选择正确的试验方法，进行现场试验设计，并对试验数据进行统计分析。

修剪进行的试验设计和数据统计分析是按照生物统计的原理进行的。生物统计是一门运用数理统计的原理和方法来研究生物界数量现象的科学，整形修剪的试验设计与统计仅是其中的一个方面。它在整形修剪试验研究中的作用主要有以下几个方面：

① 提供试验设计的重要原则：生物统计学提供了随机、重复、局部控制的设计原则，可以对修剪试验中的偶然因素加以处理，增加试验的敏感性。实现以较少的人力、物力、财力投入，获取最多的信息和可靠的试验结果。

② 提供样本推断总体的科学方法：生物统计学搞清楚了样本与总体的若干规律，进而提供了由样本推论总体的科学方法。

③ 科学地整理和描述数据资料：用生物统计原理和方法进行修剪试验的设计及数据的调查、整理与分析，可提高试验的效率和可靠性。园林树木是一种复杂的有机体，生命活动过程极其复杂，与环境条件存在不可分割的联系，在生长发育过程中受经常变化着的气候及土壤肥力等自然条件的影响，因此，其数量现象具有普遍的变异性。例如在营养枝短截 1/2 的试验中，我们不可能在试验树上找到长度、粗度完全相同的营养枝，而且短截后每一个枝条上发生的枝条数量和质量也不会相同，把这些测量到的数据收集起来会发现它们是参差不齐的，很难说明问题。而用统计方法将资料加以整理、归纳、分析，就能发现其规律性。

④ 判断试验结果的可靠性：试验数据间的变异是由两方面原因造成的。一是因为对试验因素做了不同处理，二是因为有试验误差。在一个试验中处理效应与误差效应同时表现在一个试验结果数据中，如果不进行统计分析就不会知道处理的真实作用，也不会知道试验的准确性如何，生物统计方法为推断试验结果的可靠性问题提供了强有力的手段。

⑤ 确定和度量事物间的相互关系：自然界任何事物和现象都不会孤立地存在，孤立地变化，例如园林树木生长与肥料有关，枝条发生数量和质量与修剪强度有关，单叶面积的大小与叶片的长度和宽度有关等等。那么，这些有关的因素之间是什么性质的关系？关系的密切程度如何？变化规律怎样？这些问题可以运用生物统计中提供的相关与回归分析找到彼此联系、相互作用、相互影响的程度，对生产管理、预测树势、提高观赏效益等现实问题都很有帮助。

12.3.2.1 露地试验中的几个基本概念

要掌握修剪试验设计具体原理和方法，首先要熟悉几个基本概念，这些基本概念有助于我们对后续知识的了解。

1. 指标

在试验设计中把判断试验结果好坏所采用的标准称为试验指标，简称为指标。例如修剪试验目的是为判断对一年生营养枝进行不同程度短截的效果时，可用短截后的发枝率或发枝类型作为试验指标；当试验目的在于了解不同树种的生长速度时，可用干周、枝展、冠幅作为试验指标。

2. 因素

有可能影响试验指标的条件称为因素或因子。例如不同程度短截试验中选择的一年生枝的着生位置和着生姿态等都是可能影响发枝率或发枝类型这些指标的因素；又如了解树种的生长速度的试验，周围配置的树种、栽植密度等都可能成为影响该树种的生长这一指标的因素。因此，着生位置、着生姿态、栽植密度、混植品种等都可以作为分析试验的因素。

因素又可分为数量因素和非数量因素。数量因素指依数量划分水平的因素，如栽植密度、修剪量等。非数量因素指不依数量划分水平的因素，如枝条着生位置（外围、内膛）、着生姿态（直立、斜生、下垂）等。

3. 水平

能影响试验指标的因素通常可以人为地加以控制或分组，所划分的组通常也叫做因素的类别和等级，统计学上称其为因素的水平。例如在对一年生营养枝进行不同程度短截的效果试验中，其因素分为短截 1/5、1/3、1/2、4/5 四个等级，就是将一年生营养枝短截试验这一因素分成了四个水平。但是在修剪试验中，因素和水平这两个概念并不能严格区分。例如，可以对营养枝、长花枝、徒长枝分别进行 1/5、1/3、1/2、4/5 四个等级的短截修剪，在这类试验中枝条种类是因素，短截 1/5、1/3、1/2、4/5 四个等级则是每个因素的四个水平，这时，每一个水平代表一种修剪强度；反之在试验中还可以称每一种短截强度为因素，将枝条种类分为营养枝、长花枝、徒长枝等三个等级，每一个等级亦为一个水平。只有在一个已经确定了因素和水平的试验方案中两者是可以清晰分开的。

4. 试验因子与处理

试验研究的对象叫因子，而试验因子中的不同措施叫处理。例如，在对园林树木相同类型的枝条进行不同程度短截修剪的试验中，要看一下短截后发生各类枝条的比率，此时修剪对发枝的类型、数量的影响程度是研究的主要问题，即为试验因子；截掉 1/5、1/2、4/5 三种不同程度的短截方式，则为试验处理。

5. 对照

试验研究是以比较为基础的，一个试验的结果可以在各处理间相互比较，也可以设一、两个标准处理作为比较的基础，这些标准处理叫做对照。在修剪试验中，常设置一个不修剪的处理作为对照。

6. 小区、区组、重复

露地试验研究一般都以小区为单位。所谓小区，即每个试验处理所占的面积。多数的园林树木都可以单株作为调查记载的单元，所以修剪试验小区又可按其中园林树木的株数来命名，如单株小区、双株小区、三株小区等等。两株以上的，可统称为多株小区。适当的小区面积可以有助于消除试材和土壤的差异，获得较精确的试验结果。

在露地试验研究中，每个试验处理都设置一个小区的叫一次重复，每个处理都设置两个小区的叫两次重复，每个处理都设置三个小区的叫三次重复，以此类推。

若干小区排列在一起的叫一个区组。要求同一个区组内各小区的试材和土壤肥力条件相对一致。一个区组中可以包括一个或多个重复，也可以几个区组合成一次重复。

7. 平均数

平均数是数量资料的代表值，它的种类很多，如算术平均数、加权平均数、几何平均数、中位数等等。最常用的是算术平均数，即所有观察值总和除以观察值个数所得的商，也可称平均数或均数。表示方法是：$\bar{x}=\frac{\sum_{i=1}^{n}x_i}{n}$

8. 方差和自由度

方差又称均方，它是各观察值离均差平方的总和除以自由度所得的商。例如，某实验得到的观察值为 x_1，x_2，x_3……x_n；其平均数为$\bar{x}$。每个观察值与平均数的差（$x_i-\bar{x}$）称离均差，各离均差平方的总和为平方和$\sum_{i=1}^{n}(x_i-\bar{x})^2$；平方和除以观察值个数减 1（$n-1$）即得到方差。其计算公式为：方差

$S^2=\frac{\sum_{i=1}^{n}(x_i-\overline{x})^2}{n-1}$，式中（$n$-1）称自由度，即观察值个数 n 减 1，这是因为每一个观察值与平均数比较时，因各离均差的代数和等于零，即 $\sum_{i=1}^{n}(x_i-\overline{x})=0$，只有（$n$-1）个离均差是可以自由变动的。

9. 标准差

标准差又称单次标准差，是方差的平方根，用来表示一个样本中各观察值的变异度。表达式为：标准差 $S=\sqrt{\frac{\sum_{i=1}^{n}(x_i-\overline{x})^2}{n-1}}$。

10. 变异系数

比较两个单位不同或均数不等的样本变异度时，不能用标准差进行比较，而需要用变异系数进行比较。变异系数（$C.V.$）等于标准差与其平均数比值的百分数。表达式为：

$$C.V.=\frac{S}{\overline{x}}\times100=\frac{\sqrt{\frac{\sum_{i=1}^{n}(x_i-\overline{x})^2}{n-1}}}{\overline{x}}\times100$$

12.3.2.2 试验研究遵循的三项原则

1. 重复

重复是指在露地试验研究中名称相同的小区出现的次数，比如在短截修剪试验中短截 1/2 的处理出现两次，即为重复两次，将重复两次以上的试验称为有重复的试验。设置重复最主要的作用是估计误差。在露地试验研究中试验误差是不可避免的，只能通过严密的试验设计尽量减少误差和正确地估计误差。在没有设置重复的试验中，每个处理只有一个小区，只能得到一个试验数据，这个数据中实际上除包括处理本身的本质差异外还包括了土壤、树势、树龄等其他非试验因子的差异，因而无法正确估算出试验误差，也就无法判定不同处理之间的差异。而设置重复后，就可以从同一处理不同重复间的差异来估计试验误差，从而可判明试验处理间差异的显著程度。设置重复的另一个作用是降低试验误差，提高试验精确度。由于土壤、树势等条件不可能完全均匀一致，设置重复后，同一处理的不同重复的小区可以包括不同的试验条件，所得到的处理效应比单个数值更有代表性，误差减小，从而得到正确的试验结果。从统计分析原理来看，试验结果的分析常以平均数为依据，而平均数误差的大小与重复次数的平方根成反比，即：$S_{\overline{x}}=\frac{S}{\sqrt{n}}$，所以增加重复可降低误差。由此可见，设置重复能够起到估计误差和减少误差的双重作用。

2. 随机

随机是指在一个重复区中，某一个处理究竟安排在哪一个小区，不能由试验者的主观意志进行排列，而完全是由机会来决定。为了获得的误差估计值不夸大也不偏低，要求试验中的每一个处理都有同等的机会被放在任何一个试验小区上，只有用随机排列才能满足这个要求。所以采用随机排列与重复结合的方法能提供无偏的试验误差估计值，从而使试验处理的真正效应能够进行比较。随机排列是估计试验误差的重要手段，也是应用生物统计方法分析试验结果的前提。

3. 局部控制

设置重复虽能有效降低误差，但是增加重复次数也会增加整个试验的树木株数，增大土壤、树势条件的差异，这样反而不能有效地降低误差。试验中可通过提高土壤、树势等条件的一致性来解决这一问题，方法是试验中将土壤、树势条件按一致程度划分成与试验重复次数相同的不同的组，这个组称为“区组”。它是运用局部控制原则后的重复区。每一区组中再按处理数目划分小区，将处理随机排列到各个小区中。在同一个“区组”内，土壤、树势条件对各处理小区的影响趋于最大程度上的一致，这样就能大大降低试验误差。

由上述可知，局部控制是把土壤、树势等试验因子的差异放到区组之间，而不是放到区组之内，同一区组之内的各处理之间具有相对均匀一致的条件，便于比较、鉴定各处理之间的本质差异，同时又便于用统计分析的方法，消除和估计区组间土壤、树势等因子的差异。

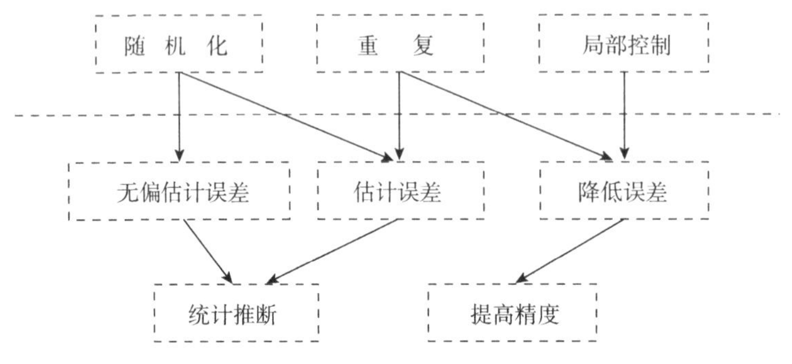

图 12.3-3 试验设计三原则及作用

12.3.2.3 *修剪试验误差减少的方法*

修剪试验误差来源于两个方面，即环境误差（主要是土壤肥力的误差）和试材本身的误差。减少试验研究误差的方法有以下几个方面。

① 培养或选好试材：园林树木是多年生作物，在试验开始前 2 ～ 3 年就要培养试材，并调整区组内各小区的土壤肥力，使之趋于一致。可先将试验地划分为小区，选好试验树，并进行调查记载，在试验开始时，可通过单株调整来平衡小区间土壤和试材的一致性。经选择和调整试材后，如各小区仍未达到均匀一致，还可根据前两年调查数据用协方差计算，使各处理区在相对一致的基础上进行分析。

② 确定适当的小区面积：根据园林树木生长特性，可以采用单株小区、双株小区或多株小区。单株小区容易发生试材误差，故试验开始前要特别注意试材的选择，使同一区组各单株小区间的环境条件和园林树木性状尽量一致。试验小区大小应与重复次数配合起来，如果采用单株小区，则重复次数要在 8 次以上，如果采用多株小区，则每一处理多次重复中总株数最好不少于 15 ～ 20 株。

③ 划分区组：当试验小区数目较多，难以找到全试验地土壤肥力均匀一致时，可以根据土壤肥力变异情况，把试验地划分为若干区组，使区组内各小区的试材和土壤相对一致，并把区组间的土壤差异用统计方法分出来，不计入试验误差，以增加试验的精确性。

④ 增加重复次数：增加重复次数是减少试验误差、提高试验精确性的一个重要方法。不同的试验设计方法，对重复次数都有一定的要求。

⑤ 运用适当的试验设计技术和数理统计方法：露地试验研究设计技术和数理统计方法包括试验设计方法、露地布置与排列，试验数据的调查记载、分类整理、方差分析，以及处理间或因子间均数差异显著性测定等内容。适当地运用试验设计技术，可以把一部分土壤差异、试材之间的差异从试验误差中分离出来，还可以求出因子间的相互作用，这样既能增加试验的精确性，又能从试验中多得到一些信息。

12.3.2.4 修剪试验常用的设计方法

根据试验研究设计的原则和试验地的具体条件，将各试验小区做最合理的设置和排列，称为露地试验设计。包括修剪试验在内的农业、林业试验常用的设计方法有随机区组、拉丁方和裂区试验设计，前两者可以进行单因素和多因素试验，裂区试验则只用于多因素试验。它们都属于完全实施试验方案，试验规模随因素数和水平数迅速扩大，因此设计试验时要对因素和水平数适当控制，以免试验规模过大导致误差增大。

试验设计是否合理是试验成功的关键之一，常用的露地试验设计按照小区在重复区内的排列方式，可以分为顺序排列和随机排列两大类。适于修剪的试验设计是随机排列的，它是指各试验处理在一个重复区中的排列是随机的。这种试验设计按照试验设计的三条基本原则进行，可以克服土壤及其他非试验因素给试验造成的系统误差的影响，有正确的误差估计，获得的试验结果能够进行显著性测验。

修剪的露地试验设计常用随机区组设计和因子试验设计。设计方法是：将试验地按土壤肥力程度分为等于重复次数的区组，一个区组即一次重复；然后把每个区组再划分成等于处理个数的小区，区组内各处理随机排列。这种设计比较全面地运用了露地试验研究设计的三项基本原则，是一种比较合理的露地试验设计方法，是随机排列设计中一种最常用、最基本的试验设计方法。

随机区组设计通常采用 3 ～ 5 次重复，因处理多少和对试验精确度要求不同而异。小区的排列方法是先将各处理编号，然后采用抽签或随机数字表法安排各处理小区在区组（重复）中的位置，每区组的排列过程均应独立进行。区组在现场排列时，为了降低试验误差，将不同区组安排在有土壤差异的不同地段上，而同一区组内的土壤差异应尽可能小。随机区组试验设计的优点是：设计简单，容易掌握；试验结果的统计分析相对简单；伸缩性强，应用广泛，单因子试验和多因子试验均可采用；提供无偏的试验误差估计并能够有效地控制单向土壤肥力差异，降低试验误差；对试验地大小、形状要求不严格，只要同一区组力求一致，不同区组可以分散。

采用随机区组设计时要注意的是：处理数目不要太多，否则区组加大会降低局部控制的效果。一般处理数目以 3 ～ 5 个为宜。

12.3.2.5 修剪试验结果的统计分析

露地试验研究结果的统计分析一般有两个步骤：

① 先进行原始数据的初步整理：求出总和、处理的和、重复的和及平均数，可用 Microsoft Office Excel“数据分析”中的“方差分析”工具来完成。

② 进行处理间均数差异显著性测定：比较任意两处理平均数的差异，测定这一差异是否由于取样误差所形成。

平均数差异显著性的测定方法很多，在修剪试验中通常要比较多个平均数差异显著性，常采用方差分析的方法，它的优点是可以追索变异原因，将资料或试验结果的各种变异来源都逐步分出，然后判断这种变异是由于本质差异造成的还是由于偶然误差所造成的。另一种常用方法是邓肯新的多重范围测验，它的优点是不管方差分析所得的“*F*”值是否显著，都可以测定处理间的差异显著性，它能求出一组大小递增的显著差数，相邻的均数差数用最小的值进行比较，而对两端的均数差数，则用较大的值进行比较，这种方法对于修剪处理较多的试验应用起来比较方便。

修剪试验研究请参考第 13 章第 2 节“露地试验结果的统计分析”和第 14 章“园林树木修剪试验研究实例”的相关内容。

12.3.3 室内试验研究

室内试验研究的内容有调查性的，如根系观察、营养诊断、花芽分化观察等；也有试验性的，如盆栽对比试验、水培对比试验、组织培养等。随着园林树木修剪试验的逐步深化，为更充分地分析和探索修剪技术原理，探讨修剪导致外部形态变化的营养机理等也常采用组织切片观察、生理生化分析等研究手段。实验室常进行的观察项目有花芽分化观察和枝条、根系的解剖观察等；化验分析有叶绿素、淀粉、可溶性糖、全氮、过氧化氢酶含量分析等。读者可以在需要时参照有关资料进行研究。

第 13 章 园林树木整形修剪的数据分析

13.1 单叶面积计算方法

在叶面积调查中用求积仪法或方格法进行调查很烦琐，常需要取下叶片逐一进行计算。为了减少工作量，采用统计计算的方法，先找出实际叶面积与叶片长度与宽度的回归方程，然后再进行统计计算。下面以实例来说明计算过程：

表 13.1–1 是对 6 年生西府海棠一年生壮枝 15 个叶片的测定结果，实际面积用求积仪测定，用卡尺测量叶片的长度和宽度，计算叶片的长 × 宽值，列于表中。

六年生海棠一年生壮枝中部叶片测量值 **表 13.1–1**

实际面积（cm^2）	长 × 宽（cm^2）	叶片长度（cm）	叶片宽度（cm）
36	47	8.4	5.6
30.9	40.6	8.3	4.9
32.6	44.1	8.4	5.3
38.5	50	8.9	5.7
33.3	42.2	7.7	5.5
30	39.7	8.1	4.9
25.7	34.5	7.8	4.5
34.1	46.6	8.1	5.8
31.7	40.9	8.1	5.1
29.2	38.3	7.7	5
31.1	41.1	7.9	5.2
35.9	48.6	9	5.4
33	45.9	8.4	5.5
38.7	51	8.8	5.8
25.9	34.1	7.3	4.7

将以上数据用 Microsoft Office Excel 中的“数据分析”工具进行计算。

第一步：用 Microsoft Office Excel 可以很方便地进行相关性分析和回归分析。需要在数据计算之前先加载“数据分析”工具包。步骤是打开 Excel →选择“工具”栏→点击“加载宏”选项，出现“可用加载宏”对话框→勾选“数据分析”→确定，计算机开始从 Office 安装文件中寻找并加载“数据分析”。

其后便可以利用它来进行相关性分析和回归分析。

第二步：用 Excel 计算相关系数。打开 Excel 工作簿→将实例中的观测值输入到 A1 ： D16 单元格中→选择“工具”下拉菜单的“数据分析”选项→在分析工具中选择“相关系数”→点击“确定”出现“相关系数”对话框→在“输入区域”中键入 A1 ： D16→“分组方式”选择“逐列”→勾选“标志位于第一列”→选择“输出区域”，键入 F11（或其他位置）→确定（图 13.1–1），得到相关系数表（表 13.1–2）。

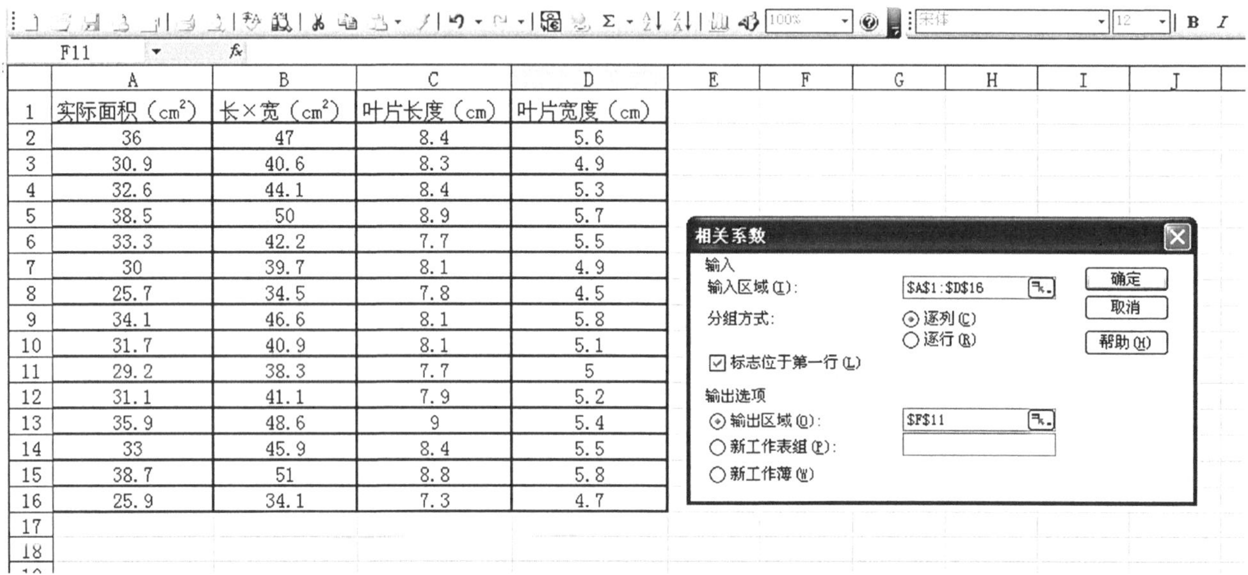

	A	B	C	D
1	实际面积（cm²）	长×宽（cm²）	叶片长度（cm）	叶片宽度（cm）
2	36	47	8.4	5.6
3	30.9	40.6	8.3	4.9
4	32.6	44.1	8.4	5.3
5	38.5	50	8.9	5.7
6	33.3	42.2	7.7	5.5
7	30	39.7	8.1	4.9
8	25.7	34.5	7.8	4.5
9	34.1	46.6	8.1	5.8
10	31.7	40.9	8.1	5.1
11	29.2	38.3	7.7	5
12	31.1	41.1	7.9	5.2
13	35.9	48.6	9	5.4
14	33	45.9	8.4	5.5
15	38.7	51	8.8	5.8
16	25.9	34.1	7.3	4.7

图 13.1–1　计算叶片实际面积与叶片长 × 宽、叶片长度、叶片宽度的相关系数

实际叶面积与叶片长、叶片宽、叶片长 × 宽的相关系数　　表 13.1–2

	实际面积（cm²）	长 × 宽（cm²）	叶片长度（cm）	叶片宽度（cm）
实际面积（cm²）	1			
长 × 宽（cm²）	0.9794	1		
叶片长度（cm）	0.8321	0.8698	1	
叶片宽度（cm）	0.9178	0.9229	0.6164	1

由相关系数表中可以看出：实际面积数与叶片长 × 宽值的相关系数最大，为 0.9794，其次是与叶片宽度值，相关系数为 0.9178。

第三步：计算回归方程。以表 13.1–1 中的数据为例进行介绍。

首先用 Excel“数据分析”进行回归计算，参见图 13.1–2。步骤是：打开 Excel 工作簿→将实例中的观测值输入到 A1 : D16 单元格中→选择“工具”下拉菜单的“数据分析”选项→在分析工具中选择“回归”→点击“确定”出现“回归”对话框→在“Y 值输入区域”中键入 A1 : A16→在“X 值输入区域”中键入 B1 : B16→勾选“标志”和“置信度 95%”→选择“输出区域”，键入（任意位置均可）→确定，得到如图 13.1–3 的回归分析结果。

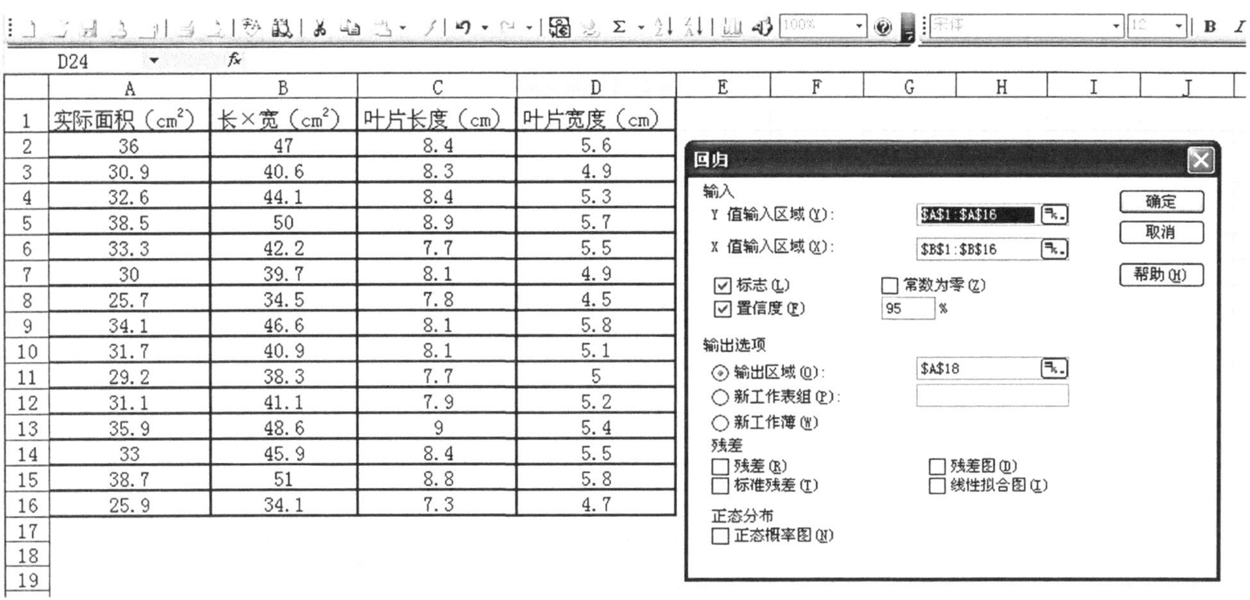

	A	B	C	D
1	实际面积（cm²）	长×宽（cm²）	叶片长度（cm）	叶片宽度（cm）
2	36	47	8.4	5.6
3	30.9	40.6	8.3	4.9
4	32.6	44.1	8.4	5.3
5	38.5	50	8.9	5.7
6	33.3	42.2	7.7	5.5
7	30	39.7	8.1	4.9
8	25.7	34.5	7.8	4.5
9	34.1	46.6	8.1	5.8
10	31.7	40.9	8.1	5.1
11	29.2	38.3	7.7	5
12	31.1	41.1	7.9	5.2
13	35.9	48.6	9	5.4
14	33	45.9	8.4	5.5
15	38.7	51	8.8	5.8
16	25.9	34.1	7.3	4.7

图 13.1–2　实际叶面积与叶片长 × 宽、叶片长度、叶片宽度回归计算的输入格式

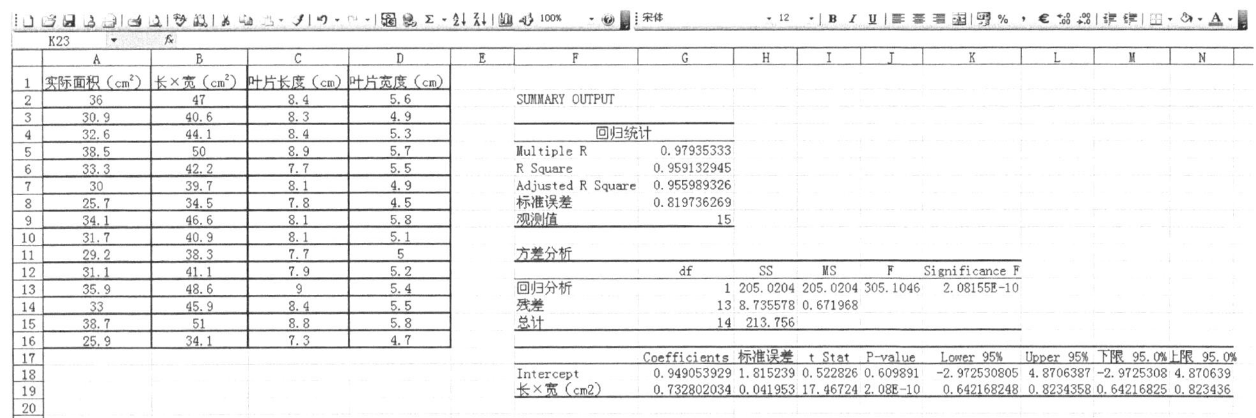

SUMMARY OUTPUT

回归统计	
Multiple R	0.97935333
R Square	0.959132945
Adjusted R Square	0.955989326
标准误差	0.819736269
观测值	15

方差分析

	df	SS	MS	F	Significance F
回归分析	1	205.0204	205.0204	305.1046	2.08155E-10
残差	13	8.735578	0.671968		
总计	14	213.756			

	Coefficients	标准误差	t Stat	P-value	Lower 95%	Upper 95%	下限 95.0%	上限 95.0%
Intercept	0.949053929	1.815239	0.522826	0.609891	-2.972530805	4.8706387	-2.9725308	4.870639
长×宽（cm2）	0.732802034	0.041953	17.46724	2.08E-10	0.642168248	0.8234358	0.64216825	0.823436

图 13.1–3　叶片实际面积与叶片长 × 宽、叶片长度、叶片宽度回归计算的计算结果

从以上回归分析的 3 个表中得到的主要结果有：相关系数：R=0.9793，判定系数：R^2=0.9591，回归方程为：$\hat{y}$=0.733x+0.949。根据 F 统计量的值可知：F=305.1046，回归方程是显著的。

有些树木叶片的长度 × 宽度与单叶面积的关系不十分密切，相关系数较低，而与叶片长度、叶片宽度及叶片长度 × 宽度三项之间存在极显著的多元线性回归关系，其测定精度比一元直线回归方法更高，此时同样可以用 Excel 进行分析，仍以本例数据进行分析，计算结果见图 13.1–4。

	A	B	C	D
1	实际面积（cm²）	长×宽（cm²）	叶片长度（cm）	叶片宽度（cm）
2	36	47	8.4	5.6
3	30.9	40.6	8.3	4.9
4	32.6	44.1	8.4	5.3
5	38.5	50	8.9	5.7
6	33.3	42.2	7.7	5.5
7	30	39.7	8.1	4.9
8	25.7	34.5	7.8	4.5
9	34.1	46.6	8.1	5.8
10	31.7	40.9	8.1	5.1
11	29.2	38.3	7.7	5
12	31.1	41.1	7.9	5.2
13	35.9	48.6	9	5.4
14	33	45.9	8.4	5.5
15	38.7	51	8.8	5.8
16	25.9	34.1	7.3	4.7

回归统计	
Multiple R	0.9803
R Square	0.9610
Adjusted R Square	0.9503
标准误差	0.8710
观测值	15

方差分析

	df	SS	MS	F	Significance F
回归分析	3	205.4112	68.4704	90.2564	4.97186E-08
残差	11	8.3448	0.7586		
总计	14	213.7560			

	Coefficients	标准误差	t Stat	P-value	下限 95.0%	上限 95.0%
Intercept	14.1391	40.4313	0.3497	0.7332	-74.8496	103.1277
长×宽（cm2）	1.0191	0.9379	1.0866	0.3005	-1.0452	3.0835
叶片长度（cm）	-1.8897	5.0037	-0.3777	0.7129	-12.9027	9.1233
叶片宽度（cm）	-1.9033	7.6113	-0.2501	0.8071	-18.6557	14.8491

图 13.1–4　实际叶面积与叶片长 × 宽、叶片长度、叶片宽度复相关的计算结果

从图 13.1-4 中得到的主要结果有：回归统计表中的复相关系数：R=0.9803；判定系数：R^2=0.9610。

方差分析表内“F”值可知：回归分析的 F 统计量值 F=90.2564，回归方程是极显著的；得到的回归方程为：$\hat{y}=14.1391+1.0191x_1-1.8897x_2-1.9033x_3$。

13.2 露地试验结果的统计分析

13.2.1 随机区组试验结果的分析方法

以榆叶梅一年生旺花枝不同程度短截修剪的随机区组试验数据为例来说明露地试验排列方法和数据整理方法。

试验设 3 个处理：①轻短截（截掉 1/5），②中短截（截掉 1/2），③重短截（截掉 2/3）。单株小区，三株为一个区组，随机排列，重复 5 次。试验共 5 个区组，15 个小区（15 个单株）。

1. 露地排列方法

试验的露地排列方法如图 13.2-1 所示。重复区内的随机排列用抽签的方法确定（也可用掷骰子和随机数据表等方法确定）。每株调查 10 个枝条，各小区发枝数量（单位：个）记在排列图之中。

Ⅰ	1（1）143	3（2）37	2（3）172
Ⅱ	3（4）57	2（5）79	1（6）132
Ⅲ	2（7）79	3（8）62	1（9）114
Ⅳ	2（10）88	1（11）124	3（12）51
Ⅴ	3（13）38	1（14）141	2（15）104

图 13.2-1 榆叶梅一年生旺花枝不同程度短截试验的排列方式

图中，Ⅰ、Ⅱ、Ⅲ…代表区组（重复）号；(1)…(15) 代表小区号；1、2、3 代表短截程度号；数字为发枝量。

2. 试验数据的初步整理

将图 13.2-1 中各小区发枝数量的原始数据整理成表 13.2-1 和表 13.2-2。

榆叶梅一年生旺枝不同程度短截修剪的发枝量　　表 13.2-1

区组（重复）	轻短截	中短截	重短截	T_t（各项重复和）
1	143	72	37	252
2	132	79	57	268
3	114	79	62	255
4	124	88	51	263
5	141	104	38	283
T_r（各项处理和）	654	422	245	$T_{(总和)}$=1321

各处理的发枝数量排序　　表 13.2-2

排序	各处理发枝数量平均值（个）	处理号
1	130.8	1
2	84.4	2
3	49	3

3. 方差分析

在本试验设计中，导致各小区间发枝量差异有三方面因素：一是短截强度的不同；二是区组间（即重复间）土壤肥力的差异；三是试验误差。因此，可将该试验的总变异，按其来源分为重复间、处理间和误差 3 个部分。用 Excel“数据分析”中的“无重复双因素分析”工具进行方差分析，步骤如下：

打开 Excel 工作簿→将实例中的观测值输入到 A1：E7 单元格中→选择“工具”下拉菜单的“数据分析”选项→在分析工具中选择“方差分析：无重复双因素分析”→点击“确定”出现“方差分析：无重复双因素分析”对话框→在“输入区域”中键入 A1：D6→勾选“标志”→选择“输出区域”，键入（任意位置均可）→确定，得到如图 13.2-5 所示的方差分析结果。方差分析过程参见图 13.2-2 ～图 13.2-5。

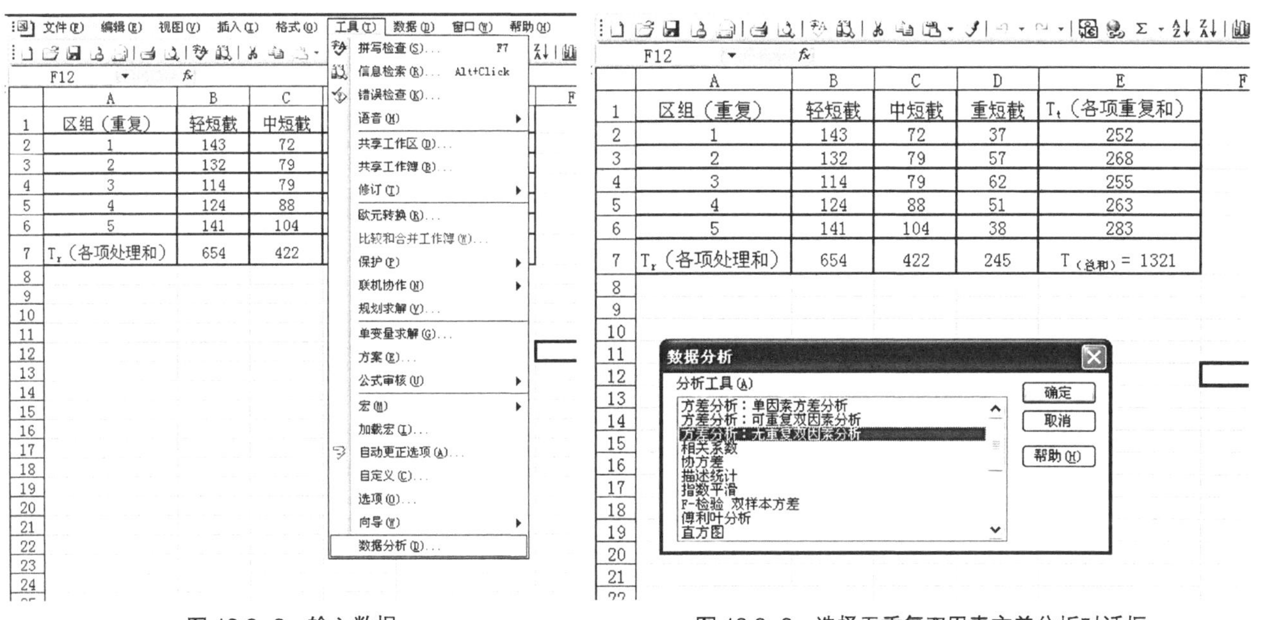

图 13.2-2　输入数据

图 13.2-3　选择无重复双因素方差分析对话框

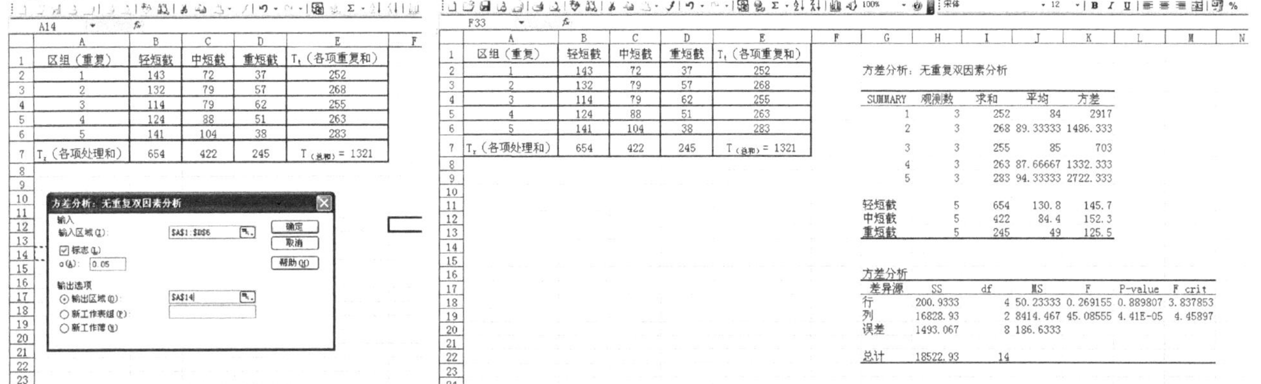

图 13.2-4　在无重复双因素方差分析对话框中输入和勾选相关项

图 13.2-5　榆叶梅旺花枝不同程度短截修剪试验数据的方差分析结果

对图 13.2–5 结果进行整理后得到图 13.2–6。

	A	B	C	D	E	F	G
1	差异源	SS	df	MS	F	P-value	F crit
2	修剪程度间	16828.9333	2	8414.4667	45.0856	4.41E-05	4.4589701
3	区组间	200.9333	4	50.2333	0.2692	0.889807	3.8378534
4	误差	1493.0667	8	186.6333			
5	总计	18522.9333	14				

图 13.2–6　整理后的方差分析表

4. 方差分析的差异显著性推断

可用 Excel 的“FINV”函数来获得到“$F_{0.05}$；$F_{0.01}$”的理论值。

打开 Excel 工作簿→点击“fx”图标→在“统计”函数中找到“FINV”函数，点击“确定”→出现“FINV”对话框→在第一行中输入显著水平 0.01 或 0.05；第二行中输入处理或区组自由度（大均方自由度）；第三行中输入误差自由度（小均方自由度）→确定，便得到了所需要的 95% 或 99% 的显著水平（图 13.2–7）。

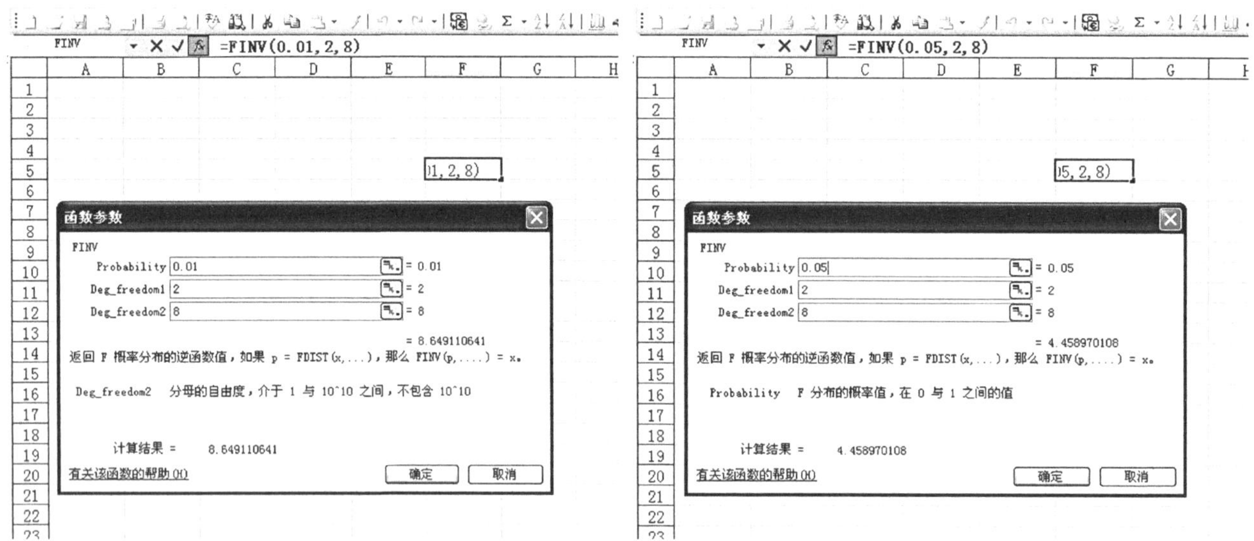

图 13.2–7　用 Excel 的“FINV”函数来获得“$F_{0.05}$；$F_{0.01}$”理论值

5. 用邓肯新的多重范围测验法比较处理间差异的显著性

若进一步比较哪几个处理间差异是显著的，可用邓肯新的多重范围测验法进行测定。它能求出一组大小递增的显著差数。这种方法的优点在于不管“F”值是否显著，都可以测定处理间的差异显著性，而且对于处理较多的试验应用起来比较方便。现对该案例中的数据按此法加以计算，步骤如下：

① 先求出区组间、处理间和误差的方差。计算方法同前面的方差分析。

② 将各处理的发枝量均数依大小次序排列好。

③ 依次求每两个均数间的差异，结果见表 13.2–3。

④ 求均数标准差。

$$SE=\sqrt{\frac{S^2}{n}}=\sqrt{\frac{1493.1}{5}}=17.28$$

式中，S^2 为方差分析表中误差的方差。

⑤ 根据每对相比较的处理平均数之间所包括的平均数个数（p），例如秩次为 4 的处理与秩次为 1 的处理进行比较时，p=4，查邓肯新的多重范围测验 5% 和 1%SSR 值表（图 13.2-8），以误差自由度和各自的 p 值查出 $SSR_{0.05}$ 和 $SSR_{0.01}$ 值。

自由度（df）	显著水平（α）	测验极差的平均数个数（k）													
		2	3	4	5	6	7	8	9	10	12	14	16	18	20
1	0.05	18.0	18.0	18.0	18.0	18.0	18.0	18.0	18.0	18.0	18.0	18.0	18.0	18.0	18.0
	0.01	90.0	90.0	90.0	90.0	90.0	90.0	90.0	90.0	90.0	90.0	90.0	90.0	90.0	90.0
2	0.05	6.09	6.09	6.09	6.09	6.09	6.09	6.09	6.09	6.09	6.09	6.09	6.09	6.09	6.09
	0.01	14.0	14.0	14.0	14.0	14.0	14.0	14.0	14.0	14.0	14.0	14.0	14.0	14.0	14.0
3	0.05	4.50	4.50	4.50	4.50	4.50	4.50	4.50	4.50	4.50	4.50	4.50	4.50	4.50	4.50
	0.01	8.26	8.5	8.6	8.7	8.8	8.9	8.9	9.0	9.0	9.0	9.1	9.2	9.3	9.3
4	0.05	3.93	4.01	4.02	4.02	4.02	4.02	4.02	4.02	4.02	4.02	4.02	4.02	4.02	4.02
	0.01	6.51	6.8	6.9	7.0	7.1	7.1	7.2	7.2	7.3	7.3	7.4	7.4	7.5	7.5
5	0.05	3.64	3.74	3.79	3.83	3.83	3.83	3.83	3.83	3.83	3.83	3.83	3.83	3.83	3.83
	0.01	5.70	5.96	6.11	6.18	6.26	6.33	6.40	6.44	6.5	6.6	6.6	6.7	6.7	6.8
6	0.05	3.46	3.58	3.64	3.68	3.68	3.68	3.68	3.68	3.68	3.68	3.68	3.68	3.68	3.68
	0.01	5.24	5.51	5.65	5.73	5.81	5.88	5.95	6.00	6.0	6.1	6.2	6.2	6.3	6.3
7	0.05	3.35	3.47	3.54	3.58	3.60	3.61	3.61	3.61	3.61	3.61	3.61	3.61	3.61	3.61
	0.01	4.95	5.22	5.37	5.45	5.53	5.61	5.69	5.73	5.8	5.8	5.9	5.9	6.0	6.0
8	0.05	3.26	3.39	3.47	3.52	3.55	3.56	3.56	3.56	3.56	3.56	3.56	3.56	3.56	3.56
	0.01	4.74	5.00	5.14	5.23	5.32	5.40	5.47	5.51	5.5	5.6	5.7	5.7	5.8	5.8

图 13.2-8 邓肯新的多重范围测验 5% 和 1%SSR 值表

本例中，误差自由度为 8，则各对均数 5% 和 1% 显著水平的 SSR 值如下：

	p=2	p=3	p=4	p=5
$SSR_{0.05}$	3.26	3.39	4.37	3.52
$SSR_{0.01}$	4.74	5.00	5.14	5.23

⑥ 计算各均数间的最小显著差异范围（LSR）

$$LSR_{0.05}=SSR_{0.05}\times SE$$

$$LSR_{0.01}=SSR_{0.01}\times SE$$

计算出的 LSR 值如下：

	p=2	p=3	p=4	p=5
$LSR_{0.05}$	56.33	58.58	75.51	60.83
$LSR_{0.01}$	81.91	86.40	88.82	90.37

任意两均数的差数若大于各自查表的 $LSR_{0.05}$，即差异显著，大于 $LSR_{0.01}$ 为极显著。

据此，可列出表 13.2–3。

各处理发枝数量的多重比较表　　表 13.2–3

处理间比较	差数	说明
1 与 2 比	130.8–84.4=46	第 2 处理与第 1 处理差异不显著
1 与 3 比	130.8–49=81.8	第 3 处理与第 1 处理差异显著
2 与 3 比	84.4–49=35.4	第 3 处理与第 2 处理差异不显著

由上表分析可以看出，榆叶梅进行轻度短截的发枝数量显著多于重短截的发枝数量。

从随机区组设计和分析可以看出，试验给出的信息是有限的，并不能完全反映不同短截强度对发枝类型的作用。若采用因子试验设计会得到更多的信息。

13.2.2 因子试验结果的分析方法

在一些修剪试验中，需研究包括两个或两个以上因子的问题，此时就可用因子试验设计来完成。因子试验中，每个因子可以分为若干组或若干种，如果一种试验有两个因子，每因子有 2 个水平，则称为 2×2 因子试验，共 4 个处理组合，每组合为一处理；如两个因子中，分别有 2 和 3 个水平，则称为 2×3 因子试验，共 6 个处理；如有 3 个因子，分别有 2、3、4 个水平，则为 2×3×4 因子试验，共 24 个处理，以此类推。总之，因子试验设计包括所有因子的组合，每一组合为一个处理，每个重复为一个区组，各处理在区组内随机排列。因子试验设计比较适合做树木修剪试验和施肥试验。

因子试验的优点是它既可看出每个处理（因子组合）的作用，又可找出每个因子的主效应（即平均效应），而且，其中每个试验因子都有潜在重复。因而一个试验只需设 3 ～ 5 个重复即可得到很高的精确性。它还可以找出各种因子间的相互作用（交互作用），就是说当一个因子变化时，另一个因子也发生变化的程度。因子试验与随机区组设计相比较，可在试验总面积相同的情况下，获得较多的资料信息。

因子试验设计的缺点是当因子较多时，处理组合太多，很难在一个区组中安排很多小区，如果处理组合较多，再加上几次重复，会使小区数多到难以找到这样大的试验地块，所以在试验设计时不要设计太多的处理数目。

以因子试验设计方法进行的修剪试验，也可用“Microsoft Office Excel”进行方差分析，可以简便快捷地得到分析结果，下面以“不同修剪强度对榆叶梅发枝类型的作用”为例给予介绍。

对榆叶梅一年生旺花枝进行不同程度的短截，试验设 3 个处理：①轻短截，截掉 1/5；②中短截，截掉 1/2；③重短截，截掉 2/3。每区组 3 株，重复 5 次，共 15 个小区（15 个单株）随机排列。每株调查 10 个枝条，对各小区发生枝条种类（即发生旺花枝、中花枝、短花枝的数量）进行统计分析，数据整理成表 13.2–4。

不同修剪强度对榆叶梅发枝类型的影响（单位：个）　　表 13.2-4

重复	轻短截			中短截			重短截			$\sum Tt$
	旺花枝	中花枝	短花枝	旺花枝	中花枝	短花枝	旺花枝	中花枝	短花枝	
1	21	32	90	37	26	9	30	5	2	252
2	27	18	87	42	30	7	37	19	1	268
3	33	21	60	53	21	5	41	13	8	255
4	41	4	79	33	35	20	38	7	6	263
5	22	18	101	49	35	20	25	4	9	283
$\sum Tr_1$	144	93	417	214	147	61	171	48	26	1321
$\sum Tr_2$	654（529）			422（288）			245（504）			

用“Microsoft Office Excel”对上表数据进行“方差分析”的步骤如下：

第一步：进行数据整理。

将原始资料整理成“修剪强度 × 区组”二向表（表 13.2-5）和“短截程度与发枝类型”二向表（表 13.2-6）。在两表中各自填入相应小区测定的数据。

“修剪强度 × 区组”二向表　　表 13.2-5

	轻短截	轻短截	轻短截	中短截	中短截	中短截	重短截	重短截	重短截
	旺枝量	中枝量	短枝量	旺枝量	中枝量	短枝量	旺枝量	中枝量	短枝量
区组 1	21	32	90	37	26	9	30	5	2
区组 2	27	18	87	42	30	7	37	19	1
区组 3	33	21	60	53	21	5	41	13	8
区组 4	41	4	79	33	35	20	38	7	6
区组 5	22	18	101	49	35	20	25	4	9

“短截程度与发枝类型”二向表　　表 13.2-6

	旺花枝	中花枝	短花枝
轻短截	21	32	90
	27	18	87
	33	21	60
	41	4	79
	22	18	101
中短截	37	26	9
	42	30	7
	53	21	5
	33	35	20
	49	35	20
重短截	30	5	2
	37	19	1
	41	13	8
	38	7	6
	25	4	9

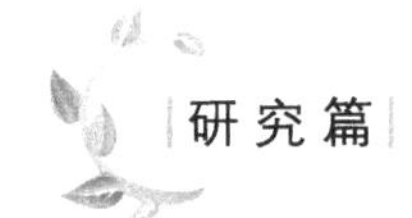

第二步：对“处理 × 区组”二向表进行“无重复双因素方差分析”。

选择“工具”菜单中的“数据分析”选项，→选择“方差分析：无重复双因素分析”程序→在弹出的对话框中的“输入区域”项中输入“处理 × 区组”二向表所在的地址，若连表头一起输入则用“√”选择“标志”项→选择显著标准值 α=0.05 或 0.01 →选择输出结果的位置→按“确定”，得到的结果参见表 13.2–7。

短截程度与发枝类型无重复双因素方差分析（$F_{0.05}$） 表 13.2–7

差异源	*SS*	*df*	*MS*	*F*	*P ～ value*	*F crit*
行	66.9778	4	16.7444	0.2100	0.9310	2.6684
列	22545.5111	8	2818.1889	35.3403	9.4E ～ 14	2.2444
误差	2551.8222	32	79.7444			
总计	25164.3111	44				

上表结果中“行”为区组，“列”为短截程度，进一步计算出 $F_{0.01}$ 值，将表 13.2–7 改写后得到表 13.2–8。

短截程度与发枝类型无重复双因素方差分析（$F_{0.05}$，$F_{0.01}$） 表 13.2–8

差异源	*SS*	*df*	*MS*	*F*	*P ～ value*	$F_{0.05}$	$F_{0.01}$
区组间	66.9778	4	16.7444	0.2100	0.9310	2.6684	3.9695
短截程度间	22545.5111	8	2818.1889	35.3403	9.4E ～ 14	2.2444	3.1267
误差	2551.8222	32	79.7444				
总计	25164.3111	44					

第三步：对“短截程度与发枝类型”二向表进行“可重复双因素方差分析”。

选择“工具”菜单中的“数据分析”选项→选择“方差分析：可重复双因素分析”程序→在弹出的对话框中的“输入区域”项中输入“短截程度与发枝类型”二向表所在的地址（输入时注意必须包括横纵表头）→在“每一样本的行数”项中输入区组数（本例为 5）→选择好显著标准值 α →确定输出结果的位置→按“确定”，即可得到结果（表 13.2–9）。

短截程度与发枝类型可重复双因素方差分析 表 13.2–9

差异源	*SS*	*df*	*MS*	*F*	*P ～ value*	*F crit*
样本	5609.64	2	2804.82	38.56	1.1E ～ 09	3.26
列	2341.38	2	1170.69	16.09	1E ～ 05	3.26
交互	14594.49	4	3648.62	50.16	3.1E ～ 14	2.63
内部	2618.80	36	72.74			
总计	25164.31	44				

上表结果中“样本”为短截方法,“列”为枝条类型,“交互”即“短截方法 × 发枝类型”的交互作用。整理后得到表 13.2–10。

短截程度与发枝类型可重复双因素方差分析(整理后) 表 13.2–10

差异源	*SS*	*df*	*MS*	*F*	*P ~ value*	*F crit*
短截方法间	5609.64	2	2804.82	38.56	1.1E ~ 09	3.26
枝类间	2341.38	2	1170.69	16.09	1E ~ 05	3.26
短截方法与枝类交互作用	14594.49	4	3648.62	50.16	3.1E ~ 14	2.63
内部	2618.80	36	72.74			
总计	25164.31	44				

第四步:将表 13.2–8 和表 13.2–10 两个方差分析结果重新整合为因子试验方差分析表。

将表 13.2–10 中前三行(短截方法间、枝类间、方法与枝类交互作用)插入到由第二步得到的方差分析表(表 13.2–8)的“短截程度间”的下面,得到整合后的因子试验方差分析结果(表 13.2–11)。

整合后的因子试验方差分析结果 表 13.2–11

差异源	*SS*	*df*	*MS*	*F*	*P ~ value*	*F crit*
短截程度间	22545.5111	8	2818.1889	35.3403	9.4E ~ 14	2.2444
短截方法间	5609.6444	2	2804.8222	35.1726	1E ~ 09	3.2594
枝类间	2341.3778	2	1170.6889	14.6805	1E ~ 05	3.2594
程度与枝类交互作用	14594.4889	4	3648.6222	45.7539	3E ~ 14	2.6335
区组间	66.9778	4	16.7444	0.2100	9E ~ 01	2.6684
误差	2551.8222	32	79.7444			
总计	25164.3111	44				

第五步:重新计算“*F*”值,“*P ~ value*”值和“*F crit*”(理论值)。

表 13.2–11 是由表 13.2–8 和 13.2–10 两个方差分析表的数据组合而来的,表中的“*F*”、“*P ~ value*”、“*F crit*”三项的数据还要按正确的方法进行重新计算。其中“*F*”值是由均方比得来的,计算时用各项的均方(*MS*)除以误差项的均方($MS_{误差}$)得到新的“*F*”值。例如“短截方法间”的 *F* 值计算方法为 2804.8222/79.7444=35.1726,将 35.1726 填入表 13.2–11 的“*F*”列中,其余类推。计算“*P ~ value*”值和“*F crit*”值可分别利用 Excel 中的统计函数 FDIST 和 FINV。调用 FDIST 后,在对话框中自上而下分别填入计算得来的“*F*”值、大均方自由度和误差自由度,得到重新计算的“*P ~ value*”值;调用 FINV 后,在对话框中分别填入需要的显著水平(0.05 或 0.01)、大均方自由度、误差自由度,得到重新计算的“*F crit*”值。计算结果见表 13.2–11 的后三列值。

在完成以上计算工作之后,就可以根据“*P ~ value*”和“*F crit*”进行显著性判断了,如“*P ~ value*”小于显著水平 α 值,则 *F* 测验差异显著,反之则差异不显著;如实得的 *F* 值大于“*F crit*”,则 *F* 测验差异显著,反之则差异不显著。

由以上分析可以看出，上表中的“短截程度间”，被分解为“短截方法间、枝类间、方法与枝类交互作用”三个部分，提供了更多的信息。本例中可以看到榆叶梅长枝不同程度的短截对发枝数量有着极显著的影响；同时又显示出不同程度短截对发枝的类型也有极显著的影响，短截程度与发枝类型之间有极明显的交互作用。就是说，欲获得某种类型的枝条，可以有目的地采用与之相对应的短截修剪方法，这种操作在榆叶梅上效果极为显著。

如果需要进一步了解不同修剪方法对抽生不同类型枝条的作用，则需要进行多重比较。前面已经介绍了用“邓肯新的多重范围测验法”来比较处理间差异的显著性，下面结合本例，介绍用“最小显著差数法”（LSD）进行多重比较的方法。

用“最小显著差数法”（LSD）进行多重比较，可用 Excel 直接进行计算。需用到“Tdist”函数，在 Excel 中调用“Tdist”函数的方式为：TDIST（*x*，*degrees_freedom*，*tails*），运算结果是返回值为 *t* 分布的两尾概率。其中“*x*”是需要比较的任意两个平均数差数的数值，“*degrees_freedom*”是在方差分析中误差项的自由度，“*tails*”用来判断返回的分布概率是单尾分布还是双尾分布（如果 *tails* = 1，函数 *Tdist* 返回单尾分布；如果 *tails* = 2，函数 Tdist 返回双尾分布）。

用 Excel 进行计算的操作步骤如下（图 13.2–9）：

（1）计算各短截程度发枝数量平均数：得到轻短截、中短截、重短截的发枝数量平均数分别为 129、84.4、49。将平均数按照从大到小在 C_2 ～ E_2 单元格排好，同时从这 3 个平均数中，选择平均数比较低的两个在 A_3、A_4 中按照平均数从小到大排好；然后将方差分析表中的误差均方（MS_e）值 79.7444 复制到单元格 G_2 中作为 MS_e 值的存放地址，以便于在计算时调用（图 13.2–9（*a*））。

（2）在 C_3 中输入：Tdist（（C$2–$B3）/Sqrt（2*$G$2/5），32，2），其中（C$2–$B3）为两个平均数的差数，$G$2 为 MS_e 的存放地址，5 为重复的次数，32 为 MS_e 的自由度（df_e），2 为返回的两尾概率（图 13.2–9（*b*））。

（3）将 C_3 所用公式复制到 C_{16} 和 D_{15} 中，就得到了各个平均数差数的两尾分布概率（图 13.2–9（*c*））。

（4）从图 13.2–9 可知，两尾概率与显著水平 0.05 和 0.01 比较，得出轻短截的发枝数量与中短截、重短截之间差异极显著，中短截的发枝数量与重短截之间差异极显著。

TDIST =Tdist（（C$2-$B3）/Sqrt（2*$G$2/5），32，2）

	A	B	C	D	E	F	G	H
1	不同短截发枝平均数排序		轻短截	中短截	重短截			
2			129	84.4	49		79.7444	
3	重短截	49						
4	中短截	84.4						
5			(a)					
6								
7	不同短截发枝平均数排序		轻短截	中短截	重短截			
8			129	84.4	49			
9	=Tdist（（C$2-$B3）/Sqrt（2*$G$2/5），32，2）							
10	中短截	84.4						
11			(b)					
12								
13	不同短截发枝平均数排序		轻短截	中短截	重短截			
14			129	84.4	49			
15	重短截	49	2.46325E-15	5.009E-07				
16	中短截	84.4	5.19197E-09					
17			(c)					
18								

图 13.2–9 不同短截程度发枝平均数的多重比较

各短截程度发枝类型平均数的多重比较和上述多重比较的计算方法相同，计算步骤和比较结果见图 13.2–10。

FDIST =TDIST((C$2-$B3)/SQRT(2*$K$3/5),32,2)

不同短截发枝类型平均数排序		轻短截短花枝	中短截旺花枝	重短截旺花枝	中短截中花枝	轻短截旺花枝	轻短截中花枝	中短截短花枝	重短截中花枝	
		83.4	42.8	34.2	29.4	28.8	18.6	12.2	9.6	
重短截短花枝	5.2									79.7444
重短截中花枝	9.6									
中短截短花枝	12.2									
轻短截中花枝	18.6									
轻短截旺花枝	28.8									
中短截中花枝	29.4									
重短截旺花枝	34.2									
中短截旺花枝	42.8									

(a)

不同短截发枝类型平均数排序		轻短截短花枝	中短截旺花枝	重短截旺花枝	中短截中花枝	轻短截旺花枝	轻短截中花枝	中短截短花枝	重短截中花枝
		83.4	42.8	34.2	29.4	28.8	18.6	12.2	9.6
=TDIST((C$2-$B3)/SQRT(2*$K$3/5),32,2)									
重短截中花枝	9.6								
中短截短花枝	12.2								
轻短截中花枝	18.6								
轻短截旺花枝	28.8								
中短截中花枝	29.4								
重短截旺花枝	34.2								
中短截旺花枝	42.8								

(b)

不同短截发枝类型平均数排序		轻短截短花枝	中短截旺花枝	重短截旺花枝	中短截中花枝	轻短截旺花枝	轻短截中花枝	中短截短花枝	重短截中花枝
		83.4	42.8	34.2	29.4	28.8	18.6	12.2	9.6
重短截短花枝	5.2	4.62062E-15	1.64144E-07	1.34294E-05	0.00015634	0.000211495	0.02384096	0.22420389	0.44166618
重短截中花枝	9.6	2.24929E-14	1.5439E-06	0.000127709	0.00137109	0.001825058	0.12087061	0.64837423	
中短截短花枝	12.2	5.9124E-14	5.88636E-06	0.000469561	0.00462422	0.006063054	0.26555664		
轻短截中花枝	18.6	7.08454E-13	0.000156336	0.009435151	0.06483236	0.080331195			
轻短截旺花枝	28.8	5.15182E-11	0.018640524	0.346178135	0.91605842				
中短截中花枝	29.4	6.71698E-11	0.023840959	0.40170213					
重短截旺花枝	34.2	5.9156E-10	0.137652306						
中短截旺花枝	42.8	3.66257E-08							

(c)

图 13.2–10　不同短截程度发枝类型平均数的多重比较

从比较结果可以看出，轻短截形成的短花枝数量极显著地高于中短截和重短截形成的短花枝数量；轻短截形成的中花枝数量与中短截形成的中花枝数量差异不显著。

从以上分析方法的实例可知，Excel 数据分析库中的几种方差分析工具可以组合起来使用，它适用于修剪中常用的随机区组和因子试验的方差分析，而且其界面友好，在 Microsoft Office 普及的情况下，不需要再专门学习，容易掌握。

第 14 章　园林树木修剪试验研究实例

本实例是 1989 ～ 1993 年《天津市主要花灌木树种生物学特性和栽培技术研究》课题中的一部分，原课题中研究了碧桃、榆叶梅、木槿、紫薇 4 个树种。“修剪研究”是在“生物学特性研究”、“花芽分化研究”和“营养物质变化分析”的基础上进行的。这三项研究得到的结论是：

① 从枝条生长动态、花芽分化、物质变化的三项研究分析可以明确看到，花灌木的生长发育是通过有秩序的器官建造来体现的。这种器官建造的顺序性与体内营养物质的积累与消耗动态密切相关。花芽分化是营养物质转换的主要形态标志；枝条生长节奏是树体内营养物质转换的宏观反应；开花习性决定了本身代谢的特殊性。因此，花灌木树种可以用成花习性划分代谢类型。

② 根据以上结论，4 个花灌木树种可以分成 3 个代谢类型：

碧桃、榆叶梅属于第一类，它们的特点是营养生长期和花芽分化临界期所经历的时间长，花芽开始分化晚，集中分化期在中秋以后，后期营养积累的时间相对较长。花芽上一年形成，第二年春季开放，因此，开花的时间集中、花期短，萌芽、开花消耗的营养物质多，需要有充足的上一年营养储备。

紫薇属于第二类，它的特点是春季萌芽后营养生长时间集中，生长停顿现象十分明显，与第一类相比较花芽分化临界期所需要的时间较短。花芽当年形成当年开放，消耗与积累之间的矛盾突出。

木槿属于第三类，它的特点是花芽分化临界期所需时间长，花芽集中分化时间和越冬前的准备期时间短，对后期管理要求较严，注意不当易早衰。

③ 3 种代谢类型都存在 4 个营养转换期，分别是：萌芽开花期、花芽分化临界期、花芽集中分化期及营养积累越冬准备期。

④ 4 个营养转换时期都与枝条的生长动态节奏相呼应。这一规律为制定水肥管理技术提供了方便。各地只要正确掌握枝条生长的动态变化，便可以区别出 4 个营养转换期，进而制定切合实际的水肥管理措施。

下面以碧桃为例介绍“修剪研究”中的相关内容，用以说明园林树木修剪研究需侧重的几个方面以及在修剪试验设计原则指导下的试验方法，供读者参考。

由于试验涉及的内容较多，在“连续长放条件下枝条的发生规律”、“不同形式疏枝对碧桃发枝的作用”和“放任树树体结构分析”3 个专题的研究中涉及了“可数资料两个样本百分数比较的统计推断”和“偏相关分析”，这些内容未在统计分析方法中介绍，读者需要时可参阅本书所列“参考文献”中的相关书籍。

14.1　生物学研究

从生物学特性的观察研究中对枝芽特性和品种差异等方面得到如下结果：

1. 枝的类型及特性

枝条的类型与花芽的着生数量、质量、花期长短有密切关系，为了便于描述和区别并使之在修剪中容易掌握，将碧桃枝条分为五类。

（1）旺花枝

长度在 40cm 以上，粗度 0.8 ～ 1.0cm。这类枝生长旺，多集中在树冠外围，一年中有 2 ～ 3 次生长，是用来扩大树冠的主要枝条。春梢可在当年抽生 3 ～ 6 个副稍，秋梢较壮，春秋梢比例约为 1 : 1.2 左右。花芽多数着生于春梢枝段 30 ～ 40cm 处，秋梢花芽着生极少，春、秋梢交界处多着生单花芽。

（2）壮花枝

长度在 20 ～ 35cm，粗度为 0.4 ～ 0.6cm。这类枝一年内有 1 ～ 2 次生长，无秋梢或秋梢较短，组织充实，花芽饱满，基部 10cm 以下为单花芽，10cm 以上为复花芽，开花后可以继续分生少量壮花枝和花束枝。

（3）中花枝

长度在 15 ～ 25cm，粗 0.3 ～ 0.4cm，是树冠内主要开花枝条。这类枝停止生长较早，组织充实，基部 2 ～ 4cm 为单花芽，中上部为双花芽，短截后可以分生 1 ～ 2 个中花枝，生长势力稳定。此类枝在树冠内分布的均匀呈度是树势是否均衡的标志。

（4）花束枝

这种枝条侧芽均可成花，仅有顶芽为叶芽，修剪时不能短截，生长细弱者开花后枯死，在放任生长树上较多，多年生枝回缩后可使其变壮。树冠内这类枝条增多是树势不均衡或树势转弱的标志。

（5）短营养枝

这种枝条长度一般在 3cm 以下，无花芽，修剪和受刺激之后形成其他各种类型枝条，连续长放的多年生枝上则逐步退化形成隐芽。

2. 芽的类型及特性

碧桃的芽以并生形式着生于一年生枝的叶腋内，依营养状况和形成时期不同，其质量及成枝能力有很大差别，正常条件下在同一个节位上可以着生两种性质不同的芽，其中主芽为叶芽，侧芽为花芽。

（1）花芽

碧桃的花芽为纯花芽，外被多层鳞片，中心为花器官。依花芽着生的节位不同可分为单花芽和复花芽。

① 单花芽：每一节上只着生一个叶片，叶腋内着生一个花芽，无叶芽，着花点处无分枝能力，落花后形成“空节”。这种芽多着生在花束枝和壮花枝基部 5 ～ 7 节，并且在 5 年生以上的白花碧桃中最为常见。

② 复花芽：碧桃的芽中复花芽居多数。但依枝条的营养状况不同其着生形式、数量有一定差别，常见的有两种情况。

第一种：每一节位上着生 3 个叶片，叶腋内形成 3 个并生的腋芽，其中两个副芽着生于主芽的两侧，可以分化成花芽，中间一个主芽形成叶芽，开花后着花点形成圆形花梗痕，叶芽萌发形成枝条。这种芽多见于壮花枝和中花枝的春梢部分，粉花重瓣碧桃和绛桃两个品种枝条粗壮，这类芽着生数量也多。

第二种：每节着生两个叶片，形成两个腋芽，其中一个形成花芽，另一个形成叶芽。这类芽多着生在旺花枝或壮花枝的秋梢上。生长势较好的单株，这类芽较常见。碧桃品种中紫叶碧桃这类芽较多。

（2）叶芽

碧桃的叶芽均由各节位叶腋内的芽形成，可以越冬的为冬芽。叶芽的特点是：芽体积小，外被鳞片，其内为雏梢，形成枝条的能力依着生位置而有差异。壮花枝春梢中上部的叶芽，芽体充实，可以抽生 12 ～ 20 节的健壮新枝；中花枝中上部和花束枝顶部的叶芽，抽枝能力较差，一般为 6 ～ 10 节；着生于枝条基部或春、秋梢交界处的叶芽抽枝能力最差，其中少部分能抽生 4 ～ 5 节的极短营养枝，大多数形成隐芽，当年不能萌发。

（3）夏芽

在当年生枝的叶腋中形成的叶芽，有些在当年可以自然萌发，这种叶芽为夏芽，又称早熟性芽。一般在6月中旬形成，7月中上旬萌发，常见于旺花枝的上部，萌发后形成当年生二次枝。在壮花枝的顶部也着生这类芽，萌发后形成秋梢。

（4）隐芽和空节

碧桃的隐芽集中在年界处，当受伤或重修剪时，此处的隐芽可以当年萌发形成新枝。碧桃的隐芽寿命较长，修剪中看到，疏掉4～5年生的大枝之后，在剪锯口处隐芽可以萌发成枝，因此合理地利用隐芽可以有效地克服光秃、充实树体。

空节指在节位上没有健壮叶芽形成，造成枝条上很长一段光秃带。碧桃品种中的白碧桃此种现象最明显，且以秋梢最严重。其他品种在定植后期和长势偏旺的树上亦有此种现象。

3. 枝条生长动态

（1）枝条的加长生长

从图14.1–1可以看出，枝条类型不同，其生长动态有明显差异。旺花枝有五步生长曲线，4月中旬以前生长十分缓慢；5月至6月中旬生长最快，其生长量占年生长总量的2/3；此期以后生长速度变缓，8月上旬以后秋梢开始生长，生长量又有明显增加。不同类型的枝条中以旺花枝生长持续时间最长，约需6个月左右。中花枝与壮花枝有大体一致的生长三步曲线，8月上旬以后生长量减少，从停止生长时间来看，中花枝早于壮花枝。花束枝生长为二步曲线，没有明显的第二次缓慢生长期，生长需要2～2.5个月。短营养枝生长量极少，其生长仅在春芽萌芽后至4月中下旬进行，以后几月不生长从而形成极短枝。

从集中生长的时间来看，前4类枝条从4月至6月中间具有十分一致的曲线陡度，表明这一时期是碧桃主要的营养生长期，其规律是从生长加快开始至第一次快速生长停止为碧桃叶形成、器官建造、产生高功能叶片为花芽分化和营养积累创造条件的重要时期。栽培上要保证这一时期的顺利通过，保证高效叶片的叶面积数量。调查表明，此期形成的叶片，叶面积可达35～42cm^2，栅栏组织一般为两层，叶片的同化功能期可以维持到9月中下旬。因此，促生这类叶片，保证其不衰老、不受伤害是主要栽培技术内容之一。后期叶片生长面积有一定增加，主要是旺花枝和少数壮花枝的秋梢叶片在发挥同化作用。花束枝叶片较小，高效叶集中在中上部。

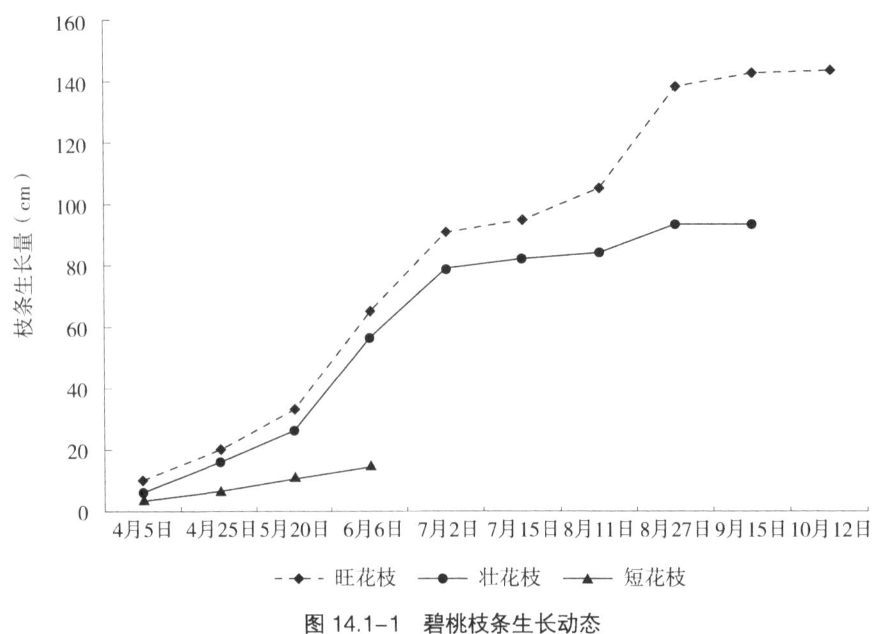

图14.1–1　碧桃枝条生长动态

（2）枝条的加粗生长

枝条的加粗生长比加长生长迟，明显加粗是在 5 月中旬之后，至 8 月下旬枝条停止生长后又有一次明显的加粗过程。五类枝条中花束枝加粗不明显，停止生长后很快木质化，以后不再增粗。壮花枝和中花枝明显加粗是在 5 月下旬，停止生长后略有增粗。旺花枝有两次加粗高峰，第一次在 5 月下旬至 6 月上旬，第二次在 8 月上旬春梢生长时，可见加粗生长是伴随加长生长能提供足够的生长素而进行的。

4. 叶幕形成动态

叶幕是伴随枝条的生长而形成的。从图 14.1–1 可以看出，花后至 5 月上旬叶幕增加缓慢，此期叶片功能差，依赖树体贮存营养形成，单叶叶面积为 6 ～ 8cm^2，栅栏组织 1 ～ 2 层。5 月上旬至 6 月中旬是幕形成最快时期，可形成全年叶幕 70% 左右，是光合高盛期，此后叶幕出现第二次增加，但增加量不大。叶幕第一次增加为旺花枝春梢和壮花枝春梢停止生长前，第二次为旺花枝秋梢叶的增加。

总之，碧桃枝类构成比例与叶幕形成密切相关，放任生长时花束枝比例过大，叶幕形成过早，叶片易老化，致使光合能力明显下降，常常造成年周期暂时性贮存与底质贮存不能相互协调和有节奏地互补。修剪可以改变枝类组成，使短枝量明显减少，中花枝和壮花枝比例增加，从而使第一期叶幕在萌芽 50 ～ 60 天内形成，并且可以稳定 40 天以上，这对营养物质的积累十分有利。

5. 开花习性

（1）花芽在各类枝上的分布

了解花芽在不同类型枝条上的分布数量，管理中有目的地选留和促生着生花芽数量较多的枝条是提高树木美化效益的重要措施。调查看到碧桃花芽在不同类型的枝条上的分布数量和分布密度有较大差异，一般规律是旺花枝枝条粗壮，但节间长，秋梢部分空节较多，即使有花，多以单花芽形式着生，仅在春梢中部 20 ～ 30cm 范围内着生复花芽，因此花的总数量少，密度小。而短枝、花束枝绝大部分节位上是以单生花芽为主，花量不大；壮花枝与中花枝，由于生长较稳定，秋梢短、节间短、节上均着生复花芽，条件好时每节可以着生三个花芽，这类枝花量多，密度大，是碧桃开花的主要枝条，其在树冠内若能均匀分布，数量增多，可以大大提高美化效果。表 14.1–1 是 100 个不同类型枝条着生花芽情况调查（品种为粉花重辨碧桃），从表中可看出，碧桃树冠中花量主要集中在壮花枝和中花枝上，两类枝着花量占总花量的 70.99%，而旺花枝和短花枝的着花芽量仅占 29.01%。这一特性在不同品种中表现略有差异，紫叶碧桃旺枝量较少，冠内主要以中花枝和旺花枝为主，几乎没有花束枝；而白花碧桃在 8 年生以后，旺枝秋梢很长，多为光秃带，其着花枝条主要为中花枝和花束枝。在幼龄期，碧桃各品种开花情况基本一致。

粉花重瓣碧桃不同类型枝条着花数量比较 **表 14.1–1**

枝类花量	旺花枝	壮花枝	中花枝	短花枝
单枝平均节数（个）	41	33.7	28	12.5
每节平均花数（个）	0.54	1.36	1.92	1.42
单枝平均花量（个）	22.96	45.83	53.76	17.75
占总花量（%）	16.36	32.67	38.32	12.65

（2）各类枝的开花顺序

调查看到，碧桃不同类型枝条的开花顺序有一定差异。花芽的萌动、膨大、显色，由壮花枝先开始，以后逐步是中花枝、旺花枝和花束枝。在通常的气象条件下，壮花枝萌动早，但开花较迟，萌动至膨大约需 16 ～ 24 天；花束枝萌动较晚，持续时间较短，由萌动至膨大约需 10 ～ 12 天。从单枝开花顺序看，壮花枝和旺花枝春梢中部的花芽先萌动，以后是春梢基部花芽萌动，秋梢着生花芽萌发较迟，这一规律显然与上一年花芽的充实程度和春梢养分运输的形式有密切关系。从花朵开放的持续时间来看，旺花枝和中花枝单花开放的持续时间最长，自然生长下由气球期至盛花可持续 12 ～ 15 天，而花束枝上的花朵由气球期至盛花仅持续 8 ～ 10 天左右。

6. 品种特性

在连续五年的生物学观察和修剪反应观察中看到，碧桃品种间在树性、物候期、年生长量、枝类着生比例方面都存在一定差别，在管理中应根据不同的品种特性采取有针对性的措施。我们将碧桃品种主要区别分述如下：

（1）物候期的差异

观赏桃的物候期差异较大，花期顺序大体为：最早的是白碧桃，以后逐步是绛桃、紫叶桃、洒金碧桃、重瓣粉碧桃。

（2）枝条硬度及着生角度的差异

在碧桃品种之间枝条木质化程度存在一定的差异，直观上看，枝条坚硬的品种成枝力较差而萌芽力较高，枝条的递增率低，分枝角度小，树冠形成较慢，早熟性芽当年萌发形成的枝条分枝部位较高，内膛易空裸，春梢生长量大。而枝条较柔软的品种成枝力、萌芽力都比较强，但春梢生长量小，早熟性芽萌发量大，由早熟性芽萌发的枝条分枝角度大，这样的品种主要特点是成形快，枝条丰满，枝条递增率高，开花部位集中且开花丰满，整形容易。

从以上特点来看，我们可以把碧桃分为硬枝类型和软枝类型两大类。天津市区碧桃中属于硬枝型的品种：粉花重瓣碧桃、绛桃、紫叶碧桃，属于软枝类的品种有洒金碧桃、白碧桃，垂枝碧桃介于二者之间。据调查，硬枝碧桃外观上表现枝条较稀疏、粗壮直立，平均枝条递增率为 1∶1.2，花芽多数集中着生于枝条的中下部，且秋梢生长量较少，春、秋梢比例为（1∶0.3）～（1∶0.5）。软枝碧桃外观上表现枝条密挤，内膛枝细长，内膛与外围的枝条两极分化明显；花芽分布具有明显的枝类差异，粗壮的外围枝着花量极少，内膛细枝着花较多，壮枝和细枝上的秋梢成花能力低下；枝条再生率高，一般为（1∶3.6）～（1∶5.7）；春、秋梢比例大，为（1∶1.1）～（1∶1.9），这一特性在整形修剪时应给以充分注意。习惯上采用的去秋梢方法可在软枝品种上采用，并将剔密和疏除弱枝等方法与之结合运用。

（3）生长势的差异

硬枝类型的生长势强，易形成稳定的树冠和疏密有序的分枝层次，但角度小、树冠易抱生；软枝类型生长势则较差，枝条密挤，壮枝分枝角度小，细枝分枝角度大甚至下垂生长，树冠易开张。同一类型中也有一定差异，硬枝类型中，生长势的强弱顺序是粉花重瓣桃最强，绛桃次之，紫叶桃较差；软枝类型中，白花碧桃长势最强，洒金碧桃较差。

（4）不同年龄时期的树势差异

在试区连续观察，其中成龄树（树龄 6 ～ 8 年）、幼树的观察点在利民公园和水上公园，观察发现，在定植后的第二年，各品种的发枝长度无明显差异，定植后第三年开始表现出类型的独立特性。硬枝类品种生长量大，萌芽率低，长枝数量多，其多出的数量约为软枝品种长枝数量的 1.2 ～ 1.4 倍；软枝类

品种的萌芽率明显高于硬枝类品种，其中短枝的发生数量比硬枝品种高 0.9 ～ 1.5 倍。由此可知，定植第三年开始应注意改变修剪方法，促进花枝的逐年递增是十分必要的。

（5）自然树冠结构的差异

从发枝规律和树冠层次的调查看到，硬枝类品种的树冠易形成大枝交叉式的紊乱，软枝类品种的树冠易形成外面密挤、内膛横生的丛生式紊乱。在放任生长的情况下，硬枝类的品种表现树冠直立、高大，大枝粗壮、丛生，局部的枝条为平行、并生生长。软枝类品种多表现主枝直立，而中上部下垂、开张，形成下垂形圆头树冠，且局部枝条紊乱，枯死枝很多，早衰现象明显，因此在修剪中应注意防止枝条早衰和枯死，促进枝条更新复壮。

（6）再生能力和耐更新能力的差异

一般来看，在树木中凡属于萌芽率高的树种和品种，其自然更新能力都差，早衰现象比较严重，而萌芽率较低的树种更新能力较强、寿命长。碧桃中硬枝类品种枝条粗壮、寿命较长、更新能力较强，在短枝和隐芽处回缩大枝，容易萌生较多的新枝补充空间，使树冠尽快丰满。软枝品种则不同，在较大的剪锯口之下，其再生能力较弱，只萌生少量新枝，且萌发部位十分集中，不易尽快恢复树冠。这些调查结果都说明，软枝类碧桃必须注意年龄时期，并根据局部枝类的演变规律，正确使用更新修剪技术，才可以达到预想的美化效果。

（7）秋季生长量差异

从营养代谢角度看，秋季的生长速度与生长量可以反映树种的营养转换和消耗与积累的平衡与稳定程度。品种间的生物学特性观察表明，硬枝类品种在完成一次生长后，树冠内绝大部分枝条停止生长，积累养分为花芽分化做准备。这一平衡与相对稳定期可长达 1 ～ 1.5 个月（6 月上旬～ 7 月中下旬），第二次生长（即早熟性芽的萌发）只发生在少数壮枝上，因此表现早熟性芽数量相对较少，后期光合作用稳定，树势健壮，花芽稳定而充实。而软枝类品种春梢生长量极少，着生于春梢上的侧芽在 5 月中旬便大量开始萌发，至 6 月中下旬，形成多量的集中生长细枝，花芽绝大部分着生于这类枝上；而春梢顶部的壮芽则延伸很快并再次萌发新枝，花芽形成时，枝条生长的速度稍有下降，但不十分明显。由于养分的竞争造成秋梢无花和叶腋中盲芽大量出现这种现象是软枝类桃外延速度快、易早衰、后部易光秃的主要原因。

（8）开花有效枝的差异

开花有效枝指在一定的树冠容积下，能够生长稳定（不徒长、不过旺），花芽充实，花期长，而且能继续萌生良好花枝的一类枝条的总称。研究表明，这类枝在树冠内的比例达到 70% ～ 80% 时可以实现最佳的美化效益，充分体现该树种的开花特点。

因种类不同开花有效枝的差异极大，观赏桃开花有效枝可分成两大类。在硬枝类品种中，长度 25 ～ 35cm、粗度 0.3 ～ 0.4cm 的枝条开花最佳，花芽分布密度最高，这类枝多数斜生或直立着生在骨干枝的各级枝组之上。而在软枝类型的品种中，有效枝则以 15 ～ 25cm 长、0.3 ～ 0.4cm 粗的细长枝为开花有效枝。这类枝主要着生在较大的枝组上，枝条细长柔软，多斜生或下垂，更明显的区别是软枝品种有效枝上部 5 ～ 10cm 仍为光秃带，很少着生花芽，花芽分布集中于枝条中下部，修剪时仍要短截掉空裸部位才会使花期延长。

（9）修剪反应的差异

在观赏桃中，硬枝类型的桃树品种较耐修剪，采用较重的截枝和疏枝可以在修剪第二年获得较理想的枝条，并可以利用其培养枝组，属于修剪反应不甚敏感的类型。软枝类型的品种发枝量大，短截后易发生较多的旺枝，一般剪口下可以发长枝 3 ～ 4 个，而且生长量较大，平均长 60 ～ 80cm，其上

着生较多的二次枝。软枝类型不易短截，否则会导致枝条丛生、秋梢生长过旺，进而影响花芽的数量和质量。

（10）枝组培养的差异

枝组是构成树冠的基本单位，也是充分发挥树木美化效益的主要物质基础，其培养技术必须根据品种的发枝习性来进行。修剪实践证明，硬枝类品种培养枝组较容易，可以随时安排大、中、小型各类枝组，而软枝类品种培养枝组较困难，一般要保持中、大型枝组的稳定，适量合理地安排小型枝组。

14.2　修剪试验研究

若要对碧桃进行正确的整形修剪，需全面了解其对基本修剪方法（截、疏、放、缩）的反应，掌握它们在各种技法的作用下发生各类枝的规律，这样才能为整形修剪中合理地综合运用这些方法提供依据，达到稳定枝类比例、稳定树势、提高观赏效益的目的。为此，试验设立如下的观察内容。

1. 自然生长情况下碧桃枝条的发枝规律

包括：①极性的表现；②光秃带的形成过程；③无效枝的产生过程。

2. 不同程度短截修剪对碧桃发枝的影响

包括：①去秋梢；②短截 1/2；③短截 1/3；④短截 1/4。

3. 不同形式疏枝对碧桃发枝的作用

包括：①强疏枝对发枝的作用；②“疏前放后”对发枝的作用；③“疏后放前”对发枝的作用。

4. 针对放任树的改造修剪

将现行的清膛、疏枝、外围长留长放的方法改为清理大枝，疏、缩、截相结合，降低树高，促进大枝水平延展，逐年加大大枝角度的综合修剪方法，观察其对稳定树势、增加有效花枝数量的作用。

14.3　露地试验设计方法

按多年生植物露地试验设计的要求，满足重复、随机化、局部控制设计原则，试验中双株小区重复 3 次，单株小区重复 5 次。试材以干径作为局部控制的指标，选择的试材其干径变异范围为 $C.V. \leqslant 5\% \sim 7\%$。试验中随机选材 30 ～ 50 株，从中抽取试验所需株数。单株大枝进行不同处理时，其方向在株内随机排列。

修剪对于树体的作用要在连续几年内逐渐展现出来。由于连续的时间长，加上每一修剪处理都包括剪留量与发枝量，而且这些因素都与每年的树势、土壤、气候条件有着密切的内在联系，因此在试验设计中考虑到年份、树势、处理方法之间的相互作用，选用随机区组和因子试验设计方法，以提高试验的精确度。

14.4　试验结果与分析

天津市示范园内碧桃以重瓣粉花碧桃、紫叶碧桃为主栽品种，其次为绛桃、白碧桃。从品种的生物学特性来看，重瓣粉花碧桃、紫叶碧桃的发枝习性基本一致，而白碧桃和洒金碧桃习性相近。因此本研究中以重瓣粉花碧桃和白花碧桃为主要研究对象，其他品种做对比性观察。

1. 自然生长条件下碧桃枝条的发生规律

目前天津市的碧桃修剪绝大多数地方采用清膛疏枝、外围长放的方法，随着树龄的增加，内膛光秃、外围密挤、开花部位外移、冠体大而紊乱。为了查找这种现象产生的原因，1988 ～ 1990 年春季，分别在天津市海河、水上、金刚、长虹、利民等 5 个公园和复康路、气象台路、蝶桥下、津塘公路、张贵庄等 5 个区片，对粗放管理的种植 3 ～ 4 年和 8 ～ 10 年的粉花重瓣碧桃、白花碧桃、紫叶碧桃等 3 个品种连续长放三年的各级枝条的发枝情况进行了调查。将不同年龄枝段上萌发的一年生枝分为 5 个等级，并按品种分别计算不同年龄枝段上各类枝萌生百分率，结果列于表 14.4–1 中。

为能较清晰地看出各品种不同树龄和不同年龄枝段上各类枝的演变过程，正确判断树性，并对各品种的极性表现、开花部位外移、光秃部位形成过程做出可靠的结论，对表 14.4–1 中的数据进行整理，并做出可数资料两个样本百分率比较的统计推断。

不同品种碧桃不同枝段发枝情况（单位：个、%） 1988 ～ 1989 年　　表 14.4–1

品种	树龄	发枝总数	旺花枝		壮花枝		中花枝		花束枝		短营养枝	
			枝数	占发枝总数的比例	枝数	占发枝总数的比例	枝数	占发枝总数的比例	枝数	占发枝总数的比例	枝数	占发枝总数的比例
三年生枝段												
粉花重瓣	3 ～ 4	753	119	15.8	260	34.53	203	26.96	66	8.76	105	13.94（NR）
	8 ～ 10	410	63	15.31（NR）	86	20.98*	53	12.93*	127	30.98**	81	19.76
白花	3 ～ 4	453	161	35.54	139	30.68	78	17.22	29	6.4	46	l0.21
	8 ～ 10	375	24	6.4**	54	14.40*	60	16（NR）	107	28.53**	230	34.67**
紫叶	3 ～ 4	331	67	20.18	113	34.16	111	33.72	22	6.58	18	5.34
	8 ～ 10	219	42	19.17（NR）	69	31.51（NR）	65	29.68（NR）	23	10.50（NR）	20	9.13（NR）
二年生枝段												
粉花重瓣	3 ～ 4	1256	335	26.67	387	30.81	251	19.98	121	9.63	162	12.9（NR）
	8 ～ 10	699	172	24.61（NR）	195	27.9（NR）	71	10.16*	187	26.73*	74	10.59（NR）
白花	3 ～ 4	639	92	30.05	170	26.6	97	15.18	72	11.27	167	16.74
	8 ～ 10	597	83	13.9**	127	21.27（NR）	68	11.39（NR）	187	31.32**	132	22.11*
紫叶	3 ～ 4	565	197	34.87	167	29.56	149	26.37	28	4.96	24	4.25
	8 ～ 10	379	96	25.33**	126	3.25（NR）	79	20.84（NR）	32	8.44（NR）	16	12.14*

注：（NR）表示差异不显著，“*”表示差异显著，“**”表示差异极显著。

通过对表 14.4–1 的数据进行差异显著性比较可以得出以下几点结论：

① 粉花重瓣碧桃在二年生主枝上抽生旺枝的能力随着树龄的增加而有所减弱，但壮枝的抽生能力并无显著差异，表明无论是 3 ～ 4 年生的幼树还是 8 ～ 10 年生的成龄树，其外围始终保持着很强的外延极性。同时看到不同年龄阶段，粉花重瓣碧桃二年生枝段的花束枝和短营养枝的抽生能力无明显差异，这种表现是其重要品种特性之一，是在碧桃品种中粉花重瓣碧桃较早地表现内膛光秃的原因。

在三年生枝条上，旺枝抽生能力差异显著，而壮枝抽生能力则无显著差异，这一结果仍表现了粉花重瓣碧桃的外延极性。值得注意的是，三年生枝条上花束枝和短营养枝的发生数量，3～4年生的幼树与8～10年生的成龄树有着显著的差异，表明粉花重瓣碧桃在三年生枝段上已经开始出现很明显的光秃部位，开花外移。

② 白花碧桃二年生枝段幼树与成龄树各类枝发枝能力之间无显著差异，表明该品种可在不同的树龄阶段保持较为一致的发枝能力，这是造成白碧桃早期容易树冠郁闭的原因。在三年生枝段上，定植后的树与成龄树旺枝发生量差异极显著，表明幼树发枝力强于成龄树；花束枝和短营养枝的差异极显著，表明成龄树在三年生枝段上开始出现大量的花束枝和短营养枝，这一特点是白碧桃一个重要的品种特性，修剪时应充分利用这一习性增加花量。

③ 紫叶碧桃在二年生枝段上，表现了与粉花重瓣碧桃大体一致的发枝规律，所不同的是这一品种的中等枝条形成能力较强，尤其在三年生枝段上各类枝在幼树和成龄树上的发枝率都无明显差异。

以上分析表明，每个碧桃品种都有自身的发枝规律，管理中应根据不同年龄阶段，采用与之相适的修剪方法。树冠郁闭、内膛光秃、开花外移等现象在不同品种上有着不同的表现形式。白碧桃发枝力强，容易早期郁闭，但多年生枝条上抽枝力强，内膛光秃表现较晚；粉花重瓣碧桃发枝力较差，萌芽力较强，短枝发生枝量多。修剪中采用放、缩、截相结合的方法时，只有根据不同品种发枝特点，合理使用放枝增花技术，才能达到预期的结果。

2. 不同程度的短截修剪对碧桃发枝的影响

本项试验以6年生白花碧桃为试材，修剪对象为外围一年生旺枝，试验共有3个处理，分别为：去秋梢、短截枝条总长度的1/2、短截枝条总长度的1/3。试验采用单株小区，3株为一区组，重复3次。试验中随机抽取长势、着生角度和方向基本一致的10个枝条，统计不同程度短截后抽生枝条的平均个数，进行统计分析。

（1）试材的选择

在复康路的碧桃修剪试验区，以干径为基准选择试材，其变异情况列于表14.4–2中。

短截试材干径及变异情况（单位：cm） 1989年　　表14.4–2

区组		Ⅰ			Ⅱ			Ⅲ	
干径	14.6	14.9	14.4	16.2	16.9	16.5	15.5	15.1	16.3
组内 *C.V.*		1.72%			2.12%			3.91%	
C.V.			*n*=9	$\bar{x}$=15.60	*S*=0.904	*C.V.*=5.80%			

从表中看出，区组内试材，其变异度分别为1.72%、2.12%、3.91%，符合小于5%设计要求；整个试验试材的变异度为5.8%，符合小于7%的设计要求，达到了区组内尽量一致、组间允许有较大差异的统计学原则。

（2）试验结果分析

试验数据见表14.4–3和表14.4–4，方差分析表明，白花碧桃外围一年生枝对修剪反应敏感，中短截对发生长枝有明显的作用。在重短截情况下，仅发旺枝和壮枝，在修剪中除特殊情况需要进行重短截，一般不用重截方法，以轻截去秋梢、长留枝较为合理。

不同短截方法对白花碧桃发枝的影响（单位：个） 表 14.4-3

重复	去秋梢				短截 1/2				短截 1/3				Σ *Tt*
	旺枝数	壮枝数	中枝数	短枝数	旺枝数	壮枝数	中枝数	短枝数	旺枝数	壮枝数	中枝数	短枝数	
1	24	19	8	49	36	11	2	3	32	9	10	8	211
2	31	18	2	38	39	14	4	7	27	3	2	11	196
3	37	22	5	29	42	8	2	9	29	7	13	15	218
Σ *Tr*	92	59	15	116	117	33	8	19	88	19	25	34	
Σ *Tr′*	282				177				166				Σ625
Σ *Tr″*		297			111			48			169		

一年生枝不同程度短截对白花碧桃发枝作用的方差分析 表 14.4-4

变异来源	*DF*	*SS*	*MS*	*F*	$F_{0.05}$；$F_{0.01}$
重复间	2	21.06	10.53	0.49	3.44；5.72
修剪方法间	2	683.39	341.7	16.03	3.05；4.82
枝类间	3	3748.75	249.58	58.61	
互作	6	1622.17	270.36	12.68	2.55；0.70
误差	22	468.94	27.32		
Σ	35	6544.31			

3. 不同形式疏枝对碧桃发枝的作用

碧桃在本课题选用的 4 个树种中体量较大，枝类变化比较明显。树冠内各类枝条的发枝和枝条的分布情况受外围枝的生长极性影响较大，常出现树冠外围密挤、大枝后部光秃、开花部位外移的现象。

在短截试验中看到，碧桃对短截修剪反应敏感，绝大多数枝条经短截修剪后局部促进作用十分明显。在 1988 年的各试验中看到，欲在整体上通过修剪使碧桃营养分配均衡、发枝均匀，采用疏枝的修剪方法较为理想，在试验操作中除疏掉较密的大枝以节省营养外，对大枝上直立的一年生枝和外围过密的一、二年生枝进行较强的疏间，可以迅速使树冠内的光秃部位萌发新枝，起到“疏前缓后”的作用。为了摸清碧桃在这种修剪条件下的发枝规律，1988 ～ 1992 年在天津市复康路和迎水道试区内，进行了不同形式的疏枝对比试验。

（1）只疏除一年生壮枝，外围枝头不打头、不回缩对碧桃发枝的作用

表 14.4–5 中修剪方法是以 8 ～ 10 年生碧桃为试材进行的，修剪时采用外围疏除较密的一年生壮枝，树冠中部和后部与外围采用相同的疏枝方法，调查其萌发新枝的数量，分析此种方法对克服光秃部位及对缓和外围极性的作用。试验中选用长势一致、枝类分布近似的树作为对照。

只疏枝、外围不打头、不回缩修剪对碧桃不同部位发枝的作用（单位：个、cm、%） 1989 年　　表 14.4–5

树号	发枝总量	外围			中部			内膛		
		枝量	平均长	占发枝总量的比例	枝量	平均长	占发枝总量的比例	枝量	平均长	占发枝总量的比例
1	271.00	109.00	48.60	40.22	86.00	39.50	31.73	76.00	10.50	28.04
2	146.00	57.00	53.70	39.04	72.00	40.30	49.32	17.00	20.30	11.64
3	139.00	86.00	42.50	61.87	42.00	49.70	30.22	11.00	10.40	7.91
4	201.00	91.00	44.90	45.27	69.00	45.60	34.33	41.00	7.70	20.40
5	152.00	75.00	59.30	49.34	44.00	30.30	28.95	33.00	9.60	21.71
$\bar{x}_{处理}$	181.80	83.60	49.80	47.15	62.60	41.08	34.91	35.60	11.70	17.94
对照 1	216.00	143.00	52.30	67.45	57.00	35.70	26.89	16.00	30.20	7.41
对照 2	179.00	105.00	45.80	64.81	48.00	39.60	29.63	26.00	10.70	14.53
对照 3	142.00	97.00	42.70	65.54	30.00	27.40	20.27	15.00	28.60	10.56
$\bar{x}_{对照}$	179.00	115.00	46.93	65.93	45.00	34.23	25.60	19.00	23.17	10.83

由表 14.4–5 中可以看出，外围疏枝后，萌枝率比相应对照有所下降，降低幅度为 19% 左右；中部和内膛发枝量分别增加了 9% 和 7% 左右，均未超过 10%，枝条增量较小。为了考查这种变化与自然生长下发枝的差异程度，对表 14.4–5 中数据进行两个样本百分数的差异显著性检验，结果见表 14.4–6。

只疏枝、外围不打头、不回缩修剪与相应对照发枝量的差异显著性分析　　表 14.4–6

部位	P_1	P_2	$P_1–P_2$	P	$1–P$	$S_{(P_1–P_2)}$	t 值
外 围	0.4715	0.6593	–0.1878	0.5504	0.4496	0.0528	–3.5597**
中部	0.3491	0.2560	0.0931	0.2982	0.7018	0.0480	1.9403 NR
内膛	0.1794	0.1083	0.0711	0.1513	0.8487	0.0376	1.8907 NR

注：$t_{0.05}$=1.96；$t_{0.01}$=2.585；“**”表示差异极显著；“NR”表示差异不显著。

由分析结果可知，外围枝疏间修剪后，其发枝量与相应的对照有极显著的差异（3.5597 > 2.585），这与疏除枝条后减少外围枝数量有关。从内膛与树冠中部的分析可以看出，内膛和外围也同样疏除一年生枝，其发枝数量与自然生长情况下没有显著差异（1.94、1.89 均< 1.96），证明内外同时疏除一年生枝对树冠中部和内膛枝条密度的促进作用不明显。但从生长量来看，修剪树与对照树树冠中部枝条的平均长度分别为 41.08cm 和 34.23cm，修剪树表现出有局部旺长的趋势。因而，上述修剪方法对促进内膛发枝不利，需要改变对树冠中部和内膛的修剪方式，可通过进一步试验来解决。

（2）外围强疏间、中后部缓放修剪对碧桃发枝的作用

这种疏间方法，在疏除过密大枝的基础上，对外围枝采用重疏间。凡与枝头竞争的一年生枝或多年生枝全部疏除，中部和内膛仅疏掉多年生枝组上的徒长枝，其余枝条一律缓放不动。这种修剪方法对发枝的作用见表 14.4–7。

从表中可以看出，这种处理方法对不同部位的发枝效果有着较明显的作用，外围枝条的发枝量比对照减少 32%，中部枝条的发枝率比对照增加 14%，内膛发枝率比对照增加 18%。对表 14.4–7 中数据进行两个样本百分数的差异显著性测验，结果列于表 14.4–8 中。

外围强疏枝、中后部缓放修剪对碧桃不同部位发枝的作用（单位：个、cm、%）1989 年　　表 14.4-7

树号	发枝总量	外围			中部			内膛		
		枝量	平均长	占发枝总量的比例	枝量	平均长	占发枝总量的比例	枝量	平均长	占发枝总量的比例
1	169	62	50.1	36.69	51	35.2	30.18	56	27	33.14
2	132	51	42.3	38.64	47	37.9	35.61	34	32.6	25.76
3	97	30	44.9	30.93	32	28.5	32.99	35	21.5	36.08
4	105	44	38.6	41.9	39	30.3	37.14	22	42.3	20.95
5	117	49	43.5	41.88	48	40.1	41.03	20	37.8	17.09
$\bar{x}_{处理}$	124	47.2	43.88	38.008	43.4	34.4	35.39	33.4	32.24	26.604
对照 1	170	122	53.7	71.76	27.1	28.7	15.94	21	17.3	12.35
对照 2	181	131	38.4	72.38	43	33.9	23.76	7	20.5	3.87
对照 3	133	89	59.9	66.92	31.1	38.7	23.38	13	6.9	9.77
$\bar{x}_{对照}$	161.33	114.00	50.67	70.35	33.73	33.77	21.03	13.67	14.90	8.66

外围强疏枝、中后部缓放与相应对照发枝量的差异显著性分析　　表 14.4-8

部位	P_1	P_2	P_1-P_2	P	$1-P$	$S_{(P_1-P_2)}$	t 值
外 围	0.3801	0.7035	–0.3235	0.5650	0.4350	0.0592	–5.4630**
中部	0.3539	0.2103	0.1436	0.2703	0.7297	0.0530	2.7080**
内膛	0.2660	0.0866	0.1794	0.1650	0.8350	0.0443	4.0476 **

注：$t_{0.05}$=1.96；$t_{0.01}$=2.585；“NR”表示差异不显著，“*”表示差异显著，“**”表示差异极显著。

从表 14.4–8 中可以看出，无论是外围枝的减少量还是中部内膛枝条的增加量，与对照相比较均达极显著水平（5.463、2.708、4.048 均大于 2.585），这表明此种修剪方法对不同部位的发枝起到了明显的作用。由此可知，碧桃的外围枝的极性优势的控制方法以适当地减少外围枝量为主。只要采用合理的方法疏间外围枝，就能有效地起到“抑前促后”的作用，这一点在整形修剪中或在放任树的改造修剪中都十分重要。生产中要及时注意控制外围极性，调整外围枝条的位置和萌生数量是提高观赏效益的有效措施。

4. 针对放任树的改造修剪

碧桃由于树体较大，极性生长旺盛，因此放任树改造修剪技术也比较复杂。为了较准确地把握碧桃的修剪反应规律，总结出较为合理的改造修剪技术，在以上修剪观察的基础上进行了成龄大树的改造修剪试验。

目前天津市栽培的碧桃除个别地方（如体院北）有较正常的修剪外，绝大部分是处于粗放管理状态，长期以来采用清膛疏枝的修剪方法，从树体调查看到，生产中绝大部分表现为外围密挤、内膛光秃、开花部位外移严重。在自然生长下，这种现象是由碧桃外围生长的极性优势所造成，人为地清膛修剪加剧了这一矛盾。在对天津市 5 个公园、10 个主干道上碧桃的生长情况调查后进行偏相关统计，结果列于表 14.4–9 中。

树体表现偏相关分析（二级相关）显著性检验表 表 14.4–9

偏相关系数	*t* 值	显著性	偏相关系数	*t* 值	显著性	偏相关系数	*t* 值	显著性
$R_{24.37}$=0.652	2.719	*	$R_{24.36}$=0.542	2.040	NR	$R_{23.14}$=0.627	2.546	*
$R_{23.47}$=0.688	2.988	*	$R_{23.46}$=0.671	2.862	*	$R_{24.13}$=0.601	2.378	*
$R_{34.27}$=0.188	0.609	NR	$R_{34.26}$=0.370	1.259	NR	$R_{34.12}$=–0.362	1.288	NR

注：1.DF=10，变数个数 =2，$t_{0.05}$=2.228，$t_{0.01}$=3.169。
2.NR 表示差异不显著，“*”表示差异显著。

由表 14.4–9 的偏相关分析可知，外围密挤、大枝过多导致的直接结果是内膛枝的枯死，这种情况在放任生长下表现突出（*R*=24.37，相关显著），而在另外的关系中看到外围密挤、小枝枯死与大枝过多有着直接关系。清膛修剪则是激化这一矛盾的主要原因（*R*=23.46，相关极显著）。在 $R_{23.14}$ 的检验中二级相关极显著，也充分证明大枝过多、外围密挤会导致内膛光秃和小枝枯死。测验中可以把偏相关分析筛选出的主要矛盾作为修剪方案制定时的主要依据。

根据以上分析结果，制定以下改造修剪方案：

① 选定适于树体生长的相应树形后清理大枝，降低树冠高度。

② 根据修剪试验所得到的结果，依照外围的具体表现，重疏间外围枝枝头，对其附近具竞争性的多年生枝一次性疏除，并以大角度枝条代替枝头，为造形修剪打基础。

③ 尽量保留内膛枝，对这些枝，在改造修剪的当年长放不动，各别直立壮枝由年界处戴帽疏枝，一般不短截。

④ 用多年生枝一次性换头，拉开侧枝与主枝间的层次并在侧枝上重疏多年生壮枝。

⑤ 多年生枝组直立于背上时，在斜生枝处重回缩，枝组头梢长放。

⑥ 内膛中、短花枝一律保留。

改造修剪的第二年进行枝条调整，进一步完成树形，并制定以下方案：

① 严格控制主、侧枝头和枝组上萌生的一年生旺枝。

② 继续疏间外围极性强、长势旺的枝条。

③ 降低枝组高度，将回缩长放后出现分枝的枝条培养为枝组。

④ 对树冠内空裸部位的萌生枝条，旺者留茬修剪、壮者长放不动、中庸者短截。

改造修剪的第二年至第四年，由于树体内新枝大量增加、光秃部位明显减少，此时重点进行调整枝组的比例和着生位置，并制定以下调整方案：

① 清理背上直立枝组，原则上去大、留小、留中庸。

② 调整枝头的延长方向，逐步加大枝头角度或用大角度副梢代头，枝头轻剪或缓放。

③ 巩固内膛枝条，用回缩方法进行复壮。

以上三套方案在试验区中连续执行五年，执行结果分析见表 14.4–10 与表 14.4–11。从表 14.4–11 的方差分析中可以清楚地看出，连续改造修剪的四年中，树冠内的枝类组成逐年发生着变化，每一年发枝类型和发枝数量的改变都标志着分势修剪的作用在逐年表现出来，40cm 以上的旺枝数量四年中逐年递减，20 ～ 30cm 长的枝条数量显著增加并且长势趋于稳定。在碧桃连续改造修剪发生各类枝枝量的方差分析中，年份间的差异显著，枝类间差异极显著。

碧桃四年连续改造修剪发生各类枝枝量　　表 14.4–10

枝类		40cm 以上				10 ～ 40cm				20 ～ 30cm				10 ～ 20cm				5 ～ 10cm				5cm 以下			
年份		1989	1990	1991	1992	1989	1990	1991	1992	1989	1990	1991	1992	1989	1990	1991	1992	1989	1990	1991	1992	1989	1990	1991	1992
重复	1	80	89	103	115	37	103	137	175	93	170	188	193	59	102	123	115	34	78	97	145	35	75	88	135
	2	668	152	172	157	145	139	122	147	102	298	265	370	42	187	203	229	42	42	51	98	20	13	78	124
	3	625	90	102	113	133	155	149	143	121	206	227	290	29	118	127	181	5	81	91	123	5	89	133	121
	4	804	36	79	85	159	164	156	143	96	226	236	305	32	132	112	201	24	73	109	121	15	90	135	109
	5	31	46	49	57	18	111	120	105	51	158	123	115	40	68	79	131	16	64	77	89	11	34	59	132

碧桃四年连续改造修剪抽生各类枝枝量的方差分析　　表 14.4–11

变异来源	*DF*	*SS*	*MS*	*F*	$F_{0.05}$; $F_{0.01}$
重复间	4	124005.88	3100.47	9.21**	2.44 ; 3.47
枝类间	5	269537.97	51907.59	15.42	2.29 ; 3.17
年份间	3	28867.10	9622.37	2.86*	2.68 ; 3.94
互作	15	835369.70	55691.31	16.55	1.83 ; 2.33
误差	92	309755.31	3366.91		
Σ	119	1557535.96			

注："*" 表示差异显著，"**" 表示差异极显著。

方差分析中的交互作用表现了不同的树势基础对相同处理方法以及连续修剪反应的综合作用，方差分析结果表明这种综合作用效果显著，说明在修剪过程中要根据树势来决定改造方法。第一年去除大枝后对外围枝所应采取的修剪方法应以树势来确定，树势壮，去除大枝后外围回缩不应太急太重，要适当缓放；树势差，去除大枝后采用中度回缩和疏间有利于稳定树势和促进发生高质量的花枝。

5. 碧桃修剪试验研究结论

（1）碧桃对修剪反应敏感，修剪的局部刺激作用在碧桃上表现有很大的局限性，因此修剪中必须对整个主枝和整株树的长势统一考虑，才能使树体长势均匀。

（2）在幼旺树上防止外延速度过快、外围过早郁闭和内膛光秃的有效修剪方法是采用轻短截。此时枝头的修剪可采用适当长放和轻截相结合的方法，以充实枝条后部。

（3）合理疏枝是做好碧桃修剪的关键技术，外围长枝较多时，采用"逢三去二"或"去一放一"的方法来缓和外围生长势。

（4）内膛和中部疏枝应以疏旺、放壮、放中为原则，不能过度疏枝。

（5）根据五年来的修剪试验研究，对碧桃的改造修剪可总结出以下几点关键技术：

① 疏除大枝要一次性完成，不搞分年去除，有利于树体的迅速恢复。

② 疏枝要彻底，掌握的恰当可以明显克服局部优势，总体上看可用以下几句话来概括："疏上缓下、疏外缓内、疏大缓小"，对局部"疏旺缓弱、疏前缓后、疏一缓四（指背上大枝组一次性疏掉，对前后左右都有利，使局部优势消除）"。

③ 调整枝组是维持美化效果的关键，大、中、小型枝组在树冠内部分布的比例关系到整株的生长，在改造修剪 1 ～ 3 年以后，调整以充实内膛枝组是修剪技术的核心。

综上所述，碧桃的修剪以多花为目的，其修剪方法主要针对有效花枝，应与以产量为目地的栽培桃树相区别，并要结合园林美化的目的和栽植环境的具体情况，制定完整的修剪技术。

参考文献

[1] 辛树帜 . 我国果树历史的研究 [M]. 北京：中国农业出版社，1962

[2] F·科贝尔 . 树木栽培生理学基础 [M]. 张嘉宝等译 . 北京：科学出版社，1966

[3] 吴耕民 . 果树修剪学 [M]. 上海：上海科学技术出版社，1979

[4] 吕忠恕 . 果树生理 [M]. 上海：上海科学技术出版社，1982

[5] 河北农业大学 . 果树栽培学总论 [M]. 北京：中国农业出版社，1980

[6] 河北农业大学 . 果树栽培学各论（北方本）[M]. 北京：中国农业出版社，1980

[7] 河北农业大学 . 果树栽培学实验实习指导书 [M]. 北京：中国农业出版社，1979

[8] 仝月澳，周厚基 . 果树营养诊断法 [M]. 北京：中国农业出版社，1982

[9] 于绍夫 . 果树整形修剪问答 [M]. 济南：山东科学技术出版社，1986

[10] 章文才 . 果树研究法 [M]. 第 3 版 . 北京：中国农业出版社，1997

[11] 邹长松 . 观赏树木修剪技术 [M]. 北京：中国林业出版社，1988

[12] 张克俊，高瑞欣，张波等 . 果树整形修剪技术问答 [M]. 北京：中国农业出版社，1989

[13] 孙立元，任宪威 . 河北树木志 [M]. 北京：中国林业出版社，1997

[14] 汪景彦 . 苹果树整形修剪新技术 [M]. 郑州：中原农民出版社，2007

[15] 李家福 . 庭院果树 [M]. 沈阳：辽宁科学技术出版社，1986

[16] 张鹏，王有年，刘建霞等 . 梨树整形修剪图解 [M]. 北京：金盾出版社，2008

[17] 王荣，张春泽，刘增褫等 . 天津园林绿化 [M]. 天津：天津科技出版社，1989

[18] 刘克锋，冷平生，赵和文等 . 植物造景 [M]. 北京：气象出版社，2004

[19] 吴泽民 . 园林树木栽培学 [M]. 北京：中国农业出版社，2003

[20] [英] Brian Clouston . 风景园林植物配置 [M]. 陈自新，许慈安译 . 北京：中国建筑工业出版社，1992

[21] 陈有民 . 园林树木学 [M]. 北京：中国林业出版社，1990

[22] 胡长龙 . 观赏花木整形修剪手册 [M]. 上海：上海科学技术出版社，2005

[23] 刘先觉，郭育文 . 天津园林绿化技术 [M]. 天津：天津科学技术出版社，2009

[24] 郭育文、范学林、王建团等 . 天津市主要花灌木树种生物学特性和栽培技术研究报告 .1993